U0294544

江西省防汛抗旱应急管理实务

主　编　李世勤

副主编　崔家佳　许小华　黄　萍

中国水利水电出版社
www.waterpub.com.cn
·北京·

内 容 提 要

本书旨在向参与防汛抗旱工作的各类人员普及防汛和抗旱基本知识，使其掌握基本方法，同时了解江西省水旱灾害的基本省情。全书共分概述、防汛抗旱知识、防汛抗旱基础信息、防汛抗旱应急管理实践四篇二十四章，分别介绍了江西省基本省情、防洪抗旱形势、防汛基础知识、抗旱基础知识、赣抚信饶修五大流域、长江及鄱阳湖区以及直入长江各河流的防汛抗旱基础信息、组织指挥体系、法律法规和责任体系、值班值守及信息报送、防汛抗旱预案方案体系、防汛抗旱应急保障体系、防汛抗旱常规工作等。

本书立足于基础性和实用性，可作为各类防汛抗旱人员的培训教材，也可供各级防汛抗旱应急管理部门人员及相关工程技术人员参阅。

图书在版编目（ＣＩＰ）数据

江西省防汛抗旱应急管理实务 / 李世勤主编. -- 北京：中国水利水电出版社，2023.3
ISBN 978-7-5226-0499-2

Ⅰ．①江… Ⅱ．①李… Ⅲ．①防洪－应急对策－江西②抗旱－应急对策－江西 Ⅳ．①TV87②S423

中国版本图书馆CIP数据核字(2022)第030538号

审图号：赣S（2021）153 号

书　　　名	**江西省防汛抗旱应急管理实务** JIANGXI SHENG FANGXUN KANGHAN YINGJI GUANLI SHIWU	
作　　　者	主　编　李世勤 副主编　崔家佳　许小华　黄　萍	
出版发行	中国水利水电出版社 （北京市海淀区玉渊潭南路1号D座　100038） 网址：www.waterpub.com.cn E-mail：sales@mwr.gov.cn 电话：（010）68545888（营销中心）	
经　　　售	北京科水图书销售有限公司 电话：（010）68545874、63202643 全国各地新华书店和相关出版物销售网点	
排　　　版	中国水利水电出版社微机排版中心	
印　　　刷	天津嘉恒印务有限公司	
规　　　格	184mm×260mm　16开本　26.25印张　651千字　5插页	
版　　　次	2023年3月第1版　2023年3月第1次印刷	
定　　　价	**108.00元**	

本书编委会

主　　任　　龙卿吉

副 主 任　　徐卫明　李世勤

委　　员　　吴学文　吴晓彬　雷　声　高江林

主　　编　　李世勤

副 主 编　　崔家佳　许小华　黄　萍

编写人员　　张秀平　张华明　余　雷　郑　宇　刘珮勋

　　　　　　李　响　李光锦　蒋卫东　邓增凯　李程洋

　　　　　　贺　强　何新基　周文萍　操云生　胡文生

　　　　　　刘　斌　李　波　许木成　王小笑　刘业伟

　　　　　　李德龙　汪国斌　李斯颖　王海菁　杨培生

　　　　　　李亚琳　付佳伟

咨询专家　　杨丕龙　黄先龙　谭国良　祝水贵　詹耀煌

　　　　　　潘汉明

前言

　　洪涝和干旱是江西省最为严重的自然灾害，防汛抗旱工作，关系到社会安定、经济发展和生态环境保护大局。中华人民共和国成立以来，党和政府致力于防汛抗旱减灾事业，不断健全组织指挥体系、责任体系、工程体系、应急保障体系、决策支撑体系，打赢了一场场防汛抗旱攻坚战，有力保障了经济平稳运行和社会稳定发展。特别是十八大以后，深入贯彻落实习近平总书记"两个坚持、三个转变"的防灾减灾救灾新理念，坚持以人民为中心的思想，健全完善防灾减灾救灾体制机制，尤其是在党的十九届三中全会后，江西省委、省政府高度重视防汛抗旱工作，充分发挥机构改革后防汛抗旱指挥部牵头抓总作用，历任指挥部领导坐镇指挥调度，江西省防汛抗旱各项工作高效推进，减灾效益更加突出，有力保障了经济平稳运行和社会稳定发展，有力保障了脱贫攻坚、全面建成小康目标的实现。

　　2018年机构改革，江西省对标中央，全省各级防汛抗旱指挥部职能已整合到应急管理部门。各级应急管理部门从事防汛抗旱工作的同志亟待提升防汛抗旱应急管理能力、掌握水旱灾害的基本省情、熟悉防汛抗旱工作的方法。编写本书的目的，旨在向参与防汛抗旱工作的各类人员普及防汛抗旱基本知识，使其掌握基本方法，同时了解全省防汛抗旱的基本省情。全书分为概述、防汛抗旱知识、防汛抗旱基础信息、防汛抗旱应急管理实践四篇二十四章，分别介绍了江西省基本省情、防汛抗旱形势、防汛基础知识、抗旱基础知识、赣抚信饶修五河、长江及鄱阳湖区以及直入长江各河流的防汛抗旱基础信息、组织指挥体系、法律法规和责任体系、值班值守及信息报送、防汛抗旱预案方案体系、防汛抗旱应急保障体系、防汛抗旱常规工作等。

　　在本书编写过程中，参考了国家防汛抗旱总指挥部办公室编写的《防汛抗旱行政首长培训教材》《防汛抗旱专业干部培训教材》等，参阅了江西省水利厅、江西省气象局、江西省水文监测中心等单位提供的资料，在此一并感谢。由于作者水平所限，书中不妥之处在所难免，敬请广大读者批评指正。

作者

2023年2月

目录

第四篇　防汛抗旱应急管理实践

第一篇

概　　述

第一章

自 然 地 理

第一节 地 理 地 貌

江西省位于长江中下游南岸,东经113°34′~118°28′、北纬24°29′~30°04′之间。东邻浙江、福建,南接广东,西连湖南,北毗湖北、安徽。北临长江,上接武汉三镇,下通南京、上海,东南与沿海开放城市相邻近。京九铁路和浙赣铁路纵横贯通全境,交通便利,地理位置优越。境内地势南高北低,边缘群山环绕,中部丘陵起伏,北部平原坦荡,四周渐次向鄱阳湖区倾斜,形成南窄北宽以鄱阳湖为底部的盆地状地形。省区南北长620km,东西宽490km,土地总面积16.69万km²,占全国土地总面积的1.74%。全省土地总面积中,山区面积为6.01万km²,丘陵区面积为7.01万km²,平原区面积为3.68万km²,分别占全省总面积的36%、42%和22%。江西省下辖11个设区市、100个县级行政区、1个国家级新区,根据全国第七次人口普查数据,全省常住人口4518.86万人。

江西省地形以江南丘陵、山地为主;盆地、谷地广布,略带平原。地质构造上,以锦江—信江一线为界,北部属扬子准地台江南台隆,南部属华南褶皱系,志留纪末晚加里东运动使二者合并在一起,后又经受印支、燕山和喜马拉雅运动多次改造,形成了一系列东北—西南走向的构造带,南部地区有大量花岗岩侵入,盆地中沉积了白垩系至老第三系的红色碎屑岩层,并夹有石膏和岩盐沉积;北部地区形成了以鄱阳湖为中心的断陷盆地,盆地边缘的山前地带有第四纪红土堆积。这是造成全省地势向北倾斜的地质基础。

江西省地貌上属江南丘陵的主要组成部分。省境东、西、南三面环山地,中部丘陵和河谷平原交错分布,北部则为鄱阳湖平原。鄱阳湖平原与两湖平原同为长江中下游的陷落低地,由长江和省内五大河流泥沙沉积而成,北狭南宽,面积近2万km²。地表主要覆盖红土及河流冲积物,红土已被切割,略呈波状起伏。湖滨地区还广泛发育有湖田洲地。水网稠密,河湾港汊交织,湖泊星罗棋布。

江西中南部以丘陵为主,多由红色砂页岩及部分千枚岩等较松软岩石构成,经风化侵蚀,呈低缓浑圆状,海拔一般200m,接近边缘山地部分的高丘,海拔为300~500m;其相对高度除南部在百米以上外,一般仅50~80m。丘陵之中,间夹有盆地,多沿河作带状延伸,较大的有吉泰盆地、赣州盆地。山地大多分布于省境边缘,主要有:东北部的怀玉山,东部沿赣闽省界延伸的武夷山脉,南部的大庾岭和九连山,西北与西部的幕阜山脉、九岭山和罗霄山脉(包括武功山、万洋山、诸广山)等,成为江西与邻省的界山和分水岭。山脉走向以东北—西南向为主体,控制着省内主要水系和盆地的发育。多数山地由古老的变质岩系和花岗岩组成,山峰陡峭,堆积物较厚。黄岗山(2157m)为省内最高点。江西省行政区划图如图1-1所示。

江西省地图（政区版）

比例尺 1 : 2350000

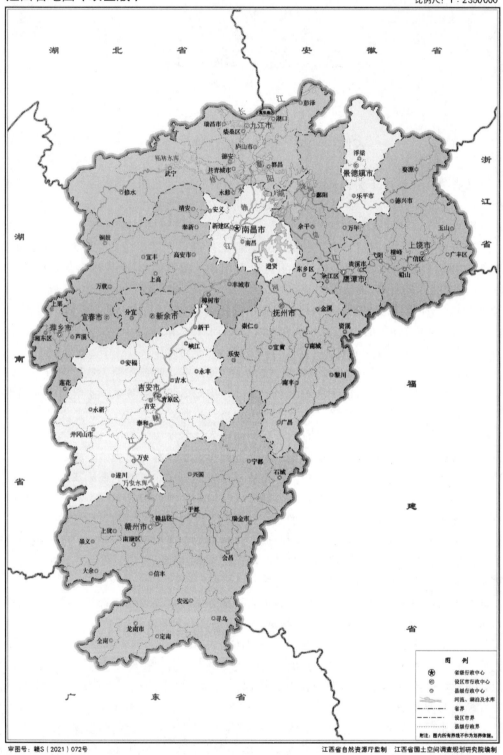

审图号：赣S（2021）072号

江西省自然资源厅监制 江西省国土空间调查规划研究院编制

图1-1 江西省行政区划图*

第二节　气候水文

江西省属中亚热带湿润季风气候区，气候温和，雨量丰沛，四季分明，日照充足。春季温暖多雨，夏季炎热温润，秋季凉爽少雨，冬季寒冷干燥。全省年平均降雨天数150～170天，年平均气温为16.3～19.5℃，多年平均降水量为1638mm，大部分地区的多年平均陆地蒸发量为700～800mm，多年平均水面蒸发量为800～1200mm。

（1）雨水多、雨季长、时空分布不均。一般4月进入雨季，赣南地区入汛更早一些，多数年份3月下旬即开始进入雨季，常有旱汛发生，汛期一直持续到9月，7月之后还常有台风影响，雨季长。由于时空分布不均，差异较大。在空间分布上：东部大于西部，北部大于南部，省境周边山区多于中部盆地。在时间分布上：4—9月（汛期）降水量偏多，占全年的65%～70%，其中4—6月是全省降水最集中的季节，平均降雨量为800mm，占全年的45%～50%，而7—9月降水量相对偏少，占全年的20%左右；10月到翌年3月（非汛期）降水量相对偏少，占全年的30%～35%。图1-2所示为江西省多年平均月降雨量分布，图1-3所示为江西省各设区市多年平均降雨量分布。

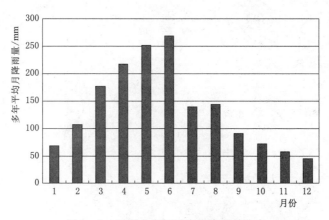

图1-2　江西省多年平均月降雨量分布

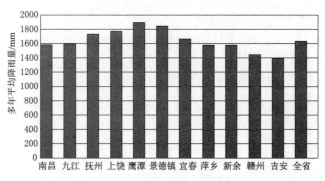

图1-3　江西省各设区市多年平均降雨量分布

　　（2）长江五大暴雨区之首。长江全流域有 5 个暴雨地区，按范围大小依次是：江西暴雨区，川西暴雨区，湘西北、鄂西南暴雨区，大巴山暴雨区，大别山暴雨区。江西省的四大暴雨区分别为：赣东北暴雨区（武夷山脉至怀玉山之间）多年平均降雨量为 2000mm 左右；赣西北暴雨区（幕阜山至九岭山之间）多年平均降雨量为 1900mm；赣西南暴雨区（罗霄山脉至九连山之间）多年平均降雨量为 1800mm；赣东南暴雨区（武夷山脉至雩山之间）多年平均降雨量为 1700mm。江西省多年平均降水量分级图如图 1－4 所示。

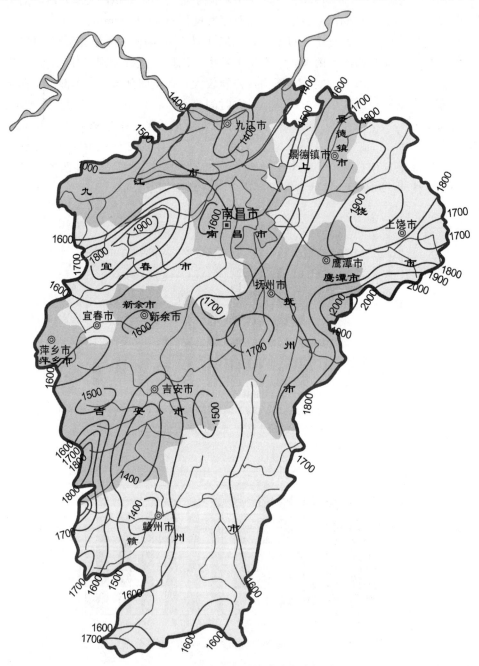

图 1－4　江西省多年平均降水量分级图*

第三节 流 域 水 系

江西省境内水系发达，河流众多，其水系图如图 1−5 所示。境内流域面积在 $50km^2$ 以上的河流 967 条，赣江、抚河、信江、修河和饶河为江西五大河流，五河来水汇入鄱阳

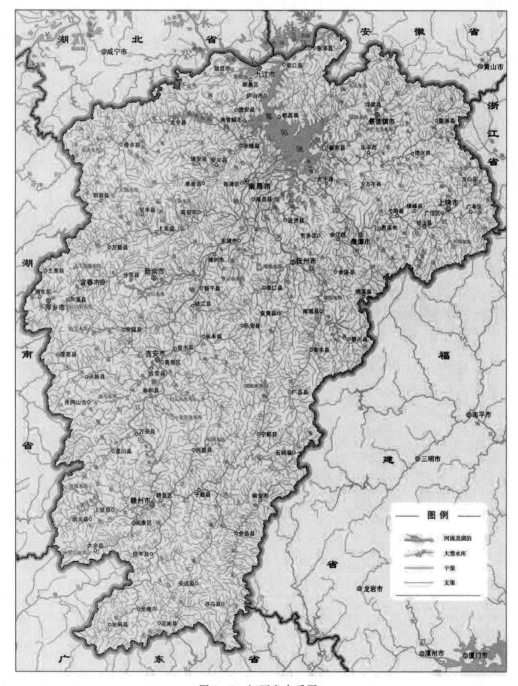

图 1−5 江西省水系图*

湖后经湖口注入长江。境内水系主要属长江流域，占 97.4%，其中绝大部分属鄱阳湖水系（江西境内鄱阳湖水系的集水面积为 15.67 万 km²）；珠江水系在江西省境内流域面积约为 3524km²；洞庭湖水系在江西省境内流域面积约为 3188km²；湘江水系在江西省境内流域面积约为 2009km²，有约 285km² 面积属东南沿海的钱塘江及韩江流域诸水系。

全省境内流域面积在 10km² 以上的河流有 4521 条，大部分河流汇向鄱阳湖，再注入长江。主要河流有 5 条，即赣江、抚河、信江、修河、饶河。全省多年平均河川径流量 1545.48 亿 m³，平均每平方公里有 92.58 万 m³，平均年径流深为 925.7mm。江西省湖泊众多，主要分布于五河下游尾闾地区、鄱阳湖湖滨地区及长江沿岸低洼地区。其中，鄱阳湖是我国第一大淡水湖，湖面面积在 10km² 以上的天然湖泊有赤湖（80.4km²）、太泊湖（20.7km²）、赛城湖（38.4km²）、瑶湖（17.7km²）、八里湖（16.2km²）和洋坊湖（15.0km²）等。面积在 1km² 以上的天然湖泊有 25 个。

鄱阳湖纳五大河及环湖区间来水，经湖盆调蓄后由湖口泄入长江，为季节性吞吐型湖泊。鄱阳湖低水位时为河道型，中高水位为湖泊型，22.00m（吴淞基面）时水面面积逾 4078km²，容积约 300 亿 m³。

鄱阳湖区各水系洪水集中在 4—6 月，五河洪峰相互遭遇机会极少，五河与区间入湖最大合成流量常是赣江洪峰与其他各河峰前、峰后来水组成。鄱阳湖对五河入江洪水有较大的调蓄作用。据多年资料统计分析，平均削减五河入江洪峰在 10000m³/s 以上，统计入湖来水总量较大的日平均洪峰流量（32700～64600m³/s），湖口相应出流为 14800～28800m³/s，最大削减入江流量多达 36000m³/s，出湖流量只占入湖总流量的 32%～60%，一般可削减一半。

第二章

防 汛 抗 旱 概 述

第一节 防 汛 抗 旱 形 势

　　江西省洪涝干旱灾害频繁。汛期特别是前汛期降水集中，暴雨强度大，几乎每年都发生洪涝灾害，较大洪涝灾害平均3～5年就发生一次。江西省旱灾也是具有空间广泛性和时间上多发性的特点，中华人民共和国成立后平均每4年发生一次较为严重的旱灾，干旱延续时间一般为20～30天，长的达40～50天以上，严重的伏秋连冬旱可能持续100天以上。2022年出现了罕见的旱早，鄱阳湖星子站刷新进入枯水期、极枯水期最早记录，较最早出现年份（2019年11月30日）提前185天，较有记录以来平均出现时间提前115天。江西洪水概由暴雨产生，每年4—6月以锋面型暴雨为主；7—9月以台风型暴雨为主。江西五大河同时发生大洪水灾害的年份比较少见，一般是南部发生大洪水，北部则较小，如1964年；北部发生大洪水，南部则较小，如1955年、1973年、2020年；有些年份中部大洪水，而南部、北部则较小，如1962年、1982年。而1998年则五大河同时发生了超历史大洪水，2010年信江、抚河、赣江三大河流先后发生50年一遇的特大洪水。1949年以来，大水平均10年一次，大旱平均14年一次，局部水旱灾害几乎年年有，"三年一小灾，五年一大灾"。1991—2022年全省洪涝灾情统计见表2-1，2001—2022年全省干旱灾情统计见表2-2。

表 2-1　　　　　　　　　1991—2022 年全省洪涝灾情统计表

年份	受灾面积 /$10^3\,hm^2$	成灾面积 /$10^3\,hm^2$	因灾死亡人口 /人	倒塌房屋 /万间	直接经济损失 /亿元
1991	251.60	147.20	19	0.75	6.00
1992	1287.30	966.50	267	15.25	66.90
1993	917.97	599.31	216	9.75	51.35
1994	850.92	548.37	218	20.03	100.60
1995	1088.42	777.05	300	23.87	154.97
1996	525.23	321.69	74	13.45	69.01
1997	734.25	447.61	116	6.48	60.87
1998	1526.45	1159.61	313	91.22	376.42
1999	530.00	339.00	44	14.10	75.70
2000	168.40	104.63	13	1.67	10.78
2001	20.45	12.67	4	0.98	8.30

续表

年份	受灾面积/$10^3 hm^2$	成灾面积/$10^3 hm^2$	因灾死亡人口/人	倒塌房屋/万间	直接经济损失/亿元
2002	772.89	499.89	98	14.71	70.04
2003	523.03	331.68	18	4.06	42.47
2004	398.43	236.76	12	0.74	12.83
2005	841.76	536.67	21	6.40	70.21
2006	632.69	385.64	40	6.49	65.18
2007	203.94	118.96	9	2.40	20.01
2008	522.00	285.00	14	3.19	60.00
2009	482.61	300.70	9	6.80	52.70
2010	1784.15	974.82	46	15.87	502.12
2011	437.04	234.63	7	1.28	91.39
2012	451.51	266.88	1	2.05	107.97
2013	345.54	172.20	13	0.60	46.08
2014	358.13	181.80	21	1.12	56.18
2015	444.16	221.50	19	0.94	68.77
2016	415.20	294.20	33	1.10	91.40
2017	387.10	269.90	16	0.90	113.80
2018	129.90	106.70	3	0.20	18.20
2019	673.10	488.60	38	1.50	268.80
2020	896.60	548.50	7	0.70	344.40
2021	160.50	97.70	0	0.03	11.00
2022	291.80	173.90	3	0.14	185.60
平均值	595.41	379.70	62.88	8.40	102.50

注 $1hm^2 = 10^4 m^2$。

表 2-2　　　　　　　　　　　　2001—2022 年全省干旱灾情统计表

年份	受灾面积/$10^3 hm^2$	成灾面积/$10^3 hm^2$	绝收面积/$10^3 hm^2$	粮食损失/亿 kg	饮水困难人口/万人	饮水困难大牲畜/万头	直接经济损失/亿元
2001	452.26	323.80	61.54	0.71	—	—	
2002	177.88	95.70	12.25	0.24	—	—	
2003	1057.18	853.05	248.28	2.44	—	—	67.00
2004	434.67	330.54	45.21	1.06	—	—	
2005	217.64	180.02	30.64	0.60	—	—	
2006	342.91	280.93	38.84	0.72	—	—	31.60
2007	581.64	469.70	78.37	1.32	—	—	68.63
2008	151.20	94.50	9.80	0.33	—	—	

年份	受灾面积 /10³ hm²	成灾面积 /10³ hm²	绝收面积 /10³ hm²	粮食损失 /亿 kg	饮水困难 人口/万人	饮水困难 大牲畜/万头	直接经济 损失/亿元
2009	320.16	260.96	29.22	0.63	—	—	—
2010	0	0	0	0	—	—	—
2011	546.21	328.84	25.28	0.75	—	—	—
2012	—	—	—	—	—	—	—
2013	576.08	334.16	68.74		66.00	18.91	
2014	117.65	52.68	5.88	0.11	6.23	1.79	7.71
2015	55.48	30.81	2.01	1.16	3.76	1.17	7.26
2016	35.40	30.30	6.40	—	2.30	—	2.90
2017	41.10	26.80	2.50	—	1.50	—	2.20
2018	309.70	197.00	29.80	—	25.90	—	18.40
2019	492.60	302.30	92.10	—	92.00	—	52.90
2020	4.20	3.20	0.30	—	0	—	0.30
2021	—	—	—	—	—	—	—
2022	703.2	414.3	80.00	—	1.97	—	71.70

注 表中"—"表示没有统计数据。

一、典型洪灾

1949—2022 年，鄱阳湖星子水文站发生超警戒水位（吴淞高程 19.00m）的洪水有 37 年次，水位超过 20m 的较大洪水有 21 年次，水位超过 21m 的年份有 1954 年、1983 年、1995 年、1996 年、1998 年、1999 年、2010 年、2016 年、2019 年、2020 年，其中 1954 年、1998 年、2010 年、2020 年等年份发生了全流域性大洪水。

1954 年，长江发生全流域性特大洪水。长江自 5 月中旬起水位持续上涨，顶托倒灌，形成鄱阳湖区大洪水。长江九江站和鄱阳湖湖口最高水位分别达 22.08m 和 21.68m，星子站最高水位达 21.85m。九江 20m 以上的高水位自 6 月中旬持续到 9 月下旬，历时百余天；湖口自 6 月 27 日达 1949 年最高水位 20.65m，直到 9 月 7 日才退到 20.65m 以下，历时 73 天。此次洪水造成沿江滨湖 16 个重灾县无收的农田达 279.7 万亩。全省受灾人口 367 万人（其中沿江滨湖 16 个县 160 万人），转移安置 100 万人，死亡 972 人，损坏房屋 9.4 万栋、16.5 万间，冲坏小型农田水利 4.6 万处、公路桥梁 1519 座；对工业、交通造成严重影响，省财政收入（不含减收公粮）减少 1081 万元。南浔铁路路基冲毁约 4km，中断行车三个多月，公路桥梁路基冲坏多处。全省有 136 所完全小学和 557 个乡村小学遭受不同程度的破坏。

1998 年，鄱阳湖发生继 1954 年的又一次全流域大洪水。鄱阳湖最大入湖流量，最大出湖流量，最大 7 天、15 天、30 天入湖流量均为有记录以来最大值。鄱阳湖湖口站水位达到 22.59m，超历史最高水位（1995 年 21.80m）0.79m，湖口站超过历史最高水位、警戒水位的持续时间分别为 29 天和 94 天。长江九江站水位达 23.03m，超历史最高水位（1995年22.20m）0.83m，九江站超过历史最高水位、警戒水位的持续时间分别为42天和94天。鄱阳湖星子站出现历史最高水位22.52m，超历史最高水位（1995年21.93m）0.59m，超历史最高水位、警戒水位持续时间分别为20天和95天，高水位持续时间之长为历史罕见。这场大洪水造成沿江滨湖地区的长江大堤、10万亩以上重点圩堤和保护京九铁路的郭东圩、永北圩等发生大量泡泉、塌坡等重大险情，九江城防堤决口，九江市部分城区进水受淹，240座千亩以上圩堤溃决，其中5万亩圩堤溃决3座，1万～5万亩圩堤溃决20座。据统计，全省93县（市、区）、1786个乡镇、2009.79万人受灾。农作物受淹2376.6万亩，其中绝收1224.75万亩，倒塌房屋93.53万间，死亡313人，18378家工矿企业停产，全省因洪灾造成直接经济损失376.42亿元。

2010年，赣江、抚河、信江三大河流发生五十年一遇特大洪水，长江、鄱阳湖超警戒水位一个多月。鄱阳湖星子站最高水位20.31m，超警戒1.31m，为1999年以来最高。长江九江站最高水位20.64m，超警戒0.64m，为2002年以来最高。鄱阳湖星子站水位超警戒时间达45天，长江九江站水位超警戒时间达32天。6月21日18时30分左右，抚州市临川区保护耕地12万多亩、保护人口14万余人的唱凯堤灵山何家段（桩号29+000，抚河干流与干港汇合口）决口，宽度达100m。据统计，特大洪水造成全省1871万人和$1.483 \times 10^6 \mathrm{hm}^2$（2224.5万亩）农作物受灾，15.9万余间房屋倒塌，32个城镇受淹，水利、交通、通信、电力等基础设施损毁特别严重，直接经济损失502亿元，其中水利设施直接经济损失120亿元，因洪灾死亡26人，失踪2人。

2015年，入冬后全省降雨异常偏多，出现罕见冬汛。11月中旬开始，受副热带高气压异常偏强、西南暖湿气流特别活跃和北方弱冷空气南下等因素影响，全省多地区发生罕见冬汛。11月10—17日，全省连续发生两次强降雨过程，全省平均降雨139mm，除南昌市外全省及各市降雨量均为历史同期最大。两次强降雨过程为：一是11月10日4时—14日8时，全省普降大到暴雨，主雨区位于抚州、吉安、赣州北部一带，全省平均降雨量72mm，以抚州市104mm最大，点最大雨量为崇义县思顺乡新地站159mm；二是15日14时—18日8时，赣中、赣南降暴雨到大暴雨，主雨区位于抚州、吉安、赣州北部一带，与上次过程重叠，全省平均降雨量67mm，以抚州市110mm最大，点最大降雨量为南丰县三溪乡政府站238mm。11—12月累计降雨量创1950年以来的历史新高，达341.6mm，较历史平均值（114mm）偏多199.6%。冬汛导致抚州市受灾人口10.32万人，占抚州市全年受灾人口的19.70%；受灾面积$17.45 \times 10^3 \mathrm{hm}^2$，占抚州市全年受灾面积的23.60%；直接经济损失1.38亿元，占抚州市全年直接经济损失的26.30%。此次冬汛降雨导致赣州、吉安、景德镇、抚州等地22县（市、区）215个乡镇15.69万人受灾，农作物受灾面积$2.385 \times 10^4 \mathrm{hm}^2$（35.775万亩），倒塌房屋91间，转移人口4812人，直接经济损失2.67亿元，其中水利设施直接经济损失0.78亿元。

2016年，赣、抚、信、饶、修五大河流及长江九江段、鄱阳湖均发生超警戒洪水，其中修河下游与昌江洪水排历史第二位、昌江支流东河超历史最高纪录1.16m。长江和鄱阳湖从7月3日起全线超警戒大洪水，长江九江站洪峰水位21.68m，超警戒1.68m，鄱阳湖星子站洪峰水位 21.38m，超警戒 2.38m。长江九江站、鄱阳湖湖口站水位超警戒时间均达 29 天，星子站水位超警戒 35 天。受高水位、长时间的浸泡，长江干堤、鄱阳湖区共有 112 条圩堤发现险情 1086 处。

2020 年 7 月，鄱阳湖发生超历史纪录大洪水。7 月上旬，鄱阳湖流域遭历史性特大暴雨袭击，其势之猛、雨量之大均前所未有，为多年同期均值的 4 倍，列有记录以来第 1 位，其中南昌市、景德镇市、九江市是多年均值的 5 倍以上，均列有记录以来第 1 位。强降雨导致鄱阳湖水位急剧上升，鄱阳湖水位连续 8 日涨幅在 0.4m 以上，单日最大涨幅 0.65m，异常迅猛，历史罕见，修河、昌江和鄱阳湖区 16 个站点超历史水位。鄱阳湖星子站水位超警戒后短短 8 天时间，洪峰水位就超历史最高水位 0.11m（1998 年 22.52m），日均涨幅 0.45m，列历史第 1 位，单日最大涨幅 0.65m，列历史第 2 位，鄱阳湖湖口站、长江九江站洪峰水位均列历史第 2 位，湖口站自突破警戒水位到出现最高水位 22.49m 仅用 6 天，而 1998 年自突破警戒水位到出现最高水位 22.59m 用时 36 天，鄱阳湖区 185 座单退圩堤全部启用蓄水分洪。此次洪涝灾害共造成全省 904.1 万人受灾，因灾死亡 7 人，直接经济损失 344.4 亿元。

二、典型山洪灾害

江西的山洪灾害一般均属短历时暴雨所致。暴雨导致的山洪致使溪河洪水暴涨、农田道路村庄洪水泛滥往往造成人员伤亡、财产损失、基础设施毁坏以及环境资源破坏等危害。中华人民共和国成立以来江西省发生了多次非常典型的山洪灾害，比如：

1953 年 8 月江西省发生少见的特大暴雨，许多县山洪暴发，宁都县城附近地区和青塘、固源、江口等地山洪更为严重，合同、竹坑和青塘一带出现山崩，仅青塘谢村方圆 2.5km 的范围，在半小时内山崩 70～80 处。全省受灾面积 112 万亩，冲毁农田 2.6 万亩，死亡 34 人，冲毁房屋 6776 间，冲坏水利工程 39361 座，浙赣铁路刘家至杨溪间 10km 地段路基被洪水冲坏，邓埠桥桥墩被冲垮，停车 4 天。

1962 年 5 月 25—30 日，全省连降大雨，暴雨中心广昌 26 日一夜降特大暴雨 350mm，广昌、宁都、南丰、永丰等地山洪暴发，广昌县 8 个大队 1000 多群众被山洪围困，直到深夜才解围；鹰厦铁路受山洪影响，被迫停止行车。该年全省受灾面积 215.22 万亩，受灾人口 208.83 万人，因灾死亡 123 人，直接经济损失 2.05 亿元（当年价，下同）。

1964 年 6 月 8—11 日，赣南发生大范围暴雨，赣南各县山洪暴发，于都、龙南、大余、南康等县城先后进水，有的水深达 4m 以上。该年全省受灾农田面积 162.32 万亩，冲垮山塘陂坝 9159 座，溃决小圩 37 条。该年全省受灾面积 162.32 万亩，受灾人口 158.61 万人，因灾死亡 44 人，直接经济损失 1.9614 亿元。

1977 年 6 月，潦河山洪暴发，河水猛涨，安义、奉新和靖安县城均进水，10 多万群众被洪水围困，省调动舟桥部队前往抢救，并出动飞机抗洪抢险。该年全省受灾面积 128.62 万亩，受灾人口 128.89 万人，因灾死亡 100 人，直接经济损失 4.38 亿元。

1973 年 6 月，修、抚、信、饶、赣江流域同时发生特大暴雨山洪灾害，全省 91 座水库溃决，2100 座小型水利设施被冲毁。水利部专门在江西召开水库安全现场会，总结经验教训。

1982 年 6 月中旬，赣中地区连降暴雨，山洪暴发，使全省 59 个县市受灾，有十几个县城进水，灾民 240 多万人，被淹农田约 240 万亩，成灾面积 579 万亩，粮食减产 $10 \times 10^8 kg$，冲毁水利工程 17133 处，冲坏公路 1350km、大小桥梁 2758 座，冲倒和损坏房屋 10 万间。该年全省受灾面积 239.58 万亩，受灾人口 243.82 万人，因灾死亡 89 人，直接经济损失 6.08 亿元。

1998 年由于暴雨集中、强度大，造成多处山体滑坡和泥石流灾害，从而造成多处铁路公路中断，并造成重大人员伤亡，该年全省受灾面积 602.70 万亩，受灾人口 794.66 万人，因灾死亡 170 人，直接经济损失 106.35 亿元。6 月 19—22 日，黎川县连降特大暴雨引发的山洪暴发和大面积山体滑坡，使县境内资福河流域遭受历史上罕见的山洪灾害，造成全县死亡 79 人，其中焦陂村因山体滑坡 46 名村民死亡，黎川县因山体滑坡造成 75 人死亡。

2002 年 6 月 13—18 日，受高空低槽和中层切变共同影响，赣中、赣南发生大范围集中强降雨，狂风暴雨席卷 58 个县市，其中广昌县降雨量高达 630mm，宁都、石城、黎川、泰和等县降雨超过 300mm。16 日，抚河干流盱江和赣江支流孤江、蜀水等支流发生超历史洪水。之后受热带风暴"北冕"及其他天气系统的影响，全省先后出现多次强降雨过程，抚州、赣州、吉安、九江等设区市的部分山区多次发生了山洪暴发，山体滑坡，造成重大人员伤亡和财产损失，严重影响了江西省工农业生产和人民生活。据统计，该年共发生崩塌、滑坡、泥石流等山地灾害 19872 处，损毁房屋 51949 间，直接经济损失 8.3 亿元，全省因洪灾死亡 94 人，其中山洪灾害致死 69 人。

2005 年 7—9 月先后有"海棠""珊瑚""泰利"等 3 起台风减弱成热带风暴或低气压进入江西境内。其中 7 月 20 日庐山受台风"海棠"影响，出现了大暴雨天气。19 日 20 时至 20 日 20 时，日降水量达 201.3mm，为 1994 年以来 7 月日降水量最大值，列历史同期第 2 位。自 8 月 13 日开始，受强热带风暴"珊瑚"影响，江西平原河谷地区及江湖水面阵风达 6 级，全省普遍出现降水天气，中、南部局部出现暴雨。在 13 日 8 时至 15 日 8 时，全省平均降雨 33mm，有 7 个县市雨量不小于 100mm，以井冈山 144mm 为最大。9 月 1 日 8 时至 2 日 8 时，受台风"泰利"影响，星子、永修、金溪、南昌县等 8 个县出现了 8 级大风，全省普降大到暴雨，部分地区出现大暴雨，而庐山、瑞昌还出现了特大暴雨，局地引发山洪灾害。有关资料显示，1 日 20 时至 4 日 20 时，全省 3 天平均降雨达 118mm，过程累积雨量有 66 个县市不小于 50mm。其中 31 个县市不小于 100mm，14 个县市不小于 200mm，以庐山 940mm 为最大，瑞昌 428mm 次之；有 16 个县市日降雨量创 9 月同期新高，而庐山、瑞昌、星子 3 地也同时创下了日雨量的历史新高。南昌、九江、上饶、宜春 4 市、20 县（市、区）、366.2 万人不同程度受灾，因灾死亡 7 人，失踪 4 人，紧急转移安置灾民 23 万人；农作物受灾面积 41.5 万 hm^2，绝收 10.7 万 hm^2；倒塌房屋 1.1 万多间，损坏 4.9 万间；因灾直接经济损失约 23.4 亿元。

2006 年 7 月 26 日，受 5 号台风"格美"影响，江西省上犹县出现特大暴雨山洪灾害，全县 14 个乡（镇），有 11 个乡（镇）21.3 万人口受灾，特别严重的有 5 个乡（镇），紧急转移 7.6 万人，死亡 16 人、失踪 11 人，直接经济损失达 3.69 亿元。

2010 年 5—7 月，江西省遭遇强降雨，浮梁县、修水县、都昌县、鄱阳县、定南县等地区引发山洪，受灾严重，部分地区降水量达 123mm，最大降水量达到 206mm。全省合计数百万人口受灾，死亡 10 余人，数十万人口转移；农作物大面积受灾，成灾面积上千万亩，绝收近百万亩，毁坏耕地数十万亩；林业树木大片损毁；水利设施损坏严重，大量水库、堤坝、护岸、水闸、水电站毁坏；洪水冲毁公路、桥渠座、涵洞，交通设施趋于瘫痪。

2014 年 7 月 24 日，受第 10 号台风"麦德姆"登陆影响，德安县出现强雷电强降雨天气，全县普降大到暴雨，局部特大暴雨。短短 15h，全县累计降雨量局部最大值达到 541.4mm，最大 1h 降雨量局部达 125mm，最大 3h 降雨量局部达到 288mm，博阳河德安站水位最高时达 23.01m，超警戒水位 3.21m，超过 1998 年最高水位（22.94m）。全省合计 10 余县区遭受不同程度的灾情，受灾人口 113.21 万人，因灾死亡 6 人，水浸居民 7.4 万余户，损毁房屋 15503 间，直接经济损失达 7.29 亿元。

2016 年 5 月 6—8 日，宜春市遭遇对流性天气过程，局地发生短时强降雨，并引发山洪灾害，其中明月山景区暴发山洪，造成明月山直接经济损失约 1.2 亿元，受灾人口 1.7 万余人，部分房屋受损、倒塌，景区基础设施、交通设施、水利设施等均受到不同程度的损毁。灾情发生后，明月山安全转移 500 多名游客，未发生人员伤亡。2016 年 6 月 19 日，浮梁县全境普降特大暴雨，平均降雨量达 213.7mm，其中庄湾深渡雨量站日降雨量达 316.5mm。受超强降雨影响，昌江河水猛涨，潭口水文站水位 57.68m，超警戒水位 2.68m；樟树坑水文站水位 36.11m，超警戒水位 1.61m；渡峰坑水文站水位 28.97m，超警戒水位 0.47m；浯溪口水库坝址水位 43.25m。此次暴雨强度大，历时短，虽然河水水位超警戒线不及 1998 年，但是各小流域受淹程度却超过 1998 年。据统计，本次"6·19"洪水共造成 1628 户受淹，涉及 9 个乡（镇）36 个行政村 45 个自然村，受淹范围主要涉及瑶里镇、鹅湖镇、庄湾乡、王港乡、浮梁镇、洪源镇、三龙镇、蛟潭镇和黄坛乡等 9 个乡（镇）。

2017 年 6 月 23—25 日，浮梁县遭受特大暴雨袭击，全县 73 个自动雨量监测站雨量值全部超 100mm 以上，其中超 250mm 以上站点 41 个，100～250mm 站点 32 个。平均降雨量 257.6mm，其中以蛟潭镇梅坑站 333.0mm 最大。1h、3h、6h 最大点雨量分别达到 74.5mm、138mm、188.5mm，超过或接近 2016 年"6·19"洪水。全县 17 个乡（镇）全部受灾，受灾人口 17.12 万人，倒塌房屋 122 间，严重损坏房屋 379 间。浮梁县通过山洪灾害预警系统发布预警，在 6 月 24 日 20：00 前完成山洪地质灾害点等地区人员的转移和安置工作，累计转移人数 27771 人，确保了群众的生命安全。

2017 年 6 月 23 日 12 时至 24 日 12 时，婺源县遭受了特大暴雨袭击，全县平均降雨量 229.8mm，最大达到 325.1mm，6 月 23 日 8 时至 24 日 8 时，全县平均降雨量 146.7mm，其中鄣山站最大（258mm），共有 18 个站点累计雨量超 200mm；强降雨引起山洪暴发，全县各相关景区实行关停营业，6 月 24 日上午 9 时 35 分，婺源县江湾镇前段村委会勒坑村石门峡景区发生滑坡，滑坡土体冲击下部景区验票处，导致 5 名值守人员被埋。

三、典型旱灾

据历史资料统计，公元 807—1949 年的 1143 年中，江西省大范围旱灾共有 172 次，占总年数的 15%，即平均每 7 年发生一次。对于极大旱灾，全省共发生过 32 次，平均 36 年一次；重大旱灾，全省共发生过 56 次，平均 20 年一次；轻度旱灾，全省共发生过 84

次，平均 14 年一次。

在 1950—1989 年的 40 年中，全省大范围旱灾共有 34 次，占总年数的 85％，即平均每 1.3 年发生一次。对于特大旱灾，全省共发生过 3 次，平均 13.3 年一次；重大旱灾，全省共发生过 7 次，平均 5.7 年一次；轻度旱灾，全省共发生过 13 次，平均 3.1 年一次；轻微旱灾，全省共发生过 11 次，平均 3.6 年一次。其中，1956 年、1985 年的干旱灾害事件较为典型。

1990—2022 年，江西大范围旱灾共有 22 次。其中，1956 年、1963 年、1978 年、1985 年、1991 年、2003 年、2007 年、2011 年、2013 年、2019 年、2022 年均发生典型干旱灾害事件。

1956 年，江西省发生大范围的夏秋大旱，赣北部分地区、吉安地区、赣南部分地区、抚州和上饶的部分地区共有 63 县出现了明显旱情，$4.81 \times 10^5 \, hm^2$ 农田受旱，其中 $2.49 \times 10^5 \, hm^2$ 成灾，损失稻谷约 $1.48 \times 10^9 \, kg$。

1985 年，除赣南外江西省大部分地区发生伏秋大旱，时间长达 $60 \sim 70$ 天，吉安、宜春南城、黎川、弋阳等地旱情严重，受灾面积 $4.30 \times 10^5 \, hm^2$，成灾面积 $1.66 \times 10^5 \, hm^2$，损失稻谷 $1.47 \times 10^9 \, kg$。

1991 年，江西省发生大范围的夏旱，特别是赣南腹地、吉泰盆地及鄱阳湖滨湖平原区等重要产粮基地受灾严重。全省受灾面积 $2.19 \times 10^6 \, hm^2$，绝收面积 $1.21 \times 10^6 \, hm^2$，损失粮食 $3.68 \times 10^9 \, kg$，240 余万农村人口饮水受到严重影响，2629 万头大牲畜饮水困难，57 个县级城市供水受到影响，影响城镇人口 68 万人，影响工业增加值 7.8×10^8 元。

2003 年，江西省发生特大干旱，农作物受旱面积 $1.06 \times 10^6 \, hm^2$（1590 万亩），成灾面积 $8.53 \times 10^5 \, hm^2$（1279.5 万亩），绝收面积 $2.48 \times 10^5 \, hm^2$（372 万亩），减产粮食 $2.44 \times 10^9 \, kg$，全省因旱造成 297 万城乡居民出现饮水困难，因干旱直接经济损失 6.7×10^9 元。

2007 年，由于久旱无雨、连续高温和水库蓄水量较少，江西省内尤其是赣中地区旱情严重，旱情向南北延伸，全省于 7 月 31 日启动三级抗旱应急响应；截至 8 月 8 日，全省农作物受旱面积高达 $6.98 \times 10^5 \, hm^2$（1047 万亩），147.96 万人因旱发生饮水困难，成为全国受旱最严重的地区之一。

2011 年，江西省降水异常偏少，降水量较多年同期平均值偏少五成左右，1 月 1 日至 4 月 30 日，全省平均降水 227mm，仅为多年平均的 49％，入汛后的 4 月 1—30 日，全省平均降水量 90mm，仅为多年平均的 42％，出现历史罕见春夏连旱；截至 5 月 19 日，全省已栽种的早稻受旱面积达 $1.29 \times 10^5 \, hm^2$（193.5 万亩），逾 $7.60 \times 10^4 \, hm^2$（114 万亩）中稻无水泡田翻耕，33 万人口饮水困难。

2013 年 7 月 16 日至 8 月 11 日，江西省平均降水量仅 34mm，比同期均值少 70％，有 15 个县市区降水量不足 10mm；据 8 月 11 日干旱高峰期统计，全省耕地受旱面积达 $6.4 \times 10^5 \, hm^2$（960 万亩），作物受旱面积达 $4.5 \times 10^5 \, hm^2$（675 万亩），66 万人因旱发生不同程度的饮水困难，全省共有 429 座小型水库干涸，80 条小型河流断流，赣江、抚河、信江及其支流 27 个站发生有记录以来最低水位。

2019 年 7 月下旬至 11 月 30 日，全省平均降雨量 131mm，比多年均值偏少 6.7 成，列历史同期倒数第 1 位。江河水位之低历史少见。26 条河 39 站突破历史最低水位，鄱阳湖进入枯水期和出现低枯水位时间较有记录以来分别提前 59 天和 48 天。影响范围之广历史少见。累计 11 个设区市、93 个县（市、区）538.6 万人受灾，因旱需生活救助 154.1 万人，其中因旱饮水困难需救助 96.5 万人，农作物受灾 $5.087 \times 10^5 \mathrm{hm}^2$（763.1 万亩），绝收 $9.59 \times 10^4 \mathrm{hm}^2$（143.85 万亩），直接经济损失 54.5 亿元。

2022 年江西旱情比往年发生得早，呈现降水严重偏少、蒸发量偏大、水库蓄水消耗快、江河水位下降迅速、干旱覆盖范围广、持续时间长等特点。2022 年 6 月下旬开始，全省迅速进入持续高温少雨天气，气温之高和高温天数、连续无雨日数之多，均创有记录以来极值，五河控制站水位较多年均值偏低 2～6m，赣江、抚河、乐安河、信江干流部分河段在内的 29 河 39 站刷新最低水位记录，46 条流域面积 10km² 以上河流出现断流，鄱阳湖进入枯水期、低枯水期、极枯水期较常年分别提前 92 天、98 天、115 天，均为有历史记录以来最早时间，并已于 9 月 23 日、11 月 17 日突破原纪录最低水位。主汛期结束时，全省水库蓄水达 188 亿 m^3，比常年同期偏多，甚至较蓄水最好的 2019 年还偏多 2 亿 m^3。至 9 月 30 日，已降至 124.66 亿 m^3（含死库容 50 亿 m^3），2991 座中小水库降至死水位以下，占总数（10560 座）的 28.32%；5.21 万座山塘干涸，占总数（18.36 万座）的 28.41%。据统计，至 2022 年年底，此次干旱灾害造成全省 11 个设区市 116 个县（市、区，含功能区）546.4 万人受灾，因旱需生活救助 60.5 万人（分布在 91 个县、区），累计因旱饮水困难需救助 19693 人（分布在 51 个县、区），农作物受灾面积 $7.032 \times 10^4 \mathrm{hm}^2$（1054.8 万亩）、绝收 $8.0 \times 10^4 \mathrm{hm}^2$（120 万亩），直接经济损失 71.7 亿元。

目前，江西省防汛抗旱任务仍然极为艰巨，防汛抗旱形势严峻，尤其是涉及面广、地点众多的山洪灾害发生频繁，防御难度比大江、大河、大湖更大。近年来，江西省旱情呈现增多、加重趋势，抗旱形势较 20 世纪 80—90 年代更加严峻，加上河槽、湖床下切显著，江、河、湖低水位出现频率加大，持续时间增长，给城市与农村取水抗旱造成更大困难。

第二节　防洪抗旱工程措施

截止到 2020 年，江西省已建成各类水库 10600 座（已注册登记水库为 10592 座），其中大型水库 32 座（含电力部门管理的 7 座，交通部门管理 1 座）；中型水库 262 座，小型水库 10306 座。规模以上灌区为 1156 处，其中 30 万亩以上灌区 18 处，5 万～30 万亩灌区 92 处，1 万～5 万亩灌区 202 处，0.2 万～1 万亩灌区 844 处。水闸工程为 11339 座，其中大（1）型 6 座，大（2）型 20 座，中型 245 座，小（1）型水闸 788 座，小（2）型水闸 10280 座。水电站 3765 座，其中大（2）型 4 座，中型 2 座，小（1）型 134 座，小（2）型 3625 座。泵站工程为 19973 处，其中大（2）型 3 处，中型 114 处，小（1）型 1256 处，小（2）型 18600 处。全省堤防长度达 14660.72km，主要分布在赣、抚、信、饶、修五河干流中下游、长江沿岸及鄱阳湖滨湖地区，其中，10 万亩以上圩堤共 27 座，堤线总长 1384.68km；5 万～10 万亩圩堤共 34 座，堤线总长 832.32km；1 万～5 万亩圩堤共 275 座，堤线总长 2910.76km；千亩至万亩圩堤共有 1506 座，堤线总长

5834.81km；千亩以下圩堤共有1482座。蓄滞洪工程包括鄱阳湖区的康山、珠湖、黄湖、方洲斜塘等4个国家级蓄滞洪区和泉港、箭江口、清丰山溪等3个省级蓄滞洪区。江西省重点堤防分布如图2-1所示。

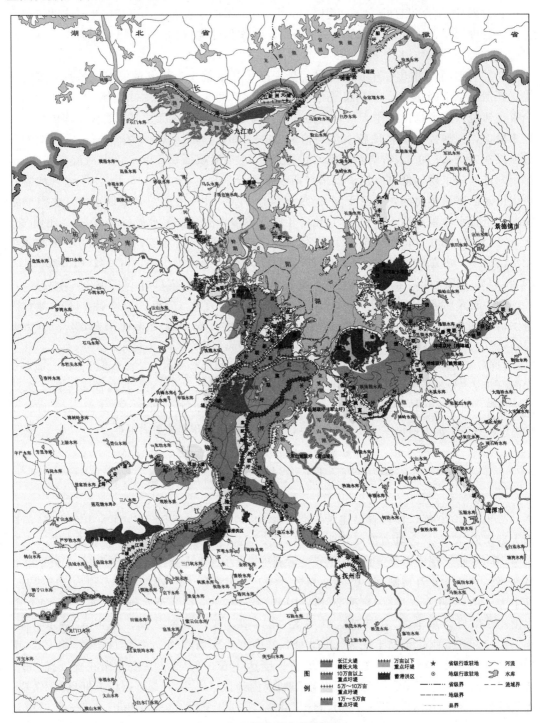

图2-1　江西省重点堤防分布[*]

第三节　防洪抗旱非工程措施

非工程措施是指运用经济、法律、行政手段以及其他直接运用防洪工程以外的手段来减少洪涝干旱等自然灾害损失的措施，具有投资少、见效快，并可为防汛抗旱工程充分发挥效益提供保证的特点，在防汛抗旱工作中被广泛应用。

非工程措施主要包括以下方面：一是法律法规体系，包括国家法律、法规、行政规章、规范性文件和地方性法规、规章等；二是责任体系，包括行政首长负责制、包片责任、主管责任、岗位责任等；三是预案方案体系，包括总体预案、专项预案以及流域方案、水工程度汛方案、工作方案等；四是监测预警体系，包括水雨情监测系统、山洪灾害预警系统、视频会商和视频监控系统建设等；五是支撑保障体系，包括物资保障、队伍保障、信息保障、制度保障等。

下面简述江西省已建成的非工程措施情况。

（1）法律法规体系。依据《中华人民共和国防洪法》《中华人民共和国防汛条例》《中华人民共和国抗旱条例》等法律法规，江西省制定了《江西省实施〈中华人民共和国防洪法〉办法》《江西省抗旱条例》等地方性法规，并就水利工程管理、水情预警等防汛抗旱相关工作制定了规章。

（2）责任体系。江西省始终发挥各级党委"总揽全局、协调各方"的作用，加强党对防汛抗旱工作的领导；压实以行政首长负责制为核心的各项责任制，坚持由防指统一指挥防汛抗旱工作，省、市、县各级政府主要负责同志为防指总指挥或指挥长。形成了省领导包市、市领导包县、县领导包乡的包片分工制度和各级防指成员单位分组包片制度。明确主管责任，坚持管行业要管防汛抗旱安全。明确水库安全度汛"五个责任人"（行政责任人、主管责任人、管理责任人、技术责任人、巡查责任人），圩堤"四个责任人"（行政责任人、管理责任人、技术责任人、巡查责任人）和山洪灾害五级（县、乡、村、组、户）联防责任人等岗位责任。

（3）预案方案体系。2022年，江西省应急管理厅组织修订了《江西省防汛抗旱应急预案》，在全省防汛抗旱工作中发挥了较好的指导作用。全省各市、县（区）在机构改革后均根据实际进行了应急预案修编。各地、各部门制定了《城市防洪应急预案》《山洪灾害防御预案》《蓄滞洪区运用预案》《防洪抢险应急预案》等专项预案，以及《防御洪水方案》《洪水调度方案》《枯水调度方案》《水工程度汛方案》《在建涉水工程度汛方案》等方案，各防指、防办分别制定了《防指年度工作方案》《防办年度工作方案》《防汛值班工作方案》等工作方案，保障了全省抗防汛抗旱工作科学有序开展。

（4）监测预警体系。目前，水雨情监测站网基本建立，省、市、县防汛抗旱指挥系统，实现信息接收处理、汛情监视、水情信息服务、气象产品应用、山洪灾害预警响应、防汛管理、数据库管理等功能，为防汛抗旱、抢险救灾指挥提供科学依据。

1）水雨情监测系统。江西通过水情分中心、山洪灾害防治非工程措施、中小河流水文监测系统、水库自动测报等项目建设，共建有雨量自动监测站4535处、水位监测站点1423处、水文（流量）站263处、蒸发站78处、墒情站503处、泥沙站29处、地下水监测站 128 处、水质监测站 586 处、饮用水水源监测站 99 处、排污口监测站 366 处、水生态监测断面 117 处。

2）山洪灾害预警系统。全省已建成简易雨量报警器 9805 个、简易水位站 158 个、无线预警广播主站 2071 个，分站 12801 个、手摇报警器 10682 个、锣 44960 套。建立了县、乡（镇）、村、组、户 5 级山洪灾害防御责任制体系，基本构建了山洪灾害群测群防组织体系。

3）视频会商和视频监控系统。目前已建成省、市、县防指和应急管理、水利等部门的全省异地视频会商系统，上连国家防总，下连各市县防指及部分乡镇，实现了国家、省、市、县、乡 5 级视频会商。大型水库和省调度的中型水库、重点蓄滞洪区、防汛仓库和部分堤防重点部位建成了视频监控系统，实现了全天候实时采集现场图像信息，提高了防汛抗旱管理现代化水平。

（5）支撑保障体系。

1）物资：目前，江西省各级储备（含行业部门储备）的物资包括抢险装备、救援装备、保障类装备物资和抢险物料等，总价值 4.79 亿元。其中，草袋 286.87 万条、麻袋 119.55 万条、编织袋 1403.06 万条、冲锋舟 797 艘、巡堤查险灯具 1.58 万台、汽油发电机 1208 台、排涝设备 470 台、其他物资 19.58 万件（套）和其他物料 5.35 万立方米。

2）应急队伍：江西省防汛抗旱救援力量的组成主要包括省消防救援总队、森林消防局机动支队驻赣大队等国家综合性消防救援队伍，专业森林消防队、矿山专业应急救援队伍、上高潜水队、江西省水上搜救中心鄱阳湖分中心、省航空护林局等各类专业应急救援队伍，人民解放军、武警部队、民兵等支援力量，中国安能集团第二工程局有限公司（原武警水电第二总队）、中国电建集团江西省电力建设有限公司等中央驻赣企业和属地建筑企业等企业救援队伍，蓝天、雄鹰等社会救援力量以及安全管理员、群测群防员、网格员等基础力量。

我省应急救援力量的组成主要包括国家综合性消防救援队伍、各类专业应急救援队伍和社会应急力量。国家综合性消防救援队伍主要由消防救援队伍和森林消防局机动支队驻赣大队组成，编制 5813 人，承担着防范化解重大安全风险、应对处置各类灾害事故的重要职责。各类专业应急抢险救援队伍主要由地方政府和企业专职消防、航空、地方森林防灭火、生产安全事故救援、水上搜救等专业救援队伍构成，担负着区域性灭火救援和生产安全事故、自然灾害等专业救援职责。其中，防汛抢险类的专业应急抢险救援队伍有中国安能集团第二工程局有限公司（原武警水电第二总队）等，中国安能集团第二工程局有限公司隶属于中国安能建设集团有限公司，公司总部位于南昌市高新区，在高安、安义、景德镇和新余各设 1 个大队。其中高安大队为专职抢险救援大队，现有人员 150 人，主战装备 43 台套，保障车辆 50 台套，主要担负抗洪、滑坡、泥石流、堰塞湖道路抢通等应急救援任务，平常进行抢险合成训练，汛期备勤、抢险。社会应急力量是应急救援的辅助力量，经摸底调查，我省现有社会应急力量 95 支。同时，人民解放军和武警部队是我省应急处置与救援的突击力量，担负着重特大灾害事故的抢险救援任务。

3）信息保障：江西省已建成水雨情、旱情、山洪灾害等监测预警系统，建有防汛抗旱指挥系统等业务应用系统，建有"赣汛通"等移动 App 应用，建有应急通信网络以及便携式通信基站、卫星通信车、卫星电话、无人机、单兵视频通信等设施设备，为各指挥中心科学预判风险，及时获取抢险救灾现场音视频信息，提升防汛抢险和调度指挥能力提供信息化保障。

全省应急管理部门配有无人机 171 台、对讲机 3011 台、便携式通信基站 50 套、卫星电话 192 台、卫星便携站 2 套、便携式通信箱 6 套及卫星通信车 1 台等应急通信设施设备；其他防汛抗旱有关部门根据实际需要也建设和配置了相关的应急通信设施和设备；此外，水利部门还建有覆盖鄱阳湖区重点圩堤、九江长江大堤、蓄滞洪区的超短波防汛应急通信系统；这些应急通信设施设备为实现应急情况下抢险救灾现场与指挥中心的数据、语音、视频的及时传输和提升防汛抢险和调度指挥能力提供保障。

机构改革前全省已建成省市县三级建成防汛通信计算机网络平台，并实现了上连国家防总和流域防指，平行边接相关防汛技术支持单位的防汛通信计算机网络平台、同时实现了与 37 座大中型水库、18 座重点圩堤工程管理单位的防汛计算机互联，实现了"数据、语音、视频三网合一"；机构改革后，全省应急管理部门通过应急指挥网和省政务外网，建成了上连应急管理部，下连各市县应急管理局，横向连接有关省直单位的应急指挥网络；同时实现了与原防汛通信计算机网络平台的互通，保证了管理部门对原防汛业务系统的数据访问。

4）工作制度：为使防汛抗旱指挥部运行和管理更加科学化、规范化、制度化，结合江西省防汛抗旱工作实际，省防指制定了《江西省防汛抗旱指挥部工作规则》，明确了机构设置和职责、会议机制、会商机制、包片分工机制、信息共享机制、值班值守制度等内容。省防汛抗旱指挥部办公室结合防汛抗旱应急预案、省防指日常工作任务等，制定了《江西省防汛抗旱指挥部办公室工作细则》，进一步明确了值班值守制度、信息报送制度等内容。此外，各市、县（区）防指、防办结合实际细化落实有关工作制度，各地各有关部门还根据职责和工作需要制定了巡查防守、督查检查、日常考核等制度。

第二篇

防 汛 抗 旱 知 识

第三章

气 象 水 文 知 识

第一节 气 象 知 识

一、气象概念

气象通常是指发生在天空中的风、云、雨、雪、霜、露、虹、晕、闪电、打雷等一切大气的物理现象，几乎所有出现在大气中的冷暖干湿、风云雨雪等大气状态以及各种声光电等物理化学现象都统称为气象。

气象现象是由气象学解释的可观测的天气事件。气象现象通过地球大气的变量来描述和量化：温度、气压、水蒸气、质量流量，以及这些变量的变化和相互作用，还有它们如何随时间变化。不同的空间尺度用于描述和预测当地、区域和全球的天气。

气象学是大气科学的一个分支，包括大气化学和大气物理学，主要侧重于天气预报。天气预报的一个重要领域是海洋天气预报，因为它涉及海洋和沿海安全，其中天气影响还包括大气与大水体的相互作用。气象学在许多不同的领域都有应用，如军事、能源生产、运输、农业和建筑。

二、气象监测要素

天气变化就是天气现象的变化。天气现象的项目很多，但均可通过一定的仪器或目估测定，以各种量值来表示。这些天气现象的单独项目称为气象要素。每个气象要素只能体现着天气的一个侧面，多个气象要素的综合才能反映出一个特定的天气状况。所以，气象要素可以被认为是描述天气状况的基本词汇。测定气象要素以后，便可根据它们确定当时的天气条件。连续地测定气象要素值就能反映出天气变化的客观实际，也就给我们分析过去的天气变化情况，判断未来的天气趋势提供了资料。

（一）气温

气温是大气热力状况的数量度量，表示空气冷暖程度的物理量。气温和湿度是主要的气象要素，大气中所发生的现象和天气变化都与气温和湿度有密切关系。冷与暖、干与湿、高气压与低气压是大气中的三对基本矛盾。其中冷与暖是主要矛盾，它影响着天气变化的全过程，决定着空气的干湿和降水，决定着高低气压的分布，影响着大气的运动，因此它成了天气变化的基本因素。

温度的标度称为温标，现在世界上通用的温标有 3 类：

（1）华氏温标。1708 年，德国物理学家华伦海特（1686—1736 年）发现装在细玻璃管中的水银遇热膨胀，能随温度按比例升高，于是首创华氏温标。其中水的冰点是 32℉，沸点 212℉。

（2）摄氏温标。1742 年瑞典天文学家摄尔修斯（1701—1744 年）在水的冰点和沸点之间划分 100 个等分，从而创造出 100℃温标。

（3）开氏温标。1848 年英国开尔文勋爵（1824—1907 年）在研究热机的同时制定出开氏温标，以 273℃为冰点，373℃为沸点，称为热力学温标或绝对温标。

（二）气压

地球被厚厚的大气层所包围，空气具有重量，因而具有压力。大气以本身的重量加压于地面，大气作用于地球表面单位面积上的力，叫作大气压力，简称气压，即横截面积为 1cm²（或 1m²）穿透整个大气层的竖直空气柱的重量。大气中任一高度上的气压等于其单位面积上所承受的从计算高度到大气顶界的大气柱重量。

气压值可用水银气压表测得，气象学上将纬度 45°的海平面上、温度 0℃时，760mm高的水银在其底面上所产生的压力称为一个标准大气压。法定压力单位为帕斯卡（Pa），简称帕。1hPa 是 1cm² 的面积上受到 1000 达因（dyn）的压力时的压强值。

（三）湿度

湿度是表示空气中水汽含量的多少和空气干湿程度的物理量。由高空观测资料表明，水汽压随高度的增加而迅速减小。一般距地面 1500m 左右，水汽压减小为地面的一半，5000m 高度处则减小到地面的十分之一。水汽压的地理分布与气温分布一致，赤道区域最大，向两极逐渐减小。在赤道附近平均水汽压约为 26hPa，到 35°N 约为 13hPa，65°N约为 4hPa，极地附近约为 1～2hPa。

近地面空气湿度有日变化和年变化两种，以绝对湿度和相对湿度变化较为明显。绝对湿度的日变化有两种类型：一是出现在海洋、沿海和大陆的秋冬季节，绝对湿度的变化和温度的日变化一致，一天内有一个最高值（午后）和一个最低值（清晨）。另一类型是出现在大陆乱流混合比较强的季节里，绝对湿度天有两个最高值（8—9 时和 20—21 时）和两个最低值（日出前和 14—15 时）。绝对湿度的年变化和气温的年变化相似，有一个最高值和一个最低值。最高值出现在蒸发强烈的 7—8 月，最低值出现在蒸发弱的 1—2 月。

（四）风

空气时刻处于运动状态。空气的运动可分解为水平运动和垂直运动两个分量，空气的水平运动称为风，空气在垂直方向上的运动称为对流。风对地球上热量和水分的输送起着重要作用，直接影响天气变化。风是表示空气运动的物理量，它与温度、气压和湿度等要素不同，风是矢量，不仅具有数值的大小，而且还有方向。风的大小用风速表示，风的方向用风向来表征。风向是指风吹来的方向，风向常用十六方位或方位度数法来表示。前者多用于陆上，后者多用于海洋和高空。

风速是单位时间内空气在水平方向上所移动的距离，通常以 m/s、km/s 或者海里/小时表示。单位时间内空气在铅直方向上移动的距离，叫作铅直速度，以 cm/s 或 hPa/s 计。

根据相对地面或海面物体影响程度而定出的等级风力叫风级，可用来估计风速的大小。原分为 0～12 级，计 13 个等级，后来增加到 18 个等级。风力等级划分见表 3-1所示。

级	风速 /(m/s)	风速 /(km/h)	陆地地面物象	海面波浪	浪高 /m	最高 /m
0	0.0~0.2	<1	静，烟直上	平静	0	0
1	0.3~1.5	1~5	烟示风向	微波峰无飞沫	0.1	0.1
2	1.6~3.3	6~11	感觉有风	小波峰未破碎	0.2	0.3
3	3.4~5.4	12~19	旌旗展开	小波峰顶破裂	0.6	1
4	5.5~7.9	20~28	吹起尘土	小浪白沫波峰	1	1.5
5	8.0~10.7	29~38	小树摇摆	中浪折沫峰群	2	2.5
6	10.8~13.8	39~49	电线有声	大浪白沫离峰	3	4
7	13.9~17.1	50~61	步行困难	破峰白沫成条	4	5.5
8	17.2~20.7	62~74	折毁树枝	浪长高有浪花	5.5	7.5
9	20.8~24.4	75~88	小损房屋	浪峰倒卷	7	10
10	24.5~28.4	89~102	拔起树木	海浪翻滚咆哮	9	12.5
11	28.5~32.6	103~117	损毁重大	波峰全呈飞沫	11.5	16
12	32.7~36.9	117~134	摧毁极大	海浪滔天	14	—
13	37.0~41.4	134~149	—	—	—	—
14	41.5~46.1	150~166	—	—	—	—
15	46.2~50.9	167~183	—	—	—	—
16	51.0~56.0	184~201	—	—	—	—
17	56.1~61.2	202~220	—	—	—	—
17级以上	≥61.3	≥221	—	—	—	—

表 3 - 1　　　　　　　　　　　　**风 力 等 级 划 分 表**

（五）云和降水

云是悬浮在空中的密集水滴和冰晶。云在一定的条件下会形成雨，云雨是天气舞台上的主角，是全球水循环中最活跃的部分。云是天气的脸谱，每种云的形成都是空间大气物理变化过程的产物，它代表着一定的天气特性，既表示着现在的天气，也预示着未来天气的变化，云的运动还能反映不同高度上气流的运动情况，因而在天气预报工作上非常重要。云的形成条件是多种多样的，但最基本的条件有三个：①有充足的水汽；②有足够多的凝结核；③要有使空气中水汽发生凝结的冷却过程，特别是空气上升运动引起的绝热冷却。大气中，各种不同云状的形成，主要是空气上升运动形式不同所造成的。

一定时段内，降落到水平地面上（假定无渗漏、蒸发、流失等）的雨水深度叫做雨量。如日降雨量是在 1 日内降落在某面积上的总雨量。此外，还有常年降雨量、月降雨量以及时段降雨量等，若将逐日雨量累积相加，则可分别得出旬、月和年雨量。次降雨量是指某次降雨开始至结束，连续一次降雨的总量，用雨量计或雨量器测定，以 mm 为单位。

目前，我国电视节目和广播中发布的日雨量为前一日 8：00 至次日 8：00 雨量，即代表前一天的雨量。国家气象局划分降雨大小的降雨强度标准见表 3-2。

表 3-2 国家气象局划分降雨大小的降雨强度标准

降雨强度	小雨	中雨	大雨	暴雨	大暴雨	特大暴雨
24h 雨量/mm	0.1～9.9	10～24.9	25～49.9	50～99.9	100～249.9	≥250

(六) 蒸发

水由液态或固态变成气态的过程称为蒸发;在植物物生长期,水分从叶面和枝干蒸发进入大气的过程,称为散发,也称为植物蒸腾。流域蒸散发是对自然条件下的水面蒸发、土壤蒸发和植物散发的总称,它们体现了流域热量交换和水量交换过程间的联系,是水文循环过程的一个重要环节。陆地上年降水量的 60%～70% 通过蒸发返回大气,从水量损失的角度来讲,蒸散发量是降用径流过程中的损失项,也是流域水量平衡分析计算的重要项目之一。对蒸散发规律及其定量计算的研究,对于水资源评价、水利工程的规划设计及有效利用水资源有着重要的意义。蒸发量以一段时间内所蒸发掉的水分平铺在同面积水平面上所形成的水层深度表示,以 mm 计。

三、天气系统

(一) 气团与锋

气团是指在水平方向上物理属性(主要指温度、湿度、大气稳定度等)相对比较均匀的大范围空气团块,其水平范围可达几百万平方公里,铅直厚度可达几公里至十几公里。

气团的形成需要具备两个条件:①大范围性质比较均匀的下垫面;②有利于空气停滞和缓行的环流条件,空气中的热量、水分主要来源于下垫面,因而下垫面的性质决定着气团的性质。气团的形成还必须有适合的环流条件,使得大范围空气能够较长时间停滞或缓慢运行在同一下垫面上,通过辐射、对流、蒸发、凝结等物理过程,逐渐获得与下垫面相适应的比较均匀的物理属性。移动缓慢的高压(反气旋)系统是最有利于气团形成的环流条件。

锋面是冷暖气团交界的狭窄的过渡区。这个区域在近地面约有几十公里宽,在高空可以宽达 200～400km。锋比较长,短的锋其长度也有几百公里,长的可达数千公里。锋的高度不高,矮的锋只有 1～2km,高的最多也只伸到十几公里左右的对流层顶。锋面是向冷气团一侧倾斜的,暖空气爬在上面,冷空气插入暖空气的下部。锋的特征突出表现在温度、气压和风的突变上。锋前和锋后的气温有时可以相差 10℃ 左右;且随气压的突变,风也起变化。比如,在地面锋线的前面一般吹西南风,锋线后面吹西北风等。由此看来,锋势必是一个天气多变的地带,因而为天气预报员所注目。

(二) 低涡、气旋与反气旋

低涡是指在高空天气图上,具有气旋性旋转,且高度比四周低的涡旋。其成因有两种:一是气流经青藏高原特定地形后产生的动力低涡,如西南涡;二是高空西风带的深槽切断出来的低涡,如北方冷涡。低涡内有较强的上升运动,为降水提供了有利条件,如低涡区水汽充沛,大气中又存在不稳定能量,则低涡经过的地方,常有暴雨出现。

气旋是大气中气压比四周低的区域,又叫低气压。生成于低纬度海洋的为热带气旋。生成于中纬度地区的为温带气旋。气旋中心气压愈低,气压梯度愈大,风速也愈大,这时气旋就愈强。每个气旋都要经历生成、发展、消失三个基本阶段。也就是气旋都具有由弱变强，再逐渐减弱到消失的过程。温带气旋中有冷、暖两种不同属性的大气构成，由冷空气推动暖空气，它们之间的界面称冷锋，反之，由暖空气推动冷空气的界面称暖锋。在气旋中心和锋面附近天气变化激烈，气旋和锋面经过的地区常常有大雨和暴雨出现。

气旋的强度般用其中心气压值来表示，中心气压愈低，气旋愈强，反之愈弱。地面气旋的中心气压值一般在 970～1010hPa，发展得十分强大的气旋中心气压值可低于935hPa。气旋近似圆形或椭圆形、长轴近似东西方向。其水平尺度是以最外围的一条闭合等压线的直径来衡量。气旋大小悬殊，直径平均 1000km，小的气旋其水平尺度只有200km 或更小些，大的可达 300km 以上。气旋区域由于有气流的水平辐合，使得不同温湿特征的空气相汇合，因此，大气温湿特性在水平方向上有较大变化，是锋生区域。气旋中经常发生剧烈的天气变化，而是人们最关心的天气系统。

反气旋是占有三度空间的中心气压比四周气压高的水平空气旋涡。在北半球，反气旋内的空气流作顺时针方向旋转，在地面天气图上表现为闭合等压线所包围的高气压，在高空天气图上，表现为闭合等高线所包围的高值区。

反气旋的强度也是用其中心气压值来表示，中心气压愈高，反气旋愈强，反之愈弱。地面反气旋的中心气压值一般在 1020～1030hPa。反气旋多半也是椭圆形，其长轴一般呈西北—东南向。反气旋的水平尺度比气旋大得多，大的可以与最大的大陆和海洋相比拟，小的反气旋其直径也可达数百千米。反气旋的温度场比较均匀，温度对比不太明显。在高压区内，高层气流辐合，低层气流辐散，盛行下沉气流，因此多晴好天气。气旋和反气旋就是低压和高压，所谓气旋和反气旋是从流场特征说的；低压和高压是针对气压场而言。就平均情况而言，冬季温带气旋与反气旋的强度都比夏季的强，海上的温带气旋要比陆上的强，海上的温带反气旋则比陆地上的要弱。气旋与反气旋的强度是在不断变化的，当气中心气压随时间降低时，称气旋"加深"；当气旋中心气压随时间升高时称气旋"填塞"。当反旋中心气压随时间升高时，称反气旋"加强"；随时间降低时，称反气旅"减弱"。

气旋与反气旋的分类方法较多，通常按活动的主要区域和按热力结构的特点进行分类。气旋可分为两类，即温带气旋和热带气旋。温带气旋是指发生在中、高纬度的气旋，它可以分为锋面气旋和地方性热低压两种。锋面气旋是由锋面上波动产生的，多发生在温带的极地气团与热带气团的交界面上，因此有冷暖气团的交绥，属于冷性低压系统，一般有显著的天气现象。温带地区的降水大部分与温带气旋有关，这种气旋有的单独出现，有的可成串地在一条主锋上依次前进，称为气旋族；地方性热低压亦称暖性气旋，这种热低压往往形成于温度较高的单一气团之中，范围较小，强度弱。无锋面存在且无天气现象，往往出现在我国西部地区，但当有适度的冷空气进入时，也可能会演变为锋面气旋。

热带气旋指在热带、副热带海洋上发生的气旋性涡旋，在发生、发展、移动方向和内部构造等方面，均与温带气旋有很大差别。热带气旋是影响我国的重要天气系统。热带气旋到来时伴有狂风暴雨，常给国家和人民生命财产带来重大损失。但在我国南方的伏旱季节，热带气旋带来的降雨对缓解旱情极为有利。影响我国的热带气旋生成于西太平洋热带洋面，是一个直径为 100～200km 的暖性涡旋。

反气旋根据其活动和形成的地区可分为极地反气旋、温带反气旋和副热带反气旋；根据其热力结构可分为冷性反气旋和暖性反气旋。冷性反气旋习惯上称冷高压，主要活动于中高纬度，冬季强大的冷高压南下，可造成24h降温超过10℃的寒潮天气。暖性反气旋出现在副热带地区，副热带高压多属于此类。

（三）副热带高压

副热带是指在热带北部与温带南部之间的过渡带，大约在北纬15°～35°之间（北半球）。副热带高压是围绕地球一圈在副热带生成的高压带，是大气环流的一种。西太平洋副热带高压是其中之一，能造成我国大范围的旱涝，故特别受到重视。

因受海陆分布的影响，它分裂成若干个高压单体，这些单体统称为副热带高压。副热带高压是深厚的暖性反气旋，它占据的空间很大，稳定少动，是副热带地区最重要的一种大型天气系统。它的存在和活动，不仅对中、低纬度的环流形势和天气变化有极为重要的作用，而且对中、高纬度地区的环流演变也有较大的影响。副热带高压是由于对流层上层空气辐合、聚积而形成，它是常年存在、稳定少动的深厚系统。它的强度和规模在冬夏季节有很大差异。一般说来，北半球副热带高压的强度在夏季时迅速增大，盛夏时达到最强，范围几乎占整个北半球的1/5～1/4。冬季时，由于北半球降温，强度减弱，范围缩小，位置南移东退。南半球副热带高压的季节变化和北半球相反。大陆高原上的副热带高压（青藏高压）主要是由高原地面的热力作用形成。夏季时，它在500hPa等压面上开始出现，向高空逐渐加强，到100hPa成为北半球上空一个强大的高压体。影响我国的副热带高压，主要有西太平洋高压（脊）、青藏高压、南海高压和华北高压。副热带高压内的天气，由于盛行下沉气流，以晴朗、少云、微风、炎热为主。高压的西北部和北部边缘，因与西风带交界，受西风带锋面、气旋活动的影响，上升运动强烈，水汽也较丰富，多阴雨天气。高压南侧是东风气流，晴朗少云，低层湿度大、闷热。但当有台风、东风波等热带天气系统活动时，可能产生大范围暴雨带和中小尺度的雷阵雨及大风天气。高压东部受北来的冷气流影响，形成的逆温层低，是少雨干燥的天气，长期受其控制的地区，因久旱无雨，可能出现干旱，甚至变成沙漠气候。

（四）台风

台风是发生在热带海洋上强烈的暖心气旋性大漩涡，是一种热带气旋。台风的水平尺度几百千米到上千千米，铅直尺度可从地面直达平流层底层，是一种深厚的中尺度天气系统。世界气象组织规定涡旋中心附近最大风力（最大风速小于17.2m/s）小于8级时称热带低压，风力达8～9级（最大风速17.2～24.4m/s）时称热带风暴，10～11级（最大风速24.5～32.6m/s）时称强热带风暴，当风力大于12级（最大风速大于32.6m/s）时称台风。

台风预警级别分4级，预警信号分别以蓝色、黄色、橙色和红色表示。台风预警信号含义见表3-3。

（五）大气环流

大气在不停地运动着，它的运动形式很多，规模也不同，我们把大范围的大气运行状态称为大气环流。大气环流的水平尺度在数千千米以上，垂直尺度可达10km以上，时间尺度在1～2天以上。这样大范围大气运动的基本状态既是各种不同尺度的天气系统发生、发展和移动的背景条件，也是气候形成的基本因素之一。

表 3-3 台风预警信号含义表

预警级别	预警信号含义
台风 蓝 TYPHOON	蓝色预警信号：24h内可能或者已经受热带气旋影响，沿海或者陆地平均风力达6级以上，或者阵风8级以上并可能持续
台风 黄 TYPHOON	黄色预警信号：24h内可能或者已经受热带气旋影响，沿海或者陆地平均风力达8级以上，或者阵风10级以上并可能持续
台风 橙 TYPHOON	橙色预警信号：12h内可能或者已经受热带气旋影响，沿海或者陆地平均风力达10级以上，或者阵风12级以上并可能持续
台风 红 TYPHOON	红色预警信号：6h内可能或者已经受热带气旋影响，沿海或者陆地平均风力达12级以上，或者阵风14级以上并可能持续

大气环流随时间、空间而变化，如果从不同时间的大气环流中，滤除不规则的微小变化，便可得到大气环流的一般状况，我们称之为一般的大气环流，它代表了某一地区在某一时间内经常出现的地区运动状况。大气环流不仅是各种不同尺度天气系统活动的基础，也是全球天气变化、气候形成和演变的重要原因。因此，研究大气环流的特征及其形成、维持、变化和作用，掌握其规律，在改进和提高天气预报的精度、研究气候形成的理论等方面具有重要意义。

（六）厄尔尼诺与拉尼娜现象

20世纪中叶以来，一系列全球性的气候反常现象，越来越引起广大科学家的关注和重视，特别是20世纪70年代席卷非洲的干旱，80年代孟加拉国的大洪水，90年代我国主要江河水灾以及东北地区夏季出现异常低温等，更是引人注目。经过研究，认为这些反常现象的出现，与被称为厄尔尼诺的一种自然现象有所联系。近年来，该现象已成为科学领域中的热门话题和重大课题。有迹象显示，厄尔尼诺实际上是自然灾害的信号之一。

1. 厄尔尼诺现象

厄尔尼诺（EI-NiNo）在西班牙文中即为圣子之意。厄尔尼诺现象是指发生在赤道东太平洋，特别是冷水城中，秘鲁洋流水温异常增高，造成鱼类大量死亡的现象。此现象一般出现于圣诞节前后，大范围海面温度可比常年偏高3~4℃，最高时可偏高6℃。厄尔尼诺现象会造成低纬度海水温度年际变幅达到峰值，因此不仅对低纬度大气环流，甚至对全球气候的短期变化都具有重大影响。例如，我国属于东部亚热带季风区域，影响我国夏季降水的主要天气系统是西太平洋副热带高压，太平洋东部海温剧升后，通过海水和大气之间的相互影响的关系，就影响到东亚的大气环流，造成副热带高压在强度和位置上的显著变化，从而导致降水异常，引发洪水灾害或其他自然灾害。然而，厄尔尼诺现象与气候反常之间的联系机理尚未被完全揭示出来，有待于进一步加以探索。

据我国气候专家分析，1969年、1983年、1987年、1991年是出现厄尔尼诺现象年，我国长江流域均发生了严重的洪水灾害。1957年、1969年、1976年发生了厄尔尼诺现象，我国东北地区又出现了严重的低温灾害。近百年来，著名的厄尔尼诺年有：1891年、1898年、1925年，1939—1941年、1953年、1957—1958年、1965—1966年、1972年、1982—1983年、1986—1987年、1991年、1997—1998年等，初步研究认为，1954年我国长江流域特大洪水、1988年洞庭湖区特大秋汛、1991年长江中下游地区罕见的水灾以及1998年长江流域的大水灾均与厄尔尼诺有密切的关系，所以当厄尔尼诺现象出现时，要高度警惕洪水灾害及其他灾害，搞好防灾准备，以做到有备无患。

2. 拉尼娜现象

拉尼娜现象也称反厄尔尼诺现象，一般是厄尔尼诺现象发生在先，而它居后，故又有别名"圣女"。在赤道、中、东太平洋表层海水温度异常偏高时，称厄尔尼诺现象；而表层海水温度比一般年份偏低时，被称作拉尼娜现象。但并不一定是海水温度偏低时就一定形成拉尼娜现象。我国科学工作者对两者的定义是：采用赤道中、东太平洋关键区（150°W～90°W，5°N～5°S）的海温指标，当该区大范围海表温度较常年增暖（降温）超过0.5℃以上，并至少持续6个月以上（其中允许有1个月中断）时，则定义该次增温（降温）过程为一次厄尔尼诺（拉尼娜）现象。

据我国国家气候中心分析表明，拉尼娜对我国降水的影响正好与厄尔尼诺相反，拉尼娜年赤道东太平洋海温降低，西太平洋海温升高，夏季风增强，西太平洋副热带高压位置北抬，使我国夏季雨带偏北，常常位于黄河流域及其以北地区，华北到河北一带多雨，江淮流域少雨的可能性大。拉尼娜年冬季，我国降水的分布为北多南少型，近50余年所出现的拉尼娜现象有70%以上的年份北方降水偏多，南方降水偏少。

（七）暴雨基础知识

暴雨常常引发洪水、山体滑坡、泥石流等灾害，给农业生产、人民群众的日常生活造成严重不利影响。

1. 暴雨的成因

一般地说，暴雨的形成包含了一系列条件：

（1）充沛的水汽不断地向暴雨区输送并在那里汇合。中国暴雨的水汽主要来源于西太平洋、南海和孟加拉湾，水汽输送的机制往往是和大尺度环流、低空急流、低值涡旋系统相联系的。

（2）强烈而持久的上升运动把低层水汽迅速抬升到高空。中小尺度天气系统和地形引起的上升运动，它们的上升速度可以达到1m/s的量级。在积雨云中，上升速度可达40m/s，接近急流中的平均风速。

（3）对流不稳定能量的释放与再生。低层暖湿气流侵入暴雨系统和地形抬升作用，有利于对流不稳定能量的释放和再生，持续地引起强对流运动。

2. 暴雨的特征

暴雨是引起洪水灾害的主要原因之一，灾害性洪水主要是由大面积暴雨造成的，暴雨的发生发展过程特别为人们所关注。江西省暴雨的时空分布有以下一些特征。

（1）短历时强降水极值分布。受季风环流、地理纬度、距海远近、地形与地势的影响十分显著，不同的地理条件和气候区，暴雨类型、极值、强度、持续时间以及发生季节都不相同。

（2）短历时强降水频次及其分布。根据暴雨时空尺度特征，大致可分成两种类型：一类为局地性暴雨，历时短、中心强度大、笼罩范围几十乃至几百平方公里，所造成的洪水灾害也是局部性的；另一类为大面积暴雨，这类暴雨过程历时长、暴雨覆盖面广，可以导致一个地区或几条大的河流同时暴发洪水。暴雨历时、笼罩面积和降雨总量三者之间如何配置，对洪水影响极大。

暴雨与短历时强降水是江西最主要的灾害性天气，两者既有联系又有区别，暴雨天气过程中大多会存在短时强降水，而短时强降水也往往会形成暴雨。暴雨与短历时强降水的年均频次分布均呈"东北多、西南少"。

3. 暴雨预警信号

暴雨预警级别分 4 级，分别以蓝色、黄色、橙色和红色表示。暴雨预警信号含义见表3-4。

表 3-4　　　　　　　　　　　　　　暴雨预警信号含义表

预警级别	预警信号含义
暴雨 蓝 RAIN STORM	蓝色预警信号：12h 内降雨量将达 50mm 以上，或者已达 50mm 以上且降雨可能持续
暴雨 黄 RAIN STORM	黄色预警信号：6h 内降雨量将达 50mm 以上，或者已达 50mm 以上且降雨可能持续
暴雨 橙 RAIN STORM	橙色预警信号：3h 内降雨量将达 50mm 以上，或者已达 50mm 以上且降雨可能持续
暴雨 红 RAIN STORM	红色预警信号：3h 内降雨量将达 100mm 以上，或者已达到 100mm 以上且降雨可能持续

四、气象预报

天气预报工作般分为 3 个阶段：天气分析（天气实况与天气形势）、天气形势预报、天气情况（气象要素或天气现象）预报。这 3 个阶段又是紧密关联的。人们在生产活动和日常生活中需要的固然是气象要素或天气现象的预报，如温度的高低、风力的大小、降水的有无与大小等。但气象要素和天气现象是由天气形势制约的。形势预报是预报未来某时段内各个天气系统的生消移动和强度的变化，因此它是气象要素预报的基础。而要作出正确的形势预报，必须首先进行天气分析，即要根据天气学的原理，对天气图和各种探测资料进行分析。只有通过对过去观测事实的分析，才能了解天气系统的分布状况和空间结构，弄清天气系统演变的过程和原因及其与天气变化的关系，从而为作出天气预报提供依据。

（一）天气图

天气分析是天气预报的基础。要作出某一地区的天气预报，首先就要了解天气系统的分布和空间结构，弄清天气系统的演变过程及其与天气变化的关系，从而判断未来的天气变化。在水文部门为了分析某一流域或地区发生旱涝的成因，也要进行天气分析。进行天气分析首先须了解和掌握天气分析的工具。在实际工作中常用的天气分析工具有天气图、卫星云图与雷达回波等，其中天气图是目前主要的分析工具。

用于分析大气物理状况和特性的图表统称为天气图，根据不同要求和目的有多种类别，通常专指反映特定时刻广大地区的天气实况或天气形势的图。天气图是根据同一时刻各地测得的天气实况，用天气符号或数字，按一定格式填在空白地图上而成的，主要有地面天气图和高空天气图两种。地面天气图填的数值和符号有海平面气压、气温、露点、云状、云量、能见度、风向、风速、现在天气、过去天气等。高空天气图上绘有等高线和等温线，显示高空天气形势的分布。通过地面天气图、高空天气图的三维分析，可预测未来的天气变化。天气图是填有各地同时间气象观测记录、能反映定区域天气状况的特别地图，按图面的范围可分为全球天气图、半球天气图、洲际天气图、国家范围的天气图和区域天气图，天气图上的气象观测记录，是由世界各地的气象站用接近相同精度的仪器和统一的观测规范在同一规定的时间内观测后迅速集中而得到的。没有填写天气记录的天气图称为空白天气图或天气图底图。图上除印有地形外，还有按世界气象组织统一规定的区界（在图中以绿色粗实线标出）、区号以及气象站的站址和站号。

气象卫星是一种人造地球卫星，从连续的静止卫星云图上可发现暴雨云团的形成过程。

（二）预报内容

在进行了天气分析也即分析了天气形势的实况后就可对未来的天气形势进行预报，并在此基础上进行气象要素预报。

1. 天气预报内容

研究天气学的主要目的就是作天气预报。天气预报的内容分天气形势预报和气象要素预报两部分。天气形势预报指的是对高压、低压槽、脊、锋面等天气系统未来的移动、强度变化以及生成和消失的预报；气象要素预报则是指最高和最低气温、风、云、能见度、降水及其他各种天气现象的预报，即通常在电视、报纸及电台广播的预报。任何一个地区的气象要素变化，都是和天气形势的演变紧密相连的。所以正确的天气形势预报是气象要素预报的主要依据。

2. 天气预报种类

天气预报按预见期的长短，可分为：

（1）短时预报。根据雷达、卫星探测资料，对局地强风暴等进行实况监测，预报它们在未来1～6h的动向。

（2）短期预报。预报未来24～48h的天气情况。

（3）中期预报。对未来3～15天的预报。主要包括受何种天气过程影响，是否会出现灾害性天气，以及主要的天气变化趋势。

（4）长期预报。通常指1个月到1年的预报。主要应用统计预报方法进行。目前应用数值预报方法作长期预报的试验已有一些进展。

（5）预报时效在1～5年的称为超长期预报。5年以上的则称为气候展望。

天气预报按预报范围的大小，可分为：

（1）大范围预报。一般指全球预报、半球预报、大洲或国家范围的预报。主要由世界气象中心、区域气象中心及国家气象中心制作。

（2）区域预报。常指省（区）、州和地区范围的预报。由省（区）、市或州气象台和地区气象台制作。

（3）地方预报。一般指城市、县范围的天气以及水库区域、机场、港口的预报等。这些预报由当地气象台（站）和专业气象台制作。

天气预报按预报内容及服务对象，可分为：

（1）一般性天气预报。主要是气温、风、晴、阴雨雪等气象要素的预报。

（2）灾害性天气预报。如大风、暴雨、寒潮、台风、龙卷风等警报。

（3）专业性天气预报。如专为航空航海、农牧业渔业等服务的预报。

第二节　水　文　知　识

一、水文概念及其作用

水文指的是自然界中水的变化、运动等的各种现象，现在一般指研究地球上的水的形成、循环、时空分布、物理与化学性质，以及水与环境的相互关系，包括生物特别是对人类的影响的一门学科。按照新的治国方略和新的治水思路，水文的服务领域得到进一步拓展，水文的基础性作用更加突出，作为国民经济建设和社会发展的基础性和公益性事业，在防汛抗旱、水资源开发利用管理、生态与环境保护、水工程规划建设以及电力、环保、交通、航运、铁道、国防等领域中发挥着不可替代的作用，创造了巨大的社会效益和经济效益。尤其在历年的抗洪减灾工作中，水文作出了巨大贡献，真正起到了耳目和参谋的作用。

我国的洪旱灾害十分频繁，为防汛抗旱工作提供科学的决策依据是水文的主要工作。

在历次洪旱灾害中，水文部门及时提供雨情、水情、墒情等信息，提前进行准确预报，在防汛抗旱调度决策、保护人民生命财产安全和经济建设成果等方面作出了卓越的贡献。在防洪的关键时刻，提前对重要水文站的水位、流量作出准确的预报，为各级政府科学决策提供了准确依据，把洪灾损失降低到最低限度，极大地避免了经济财产损失。参照世界气象组织关于次洪水的水文情报预报占防洪减灾效益比重的调查结果，仅 1998—2000 年，我国水文情报预报的防洪减灾直接经济效益就达 1100 亿元。

近年来，山洪灾害所造成的人员伤亡约占洪灾伤亡的 70%，因此，山洪灾害的防治是当前防汛工作面临的最为紧迫的任务之一。山洪灾害的突发和频发，造成的损失和影响也越来越大。在山洪、泥石流灾害较为严重的地区，水文部门通过加强山洪灾害的监测，为山洪预警和人员转移提供了及时快速的水文信息服务。例如，2008 年 5 月 28 日，萍乡市上栗县降暴雨，最大 3h 降水 158mm、6h 降水 224mm、12h 降水 299mm，日降水达 312mm。由于水文部门及时为决策部门报送可靠的雨水情信息，4000 多人得以提前转移，无一死伤。零伤亡的奇迹得到了国家和中央领导的高度评价。

二、水文监测要素

水文要素是构成某地点或区域在某时间的水文情势的主要因素，是描述水文情势的主要物理量，包括各种水文变量的水文现象。降水、蒸发和径流是水文循环的基本要素。同时，水位、流速、流量、水温、含沙量和水质等也列为水文要素。水文要素通常由水文站网通过水文测验加以测定。

（一）降水

地面从大气中获得的水汽凝结物，总称为降水。它包括两部分：一部分是大气中水汽直接在地面或地物表面及低空的凝结物，如霜、露、雾和雾淞，又称为水平降水；另一部分是由空中降落到地面上的水汽凝结物，如雨、雪、霰雹和雨淞等，又称垂直降水。我国国家气象局地面观测规范规定，降水量指的是垂直降水。

降水是水文循环的基本要素之一，也是区域自然地理特征的重要表征要素，是雨情的表征。它是地表水和地下水的来源，与人类的生活、生产方式关系密切，又与区域自然生态紧密关联。降水是区域洪涝灾害的直接因素，是水文预报的重要依据。在人类活动的许多方面需要掌握降水资料，研究降水空间与时间变化规律。如农业生产、防汛抗旱等都要及时了解降水情况，并通过降水资料分析旱涝规律情势；在水文预报方案编制和水文分析研究中也需要降水资料。

（二）水位

水位是指水体的自由水面高出基面以上的高程，其单位为米（m）。基面即基准面，与海水面平行的面，也是高程起算面。表达水位所用基面通常有两种：一种是绝对基面，另一种是测站基面（假设基面）。绝对基面：一般是以某海域地点的特征海水面（多年观测结果的平均值）为基准面，其高程为 0.000m。黄海基面：采用青岛验潮站测定的黄海平均海水面，"1956 年黄海高程系"和 1985 黄海高程系，均为"黄海基面"。吴淞基面：采用上海吴淞口验潮站 1871—1900 年实测的最低潮位所确定的海面作为基准面。目前，我国虽统一采用 1985 黄海高程系黄海基面，但我省多数水文水位站仍沿用吴淞基面。吴淞基面＝黄海基面＋基面改正数。

假定基面：若水文站附近没有高程控制点，其高程暂时无法与全河（地区）统一引据的某一绝对基面高程相连接，则可暂时自行假定一个水准基面，作为高程起算的标准。

我国目前采用的绝对基面大都为黄海基面，即以黄海口某一海滨地点的特征海平面为零点，为保持资料的连续性，设站时间较久远的站点仍滑用吴淞基面。为使各站的水位便于比较，在"水文年鉴"中均注明了黄海与吴淞基面的换算关系。如长沙水位站，所使用的基面为吴淞基面，将其换算为黄海基面起算水位，则黄海基面以上水位一现观测水位（吴淞基面）－2.280m。测站基面，是水文测站专用的一种固定基面，一般以路低于历年最低水位或河床最低点作为零点来计算水位高程。

为便于比较各站水位，在刊布水文资料时，均注明了该基面与绝对基面的关系。本位可直接用于水文情报预报，为防汛抗旱、灌溉、排涝、航运及水利工程的建设、运用和管理等所必需。长期积累的水位资料是水利水电、桥梁、航道、港口、城市给排水等工程建设规划设计的基本依据。在水文测验中，量关系推求流量及变化过程。利用水位还常用连续观测的水位记录，通过水位流可推求水面比降和江河湖库的蓄水量等。在进行流量、混沙、水温、冰情观测的同时也要观测水位。

（三）径流和流量

径流是指在水文循环过程中，降水沿流域的不同路径向河流、湖泊、沼泽和海洋汇集的水流。在一定时段内通过河流某一过水断面的水量称径流量。径流是水循环的主要环节，也是水量平衡的基本要素，一个地区的径流量往往是该地区的水资源量的主要组成部分。

按径流存在的空间位置，可分为地表径流（直接径流）、地下经流、壤中流；按径流补给形式，可分为降雨径流、冰雪融水径流；一年中不同时期的径流分别称为汛期径流、枯季径流、年径流。

从降水到达地面至水流汇集于流域出口断面的整个过程叫径流形成过程。它包括植物截留、填洼、下渗、蒸发、坡地汇流、河槽汇流等一系列过程。通常把上述过程归纳为产流过程和汇流过程。

流量是单位时间内通过河、渠或管道等某一断面的水流体积，单位为 m^3/s。流量是天然河流、人工河渠、水库、湖泊等径流过程的瞬时特征，是推算上下游、湖库水体入出水量以及水情变化趋势的依据。设河流某过水断面面积为 A，与流入过水断面所在河段的断面平均速度为 V，按照流量的定义，则流量为

$$Q=AV \tag{3-1}$$

式中　Q——流量，m^3/s；

　　　V——断面平均流速，m/s；

　　　A——过水断面面积，m^2。

降雨产生径流并陆续汇入河道，使流量和水位不断增长，我们将洪水通过河川某断面的瞬时最大流量值称为洪峰流量，以 m^3/s 为单位；其最高水位，称为洪峰水位，以米（m）为单位。

流量过程是区域（流域）下垫面对降水调节或河段对上游径流过程调节后的综合响应

结果。天然河流的流量可直接反映汛期，受工程影响水域的入出流量是推算水体汛情的基础。简单地说，流量是特定断面径流计算的依据，而区域径流是水文循环的又一核心要素之一，也是区域自然地理特征的重要表征要素。在进行流域水资源评价、防洪规划、水能资源等规划以及航运、桥梁等涉水项目建设都要应用流量资料作为依据。防汛抗旱和水利工程的管理运用，要积累江河、湖库流量资料，分析径流与降水等相关水文要素的相关关系和径流要素时空变化规律，来进行水文预报和水量计算，有效增强防汛抗旱的预见性和水利工程调度的科学性。

洪水流量由起涨到达洪峰流量，此后逐渐下降，到暴雨停止后的一定时间，河水流量及水位回落到接近原始状态。以时间为横坐标，以江河的水位或流量为纵坐标，可以绘出洪水从起涨至峰顶再回落到接近原来状态的整个过程曲线，称为洪水过程线；一次洪水过程通过河川某断面的总水量，称之为该次洪水的洪量，其单位为亿 m³；水文上也常以一次洪水过程中，一定时段通过的水量最大值来比较洪水的大小，如最大 3 天、7 天、15天、30 天、60 天等不同时段的洪量。

（四）水面蒸发及陆面蒸发

水面蒸发量（近似用 E601 型蒸发器观测值代替），是表征一个地区蒸发能力的参数。陆面蒸发量是指当地降水量中通过陆面表面土壤蒸发和植物散发以及水体蒸发而消耗的总水量，这部分水量也是当地降水形成的土壤水补给通量。水面蒸发是水循环过程中的一个重要环节，是水文学研究中的一个重要课题。它是水库、湖泊等水体水量损失的主要部分，也是研究陆面蒸发的基本参证资料。在水资源评价、水文模型确定、水利水电工程和用水量较大的工矿企业规划设计和管理中都需要水面蒸发资料。随着国民经济的不断发展，水资源的开发、利用急剧增长，供需矛盾日益尖锐，这就要求我们更精确地进行水资源的评价。水面蒸发观测工作，就是为了探索水体的水面蒸发及蒸发能力在不同地区和时间上的变化规律，以满足国民经济各部门的需要，为水资源评价和科学研究提供可靠的依据。

（五）土壤墒情

土壤墒情（用土壤含水量表示）与植物生长状态关系密切，是农业、牧业、茶业、林业干旱程度的衡量指标，是旱情监测与发布的依据。同时土壤墒情与降水、蒸发、地表径流和地下水位关系密切，是推算前期影响土壤蓄水进而建立旱情预报模型的基础。开展土壤墒情监测工作，就是为了探索土壤含水量在不同地区、不同土壤质地和时间上的变化规律。配合墒情监测辅助观测植物生长状态，是掌握特定土体不同植物不同生长时期维系植物正常生长适宜含水量的依据。为各级政府和防汛抗旱部门指导农业抗旱及调整农业种植结构提供依据。

（六）沙情

表征河流沙情的指标是含沙量。江河水流挟带的泥沙会造成河床游移变迁和水库、湖泊、渠道的淤积，给防洪、灌溉、航运等带来影响。另一方面，用挟沙的水流淤灌农田能改良土壤。因此，进行流域规划、水库闸坝设计、防洪、河道治理、灌溉放淤、城市供水和水利工程管理运用等工作，都需要掌握泥沙资料。另外，泥沙资料也是计算水土保持效益及有关科学研究的重要依据。施测悬移质（包括输沙率和单位含沙量）的目的是要取得各个时期的输沙量和含沙量及其特征值，为各应用部门提供基本资料。

（七）河流冰情

河水因热量收支变化而形成的结冰、封冻、解冻的现象。河道上定量观测的冰情要素有河段冰厚、冰流量、水内冰、冰坝、冰塞等。

（八）水质

水质的监测是环境监测的重要内容之一。其目的是提供水环境质量现状数据，判断水环境质量；确定水污染物时空分布，污染物的来源和污染途径；提供水环境污染及危害的信息，确定污染影响范围，评价污染治理效果，为水质管理提供科学依据。

（九）水资源

水资源数量评价主要包括降水、蒸发、径流等水文循环基本要素，地表水资源量、地下水资源量、水资源总量、水资源可利用量等评价成果及其动态演变规律与区域分布规律。

三、水文预报

水文预报是根据水文现象的客观规律，利用实测的水文气象资料，对水文要素未来变化进行预报的一门水文学科，它是水文学的一个重要组成部分。水文预报是应用水文学的一个分支，是一项重要的水利基本工作和防洪非工程措施，直接为水资源合理利用与保护、水利工程建设与管理，以及工农业生产服务。

（一）水文预报的重要作用

在防洪斗争中，水文预报能事先提供洪水的发生和发展变化的信息，以便在洪水到来之前做好防汛抢险的准备，必要时有计划地采取蓄洪、分洪措施，使洪水灾害减到最低程度。

在水利、水电工程的管理运用中，根据水文预报合理安排调度运用方式，较好地处理防洪和兴利的矛盾，可以大大提高工程的综合效益。我国许多大型水电站和综合利用的水库如白山水电厂、柘溪水电站、丹江口水库等，由于采用预报调度方式，其发电效益和综合利用效益比不利用预报信息的调度方式显著提高。

（二）水文预报的分类

大程水文预报按其预报的项目可分径流预报、冰情预报、沙情预报与水质预报。径流预报又可分洪水预报和枯水预报两种，预报的要素主要是水位和流量。水位预报指的是水位高程及其出现时间；流量预报则是流量的大小、涨落时间及其过程。冰情预报是利用影响河流冰情的前期气象因子，预报流凌开始、封冻与开冻日期，冰厚、冰坝及凌汛最高水位等。沙情预报则是根据河流的水沙相关关系，结合流域下垫面因素，预报年、月和一次洪水的含沙量及其过程。水文预报按其预见期的长短，可分为短期水文预报与中长期水文预报。预报的预见期是指发布预报与预报要素出现的时间间距。在水文预报中，预见期的长与短并没有明确的时间界限，习惯上把主要由水文要素作出的预报称为短期预报；把包括气象预报性质在内的水文预报称为中长期预报。

按预报对象分为：

（1）洪水预报。主要预报暴雨洪水、融雪洪水的洪峰水位（或流量）、洪峰出现时间、洪水涨落过程和洪水总量等。

（2）枯季径流预报。主要预报枯季径流量、最低水位及其出现时间。

（3）墒情预报。分析土壤水分的动态变化，预报农作物生长所需的墒情。

（4）地下水位预报。分析地下水动态变化，预报地下水蓄量及水位升降等。

（5）冰情预报。主要预报流凌、封冻、解冻、冰厚、冰坝、开河等多种冰情的发生发展过程。

（6）融雪径流预报。分析计算融雪产生的总水量及洪水变化过程。

（7）台风暴潮预报。包括风暴潮增水及最高潮位变化等。

（8）水质预报。包括水质状况及稀释自净能力的分析计算和预测等。

（三）水文预报工作的基本程序

水文预报工作大体上分为两大步骤。

（1）制定预报方案：根据预报项目的任务，收集水文、气象等有关资料，探索、分析预报要素的形成规律，建立由过去的观测资料推算水文预报要素大小和出现时间的一整套计算方法，即水文预报方案，并对制定的方案按规范要求的允许误差进行评定和检验。只有质量优良和合格的方案才能付诸应用，否则，应分析原因，加以改进。

（2）进行作业预报：将现时发生的水文气象信息，通过报汛设备迅速传送到预报中心，随即经过预报方案算出即将发生的水文预报要素大小和出现时间，及时将信息发布出去，供有关的部门应用。这个过程称为作业预报。若现时水文气象信息是通过自动化采集、自动传送到预报中心的计算机内，由计算机直接按存储的水文预报模型程序计算出预报结果。这样的作业预报称为联机作业实时水文预报。

（四）洪水预报

根据洪水形成和运动的规律，利用过去和实时水文气象资料，对未来一定时段的洪水发展情况的预测，称洪水预报。主要预报项目有最高洪峰水位（或流量）、洪峰出现时间、洪水涨落过程、洪水总量等。

洪水预报可分为两大类：

（1）河道洪水预报，如相应水位（流量）天然河道中的洪水，以洪水波形态沿河道自上游向下游运动，各项洪水要素（洪水位和洪水流量）先在河道上游断面出现，然后依次在下游断面出现，因此，可利用河道中洪水波的运动规律，由上游断面的洪水位和洪水流量，来预报下游断面的洪水位和和洪水流量。

（2）降雨径流（包括流域模型）法，相应水位（流量）法。依据降雨形成径流的原理，直接从实时降雨预报流域出口断面的洪水总量和洪水过程。

洪水预报的预见期视预报方法不同而异，一般分为理论（天然）预见期有效预见期两种。在相应水位预报中，天然预见期为上断面传播至下断面的传播时间，在降雨径流预报中，天然预见期为流域内距出口断面最远点处降雨流到出口断面所经历的时间，即为流域汇集时间。有效预见期为从发布预报时刻到预报的水文要素出现的时间间隔，显然有效预见期比天然预见期更短。降雨径流预报的预见期比相应水位（流量）法要长。这点对中小河流和大江大河区间来水特别重要，要想增长预见期宜采用降雨径流预报方法。

短期洪水预报包括河段洪水预报和降雨径流预报。河段洪水预报方法是以河槽洪水波运动理论为基础，由河段上游断面的水位、流量过程预报下游断面的水位和流量过程。降雨径流预报方法则是按降雨径流形成过程的原理，利用流域内的降雨资料预报出流域出口断面的洪水过程。

短期水文预报虽然能在河道防汛抢险和水库洪水调度中发挥重要的作用，但由于其预见期太短，往难以满足国民经济各部门对水文文预报提出的要求。中长期水文预报由于具有较长的预见期，使人们在解决防洪与抗旱、蓄水及弃水以及各部门用水之间矛盾时，能够及早采取措施进行统筹安排，以便获取最大的效益。因此，积极开展中长期水文预报是非常必要的。但是，随着预见期的增加，许多影响因素变化的不确定性增强以及目前科学技术水平的限制，中长期水文预报还处于探索、发展阶段。我国在这方面做了一定的工作，取得了一些经验和成果，为今后普遍开展中长期预报工作创造了有利条件。

中长期水文预报的预见期般长达一旬至一年，所使用的途径和方法与短期水文预报相比有明显差异。目前用于中长期水文预报的主要方法有：

（1）天气学方法：径流的变化主要取决于降水，而降水又是由一定的环流形势与天气过程决定的。因此，径流的长期变化应与大型天气过程的演变有密切关系。天气学方法就是基于这一成因概念，根据前期大气环流特征以及表示这些特征的各种高空气象要素，直接与后期的水文要素建立起定量的关系进行预报的一种方法。

（2）天文地球物理因素方法：近代研究结果表明地球自转速度的变化、海温状况、火山爆发、臭氧的多少以及行星运动位置、太阳活动等对大气运动与水文过程都有一定的影响。分析这些因素与水文过程的对应关系后，就可以对后期水文要素可能发生的变化情况作出预测。

（3）统计学方法：从大量历史资料中应用数理统计方法去寻找分析水文要素变化与预报因子之间的统计规律和关系，然后应用这些规律来进行预报。按制作预报方案时考虑因子的方法特点，该方法又可分为单要素法和多要素综合法。单要素方法，在于通过分析预报对象自身随时间变化的规律来作为预报的依据，例如历史演变法、时间序列分析法等。多要素方法是从分析影响预报对象的因子中挑出一批预报因子，建立其统计规律来作为预报的依据，例如多元线性回归分析法。

四、防洪警报系统

防洪警报是当预报即将发生严重洪水灾害时，为动员洪水可能淹没区群众有组织、迅速迁移安置，由当地政府防汛指挥机构发布的紧急信息。若能尽早发布防洪警报，可使淹没区的居民及时撤离危险地带，并尽可能转移财产、设备、牲畜，减少生命财产损失。发布防洪警报是政府的职责，其减灾效果取决于社会有关方面的配合行动。防洪警报发出后，防汛指挥机构及当地政府应尽最大可能做好紧急抢险、救济灾民、防治疾病等工作。

防洪警报越及时、越准确，人民生命财产的安全越有保障。防洪警报与洪水预报有密切关系。水文部门根据实时水雨情信息，作出洪水预报，并通过洪水调度演算及决策研究，可对超常洪水，尤其是对特大洪水作出预报。各级政府和防汛抗旱部门根据洪水预报，对可能发生的洪水作出相应的防御决策。由此可见，防洪警报是防洪调度决策实施的极其重要的防洪非工程措施，其防洪减灾作用是显而易见的。洪水预报预见期是保证防洪警报实施效果的重要前提，预报预见期愈长，防洪警报愈及时，洪灾损失就愈小。目前，我国蓄滞洪区防洪警报网多是以县为中心，用有线通信、无线通信的方式向乡、村、居民传达警报信息。在黄河、长江、淮河、海河等流域的重点蓄滞洪区已初步建立无线警报通信网和信息反馈系统。

第四章

洪　水

第一节　洪　水　概　念

洪水是指由于暴雨等原因，使得江河、湖泊水量迅速增加及水位急剧上涨的现象。河流的主要洪水大都是暴雨洪水，多发生在夏、秋季节，一些地区春季也可能发生。

洪水的形成和特性主要决定于所在流域的气候和下垫面等自然地理条件。此外，人类活动对洪水形成过程也有一定影响。洪水预警级别分 4 级，预警信号分别以蓝色、黄色、橙色和红色表示，见表 4 - 1。

表 4 - 1　　　　　　　　　　　　洪水预警信号含义表

预警级别	预 警 信 号 含 义
洪水 蓝 FLOOD	蓝色预警信号：水位（流量）接近警戒水位（流量）或洪水要素重现期接近 5 年
洪水 黄 FLOOD	黄色预警信号：水位（流量）达到或超过警戒水位（流量）或洪水要素重现期达到或超过 5 年
洪水 橙 FLOOD	橙色预警信号：水位（流量）达到或超过保证水位（流量）或洪水要素重现期达到或超过 20 年
洪水 红 FLOOD	红色预警信号：水位（流量）达到或超过历史最高水位（最大流量）或洪水要素重现期达到或超过 50 年

第二节　洪　水　类　型

根据洪水形成的直接原因对洪水所划分的类型，一般可分为降雨洪水、融雪洪水、冰凌洪水、工程失事洪水等。按照出现地形的不同，洪水还可分为山溪型洪水、河道型洪水、平原型洪水等。各种类型的洪水都可以造成灾害。每类洪水中又进一步分为若干种类型，如降雨洪水分为暴雨洪水、持续性大雨洪水、台风洪水、滞留性内涝洪水；融雪洪水分为高山融雪洪水、季节性积雪融雪洪水；工程失事洪水分为溃坝洪水、河堤溃决洪水等。在各类洪水中，以降雨洪水分布最广、发生频率最高、危害最大。

1. 山溪型洪水

山溪型洪水指山区溪沟中发生的暴涨洪水。具有突发性，水量集中、流速大、冲刷破坏力强，水流中挟带泥沙甚至石块等，常造成局部性洪灾。通过提高防洪标准、调整人类活动方式、增强山区群众防灾避灾意识，可以达到减少山洪灾害发生频率或减轻其危害的目的。

山溪型洪水是发生在山区溪流中快速、强大的地表径流现象，是特指发生在山区流域面积较小的溪沟或周期性流水的荒溪中，为历时较短，暴涨暴落的地表径流。

2. 河道型洪水

洪水的发生以河道洪水为主，春、夏、秋季均多为暴雨洪水，当降雨时间集中、降雨强度较高时，雨水大量降落到地表并汇集到河道中，导致河道中流量急剧增加，水位急剧上升，从而形成洪水。

3. 平原型洪水

平原河流由于流域面积较大且河流坡降比较平缓，不同场次的暴雨在不同支流所形成的多次洪峰先后汇集到大河时，带来的水位迅猛上涨的水流现象。

第三节 影响洪水大小的因素

一、影响洪水发生的气候因素

影响洪水形成及洪水特性的气候要素中，最重要、最直接的是气候和降水。其他气候要素，如气温、蒸发、风等也有一定影响。

（一）季风气候的影响

季风气候的特征主要表现为冬夏盛行风向有显著变化，随着季风的进退，降雨有明显的季节性。季风气候的另一重要特征是，随着季风进退，雨带出现和雨量的大小有明显的季节变化。江西省气候总的特征是冬干夏湿，降雨主要集中在夏季。

随着季风的进退，盛行的气团在不同季节中产生了各种天气现象。其中与洪水关系密切的是梅雨和台风。梅雨是长江中下游每年6月上中旬至7月上中旬一段时间的大范围降水天气，一般是连续性降水间有暴雨，形成持久的阴雨天气。台风是发展强盛的热带低压气旋，它所携带的狂风暴雨会造成江河洪水暴涨。

（二）降水的影响

降水对洪水的影响主要表现在降雨历时和降水强度。大强度降水一般发生在雨季，往往一个月的降水量可占全年降水量的1/3，而一个月的降水量又往往由几次或一次大的降水过程所决定。

江西省是一个暴雨洪水多发的省份，降水是形成洪水的要素，尤其是暴雨和连续性降水对于灾害性洪水的形成尤为重要。江西省最大年降水量2164.6mm（2012年），最小年降水量1143mm（1963年）。降雨时空分布不均，差异较大。在空间分布上：北部大于南部，东部大于西部，省境周边山区多于中部盆地，各地多年平均降水量为 1400～1900mm。在时间分布上：4—6 月是全省降水最集中的季节，平均降水量约 800mm，约占全年降水量的 48%，而 7—9 月降水量偏少，平均降雨量约 238mm，占全年的 20% 左右。典型年份雨量统计见表 4-2。

表 4-2　　　　　　　　　　　　　典 型 年 份 雨 量 统 计

年份	1—3月 降雨量/mm	占年 比例/%	4—6月 降雨量/mm	占年 比例/%	7—9月 降雨量/mm	占年 比例/%	10—12月 降雨量/mm	占年 比例/%	年总降 水量/mm
多年均值	348.5	21	739.8	45	369	23	176	11	1633.0
1998	636.1	31	879.1	42	430.8	21	124.5	6	2070.5
2010	439.2	21	1037.7	50	381	18	218.8	11	2076.7
2012	464.2	21	868.5	40	467.8	21	364.1	17	2164.6

二、影响洪水发生的下垫面因素

影响洪水发生及洪水大小的第二大因素是流域的下垫面条件。流域的下垫面因素包括地形、地质、土壤、植被以及流域大小、形状等。下垫面因素可能直接对径流产生影响，也可能通过影响气候因素间接地影响流域的径流。

流域地形主要通过气候因素对年径流量产生影响。比如，山地对于水汽运动有限滞和抬升作用，使山脉的迎风坡降水量和径流量大于背风坡。

植物覆被（如树木、森林、草地、农作物等）能阻滞地表水流，同时植物根系使地表土壤更容易透水，加大了水的下渗。植物还能截留降水，加大陆面蒸发。植被增加会使年际和年内径流差别减少，延缓径流过程，使径流变化趋于平缓，使枯水期径流量增加。

流域的土壤岩石状况和地质构造对径流下渗具有直接影响。如流域土壤岩石透水性强，降水下渗容易，会使地下水补给量加大，地面径流减少。同时因为土壤和透水层起到地下水库的作用，会使径流变化趋于平缓。当地质构造裂隙发育，甚至有溶洞的时候，除了会使下渗量增大外，还可能形成不闭合流域，影响流域的年径流量和年内分配。

流域大小和形状也会影响年径流量。流域面积大，地面和地下径流的调蓄作用强，而且由于大河的河槽下切深，地下水补给量大，加上流域内部各部分径流状况不容易同步，使得大流域径流年际和年内差别相对较小，径流变化比较平缓。流域的形状会影响汇流状况，比如流域形状狭长时，汇流时间长，相应径流过程线较为平缓，而支流呈扇形分布的河流，汇流时间短，相应径流过程线则比较陡峻。

流域内的湖泊和沼泽相当于天然水库，具有调节径流的作用，会使径流过程的变化趋于平缓。

第四节　洪水频率和等级划分

自然界中事件发生情况可分为 3 种，即必然事件、不可能事件和随机事件（或称偶然事件）。必然事件指在一定条件下必然要发生的事件，如天然河道中洪水来临水位上升；

不可能事件指在一定条件下根本不可能发生的事件，如天然河道中洪水来临水位下降；随机事件指在一定条件下可能发生也可能不发生的事件，如某河某断面下一年出现的最大洪峰流量，可能大于某值也可能小于某值，事先并不能确定。水文现象的数量特征，多属于随机事件，如洪水的大小可以用洪峰流量（水位）、洪水总量等特征值来反映。表面上看这些特征值的变化缺乏规律，是杂乱无章的，但当观察了大量的同类随机事件后，仍可以发现它们遵循统计规律。某个量值出现的可能性，可以根据过去实测或调查的数据资料，经过统计分析计算而求得。用经验频率或重现期来表示洪水的大小。

1. 经验频率

在实测洪水样本系列中。某洪水变量 X 大于或等于一定数值 X_m（即 $X \geqslant X_m$）的可能性大小即为频率，用数学符号可写成 $P_m(X \geqslant X_m)$，其值在 $0 \sim 1$ 之间。

例如，某河段年最大洪峰流量系列中，出现流量 $Q \geqslant 1000 \mathrm{m^3/s}$ 的可能性为 1%，则称 $Q \geqslant 1000 \mathrm{m^3/s}$ 的频率等于 1%。在全部实测洪水系列 n 项中按大小顺序排位的第 m 项的经验频率则为 P_m，常用下列公式计算，即

$$P_m = \frac{m}{n+1} \times 100\% \tag{4-1}$$

在洪水频率分析中，称式（4-1）为经验频率公式。

频率用百分数表示。例如，某一洪峰流量出现的频率是 1%，就表示该洪峰流量平均每 100 年可能出现一次。这就说明这次洪水特别大。如果频率为 5%，就表示该次洪水平均每 100 年中可能会出现 5 次，说明这次洪水比较大，但不是特别大。

2. 重现期

重现期是指某洪水变量 X 大于或等于一定数值 $X_m(X \geqslant X_m)$ 在长时期内平均多少年出现一次的概念。这是洪水频率的另一种表示方法，即通常所说的某个洪峰流量是多少年一遇，其中多少年就是重现期。重现期 T 与频率 P 的关系为

$$T = \frac{1}{P} \tag{4-2}$$

例如，当 $P = 1\%$，则 $T = 100$ 年，称为百年一遇。百年一遇是指大于或等于这样的洪水在很长时期内平均每 100 年出现一次，而不能理解为恰好每隔 100 年必然出现一次。对于某个具体的 100 年来说，出现这种洪水可能不止一次，也可能一次都不出现。

按照以上表示方法，目前我国衡量洪水等级的标准就是以水文要素的重现期为标准，把洪水划分为 4 个等级，见表 4-3。

表 4-3　　　　　　　　　　　　洪 水 等 级 划 分

洪水等级	水文要素的重现期/年	洪水等级	水文要素的重现期/年
小洪水	<5	大洪水	$20 \sim 50$
中洪水	$5 \sim 20$	特大洪水	>50

估计重现期的水文要素包括洪峰水位（洪峰流量）或时段最大洪量等，可依据河流（河段）的水文特征来选择。一般河流以洪水的洪峰流量（大江大河以洪水总量）的重现期作为洪水等级划分标准。

第五节 防洪特征水位

为了正确地指挥江河湖库的抗洪抢险，减免洪水造成的损失，防汛指挥部门规定了几个防汛特征水位，以满足准备、组织、进行抢险或撤退的需要。

1. 警戒水位

警戒水位是指当河道的自由水面超过该水位时，将有可能出现洪水灾害，必须对洪水进行监视做好防汛抢险准备的水位。有的地方，根据堤防质量、渗流现象及历年防汛情况，把有可能出险的水位定为警戒水位。到达该水位，要进行防汛动员，调动常备防汛队伍，进行巡堤查险。

2. 保证水位

保证水位又称设计水位，是指汛期堤防及其附属工程能保证运行的上限洪水位，又称防汛保证水位或设计水位。接近或到达该水位，防汛进入全面紧急状态，堤防临水时间已长，堤身土体含水可能达饱和状态，随时都有出险的可能。这时要密切巡查，全力以赴，保护堤防安全，并对于可能超过保证水位的抢护工作也要做好积极准备。

保证水位主要根据工程条件和保护区国民经济情况、洪水特性等因素分析拟定，报上级部门核定后下达。实际多采用河段控制站或重要跨堤建筑物的历年防汛最高洪水位，如长江汉口站1954年后制定的保证洪水位为29.73m，即1954年实测的最高洪水位。

3. 分蓄洪水位

为防御洪水，尽量减少洪灾损失，在洪水灾害比较严重的地区，在河道（洪道）两岸辟有临时滞蓄洪水的区域，称为蓄滞洪区。当河道水面线超过某一水面线时，形成洪水灾害的可能性很大，蓄滞洪区须分蓄洪，称这个水面线的相应水位为分蓄洪水位。分蓄洪水位根据批准的流域防洪规划或区域防洪规划的要求专门确定。

分蓄洪水位是调度运用分洪工程的一项重要指标。当河、湖洪水将超过堤防安全防御标准而需运用分蓄洪工程时，据水情预报，以某控制站的水位作为启用分蓄洪工程的依据。

4. 设计洪水和校核洪水

设计洪水是指符合工程设计洪水标准要求的洪水。设计洪水包括水工建筑物正常运用条件下的设计洪水和非常运用条件下的校核洪水，是保证工程安全的最重要的设计依据之一。

校核洪水是指符合水工建筑物校核标准的洪水。校核洪水反映水工建筑物非常运用情况下所能防御洪水的能力，是水利水电工程规划设计的一个重要设计指标。校核洪水是为提高工程的安全与可靠程度所拟定的高于设计标准的洪水，用以对水工建筑物的安全进行校核。当水工建筑物遭遇这种洪水时，安全系统允许作适当降低，部分正常运行条件允许破坏，但主要建筑物应保证安全。

第六节 防汛相关知识概要

关于洪水强度或洪水规模的衡量指标和评定一般采用洪水洪峰流量、水位高度、洪水淹没面积与淹没时间、洪水频率或重现期等反映洪水强度。其中采用洪水频率或重现期表示洪水强度最普遍。此方法以某一量级洪水重现期称为多少年一遇洪水，重现期越长，表示洪水的量级越大；反之，某一量级洪水重现期越短，表示洪水的量级越小。这种方法可以消除地区差别，常作为水利水电工程规划与设计的标准。洪水的形成往往受气候、下垫面等自然因素与人类活动因素的影响。

一、河道安全泄量

河道安全泄量是防洪体系中的重要指标，对掌握防守重点，指导防汛是非常必要的。河道安全泄量通常认为是河道在保证水位时洪水能顺利安全地通过河段而不致洪水漫溢或造成危害，不需要采取分蓄洪措施的最大流量。河道安全泄量是拟定防洪工程措施和防汛工作要求的主要指标。

河道安全泄量确定的主要依据：①河流的泄洪能力；②堤防的防洪标准；③堤防保护范围内的经济社会发展情况及重要性。

扩大河道安全泄量的措施有：①拓宽堤距；②疏浚河槽；③裁弯取直；④加高加固堤防等。各地可因地制宜选择采用。

二、防洪标准

（一）防洪标准

防洪标准，是指防洪设施应具备的防洪能力，一般用可防御洪水相应的重现期或出现频率表示，如百年一遇、50年一遇防洪标准等，它较科学地反映了洪水出现的概率和防护对象的安全度，但在普及宣传时应指明其概率上的意义，在实际防洪工作中，应做好抗御超过上述标准的特大洪水的准备。

根据防洪对象的不同需要，分设计（正常运用）一级标准和设计、校核（非常运用）两级标准。也有一些地方以防御某一实际洪水为防洪标准。在一般情况下，当实际发生不大于防洪标准的洪水时，通过防洪系统的正确运用，实现防洪对象的防洪安全。

（二）防洪的设计标准与校核标准

设计标准，是指当发生小于或等于该标准洪水时，应保证防护对象的安全或防洪设施的正常运行。

校核标准，是指遇该标准相应的洪水时，需采取非常运用措施，在保障主要防护对象和主要建筑物安全的前提下，允许次要建筑物局部或不同程度的损坏，次要防护对象受到一定的损失。

我国现有防洪标准规范有 GB 50201—2014《防洪标准》，并已于 1995 年 1 月 1 日起开始实施。该标准对城市、乡村工矿企业、交通运输设施、水利水电工程、动力设施、通信设施、文物古迹和旅游设施等防护对象，按照不同等级及其重要性和规模大小，确定了各自相应的不同的防洪标准。例如，非农业人口在 150 万人以上的特别重要的城市（Ⅰ级），防洪标准应在 200 年一遇以上；防护区人口在 150 万人以上、防护区耕地面积在 300 万亩以上的乡村（Ⅰ级）防洪标准应为 100～50 年一遇；大型工矿企业（Ⅱ级）防洪标准应为 100～50 年一遇；运输能力在 1500 万 t/年的骨干铁路和准高速铁路的路基防洪设计标准为百年一遇，重要的大桥或特大桥防洪校核标准为 300 年一遇。

三、汛期

汛期是指江河洪水在一年中集中出现明显的时期。按照《我国入汛日期确定办法》规定，考虑暴雨、洪水两方面因素，入汛日期采用雨量和水位两个入汛指标确定。雨量指标以连续 3 日累积雨量 50mm 以上雨区的覆盖面积表征。水位指标以入汛代表站的实测水位表征。入汛代表站是指位于防洪任务江（河）段、具有区域代表性、通常较早发生洪水的水文（位）站。入汛标准每年自 3 月 1 日起，当入汛指标满足下列条件之一时，当日可确定为入汛日期。

（1）连续 3 日累积雨量 50mm 以上雨区的覆盖面积达到 15 万 km^2。

（2）任一入汛代表站超过警戒水位，若代表站警戒水位发生变化，则采用最新指标。

由于各河流降雨季节不同，汛期长短不一，同一河流的汛期各年也有早有迟。按季节可分为春汛、夏汛、秋汛、冬汛。江西省法定汛期为每年的 4 月 1 日—9 月 30 日。

夏汛：发生在夏季的江河涨水现象。中国长江、黄河等流域 7—8 月间多暴雨，降水量大，河流常发生洪水，其特点是洪峰水位高、流量大。如长江 1954 年 8 月洪水，汉口站洪峰流量为 $76100m^3/s$，120 天洪量为 6000 亿 m^3；黄河 1958 年 7 月洪水，花园口站洪峰流量为 $22300m^3/s$，7 天洪量为 61 亿 m^3。这两次洪水分别是 1949 年以来长江和黄河发生的最大洪水。

秋汛：从立秋到霜降这段时间，有些地区秋雨连绵，也容易形成江河洪水，称为秋汛。秋汛的洪峰流量一般不及夏汛大，但有时总水量大，持续时间长，且江河堤防浸水时间已久，易发生险情，故对防守的压力也大。

四、紧急防汛期

（一）紧急防汛期的含义

由于特定地区地理位置和气候环境，各地暴雨洪水发生的时间有明显的规律性。一般雨季是随着每年季风的进退和西太平洋副热带高压的移动而形成。根据洪水发生的自然规律，划定期限，以加强防汛抗洪管理的集中统一性，使有关防汛抗洪的行动更加规范，避免造成失误。规定好每年防汛抗洪的起止日期，这期间称为汛期，它是所辖行政区内防汛抗洪准备工作和行动部署的重要依据。由省（自治区、直辖市）人民政府防汛指挥机构根据当地的洪水规律，规定汛期起止日期。

当发生重大洪水灾害和险情时，县级以上人民政府防汛指挥机构为了进行社会动员，有效地组织、调度各类资源，地方政府防汛指挥部门应立即采取应急的非常措施进行抗洪抢险，为此而确定的一段时间称为紧急防汛期。

在防汛抗洪过程中，当江河、湖泊发生重大洪水灾害和险情时，地方防汛指挥机构有权在其管辖范围内调动人力、物力和采取一切有利于防洪安全的紧急措施进行抢护。《中华人民共和国防洪法》《中华人民共和国防汛条例》对紧急防汛期的权限和原则以及强制措施等均做了明确规定。《中华人民共和国防洪法》颁布实施以来，在 1998 年长江、珠江、松花江大水和 2003 年淮河大水抗洪期间，一些省、市、县人民政府防汛指挥机构依法宣布进入紧急防汛期，并采取一定的紧急措施组织、指挥抗洪抢险，取得了抗洪斗争的全面胜利。

（二）确定紧急防汛期的权限和原则

《中华人民共和国防洪法》规定，汛期由各省（自治区、直辖市）人民政府防汛指挥机构划定。紧急防汛期由县级以上人民政府防汛指挥机构宣布。

什么时候宣布进入紧急防汛期，《中华人民共和国防洪法》第四十一条作了明确规定："当江河、湖泊的水情接近保证水位或者安全流量，水库水位接近设计洪水位，或者防洪工程设施发生重大险情时，可以宣布进入紧急防汛期。"

宣布进入紧急防汛期一定要持科学态度，慎重决策。因为紧急防汛事关防汛抗洪的成败和社会的稳定，应该准确、及时决策，既不要轻易宣布，以免造成不应有的社会紧张和人员惊慌，也不能疏忽大意，过于信赖防护工程设施的能力，贻误时机。当防洪工程设施接近设计水位或安全流量时，其安全系数接近设计标准，风险程度增大，随时都有出险的可能，一定要进行全面防守。特别是工程设施发生重大险情时，更要立即采取紧急措施进行抢护。在紧急防汛期地方行政首长必须亲临现场，密切注视汛情的发展，研究部署防守抢险救护，调动必要的人力、物力，采取措施，确保安全。

（三）紧急防汛期采取的处置措施

在紧急防汛期，时刻都有发生重大灾害的可能，为了维护人民生命财产安全和国家经济建设，防汛指挥机构有权在其管辖范围内调动人力、物力和采取一切有利于防洪安全的紧急措施。《中华人民共和国防洪法》第四十五条第一款作规定："在紧急防汛期，防汛指挥机构可根据防汛抗洪的需要，有权在其管辖范围内调用物资、设备、交通运输工具和人力，决定采取取土占地、砍伐林木、清除阻水障碍物和其他必要的紧急措施；必要时，公安、交通等有关部门按照防汛指挥机构的决定，可依法实施陆地和水面交通管制。"

部分地区江河、湖泊现有防洪工程设施的防洪标准较低，满足不了防洪安全的需求，洪水灾害依然威胁着人们。而且，由于自然淤积和人为设障影响，使许多防洪工程的防洪能力不断衰减，防洪标准不断下降。许多河道、湖泊经常发"小洪水、高水位、防大汛"的危险局面。近年来人为设障产生阻碍行洪现象屡禁不止，甚至有些地方旧障未除，又生新障。《中华人民共和国防洪法》第四十二条规定："在紧急防汛期，国家防汛指挥机构或者其授权的流域、省、自治区、直辖市防汛指挥机构有权对壅水、阻水严重的桥梁、引道、码头和其他跨河工程设施作出紧急处置。"

（四）汛期结束后的工作

防汛指挥机构在汛期结束后，要及时做好调用物资、设备、交通运输工具等的清理归还工作，依法补办取土占地、砍伐林木手续。《中华人民共和国防洪法》第四十五条第二款作了规定："依照前款规定调用的物资、设备、交通运输工具等，在汛期结束后应当及时归还；造成损坏或无法归还的，按照国务院有关规定给予适当补偿或者作其他处理。取土占地、砍伐林木的，在汛期结束后依法向有关部门补办手续；有关地方人民政府对取土后的土地组织复垦，对砍伐的林木组织补种。"

五、洪水编号和洪水量级

主要江河干流洪水编号按《全国主要江河干流洪峰编号规定（试行）》执行，各流域干流的洪峰编号由所在流域水文机构商相关省（自治区、直辖市）水文机构确定，报水利部水文局备案。长江、黄河、淮河、松辽及珠江（西江）的干流洪峰编号已在《全国主要江河干流洪峰编号规定（试行）》中做了明确规定。一般情况下，对大江大河重要水文站规定该站洪水位达到警戒水位或警戒流量作为洪峰编号标准。各流域其他干支流洪峰是否编号，以及编号的规定由各流域水文机构商相关省（自治区、直辖市）水文机构确定，并报上级主管部门备案。洪峰编号以科学实用、简单易行为原则。编号格式为流域（或河流）名称＋发生洪水年份＋洪峰编号。

洪水量级确认按《水文情报预报规范》（GB/T 22482—2008）执行，向社会公众发布的洪水定性信息按下列规定划分等级：

（1）洪水要素重现期小于 5 年的洪水，为小洪水。

（2）洪水要素重现期为大于等于 5 年，小于 20 年的洪水，为中洪水。

（3）洪水要素重现期为大于等于 20 年，小于 50 年的洪水，为大洪水。

（4）洪水要素重现期大于等于 50 年的洪水，为特大洪水。

确定水文要素的重现期应依据洪水频率分析的正式成果来计算。没有这种成果时，也可按经验重现期进行估计，但发布时应加以说明。估计洪水重现期的项目包括洪峰流量、洪峰水位、不同历时（1 天、3 天、5 天、7 天、15 天、30 天、60 天等）最大洪量等。一般来说，山溪型河流可选择洪峰流量，平原河道可选择洪峰水位，大江大河则可选择时段最大洪量作为估算重现期的项目。各河流可依据河流（河段）的具体水文特性来选择。

第五章

洪 水 灾 害

第一节 洪 水 灾 害 概 念

洪水超过了一定的限度，给人类的正常生活、生产活动带来的损失与祸患，称为洪水灾害。

第二节 洪 水 灾 害 类 型

按照发生地区下垫面类型可分为山溪型洪水灾害、河道型洪水灾害、平原型洪水灾害、城市内涝灾害、工程溃决水灾以及其他洪水灾害等。

根据洪水形成原因，山地丘陵洪水又分为暴雨山洪、融雪山洪、冰川消融山洪或几种原因共同形成的山洪等，其中以暴雨山洪最为普遍和严重。特点是历时短、涨落快、涨幅大、流速快且挟带大量泥沙、冲击力大、破坏性强。

水库、堤防失事等原因所引发的水灾，在中国历史和当代都有发生。

第三节 洪 水 灾 害 影 响 因 素

洪水是流域降水和下垫面特征的综合响应，洪水过程的强度、规模以及影响范围既与降水密切相关，又有很大的不同。

洪水的大小受降水、流域前期土壤湿度、河网密度、下垫面植被覆盖及土壤特性等影响。其中，降水是影响洪水过程的主要因素，降水总量及其时空分布特征直接导致洪水过程的多样性和复杂性。许多学者对暴雨时空变化的洪水响应进行大量的研究，成果表明暴雨时空变化特征对洪水的形成过程具有显著影响。江西省年内降水分布不均，主要集中在前汛期（4—6月）和后汛期（7—9月），是持续性暴雨的多发期，也是洪涝灾害发生的主要时段。暴雨是洪水的直接水量来源，其在形成原因、季节变化、地区分布及其产生洪水的特性等方面都有所不同。

洪水致灾有两个基本环节：一是洪水的形成；二是对人类造成损害。

洪水的形成有几种不同的原因：强降水、冰雪融化、冰凌堵塞河道会形成洪水；滑坡、泥石流堵塞河道会形成洪水；自然或人为因素导致的堤坝溃决也会形成洪水。洪水的形成，还与流域的汇水速度和河道的排水速度有关。当流域的汇水速度大于河道的排水速度时，就容易形成洪水；反之则不会形成洪水。流域的汇水速度，与流域的地面坡度、土壤含水率、植被覆盖率等因素有关。地面坡度越大，土壤含水率越高，植被覆盖率越低，则流域汇水速度越快；反之则越慢。河道的排水速度，与河谷的顺直程度、通畅程度、纵向坡度等因素有关。河谷越顺直、越通畅，纵向坡度越大，河道排水的速度越大。

洪水发生的区域，人口越密集，致灾的可能性就越大，经济越发达，损失就可能越严重。人类活动也在一定程度上诱发或者加剧了洪灾的发生。人类对流域内植被的破坏，不仅导致流域汇水速度的加快，而且还加剧了水土流失和河道的淤积，使河流水位升高、河床坡度减小，从而诱发甚至加剧洪水。大规模的围湖造田使湖泊对洪水的调节作用减弱，占据河道的建筑物降低了河道排水的速度，分洪区的占用不仅给洪水的分流带来困难，而且还无形中使得洪水成灾的可能性及灾害损失增大。

第四节　山溪型洪水灾害

一、基本概念

我国大部分山区溪河洪水，主要是由暴雨引起的，具有历时短、强度大、暴涨暴落的特性。山溪流域内突降暴雨，导致溪河洪水暴涨，淹没分布在溪河两侧的村落、工矿企业等防洪保护对象，从而造成溪河洪水灾害。根据灾害学原理，暴雨、山溪流域的下垫面条件，以及分布于溪河两侧的防洪保护对象，分别构成了山溪洪水灾害的致灾因子、孕灾环境、承灾体等 3 个灾害要素。

二、特点

由于山溪型河流河床狭窄、比降大、流程曲折、集流时间短、水位涨落频繁、洪峰持续时间短，导致灾害突如其来，猝不及防。山溪暴雨洪水普遍具有汇流快、峰值高、破坏性强、极易诱发山地灾害、灾后恢复困难等特点。

山丘区的洪灾具有历时短、降雨强度大、陡涨陡落等特点，其发生主要受到降雨因素、地形地质因素的影响和作用。就发生时间来说，洪灾有一定的滞后性，同时，就空间来说，洪灾具有广泛性，但其造成的财产损失巨大，甚至会造成人员伤亡。因为山丘区的洪灾洪峰陡涨陡落，一旦发生，可能会导致交通通信中断、工厂停产停工、人民财产损毁等后果，甚至由于部分脆弱人群反应不及时，还会给人体造成伤残、死亡以及精神伤害等，防洪预警领域的研究逐渐进入人们的视线，并越来越受到人们的关注。

三、防御措施

（一）采取非工程措施为主

通过完善防御组织体系、建立责任制、编制可操作性强的防御预案、制作简单名了的明白卡、广泛开展宣传培训演练、建立经济实用的监测预警系统、落实提前避险转移制度等各项防灾减灾措施，不断提升山丘区群众山洪灾害防范意识、防御常识和抗御能力，实现有效避险转移，最大程度避免或减少山洪灾害造成人员伤亡。山洪灾害防御关键在于防范于未然，相关部门或责任人根据监测预报情况，在山洪灾害发生前及时发布预警，基层山洪灾害防御责任人根据预案果断组织群众避险转移，紧急情况下群众开展自防、自救和互救，确保生命安全。

（二）采用必要的工程措施

对山丘区内受山洪灾害威胁又难以搬迁的重要防洪保护对象，如城镇、大型工矿企业、重要基础设施等，根据所处的山洪沟、泥石流沟及滑坡的特点，通过技术经济比较，因地制宜采取必要的工程治理措施进行保护。同时，对山丘区的病险水库进行除险加固以消除防洪隐患，加强水土保持综合治理以减轻山洪灾害防治区水土流失程度，有效防治山洪灾害。

（三）实施人员搬迁

对处于山洪灾害易发区、生存条件恶劣、地势低洼且治理困难等地方的居民，考虑农村城镇化的发展方向及满足全面建设小康社会的发展要求，结合易地扶贫、移民建镇，引导和帮助他们实施永久搬迁。

（四）加强山丘区管理

规范山丘区人类社会活动，使之适应自然规律，规避灾害风险，避免不合理的人类社会活动导致的山洪灾害。为此，要强化政策法规建设，加强执法力度。加强河道管理，严格禁止侵占行洪河道行为；加强山洪灾害威胁区的土地开发利用规划与管理，威胁区内的城镇、交通、厂矿及居民点等建设要考虑山洪灾害风险，控制和禁止人员、财产向山洪灾害高风险区转移和发展；加强对开发建设活动的管理，防止加剧或导致山洪灾害。

第五节　河道型洪水灾害

一、基本概念

当降雨时间集中，降雨强度较高并形成洪水时，河道泄洪能力和萎缩的存储容量使洪水持续过高，导致小流量高水位的现象更加频繁出现；洪水流量超过了河道的泄洪能力，从而造成堤防的坍塌、溃决等现象，导致人员生命和财产损失，造成洪水灾害。

二、特点

江河洪水上涨冲毁或淹没两岸河谷阶地或堤防造成洪灾，具有突发性强、来势猛、破坏力大等特点。

三、防御措施

（1）提高防洪标准，确保堤防两侧人民生命和财产安全。现在还有很多中小河流没有达到设计防洪标准，各地应积极争取国家投资和地方投资，对河道护岸、清淤、堤防加宽加高、护砌，相应的堤防建筑物除险加固等措施，提高河道的防洪标准，确保河道防洪安全与河道防洪堤稳定性。

（2）对河道内很多已建的建筑物，如水闸、提水泵站、排涝泵站等，进行除险加固，确保建筑物本身及所在堤防安全；对新建的建筑物必须进行防洪影响评价，评价结果是没有影响或影响很小，并采取相应的补救措施，以减少影响，并经当地水利主管部门批准后，方可开工建设；否则，坚决不可。

（3）对现有堤防进行整修加固，首先对堤防堤线规划不合理的堤段采取退堤改线等措施；其次对堤防紧邻主河槽，极易产生冲刷的堤段采取防护措施；最后对堤身土质复杂、质量差的堤段，堤身、堤基基础差，沙基沙堤等采取相应的防护措施。

（4）加强河道监管，杜绝擅自在河道开展各项影响行洪的建设与活动。目前，各地水管部门相继编制了各级河流的采砂规划，并经主管部门批复，各采砂单位必须严格执行，不得擅自开采；否则，予以重罚。各地必须加大力度宣传水法和河道管理条例，使大家知法、懂法、守法，禁止擅自在河道内开展影响行洪的各项建设，禁止擅自在河道内开展钻探、爆破、种植、养殖、存放物料、采挖发掘等各类影响行洪的活动，禁止向河道内弃置矿渣、石渣、煤灰、泥土、建筑垃圾、生活垃圾等杂物。

第六节　平原型洪水灾害

一、基本概念

平原洪灾主要指由江河洪水漫淹和当地渍涝所造成的灾害。洪水泛滥以后，水流扩散，波及范围广；受平原地形影响，行洪速度缓慢，淹没时间长。造成的损失巨大，发生频繁，是我国最严重的一种水灾。

二、特点

（1）洪水泛滥以后，水流扩散，波及范围广。

（2）受平原微地形影响，行洪速度缓慢，淹没时间长。

（3）中国平原地区的洪涝灾害往往相互交织，外洪顶托、涝水难排，从而加重了内涝灾害。

（4）涝水的外排又加重了相邻地区的外洪压力，洪水与涝水不分是其主要特点。

三、防御措施

我国平原一般分布在大中型河流中下游地区，因历史上河水泛滥冲积而成，地势平坦，便于人类生产生活。分布在我国平原地区的城市数量众多，人口密集，作为城市经济发展支撑的工厂企业分布集中。

（1）大力投入资金，建设高标准的防洪设施，对原有的防洪工程进行升级改造。对河道进行清淤治理，扩挖断面，加高堤防，拆除违规障碍。增加建设一批新的标准高、防洪能力强的防洪工程和设施，以满足要求。

（2）做好城市防洪规划的编制。总结以往的经验教训，在制定城市建设规划前，充分考虑洪涝灾害发生的可能性，做好防洪规划的编制工作。保留天然的坑塘、低洼地，增加洪水的承载量，增加城区的透水面积，减少径流系数。

（3）成立专门机构，统一管理。各相关职能部门在防洪专门机构的统一领导下，对防洪工程的建设、管理，运行及维护过程明确划分责任，工作落实到位。同时建立各部门之间的联动工作机制，在洪涝发生前有预案，洪涝发生时有跟进，洪涝发生后有补偿安抚。

（4）制定科学合理的城市防洪预案。科学合理的防洪预案应贯彻以人为本、安全第一的方针，实行行政首长负责制；坚持预防为主、防救结合；坚持因地制宜、突出重点；坚持统一领导、统一指挥、统一调度；坚持服从大局、分工合作、各司其职；坚持公众参与、军民联防；坚持工程与非工程措施相结合等原则。

（5）推广先进的科学防洪技术。充分利用现代高新技术，加快水利信息化进程管理；提高城市防洪工程的除险加固技术水平；加大新技术、新材料、新机具等的推广力度；建立完善的信息化防洪调度系统；建立防洪排涝智能应急响应系统。

（6）警钟长鸣，做好防范。防汛工作实行安全第一，常备不懈，以防为主，全力抢险的原则。相关部门在宣传工作上应常抓不懈，通过各种方式和渠道进行宣传教育，使防洪减灾意识深入人心，普及防御洪涝灾害的常识和技能，提高公众警惕性，增强自救的能力。鼓励个人及各种社会组织积极参与防洪减灾宣传和管理。保护人们的生命和财产安全，灾难来临时把损失降到最低。

第七节　城镇内涝灾害

一、基本概念

由于强降水或连续性降水超过城镇排水能力致使城市内产生积水灾害，造成内涝的客观原因是降雨强度大、范围集中。

二、特点

（1）城镇内涝在中国比较普遍。从发生的区域来看，以前主要发生在一些沿海地势比较低的地区，内陆城市也经常发生。过去城市建设用地面积小，可选择的区域比较大，一般都选择地势比较高的地区建设，而现在城镇用地十分紧张，可选择的余地少。

（2）城镇的某些特定地点的发生率较高，且随着现代城镇的建设，排水内涝方面也出现许多新问题。例如，过江隧道、地铁沿线、地下停车场、地下商场、立交桥下等，降雨后会积水。

三、防御措施

解决城镇内涝灾害是一项长期而艰巨的任务，不要指望一朝一夕可以妥善解决，多年来不合理的土地利用和城市规划与建设，人为造成了一些新的城镇内涝问题，需要循序渐进，逐步找出问题根本症结所在，逐步妥善解决。

（1）科学推进海绵城市建设。海绵城市建设不仅需要关注城镇内的"渗、滞、蓄、净、用、排"等措施，还要统筹考虑城镇外围流域的防洪安全以及水资源、水环境、水生态等问题，开展以低影响开发为导向的流域控制。从流域、区域、城市、社区、建筑5个层次系统分析水循环过程，总体设计布局雨洪管理措施，科学推进海绵城市建设，增强城镇防洪排涝能力。

（2）合理制定防洪、除涝、排水标准。我国防洪标准和排水除涝标准的制定分属水务和市政两个部门，在设计标准取值方面相互独立，差异较大。流域内大江大河防洪标准与城市河湖防洪标准的制定虽同属水务部门，但由于地形条件、气候条件、社会经济条件等不同，标准的制定也基本是分离的，而流域内大江大河防洪标准、城市河湖防洪标准、城市除涝标准和城市管网排水标准是相互联系、相互影响的。因此，科学合理地制定流域内大江大河防洪标准、城市河湖防洪标准、城市除涝标准和城市管网排水标准，整体规划、布局，使之相互协调、衔接，做到"物尽其用，各行其是"，从而降低城市洪涝灾害。

（3）全面加强流域统一管理。城镇内涝灾害的防治是一项复杂的系统工程，不能孤立地"就城市论城市""就水论水"，而应从全流域的角度出发，上下游兼顾、左右岸统筹，加强流域统一管理：①加强流域上中游土地利用管理和水土保持工作；②提高上中游水利工程调蓄洪水能力，严格中下游蓄滞洪区使用；③加强中下游城市防洪/潮规划及监测预警能力。

（4）加强行业管理。城镇规划建设与管理必须进行防洪影响评价，并经防汛行业主管部门审查同意方可实施。

第八节　工程溃决灾害

一、基本概念

坝堤工程由于安全度降低、防洪能力减弱、坝堤整体老化、坝体出现渗漏裂缝等导致的溃坝事故后，巨大体积的水体喷薄而出形成严重的洪水灾害。

二、特点

坝堤库区的水体将沿着溃口下泄形成洪水，其特点是突发性强且破坏力大，洪水会淹没大片区域，对下游淹没区造成巨大的社会经济损失。

三、防御措施

（1）对可能造成的堤坝溃决灾害损失作出合理的估计，以此确定工程等级、防洪标准以及灾害洪水的影响范围，从而加强区域防洪减灾的能力。

（2）对溃坝洪水的流态特征进行分析研究，为相关部门进行抢险救灾工作提供合理、有效的方案。

（3）对因溃坝事故对受灾区域产生的各种事故影响进行综合评价，可以明确灾害事故等级，为相关部门对事故进行灾前预测与灾后重建提供相关依据。

（4）评价堤坝工程的风险等级，为风险水库的除险加固提供合理的依据。

第六章

防 洪 措 施

第一节 工 程 措 施

防洪工程措施主要包括堤防、水库、蓄滞洪区、水闸、泵站、河道整治工程等。水土保持也具有一定蓄水、拦沙、减轻洪患的作用。防洪工程措施防御洪水主要有 3 种类型：一是运用工程措施挡住洪水对保护对象的侵袭；二是通过工程措施增加河道泄洪能力；三是利用工程措施拦蓄（滞）调节洪水，削减洪峰，为下游减少防洪负担。一条河流或一个地区的防洪任务，通常是由多种工程措施相结合，构成防洪工程体系来承担，对洪水进行综合治理，达到预期的防洪目标。

一、堤防

（一）堤防工程及其种类

沿河、渠、湖或行洪区、分洪区、围垦区的边缘修筑的挡水建筑物称为堤防。堤防是世界上最早广为采用的一种重要防洪工程。筑堤是防御洪水泛滥，保护居民和工农业生产的主要措施。河堤约束洪水后，将洪水限制在行洪道内，使同等流量的水深增加，行洪流速增大，有利于泄洪排沙。

堤防按其修筑的位置不同，可分为河堤、江堤、湖堤、海堤以及水库、蓄滞洪区低洼地区的围堤等；按建筑材料可分为土堤、石堤、土石混合堤和混凝土防洪墙等。

（二）堤防的级别和防洪标准

堤防工程防护对象的防洪标准应按照《防洪标准》（GB 50201—2014）确定。堤防工程的防洪标准应根据防护区内防洪标准较高的防护对象的防洪标准确定。堤防工程的级别应符合表 6-1 的规定。

表 6-1 堤 防 工 程 的 级 别

防洪标准重现期/年	≥100	<100，且≥50	<50，且≥30	<30，且≥20	<20，且≥10
堤防工程的级别	1	2	3	4	5

蓄滞洪区堤防工程的防洪标准应根据批准的流域防洪规划或区域防洪规划的要求专门确定。

（三）堤防的特征水位

1. 河道堤防的设计水位

河道堤防的设计水位是指堤防工程设计采用的防洪最高水位。堤防设计水位是修建堤防的一项基本依据。在防洪系统的规划设计中，堤防设计水位应根据河流水文、地形、土料、河道冲淤等条件，结合防洪系统中的其他防洪措施，经技术经济比较确定。堤防保证水位与堤防设计水位密切相关，一般二者相同。

2. 河道堤防的警戒水位

汛期河流主要堤防险情可能逐渐增多，需加强防守的水位，称为河道堤防的警戒水位。游荡型河道，由于河势摆动，在警戒水位以下也可能发生塌岸等较大险情。大江大河大湖保护区的警戒水位多取在洪水普遍漫滩或重要堤段开始漫滩假堤的水位。此时河段或区域开始进入防汛戒备状态，有关部门进一步落实防守岗位、抢险备料等工作，跨堤涵闸停止使用。该水位主要是防汛部门根据长期防汛实践经验和堤防等工程的抗洪能力、出险基本规律分析确定的。警戒水位是制订防汛方案的重要依据。

二、水库

水库是在河道、山谷、低洼地及下透水层修建挡水坝或堤堰、隔水墙，形成蓄集水的人工湖，是调蓄洪水的主要工程措施之一。水库的主要作用是防洪、发电、灌溉、供水、蓄能等，水库在防洪中的主要作用是调蓄洪水、削减洪峰，特别是江河干流上的水库汛期拦蓄洪水，调节径流的作用很大，防洪效益很显著。

(一) 水库分类

按水库库容的不同，水库可分为大型水库（总库容为 1 亿 m³ 以上）、中型水库（总库容为 0.1 亿～1 亿 m³）、小型水库（总库容为 10 万～1000 万 m³）。其中，大型水库又可分为大（1）型水库和大（2）型水库，总库容分别为 10 亿 m³ 以上和 1 亿～10 亿 m³；小型水库又可分为小（1）型水库和小（2）型水库，总库容分别为 100 万～1000 万 m³ 和 10 万～100 万 m³。

水库工程的等别划分：根据工程规模、保护范围和重要程度，按照《防洪标准》(GB 50201—2014)，水库工程分为 5 个等别，等别指标见表 6-2。

表 6-2 水 库 工 程 等 别 表

工程等别	工程规模	水库总库容/亿 m³	工程等别	工程规模	水库总库容/亿 m³
Ⅰ	大（1）型	>10	Ⅳ	小（1）型	0.01～0.1
Ⅱ	大（2）型	1～10	Ⅴ	小（2）型	0.001～0.01
Ⅲ	中型	0.1～1			

水库工程的防洪标准分设计（正常运用）和校核（非常运用）两级标准。防洪标准的选用应按照设计规范确定。

病险水库是已建成水库中存在安全隐患带病运行的水库，主要是原设计防洪标准不够、施工质量差及管理薄弱等原因造成的。因此，在管理养护和防洪调度方面都要给予特殊考虑。

(二) 特征水位

特征水位是指水库在各时期和遭遇特定水文情况下，需控制达到、限制超过或允许削落到的水位（图 6-1）。特征水位是规划设计阶段确定主要水工建筑物尺寸（坝高、溢洪道宽度、电站装机容量等）及估算工程效益的基本依据。主要的特征水位如下。

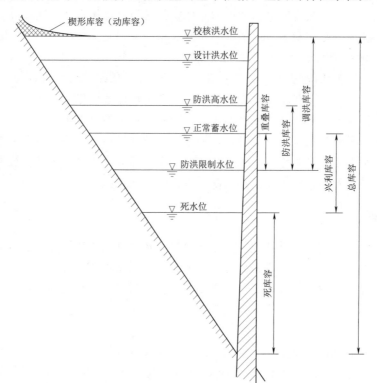

图 6-1　水库特征水位与特征库容示意图

（1）正常蓄水位。正常蓄水位也称正常高水位，指水库在正常运用情况下，允许为兴利蓄到的上限水位。它是水库最重要的特征水位，决定着水库的规模与效益，也在很大程度上决定着水工建筑物的尺寸。如果水库为自由泄洪的无闸门溢洪道，溢洪道的堰顶高程就是正常蓄水位。如果溢洪道上设有闸门，水库的正常蓄水位一般是闸门关闭时的门顶理论高程，实际的门顶还要高些，也就是正常蓄水位比闸门顶稍低。

（2）设计洪水位。设计洪水位指大坝遭遇设计洪水时，水库（坝前）达到的最高洪水位。它是水库在正常运用情况下允许达到的最高洪水位，也是挡水建筑物稳定计算的主要依据，可采用相应大坝设计标准的各种典型洪水，按拟订的调度方式，自防洪限制水位开始进行调洪计算求得。

（3）校核洪水位。校核洪水位指大坝遭遇校核洪水时，水库（坝前）达到的最高洪水位。它是水库在非常运用情况下，允许临时达到的最高洪水位，是确定坝顶高程及进行大坝安全校核的主要依据。此水位可采用相应大坝校核标准的各种典型洪水，按拟订的调洪方式，自防洪限制水位开始进行调洪计算求得。

（4）死水位。死水位指水库在正常运用情况下，允许削落到的最低水位。当年调节水库在设计枯水年时，水库水位降落到死水位，水库放空。在规划设计水库时，首先要确定死水位，然后才能进行兴利调节的计算，求得兴利库容和正常蓄水位，所以死水位的确定至关重要。

（5）防洪高水位。防洪高水位指水库在调节下游防护对象的防洪标准洪水时，坝前达到的最高水位。只有当水库承担下游防洪任务时，才需确定这一水位。此水位可采用相应下游防洪标准的各种典型洪水，按拟订的防洪调度方式，自防洪限制水位开始进行水库调洪计算求得。

（6）防洪限制水位。防洪限制水位也称为汛期限制水位，简称汛限水位，指水库在汛期允许兴利蓄水的上限水位，通常根据流域洪水特性及防洪要求分期拟订。

（三）特征库容

特征库容指相应于某一水库特征水位以下或两个特征水位之间的水库容积，一般均指坝前水位水平面以下的静库容。主要的特征库容如下。

（1）总库容，指校核洪水位以下的水库容积。

（2）兴利库容，指正常蓄水位至死水位之间的水库容积。

（3）调洪库容，指校核洪水位至防洪限制水位之间的水库容积。

（4）防洪库容，指防洪高水位至防洪限制水位之间的水库容积。

（5）死库容，指死水位以下的水库容积。

三、蓄滞洪区

蓄滞洪区主要是指河堤外洪水临时储存的低洼地区及湖泊等，其中多数历史上就是江河洪水淹没和蓄洪的场所。蓄滞洪区包括行洪区、分洪区、蓄洪区和滞洪区。

行洪区是指天然河道及其两侧或河岸大堤之间，在大洪水时用以宣泄洪水的区域；分洪区是利用平原区湖泊、洼地、湖泊修筑围堤，或利用原有低洼圩垸分泄河段超额洪水的区域；蓄洪区是分洪区发挥调洪性能的一种，它是指用于暂时蓄存河段分泄的超额洪水，待防洪情况许可时，再向区外排泄的区域；滞洪区也是分洪区起调洪性能的一种，这种区域具有"上吞下吐"的能力，其容量只能对河段分泄的洪水起到削减洪峰或短期阻滞洪水作用。

蓄滞洪区是江河防洪体系中的重要组成部分，是保障重点防洪安全，减轻灾害的有效措施。为了保证重点地区的防洪安全，将有条件地区开辟为蓄滞洪区，有计划地蓄滞洪水，是流域或区域防洪规划现实与经济合理的需要，也是为保全大局，而不得不牺牲局部利益的全局考虑。从总体上衡量，保住重点地区的防洪安全，使局部受到损失，有计划的分洪是必要的，也是合理的。

蓄滞洪区启用应按照既定的流域或区域防御洪水调度方案实施，其启用条件是：当某防洪重点保护区的防洪安全受到威胁时，按照调度权限，根据防御洪水调度方案，由相应的人民政府、防汛指挥部下达启用命令，由蓄滞洪区所在地人民政府负责组织实施。蓄滞洪区启用前必须做好以下准备工作：制定好蓄滞洪区实施的调度程序；做好分洪口门和进洪闸开启准备，无控制的要落实口门爆破方案和口门控制措施；做好区内群众的转移安置工作等。

四、水闸

水闸是修建在河道和渠道上利用闸门控制流量和调节水位的低水头水工建筑物。关闭闸门可以拦洪、挡潮或抬高上游水位，以满足灌溉、发电、航运、水产、环保、工业和生活用水等需要；开启闸门，可以宣泄洪水、涝水、弃水或废水，也可对下游河道或渠道供水。在水利工程中，水闸作为挡水、泄水或取水的建筑物，应用广泛。

水闸按其所承担的主要任务，可分为节制闸、进水闸、冲沙闸、分洪闸、挡潮闸、排水闸等，按闸室的结构形式可分为开敞式、胸墙式和涵洞式。开敞式水闸，当闸门全开时过闸水流通畅，适用于有泄洪、排冰、过木或排漂浮物等任务要求的水闸，节制闸、分洪闸常用这种形式。胸墙式水闸和涵洞式水闸，适用于闸上水位变幅较大或挡水位高于闸孔设计水位，即闸的孔径按低水位通过设计流量进行设计的情况。胸墙式的闸室结构与开敞式基本相同，为了减少闸门和工作桥的高度或为控制下泄单宽流量而设胸墙代替部分闸门挡水，挡潮闸、进水闸、泄水闸常用这种形式。

根据《水闸设计规范》(SL 265—2016)，平原区水闸的等级划分及洪水标准见表 6 - 3 和表 6 - 4。

表 6 - 3　　　　　　　　　　平原区水闸枢纽工程分等指标

工程等别		I	II	III	IV	V
规模		大（1）型	大（2）型	中型	小（1）型	小（2）型
最大过闸流量/(m³/s)		≥5000	5000～1000	1000～100	100～20	<20
防洪对象的重要性		特别重要	重要	中等	一般	—

表 6 - 4　　　　　　　　　　　平原区水闸洪水标准

水闸级别		1	2	3	4	5
洪水重现期/年	设计	100～50	50～30	30～20	20～10	10
	校核	300～200	200～100	100～50	50～30	30～20

五、泵站

大中型泵站是水利网络体系的重要组成部分，是区域经济社会发展的重要物质基础，对防御水旱灾害保障工农业生产和人民生命财产安全起着重要作用。

1. 泵站组成

泵站由主机组、电气设备、泵站建筑物、辅助设备等组成。主机组包括主水泵及动力机。电气设备由输电线、高低压开关柜和继电保护柜组成。泵站建筑物包括泵站引水建筑物、进水建筑物、泵房、泵站出水建筑物、变电站和管理所。辅助设备包括充水设备、供水设备、供油设备、通风设备、压缩空气设备、排水设备、起重设备、清污设备、防火设备及信息化管理平台等。

2. 水泵的用途及类型

（1）水泵及其用途。

用于抽水的泵称为水泵。灌排泵站中所用的就是水泵。水泵的用途很广，除农业上用它灌溉、排涝外，国民经济的许多行业都要应用它如石油化工、动力工业、城市供水和排水、矿井排水、水利工程施工、城市建设等。

水泵用于农业灌溉和排涝，提高了农业抗御自然灾害的能力，不仅使农田水利成为促进农业可持续发展的保证条件，同时也成为维护和不断改善生态环境的重要环节。

（2）水泵的类型特点。

泵的种类很多，以转换能量的方式来分，通常分为有转子泵和无转子泵两大类。前一类是靠高速旋转或往复运动的转子把动力机的机械能量转变为提升或压送流体的能量，如叶片泵、容积泵（容积泵又分往复式和回转式两种）、旋涡泵；后一类则是靠工作液体（液体或气体）把工作能量转换为提升或压送液体的能量，如水锤泵、射流泵、内燃泵、空气扬水机等。在地面水不多，需开发地下水的地区广泛使用深井泵、潜水泵；在水资源丰富，且山陡流急的丘陵山区，多选用水锤泵、水轮泵来进行提水灌溉。

在农田灌溉、排涝中，用得最多的是叶片式泵。叶片式泵是利用叶片的高速旋转来输送液体的。按叶轮旋转时对液体产生的力的不同，又可分为离心泵、轴流泵和混流泵3种。

离心泵是指水沿轴向流入叶轮，沿垂直于主轴的径向流出。按其结构型式可分为单级单吸离心泵、单级双吸离心泵、多级离心泵以及自吸离心泵等。

轴流泵是指水沿轴向流入叶片，又沿轴向流出。按主轴的方向不同可分为立式泵、卧式泵和斜式泵；按叶片调节的可能性可分为固定式、半调节式和全调节式。

混流泵是指水沿轴向流入叶轮，沿斜向流出。按结构型式可分为蜗壳式混流泵和导叶式混流泵。

第二节　工程巡查与险情处置

按照"以防为主、防重于抢"的方针，平时对水工建筑物进行经常和定期的检查、观测、养护修理和除险加固，消除隐患和各种缺陷损坏。及时查险、报险是消除安全度汛隐患的有效手段，其目的就是发现和解决安全度汛方面存在的薄弱环节，为汛期安全度汛创造条件。汛前对堤防工程应进行全面检查，汛期更要加强巡堤查险工作。检查的重点是险情调查资料中所反映出来的险工、险段。巡查要做到两个结合，即"徒步拉网式"的工程普查与对险工险段、水毁工程修复情况的重点巡查相结合；定时检查与不定时巡查相结合。同时做到三加强三统一，即加强责任心，统一领导，任务落实到人；加强技术指导，统一填写检查记录的格式，如记述出现险情的时间、地点、类别，绘制草图，同时记录水位和天气情况等有关资料，必要时应进行测图、摄影和录像，甚至立即采取应急措施，并同时报上一级防汛指挥部；加强抢险意识，做到眼勤、手勤、耳勤、脚勤，做到发现险情快、抢护处理快、险情报告快，统一巡查范围、内容和报警方法。巡查范围包括堤身、堤（河）岸以及堤背水坡脚200m以内的水塘、洼地、房屋，水井和与堤防相接的各种交叉建筑物。检查的内容包括裂缝、滑坡、跌窝、洞穴、渗水、塌岸、管涌（泡泉）、漏洞等。

报险必须遵循"及时、全面、准确、负责"的原则，一定要通过实地调查，把险情征象、性质鉴别清楚，不可把险情任意夸大或缩小，更不能把险情性质弄错，或鉴别不明确，出现"渗漏"等不明确的判别结果，以免引起慌乱或造成决策失误。统一报警方法包括以下内容。

（1）警号规定。利用广播电视、移动电话、对讲机、报警器报警时，警号可现场约定。当没有条件采用现代设备进行报警时，可因地制宜地采用口哨、锣鼓甚至鸣枪报警，警号应事先约定。

（2）出险标志。出险和抢险的地点，要作出显著的标志，如红旗、红灯等。

（3）广而告之。无论用何种报警器具和方法，都要有严密的组织和纪律，并安民告示，使之家喻户晓。

一、工程巡查

（一）检查内容

为确保水库、堤、闸汛期安全运用，必须在汛前组织检查各项工程设施，以便及时发现薄弱环节，采取除险措施，其检查内容主要有以下几项。

1. 水库工程检查

（1）水库基本情况检查。

1）观测设备及数据采集。观测设备及数据采集方面应检查的内容：水文观测仪器、水文自动测报系统是否正常；来水、降水、蒸发、库水位和堰闸出流等气象水文观测数据采集、分析和精度是否可靠；水工大坝变形监测、渗流监测设备是否正常；大坝位移、浸润线、渗流量等水工监测数据是否在合理范围；上年度各项水工监测资料及气象水文观测资料整理成果是否齐全。

2）水库水文特性。水库水文特性方面应检查的内容：了解近年来水库汛期的泄洪流量、库容水位变化情况，水库规划设计的水文资料有无补充和修正，设计暴雨、设计洪水、调洪方式等有无修正和变更。对上游含沙量大的水库，要检查泥沙对有效防洪库容的影响，校对水库库容和库容曲线有无变化。

3）库区地形、地貌。库区地形、地貌应检查的内容：水库库区有无浸没、塌方、滑坡以及库边冲刷等现象。坝趾附近的地形、地貌有无变化，库区和上坝公路附近汛期有无可能发生塌方、滑坡、山洪、泥石流等破坏道路迹象。

4）水库调度运用。水库调度运用应检查的内容：上年度水库调度运用计划执行情况，本年度水库调度运用计划（包括防御超标准洪水方案）编制情况。

5）应急措施。应急措施方面应检查的内容：当遭遇超标准洪水时，有无非常措施，其可行性如何；当允许非主体工程破坏时，有无防护主体工程的措施，有无减少对下游灾害损失的措施。

（2）坝体检查。

1）坝顶。坝顶有无裂缝、异常变形、积水或植物孳生等现象。防浪墙有无开裂、挤碎、架空、错位、倾斜等情况。

2）迎水坡。迎水坡有无裂缝、崩塌、剥落、隆起、塌坑、架空、冲刷、堆积或植物孳生等现象，有无蚁穴、兽洞等；近坝坡有无旋涡等异常现象。

3）背水坡及坝趾。背水坡及坝趾有无裂缝、崩塌、滑动、隆起、塌坑、堆积、湿斑、冒水、渗水或管涌等现象；排水系统有无堵塞、破坏；草皮护坡是否完好，有无蚁穴、兽洞等；滤水坝趾、集水沟、导渗减压设施等有无异常或破坏现象。

4）坝基和坝区。

a．坝基。基础排水设施是否正常；渗漏水的水量、颜色、气味及浑浊度、酸碱度、温度有无变化；坝下游有无沼泽化、渗水、管涌、流土等现象；上游铺盖有无裂缝、塌坑。

b．坝端。坝体与岸坡接合处有无裂缝、渗水等现象；两岸坝端区有无裂缝、滑坡迹象、隆起、塌坑、绕渗或蚁穴、兽洞等隐患。

c．坝趾近区。有无阴湿、渗水、管涌、流土等现象；排水设施是否完好。

d．坝端岸坡。护坡有无隆起、塌陷或其他损坏现象；有无地下水出露。

（3）输、泄水洞（管）检查。

1）引水段。有无堵塞、淤积，两岸坡有无崩塌。

2）进水塔（或竖井）。有无裂缝、渗水、倾斜或其他损坏现象。

3）洞（管）身。洞壁有无纵横向裂缝、空蚀、剥落、渗水等现象；放水时洞内声音是否正常。

4）出口。放水期水流形态，输水量及浑浊度是否正常；停水期是否有渗流水。

5）消能工。有无冲刷、磨损、淘刷或砂石、杂物堆积现象。下游河床及岸坡有无异常冲刷、淤积和波浪冲击破坏等情况。

6）工作桥检查的内容：是否有不均匀沉陷、裂缝、断裂等现象。

（4）溢洪道检查。

1）进水段（引渠）。有无坍塌、崩岸、堵淤或其他阻水现象；流态是否正常；糙率是否有异常变化。

2）堰顶或闸室、闸墩、胸墙、溢流面。有无裂缝、渗水、剥落、错位、冲刷、磨损、空蚀等现象；伸缩缝、排水孔是否完好。

3）消能工。检查项目与输、泄水洞（管）同。

（5）闸门及启闭机检查。

1）闸门。有无变形、裂纹、脱焊、锈蚀等损坏现象；门槽有无卡堵、气蚀等情况；启闭是否灵活；开度指示器是否清晰、准确；止水设施是否完好；部分启闭时有无震动情况；吊点结构是否牢固；钢丝绳或节链、栏杆、螺杆等有无锈蚀、裂纹、断丝、弯曲等现象；风浪、冰盖、漂浮物等是否影响闸门正常工作和安全。

2）启闭机。运转是否灵活；制动、限位设备是否准确有效；电源、传动、润滑等系统是否正常；启闭是否灵活可靠。

（6）其他设备检查。

1）观测设施是否完好。

2）通信和照明设施是否正常。

3）交通道路有无损坏和阻碍通行的地方。

（7）防汛物料检查。防汛物料备足，确保厂家联系畅通。检查是否按规定备齐备足，原储存的物料是否老化变质，是否超过保质期。

2. 河道堤防工程检查

河道堤防工程检查分为经常检查、定期检查和特别检查。

（1）经常检查。由河道堤防管理单位指定专人进行。检查时，应着重检查险工、险段及工程变化情况。检查的内容主要是：埽坝和矶头有无蛰陷、走动、根石是否走失；堤身有无雨淋沟、浪窝、滑坡、裂缝、塌坑、洞穴，有无害虫、害兽的活动痕迹；堤岸有无崩坍；护岸块石有无松动、翻起、塌陷；河势、溜势有无改变、对堤防险工、护岸有无影响；沿堤设施有无损坏；护堤林木有无损失等。

（2）定期检查。每年汛前、汛后、大潮前后、有凌汛任务的河道在凌汛期，应对河道堤防工程及其设施进行定期检查。主要江河的重点堤段的检查，必要时可请上级主管部门派人员共同进行。汛前应着重检查岁修工程完成情况和度汛存在的问题，包括工程情况、河（溜）势变化、防汛组织、防汛物料和通信设备等，及时做好防汛准备工作。汛后和洪峰、大潮后应着重检查工程变化和损坏情况，据以拟定岁修计划。凌汛期应着重检查沿河边封、流凌和冰块封堵等情况。特别是河道定口和弯道处更应注意有无形成冰坝的危险。

（3）特别检查。当发生特大洪水、暴雨、台风、地震、工程非常运用和发生重大事故等情况时，管理单位负责人应及时组织力量进行检查，必要时报上级主管部门及有关单位会同检查。暴雨、台风、洪峰前，着重检查防雨、防台风、防洪的准备情况。暴雨、台风、地震、洪峰后着重检查工程有无损坏，并检查防汛器材动用、补充以及防汛队伍休整等情况，为下一次防洪工作做好准备。

3. 水闸工程检查

水闸工程检查工作分为经常检查、定期检查、特别检查和安全鉴定。

（1）经常检查。水闸管理单位应对建筑物各部位、闸门和启闭机械、动力设备、通信设施以及管理范围内的堤防和水流形态等，进行经常检查观测，应指定专人按有关规定或细则进行。

（2）定期检查。每年汛前、汛后、用水期前后、冰冻严重地区在冰冻期，应对水闸工程及各项设施进行定期检查。定期检查由管理单位负责组织领导，对水闸工程各部位进行全面检查，必要时请上级主管部门派人参加。汛前应着重检查岁修工程完成情况，度汛存在问题，防汛组织和防汛物料以及通信、照明设备等，及时做好防汛准备工作。汛后应着重检查工程变化和损坏情况，据以拟定岁修计划。冰冻期应着重检查防冻措施的落实和冰凌压力对建筑物的影响等。

（3）特别检查。当发生特大洪水、暴雨、暴风、强烈地震和重大工程事故时，管理单位应及时组织力量进行全面检查。必要时报请上级主管部门会同检查，着重检查工程有无损坏等。

（4）安全鉴定。水闸建成后，一般在运用的前3～5年进行一次安全鉴定。水闸投入运用多年后，须每隔一定时期进行一次全面的安全鉴定；当工程达到折旧年限时，也应进行一次，对存在安全问题的单项工程和易受腐蚀损坏的结构设备，应根据情况适时进行安全鉴定，并根据成果做出检查、鉴定报告，报上级主管部门。

水闸工程检查着重抓好经常检查和定期检查工作。主要内容是检查各类水闸建筑物的支承墩、工作桥以及墙体系列是否变形损坏，查看岸墙、翼墙、挡土墙、胸墙、导流墙、闸墩、排架、栏杆、工作桥以及墙后填土、岸坡、堤防护坡等有无裂缝、倾斜、滑动、冲刷、渗水、风化、磨损、剥落、锈蚀等不正常现象。

（二）检查方法与要求

为做好工程检查工作，其检查方法和要求如下。

1. 检查方法

（1）常规方法。用眼看、耳听、手摸、鼻嗅、口尝、脚踩等直觉方法，或辅以锤、钎、钢卷尺、放大镜、石蕊试纸等简单工具对工程表面和异常现象进行检查。

（2）特殊方法。采用开挖表层或拆除块石护坡、挖坑、探井、投放化学试剂。如高锰酸钾或颜料、潜水员探摸等方法，对工程内部、水下部位或坝基进行检查。

2. 检查要求

汛期堤、闸、水库险情的发生和发展，都有一个从无到有、由小到大的变化过程，只要发现及时，抢护措施得当，即可将其消灭在早期，及时地化险为夷。检查是防汛抢险中一项极为重要的工作，切不可掉以轻心，疏忽大意。具体要求如下。

（1）检查人员必须挑选熟悉工程情况、责任心强、有防汛抢险经验的人担任。

（2）检查人员力求固定，全汛期不变。

（3）检查工作要做到统一领导、分项负责。要具体确定检查内容、路线及检查时间（或次数），要把任务落实到人。

（4）当发生暴雨、台风、地震、堤、闸、水库水位骤升骤降及持续高水位或发现有异常现象时，应增加检查次数，必要时应对可能出现重大险情的部位实行昼夜连续监视。

（5）检查时应带好必要的辅助工具和记录簿、笔。检查路线上的道路应符合安全要求。

3. 检查前应做好的准备工作

安排好水库调度，为检查输、泄水建筑物或进行水下检查创造条件。做好电力安排，为检查工作提供必要的动力和照明。排干检查部位的积水，清除检查部位的堆积物。安排好临时的交通设施，便于检查人员通行。采取安全防范措施，确保检查人员和工程安全。准备好工具、设备、必要的车、船以及量测、记录、绘草图、照相等器具。

二、常见险情处置

（一）堤防类险情处置

1. 渗水

（1）险情。如果堤防土料选择不当，施工质量不好，渗透到堤防内部的水分较多，浸润线也相应抬高，在背水坡出逸点以下，土体湿润或发软，有水渗出的现象，称为渗水，见图 6-2。渗水是堤防较常见的险情之一。严重渗水会导致土体发生渗透变形，形成脱坡（或滑坡）、管涌、流土甚至漏洞等险情。

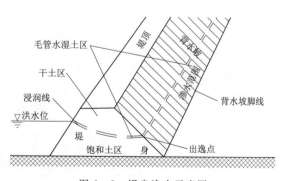

图 6-2 堤身渗水示意图

（2）原因分析。堤防产生渗水的主要原因有以下几个。

1）河道水位较高，挡水持续时间长。

2）堤防断面尺寸不足。

3）堤身填土含沙量大，临水坡又无防渗斜墙或其他有效控制渗流的工程措施。

4）填土质量差，有冻土、团块和其他杂物，没有碾压夯实等。

5）堤防经历年培修，堤内有明显的新老接合面存在。

6）堤身有隐患，如蚁穴、蛇洞、暗沟、易腐烂物、树根等。

（3）抢护原则。应遵循"临水截渗，背水导渗"的原则抢护。对于渗水引起的滑动，需要时还应做压渗固脚平台，以控制可能因背水坡渗水带来的脱坡险情。在渗水堤段清水坡脚附近有深潭、坑塘的，抢护时宜填土固基。

（4）抢护方法。渗水险情抢护方法很多，考虑运输机械普及，首推后戗法，该法不仅效果好，而且可起到长期加固堤防作用。

1）透水后戗。此法一般适用于堤身断面单薄、渗水严重、滩地狭窄、背水堤坡较陡或背河堤脚有潭坑、池塘的堤段。当背水坡发生严重渗水时，应根据险情和使用材料的不同，修筑砂土后戗和梢土后戗。

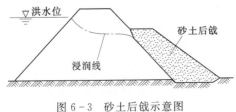

图 6-3 砂土后戗示意图

2）砂土后戗。首先将边坡渗水范围内的杂草、杂物及松软表土清除干净，再用砂砾料填筑后戗，要求分层填筑密实，每层厚度30cm，顶部高出浸润线出逸点 0.5～1.0m，顶宽 2～3m，戗坡一般为 1：3～1：5，长度超过渗水堤段两端至少 3m，见图 6-3。当填筑砂土后戗缺乏足够物料时，可采用梢土代替砂土，筑成梢土后戗。

3）反滤层导渗。当堤身透水性较强，背水坡土体过于稀软；或者堤身断面小，经开挖试验，采用导渗沟确有困难，且反滤料又比较丰富时，可采用反滤层导渗法抢护。在抢护前，先将渗水边坡的杂草、杂物及松软的表土清除干净；然后按要求铺设反滤料。根据反滤料的不同，可分为砂石反滤层、梢料反滤层和土工织物反滤层，如图 6-4 所示。

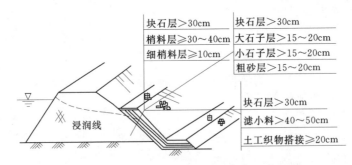

图 6-4 土工织物、砂石、梢料反滤层示意图

4）反滤沟导渗。当堤防背水坡大面积严重渗水时，可在堤背开挖导渗沟。根据沟内所填反滤料的不同，可分为砂石导渗沟、梢料导渗沟、土工织物导渗沟和透水软管导渗沟

等几种形式。

a. 导渗沟的布置形式。导渗沟的布置形式可分为纵横沟、Y 形沟和人字沟等。以"人"字沟的应用最为广泛，效果最好，Y 形沟次之，如图 6-5 所示。

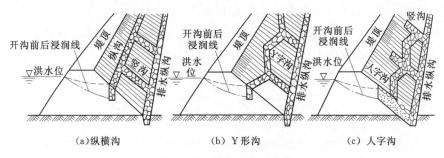

（a）纵横沟　　　　　　　（b）Y 形沟　　　　　　　（c）人字沟

图 6-5　导渗沟开沟示意图

b. 导渗沟尺寸。一般情况下，开挖深度、宽度和间距分别选用 30～50cm、30～50cm 和 6～10m。导渗沟的开挖高度，一般要达到或略高于渗水出逸点位置。导渗沟的出口，以导渗沟所截得的水排出离堤脚 2～3m 外为宜，尽量减少渗水对堤脚的浸泡。

c. 反滤料铺设。边开挖导渗沟，边回填反滤料。反滤料为砂石料时，应控制含泥量，以免影响导渗沟的排水效果；反滤料为土工织物时，土工织物应与沟的周边接合紧密，其上回填碎石等一般的透水料，土工织物搭接宽度以大于 20cm 为宜；回填滤料为稻糠、麦秸、稻草、柳枝、芦苇等，其上应压透水盖重，如图 6-6 所示。

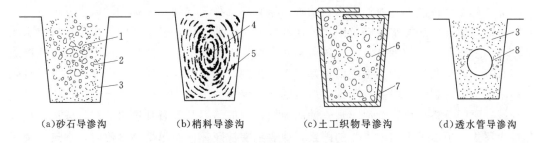

（a）砂石导渗沟　　　（b）梢料导渗沟　　　（c）土工织物导渗沟　　　（d）透水管导渗沟

图 6-6　导渗沟铺填示意图

1—大石子；2—小石子；3—粗砂；4—粗梢料；5—细梢料；6—一般透水料；7—土工织物；8—软式透水管

值得指出的是，反滤导渗沟对维护堤坡表面土的稳定是有效的，而对于降低堤内浸润线和堤背水坡出逸点高程的作用相当有限。要根治渗水，还要视工情、水情、雨情等确定是否采用临水截渗和透水后戗。

5）土工膜截渗。当缺少黏性土料时，若水深较浅，可采用土工膜截渗的方法，如图 6-7 所示。具体做法如下。

a. 先清理铺设范围内的边坡和坡脚附近地面。

b. 土工膜的宽度和沿边坡的长度可根据具体尺寸预先黏结或焊接好，以满铺渗水段边坡并深入临水坡脚以外

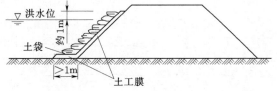

图 6-7　土工膜截渗示意图

1m 以上为宜。顺边坡宽度不足可以搭接，但搭接长应大于 0.5m。

c. 将直径为 4～5cm 的钢管固定在土工膜的下端，卷好后将上端系于堤顶木桩上，沿堤坡滚下。

d. 土工膜铺设的同时用土袋压盖，以便贴坡。

6）黏土前戗截渗。当堤前水不太深、风浪不大、水流较缓、附近有黏性土料且取土较易时，可采用黏土前戗截渗法，如图 6-8 所示。具体做法如下。

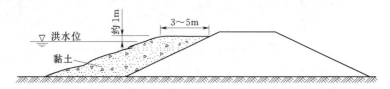

图 6-8　黏土前戗截渗示意图

a. 先将边坡上的杂草、树木等杂物尽量清除。

b. 将准备好的黏性土料，集中力量沿临水坡向水中缓慢推下，切勿向水中猛倒。

c. 一般抛土段超过渗水段两端各 3～5m，前戗顶高出水面约 1m。

2. 管涌（流土）

（1）险情。在渗流作用下无黏性土体中的细小颗粒通过粗大颗粒骨架的空隙发生移动或被带出，致使土层中形成孔道而产生集中涌水的现象，称为管涌。在渗流作用下，黏性土或无黏性土体中某一范围内的颗粒同时随水流发生移动的现象，称为流土。防汛中难以将管涌和流土严格区分，习惯上将这两种渗透破坏统称为管涌（又称翻砂鼓水、泡泉）。

管涌一般发生在背水坡脚及附近地面或较远的坑塘洼地，多呈孔状，出水口冒清水或细沙。出水口孔径小的如蚁穴，大的可达几十厘米。少则出现一两个，多则出现冒孔群或称泡泉群。如不抢护，则会把堤防地基下土层淘空，清水管涌变成浑水管涌，导致堤身骤然坍陷、蛰陷、裂缝、脱坡等险情，严重的造成堤防溃决。

（2）原因分析。堤防背河出现管涌的原因，一般是堤基下有强透水砂层，或地表虽有黏性土覆盖，但由于天然或人为的因素，地表土层被破坏。在汛期高水位时，渗透坡降变陡，渗流的流速和压力加大。当渗透坡降大于堤基表层弱透水层的允许渗透坡降时，即发生渗透破坏，形成管涌；或者在背水坡脚以外地面，因取土、建闸、开渠、钻探、打井、基坑开挖、挖鱼塘及历史溃口留下冲潭等，在较大的水力坡降作用下，将下面地层中的粉细砂颗粒带出，见图 6-9。

（3）抢护原则。抢护管涌险情的原则是制止涌水带沙，而留有渗水出路。这样既可使沙层不再被破坏，又可以降低附近渗水压力，使险情得以控制和稳定。在堤背水坡附近抢护时，切忌使用不透水材料强填硬塞。

（4）抢护方法。根据抢险实践，单一管涌险情抢护拟采用反滤围井，管涌群险情抢护拟采用盖土平台法抢护最为有效和持久，应优先考虑。

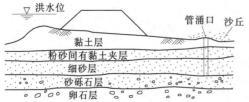

图 6-9　管涌险情示意图

1）反滤围井。在管涌出口处抢筑反滤

围井，制止涌水带沙，防止险情扩大。此法一般适用于背河地面或洼地坑塘出现数目不多和面积较小的管涌，以及数目虽多但未连成大面积，可以分片处理的管涌群。对位于水下的管涌，当水深较浅时，也可采用此法。根据所用材料不同，可分为砂石反滤围井、梢料反滤围井、土工织物反滤围井。

在抢筑时，先将拟建围井范围内杂物清除干净，并挖去软泥约 20cm，周围用土袋排垒成围井，在预计蓄水高度上埋设排水管，蓄水高度以该处不再涌水带沙为原则确定。井内按要求铺设反滤料物（砂石、梢料或土工织物），其厚度按出水基本不带沙的原则确定。如涌水过大，填筑反滤料有困难时，可先用块石或砖块袋装填塞，待水势消杀后，再填筑滤料，如发现填料下沉，宜及时补充。背水地面有集水坑、水井内出现翻砂鼓水的，可直接倒入滤料，形成围井，如图 6-10 所示。

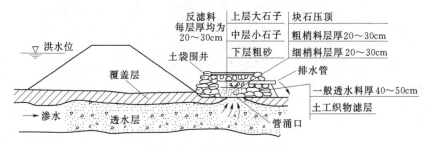

图 6-10　反滤围井示意图

2）盖土平台法。当堤防背坡地面出现管涌群，且发展危害堤防时，可用土直接覆盖修作平台，一般平台厚度 1.0～1.5m，范围超出 2.0m。如重新出现管涌可加厚加宽平台。

3）背水月堤（又称背水围堰）。当背水堤脚附近出现分布范围较大的管涌群险情时，可在堤背出险范围外抢筑月堤，截蓄涌水，抬高水位。月堤可随水位升高而加高，直到险情稳定为止。然后安设排水管将余水排出。背水月堤必须保证质量标准，同时要慎重考虑月堤填筑工作与完工时间是否能适应管涌险情的发展和保证安全，如图 6-11 所示。

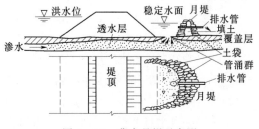

图 6-11　背水月堤示意图

4）反滤压（铺）盖。在大堤背水坡脚附近险情处抢修反滤压盖，可降低涌水流速，制止堤基泥沙流失，以稳定险情。一般适用于管涌较多、面积较大、涌水带沙成片、涌水涌沙比较严重的堤段。采用砂石、梢料和土工织物等反滤料物做反滤压（铺）盖，切忌使用不透水材料。

在抢筑前，先清理铺设范围内的软泥和杂物，对其中涌水带沙较严重的管涌出口，用块石或砖块抛填，以消杀水势。同时在已清理好的有大片管涌群的范围内，按反滤要求铺设反滤料物，做反滤层压盖，如图 6-12～图 6-14 所示。

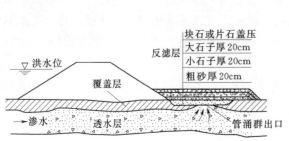

图 6-12 砂石反滤压盖示意图

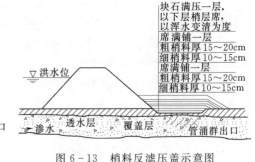

图 6-13 梢料反滤压盖示意图

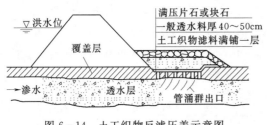

图 6-14 土工织物反滤压盖示意图

5）水下管涌抢护。在潭坑、池塘、水沟、洼地等水下出现管涌时，可结合具体情况，采用填塘、水下反滤层、蓄水反压等方法抢护。

6）"牛皮包"的处理。当地表土层在草根或其他胶结体作用下凝结成片时，渗透水压把表层土顶起而形成的鼓包，俗称为"牛皮包"。一般可在降起的部位铺麦秸或稻草一层，厚 10～20cm，其上再铺柳枝、秫秸或芦苇一层，厚 20～30cm。如厚度超过 30cm 时，可分横竖两层铺放，然后再压土袋或块石。

3. 漏洞

（1）险情。在汛期高水位情况下，洞口出现在背水坡或背水坡脚附近的横贯堤身的渗流孔洞，称为漏洞。开始因漏水量小，漏洞漏水较清，称为清水漏洞。清水漏洞初期易被忽视，但只要查险仔细，就会发现漏洞周围"渗水"的水量较其他地方大，应引起特别重视。漏洞一旦形成，出水量明显增加，且渗水多为浑水，因而湖北等地形象地称之为"浑水洞"。漏洞形成后，水面上往往会形成旋涡，洞内形成一股集中水流，漏洞扩大迅速。因此，发生漏洞险情，必须慎重对待，全力以赴，迅速进行抢护。

（2）原因分析。漏洞产生的原因是多方面的，主要原因有以下几个。

1）堤身内部遗留有屋基、墓穴、阴沟、暗道、腐朽树根等，筑堤时未清除。

2）堤身填土质量不好，未夯实，有土块或架空结构，在高水位作用下，土块间部分细料流失。

3）堤身中夹有砂层等，在高水位作用下砂粒流失。

4）堤身内有白蚁、蛇、鼠、獾等动物洞穴，在汛期高水位作用下，将平时的淤塞物冲开，或因渗水沿隐患、松土串连而成漏洞。

5）在持续高水位条件下，堤身浸泡时间长，主体变软，更易促成漏洞的生成，故有"久浸成漏"之说。

6）位于老口门或老险工部位的堤段、复堤结合部位处理不好或产生过贯穿裂缝处理不彻底，一旦形成集中渗漏，即有可能转化为漏洞。

发生在堤脚附近的漏洞，很容易与一些基础的管涌险情相混淆，这是很危险的。

（3）抢护原则。一般漏洞险情发展很快，特别是浑水漏洞，更容易危及堤防安全，所以堵塞漏洞要抢旱抢小，一气呵成，切莫延误时机。抢护漏洞的原则是"前堵后导，临背并举；前堵为主，后导为辅"。在抢护时应首先在临河找到漏洞进水口，及时堵塞，截断水源。同时在背河漏洞出水口采取滤水措施。制止土壤流失，防止险情扩大，切忌在背河用不透水料物强塞硬堵，以免造成更大险情。

（4）洞口探测。

1）水面观察。漏洞形成初期，进水口水面有时难以看到旋涡。可以在水面上撒一些漂浮物，如纸屑、碎草或泡沫塑料碎屑，若发现这些漂浮物在水面打旋或集中在一处，即表明此处水下有进水口。

2）潜水探漏。漏洞进水口如水深流急，水面看不到旋涡，则需要潜水探摸。潜水探摸是有效的方法，由体魄强壮、游泳技能高强的青壮年担任潜水员，上身穿戴"井"字皮带，系上绳索由堤上人员掌握，以策安全。探摸方法：一是手摸脚踩；二是用一端扎有布条的杆子探测，如遇漏洞，洞口水流吸引力可将布条吸入，移动困难。

3）投放颜料观察水色。在可能出现漏洞且为水浅流缓的堤段分段分期撒放石灰或其他易溶于水的带色颜料，如高锰酸钾等，记录每次投放时间、地点，并设专人在背水坡漏洞出水口处观察，如发现出洞口水流颜色改变，并记录时间，即可判断漏洞进水口的大体位置和水流流速大小。然后改变颜料颜色，进一步缩小投放范围，即可较准确地找出漏洞进水口。

4）布幕、席片探漏。将布幕或连成一体的席片，用绳索拴好，并适当坠以重物，使其沉没水中并贴紧堤坡移动。如感到突然费劲，辨明不是有石块、木桩或树根等物阻挡，且出水口水流减弱，就说明这里有漏洞。

5）电法探测。如条件允许可在漏洞险情堤段采用电法探测仪进行探查，以查明漏水通道，判明埋深及走向。

（5）抢堵方法。

1）临河截堵。当探摸到漏洞进水口较小时，一般可用软性材料堵塞，并盖压闭气；当洞口较大、堵塞不易时，可利用软帘、网兜、薄板等覆盖的办法进行堵截；当洞口较多，情况又复杂，洞口难以寻找，且水深较浅时，可在临河抢筑月堤，截断进水，或者在临水坡面用黏性土料帮坡，以起防渗作用，也可铺放布篷、土工膜等隔水材料堵截。

a. 塞堵法。水浅、流速小，只有一个或少数洞口，人可下水接近洞口的地方可用塞堵法。一般可用软性材料塞堵，如土工织物、草捆、棉被、棉衣、编织袋包、网包、草包、软楔等，目前新研究的还有水布袋、软罩、软袋、探堵器等。在有效控制险情发展后，还需用黏性土封堵闭气，或用大块土工膜、篷布盖堵，然后再压土袋或土枕直到完全截流为止，如图 6-15 所示。

在抢堵漏洞进口时，切忌乱抛砖石等块状料物，以免架空，致使漏洞继续发展扩大。

b. 盖堵法。用铁锅、软帘、网兜和木板等覆

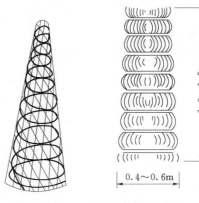

图 6-15 软楔及草捆示意图

盖物盖堵漏洞的进水口，待漏洞基本断流后，在上面再抛土袋或填黏土盖压闭气，以截断漏洞的流水。根据覆盖材料不同，可采用不同的抢护方法。

ⅰ. 软帘盖堵。此法适用于洞口附近流速较小、土质松软或周围已有许多裂缝的情况。一般可选用草帘、苇箔、篷布或土工织物布等重叠数层作为软帘，也可临时用柳枝、秸料、芦苇等编扎软帘。软帘的大小应根据洞口具体情况和需要盖堵的范围决定。软帘的上边可根据受力大小用绳索或铅丝拴牢于堤顶的木桩上，下边坠以块石、土袋等重物，以利于软帘沉贴边坡。在盖堵前，先将软帘卷起，置放在洞口的上部，盖堵用木杆顶推，使其顺堤坡下滚，把洞口盖堵严密后，再盖压土袋，并抛填黏性土，达到封堵闭气的目的，如图 6-16 所示。

ⅱ. 复合土工膜排体（图 6-17）或篷布盖堵。当洞口较多且较为集中，附近无树木杂物，逐个堵塞费时且易扩展成大洞时，可采用大面积复合土工膜排体或篷布盖堵，可沿临水坡肩部位从上往下顺坡铺盖洞口，或从船上铺放，盖堵离堤肩较远处的漏洞进口，然后抛压土袋或土枕，并抛填黏土，形成前戗截渗。

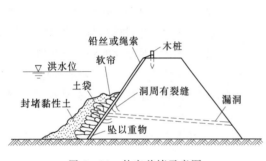

图 6-16 软帘盖堵示意图

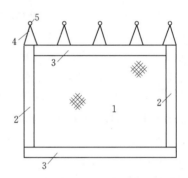

图 6-17 复合土工膜排体
1—复合土工膜；2—纵向土袋筒（ϕ60cm）；
3—横向土袋筒（ϕ60cm）；4—筋绳；5—木桩

c. 戗堤法。当堤防临水坡漏洞口较多、范围较大或地形复杂时，以及漏洞口位置在水下较深，或发生在夜间不易找到的情况下，可采用抛土袋和黏土填筑前戗或临水筑月堤的办法进行抢堵。具体做法如下。

ⅰ. 抛筑黏土前戗。在洞口附近区域集中力量沿临水坡自上而下、由里向外往水中均匀推进备好的黏土，一般形成厚 3~5m、高出水面约 1m 的黏土前戗，封堵整个漏洞区域，在遇到填土易从洞口冲出的情况下，可先在洞口两侧抛填黏土，同时准备一些土袋，集中抛填于洞口，初步堵住洞口后，再抛填黏土，闭气截流，达到堵漏目的，见图 6-18。

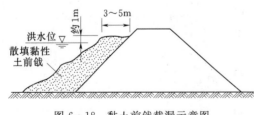

图 6-18 黏土前戗截漏示意图

ⅱ. 临水抢筑月堤。如临水水深较浅，流速较小，也可在洞口范围内用土袋修成月形围堰，将漏洞进水口围在堰内，再填筑黏土进行封闭，见图 6-19。

2）背河导渗。在临河截堵漏洞的同时，还应在背河漏洞出口抢做滤水工程，

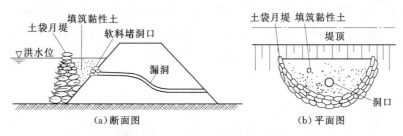

图 6-19 临水抢筑月堤堵漏示意图

以制止泥沙外流，防止险情扩大。通常采用的方法有反滤围井法、反滤铺盖法和透水压渗台法等，这些方法可参见本节"管涌"抢险部分内容。

（6）注意事项。在堵漏抢护中，应注意以下事项。

1）抢护漏洞险情是一项十分紧急的任务，一定要做到组织严密、统一指挥、措施得当、行动迅速，要尽快找到漏洞进水口，充分做好人力、物料准备，力争抢早抢小，一气呵成。

2）在抢堵漏洞进水口时，切忌乱抛砖石等块状料物，以免架空，使漏洞继续发展扩大。

3）在漏洞出水口处，切忌用不透水材料强塞硬堵，以免堵住一处，附近又出现多处，越堵漏洞越大，导致险情扩大和恶化，甚至造成堤防溃决。实践证明，在漏洞出口抛散土、土袋填压都是错误做法。

4）采用盖堵法抢护漏洞进水口时，须防止在刚盖堵时，由于洞内断流，外部水压力增大，从洞口覆盖物的四周进水。因此，洞口覆盖后应立即封严四周，同时迅速用充足的黏土料封堵闭气；否则一次堵覆失败，洞口扩大会增加再堵的困难。

5）无论对漏洞进水口采取哪种办法探找和盖堵，都应注意探漏抢堵人员的人身安全，落实切实可行的安全措施。

6）漏洞抢堵闭气后，还应有专人看守观察，以防再次出现漏洞。

7）凡发生漏洞险情的堤段，大水过后，一定要进行锥探或锥探灌浆加固。必要时，要进行开挖翻筑。

4. 冲塌

（1）险情。冲塌是堤防偎堤走溜，造成堤坡及其堤顶坍塌险情，是堤防冲决的主要原因。主要有崩塌和滑脱两种类型，其中以崩塌比较严重。坍塌险情如不及时抢护，将会造成冲决灾害。

（2）原因分析。在河流的弯道，主流逼近凹岸，深泓紧逼堤防，水流冲淘刷深堤岸坡脚，造成堤基、堤坡逐渐被淘刷，最终造成决口。

（3）抢护原则。抢护冲塌险情要以护滩、固基、护脚、防冲为主，即及早抢护近堤滩岸，护脚抗冲，护岸、护坡，增强堤岸的抗冲能力，维持尚未坍塌堤岸的稳定性，制止险情继续扩大。

（4）抢护方法。

护脚固基防冲。当堤防受水流冲刷，堤脚或堤坡冲成陡坎时，可采用此法。根据流速大小可采用土（砂）袋、长土枕、柳石枕及土工编织软体排等防冲物体防护，然后用块石、铅丝笼加固如图6-20至图6-22所示。因该法具有施工简单灵活、易备料、能适应河床变形的特点，因此使用最为广泛。具体做法如下所述。

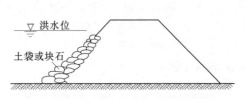

图 6-20　土袋、块石防冲示意图

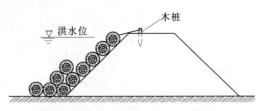

图 6-21　柳石枕防冲示意图

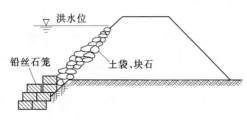

图 6-22　铅丝石笼防冲示意图

　　a. 先摸清坍塌部分的长度、宽度和深度，以便估算所需劳力和物料。

　　b. 所需物料规格如下：①柳石枕一般长5～15m，直径为0.5～1.0m，柳、石体积比2：1左右，可根据流速大小或出险部位调整用石量；②铅丝石笼制作，已逐步实现了机械化；③每个土袋的重量应大于40kg，饱满度为70%～80%，以充填砂土、砂壤土为宜；④长管袋（长土枕）采用反滤土工织物制作，管袋进行抽沙充填，直径一般为1m，长度依出险情况而定。

　　c. 在堤顶或船上沿坍塌部位抛投块石、土（砂）袋、柳石枕或铅丝笼。先从顶冲坍塌严重部位抛护，然后依次上下进行，抛至稳定坡度为止。水深流急之处，可抛土工布袋装石、铅丝石笼等。抛投要到位，有航运条件的河流可采用船只定位抛投。

　　i. 柳石搂厢。大溜顶冲，堤基堤身土质不好，水深流急，险情正在扩大的情况下可采用此法。

　　ii. 坝垛导溜。堤防发生冲塌险情，一般都与流量大小和溜势变化有关，此时需要筑坝垛进行导溜。至于在什么位置、选什么坝型、尺寸大小、用什么材料等具体措施，视河势而定。如在主流贴岸、溜势过急的冲塌堤段，可采用块石、石枕、铅丝石笼、砂袋等抛堆成短坝挑溜外移，坝长以不影响对岸为准。

　　除上述方法外，如坍塌险情发展特别严重时，还需要在坍塌段堤后一定距离抢修月堤，建立第二道防线，以策安全。

　　5. 滑坡（脱坡）

　　（1）险情。滑坡（也称脱坡）有背河滑坡和临河滑坡两种，主要是边坡失稳下滑造成的。开始时，在堤顶或边坡上发生裂缝或蛰裂，随着险情的发展，即形成滑坡。根据滑坡的范围，一般可分为堤身与基础起滑动和堤身局部滑动两种。滑坡严重者，削弱堤防断面，可导致堤防溃口，应立即抢护。由于初始阶段滑坡与崩塌现象不易区分，应对滑坡的原因和判断条件认真分析，确定滑坡性质，以利采取抢护措施。

　　（2）原因分析。堤防的临水面与背水面堤坡均有发生滑坡的可能，因其所处位置不同，产生滑坡的原因也不同，现分述如下。

1) 临水面滑坡的主要原因。

a. 堤脚滩地迎流顶冲坍塌，崩岸逼近堤脚，堤脚失稳引起滑坡。

b. 水位消退时，堤身饱水，容重增加，在渗流作用下，堤坡失稳而滑坡。

c. 汛期风浪冲毁护坡，侵蚀堤身引起的局部滑坡。

2) 背水面滑坡的主要原因。

a. 堤身渗水饱和而引起的滑坡。

b. 在遭遇暴雨或长期降雨而引起的滑坡。

c. 堤脚失去支撑而引起的滑坡。

(3) 滑坡的检查观测与分析判断。滑坡对堤防安全威胁很大，除需经常进行检查外，当存在以下情况时，更应严加监视：①高水位时期；②水位骤降时期；③持续特大暴雨时；④春季解冻时期；⑤发生较强地震后。发现堤防滑坡征兆后，应根据经常性的检查和观测资料，及时进行分析判断，采取相应措施。

(4) 抢护原则。滑坡抢护的原则是设法减小滑动力和增加抗滑力，即"上部削坡与下部固脚压重"。上部减载是在滑坡体上部削缓边坡，下部压重是抛石（或砂袋）固脚。如堤身单薄、质量差，为补救削坡后造成的堤身削弱，应采取加筑后戗的措施予以加固。在抢护滑坡险情时，如果江河水位很高，则抢护临河坡的滑坡，要比背水坡困难得多。为避免贻误时机，造成灾害，应临坡、背坡同时进行抢护。在渗水严重的滑坡体上，要尽量避免大量抢护人员践踏，在滑动面上部和堤顶也不应存放物料和机械。

(5) 抢护方法。滑坡多由渗水引起，一般都考虑滤水结构，备料、施工比较麻烦。如能集中施工机械，修筑纯土后戗，既除险又加固堤防，有永久效果，抢险时首先考虑此法。

1) 滤水土撑（又称滤水戗垛法）。此法适用于背水堤坡排渗不畅、滑坡严重、范围较大、取土又较困难的堤段。具体做法是：先将滑坡体松土清理，然后在滑坡体上顺坡到脚直至拟做土撑部位挖沟，沟内按反滤要求铺设反滤材料，并在其上做好覆盖保护。顺滤沟向下游挖明沟，以利渗水排出。抢护方法同渗水抢险采用的导渗沟法。土撑可在导渗沟完成后抓紧抢修，其尺寸应视险情和水情确定。一般每条土撑顺堤方向长10m左右，顶宽5~8m，边坡1：3~1：5，间距8~10m，撑顶应高出浸润线出逸点0.5~2.0m。土撑采用透水性较大土料，分层填筑适当夯实。如堤基不好，或背水坡脚靠近坑塘，或有渍水、软泥等，需先用块石、砂袋固基，用砂性土填塘，其高度应高出渍水面0.5~1.0m。也可采用撑沟分段接合的方法，即在土撑之间，在滑坡堤上顺坡做反滤沟，覆盖保护，在不破坏滤沟前提下，撑沟可同时施工，如图6-23所示。

2) 滤水后戗。当背水坡滑坡严重，且堤身单薄，边坡过陡，又有滤水材料和取土较易时，可在其范围内全面抢护滤水后戗。此法既能导出渗水、降低浸润线，又能加大堤身断面，可使险情趋于稳定。具体做法与上述滤水土撑法相同。其区别在于滤水土撑法土撑是间隔抢筑，而滤水后戗法则是全面连续抢筑，

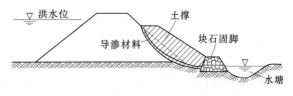

图6-23　滤水土撑示意图

其长度应超过滑坡堤段两端各 5~10m。当滑坡面土层过于稀软不易做滤沟时，常可用土工织物、砂石做反滤材料代替，具体做法详见抢护"渗水"的反滤层法。

3）滤水还坡。凡采用反滤结构恢复堤防断面、抢护滑坡的措施，均称为滤水还坡。此法适用于背水坡，主要是由于土料渗透系数偏小引起堤身浸润线升高，排水不畅，而形

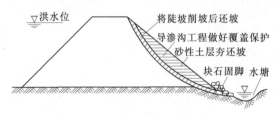

图 6-24 导渗沟滤水还坡示意图

成的严重滑坡堤段。导渗沟滤水还坡的具体抢护方法如下：先在背水坡滑坡范围内做好导渗沟，其做法与上述滤水土撑导渗沟的做法相同。然后，在导渗沟完成后，将滑坡顶部陡立的土堤削成斜坡，并将导渗沟覆盖保护后，用砂性土层夯，做好还坡，如图 6-24 所示。

4）护脚阻滑。此法在于增加抗滑力，减小滑动力，制止滑坡发展，以稳定险情。具体做法是：查清滑坡范围，将块石、土袋（或土工编织土袋）、铅丝石笼等重物垒砌在滑坡体下部堤脚附近，使其能起到阻止继续下滑和固基的双重作用。护脚加重数量可由堤坡稳定计算确定。滑动面上部和堤顶，除有重物要移走外，还要视情况削缓边坡，以减小滑动力。

5）前戗截渗（又称临水帮戗法）。此法主要是在临河用黏性土修前戗截渗。当背水坡滑坡严重、范围较大，在背水坡抢筑滤水土撑、滤水后戗及滤水还坡等工程需要较长时间，一时难以奏效，而临水坡又有条件抢筑截渗土戗时，可采用此法。也可与抢护背水堤坡同时进行。其具体做法与抢护渗水险情采用的抛投黏性土方法相同。

6．裂缝

（1）险情。堤防裂缝是最常见的一种险情，有时也可能是其他险情（如滑坡、崩岸等）的预兆。裂缝按其出现的部位可分为表面裂缝、内部裂缝；按其走向可分为横向裂缝、纵向裂缝、龟纹裂缝；按其成因可分为不均匀沉陷裂缝、滑坡裂缝、干缩裂缝、冰冻裂缝、震动裂缝。其中以横向裂缝和滑坡裂缝危害性最大，应加强监视，以便及时抢护。

（2）原因分析。裂缝产生的主要原因是有以下几个。

1）基础边界条件变化。填土高差悬殊，压缩变形不相同，土壤承载能力差别大，均可引起不均匀沉陷裂缝。

2）堤防与刚性建筑物接合处，如接合不良，在不均匀沉陷或渗水作用下，引起裂缝。

3）在施工中，当采取分段施工时，由于进度不平衡，填土高差过大，未做好接合部位处理，形成不均匀沉陷裂缝。

4）背水坡在高水位渗流作用下抗剪强度降低，临水坡水位骤降或堤脚被淘空，均有可能引起滑坡性裂缝，特别是背水坡脚有坑塘、软弱夹层时，更易发生。

5）在施工中，由于质量控制不严，土料含水量大，或采用黏性土填筑，易引起干缩或冰冻裂缝。

6）在施工时，对土料选择控制不严，淤土、冻土、硬土块或带杂质土上堤填筑，或碾压不实，新旧接合部位未处理好，在渗流的作用下，易出现各种裂缝。

7）由于堤防本身存在隐患，如蚁穴、獾洞、狐洞、鼠洞等，在渗流作用下，也易引

起局部沉陷裂缝。

8）震动及其他因素影响。如地震或附近爆破造成堤防基础或堤身砂土液化，引起裂缝等。

总之，造成裂缝的原因往往不是单一的，常常是两种以上原因同时存在，其中有主有次。应根据裂缝严重程度，针对不同原因，采取有效的抢护措施。

（3）抢护原则。裂缝险情抢护的原则：首先，要判明产生裂缝的主要原因，对属于滑坡的纵向裂缝或不均匀沉陷引起的横向裂缝，应先从抢护滑坡或裂缝着手。其次，对于最危险的横向裂缝，如已贯穿堤身，水流易于穿过，使裂缝冲刷扩大，甚至形成决口，必须迅速抢护；如裂缝部分横穿堤身，也会因渗径缩短，浸润线抬高，导致渗水加重，引起堤身破坏。因此，对横向裂缝，不论是否贯穿堤身，均应迅速处理。纵向裂缝，如较宽较深，也应及时处理；如裂缝较窄较浅或呈龟纹状，一般可暂不处理，但应注意观测其变化，堵塞缝口，以免雨水进入，待洪水过后处理。对较宽较深的裂缝，可采用灌浆或汛后用水泅实等方法处理。如裂缝伴随有滑坡、崩塌险情的，应先抢护滑坡、崩塌险情，待险情趋于稳定后再处理裂缝本身。

（4）抢护方法。

1）开挖回填。采用开挖回填方法抢护裂缝比较彻底，适用于没有滑坡可能性，并经检查观测已经稳定的纵向裂缝。在开挖前，用经过滤的石灰水灌入裂缝内，便于了解裂缝的走向和深度，以指导开挖。在开挖时，一般采用梯形断面，深度挖至裂缝以下 $0.3 \sim 0.5m$，底宽至少 $0.5m$，边坡要满足稳定及新旧填土接合的要求，并便于施工。开挖沟槽长度应超过裂缝端部 $2m$。开挖的土料不应堆放在坑边，以免影响边坡稳定。不同土料应分别堆放。在开挖后，应保护坑口，避免日晒、雨淋和冻融。回填土料应与原土料相同，并控制在适宜的含水量内。填筑前，应检查坑槽底和边壁原土体表层土壤含水量，如偏干，则应在表面洒水湿润。如表面过湿或冻结，应清除，然后再回填。回填要分层夯实，每层厚度约 $20cm$，顶部应高出堤顶面 $3 \sim 5cm$，并做成拱形，以防雨水灌入，见图 6-25。

2）横墙隔断。横墙隔断处理裂缝如图 6-26 所示，此法适用于横向裂缝抢护，具体做法如下。

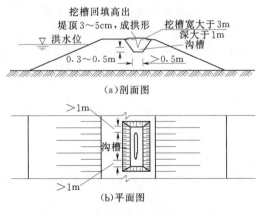

图 6-25 开挖回填处理裂缝示意图

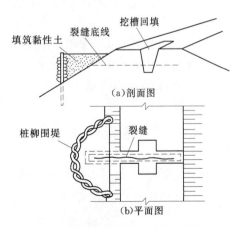

图 6-26 横墙隔断处理裂缝示意图

a. 除沿裂缝开挖沟槽外，并在与裂缝垂直方向每隔 3～5m 增挖沟槽，槽长一般为 2.5～3.0m，其余开挖和回填要求均与上述开挖回填法相同。

b. 如裂缝前端已与临水相通，或有连通可能时，在开挖沟槽前，应在裂缝堤段临水面先做前戗截流。在沿裂缝背水坡已有漏水时，还应同时在背水坡做好反滤导渗，以避免堤土流失。如裂缝一端临水尚未连通，并已趋于稳定，可采用"横墙隔断"方法处理。但开挖施工，应从背水面开始，分段开挖回填。

c. 当漏水严重，险情紧急或者河水猛涨来不及全面开挖时，可先沿裂缝每隔 3～5m 挖竖井截堵，待险情缓和后，再伺机采取其他处理措施。

3）封堵缝口。

a. 灌堵缝口。对宽度小于 4cm，深度小于 1m，不甚严重的纵向裂缝和不规则纵横交错的龟纹裂缝，经检查已经稳定时，可采用此法。具体做法是：①用干而细的砂壤土由缝口灌入，再用板条或竹片捣实；②灌塞后，沿裂缝筑宽 5～10cm、高 3～5cm 的拱形土埂，压住缝口，以防雨水浸入；③灌完后，如又有裂缝出现，证明裂缝仍在发展，应仔细判明原因，根据情况，另选适宜方法处理。

b. 灌浆堵缝。对缝宽较大、深度较小的裂缝，可采用自流灌浆法处理，即在缝顶开宽、深各为 0.2m 的沟槽，先用清水灌一下，再灌水土重量比为 1∶0.15 的稀泥浆，然后灌水土重量比为 1∶0.25 的稠泥浆。泥浆土料为壤土，灌满后封堵沟槽。

如缝深大，开挖困难，可采用压力灌浆法处理。灌浆时可将缝口逐段封死，将灌浆管直接插入缝内，也可将缝口全部封死，由缝侧打眼灌浆，反复灌实。灌浆压力一般控制在 0.12MPa 左右，避免跑浆。压力灌浆方法对已稳定的纵缝适用，但不能用于滑坡性裂缝，以免加速裂缝发展。

4）土工膜盖堵（或土工织物盖堵）。洪水期堤防常发生纵向、横向裂缝。如发生横缝，深度大，又贯穿大堤断面，可采用此法。应用防渗土工薄膜或复合土工薄膜、土工织物，在临水堤坡全面铺设，并在其上用土帮坡或铺压土袋、砂袋等，使水与堤隔离起截渗作用；在背水坡采用透水土工织物进行反滤排水，保持堤身土粒稳定。

7. 风浪

（1）险情。汛期江河涨水以后，堤前水深增加，水面加宽。当风速大，风向与吹程一致时，形成冲击力强的风浪。堤防临水坡在风浪一涌一退的连续冲击下，伴随着波浪往返爬坡运动，还会产生真空作用，出现负压力，使堤防土料或护坡被水流冲击淘刷，遭受破坏。轻者把堤防临水坡冲刷成陡坎，重者造成坍塌、滑坡、漫水等险情，使堤身遭受严重破坏，以致溃决成灾。

（2）原因分析。

1）堤防抗冲能力差。如土质不合要求、碾压不密实、护坡质量差等，造成抗冲能力差。

2）风大浪高。强度大的风浪直接冲击堤坡，形成陡坎，侵蚀堤身。

3）风浪爬高大。由于风浪爬高大，增加水面以上堤身的饱和范围，降低土壤的抗剪强度，造成崩塌破坏。

4）堤顶高程不足，低于浪高时，波浪越顶冲刷，造成决口。

（3）抢护原则。风浪险情抢护，以削减风浪对临水坡冲击力，加强临水坡抗冲为主。可采用漂浮物防浪和增强临水坡抗冲能力两种方法。防风浪要坚持"预防为主，防重于抢"的原则。

（4）抢护方法。由于土工膜、土工织物取材方便，施工简单，防浪效果好，应作为首选方案。

1）土工织物（膜）防浪。用土工织物或土工膜布铺设在堤坡上，以抵抗波浪对堤防的破坏作用。这种材料造价低，施工简便，效果好，已广泛推广使用。具体做法如下：在受风浪冲击的坡面铺设土工织物之前，应清除堤坡上的块石、土块、树枝等杂物，以免使织物受损。织物宽度，一般不小于 4m，宽的可达 8～9m，可根据需要预先粘贴、焊接，顺堤搭接的长度不小于 1m，织物上沿一般应高出洪水位 1.5～2.0m。为了避免被风浪揭开，织物的四周可用 20cm 厚的预制混凝土压块或碎石袋（土袋不宜）镇压。如果堤坡过陡，压石袋可能向下滑脱。此外，

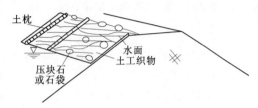

图 6-27 土工织物防护示意图

也可顺堤坡每隔 2～3m 将土工织物叠缝成条形土枕，内冲填砂石料，如图 6-27 所示。

2）土袋防浪。这种方法适用于土坡抗冲性能差、风浪冲击较严重的堤段。具体做法如下。

a. 视抢险情况用土、砂或石袋。放置土袋前，对于水上部分或水深较浅的堤坡适当削平，并铺放土工织物，也可铺一层厚约 0.1m 软草，作为反滤层，防止风浪将土淘出。

b. 根据风浪冲击的范围摆放土袋，袋口朝向堤坡，依次排列，互相叠压。一般土袋以高出水面 1.0m 或略高出浪高为宜。

c. 堤坡较陡时，则需在最下一层土袋前面打木桩一排，长度约 1.0m、间距 0.3～0.4m，以防止土袋向下滑动，如图 6-28 所示。

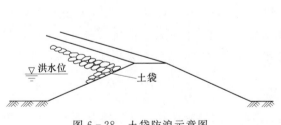

图 6-28 土袋防浪示意图

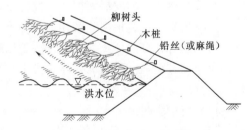

图 6-29 挂柳缓溜防冲示意图

3）挂柳防浪。受水流冲击或风浪拍击，堤坡或堤脚开始被淘刷时，可用此法缓和溜势，减缓流速，促淤防塌，如图 6-29 所示。

a. 选柳。应选用干枝直径不小于 0.1m、长不小于 1.0m 的树（枝）冠。如柳树头较小，可将数棵捆在一起使用。

b. 挂柳。用 8 号铅丝或绳缆将柳树头根部拴在堤顶预先打好的木桩上，然后树梢向下，推柳入水。应从坍塌堤段下游开始，顺序压茬，逐棵挂向上游，棵间距离和悬挂深

度，应根据溜势和坍塌情况而定。

c. 坠压。在推柳入水时，要用铅丝或麻绳将大块石或装砂石（砖）麻袋（或编织袋）捆扎在树杈上。坠压数量以使其紧贴堤坡不再漂浮为度。

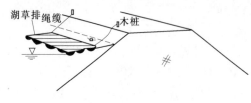

图 6-30　湖草排防浪示意图

4）湖草排防浪。汛期将湖区的菱、荽等各种浮生水草编扎成草排（也称浮墩），用船拖动就位，也可把湖草运到现场捆扎。然后系在木桩上，也可锚固，使其浮在距堤坡 3~5m 的水面上。此法造价低，但易被风浪破坏，不能防大风浪，如图 6-30 所示。随着洪水位的变化，随时注意调整拦排缆绳和锚索的长短，使湖草排能正常起到消浪的作用。

8. 陷坑（跌窝）

（1）险情。陷坑又称跌窝，一般是在大雨、洪峰前后或高水位情况下，经水浸泡，在堤顶、堤坡、戗台及坡脚附近，发生局部凹陷而形成的一种险情。这种险情既破坏堤防的完整性，又缩短渗径，有时还伴随渗水、漏洞等险情同时发生，严重时有导致堤防失事的危险。

（2）原因分析。陷坑险情发生的主要原因有以下几个。

1）施工质量差。主要表现在：堤防分段施工，两工接头未处理好；土块架空；水沟浪窝回填质量差；堤身、堤基局部不密实；堤内埋设涵管漏水；土石、混凝土接合部位夯实质量差等。由于堤身内渗透水流作用或雨水灌入、冲刷形成孔洞。

2）堤防本身有隐患。堤身、堤基内有獾、狐、鼠、蚁等动物洞穴，坟墓、地窖、防空洞、树坑夯填不实等人为洞穴，以及过去抢险抛投的土袋、木材、梢杂料等日久腐烂形成的空洞等。这些洞穴遇高水时浸透或暴雨冲蚀，周围土体湿软下陷。

3）渗透破坏。堤防渗水、管涌、漏洞等险情未能及时发现和处理，造成堤身内部淘刷，随着渗透破坏的发展而扩大，发生土体塌陷。

（3）抢护原则。根据险情出现的部位及原因，采取不同的措施。在条件允许的情况下，可采用翻挖分层填土夯实的方法予以彻底处理。如水位很高、陷坑较深时，可用临时性的填土彻底处理。如陷坑处伴有渗水、管涌、漏洞等险情，也可采用填筑反滤导渗材料的方法处理。

（4）抢护方法。

1）翻筑夯实。凡是在条件许可，而又未伴随渗水、管涌等险情的情况下，均可采用此法。具体做法是：先将陷坑内的松土翻出，然后分层填土夯实，直到填满陷坑，恢复堤防原状为止。如陷坑出现在水下且水不太深时，可修围堰，将水抽干后再行翻筑，如图 6-31 所示。

2）填塞封堵。当陷坑发生在

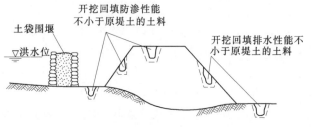

图 6-31　翻填夯实陷坑示意图

堤身单薄、堤顶较窄堤防的临水坡时，首先沿陷坑周围开挖翻筑，加宽堤身断面，彻底清除堤身的隐患。如发现漏洞进水口时，应立即按抢堵漏洞的方法进行抢修，如图 6-32所示。

9. 漫溢

漫溢是洪水漫过堤顶的现象。堤防多为土体结构，抗冲能力极差，一旦溢流，冲塌速度很快，如果抢护不及时，会造成决口。

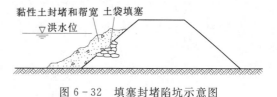

图 6-32　填塞封堵陷坑示意图

（1）险情。由于堤防低矮，当遭遇超标准洪水，根据洪水预报，洪水位（含风浪高）有可能超越堤顶时，为防止漫决，应迅速进行加高抢护。

（2）原因分析。一般造成堤防漫溢的原因有以下几个。

1）实际发生的洪水超过了堤防的设计标准。

2）堤防本身未达到设计标准。

3）防浪墙高度不足，波浪翻越墙顶。

4）因河道上建筑物阻水或盲目围垦，影响了泄洪能力，洪水位增高。

5）河道发生严重淤积，过水断面缩小，抬高了水位。

6）河势的变化、潮汐顶托以及地震引起水位增高。

（3）抢护原则。对这种险情的抢护原则主要是"预防为主，水涨堤高"。应充分利用人力、机械，因地制宜，提前准备充足的黏土抢险物料、编织袋、木桩等材料，迅速果断地抓紧在堤顶抢筑子堤，力争在洪水漫顶之前完成。

（4）抢护方法。防止漫溢险情发生常采用的措施是：运用上游水库进行调蓄，削减洪峰，加高加固堤防，加强防守，增大河道宣泄能力，或利用分、滞洪和行洪措施，减轻堤防压力；对河道内的阻水建筑物或急弯壅水处，应采取果断措施进行拆除和裁弯清障，以保证河道畅通，扩大排洪能力。具体抢护方法是抢修子堤，主要有以下几种。

1）土袋子堤。土袋子堤适用于各种堤段，如图 6-33 所示。一般宜用黏性土、壤土装袋，每袋七八成满，最好不要用绳扎口，以利铺砌。土袋子堤距临水堤肩 0.5～1.0m，袋口朝向背水，排砌紧密，袋缝上下层错开，上层和下层要交错掩压，土袋临水成 1∶0.5、最陡 1∶0.3 的边坡。不足 1.0m 高的子堤，临水叠砌一排土袋，或一丁一顺。对较高的子堤，底层可酌情加宽为两排或更宽些。土袋后面修土戗，随砌土袋，随分层铺土夯实，土袋内侧缝隙可在铺砌时分层用砂土填垫密实，外露缝隙用麦秸、稻草塞实，以免土料被风浪抽吸出来，背水坡以不陡于 1∶1 为宜。子堤顶高程应超过推算的最高水位，并保持一定超高。

2）纯土子堤（埝）。纯土子堤应修在堤顶靠临水堤肩一边，其临水坡脚一般距堤肩 0.5～1.0m，顶宽 1.0m，边坡不陡于 1∶1，子堤顶应超出推算最高水位 0.5～1.0m，如

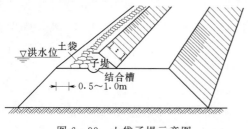

图 6-33　土袋子堤示意图

图 6-34 所示。在抢筑前，沿子堤轴线先开挖一条接合槽，槽深 0.2m，底宽约 0.3m，边坡 1:1。清除子堤底宽范围内原堤顶面的草皮、杂物，并把表层刨松或挖成小沟，以利新老土接合。土料选用黏性土，不要用砂土或有植物根叶的腐殖土及含有盐碱等易溶于水物质的土料。填筑时要分层填土夯实，确保质量。此法能就地取材，修筑快，费用省，汛后可加高培厚成正式堤防，适用于堤顶宽阔、取土容易、风浪不大、洪峰历时不长的堤段。

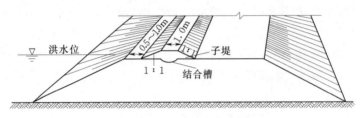

图 6-34　纯土子堤示意图

3）防洪（浪）墙防漫溢子堤。当城市人口稠密缺乏修筑土堤的条件时，常沿江河岸边修筑防洪墙：当有涵闸等水工建筑物时，一般都设置浆砌石或钢筋混凝土防洪（浪）墙，如图 6-35 所示。遭遇超标准洪水时，可利用防洪（浪）墙作为子堤的迎水面，在墙后利用土袋加固、加高挡水。土袋应紧靠防洪（浪）墙背后叠砌，宽度、高度均应满足防洪和稳定的要求，其做法与土

图 6-35　防洪（浪）墙土袋示意图

袋子堤相同。为防止原防洪（浪）墙倾倒，可在防浪墙前抛投土袋或块石。

（二）河道工程险情抢护

1. 坝岸坍塌

（1）险情。坍塌险情是坝垛最常见的一种较危险的险情。坍塌险情又可分为塌陷、滑塌和墩蛰 3 种。塌陷是坝垛坡面局部发生轻微下沉的现象。滑塌是护坡在一定长度范围内局部或全部失稳发生坍塌下落的现象。墩蛰是坝垛护坡连同部分土坝基突然蛰入水中，是最为严重的一种险情，如抢护不及时就会产生断坝、垮坝等重大险情。

（2）成因分析。坝垛出现坍塌险情是坝前水流、河床组成、坝垛结构和平面型式等多种因素相互作用的结果。当水流作用于坝垛时，水流会沿坝垛表面扩散。扩散的水流一般由 3 部分组成，第 1 部分平行坝面向下游运行；第 2 部分沿坝面折向坝垛底脚，冲刷河床；第 3 部分向第 1 部分的相反方向运行，也就是人们常称的"回流"。扩散水流各部分的强度与来流方向密切相关，来流方向与坝垛轴线之间的夹角越小，第 1 部分水流强度越大；相反，第 2 部分及第 3 部分水流的强度大。在一定工程基础条件下，这 3 部分水流强度的大小及不同组合决定坍塌险情的大小及表现形式。

（3）抢护方法。

塌陷险情的抢护。应本着"抢早、抢小、补顶固根"的原则进行抢护，一般是采用抛石补坦、抛笼固根的方法进行加固，提高坝体的抗冲性和稳定性，并将坝坡恢复到出险前

的设计状况。

滑塌险情的抢护。一般的坦石滑塌宜用抛石补坦、抛笼固根的方法抢护：当坝身土坝基外露时，可先抛石补坦，然后用铅丝笼或柳石枕固根。

墩蛰险情的抢护。应先采用柳石搂厢、柳石枕、土袋加高加固坍塌部位，防止水流直接淘刷土坝基，然后用块石补坦，再用铅丝笼或柳石枕固根，加深加大基础，提高坝体稳定性。

1）抛土袋枕。土袋枕是由编织布缝制而成的大型土袋，装土成形后形状类似柳石枕。操作方法如下。

a. 缝制土袋。土袋由幅宽 2.5~3.0m 的编织布缝制而成，长 3~5m，宽、高均为 0.6~0.7m，顶面不封口以便于装土，并穿好捆枕绳（也可配备打包机），土袋缝制好后存放备用。

b. 装土。将缝制好的土袋放在抛投架上，没有抛投架也可直接放在靠近坝垛出险部位的坝顶，开口部位朝上，装入土料并压实，以增加土袋枕抗冲性。

c. 捆枕。土袋装好土料后，盖上顶盖，用手提式缝包机封口，然后用捆枕绳扎紧，防止推枕时土袋扭曲撕裂或折断。

d. 推枕。用抛投架或人工推枕。人工推土袋枕方法同推柳石枕。

2）柳石搂（混）厢。柳石搂（混）厢是以柳（或秸、苇）石为主体，以绳、桩分层连接成整体的一种轻型水工结构（图 6-36），主要用于坝垛墩蛰险情的抢护及在堤、岸严重崩塌处抢修工程。它具有体积大、柔性好、抢险速度快的优点，但操作复杂，关键工序的操作人员要进行专门培训。

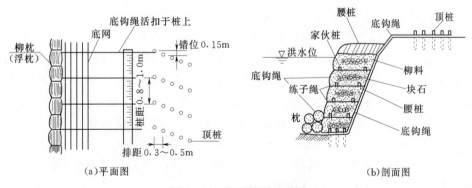

图 6-36 柳石搂厢示意图

a. 准备工作。当坝垛出现险情后，首先要查看溜势缓急，分析上、下游河势变化趋势，勘测水深及河床土质，以确定铺底宽度和使用的"家伙"（按不同排列组合形式盘系在一起的桩绳）；其次是做好整修边坡、打顶桩、布置捆厢船或捆浮枕、底钩绳等修厢前的准备工作。

b. 搂（混）厢。搂厢是一个程序复杂的工作，首先要在安好的底钩绳上用链子绳编结成网，其次在绳网上铺厚 1.5~2.0m 的柳（秸）料一层，然后在柳料上压 0.2~0.3m 厚的块石一层，块石距厢边 0.3m 左右，石上再盖一层 0.3~0.4m 厚的散柳，保持柳石出水 0.5~1.0m。柳石铺好后，在厢面上拴打"家伙桩"和腰桩。将底钩绳每间隔一根搂回一根，经"家伙桩"、腰桩拴于顶桩上，这样底坯完成。以后按此法逐坯加厢，一直到搂厢底坯沉入河底。将所有绳、缆搂回顶桩，最后在搂厢顶部压土封顶。

c. 抛柳石枕和铅丝笼。为维持厢体稳定，搂厢修做完华后要在厢体前抛柳石枕或铅丝笼护脚固根。

2. 坝岸滑动、倾倒

（1）险情。坝垛在自重和外力作用下失去稳定，护坡连同部分土胎从坝垛顶部沿弧形破裂面向河内滑动的险情称为"滑动险情"。坝垛滑动分骤滑和缓滑两种。骤滑险情突发性强，多发生在水流集中冲刷处，故抢护困难，对防洪安全威胁也大，这种险情看似与坍塌险情中的猛墩猛蛰相似，但其出险机理不同，抢护方法也不同，应注意区分。

（2）出险原因。坝岸滑动与坝垛结构断面、河床组成、基础的承载力、坝基土质、水流条件等因素有关。当滑动体的滑动力大于抗滑力时，就会发生滑动险情。滑动险情按滑动面的位置不同，可分为裹护体滑动和坝身（裹护体连同部分土坝基）滑动，其中以裹护体的滑动较为常见。

（3）抢护原则及方法。坝垛整体滑动出险在坝垛险情中所占的比例较小，不同的滑动类别采用的抢护方法也不同。对"缓滑"应以"减载、止滑"为原则，可采用抛石固根等方法进行抢护；对"骤滑"应以搂厢或土工布软体排等方法保护土胎，防止水流进一步冲刷坝岸。

1）抛石固根及减载抢护。抛石一定要选在坝垛坡脚附近，压住滑动面底部出逸点，避免将块石抛在护坡中上部，当水位比较高时，应使用船只抛投或吊车抛放。在固根的同时还应做好坝垛上部的减载，如移走备防石、拆除洪水位以上部分、放缓坝体边坡等，以减轻载荷。

2）土工布软体排抢护。当坝垛发生"骤滑"，水流严重冲刷坝后土胎时，除可采取搂厢抢护外，还可以采用土工布软体排进行抢护，具体做法如下。

a. 排体制作。用聚丙烯或聚乙烯编织布若干幅，按出险部位的大小缝制成排布，也可预先缝制成 10m×12m 的排布，排布下端再横向缝 0.4m 左右的袋子（横袋），两边及中间缝宽 0.4~0.6m 的竖袋，竖袋间距可根据流速及排体大小来定，一般为 3~4m。横、竖袋充填后起压载作用。在竖袋的两侧缝直径 1cm 的尼龙绳，将尼龙绳从横、竖袋交界处穿过编织布，并绕过横袋，留足长度作底钩绳用；再在排布上、下两端分别缝制一根直径 1cm 和 1.5cm 的尼龙绳。各绳缆均要留足长度，以便与坝垛顶桩连接，如图 6-37 所示。排体制作好后，集中存放，抢险时运往工地。

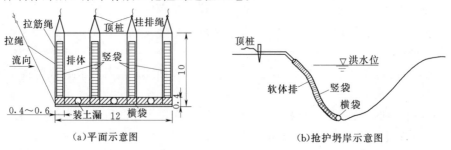

（a）平面示意图　　　　　　　（b）抢护坍岸示意图

图 6-37　土工布软体排示意图（单位：m）

b. 下排。在出险部位的坝顶展开排体，将横袋内装满土或砂石料后封口，然后以横袋为轴卷起移至坝垛边，排体上游边应与未出险部位搭接。在排体上、下游侧及底钩绳对应处的坝垛上打顶桩，将排体上端缆绳的两端分别拴在上、下游顶桩上固定，同时将缝在竖袋两侧的底钩绳一端拴在桩上。然后将排体推入水中，同时控制排体下端上、下游侧缆绳，避免排体在水流的冲刷下倾斜，使排体展开并均匀下沉。最后向竖袋内装土或砂石料，并依照横袋沉降情况适时放松缆绳和底钩绳，直到横袋将坝体土胎全部护住。

3. 坝岸溃膛

（1）险情。坝垛溃膛，也称为淘膛后溃（或串塘后溃），是坝胎土经水流冲刷形成较大的沟槽，导致坦石陷落的险情。一般发生在中常洪水位变动部位，水流透过坝垛的保护层及垫层，将其后面的土料淘出，使坦石与土坝基之间形成横向深槽，导致过水行溜，进一步淘刷土体，坦石塌陷。有时因坝垛顶土石接合部封堵不严，雨水集中下流，淘刷坝基，形成竖向沟槽直达底层，险情不断扩大，使保护层及垫层失去依托而坍塌，为纵向水流冲刷坝基提供了条件。

（2）出险原因。

1）乱石坝。因护坡石间隙大，与土坝基（或滩岸）接合不严，或土坝基土质多沙，抗冲能力差，除雨水易形成水沟浪窝外，当洪水位相对稳定时，受风浪影响，水位变动处坝基土逐渐被淘蚀，坦石下塌后退，坦石降低失去防护作用而导致险情发生。

2）扣石坝或砌石坝。水下部分有裂缝或腹石存有空洞，水流窜入土石接合部，淘刷形成横向沟槽，使腹石错位坍塌，从外表反映为坦石变形下陷。

（3）抢护原则。抢护坝垛溃膛险情的原则是"翻修补强"，即发现险情后拆除水上护坡，用抗冲材料补充被冲蚀土料，加修后膛，然后恢复石护坡。

（4）抢护方法。

1）抛石抢护法。此法适用于险情较轻的乱石坝，即坦石塌陷范围不大、深度较小且坝顶未发生变形（图6-38），用块石直接抛于塌陷部位，并略高于原坝坡，一是消杀水势，增加石料厚度；二是防止上部坦石下塌，险情扩大。

2）抛土袋抢护法。若险情较重，坦石滑塌入水，土坝基裸露，可采用土工编织袋、麻袋、草袋装土等进行抢护，见图6-39。即先将溃膛处挖开，然后用无纺土工布铺在开挖的溃膛底部及边坡上作为反滤层，用土工编织袋、草袋或麻袋装土，在开挖体内顺坡上垒，直至达到计划高度，袋外抛石或笼恢复原坝坡。

若土坝体冲失量大，可就地捆柳石枕（懒枕）填补土坝体，再抛块石恢复坦坡。

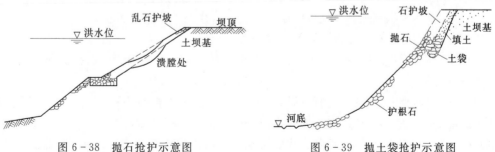

图6-38 抛石抢护示意图　　　　　图6-39 抛土袋抢护示意图

（三）水闸及穿堤建筑物险情抢护

水闸及穿堤建筑物险情主要包括建筑物本身和建筑物与大堤接合部可能发生滑动、倾覆、渗水、管涌、漏洞、裂缝等险情。

1. 土石接合部漏洞及渗水

涵闸、管道等建筑物某些部位，如水闸边墩、岸墙、翼墙、刺墙、护坡、管壁等与土基或土堤接合部产生裂缝或空洞，在高水位渗压作用下，沿接合部形成渗流或绕渗，冲蚀填土，在闸背水侧坡面、坡脚发生渗透破坏，出现渗水、管涌、漏洞等险情，导致涵闸、管道及建筑物的破坏。

（1）出险原因。

1）涵闸边墩、岸墙、护坡的混凝土或砌体与土基或堤身接合部土料回填不实。

2）闸体与土堤所承受的荷载不均，导致不均匀沉陷。

3）洪水顺裂缝造成集中绕渗。

（2）抢护原则及方法。抢护漏洞、渗水的原则是"上截下排"。上截时对于漏洞，在上游首先找出漏洞进水口，然后加以封堵，以切断漏水通道；对于渗水，在上游增加防渗体，加强防渗。下排是在下游抢修反滤排水，以降低出水口水压，并导出渗水。

1）堵塞漏洞进口。堵塞漏洞进口可采用草捆、棉絮等软性材料堵塞，或用篷布、土工布等覆盖，其具体做法参照堤防漏洞的抢险。

2）背河导渗反滤。渗流已在涵闸下游堤坡出逸，为防止渗流破坏，致使险情扩大，需在出逸处采取导渗反滤措施，如砂石反滤、土工织物反滤和柴草反滤等措施。

2. 闸身滑动

闸身滑动可分为 3 种类型，即平面滑动、圆弧滑动、混合滑动。其共同特点是基础已受剪切破坏，发展迅速。当基础发生滑动时，抢护是十分困难的，须在出现滑动征兆时采取紧急抢护措施。

（1）出险原因。修建在软基上采用浮筏式结构的开敞式水闸，主要靠自重及其上部荷载在闸底板与土基之间产生的摩阻力维持其抗滑稳定，由于下列原因，可能使水闸产生向下游滑动失稳的险情。

1）上游水位超过设计水位，下游水位较低时，使水平水压力增加，同时降低了抗着力，从而使水平方向的滑动力超过抗滑摩阻力。

2）防渗、止水设施破坏，反速失效，增大了渗透压力、浮托力，造成地基土壤渗洗破坏甚至冲蚀。

3）上游泥沙淤积超过设计允许的淤积厚度，产生新的水平推力。

4）其他附加荷载超过原设计限值，如地震力等。

（2）抢险原则与方法。抢险原则是增加阻滑力，减小水平推力，以提高抗滑安全系数，预防滑动。

1）加载增加摩阻力。在水闸的闸墩、公路桥面等部位堆放块石、土袋或钢铁等重物，加载量由稳定验算确定，适用于平面缓慢滑动险情的抢护。加载时要注意：①加载不得超过地基许可应力，否则会造成地基大幅度沉陷；②具体加载部位的加载量不能超过该构件允许的承载能力；③堆放重物的位置，要考虑留出必要的通道；④一般不要向闸室内抛物增压，以免压坏闸底板或损坏闸门构件；⑤险情解除后要及时卸载，进行善后处理。

2）下游堆重阻滑。在水闸下游趾部可能出现的滑动面下端堆放土袋、砂袋、块石等重物，防止滑动，适用于对圆弧滑动和混合滑动两种险情的抢护。重物堆放位置及数量由阻滑稳定验算确定。堆重阻滑如图6-40所示。

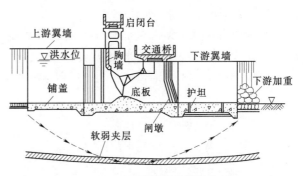

图6-40　下游堆重阻滑示意图

3）下游蓄水平压。在水闸下游一定范围内用土袋或土料筑成围堤，适当壅高下游水位，减小上下游水头差，以抵消部分水平推力，如图6-41所示。修筑围堤的高度要根据壅水对闸前水平作用力的抵消程度进行分析，堤顶宽2m，土围堤边坡1∶2.5，堆土袋边坡1∶1，要留1m左右的超高，并在靠近控制水位处设溢水管。

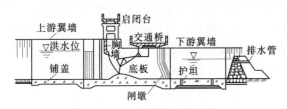

图6-41　下游围堤蓄水示意图

若水闸下游渠道上建有节制闸，且距离较近时，可关闸壅高水位，也能起到同样的作用。

4）圈堤围堵。在建筑物的临水面前沿滩地修筑临时圈堤，圈堤高度通常与闸两侧堤防高度相同，顶宽不小于5m，以利施工和抢险。圈堤边坡1∶2.5～1∶3。圈堤临河侧可堆筑土袋，背水侧填筑土戗，或者两侧均堆筑土袋，中间填土夯实。土袋堆筑边坡1∶1。

圈堤填筑工程量较大，且施工场地较小，短时间抢筑相当困难，一般在汛前将圈堤两侧部分修好，中间留缺口，并备足土料、土袋、设备等，根据洪水预报临时迅速封堵缺口。

3. 闸顶漫溢

对于开敞式水闸，当洪水位超过闸墩顶部时，将发生闸墩顶部漫水或闸门溢流的险情。同时，河水对闸的水平推力和扬压力大为增加，可能导致水闸发生浮托滑动等严重险情。涵洞式水闸埋设于堤内，防漫溢措施与堤防的防漫溢措施基本相同。

（1）出险原因。设计洪水位标准偏低或河道淤积，洪水位超过闸门或胸墙顶高程，如不及时采取防护措施，洪水会漫过闸门或胸墙跌入闸室，危及闸身安全。

（2）抢护原则及方法。

1）无胸墙的开敞式水闸。当闸孔跨度不大时，可焊一个平面钢架，钢架网格尺寸不大于0.3m×0.3m。用门机或临时吊具将钢架吊入闸门槽内，放置于关闭的工作闸门顶上，紧靠门槽下游侧，然后在钢架前部的闸门顶部，分层叠放土袋，迎水面放置土工膜布或篷布挡水。土工膜布或篷布宽度不足可以搭接，搭接长不小于0.2m。也可用2～4cm厚的木板，严密拼接后紧靠在钢架上，在木板前放一排土袋作为前戗，压紧木板防止其漂浮。具体做法如图 6-42 所示。

2) 有胸墙开敞式水闸。利用闸前工作桥在胸墙顶部堆放土袋,迎水面压放土工膜布或篷布挡水,如图 6-43 所示。土袋应与两侧大堤衔接,共同抵御洪水。为防止闸顶漫溢,抢筑的土袋高度不宜过高。若洪水位超过过高,应考虑抢筑围堤挡水,以保证闸的安全。

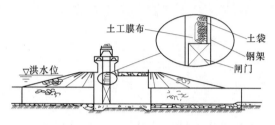

图 6-42　无胸墙开敞式水闸满溢抢护示意图

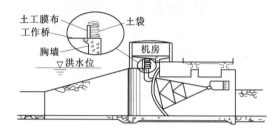

图 6-43　有胸墙开敞式水闸满溢抢护示意图

4. 闸基渗水或管涌

涵闸闸基在高水位渗压作用下,局部渗透坡降增大,集中渗流可能引起管涌和流土;由于止水防渗系统破坏或原设计渗径不足,当渗流比降超过地基土允许的安全比降时,非黏性土中的较细颗粒随水浮动或流失,在闸后或止水破坏处发生冒水冒沙现象。若险情继续发展扩大,可形成贯通临背水的漏洞险情,如不及时抢护,地基会出现严重塌陷,造成闸体剧烈下沉、断裂或倒塌失事。因此,对涵闸本身及闸基产生的异常渗水甚至管涌、流土,要及时进行处理,以确保涵闸的渗透稳定,保证其安全度汛。

(1) 原因分析。涵闸地下轮廓渗径不足、渗流比降大于地基土允许比降,可能产生渗水破坏,形成冲蚀通道;或者地基表层为弱透水薄层,其下埋藏有强透水砂层,承压水与河水相通,当闸下游出逸渗透比降大于土壤允许值时,也可能发生流土或管涌,危及闸体安全。

(2) 抢护原则与方法。抢护的原则是:上游截渗、下游导渗,或蓄水平压减小水位差。条件许可时,应以上截为主、下排为辅。上截即在上游侧或迎水面封堵进水区,以防止入渗;下排(导)是在下游采取导渗和滤水措施将渗水排走,以降低基础扬压力。具体措施如下。

1) 上游阻渗。关闭闸门停泄,在渗漏进口处用黏土袋封堵或加抛散黏土封闭,还可用船在渗水区抛填黏土,形成铺盖层阻止渗水,如图 6-44 所示。

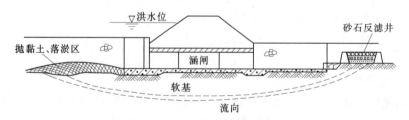

图 6-44　上游阻渗和下游设反滤井示意图

2) 下游导渗。可采用修筑反滤围井,铺设反滤层滤水导渗等措施。

3) 下游蓄水平压。闸下游抢筑围堤蓄水平压,减小水闸上下游水头差。在下游河道一定范围内用土袋或土料筑成围堤，抬高下游水位减小水头。下游围墙高度根据洪水水位等情况确定，围墙顶 4m，边坡 1：2。若下游有节制闸，则可关闭下游节制闸蓄水。

5. 建筑物裂缝及止水破坏

混凝土建筑物主体或构件，在各种外荷载作用下，受温度变化、水化学侵蚀以及设计、施工、运行不当等因素影响，会出现裂缝。按裂缝特征可分为表面裂缝、内部深层裂缝和贯通性裂缝。严重的可造成建筑物断裂和止水设施破坏，通常会使工程结构的受力状况恶化和整体性丧失，甚至可能导致工程失事。

（1）出险原因。

1）建筑物强度不足、超载或受力分布不均，使工程结构拉应力超过设计安全限值。

2）地基土壤遭受渗透破坏，出逸区土壤发生流土或管涌，冒水冒沙，使地基产生较大的不均匀沉陷，造成建筑物裂缝、断裂和止水设施破坏。

3）地震力超出设计值，造成建筑物断裂、错动，止水设施破坏。

（2）抢护方法。对建筑物裂缝，可采用防水快凝砂浆封堵。在水泥砂浆内加入防水剂，使砂浆有防水和速凝性能。先将混凝土或砌体裂缝凿成深约 2cm、宽约 20cm 的毛面，清洗干净后，在面上涂刷一层防水灰浆，厚 1mm 左右，硬化后即抹层厚 0.5～1cm 的防水砂浆，再抹一层灰浆，硬化后再抹层砂浆，交替填抹直至与原砌体面齐平为止。此外，还可用环氧砂浆、丙凝水泥浆封堵。

6. 闸门启闭失灵

闸门失控及漏水不仅危及水闸本身的安全，而且由于控制洪水作用减弱或失去对洪水的控制，对闸下游地区或河流下游地区将造成严重危害，必须引起高度重视。

（1）失控原因。由于闸门变形，闸门槽、丝杠扭曲，启闭装置发生故障或机座损坏、地脚螺栓失效以及卷扬机钢丝绳断裂等原因，或者闸门底坎及门槽内有石块等杂物卡阻，牛腿断裂，闸身倾斜，使闸门难以开启和关闭，造成闸门失控。有时某些水闸在高水位泄流时也会引起闸门和闸体的强烈震动。闸门止水设备安装不当或老化失效，造成严重漏水，将给闸下游带来危害。

（2）抢堵方法。出现闸门失控和漏水险情后，可采用以下方法抢堵。

1）吊放检修闸门或叠梁屯堵。如仍漏水，可在工作门与检修门或叠梁门之间抛填土料，也可在检修门前铺放防水布帘。

2）采用框架—土袋屯堵。对无检修门槽的涵闸，可根据工作门槽或闸孔跨度，焊制钢框架，框架网格为 0.3m×0.3m 左右。将钢框架吊放卡在闸墩前，然后在框架前抛填土袋，直至高出水面，并在土袋前抛土，促使闭气。

3）大型分泄水闸抢堵的临时措施主要是根据闸上、下游场地情况，相机采用围堰封堵。

4）对闸门漏水险情，在关门挡水条件下，应从闸门下游侧用沥青麻丝、棉纱团、棉絮等填塞缝隙，并用木楔挤紧。有的还可用直径约 10cm 的布袋，内装黄豆、海带丝、粗砂和棉絮混合物，堵塞闸门止水与门槽上下、左右间的缝隙。对大型闸门，应在挡水前进行启闭试验，检查止水装置密封状况，密封不严要及时更换止水装置或进行维修养护。

7. 穿堤管道出险

埋设于堤身的各种管道，如虹吸管、扬水站出水管、输油管、输气管等，一般为铸铁管、钢管或钢筋混凝土管。管道工作条件差，容易出现断裂、锈蚀及回填土体夯压不实引起渗水、漏洞等险情，若遇大洪水，抢护非常困难，应予高度重视。

（1）出险原因。

1）堤身不均匀沉陷、内外荷载超过管道设计极限等，造成管接头开裂或管道断裂。

2）管道接头漏水沿管壁冲蚀堤土。管内水流的吸力，将结合不严密的管道周围的堤土吸入管内泄去，造成堤身洞穴；或者管道周围填土不密实，且无截渗环，沿管壁与堤土接触面形成集中渗流，严重时发生漏洞险情。

3）铸铁管道或钢管制造质量不高，又无有效防腐措施，在大气干湿交替或浸水条件下工作，钢材与水或电解质溶液接触，电化学、水化学长期作用，造成管接头开裂，管道本身锈蚀、断裂或管壁锈蚀穿孔，形成漏洞，淘刷堤身。

（2）抢护原则及方法。抢护原则是：临河封堵、中间截渗和背河反滤导渗。对于虹吸管等输水管道，发现险情应立即关闭进口阀门，排除管内积水，以利检查监视险情；对于没有安全阀门装置的，洪水前要拆除活动管节，用同管径的钢盖板加橡皮垫圈和螺栓严密封堵管的进口。

1）临河堵漏洞。若漏洞口发生在管道进口周围，可参照本节"漏洞"抢险方法，用软楔或旧棉絮等堵塞漏洞进口。有条件时，可在漏洞前用土袋抛筑月堤，抛填黏土封堵。

2）压力灌浆截渗。在沿管壁周围集中渗流情况下，可采用压力灌浆堵塞管壁四周空隙或空洞。浆液用黏土浆或加 10%～15% 的水泥，宜先浓后稀。为加速浆液凝结，提高阻渗效果，浆液内可适量加水玻璃或氯化钙等。对于内径大于 0.7m 的管道，可派人进入管内，用沥青或桐油麻丝、快凝水泥砂浆或环氧砂浆将管壁上的孔洞和接头裂缝紧密填塞。

3）反滤导渗。若渗流已在背水堤坡或出水池周围逸出，要迅速抢修砂石反滤层或反滤围井进行导渗处理。

4）背河抢修围堤，蓄水平压。

8. 堵口

（1）堵口准备工作。

1）裹头。堤防决口后，为防止水流冲刷扩大口门，对口门两端的断堤头，要及时采取保护措施。抢筑坚固的裹头，是堤防封堵决口的必备工作。

要根据口门的水位差、流速及地形、地质条件，确定裹头的措施。一般在水浅流缓、土质较好的条件下，可在堤头周围直接用土工布裹护，也可采用打桩、桩后填柳、柴料或抛石裹护。在水深流急、土质较差的条件下，可在堤头铺放土工布软体排或柳石枕、柳石搂厢裹头，或采用抗冲流速较大的石笼等进行裹护。

2）水文观测和河势勘查。在进行堵口施工前，要实测口门的宽度、水深、流速和流量等，并绘制纵横断面图。在可能的情况下，要勘测口门及其附近水下地形，并勘查土质情况，了解其抗冲流速值。

3）制订堵口设计方案。根据上述水文、水下地形、地质及河势变化、筹集物料能力等资料，分析、研究堵口时间，确定堵口方案，进行堵口设计。对重大堵口工程，还应进行模型试验。

4）做好施工准备。制订具体实施计划，布置堵口施工场地，筹集堵口物料，组织施工队伍，准备施工机械、设备及所用工具。

（2）堵口工程布局。

1）堵口时间。堤防一旦造成决口，应采取一切必要的措施，减少灾害损失，缩小淹没范围。同时，利用上游水库和分洪工程削减洪水，抓紧组织人力、物力，尽快抢堵合龙。如果是快涨快落型河道洪水，不宜立即组织抢险渡口，或因其他客观条件限制，不能当即堵口合龙的，应考虑安排在洪水降落到下次洪水到来之前或在汛末枯水时期堵复。

2）堵口次序。堤防多处决口，口门大小不一，堵口时一般应先堵下游口门、后堵上游口门，先堵小口、后堵大口。

3）堵口堤线选择。为了减少堵口施工时对高流速水流拦截的困难，在河道宽阔并具有一定滩地的情况下，或堤防背水侧较为开阔且地势较高的情况下，可选择"月弧"形堤线，以有效增大过流面积，从而降低流速，减少堵口施工的困难。

4）堵口辅助工程的选择。为了降低堵口附近的水头差和减少流量、流速，在堵口前可采用开挖引河和修筑挑水坝等辅助工程措施。要根据水力学原理，精心选择挑水坝和引河的位置，以引导水流偏离决口处，并能顺流下泄，以降低堵口施工的难度。对于全河夺流的堤防决口，要根据河道地形、地势选好引河、挑水坝的位置，从而使引河、堵口堤线和挑水坝3项工程有机结合，达到顺利堵口的目的。

（3）堵口方法。堵口方法主要有立堵、平堵、混合堵等多种方法。应根据口门过流多少、地形、土质、物料采集以及工人对堵口技术掌握的熟练程度等条件，综合考虑选定。

1）立堵。从口门的两端或一端，沿拟定的堵口坝轴线向水中进占，逐渐缩窄口门，最后将所留的缺口（龙门口）抢堵合龙。可采用填土进堵、柳石枕进堵、搂厢进堵、钢木土石组合坝堵口等方法。立堵最困难的是实现合龙，由于龙口处水头差大，流速高，抛投物料难以到位。要做好施工组织，或辅以打桩等措施，或采用巨型块石笼抛入龙口，以实现合龙。在条件许可的情况下，可从口门的两端架设缆索，以加快抛投速率和降低抛投难度。

2）平堵。平堵是沿口门选定的坝轴线，自河底抛物料，如石块、石枕、土袋等，逐层填高，直至高出水面，以截堵水流的堵口方法。平堵有架桥平堵及抛料船平堵两种方法。

优点：①从口门底部连层填高形成宽顶堰，随着堰顶加高，口门单宽流量及堰顶总流量减小，下游跌水长度随之缩短，冲刷力随之减小；②所抛的坝体，比埽工坚实可靠；③可采用机械化施工，速度较快。

缺点：①在河底土质松散、水深流急的情况下，河底刷深，容易冲垮桥桩；②所抛的物料透水性大，截流后不易闭气。

3）混合堵。混合堵是立堵与平堵相结合的堵口方法。堵口时，根据口门的具体情况和立堵、平堵的不同特点，因地制宜，灵活采用。如在开始堵口时，一般单宽流速较小，可用立堵快速进占。在缩小口门后流速较大时，再采用平堵的方式，减小施工难度。对较大的口门,可以正坝用平堵法、边坝用立堵法进行堵合。

4) 钢木土石组合坝堵口。"钢木土石组合坝"就是将钢管和木桩按一定密度植入决口底部,连接固定成钢木框架,集拢袋装碎石并以土石砌筑护坡,而形成的挡水堤坝。其基本结构由钢木框架、填塞物、上下游护技和防渗体四部分组成。钢木框架在动水中是一种准稳定结构,它具有一种特殊的控制力,这种力能将随机抛投到动水中的、属于散体的袋装土石料集拢起来,并能提高这些散体在水下的稳定性,而它自身将随抛投物增多并达到坝顶时,其稳定状态就由准稳定变成真正意义的稳定。

(4) 复堤。堵口所筑的截流坝,一般是临时抢修而成的,坝体较矮小,质量差,达不到防御洪水的标准,因此在堵口截流工程完成后,紧接着要进行复堤。现就复堤工程的设计标准、断面、施工方法及防护措施等简述如下。

1) 堤防高程要恢复原设计标准。由于堵口断面存在堤身薄弱、堤基易透水、背水有冲深潭坑等弱点,复堤轴线应离开堵口轴线,堵口的土体不能作为新复堤的有效断面,高度要有较富裕的超高,还要备足汛期临时抢险的物料。

2) 断面设计。一般应恢复原有断面尺寸,但为了防止堵口存在隐患,还应适当加大断面。断面布置常以截流坝为后戗,临河填筑土堤,堤坡加大,水上部分为 1:3,水下部分为 1:5。

3) 堤防施工。首先对周围土场要进行合理安排。如因决口后土壤含水量大,可先在土场开沟滤水,以降低土壤含水量。其次,在取土时应注意,先远后近、先低后高、先难后易。筑堤时,临水面用黏土,背水面用砂土。堤身填出水面后,要分层填土,分层碾压或夯实,严格按照设计要求施工,确保工程质量。

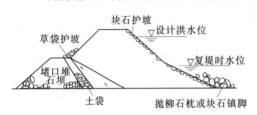

图 6-45 堵口复堤断面示意图

4) 护堤防冲。堵口复堤段是新修堤防,未经洪水考验,又多在迎流顶冲的地方,所以还应考虑在新堤上修筑护坡防冲工程。水下护坡以固脚防止坡脚滑动为主,水上护坡以防冲、防浪为主,堵口复堤断面示意图如图 6-45 所示。

第三节 防洪非工程措施

防洪非工程措施是指通过法令、政策、经济和防洪工程以外的技术等手段,以减轻洪水灾害损失的措施。防洪非工程措施主要内容有防洪规划、洪水监测、洪水预报、洪水调度、洪水风险图编制、洪水预警、防洪风险分析与评估、洪水管理与利用、防汛保障措施等,通过这些非工程措施,可以避开、预防洪水侵袭,更好地发挥防洪工程的效益,以减轻洪灾损失。

一、防洪规划

防洪规划是江河流域规划的重要组成部分,是指导防洪建设的纲要。我国一些主要江河的流域规划是从 20 世纪 30 年代开始的,如《顺直河道治本计划》《永定河治本计划》

《导淮工作计划》等。受历史条件的限制，当时的一些规划并没有完全实施。真正用于指导防洪建设的江河规划，还是在 1949 年以后才逐步开展起来的。

20 世纪 50 年代初期，主要开展了各大江河规划的准备工作，陆续编制出了全流域综合性规划，流域综合规划把防洪作为规划的重点。由 1960 年至 20 世纪 70 年代末，对各江河流域规划不断进行补充修订。20 世纪 80 年代初，随着社会经济的发展，又开展了全面的调查研究，在原规划成果的基础上，全面补充修订各江河的综合规划。防洪规划仍然是这次大江大河补充修订综合规划的重点。随着城镇数量的增加、城市建设的迅速发展，城市规划被提到重要议事日程。人们对防洪的认识，已不仅局限于保障人民生活、生产安全，而且要从国土整治、维护人类和自然生态、环境的高度，把防洪纳入国家防治重大自然灾害的长远规划之中。

1998 年长江等江河大水之后，按照经济社会可持续发展对防洪减灾工作的要求，根据《中华人民共和国防洪法》的规定，全国各大流域开展了新一轮的防洪规划编制工作，广泛运用洪水风险分析以及风险管理的理论和技术确定防洪减灾工作的重点与对策。

二、洪水监测

洪水监测和预报是防汛抢险工作的重要组成部分。在防洪斗争中，及时、准确的水情预报是指导防汛采取防御措施的科学依据。对减轻洪水灾害有着直接关系。洪水监测和预报也是防洪减灾的非工程措施的一部分。

目前，据不完全统计，为适应经济社会发展的要求，结合江西省江河湖库的分布情况，全省建成了囊括服务防汛抗旱、水资源管理、水生态保护多种功能、观测项目比较齐全、布局基本合理的水文站网，拥有各类监测站点 8127 处，水资源监测实验室 9 个。其中，水文（流量）站 263 处（含渠道站 8 处）、水位站 1423 处、雨量站 4535 处、蒸发站 78 处、墒情站 503 处、泥沙站 29 处、地下水监测站 128 处、水质监测站 586 处、饮用水监测站 99 处、排污口监测站 366 处、水生态监测断面 117 处。江西省山洪灾害防治项目经过 10 多年的建设，在全省范围内安装了大量的简易水位报警站、简易雨量报警站、入户预警系统、LED 屏、无线预警广播等，在汛期发挥了巨大作用。通过 2010—2018 年山洪灾害防治非工程措施建设，江西省已建设 Ⅱ 型无线预警广播主站 3789 个、从站 23616 个，简易雨量报警器 16038 个，简易水位站 2624 个，手摇警报器 27336 套，铜锣 67573 套，手持喊话器 50642 套。

洪水监测系统是由采集洪水信息的水情站网、实时水情信息传递、接收、处理等部分组成。实行省、地、县分级管理的体系。

（一）水情站网

水情站是指提供河流、湖泊、水库或其他水体的水情、雨情等实测要素的水文和气象站的统称，由一条河或一个地区的水情站所组成的站网称为水情站网。

水情测站是最基本的水情信息采集点。一个水情测站所能控制的范围是有限的，因此必须布设一定数量的水情测站，形成相互联系的分布网，靠它们的联合作用来控制大范围的水情现象，这个网络称为水情站网。

水情站网布设按照经济、合理、实用的原则，运用科学的方法把各个水文测站设置在河道断面合适的位置上。

水情站网不同于水文站网。水文站网是为研究水文规律和为国民经济建设、防洪减灾、水资源利用等提供基础资料，而水情站网是为流域防洪、水资源调度与管理等提供决策支持。因此，水情站网在采集数据之后，要通过各种先进的通信手段实时地将信息传输到各级水情部门。

水情测站按报汛任务和性质分为雨量站、水位站、流量站等。水情站网必须依照不同的测站类型，按照防汛需要进行布设。

1. 水情站类别

根据防洪的需要，将水情站分为 3 类。

（1）常年水情站：全年按规定拍报水情的站。

（2）汛期水情站：只在汛期按规定拍报水情的站。

（3）辅助水情站：规定当水情达到一定标准时才拍报水情，或因临时需要，指定在一定时期内拍报水情的站。

2. 水情站网布设

水情站网布设原则是以最经济的测站数，达到能满足控制和掌握所需水文情势的变化，满足水情服务需要的目的。水情站通常是在现有水文和气象站网的基础上选定布设。布设时应考虑以下几点。

（1）掌握水情、雨情的代表性和控制性。

（2）满足国民经济各部门，特别是防汛、抗旱、水利水电建设和工程运用对水情的需要。

（3）满足洪水作业预报的需要。

（4）具备水情信息传递的通信条件等。

3. 水情站网调整

水情站网布设以后，一般应保持稳定，但如发生下列情况之一，应及时进行调整。

（1）自然条件改变，水文情势发生改变。

（2）对水情信息的要求有所改变。

（3）由于测验条件或测站位置变动，需要调整时应注意使资料前后衔接。

（二）水情测报

1. 雨量测量

在雨量站、气象站或水文站等地面观测站点，用于测量雨量的仪器称为雨量器。雨量器测量落至其边缘划定的水平面上的雨水的体积，除以雨量器的表面积，便得到降雨深度。雨量器有两种类型，即自记的和非自记的。自记雨量器能自动记录累计降雨量，其时间分辨能力可细到 1min 或以下，往往配有遥测设备，以便实时传送、记录并为水管理所用。自记雨量器有 3 种主要类型，即称重式、浮筒及虹吸式、倾斗式。

2. 水位测量

河流、湖泊、水库等水体的自由水面离开设定的固定基面的高程称为水位，其单位以 m 表示。水位是水利建设、防洪抗旱斗争的重要依据，直接应用于堤防、水库、堰闸、灌溉、排涝等工程的设计，并据以进行水文预报工作。

观测水位常用的设备有水尺和自记水位计两大类。

按水尺的构造形式不同，可分为直立式、倾斜式、矮桩式和悬锤式 4 种。其中以直立式水尺构造最简单，观测方便，采用最为普遍。观测时，水面在水尺上的读数加上水尺零点的高程即为水位。

水位观测次数视水位变化而定，以能测得完整的水位变化过程，满足日平均水位计算及发布水情预报的要求为原则加以确定。枯水期每日 8 时观测一次。汛期一般每日观测 4 次，洪水过程中还应根据需要加密观测次数，使之能得出完整的洪水演变过程。

自记水位计能将水位变化的连续过程自动记录下来，具有连续、完整、节省人力的优点。有的还能将观测的水位以数字或图像的形式远传至室内，使水位观测工作日益自动化和远传化。自记水位计种类很多，主要形式有横式自记水位计、电传自记水位计、超声波自记水位计和水位遥测计等。

3. 流量测量

流量是江河的重要水文特征，是反映水利资源的基本资料。单位时间内通过某过水断面的水量称为流量，单位为 m^3/s。

水文现象的自然规律复杂，在目前科学技术水平下，还不能从物理成因方面对江河的流量给予准确的推断和预见它的发生和演变。因此，在实际工作中，只有在江河的合适河段，设立固定的测流断面，进行长期观测，为研究流量的变化过程和规律，满足水利工程及其他社会主义建设的需要提供资料。

4. 水情报汛

当测站的各种水情要素测量完成以后，要及时将水情数据按照《水情信息编码标准》（SL 330—2005）的规定拟成水情报汛，通过各种通信方式发送到所属的水情分中心，进入水情信息网络。

目前，我国大部分测站所使用的报汛方式有电话、短波或超短波、卫星、GSM 等，当水情电报传输到水情分中心后即进入水情信息骨干网络，各水情站点之间的相互报讯利用全国水情信息计算机广域网自动转发。

（三）实时水情信息接收与处理

当水情电报进入水情信息网络后，在省水情中心运行的实时水情信息接收与处理系统自动接收水情电报，并利用译电程序将水情电报翻译成各类水情数据并载入实时水情数据库。各级防汛部门可启动水情信息查询软件对实时雨水情进行监视和查询。

水情信息接收处理系统一般包括水情接收、水情值班、水情译电、水情查询等软件模块。这些模块要有人工功能，便于值班人员对各类错报进行处理。

水情查询一般采用水情查询软件（又称水情会商系统），它既是水情业务人员数据查询、统计、分析及汛情监视、值班管理的支持系统，又是水情会商的支撑平台，具体功能主要包括地理信息查询、水情业务信息查询、汛情监视、汛情分析、水情会商和报表生成等。某一流域的水情查询软件要实现全流域水情信息服务，提供实时气象、雨水情，为防汛水情会商和值班管理提供软件环境。

三、洪水预报

洪水预报是根据洪水形成和运动规律，利用前期和现时水文气象等信息，对某一断面未来的洪水特征值所作的预报。洪水预报的对象一般是江河、湖泊及水利工程控制断面的洪水要素,预报项目一般包括洪峰水位、洪峰流量、洪峰出现的时间、洪水涨落过程和洪水总量。洪水预报按洪水的类型,一般分为河道洪水预报、流域洪水预报、水库洪水预报、融雪洪水预报、突发性洪水预报等。

目前,江西省洪水预报的发布由各级防汛抗旱指挥部办公室归口管理。随着水文事业的发展,社会各界和新闻媒体对水文事件越来越关注,洪水预报发布的归口管理也显得越来越重要。当预报员的会商结果作出后,进入洪水作业预报程序的最后一个环节,即预报发布。目前,洪水预报的发布一般实行签发制度。根据各级水情部门制定的岗位责任制,对不同量级洪水预报的签发人进行了明确规定,从而使水情工作在汛期有条不紊地进行。

为了不断提高洪水预报模型的预报精度,当洪水实况出现以后,要及时对洪水预报精度进行评定。对于预报误差较大的洪水,还应对该次暴雨洪水进行深入分析,找出引起误差的原因,据此对预报模型进行改进和完善。

四、防洪控制运用

防洪控制运用是为保证某个时期内水利工程和防护对象的防洪安全,按照设计标准洪水或预报洪水所制订的防洪体系的控制运用计划,内容包括防洪工程使用程序、防洪控制指标、防洪运用标准、防洪控制运用方式等。我国通常是制订年度的防洪控制运用计划。

(1)防洪工程运用程序。要根据防洪体系的组成情况,按充分发挥各项防洪工程作用的原则,制定出合理的运用程序。

(2)防洪控制指标。防洪运用中作为控制条件的一系列特征水位及流量,各种防洪工程按照其运行特性规定有相应的控制指标。对于承担防洪任务的水库,有允许最高水位、汛期限制水位等。对于河道堤防,有警戒水位、保证水位、安全泄量等;对于分洪闸,有最高水位、分洪水位、最大过闸流量等。对于蓄滞洪区,有最高、最低(起始)水位等。这些指标在工程规划中一般均有规定。在运用中,应根据实际的防洪运用标准及有关情况,通过具体分析计算并参照设计拟定。

(3)防洪运用标准。包括防洪工程本身采用的设计洪水标准和下游防护对象的防洪标准两部分。这些标准在规程、规范中均有规定,可作为设计的依据。在运用中,应根据工程完建情况、运行情况、工程任务的变化情况,特别是设计洪水资料的变化情况,适当修订。

(4)防洪控制运用方式。指在防洪运用中遭遇各种不同洪水时的具体蓄泄规则。按照这些规则来运用,可以达到防洪运用标准及防洪运用指标的要求。

水库的防洪控制运用方式是防洪控制运用计划的主要组成部分,一般可分为水库下游无防洪任务和有防洪任务两类。前者只需按遭遇设计洪水和校核洪水时大坝能够安全度汛来进行调度;后者应根据大坝安全和水库下游防洪要求统一拟定调度方案。

防洪调度是指运用防洪系统的各项工程及非工程措施,有计划地控制、调节供水的工作。防洪调度的基本任务是力争最有效地发挥防洪系统的作用,尽可能减免洪水灾害。在有综合利用任务的防洪系统中,防洪调度需要结合考虑发挥最大综合效益的要求。

水库的防洪调度工作是利用水库调蓄洪水、削减洪峰、减轻或避免洪水灾害的重要防洪措施。水库防洪基本上可分为滞洪和蓄洪两种运用方式：滞洪运用时，泄洪道一般无闸门控制，水库对入库洪水只起缓滞作用，而不存蓄，下泄流量取决于泄洪道的型式、规模及库水位；蓄洪运用时，泄洪道有闸门控制，主要是根据水库和下游防护区的防洪要求，以确保大坝安全为首要条件，进行洪水调节，启用闸门控制蓄洪。

五、洪水风险图编制

洪水风险图是对可能发生的超标准洪水的演进路线、到达时间、淹没水深、淹没范围及流速大小等过程特征进行预测，以标示洪泛区内各处受洪水灾害的危险程度的一种重要防洪非工程措施，直观表现洪水风险（或风险要素）信息空间分布和洪水管理信息的地图的总称，是建立洪水风险管理制度、开展洪水风险管理的基础和依据。

与洪水风险和洪水风险管理相关的许多信息可通过图形直观地表现。这种表现形式既可辅助决策者、管理部门和管理人员、社会公众有效地了解洪水风险状况，支持或引导其采取合理的应对行动，也是社会公众和各利益相关者针对洪水风险问题和洪水风险管理措施进行沟通、交流、协调的最直接手段。目前，世界各国编制的洪水风险图包括：①表现洪水风险或某一风险要素的图件，如洪水淹没范围图、洪水淹没特征（淹没水深、淹没流速、淹没历时、前锋到达时间）分布图、承灾体脆弱性图、洪水损失分布图等；②表现洪水管理措施的图件，如洪水保险费率图、洪水风险区划图、避洪转移图等。

1. 洪水风险图的类型

国际上，通常将上述定义的洪水风险图统称为洪水图（Flood Map），并细分为表现洪水淹没特征（淹没水深、淹没流速、淹没历时、前锋到达时间等）的洪水危险图（Flood Hazard Maps）、表现承灾体脆弱性的脆弱性图（Vulnerability Maps）、表现损失情况的洪水损失图（Damage Maps）、规范土地利用的洪水区划图（Flood Zone Maps）、支撑洪水保险的洪水保险图（Insurance Maps）及指导人员安全转移的避洪转移图（Evacuation Maps）等。

我国目前对洪水风险图有两种平行的分类方式：一是根据表现信息的特点将洪水风险图分为两种，即表现洪水风险特征的基本图和表现洪水管理措施的专题图；二是根据受洪水威胁区域的特征将洪水风险图分为防洪（潮）保护区、蓄滞洪区、洪泛区、水库、城市洪水风险图等。

2. 洪水风险图的用途

洪水风险图应用领域主要包括以下几个方面。

（1）防洪区土地管理。以洪水区划图或不同频率淹没范围图的形式，划定禁止开发区、限制开发区，辅助城乡建设规划，引导产业合理布局和建设项目合理选址，支持洪水影响评价工作的开展，达到合理规避洪水风险、避免盲目侵占洪水风险区，减轻人民生命、财产损失的目的。

（2）洪水应急管理。以避洪转移图的形式，辅助应急管理部门组织群众安全转移或引导公众采取合理的避洪转移行动；以洪水淹没范围、水深、到达时间、淹没历时、洪水损失图等形式，辅助有关部门制订相应的防洪应急预案，提升应急响应行动的合理性、科学性和时效性。

（3）防洪规划。通过各种防洪措施或其组合方案实施前后洪水淹没特征图对比的方式，既可直观评判防洪措施减灾和保障社会经济发展的效果，提高防洪规划的合理性和有效性，又能促进决策者、规划者和社会公众对防洪措施建设必要性和可行性进行有效的沟通，达成共识，推进防洪规划的认可和审批。

（4）洪水保险。以洪水保险费率图的形式，直观表现洪水淹没特征、资产类型与保险费率之间的关系，保证洪水保险的合理、公正，推进洪水保险制度的实施，同时激励引导资产所有者采取合理的措施，提高资产防洪性能，规避洪水。

（5）强化风险意识。以简明、易懂的方式发布洪水风险图，公示洪水风险，宣传洪水风险和减灾知识，强化公众的洪水风险意识，促进公众自觉、合理地采取减轻风险及规避风险的行动，推动防洪减灾的社会化和全民化。

六、洪水预警

洪水预报和警报系统就是在洪水到来之前，利用过去的资料和卫星、雷达、计算机遥测收集到的实时水文气象数据，进行综合处理，作出洪峰、洪值、洪水位、流速、洪水达到时间、洪水历时等洪水特征值的预报，及时提供给防汛指挥部门，必要时对洪区发出警报，组织抢救和居民撤离，以减少洪灾损失。

七、防洪风险分析与评估

与风险的定义类似，不同的研究者从不同角度对洪灾风险有不同的理解，常见的含义有：人员伤亡数，或其所占人口的比例；洪水灾害直接经济损失，或其所占流域内资产的比例；洪水灾害的发生频率及相应的水深分布；洪水灾害损失的可能性或其期望值；典型频率洪水的最大水深、最大流速、洪水到达时间与淹没历时。

洪水风险既不是洪水现象本身，也不等同于洪灾损失。为了正确理解什么是洪水风险，就必须对洪水风险的基本特性有所认识。

洪水风险的利害两重性一般认为，风险是遭受损失的可能性。但是，洪水风险的不确定性包含了受损与受益两个方面。在人与洪水相处的过程中，既存在遭受损失的可能性，也存在获得利益的可能性。例如，洪水泛滥会造成损失，但是同时也会带来回补地下水资源与修复生态环境方面的效益。再如，目前许多水库转而为城镇供水之后，与防洪运用发生了矛盾。在获得提高供水保障利益的情况下，水库应急泄洪的可能性有所增加。一般情况下，人们以风险最小作为方案选择的依据。但是，在非冒险不能得其利的情况下，风险越大，利益越大。这时关键是如何能将风险控制在可承受的限度之内。

从中国人多地少、水资源贫乏的国情出发，使洪水风险最小的方案并非最合理的方案。而从发展的趋势来看，人口与土地的压力还将进一步增大，水资源短缺的矛盾还会进一步加剧，这就更加不能简单地放弃冒风险的选择。因此，洪水风险的研究，是着眼于如何更为合理地除害兴利的研究，而不仅仅是局限于减轻水灾损失的研究。

正是由于洪水风险具有利害两重性，人类才可能建立起与洪水共存的治水模式。

1. 洪水危险性分析

危险性是指不利事件发生的可能性，危险性分析就是从风险诱发因素出发，研究不利事件发生的可能性，即概率。洪水危险性分析就是研究受洪水威胁地区可能遭受洪水影响的强度和频度，强度可用淹没范围、深度等指标来表示，频度即概率，可以用重现期多少年一遇来表达。概括地说，洪水危险性分析是研究洪水发生频率与洪水强度的关系。

2. 洪灾易损性分析

不同承灾体遭受同一强度的洪水，损失程度会不一样，同一承灾体遭受不同强度洪水损失程度也不一样，即易损性不同。洪灾易损性是指承灾体遭受不同强度洪水的可能损失程度，常常用损失率来表示。

洪灾易损性分析是研究区域承灾体易于受到致灾洪水的破坏、伤害或损伤的特征。为此，首先要识别洪水可能威胁和损害的对象并估算其价值；其次估算这些对象可能损失的程度。概括地说，洪灾易损性分析是研究洪水强度与损失率的关系。

3. 洪灾灾情评估

洪灾灾情评估是在危险性分析和易损性分析的基础上计算不同强度洪水可能造成的损失大小。对于某一具体的承灾体，在一指定频率洪水下可能受到的损失可采用以下步骤进行计算：①从洪水危险性分析结果中，找出该承灾体所处位置可能遭受的洪水强度如水深；②从易损性分析结果中，找出该类承灾体在该洪水强度下可能的损失率；③利用上步计算的损失率乘以承灾体的价值，即得到该承灾体可能损失值。

按上述步骤对研究区内所有承灾体计算损失值，累加即可得该频率洪水可能带来的总损失值对所有频率，分别计算可能损失，就可以得到洪灾损失的概率分布，即洪灾风险。

在实际应用中，洪灾风险分析主要是确定洪灾风险的相对大小，多是定性的或半定量的，其中风险区划是一种常用的分析方法。洪灾风险区划指根据研究区洪水危险性特点，参考区域承灾能力及社会经济状况，把研究区划分为不同风险等级的区域。

八、洪水管理

风险管理是指采用系统、规范的方法对风险进行识别、估算和处理，一般包括3个方面的内容，即风险分析、风险评价、风险管理与决策，其中风险分析是风险评价的前提，风险评价又是风险管理与决策的依据。洪灾风险管理包括洪灾风险分析、洪灾风险评价及洪灾风险管理与决策3个部分。三者中间，洪灾风险分析是洪灾风险评价的前提，而洪灾风险评价是洪灾风险管理和决策的依据。洪灾风险分析是指对风险区遭受不同强度洪水的可能性及其可能造成的损失进行定量分析和评估。它是在对洪灾系统中的致灾因子和孕灾环境的危险性分析和对风险区内承灾体的易损性分析基础上开展的。

洪水风险是指洪水事件对社会经济（人、资产、社会经济活动等）和人类生存环境可能造成的负面后果或损失。位于洪水威胁下的人口、资产、社会经济活动和人类生存环境统称为承灾体。承灾体的损失与洪水淹没程度（水深、流速、淹没历时、突发性）及其抗御洪水能力的强弱相关，而可能的损失（风险）则与洪水发生概率及该概率下相应的损失相关。国际上，将承灾体的洪水淹没程度称为暴露性，将抗御洪水能力的强弱程度称为脆弱性。例如，洪水发生时，同样的承灾体，低洼地带的暴露性更高；而在相同暴露性的状态下，混凝土建筑物比砖瓦建筑物脆弱性低，无预警系统的人群比有预警系统的脆弱性高等。因此，洪水风险为洪水概率和该概率下洪水损失的函数，而洪水损失为暴露性和脆弱性的函数。洪水发生的可能性、承灾体的暴露性和脆弱性为构成洪水风险的三要素，缺一则无洪水风险。

可见，洪水风险管理不外乎采取 3 类方法，即降低致灾洪水发生的可能性，减少承灾体的暴露性和降低承灾体的脆弱性。降低致灾洪水发生的可能性主要通过调控洪水、改变孕灾环境和洪水运动方式实现，如上游水土保持，修建堤防、水库、分洪道、排水管网，设置蓄滞洪区等；减少承灾体的暴露性主要通过土地管理和建设管理实现，如划分禁止开发区、限制开发区，规定建筑物基础达到特定高程（如百年一遇洪水位）；降低承灾体的脆弱性主要通过推行建筑物防水（耐水）设计建设规范和应急管理等措施实现，如对洪水可能淹没区内建筑物的建筑材料和结构设计进行规范，建设洪水预报预警避难系统，提高抢险、自救、救生、防疫能力及灾后恢复重建能力等。

洪水风险管理的主要内容包括对洪水的预测和调度中的风险管理，如对洪水预报的精度、预报中可能出现的失误评价；提高预报精度，避免失误的方法及采取相应的补救措施；洪水调度方案的制订；洪水预报的实时校正和洪水调度方案的调整等。

洪水管理是人类按可持续发展的原则，以协调人与洪水的关系为目的，理性规范洪水调控行为与增强适应能力等一系列活动的总称。近些年来，江西省的防汛减灾思路进行了战略转移，由"洪水控制""防御洪水"转向"洪水管理"，在可持续发展的前提下，对洪水灾害进行风险管理，就是调整人与水的关系，从"人与水抗争"转向"人与水共存"。

九、依法加强防洪抗旱管理

依法加强防洪抗旱管理包括依法保护防洪抗旱工程与设施、加强河道湖泊管理、严格涉水建设与活动的审查与监管等。

第七章

干　旱

第一节　干　旱　概　念

由于干旱的发生是一个复杂的过程，会对工农业、生态及社会经济等多方面造成负面影响，故各行各业对干旱有特定的理解，关于干旱的定义有 100 余种。各部门、各行业对干旱的定义也不尽相同。早期，一般认为干旱是在一定时间内持续降水短缺的自然现象，从气象过程考虑干旱问题，强调自然属性。世界气象组织认为，干旱是一种持续的、异常的降水短缺；联合国国际减灾战略机构定义干旱为在一个季度或者更长时期内，由于降水严重缺少而产生的自然现象。同时，也有研究者认为不应仅从单一的气象过程去考虑干旱问题，他们认为干旱自然水循环的极值事件，需从水循环的全过程去定义干旱，即应从大气过程、土壤过程、地表过程、地下水过程考虑干旱问题。如将干旱定义为：某地理范围内因降水在一定时期持续少于正常状态，导致河流、湖泊水量和土壤或者下水含水层中水分亏缺的自然现象。可见，从完整的水循环过程的角度去定义干旱问题更加倾向于将其认为是自然属性与社会属性叠加的过程。

尽管不同阶段或不同组织机构对干旱的定义不同，干旱本质上是由于降雨减少或地表水不足等外界因素引起水量持续少于正常值，导致地表水、土壤水或地下水水分亏缺的自然现象。

从干旱的形成及定义知，干旱具有随机性、蠕变性和广发性 3 个基本特征。

（1）随机性。从发生概率上看，干旱作为一种极值的水循环事件，其发生具有随机性，可以发生于任何区域的任何时段。

（2）蠕变性。从时间维度上看，干旱的发生、发展和消亡过程比洪涝、地震等自然灾害要缓慢得多，快则几日，慢则数月，甚至更长时间。

（3）广发性。从空间发展上看，干旱发生后一般是逐渐蔓延和扩散，覆盖范围较广。

第二节　干　旱　类　型

干旱根据受旱机制的不同分为气象干旱、农业干旱、水文干旱、社会经济干旱及生态干旱。

（1）气象干旱指某时段由于蒸散量和降水量的收支不平衡，水分支出大于水分收入而造成地表水分短缺的现象。气象干旱最直观的旱象表现在降水量的减少、蒸发量增大，与区域的气候变化特征紧密相关，是其他类型干旱发生、发展的基础。

（2）农业干旱是指在农作物生长季内，因水分供应不足导致农田水量供需不平衡，阻碍作物正常生长发育的现象。农业干旱的发生与否主要取决于气象干旱发生的时间、地点、灌溉条件及种植结构等，与前期土壤湿度，作物生长期有效降水量、作物需水量、灌溉条件及种植结构有关。

（3）水文干旱是指由于降水的长期短缺而造成某时段内，地表水或地下水收支不平衡，出现水分短缺，使河川径流量、湖泊水位、水库蓄水等减少的现象。水文干旱是一种持续性的、区域性河川径流量和水库蓄水量较正常年或多年平均值偏少，难以满足自然和社会需水要求的水文现象，是各种干旱类型的过度表现形式，是气象和农业干旱的延续。

（4）社会经济干旱则是指当水分供需不平衡，水分供给量小于需求量时，正常社会经济活动受到水分条件制约影响的现象。社会经济干旱则是由于经济、社会的发展需水量日益增加，区域可供水不足影响生产、生活等活动，是气象干旱、水文干旱、农业干旱和人类活动综合作用的结果。

（5）生态干旱是指由于供水受限、蒸散发大致不变导致的地下水位下降、物种丰富度下降、群落生物量下降以及湿地面积萎缩的旱象。生态干旱涉及植被、水文、土壤、地理和社会经济各方面的因素，前面4种干旱在一定程度上均有可能引发生态干旱。

干旱有季节之分，有春旱、夏旱、秋旱、冬旱和连旱。江西以伏秋旱为主，其他时期的干旱较少。

夏旱指6—8月发生的干旱，三伏期间发生的干旱也称为伏旱。夏季为晚秋作物播种和秋作物生长发育最旺盛的季节，气温高、蒸发量大，干旱会影响秋作物生长以至减产，夏旱造成土壤底墒不足，还会影响到下季作物（如冬小麦等越冬作物）的生长。这期间正是雨季，长时间干旱少雨，水库、塘坝蓄不上水，将给冬春用水造成困难。

秋旱指9—11月发生的干旱。秋季为秋作物成熟和越冬作物播种、出苗的季节，秋旱不仅会影响当年秋粮产量，还影响下一年的夏粮生产。

冬旱指12月至翌年2月发生的干旱。冬季雨雪少将影响来年春季的农业生产。

连旱指两个或两个以上季节连续受旱，如春夏连旱、夏秋连旱、秋冬连旱、冬春连旱或春夏秋三季连旱等。

第三节　干　旱　成　因

（1）气象原因：长时间无降水或降水偏少等气象条件是造成干旱与旱灾的主要因素。

（2）地形地貌原因：地形地貌条件是造成区域旱灾的重要原因。

（3）水源条件与抗旱能力不足：旱灾与因水利工程设施不足带来的水源条件差也有很大关系，如水利工程设施如水库、水井等不足。

（4）社会因素：由于人口持续增长和当地社会经济快速发展，生活和生产用水不断增加，造成一些地区水资源过度开发，超出当地水资源的承载能力，干旱发生时也往往加重旱灾。

（5）水资源有效利用率低：由于平常年份降水较多、不太缺水，农业用水、工业用水和生活用水的有效利用率与国内常年缺水地区相比有明显差距，也对应对干旱不利。

第四节　干旱强度相关知识

作物受旱面积：指在田作物受旱面积。受旱期间能保证灌溉的面积，不列入统计范围。

轻旱：指对作物正常生长有影响。如在旱作区，作物在播种后或生长期间，土壤墒情低于作物的需水量造成出苗率低于 8 成，作物叶子出现萎蔫或 20cm 耕作层土壤相对湿度低于 60％但不小于 40％。如在水稻区，插秧后各生育期内不能及时按需供水，稻田脱水，禾苗出现萎蔫。

重旱：指对作物生长和作物产量有较大影响。旱作物：出苗率低于 6 成；叶片枯萎或有死苗现象；20cm 耕作层土壤相对湿度小于 40％。水稻区：田间严重缺水，稻田发生龟裂，禾苗出现枯萎死苗。

干枯：指出苗率低于 3 成，作物大面积枯死或需毁种。

水田缺水：指在水稻栽插季节，因水源不足造成适时泡田、整田或栽插秧苗困难，水稻生长期大田不能满足适宜的水深，影响水稻的生长和产量。

旱地缺墒：是指在播种季节，将要播种的耕地 20cm 耕作层土壤相对湿度低于 60％，影响适时播种或需要造墒播种。

因旱人畜饮水困难：指因干旱造成临时性的人、畜饮用水困难。属于常年饮水困难的不列入统计范围。牧区在统计牧畜饮水困难时要将羊单位转换成大牲畜单位。

旱限水位（流量）：指江河湖库水位持续偏低，流量持续偏少，影响城乡生活、工农业生产、生态环境等用水安全，应采取抗旱措施的水位（流量）。旱限水位（流量）的确定应综合考虑江河湖库的主要用水需求，以其最高（大）需求值作为确定依据，以便及时启动抗旱应急响应。

第五节　旱情指标与标准

一、旱情指标

现行的干旱指标研究，多结合干旱特点和所掌握的资料条件来建立不同形式的干旱指标，如以降水距平、无雨日数和以降水与蒸发的比值等气象干旱指标；以土壤含水量与作物适宜含水量比较而作出的土壤墒情特征的农业干旱指标；以河川径流低于一定供水要求的历时和不足量等为特征的水文干旱指标；以及以人类社会经济活动产生的水资源供需不平衡等特征的经济干旱指标。上述指标虽不能表述干旱形成的过程，但能在不同阶段和不同层次上表达干旱形成的基本特征。

1. 气象干旱指标

（1）连续无雨日数。连续无雨日数指作物在正常生长期间，连续无有效降雨的天数。本指标主要指作物在水分临界期（关键生长期）的连续无有效降雨日数，其参考值见表 7-1。

表 7-1　　　　　　作物生长需水关键期连续无雨日数与干旱等级关系参考值　　　　　单位：天

地域	轻旱	中旱	重旱	特旱
南方	10～20	21～30	31～45	>45
北方	15～25	26～40	41～60	>60

注　无有效降水指数日降水量小于 5mm。另外，灌区不考虑灌溉条件。

水分临界期指作物对水分最敏感的时期，即水分亏缺或过多对作物产量影响最大的生育期。

（2）降水距平或距平百分率。距平指计算期内降水量与多年同期平均降水量的差值，距平百分率指距平值与多年平均值的百分比值。

中国中央气象台：单站连续 3 个月以上降水量比多年平均值偏少 25%～50% 为一般干旱，偏少 50%～80% 为重旱；连续 2 个月降水偏少 50%～80% 为一般干旱，偏少 80% 以上为重旱。

区域降水距平百分率相应的干旱等级可参照表 7-2 确定。

表 7-2　　　　　　　　区域降水距平百分率相应的干旱等级

旱期	轻旱	中旱	重旱	特旱
1 个月	−75%～−85%	<−85%		
2 个月	−40%～−60%	−61%～−75%	−76%～−90%	<−90%
3 个月	−20%～−30%	−31%～−50%	−51%～−80%	<−80%

（3）干燥程度。用大气单个要素或其要素组合反映空气干燥程度和干旱状况。如温度与湿度的组合，高温、低湿与强风的组合等，可用湿润系数反映。

干燥程度与干旱等级划分标准见表 7-3。

表 7-3　　　　　　　　　干燥程度与干旱等级的划分

干旱等级	轻旱	中旱	重旱	特旱
湿润系数 K_1	1.00～0.81	0.80～0.61	0.60～0.41	≤0.40
湿润系数 K_2	1.00～0.61	0.60～0.41	0.40～0.21	≤0.20

2. 水文干旱指标

（1）水库蓄水量距平百分率。水库蓄水量距平百分率与干旱等级划分见表 7-4。

表 7-4　　　　　　　　水库蓄水量距平百分率与干旱等级

干旱等级	轻旱	中旱	重旱	特旱
水库蓄水量距平百分比 I_k/%	−10～−30	−31～−50	−51～−80	<−80

（2）河道来水量（指本区域内较大河流）的距平百分率。河道来水量距平百分率与干旱等级划分见表 7-5。

表 7 - 5 河道来水量距平百分率与干旱等级

干旱等级	轻旱	中旱	重旱	特旱
河道来水量距平百分比 $I_r/\%$	$-10\sim-30$	$-31\sim-50$	$-51\sim-80$	<-80

（3）地下水埋深下降值。地下水埋深下降程度见表 7 - 6。

表 7 - 6 地下水埋深下降程度

下降程度	轻度下降	中度下降	严重下降
地下水埋深下降值 D_r/m	$0.10\sim0.40$	$0.41\sim1.0$	>1

3. 农业干旱指标

（1）土壤相对湿度（R_w）。土壤相对湿度与农业干旱等级划分见表 7 - 7（播种期土层厚度按 $0\sim20cm$ 考虑；生长关键期按 $0\sim60cm$ 考虑）。

表 7 - 7 土壤相对湿度 R_w 与农业干旱等级

干旱等级	轻旱	中旱	重旱	特旱
砂壤和轻壤	$55\%\sim45\%$	$46\%\sim35\%$	$36\%\sim25\%$	$<25\%$
中壤和重壤	$60\%\sim50\%$	$51\%\sim40\%$	$41\%\sim30\%$	$<30\%$
轻到中黏土	$65\%\sim55\%$	$56\%\sim45\%$	$46\%\sim35\%$	$<35\%$

（2）作物受旱（水田缺水）面积百分比（S_1）。作物受旱面积占总作物面积的百分比与干旱等级划分见表 7 - 8。

表 7 - 8 作物受旱面积占总作物面积的百分比与干旱等级

干 旱 等 级	轻旱	中旱	重旱	特旱
作物受旱（水田缺水）面积百分比 $S_1/\%$	$10\sim30$	$31\sim50$	$51\sim80$	>80

（3）成灾面积百分比（S_z）：指成灾面积与受旱面积的比值。

成灾面积百分比与干旱等级划分见表 7 - 9。

表 7 - 9 成灾面积百分比与干旱等级

干旱等级	轻旱	中旱	重旱	特旱
成灾面积百分比 $S_z/\%$	$10\sim20$	$21\sim40$	$41\sim60$	>60

（4）水田缺水率（W_1,%）。水田缺水率与干旱等级划分见表 7 - 10。

表 7 - 10 水田缺水率与干旱等级

干旱等级	轻旱	中旱	重旱	特旱
水田缺水率 $W_1/\%$	$10\sim30$	$31\sim50$	$51\sim80$	>80

（5）水浇地失灌率（R_1）。水浇地失灌率与干旱等级划分见表 7 - 11。

表 7 - 11 水浇地失灌率与干旱等级

干旱等级	轻旱	中旱	重旱	特旱
水浇地失灌率 $R_1/\%$	$10\sim30$	$31\sim50$	$51\sim80$	>80

4.城市干旱指标

可用缺水率来表示城市干旱指标。城市干旱缺水程度与缺水率见表7－12。

表 7－12 城市干旱缺水程度与缺水率

干旱程度	轻旱	中旱	重旱	特旱
缺水率 $P/\%$	5～10	10～20	20～30	＞30

二、人畜饮水困难标准

按照国务院批准的《关于农村人畜饮水工作的暂行规定》规定的人畜困难标准为：①居民点到取水点的水平距离大于 1～2km 或垂直高差超过 100m；②水源在氟病区的饮用水含氟量超过 1.1mg/L，当地出生 8～25 岁人群中氟斑牙患病率大于 30％，出现氟骨症病人；③饮水量的标准，在干旱期间，北方每人每日应供应 10kg 以上，南方 40kg 以上，每头大牲畜每日供水 20～50kg；每头猪、羊每日供水 5～20kg。

解决人畜饮水困难的工程建设标准以初步解决人饮困难为原则。供水系统一般只到给水点；正常年份人均最高日生活供水量为 50L，平均日生活供水量为 35L。牲畜供水量为人口供水量的 40％，干旱年份供水口生活供水量的 60％，庭院经济供水量为人口生活按正常年份供水量的 60％考虑；水质尽可能达到国家规定的生活饮用水最低标准（即三级水，城市一般要求一级水）。今后随着经济和社会发展需要提高供水标准。

第八章

· · ·

旱　灾

第一节　旱　灾　概　念

1. 旱灾的危害

旱灾又称干旱灾害，是指某一段时间内，由于干旱导致某一地区人类生活和社会经济活动受到严重影响，并发生灾害的现象。显然，旱灾具有自然和社会两重属性，影响农业、工业、生态、城市等多方面，涉及行业多、范围广。

根据受灾对象不同，旱灾又分为城市旱灾、农业旱灾和生态旱灾等。旱灾对经济社会的影响非常严重，尤其对城乡居民饮用水的影响较为显著，严重的干旱可能会造成人畜饮水困难，一些大中城市被迫实行限时限量供水，对城市经济社会发展造成严重危害。干旱灾害是对农业生产影响最严重的自然灾害，直接影响农作物正常生长，导致农业减产。同时，旱灾对生态环境危害严重，主要表现在河道断流、库塘湖泊干涸、地下漏斗扩大、湿地面积减少、生物多样性减少、土壤沙化、绿洲萎缩、植被退化甚至死亡等，恶化了生态环境。

2. 干旱灾害的特点

基于对旱灾概念及形成机制的分析，认为旱灾具有以下 3 个基本特征。

（1）渐进性和累积性。虽然旱灾并不等同于干旱，但干旱是旱灾的致灾因子，由于干旱具有悄无声息的发生、缓慢发展的特性，旱灾也具有渐进性。旱灾是一种非突发性的渐进性灾害，其形成是一个逐步累积的缓慢过程。旱灾的形成是由干旱所引起的，首先表现为资源问题，随着其发生发展，逐渐演变为灾害问题，且灾害影响具有时间累积效应。

（2）自然和社会双重属性。旱灾是干旱这种自然现象和人类经济社会活动共同作用的结果，是自然系统和社会经济系统在特定的时间和空间条件下耦合的特定产物，具有自然和社会双重属性。

（3）相对可控性。相对于洪灾、台风、地震等自然灾害而言，旱灾是相对可控的，在一定程度上能够得到有效预防或者减轻的特性。值得注意的是，这里所说的是旱灾具有相对可控性，而并非干旱，因为人类是无法控制干旱这一自然现象的发生和发展的，但通过采取有效的措施可以预防旱灾的发生或者在一定程度上减轻其影响和损失。如旱象初现，采取人工增雨、提水灌溉保墒等措施能有效缓解旱情，减轻旱灾影响。

第二节 旱灾类型与抗旱

一、城市旱灾与抗旱

城市旱灾指城市因遇枯水年造成城市供水水源不足，或者由于突发性事件使城市供水水源遭到破坏，导致城市实际供水能力低于正常需求，致使城市正常的生活、生产和生态环境受到影响。

城市抗旱是指当城市遭遇干旱时，采取行政、法律、工程、经济、科技等手段，通过应急开源、合理调配水源和采取非常规节水等手段，减轻干旱对城市造成的影响和损失，确保城市供水安全的活动。

二、农业旱灾与抗旱

农业旱灾是指在农作物生长发育过程中，因降水不足、土壤含水量过低和作物得不到适时适量的灌溉，致使供水不能满足农作物的正常需水，而造成农作物减产。

农业旱灾以土壤含水量和植物生长状态为特征，是指农业生长季节内因长期无雨，造成大气干旱、土壤缺水，农作物生长发育受抑，导致明显减产甚至绝收的一种农业气象灾害。

体现干旱程度的主要因子有降水、土壤含水量、土壤质地、气温、作物品种和产量及干旱发生的季节等。

三、生态旱灾与抗旱

生态旱灾是指湖泊、湿地、河网等主要以水为支撑的生态系统，由于天然降雨偏少、江河来水减少或地下水位下降等原因，造成湖泊水面缩小甚至干涸、河道断流、湿地萎缩、咸潮上溯以及污染加剧等，使原有的生态功能退化或丧失，生物种群减少以至灭绝的灾害。

生态抗旱是指通过调水、补水、地下水回灌等补救措施，改善、恢复因干旱受损的生态系统功能的行为。

第三节 旱 灾 标 准

旱情造成农业灾害的直接损失主要是粮食等作物的减产，以减产率作为旱灾指标，应是较直观、较合理的。有些省份用近 5 年或近 3 年正常单产平均值作标准，有些省份用当年未受旱的正常单产作标准等。而旱情普查可掌握各地受旱面积及灾情实况，与粮食减产数比较起来，受旱面积较易确定，报表也较完整（当然这只是相对于减产而言，实际上少数地区的受旱面积也出现过不合理的现象）。可认为某一地区发生干旱时，其受旱（或受灾）率的大小也意味着粮食减产的多寡。为此，可选用受旱（或成灾）率作为干旱等级划分标准，即以某一地区某年的受旱（或成灾）面积与当年的播种面积之比表示受旱率（或成灾率）a。

结合考虑各类干旱事件发生概率的相对合理性，推荐按表 8-1 判估旱灾等级。

表 8-1　　　　　　　　　　旱 灾 等 级 判 估 标 准

受 旱 率	旱 灾 等 级	受 旱 率	旱 灾 等 级
$a<10\%$	微旱或不旱	$20\%\leqslant a<30\%$	重旱
$10\%\leqslant a<20\%$	轻旱	$a>30\%$	特旱

第四节　影响旱灾大小的因素

干旱灾害是由自然和社会因素叠加形成的，江西省频发多发的干旱灾害不仅与降水、作物需水不匹配有关，还与土壤地质、防旱抗旱措施体系不完善等因素有关，主要有下述几方面的原因。

（1）大气环流演变、副热带高压进退情况等气候条件影响。每年 7 月上旬副高脊线到达北纬 26°附近，进入江西省境内，8 月初又越过北纬 30°，此时段江西省在副高控制下处于盛夏炎热少雨的伏旱期；9 月上旬副高脊线南回跳到北纬 25°附近，全省干旱延续进入秋高气爽的秋旱期。一般于每年 6 月底至 7 月上旬前后便进入晴热少雨的干旱期，在单一干热气团控制下，这个时期的蒸发量与降水量差值最大，如该时期影响全省的台风雨偏少，干旱可一直延续到 10 月。因此，7—10 月为江西省各地的关键干旱期。

（2）降水与农作物需水期不匹配。江西省虽降水丰沛，但年内分布极不均匀，降水多集中于 4—6 月，7—8 月月降水量一般只有 100mm 或小于 100mm，而蒸发量可达 200mm 以上，大大超过降水量，9—10 月降水量一般在 100mm 以下，也小于蒸发量。全省主要农作物的生长期一般在 4 月初到 10 月下旬，每年 7—8 月为"双抢"季节，而此时往往降水偏少、蒸发量大，易导致作物缺水，农作物易旱成灾。

（3）土壤有效水含量低。江西省境内主要有红壤，次为黄壤、山地黄棕壤、山地草甸土、紫色土、潮土、石灰（岩）土、水稻土等 8 个土类。其中，红壤面积占全省土地面积的 70%。虽然红壤的总持水量大，但有效水含量低，其饱和含水量为 36%～44%，田间持水量为 26%～29%，凋萎系数持水量为 17%～20%，有效水含量只有 6%～12%。与黑土和潮土相比，红壤的储水库容较低，通透库容和无效水库容较高，而有效水库容却不及黑土的一半，有效水含量仅占土重的 6%～11%。此外，红壤土体中，水分的分布与变化差异较大，0～30cm 土层极易受降水和干旱影响而变化较大。红壤 0～30cm 的表土层有效水少且极易散失是导致江西省伏秋干旱的因素之一。

（4）旱灾防御措施体系不够完善。从工程措施方面看，江西省虽建立了相对庞大的旱灾防御工程措施体系，但仍存在大江大河控制性工程不足、水库调控江河洪水能力不足等问题，尤其是每年汛期积累的大量雨洪资源未能依靠控制性水利工程截留蓄水，大部分降水形成地表径流以洪水形式流走，往往出现汛期洪水成灾、旱期无水可用的局面。此外，部分灌区渠道渗漏、淤塞严重，灌溉水利用系数偏低，虽然近几年通过全国灌溉改造配套工程的实施，部分大中型灌区经改造后渠道渗漏、淤塞程度有所缓解，但由于配套资金所限，大多数大中型灌区只改造了部分干渠，干渠尾部及支渠渗漏、淤塞问题尚未得到有效解决。自动化程度低、监测预警精度不够、抗旱指挥决策支撑能力偏低等，难以满足抗旱减灾工作的需求。

（5）水资源刚性需求增加。随着人口的增加、经济社会的发展，对水的需求不仅表现在水量增加，而且对水质、供水保证率要求也越来越高，水资源供需矛盾加剧。此外，对水资源的过度开发利用和浪费现象严重、部分地区产业结构不合理等也增加了水资源的需求，从而加重了旱灾的发生频率。

第九章

抗 旱 措 施

第一节 工 程 措 施

抗旱工程措施是指以工程手段（如打井、提水、蓄水、引水、节水工程等）去改变干旱的天然特性，以防治和减少因干旱而造成的灾害。抗旱工程措施主要有水源工程、水资源调配工程、灌区工程、节水工程等。不同的水利工程通常是特定自然环境的产物，如山区多蓄水工程、平原多提水工程。虽然不同区域水利工程类型不尽相同，但在同一区域中，常常需要蓄、引、提、调等多措并举。

抗旱工程措施主要有蓄水工程（包括水库、塘坝、水窖等）、引水工程（包括有坝引水、无坝引水）、提水工程（包括机电排灌站和机电井）和调水工程等。

一、蓄水工程

常见的蓄水工程按蓄水量从大到小分别有水库（详见第六章第一节二）、塘坝和水窖。在利用河川或山丘区径流作灌溉水源时，壅高水位，可在适当地段筑拦河坝以构成水库；还可修筑塘坝等拦截地面径流；也可修建水窖集雨蓄水。通过建设蓄水工程，可以达到调节径流、以丰补歉、发展灌溉、增加供水等目的，从而提高抗旱减灾能力。

1. 塘坝

塘坝是指拦截和储存当地地表径流的蓄水量不足 10 万 m^3 的蓄水设施，是广大农村尤其是丘陵地区灌溉、抗旱、解决人畜用水等的重要水利设施。根据蓄水量大小的不同，塘坝可分为大塘和小塘。大塘，又称为当家塘，蓄水量超过 1 万 m^3，与小塘相比，其灌溉面积大，调蓄能力强，作用大，成效好。根据水源和运行方式的不同，塘坝可分为孤立塘坝和反调节塘坝两类。孤立塘坝的水源主要是拦蓄自身集水面积内的当地径流，独立运行（包括联塘运行），自成灌溉体系；反调节塘坝除拦蓄当地径流外，还依靠渠道引外水补给渠水灌塘、塘水灌田，渠、塘联合运行，"长藤结瓜"，起反调节作用。

塘坝具有分布范围广、数量多、作用大、投工投资少等特点，可就地取材，施工技术简单，群众能够自建、自管、自用，一般能当年兴建、当年受益。相比其他小型蓄水工程，塘坝具有以下几个显著优点。

（1）可以充分拦蓄当地径流、分散蓄水、就近灌溉、就地受益、供水及时、管理方便，适应丘陵地区地形起伏、岗冲交错中分散农田的灌溉（岗：较低而平的山脊；冲：山区的平地）。同时还可以缩短输水距离与灌水时间，减少水量损失，提高灌水效率，并有利于节水灌溉措施的推广。

（2）利用塘坝蓄水灌溉，可以减小灌区提、引外水工程的规模，同时可减小渠首及各级渠道和配套建筑物的设计流量，相应减小渠道断面和建筑孔径，从而节省其工程量和投资。

（3）可以蓄一部分灌区废弃水和灌溉回归水，增加灌区供水量，缓解灌区水量不足的矛盾。同时还可调节水量，削减引用外水高峰，减少用水矛盾，提高灌溉保证率，扩大灌溉面积，并能节水节能，降低灌溉成本、减轻农民负担。

（4）塘坝蓄水浅、水温高，在低温季节引塘水灌田有利于农作物生长。如利用塘坝提高水温，促进水稻增产。而大、中型水库放水灌溉，由于库大水深，经底涵放出的水，水温较低，直接灌田会造成寒害，对水稻生产不利，影响产量。

（5）塘坝可以缓洪减峰，防治水土流失，减轻农田洪涝灾害损失。

（6）利用塘坝进行综合开发，解决人畜用水，发展"塘坝经济"，可以促进当地农、林、牧、副和渔业发展，增加农民收入，扩大农村就业门路，发展农村经济，改变农村面貌。

2. 水窖

水窖是雨水集蓄利用的主要形式之一，又称为旱井。按水窖用途的不同，可分为人畜饮水水窖和灌溉水窖。修建水窖的主要目的是解决人畜饮用水困难、发展农业灌溉等。

二、引水工程

引水工程是指从河道等地表水体自流引水的工程（不包括从蓄水、提水工程中引水的工程）。在我国，引水灌溉工程具有非常悠久的历史。公元前605年，孙叔敖主持兴建了我国最早的大型引水灌溉工程——期思雩娄灌区（安丰塘）。在史河东岸凿开石嘴头，引水向北，称为清河；又在史河下游东岸开渠，向东引水，称为堪河。利用这两条引水河渠，灌溉史河、泉河之间的土地。因清河长45km，堪河长20km，灌溉有保障，后世又称"百里不求天灌区"。经过后世不断续建、扩建，灌区内有渠有陂，引水入渠，由渠入陂，开陂灌田，形成了一个"长藤结瓜"式的灌溉体系。直到今日，江河引水灌溉仍然是非常重要的水利工程设施之一，在发展农业灌溉、抵御干旱灾害、促进农业生产等方面发挥了重要的作用。

根据河流水量、水位和灌区高程的不同，可分为无坝引水和有坝引水两类。当灌区附近河流水位、流量均能满足灌溉要求时，即可选择适宜的位置作为取水口修建进水间引水自流灌溉，形成无坝引水，主要用于防沙要求不高、水源水位能满足要求的情况。无坝引水枢组是充分利用河流水文、河道地形和区域自然地理条件，直接在河道上引水的水利工程形式，具有工程规模较小，就地取用建筑材料的特点，它使河流的环境功能、水运功能以及地下水与地表水的天然循环机制均得以完善和保持。几千年来，我国南北方各地兴修了许多无坝引水灌溉工程，如周代安徽的芍陂，春秋时期关中的郑国渠，战国时期海河流域的引漳十二渠，秦代四川的都江堰，黄河前套宁夏的秦渠、汉渠、唐徕渠，黄河后套内蒙古的众多引水渠等，其中都江堰水利工程堪称无坝引水工程的典范。

当河流水源虽较丰富，但水位较低时，可在河道上修建壅水建筑物（坝或闸）抬高水位，自流引水灌溉，形成有坝引水的方式。在灌区位置已定的情况下，与无坝引水相比较，有坝引水虽然增加了拦河坝（闸）工程，但引水口一般距灌区较近，可缩短干渠线路长度，减少工程量，且能有效抬高河道水位，增加灌溉面积，提高引水可靠性。在某些山区丘陵地区洪水季节虽然流量较大，水位也够，但洪、枯季节变化较大，为了便于枯水期引水也需修建临时性低坝。有坝引水枢纽由于坝高及上游库容较小，一般只能壅高水位，没有或仅在很小程度上起调节流量的作用，通常适用于河道流量能满足各时期用水要求，但水位低于正常引水位的情况。我国古代典型的有坝引水工程有战国时期修建的古智伯渠、东汉时期的高家堰（今洪泽湖大堤）、浙江丽水的通济堰等。目前，中国较大的有坝引水灌区有湖南省的韶山灌区，河南省的南湾灌区，陕西省的宝鸡峡引渭灌区、泾惠渠灌区、洛惠渠灌区等。

三、提水工程

提水工程指从河道、湖泊等地表水或从地下提水的工程（不包括从蓄水、引水工程中提水的工程）。提水灌溉是指利用人力、畜力、机电动力或水力、风力等拖动提水机具提水浇灌作物的灌溉方式，又称抽水灌溉、扬水灌溉。除需修建泵站外，一般不需修建大型挡水或引水建筑物。受水源、地形、地质等条件的影响较小，一次性投资少、工期短、受益快，并能因地制宜地及时满足灌溉的要求，但在运行期间需要消耗能量和经常性地进行维护、修理，其管理费用比自流灌溉高。

1. 泵站

泵站是指利用机电提水设备把水从低处提升到高处或输送到远处进行农田灌溉与排水的工程设施。1924年，在江苏武进县湖塘乡建成第一个电力排灌泵站——蒋湾桥泵站。至1949年，全国农田排灌动力只有7.1万kW，机电排灌面积405万亩，占当时全国灌溉面积的1.6%，主要分布在江苏、浙江、广东等地。中华人民共和国成立以来，全国兴建了一大批机电排灌泵站。在大江大河下游（如长江、珠江、海河、辽河等三角洲）以及大湖泊周边的河网圩区，地势平坦，低洼易涝，河网密布，主要发展了低扬程、大流量、以排涝为主、灌排结合的泵站工程；在以黄河流域为代表的多泥沙河流，主要发展了以灌溉供水为主的高扬程、多级接力提水泵站；在丘陵山区，蓄、引、提相结合，合理设置泵站，与水库、渠道贯通，以泵站提水解决了地形高低变化复杂、地块分布零散的问题。

2. 机电井

在我国，机电井的发展主要经历了20世纪50年代的初步开发阶段、70年代的大规模建设阶段和80—90年代的巩固发展阶段。机电井的作用主要有以下几个方面。

（1）发展农业灌溉，促进农业高产、稳产。

（2）改善和开辟了缺水草场，发展了牧区水利。

（3）解决了部分地区人畜饮水困难。

四、调水工程

调水即指将水资源从一个地方（多为水资源量较丰富的地区）向另一个地方（多为水资源量相对较少或水量紧缺的地区）调动，以满足区域或流域经济、社会、环境等的持续和发展对水资源量的基本需求，解决由于区域内水量分配不均或其他原因引起的非人力因素无法解决的区域局部缺水问题及由于缺水而引发的其他方面的问题。调水工程是指为了从某一个或若干个水源取水并沿着河槽、渠道、隧洞或管道等方式为用水户而兴建的工程。调水工程是一种工程技术手段，它可解决水资源与土地、劳动力等资源空间配置不匹配的问题，实现水与各种资源之间的最佳配置，从而有效促进各种资源的开发利用，支撑经济发展。

五、节水灌溉工程

节水灌溉是根据作物需水规律及当地供水条件，高效利用降水和灌溉水，用尽可能少的水量投入，取得尽可能多的农作物产出的一种灌溉模式，目的是提高水的利用率和水分生产率。节水灌溉不是简单地减少灌溉用水量或限制灌溉用水，而是更科学地用水，在时间和空间上合理分配和使用水资源。节水灌溉是相对的概念，不同的水源条件、自然条件和社会经济条件，对节水灌溉的要求也不同。

随着经济社会的发展，城乡争水、工农业争水矛盾日益突出，农业对干旱缺水的敏感程度增大，受旱面积增加，经济发达地区传统农业向现代农业转变的进程加快，对灌溉提出了新的、更高的要求，开始用灌溉经济学和系统工程学的原理评价灌溉行为，即不但要取得最优的灌溉效果，同时要具有更高的灌溉效率。以有限的费用，最大限度地获得单位水量的最佳灌溉效益为目标的灌溉方式，国外称其为"高效用水"，我国称之为"节水灌溉"。

1. 渠道防渗工程

所谓渠道防渗工程技术，即为了减少输水渠道渠床的透水性或建立不易透水的防护层而采取的各种技术措施，其主要作用如下。

（1）减少渠道渗漏损失，节省灌溉用水量，更有效地利用水资源。

（2）提高渠床的抗冲能力，防止渠坡坍塌，增加渠床的稳定性。

（3）减小渠床糙率系数，加大渠道流速，提高渠道输水能力。

（4）减少渠道渗漏对地下水的补给，有利于控制地下水位和防治土壤盐碱化。

（5）防止渠道长草，减少泥沙淤积，节省工程维修费用。

（6）降低灌溉成本，提高灌溉效益。

按照渠道防渗选用的材料，可将渠道防渗工程分为土料防渗渠道、水泥土防渗渠道、砌石防渗渠道、混凝土防渗渠道、沥青混凝土防渗渠道和膜料防渗渠道。

为了保证防渗渠道的稳定性，提高渠道过水能力，在选择渠道断面形式时，需要综合考虑以下几个因素：水力条件好，抗冻膨胀性能好，输沙能力强，投资小，施工方便。防渗渠道常用的断面形式有矩形、梯形、弧形底梯形、弧形坡脚梯形、U形和复合形。U形断面适宜于小型渠道，弧形底梯形适用于中型渠道，弧形坡脚梯形适用于地下水埋深较浅地区的大、中型渠道。

2. 低压管灌工程

低压管灌，即低压管输水灌溉，其管道系统的工作压力一般不超过 0.2MPa，是以低压管道代替明渠输水灌溉的一种工程形式。采用低压管道输水，可以大大减少输水过程中的渗漏和蒸发损失，使输水效率达 95% 以上，比土渠、砌石渠道、混凝土板衬砌渠道分别多节水约 30%、15% 和 7%。对于井灌区，由于减少了水的输送损失，使从井中抽取的水量大大减少，因而可减少能耗 25％以上。另外，以管代渠，可以减少输水渠道占地，使土地利用率提高 2％～3％，且具有管理方便、输水速度快、省工省时、便于机耕和养护等许多优点。因此，对于地下水资源严重超采的北方地区，井灌区应大力推行低压管道输水技术，特别是新建井灌区，要力争实现输水管道化；近几年南方有经济条件的渠灌区也在大力推广低压管灌。由于低压管道输水灌溉技术的一次性投资较低（与喷灌和微灌相比），要求设备简单、管理方便、农民易于掌握，特别适合我国农村当前的经济状况和土地经营管理模式。

低压管灌系统一般可分为固定式、半固定式和移动式 3 种。固定式低压管灌系统中，各级管道及分水设施均埋入地下，固定不动，给水栓或分水口直接分水进入田间沟、畦。具有运行管理方便、灌水均匀的优点，但由于其投资较大而对其广泛应用有所限制。半固定式低压管灌系统中，地下输水管道和给水栓是固定的，而地面软管是可以移动的，灌水时，移动软管接在给水栓上，利用移动软管进行灌溉。移动式低压管灌系统中，机泵和地面管道都是可以移动的。输水软管是用每节 15～30m 的塑料软管套接而成，拆装方便。灌溉面积较大时，可在塑料软管上分接 2～4 个移动胶管进行灌溉。移动式低压管灌系统具有一次性投资较低、适应性强、使用方便的优点，可一户和多户联合投资使用，尤其适用于农村现在的生产经营水平和分散的经营管理体制。

3. 喷灌工程

喷灌是利用水泵加压或自然落差将水通过压力管道输送到田间，再经喷头喷射到空中后形成细小的水滴（近似于天然降水洒落在农田），从而灌溉农田的一种先进的灌水方法。

与传统的地面灌水方法相比，喷灌具有以下明显的优点。

（1）灌水均匀，用水量省。喷灌通常采用管道输、配水，输水损失很小。由于喷灌利用喷头直接将水比较均匀地喷洒到作业面上，田面各处的受水时间相同，只要设计正确和管理科学，不会产生明显的深层渗漏和地面径流，其灌水均匀度可达 80％～90％，水的利用率可达 60％～85％，与地面灌溉相比，一般可以省水 20％～40％。

（2）作物产量高。由于喷灌能适时、适量灌溉，可有效地调节土壤水分，使土壤中水、热、气、营养状况良好，并能调节田间小气候，有利于作物的生长，一般可增产 10％～20％。

（3）适应性强。喷灌对土地的平整性要求不高，可适应地形复杂的岗地、缓坡地，也可适应透水性较强的土壤（如砂土），多数情况下无须为灌溉而平整土地和控制地面坡度。

（4）可用于防止或减小灾害性天气对作物的影响，如可以用喷灌防止霜冻、提高空气湿度、降低局部气温等。

（5）省地省工。喷灌可节省田间渠系占地，一般可提高土地利用率 7％～10％。喷灌的机械化程度高，适应性强，可大大减轻灌水的劳动强度，避免平整土地、修筑田埂和田间沟渠等重复劳动，从而提高作业效率。

但喷灌也存在一些缺点，如受风的影响大、设备投资高、耗能大等。

喷灌系统的形式很多，种类各异。按系统获得压力的方式可分为机压式喷灌系统和自压式喷灌系统；按系统设备组成可分为管道式喷灌系统和机组式喷灌系统；按系统中主要组成部分是否移动和移动的程度可分为固定式、移动式和半固定式；按喷洒特征可分为定喷式喷灌系统和行喷式喷灌系统。

4. 微灌工程

微灌是指按照作物生长所需的水分和养分，利用专门设备或自然水头加压，再通过系统末级毛管上的孔口或灌水器，将有压水流变成细小的水流或水滴，直接送到作物根区附近，均匀、适量地施于作物根层所在部分土壤的灌水方法。因其只湿润主根层所在的耕层土壤，所以微灌又称为"局部灌水方法"。微灌技术是当前诸多节水灌溉技术中省水率最高的一种先进技术。微灌不仅具有以补充降雨不足为目的的灌水功能，同时还特别适合为作物输送液态化肥、除草剂等化学药剂，且便于实现自动控制。但是微灌系统的运行管理、规划设计和安装调试以及对水质的要求都较高。

与传统地面灌水方法（沟、畦灌等）和喷灌相比，微灌的最大特点是局部湿润土壤、灌水量小、灌水质量较高等，具有省水、节能、灌水均匀、适应性强、节省劳动力和耕地等优点。当然，也存在一些缺点，如易于堵塞、可能引起盐分积累、可能限制根系的发展、造价一般较高等。

微灌的分类方法主要有以下两种。

（1）按配水管道在灌水季节中是否移动，微灌可分为固定式、半固定式和移动式等。固定式微灌系统的各个组成部分在整个灌水季节都是固定不动的，干管、支管一般埋在地下，毛管有的埋在地下，有的放在地表或悬挂在离地面几十厘米高的支架上，常用于灌溉经济价值较高的作物。半固定式微灌系统的首部枢纽及干管、支管是固定的，毛管和其上的灌水器是可以移动的。移动式微灌系统各组成部分都可移动，在灌溉周期内按计划移动安装在灌区内不同的位置进行灌溉。半固定式和移动式微灌系统提高了微灌设备的利用率，降低了单位面积的投资，常用于大田作物，但操作管理比较麻烦，适合在干旱缺水、经济条件较差的地区使用。

（2）按灌水器种类的不同，微灌可分为滴灌、微喷灌、渗灌、涌灌和雾灌等。滴灌即滴水灌溉，是利用塑料管道和孔口非常小的滴水器（滴头或滴灌带等），降低水的动能，使水一滴滴缓慢而均匀地滴在作物根区土壤中进行局部灌溉的灌水形式。微喷灌又称微型喷洒灌溉，是利用塑料管道输水，通过很小的喷头（微喷头）将水喷洒在土壤或作物表面进行局部灌溉的一种灌溉方式，主要用于果树、经济作物、花卉、草坪和温室大棚等的灌溉。渗灌又称地表下灌溉或地表下滴灌，是通过埋在地下作物根系活动层（为 $20\sim50\text{cm}$）的滴灌带上的滴头或渗头将水灌入土中的灌水方式。涌灌又称为涌泉灌溉、小管灌溉，是通过从开口小管涌出的小水流将水灌入土壤的灌水方式。雾灌又称弥雾灌溉，与微喷相似，只是工作压力较高（可达 $200\sim400\text{kPa}$），喷出的水滴极细（直径为 $0.1\sim0.5\text{mm}$），灌水时形成水雾以调节田间空气湿度。

六、抗旱应急水源工程

1. 抗旱应急水源工程作用及分类

解决群众因旱饮水困难是我国全面建设小康社会的一个重大问题，历来受到党中央、国务院的高度重视和社会各界的广泛关注。因此，抗旱应急备用水源建设是今后一个时期抗旱工作的首要任务。

抗旱应急水源工程是抗旱减灾的基础，包括城镇抗旱应急水源工程、农村抗旱应急水源工程（包括农村饮用水应急水源工程、农业抗旱应急水源工程）、生态抗旱应急补水工程等。

2. 抗旱应急水源工程规划布局原则

在进行抗旱应急水源工程总体规划布局时，应遵循以下原则。

（1）在流域和区域水资源配置总体格局和供水水源总体布局的前提下，根据区域自然地理特点、经济社会发展要求充分考虑现有工程设施条件，结合水资源条件及承载能力提出新建抗旱应急水源工程总体布局方案。

（2）抗旱应急水源工程规划要根据不同典型干旱年水资源供需分析结果，综合考虑规划具体目标，明确规划工程所要解决的缺水范围和程度，确定工程建设规模，从规划工程建设条件（如水资源状况、水源条件、地形、地质等）、规划工程建设标准（水量、水质和水源保证率）等方面论证工程建设的可能性，因地制宜地选择工程类型。

（3）在抗旱应急水源工程布局时，应优先考虑城乡居民生活用水，兼顾重点工业、农业和生态区基本用水。

（4）根据我国不同区域的特点进行抗旱应急水源工程规划布局。长江中下游地区水资源较为丰富，要在加强水资源配置和保护的前提下，合理规划抗旱应急水源工程建设，重点是强化河流、湖泊、水库的联合调度，提高引提水能力，合理布置抗旱应急地下水机动井，并配置必要的机动抗旱设备。

七、水土保持工程

水土保持就是为了防治水土流失，保护、改良与合理利用山丘区、丘陵区和风沙区水土资源，维护和提高土地生产力以利于充分发挥水土资源的经济与社会效益，建立良好的生态环境的综合性科学技术，对发展山区、丘陵区、风沙区的生产和建设，减轻洪水、干旱、风沙灾害具有重要意义。

根据兴修目的及其应用条件，水土保持工程可以分为山坡防护工程、山沟治理工程、山洪排导工程和小型蓄水用水工程。在规划布设小流域综合治理措施时，不仅应当考虑水土保持工程措施与生物措施、农业耕作措施之间的合理配置，而且要求全面分析坡面工程、沟道工程、山洪排导工程及小型蓄水用水工程之间的相互联系，工程与生物相结合，实行坡沟兼治、上下游治理相配合的原则。

为了有效地防治山丘区及风沙区的水土流失，保护、改良与合理利用水土资源，在确定水土保持综合治理措施时，要求遵循以下的原则。

（1）把防止与调节地表径流放在首位，为此应设法提高土壤透水性以及持水的能力，在斜坡上建造拦蓄径流或安全排导的小地形利用植被调节，吸收或分散径流，减少径流的侵蚀能力。

（2）提高土壤的抗蚀能力，应当采用整地增施有机肥、种植根系固土作用强的植物，施用土壤聚合物。

（3）提高植被的防护作用，营造水土保持林，调节径流、防止侵蚀作用。

（4）在已遭受侵蚀的土地上防止水土流失，必须注意辅以改良土壤特性、提高土壤肥力的措施，把保持土地与改良土壤结合起来。

（5）采用综合治理措施防治水土流失，综合治理措施包括水土保持农业措施、水土保持林草措施和水土保持工程措施。

（6）因地制宜。针对不同的水土流失类型区的自然条件制定不同的综合治理措施体系。因地制宜是水土保持措施设计的科学基础。

（7）生态经济效益最优的原则。在设计水土保持综合治理措施体系过程中，应当提出多种方案，选用生态经济效益最优的方案。在确定水土保持综合治理方案中，全面估计方案实施后的生态效果，预测水土保持措施对成土作用以及自然环境因素的影响。

八、人工增雨

随着科技进步与发展，我国在寻求节水、合理利用水资源的同时，开始着眼于空中云水资源的开发和利用，科学的规模化人工增雨技术将成为重要的开源措施。人工增雨是指在适当的云雨条件下，针对不同的云，采用相应的人工催化技术方法，改变云降水物理过程，以达到增加局地降雨的一项科学技术。人工增雨有两个目标：一是从不能降雨的云中得到部分雨水；二是从已能降雨的云中得到更多的雨水。实践证明，通过人工增雨将云水资源转化为可供利用的水资源，不仅可养墒保墒，增加蓄水，还可补充地下水，实现主动抗旱，是缓解水资源供需紧张矛盾的具有长远和实际意义的一种有效途径。

人工增雨是在了解云和自然降水形成的物理过程及其发生、发展规律的基础上，进行人工增雨催化作业，主要有冷云催化、暖云催化和积云动力催化 3 种。冷云催化原理是，有的冷云（云顶温度高于 $0℃$ 的云）之所以产生不了降水或者即使有降水雨量也很小，是因为冷云中缺少足够数量的冰晶，当把人工冰晶引进冷云中后，能加速冷云降水过程的形成，达到增加降水的目的。暖云催化原理是，暖云（云顶温度高于 $0℃$ 的云）雨滴胚胎数量不足时，自然降水效率降低，如能在暖云中补充一定数量半径为 $40\mu m$ 以上的大水滴，就能使暖云碰并过程提前加强和使更多的云滴转化为雨滴，实现增加降水的效果。积云动力催化主要是针对积云影响云的动力过程，使云体迅速增长，旺盛发展，延长生命期，产生更多降水。人工增雨催化剂通常分为 3 类：第一类是可以大量产生凝结核或凝华核的碘化银等成核剂；第二类是可以使云中的水分形成大量冰晶的干冰等制冷剂；第三类是可以吸附云中水分变成较大水滴的盐粒等吸湿剂。碘化银、干冰等是适用于温度低于 $0℃$ 冷云的催化剂；而盐粒等是只适用于温度高于 $0℃$ 暖云的催化剂。后者属于碱性物质，对增雨设备、农作物都有一定的腐蚀作用，所以，目前我国主要是对冷云实施人工增雨。

为了获得较好的人工增雨效果，在实施人工增雨之前，需要提前对增雨作业区域和时段、催化手段和方式以及云的厚度、云顶和云底高度、云的温度、云中过冷水含量和冰晶浓度等作业判据等进行研究确定。

九、再生水利用工程

再生水利用是指将废水或污水经二级处理和深度处理后回用于生产系统或生活杂用的过程。污水回用作为第二水源，可减轻江河、湖泊污染，保护水资源不受破坏，减少用水费及污水净化费用，在旱情紧急时可作为应急水源加以利用，促进经济和环境尽可能地协调发展，对解决水污染和水资源短缺都具有非常重大的意义。目前我国污水回用主要有下述几个途径。

（1）农业用水。农业是城市污水回用的一个大用户，主要包括农田灌溉、造林育苗、农牧场和水产养殖等方面。污水回用于农田灌溉时，不仅能给农业生产提供稳定的水源，而且污水中的氮、磷、钾等成分也为土壤提供了肥力，既增加了农作物产量，又减少了化肥用量，而且通过土壤的自净能力可使污水得到进一步净化。

（2）工业用水。在我国城市水资源总消耗中，工业用水占到 50%～80%。面对清水日缺、水价上涨的严峻现实，工业企业除了尽力将本厂废水循环利用、循序再用以提高水的重复利用率外，对城市污水回用于工业也日渐重视。

（3）城市杂用水。虽然世界上有将城市污水经深度处理后直接用作生活饮用水源的先例，但由于生活用水水质要求很高，大多数地区对此仍持保守态度，严格控制生活饮用水源。目前再生水在城市生活中主要应用于以下两个方面：市政用水，即浇洒、绿化、景观、消防、补充河湖等用水；杂用水，即冲洗汽车、建筑施工以及公共建筑和居民住宅的厕所冲洗等用水。

（4）地下水回灌。在许多水资源匮乏的城市，由于过度开采地下水，地下水位大幅下降，形成大面积漏斗区，严重破坏了地面生态系统和地下饮用水层。将城市污水二级处理再经深度处理，达到一定水质标准后回灌于地下，水在流经一定距离后同原水源一起作为新的水源开发。既可以阻止因过量开采地下水而造成的地面沉降；又可保护沿海含水层中的淡水，防止海水入侵；还能利用土壤自净作用和水体的运移提高回水水质，直接向工业和生活杂用水厂广泛供水。

目前，常用的污水回用技术包括传统处理（混凝—沉淀—常规过滤）生物过滤、活性炭吸附、消毒、生物脱氮除菌、膜分离等，可选用一种或几种组合。

第二节　非工程措施

抗旱非工程措施是指运用经济、法律、行政手段，或直接运用抗旱工程以外的其他手段来减少洪涝干旱等自然灾害损失的措施。非工程措施具有投资少、见效快、可为防汛抗旱工程充分发挥效益提供保证等特点，因而在防汛抗旱工作中应用广泛，包括抗旱组织机构及抗旱责任制、抗旱法规和制度、抗旱规划、抗旱预案、抗旱信息管理、抗旱经费及物资管理、抗旱服务组织等，本节简要介绍抗旱法规和制度、抗旱规划、抗旱信息管理、抗旱经费及物资管理、抗旱服务组织等方面。

一、抗旱法规和制度

1. 国家有关法规制度

从 20 世纪 90 年代开始，国家防汛抗旱总指挥部办公室（简称为国家防办）先后制定了一系列与抗旱相关的制度和办法，主要包括：旱情统计和报告制度；旱情会商制度，各级抗旱部门会同水文、气象、农业等部门定期分析旱情发展趋势和研究抗旱对策，为领导决策和指导工作提供依据；旱情发布制度，抗旱部门按照规定发布旱情、灾情信息；抗旱经费和抗旱物资使用管理制度；抗旱总结制度，各省（自治区、直辖市）年终都要认真核实灾情，进行全面总结；灾情核对制度，每年年底，由民政部牵头，组织国家防办、农业部以及其他有关单位共同核定当年旱灾损失情况。

国务院、国家防汛抗旱总指挥部、水利部、财政部、气象局等部门还陆续出台了《特大防汛抗旱补助费使用管理暂行办法》《抗旱服务组织建设管理暂行办法》《水旱灾害统计报表制度》《国家防汛抗旱应急预案》《抗旱预案编制大纲》《旱情等级标准》《气象干旱等级》《土壤墒情监测规范》等一批法律、规章、制度，国务院还于2009年2月26日正式颁布实施《中华人民共和国抗旱条例》，详见表9-1。

表9-1　　　　　　　　　　　有关抗旱法律、规章、制度

名　称	发布时间及部门	主　要　内　容
《特大防汛抗旱补助费使用管理暂行办法》	1994年12月 财政部、水利部	规定了特大抗旱补助费使用范围、审批申报程序、监督管理办法等。特大抗旱补助费主要用于对遭受特大干旱灾害的乡村为兴建简易抗旱设施需用材料和添置提运水工具的补助
《抗旱服务组织建设管理暂行办法》	1996年5月 财政部、水利部	明确了抗旱服务组织的性质、作用、发展方向、服务方式、自身建设等诸多问题，使抗旱服务组织建设朝着正规化、规范化的方向发展
《旱灾损失与抗旱效益计算办法（试行）》	1997年 国家防办	为了尽可能科学、合理计算旱灾损失与抗旱效益，提出以下简单、易行计算方法：（1）旱灾损失＝前三年平均亩产量×［（受灾面积×0.1）＋（成灾面积×0.4）＋（绝收面积×0.8）］；（2）抗旱效益＝（同等条件下采取了抗旱措施的亩产量－未采取抗旱措施的亩产量）×采取抗旱措施的面积
《特大防汛抗旱补助费使用管理办法（修订）》	1999年1月 财政部、水利部 2011年9月 财政部、水利部	对1996年的《特大防汛抗旱补助费使用管理暂行办法》进了修改，扩大了特大抗旱补助费的使用范围。特大抗旱补助费主要用于对遭受特大干旱灾害的地区为兴建应急抗旱设施、添置提运水设备及运行费用补助。 为了加强特大防汛抗旱补助费管理，提高资金使用效益，依据《中华人民共和国预算法》《中华人民共和国防洪法》《中华人民共和国防汛条例》《中华人民共和国抗旱条例》等有关法律法规，财政部、水利部对1999年制定的《特大防汛抗旱补助费使用管理办法》（财农字〔1999〕238号）和2001年制定的《特大防汛抗旱补助费分配暂行规定》（财农〔2001〕30号）进行了合并修改
《水旱灾害统计报表制度》	1999年 国防汛抗旱总指挥部、国家统计局 2004年 国家防汛抗旱总指挥部、国家统计局 2009年3月 国家防汛抗旱总指挥部、国家统计局 2011年6月 国家防汛抗旱总指挥部、国家统计局	明确了统计报表的目的与任务、统计范围、统计内容、上报期别与时间、组织方式、报表内容等。统计报表包括：农业旱情动态统计表、农业抗旱情况统计表、农业旱灾及抗旱效益统计表。 对1999年的《水旱灾害统计报表制度》进行了修改，增添了城市旱灾统计的内容。 国家防办对2004年印发的《水旱灾害统计报表制度》中洪涝灾情统计部分进行了修改，并经国家统计局同意，予以印发执行。 2010年国家防办组织对《水旱灾害统计报表制度》（办减〔2009〕9号）中有关抗旱内容进行了修改，并下发了《关于印发〈抗旱统计制度（试行）〉的通知》（办旱一〔2010〕18号）

续表

名　称	发布时间及部门	主　要　内　容
《抗旱预案编制导则》	2003年 国家防办 2013年1月 国家防办 水利部	对抗旱预案编制原则、基础工作、干旱等级划分、区域抗旱水源调配原则、干旱风险图制作、应急响应机制及抗旱措施、预案管理等方面提出了指导意见。 2013年，水利部正式颁布实施了《抗旱预案编制导则》（SL 590—2013）（以下简称《导则》）。这是我国第一部规范和指导抗旱预案编制工作的技术标准，对于规范抗旱预案编制，提高抗旱预案的科学性和可操作性具有重要指导作用，可为各级抗旱预案编制技术人员提供重要的技术参考和支撑
《国家防汛抗旱应急预案》	2006年1月1日 国务院	明确了防汛抗旱组织体系及职责、预防和预警机制（预防预警信息、预防预警行动、预警支持系统）、应急响应（四级应急响应启动、行动及结束、信息发布等）、应急保障（通信与信息保障、应急支援与装备保障、技术保障等）以及善后工作等
《抗旱预案编制大纲》	2006年2月27日 国家防办	对抗旱预案编制原则、适用范围、预案组织体系、预防预警、应急响应、保障措施、预案的审批修订等方面提出了指导意见
《气象干旱等级》	2006年11月 中国气象局	提出了降水量距平百分率、相对湿润指数等气象干旱指数的计算方法及等级划分标准，以及干旱过程的确定和评价方法
《土壤墒情监测规范》	2007年6月 水利部 2015年11月 水利部	提出了土壤墒情监测要素、墒情监测站网的规划及布设方法、墒情监测站的查勘及建设、土壤含水量监测方法、墒情测报制度及报送方法，以期规范土壤墒情的测报方法
《旱情等级标准》	2008年12月 水利部	制定了农业旱情、牧业旱情、城市旱情的评估指标及等级划分标准；区域农业旱情、区域牧业旱情、区域因旱饮水困难、农牧业综合旱情、区域综合旱情的评估指标及等级划分标准；干旱过程及旱情频率的确定
《中华人民共和国抗旱条例》	2009年2月 国务院	《条例》分为总则、旱灾预防、抗旱减灾、灾后恢复、法律责任和附则，明确了各级人民政府、有关部门和单位的抗旱职责，建立了抗旱规划、抗旱预案、水量调度、物资征用、信息报送以及信息发布等一系列抗旱工作制度，完善了抗旱资金投入机制、物资储备和管理、基础设施建设与管理、信息系统建设以及服务组织建设与管理等抗旱保障机制

2. 《中华人民共和国抗旱条例》要点

2009年2月26日，国务院正式颁布实施《中华人民共和国抗旱条例》（以下简称《条例》）。这是我国第一部规范抗旱工作的法规，填补了我国抗旱立法的空白，标志着我国抗旱工作进入有法可依的新阶段。

《条例》内容涵盖了从旱灾预防、抗旱减灾到灾后恢复的全过程，为解决当前抗旱工作中存在的矛盾和问题提供了法律依据，其关键点包括以下几个方面。

（1）明确了各级人民政府、有关部门和单位在抗旱工作中的职责。长期以来，我国抗旱工作在法律层面上对各级政府和有关部门的工作职责没有明确、具体的界定，导致抗旱工作的组织开展主要依靠行政手段，没有建立长效机制，短期行为突出，抗旱工作的监督检查等问责制度也很难落到实处。为此，《条例》第五条规定，"抗旱工作实行各级人民政府行政首长负责制，统一指挥、部门协作、分级负责。"同时还在相关条款中对各级人民政府、各级防汛抗旱指挥机构及主要成员单位、防汛抗旱指挥机构的办事机构职责进行了具体规定。抗旱工作责任制的明确和落实，对理顺我国抗旱管理体制将起到积极的推动作用，是抗旱工作高效有序运行的重要保障。

（2）建立了一系列重要的抗旱工作制度，涵盖抗旱规划、抗旱预案、水量调度、物资征用、信息报送及信息发布等 6 个方面。

1）抗旱规划制度。多年来我国很多地区抗旱工作基本处于临时应急状态，缺乏系统性、全局性和长效机制，造成很多工作重复低效和资源浪费，严重影响抗旱减灾事业的可持续发展。为扭转我国目前抗旱工作的被动应急局面，实现抗旱工作由被动向主动、由单一向全面的转变，《条例》第十三～十五条规定了抗旱规划的编制和审批程序及抗旱规划的基本要求和主要内容，从法律层面上确保抗旱规划编制工作有序开展。

2）抗旱预案制度。抗旱预案是在总结本地区干旱灾害发生、发展规律的基础上，按照抗旱减灾目标和原则，分析现有水源和工程设施状况，制定不同干旱等级条件下的抗旱对策和措施。制定并推行抗旱预案制度是变被动抗旱为主动抗旱的有效措施，是推动抗旱工作实现正规化、规范化、制度化的一项重要内容。《条例》第二十七、二十八、三十三、三十五条对抗旱预案编制和审批程序、主要内容、干旱灾害等级划分以及应急抗旱措施进行了规定。

3）抗旱水量统一管理调度制度。对干旱期间的用水管理，《条例》第三十六条规定："县级以上地方人民政府按照统一调度、保证重点、兼顾一般的原则对水源进行调配，优先保障城乡居民生活用水，合理安排生产和生态用水"；第三十七条规定："发生干旱灾害，县级以上人民政府防汛抗旱指挥机构或者流域防汛抗旱指挥机构可以按照批准的抗旱预案，制订应急水量调度实施方案，统一调度辖区内的水库、水电站、闸坝湖泊等所蓄的水量。有关地方人民政府、单位和个人必须服从统一调度和指挥，严格执行调度指令。"抗旱水量统一管理调度制度的确立，填补了非汛期江河湖泊和水利水电工程枢纽水量调度方面的法律空白，确立了抗旱水量调度的合法性和权威性，将有效减少或避免干旱期间实施水量调度可能引发的利益矛盾和水事纠纷等问题。

4）紧急抗旱期抗旱物资设备征用制度。《条例》第四十五～四十七条对紧急抗旱期和紧急抗旱措施进行了规定。发生特大干旱，严重危及城乡居民生活、生产用水安全，可能影响社会稳定的，经本级人民政府批准，省级人民政府防汛抗旱指挥机构可以宣布本辖区内的相关行政区域进入紧急抗旱期。在紧急抗旱期，有关地方人民政府防汛抗旱指挥机构应当组织动员本行政区域内各有关单位和个人投入抗旱工作。所有单位和个人必须服从指挥，承担人民政府防汛抗旱指挥机构分配的抗旱工作任务。在紧急抗旱期，有关地方人民政府防汛抗旱指挥机构根据抗旱工作的需要，有权在其管辖范围内征用物资、设备及交通运输工具。同时《条例》第五十四条还规定，旱情缓解后，应当及时归还紧急抗旱期征用的物资、设备、交通运输工具等，并按照有关法律规定给予补偿。

5）抗旱信息报送制度。《条例》第四十八条规定："县级以上地方人民政府防汛抗旱指挥机构应当组织有关部门，按照干旱灾害统计报表的要求，及时核实和统计所管辖范围内的旱情、干旱灾害和抗旱情况等信息，报上一级人民政府防汛抗旱指挥机构和本级人民政府。"《条例》第二十二～二十五条规定：水利、气象、农业及供水管理等部门应当及时向本级人民政府防汛抗旱指挥机构提供水情、墒情信息，气象干旱信息，农业旱情信息以及供水、用水信息等。抗旱信息报送制度的确立，可以充分发挥各级防汛抗旱指挥机构的组织协调作用和成员单位的职能，充分利用现有资源，避免重复建设和资源浪费，实现信息共享。

6）抗旱信息统一发布制度。《条例》第四十九条规定："国家建立抗旱信息统一发布制度。旱情由县级以上人民政府防汛抗旱指挥机构统一审核、发布；旱灾由县级以上人民政府水行政主管部门会同同级民政部门审核、发布；农业灾情由县级以上人民政府农业主管部门发布；与抗旱有关的气象信息由气象主管机构发布。"该条款明确了防汛抗旱指挥机构、水行政主管部门以及民政、农业、气象等部门在旱情、旱灾、农业灾情以及气象干旱等方面信息发布的分工与合作，避免抗旱信息的多头发布，保障抗旱信息发布的准确性和权威性。

（3）完善了抗旱保障机制，包括抗旱资金投入机制、抗旱物资储备和管理、抗旱基础设施建设与管理、抗旱信息系统建设、抗旱服务组织建设与管理以及抗旱宣传和科学研究等6个方面。

1）抗旱资金投入机制。目前全国大部分地区缺乏稳定的抗旱专项资金渠道，抗旱投入严重不足。《条例》第四条规定："县级以上人民政府应当将抗旱工作纳入本级国民经济和社会发展规划，所需经费纳入本级财政预算"；第五十条规定："各级人民政府应当建立和完善与经济社会发展水平以及抗旱减灾要求相适应的资金投入机制，在本级财政预算中安排必要的资金，保障抗旱减灾投入。"

2）抗旱物资储备和管理。目前，我国尚未建立抗旱物资储备制度，不能满足抗旱应急需要。《条例》第十九条规定："干旱灾害频繁发生地区的县级以上地方人民政府应当根据抗旱工作需要储备必要的抗旱物资，并加强日常管理。"各省（自治区、直辖市）防汛抗旱部门可根据实际需要确定抗旱物资储备库的规模和物资的种类、数量，并制定抗旱物资储备使用和调拨相关管理办法，加强使用情况的监督检查。

3）抗旱基础设施建设与管理。我国抗旱基础设施建设仍然相对滞后。《条例》第十六条规定："县级以上人民政府应当加强农田水利基础设施建设和农村饮水工程建设，组织做好抗旱应急工程及其配套设施建设和节水改造，提高抗旱供水能力和水资源利用效率。县级以上人民政府水行政主管部门应当组织做好农田水利基础设施和农村饮水工程的管理和维护，确保其正常运行。干旱缺水地区的地方人民政府及有关集体经济组织应当因地制宜修建中小微型蓄水、引水、提水工程和雨水集蓄利用工程。"

4）抗旱信息系统建设。目前，旱情监测站网布设不足，监测信息不够全面，信息采集、传递、分析等手段相对落后，自动化程度较低，难以满足及时、全面、有效地指导和部署抗旱工作的需要。《条例》第二十六条规定："县级以上人民政府应当组织有关部门，充分利用现有资源，建设完善旱情监测网络，加强对干旱灾害的监测。县级以上人民政府防汛抗旱指挥机构应当组织完善抗旱信息系统，实现成员单位之间的信息共享，为抗旱指挥决策提供依据。"抗旱信息系统建设应尽可能整合气象、水情、墒情、工情、农情等各类信息，建立完善集旱情监测、预警、分析、评估等功能于一体的抗旱指挥决策支持系统。

5）抗旱服务组织建设与管理。抗旱服务组织具有机动灵活、快速反应的特点，在发生大旱时，能够承担急、难、险、重的任务，是抗旱减灾的有生力量。近年来，由于政策扶持不够、投入减少等原因，抗旱服务组织发展缓慢，应急抗旱服务能力严重下滑。《条例》第二十九条规定："县级人民政府和乡镇人民政府根据抗旱工作的需要，加强抗旱服务组织的建设。县级以上地方各级人民政府应当加强对抗旱服务组织的扶持。国家鼓励社会组织和个人兴办抗旱服务组织。"

6）抗旱宣传及科学研究。抗旱减灾需要全社会的共同关注和参与，需要先进的科学技术作为支撑。《条例》第十条规定："各级人民政府、有关部门应当开展抗旱宣传教育活动，增强全社会抗旱减灾意识，鼓励和支持各种抗旱科学技术研究及其成果的推广应用。"

（4）提及了干旱灾害评估。多年来，由于缺少科学的评估方法，对干旱灾害的影响和损失评价定性的结论多，定量的结果少，难以为各级人民政府和防汛抗旱指挥机构决策部署提供科学、准确的技术支撑。《条例》第五十五条规定，县级以上人民政府防汛抗旱指挥机构应当及时组织有关部门对干旱灾害影响、损失情况以及抗旱工作效果进行分析和评估。由于这项工作专业性较强，《条例》第五十五条还规定，县级以上人民政府防汛抗旱指挥机构也可以委托具有灾害评估专业资质的单位进行分析和评估，为今后各地大力推进这项工作奠定了法制基础。

（5）明确了抗旱法律责任。为了确保抗旱工作的有序开展和法规的严肃性，《条例》第五十八～六十三条对抗旱工作中的法律责任作出了具体规定。违反《条例》的行为包括：拒不承担抗旱救灾任务的，擅自向社会发布抗旱信息的；虚报、瞒报旱情、灾情的；拒不执行抗旱预案或者旱情紧急情况下的水量调度预案以及应急水量调度实施方案的；旱情解除后，拒不拆除临时取水和截水设施的；滥用职权、徇私舞弊、玩忽职守的；截留、挤占、私分、挪用抗旱经费的；水库、水电站、拦河闸坝等工程的管理单位以及其他经营工程设施的经营者拒不服从统一调度和指挥的；侵占、破坏水源和抗旱设施的；抢水、非法引水、截水或者哄抢抗旱物资的；阻碍、威胁防汛抗旱指挥机构、水行政主管部门或者流域管理机构的工作人员依法履行职务等。对上述行为，《条例》根据不同情况分别做了规定，主要包括3个层次：一是由有关部门责令改正，予以警告；二是构成违反治安管理行为的，依照《中华人民共和国治安管理处罚法》的规定处罚；三是构成犯罪的，依法追究刑事责任。

二、抗旱规划

党中央、国务院始终高度重视抗旱工作，国务院办公厅于 2007 年印发了《关于加强抗旱工作的通知》（国办发〔2007〕68 号），明确要求："各地区应结合经济发展和抗旱减灾工作实际，组织编制抗旱规划，并与其他相关规划做好衔接，以优化、整合各类抗旱资源，提升综合抗旱能力，避免重复建设。有关部门要加强对地方抗旱规划编制工作的组织指导"。编制抗旱规划，既是贯彻落实国务院办公厅的通知精神，也是保障城乡供水安全、粮食安全，保护生态与环境，保证经济社会可持续发展的一项重要任务。通过编制和实施抗旱规划，逐步提高我国抗旱减灾能力和管理水平，主动应对日益严重的干旱灾害，最大可能地减轻旱灾损失，为经济社会又好又快发展提供有力支撑。

1．规划编制基本原则

在编制抗旱规划的过程中，应遵循以下基本原则。

（1）以人为本、合理规划。把保障居民生活用水安全放在首位，统筹协调工业、农业及生态用水。

（2）以防为主，防抗结合。建立和完善防抗结合的抗旱减灾体系，提升抗旱减灾能力，增强抗旱工作的主动性。

（3）因地制宜、突出重点。结合本地区水资源条件、干旱特点和抗旱能力现状，工程措施和非工程措施相结合，合理确定抗旱规划的近远期目标、任务和重点。

2．规划编制依据

（1）《中华人民共和国水法》《中华人民共和国水土保持法》《中华人民共和国环境影响评价法》《中华人民共和国水污染防治法》及《国家防汛抗旱应急预案》等国家和行业有关法律、法规。

（2）国务院办公厅《关于加强抗旱工作的通知》（国办发〔2007〕68号）。

（3）《水利建设项目经济评价规范》等有关规程规范和技术标准。

（4）《国民经济和社会发展第十一个五年规划纲要》，水利发展"十一五"规划，各省（自治区、直辖市）国民经济发展"十一五"规划等。

3．规划目标和任务

规划是用来指导今后的抗旱减灾工作。通过规划的实施，使我国抗旱减灾能力得到显著提高，基本达到以下目标：发生特大干旱时，保障城乡居民生活饮用水安全，尽量保证重点部门、单位和企业用水。发生中度干旱时，城乡生活、工业生产用水有保障，农业生产和生态环境不遭受大的影响；发生严重干旱时，城乡生活用水有保障，工农业生产损失降到最低程度；发生特大干旱时，城乡居民生活饮用水有保障，尽量保证重点部门、单位和企业用水。

规划的重点地区是旱灾易发区和抗旱能力较弱的区域。规划的重点内容是旱情监测预警系统建设、抗旱应急水源工程建设、抗旱指挥调度系统和抗旱减灾保障体系建设。

规划任务包括系统调查旱灾历史资料、抗旱工程情况、抗旱减灾管理体系现状等，分析旱灾发生规律和发展趋势，综合评估现状抗旱能力存在的主要问题及面临的形势，在此基础上，提出到2020年和2025年不同阶段的抗旱工程建设任务和方案，主要包括已建抗旱水源工程配套设施挖潜、改造和新建抗旱应急水源工程等；抗旱非工程措施建设方案，包括政策法规组织机构、旱情监测预警、抗旱指挥调度、抗旱预案制度、抗旱投入机制、抗旱服务组织、抗旱物资储备、抗旱减灾基础研究和新技术应用、宣传培训等。规划应提出近期的工程和非工程建设具体实施意见，积极促进逐步形成和完善我国抗旱减灾工程与非工程体系的完善，提升我国抗旱能力和水平，为经济社会又好又快发展提供支撑。

4．规划编制总体要求

抗旱规划编制的总体要求如下。

（1）加强区域、部门之间的协调。发挥气象、农业、供水、水资源等部门的信息优势，做好抗旱信息共享，充分利用各部门现有资料，协调好与各部门之间的相互关系，突出重点，优化整合各类抗旱资源。

（2）做好基础资料调研和核查工作。对所采用的基础性数据要进行认真的复核和分析，保证基础资料的真实性与可靠性，确保抗旱规划编制质量。

（3）处理好与其他规划的关系。目前，我国制定了许多水利专业规划，如水资源综合规划、灌区节水改造规划、城市饮用水水源地安全保障规划和农村饮水安全工程规划等，这些规划的实施，对我国的抗旱减灾均起到了重要作用。

抗旱规划主要是针对当前抗旱工作的迫切需要，结合防汛抗旱指挥部门抗旱减灾职能，着重就旱情监测预警系统、抗旱应急水源工程、抗旱指挥调度系统、抗旱减灾保障体系等方面内容进行规划。做好与其他规划的衔接，避免重复规划。

三、抗旱信息管理

1. 抗旱信息分类

根据抗旱信息性质和信息来源情况，抗旱信息可以分为3类，即旱情监测信息、抗旱基础信息、抗旱统计信息。

（1）旱情监测信息。旱情监测信息是由气象、水文、墒情等监测站点定期监测的信息，包括气象信息、地表水和地下水监测信息、土壤墒情信息、水质信息、遥感信息和农情信息等，具体如下。

1）气象信息，包括降雨、蒸发、历史雨量和气温、气温特征数据及气象预报等数据。其中，气温、气温特征数据和气象预报数据由气象部门提供，降雨、蒸发、历史雨量等信息主要由水文部门提供，气象部门现有相关监测信息补充。

2）地表水和地下水监测信息（农业灌溉水源地、城市水源地、重点生态干旱脆弱区、抗旱水量调度），包括重要水库湖泊水源地水位、蓄水量、入库（湖）流量和下泄流量，重要河流取水口水位、流量，地下水位、可利用水量，重要水量调度控制性工程和控制断面实时流量数据。该监测信息主要由水文部门提供，其他部门补充。

3）土壤墒情信息，即农业区耕地不同深度的墒情数据及相关信息。该部分信息由水文部门提供，气象农业部门现有相关监测信息补充。

4）水质信息，主要包括江河、湖泊、水库、地下水、重要水量调度控制站相应水质信息。该部分信息由水文部门提供。

5）遥感信息，卫星遥感图像与地面监测站点结合，可提供大范围的土壤墒情、地表蒸散降雨量、地表温度、植被生长状况及水质等信息。该部分信息由水利部遥感中心提供。

6）农情信息，包括农作物生育状况、病虫害等信息。该部分信息主要由农业部门提供，其中与土壤墒情信息配套的实时农作物生育状况由水文部门补充。

（2）抗旱基础信息。抗旱基础信息包括与抗旱有关的基础地理信息、社会经济信息、农业基本信息、灌溉面积基本信息、农村人口和大牲畜基本信息、水利工程基本信息、抗旱服务组织基本信息、干旱缺水城市基本情况及供用水情况、重点生态干旱脆弱区基本信息、水量调度方案、抗旱组织机构信息、抗旱法规、抗旱预案、历史旱灾信息、历史遥感数据等。

（3）抗旱统计信息。抗旱统计信息是由抗旱工作人员层层统计汇总的信息，包括旱情动态统计信息、农业抗旱情况统计信息、旱灾及抗旱效益统计信息、其他行业因旱受灾情况信息、城市干旱缺水及水源情况统计信息、城市抗旱情况统计信息、生态抗旱统计信息、抗旱日常管理信息等。

2. 抗旱管理系统建设

抗旱管理系统是国家防汛抗旱指挥系统中的重要内容。抗旱管理系统主要由以下 3 个系统组成，即旱情数据库及旱情信息查询服务系统、旱情分析系统和分省旱情信息采集系统。其中，国家防总、省（直辖市）和地（市）三级抗旱管理部门的旱情数据库及旱情信息查询服务系统、中央节点的旱情分析系统组成抗旱管理应用系统，旱情信息采集（试点）系统中的旱情信息是抗旱管理应用系统的数据支撑。

抗旱管理应用系统作为国家防总、省（直辖市）和地（市）三级抗旱管理部门的业务应用系统，将规范旱情信息的收集、管理、分析和报送等工作程序，实现抗旱管理工作的现代化和信息化。

（1）建设目标。旱情数据库的建设目标是建立起国家防总、省（直辖市）和地（市）抗旱管理部门的三级旱情数据库系统，实现旱情数据的逐级上报功能，同时在已有旱情数据的基础上，实现旱情信息的查询分析功能。

中央节点旱情分析系统的建设目标是利用遥感、水文、气象农业等信息，采用多种方法，进行合理选择，通过综合判断，估算各类干旱指数及其综合指数，形成标准化的全国旱情监测预测业务流程，建成一个可监视全国的人机交互旱情实时监视预测业务系统，并实现常年连续运转，以图表和统计数据的形式按日、旬、月、季等不同时段输出全国旱情监测和分析产品，反映全国的旱情实况和未来短期旱情发展变化的信息，进行全国及地方的旱情监测预测，为指导抗旱、水利建设、水资源调配、农业生产等提供科学依据和决策支持。

旱情信息采集（试点）系统的建设目标是在各省建立从土壤墒情采集点—县（市）防办—地（市）防办（原旱情分中心）—省（市）防办—国家防办的旱情信息传输网络，由省级防办根据所接收的旱情信息进行汇总并确认后上传国家防办，并提供全面的信息查询服务。

（2）建设任务。

1）旱情数据库。旱情数据库的建设主要包括三部分内容：旱情数据库的结构设计和开发；旱情数据库管理上报软件设计和开发应用；旱情信息查询服务软件设计和开发应用。旱情数据库建设统一的数据库结构，分为国家防总、省（直辖市）和地（市）抗旱管理部门三级旱情数据库系统，以国家防总数据库为主。数据库数据一般不直接互相调用，下级数据库的实时旱情信息数据按照规约通过 NFCnet 计算机网络传送至上级数据库。

2）旱情分析系统。旱情分析系统的建设主要为三部分内容：旱情监测基本数据处理和专用数据库管理功能开发；气象、水文、农业干旱监测预测模型的建模与开发；业务系统集成平台开发建设，包括业务管理的各项功能、数据处理数据管理和维护体系集成、各干旱指数计算模型的集成和综合干旱指数的计算、旱情统计分析、灾情评估以及人机交互应用界面，实现信息流程的系统化，保证系统的安全、可靠运行和对外信息服务。

3）旱情信息采集系统。旱情信息采集（试点）建设的任务主要包括墒情信息采集点建设、旱情信息站建设、旱情试验站（分中心）建设等三大部分。具体内容如下：①墒情信息采集点建设主要包括采集点选址、墒情自动采集设备配置、通信设备配置等内容；②旱情信息站建设主要包括墒情接收设备配置、通信设备配置和其他旱情信息采集等内容；③旱情试验站（分中心）建设主要包括服务器、网络设备、微机等硬件配置，烘干法测量墒情设备配置和其他旱情信息采集等内容。

（3）建设范围。旱情数据库建设采用统一的数据库结构，分为国家防总、省（直辖市）和相应地（市）抗旱管理部门三级，以国家防总数据库为主。数据一般不直接互相调用，下级数据库的实时数据按照规约通过计算机网络传送至上级数据库。

在中央节点建设旱情分析系统，与旱情数据库和旱情信息查询服务系统组成抗旱管理应用系统。

（4）建设开发策略及应用布置。抗旱管理应用系统中的旱情数据库和旱情信息查询服务系统作为各级防汛抗旱管理部门的业务应用系统，有快速、方便的旱情信息查询，灵活、直观的用户应用界面，稳定、可靠的数据库、数据处理和旱情信息上报，规范的旱情信息管理统计功能。系统的建设要充分考虑现有防汛抗旱部门的抗旱应用系统和旱情信息数据，按国家防汛抗旱指挥系统一期工程建设的要求，增加统一旱情信息数据标准和数据上报时段，整合现有的资源，增强和完善旱情管理应用系统的功能。

旱情分析系统的开发以国家防办对全国大范围旱情监测预测和分析统计需求为目标，以省、地作为监测统计单元，以国家防汛抗旱指挥系统的旱情数据库、水雨情数据库、防洪数据库、气象产品应用系统等作为已存在的数据和环境支持。旱情分析系统中的各类干旱指标计算要求物理意义和指数含义明确，并经过国内外实际应用或检验。

抗旱管理应用系统中的旱情数据库和旱情信息查询服务系统采用中央统一开发，推广到省（直辖市）和地（市）抗旱管理部门应用的开发策略。中央应用系统在统一的软硬件应用平台上完成旱情管理应用系统的开发和业务运行。

旱情信息采集（试点）建设采用统一规划、统一标准、经济实用、先进可靠、投资保护和注重实施的建设原则。在建设中，根据实际需要可适当调整墒情采集点位置。

四、抗旱经费及物资管理

（一）抗旱经费管理

各省（含自治区、直辖市、计划单列市）、新疆生产建设兵团在遭受特大干旱灾害时，要实行多渠道、多层次、多形式的办法筹集资金。要坚持"地方自力更生为主，国家支持为辅"的原则，首先从地方财力中安排抗旱资金，地方财力确有困难的，可向中央申请特大抗旱补助费，按照《特大防汛抗旱补助费使用管理办法》（财农〔2011〕328号）执行。

1. 特大抗旱补助费

特大抗旱补助费是中央财政预算安排的，用于补助遭受特大干旱灾害的省（含自治区、直辖市、计划单列市）、新疆生产建设兵团进行抗旱减灾的专项资金。

2. 地方财政补助

地方财政安排的抗旱资金，由各省财政、水利厅（局）根据本地实际情况，参照财政部、水利部颁发的《特大防汛抗旱补助费管理办法》（财农〔2011〕328号），制定使用管理办法，报财政部、水利部备案。各级人民政府应当在财政预算中设立抗旱专项经费，并逐步加大抗旱资金投入的力度，防御并减轻特大干旱灾害。

（二）抗旱物资管理

我国主要的抗旱物资有抗旱用油、抗旱用电以及其他物资设备，在抗旱救灾中发挥了重要的作用。

（1）抗旱用油。农业部门每年预留30万t左右救灾柴油作为抗灾、救灾的应急需要，其中约有三分之二用于抗旱。石化部门每年为抗旱安排部分汽油。商业部门也积极组织调剂和调运。抗旱紧张时，地方政府采取强制手段，停运部分车辆为排灌机械让油。

（2）抗旱用电。在电力紧张时期，为了不误农时，旱区电力部门积极组织负荷和电量的调剂，经常采取压缩工业用电，为农业让电，有条件的地方通过安排多发电和调剂好峰谷用电等办法，解决抗旱用电。

（3）其他物资设备。对抗旱所需的其他物资和设备，中央有关部委和地方有关部门也及时安排生产和调拨。

在易旱地区，县级以上地方人民政府防汛抗旱指挥机构应当根据需要储备必要的抗旱物资，并安排一定的储备管理费用。委托商业、供销、物资等部门代储的，应当按照有关规定支付保管费。抗旱物资由同级人民政府防汛抗旱指挥机构负责调用。

用特大抗旱补助费购置的抗旱设备、设施，属国有资产，应登记造册，加强管理，在抗旱后要及时清点入库。各地对用中央抗旱资金安排购置的抗旱设备设施，要制定严格的管理使用办法，采取政府集中采购或由省级抗旱服务总站统一采购，对配置给基层的抗旱设备要加强检查管理，确保国有资产保值增值。

地方财政安排抗旱资金用于购置的抗旱设备、设施，同样属于国有资产，应登记造册，加强使用管理，并足额提取折旧费，在抗旱后及时清点入库。各级要爱惜、珍惜抗旱设备、设施，勤于保养、维修，保持抗旱设备、设施的良好。在遭受特大干旱灾害时，地方财政应本着自力更生的原则，及时筹措资金购置抗旱物资，下发到干旱地方，开展抗旱工作。

五、抗旱服务组织

抗旱服务组织是水利服务体系的组成部分，也是农业社会化服务体系的组成部分。抗旱服务组织以抗旱服务为中心，以公益性服务和经营性服务相结合为宗旨，以机动、灵活、方便、快捷的服务形式搞好抗旱和实现稳产增产为目标。抗旱服务组织的建立，促进了抗旱资金使用和管理的改革，使抗旱补助资金从分散投放变为对抗旱服务组织固定资产的集中投入，形成长期的抗旱能力，发挥长期的抗旱效益。在抗旱减灾中，抗旱服务组织发挥了重要作用。

自1996年颁发《抗旱服务组织建设管理暂行办法》（以下简称《暂行办法》）以来，各地按照《暂行办法》的要求，加强抗旱服务组织的建设和管理，有力地推动了抗旱服务组织的健康发展和规范化建设。为继续加强抗旱服务组织的正规化、规范化建设和管理，确保抗旱服务组织健康发展，更好地做好抗旱减灾工作，服务于我国农业战略性调整和农民增收的大局，有关部门对《暂行办法》进行了修改、补充，正式颁发《抗旱服务组织建设管理办法》。

1. 定位

抗旱服务组织是农业社会化服务体系的重要组成部分，是在坚持家庭承包经营基础上推进我国农业现代化的重要内容和途径，其服务宗旨是抗旱减灾，为农牧民提供有偿、优质的抗旱服务。抗旱服务组织是改革特大抗旱补助费的使用方式、提高资金使用效益而由水利部门组建的事业性服务实体。

2. 组织建设

抗旱服务组织建设要坚持因地制宜、分类指导、统筹规划、布局合理、讲求实效、量力发展的原则，优先发展广大易旱地区的抗旱服务组织。

抗旱服务组织包括省、市、县、乡四级，分别为省抗旱服务总站、市抗旱服务中心站、县抗旱服务站（队）及其乡镇分站（队），其业务工作受同级水行政主管部门领导和上一级抗旱服务组织的指导。同时，还鼓励、提倡农民自愿建立抗旱协会、合作社等合作性组织，鼓励和提倡农民、企业等社会力量以设备、资金、技术和土地使用权等要素入股，采取股份制、股份合作制与抗旱服务组织建立民主管理的组织形式，利益共享、风险共担的经营机制和完善的抗旱服务网络。

县级抗旱服务站（队）是抗旱服务组织的基础和骨干，要优先发展、不断壮大。在此基础上，根据本地实际情况和抗旱工作需要，逐步发展省、市和乡（镇）抗旱服务组织，乡（镇）抗旱服务分站作为县抗旱服务站（队）的分支机构。

各级抗旱服务组织由同级人民政府或其授权部门审批；乡镇抗旱服务分站由县抗旱服务站（队）组建，报县水行政主管部门备案。

抗旱服务组织需有独立的办公场所及相应的抗旱物资、设备的仓储、销售、维修的场所，具备必要的抗旱设备、物资和抗旱能力等服务手段。

3. 服务内容

抗旱减灾是建立抗旱服务组织的宗旨，为农牧民提供抗旱服务是抗旱服务组织的主要工作任务。抗旱服务组织要根据旱情及当地实际情况，积极主动开展各项抗旱服务。抗旱服务的主要内容包括：抗旱应急工程的设计、施工、管理；抗旱设备、物资、机具的供应、租赁、维修；抗旱浇地和拉水、运水等解决临时人畜饮水困难；组织协调群众用水秩序等。要充分发挥农民抗旱协会、合作社等网络抗旱作用。抗旱服务组织要大力推广普及现代抗旱节水等新技术、新产品、新材料和各种旱作农业抗旱措施，提高抗旱科技含量。积极开展抗旱技术培训工作，为农民提供抗旱信息、市场信息。抗旱服务组织提供有偿抗旱服务，要按照成本收费。在抗旱的关键时期，各级抗旱服务组织按照政府的指令开展的无偿抗旱服务，事后安排资金时要给予相应的补偿。抗旱服务收费主要用于抗旱服务发生的费用、抗旱设备的维修更新等方面的支出。抗旱服务组织要以农民自愿为前提，采取快捷、方便的措施，为农民提供优质抗旱服务。

不过，由于抗旱服务组织是自收自支的事业性服务实体，抗旱服务组织要立足于抗旱服务，充分利用水土资源、抗旱设备和技术等优势，开展综合经营，壮大抗旱服务组织经济实力，实现抗旱服务组织良性发展。

4. 监督管理

抗旱服务组织要加强管理，要建立健全各项管理规章制度，包括岗位责任制、财务管理制度、设备管理制度、服务收费制度、分配和积累制度及人员培训制度等，推动抗旱服务组织的正规化、规范化建设，不断提高抗旱服务质量和经营管理水平。

抗旱服务组织要加强资金管理，对各级财政部门从特大抗旱补助费等资金渠道安排用于武装抗旱服务组织的资金，只能以提高抗旱能力和增强抗旱手段为目的，可用于添置抗旱设备简易运输工具和补助抗旱费用，也可用资金、设备等入股，以合作制、股份合作制方式兴建应急抗旱水源设施和综合抗旱示范区，滚动使用抗旱资金，提高资金使用效率。各级财政、水利部门要积极扶持抗旱服务组织发展，在资金上给予重点倾斜。

抗旱服务组织要加强抗旱设备的管理，建立使用、管理、维修、保养等制度，要建档造册，保证设备完好率，提高设备使用率。国家投资购置的抗旱设备属国有资产，由抗旱服务组织统一管理、使用。抗旱关键时期，上一级主管部门可组织地区之间的抗旱设备调动，但事后必须如数归还或理清账目。抗旱服务组织要加强财务管理，严格执行国家有关财会制度，做到账目齐全、清晰。要加强固定资产的管理，保证固定资产的保值增值。

第三篇

防 汛 抗 旱 基 础 信 息

第十章

赣 江 流 域

第一节 流 域 概 况

一、自然地理

赣江流域是鄱阳湖水系中最大河流，为长江八大支流之一，纵贯江西省南部和中部，因其由章水和贡水汇合而成，故称为赣江。流域地处长江中下游右岸，地理位置在东经113°30′~116°40′、北纬24°29′~29°11′。控制流域面积的82809km²，其中江西省境内81527km²，占控制流域面积的98.45%；属于邻省面积共1282km²，占控制流域面积的1.55%，其中福建省345km²、广东省248km²、湖南省689km²。流域东西窄而南北长，南北最长550km，东西平均宽约148km，呈不规则四边形。流域地跨江西、福建、广东、湖南4省60县（市），东临抚河流域，东南隔武夷山脉与闽江、韩江流域相邻，西隔罗霄山脉，与湘江流域毗邻，南以大庾岭、九连山与珠江流域东江、北江为界，北通鄱阳湖。

赣江发源于江西省石城县与瑞金市交界处的石寮崬，干流自南向北流经江西省赣州、吉安、宜春、南昌、九江5市，至南昌市八一桥以下扬子洲头，尾闾分南、中、北、西4支汇入鄱阳湖。

二、气象水文

流域属中亚热带湿润季风气候区，气候温和，雨量丰沛，四季分明。春雨、梅雨明显，夏秋间晴热干燥，冬季阴冷，霜冻期短。年平均气温18.3℃，从上游向下游递减，上游18.5~19.5℃，中游18~18.5℃，下游17.5℃，上游气温变差小，下游气温变差大。极端最高气温41.6℃，极端最低气温−12.5℃，最高气温多出现在7—8月，最低气温多出现在1—2月。冬季多偏北风，夏季多西南风或偏东风，全年以偏北风最多，多年平均风速1.94m/s，历年最大风速22m/s。

流域多年平均年降水量1580mm，时空分布不均，具有明显的季节性和地域性。1—3月降水量占全年的19.6%，4—6月占46.6%，7—9月占22%，10—12月占11.8%。年际变化大，同一地点年降水量最大相差2~3倍。降水的地域变化，一般是流域周边山区向中部盆地递减。中游西部山区罗霄山脉一带为多雨区，多年平均年降水量在1800mm以上，最大值达2140mm。赣州盆地、吉秦盆地及下游尾闾为少雨区，多年平均降水量小于1400mm。多年平均年水面蒸发量以中部山区的800mm为最小，干流河谷较大，约为1200mm。

赣江径流由降水补给，径流特征与降水特征相同。赣江下游控制站外洲水文站实测多年平均年径流量 686 亿 m³。最大年径流量 1150 亿 m³（1973 年），最小年径流量 237 亿 m³（1963 年），最大与最小倍比值为 4.85。多年平均径流系数 0.53，径流深 845mm。汛期（4—9 月）径流量占年径流量的 72.3%，其中 4—6 月占 49.2%。

流域多年平均悬移质含沙量 0.165m³/kg。上游以兴国县为代表的花岗岩风化地区，水土流失严重，平江翰林桥站多年平均含沙量达 0.376m³/kg。其余大部地区含沙量相对较小，禾水最小，为 0.077m³/kg。流域多年平均年输沙量 976 万 t，主要集中在汛期，4—6 月输沙量占全年的 65.9%。年输沙模数 120.6t/(km²·a)，以平江 308t/(km²·a) 为最大，以章水 50.3t/(km²·a) 为最小。

根据《江西省地表水（环境）功能区划》，流域有水源保护区 8 个，保留区 81 个，开发利用区 158 个（其中饮用水源区 49 个），缓冲区 1 个。

三、地形地貌

流域东倚雩山、武夷山脉，西倚罗霄山脉，地势总体南高北低，上游崇山峻岭，中游低山丘陵相间，下游为平原区。流域地处华南地层区，为华南褶皱系赣中南相隆，赣州-吉安拗陷、武夷隆起构造单元。构造变动强烈，褶皱、断裂发育，地质年代为早古生代志留纪、晚生代泥盆纪、新生代第三纪和第四纪、晚元古代震旦纪。地震烈度小于 Ⅵ 度。

四、河流水系

赣江水系示意如图 10-1 所示，赣江主河道长 823km，主河道纵比降 0.273‰。按河谷地形和河道特征划分为上、中、下游 3 段。赣州市以上为上游，河流自东向西流。赣州市至新干县为中游，新干县以下为下游，中下游总体流向自南向北。赣江河网密布，水系发育。控制流域面积 10km² 以上河流 2072 条，其中 10～100km² 有 1842 条，100～300km² 有 159 条，300～1000km² 有 50 条，1000～3000km² 有 11 条，3000～10000km² 有 10 条。流域面积超 500km² 的河流有 43 条，主要一级支流有湘水等。赣江流域面积超 500km² 河流特征参数统计表见表 10-1。

表 10-1　　　　　　　　　赣江流域面积超 500km² 河流特征参数统计表

序号	赣江水系	名称	流域面积/km²	年径流量/亿 m³	江西省内涉及城市
1	一级支流	湘水	2029	17.4	寻乌县、会昌县
2	一级支流	濂水	2339	19.2	安远县、会昌县、于都县
3	一级支流	西江	1010	8.04	瑞金市、会昌县、于都县
4	一级支流	梅江	7121	67.3	于都县、瑞金市、宁都县
5	二级支流	黄陂河	761	7.53	宁都县
6	二级支流	琴江	2110	17.6	石城县、宁都县
7	一级支流	小溪河	667	5.26	安远县、宁都县
8	一级河流	平江	2851	25.3	宁都县、兴国县、赣县
9	二级支流	涉水	777	6.64	兴国
10	一级支流	桃江	7864	64.5	全南县、龙南县、信丰县、赣县

序号	赣江水系	名称	流域面积/km²	年径流量/亿 m³	江西省内涉及城市
11	二级支流	黄田江	710	5.7	全南县
12	二级支流	龙迳河	604	4.57	安远县、信丰县
13	二级支流	东河	1079	7.93	信丰县
14	一级支流	章水	7700	63.4	崇义县、大余县、南康区、章贡市
15	二级支流	上犹江	4647	39.7	崇义县、上犹县、南康区
16	三级支流	营前河	547	5.17	上犹县
17	三级支流	龙华江	1144	8.47	上犹县、南康区
18	一级支流	良口水	535	4.4	兴国县、万安县
19	一级支流	遂川江	2882	27.1	遂川县、井冈山市、万安县
20	二级支流	左溪	990	10.6	遂川县
21	一级支流	蜀水	1301	11.9	井冈山市、遂川县、万安县、泰和县
22	一级支流	云亭水	761	7.03	兴国县、泰和县
23	一级支流	仙槎水	569	4.13	泰和县
24	一级支流	孤江	3103	27.7	兴国县、永丰县、吉水县、青原区
25	二级支流	沙溪水	557	5.00	永丰县、吉水县
26	二级支流	富田水	794	6.8	兴国县、永丰县、青原区
27	一级支流	禾水	9103	77.7	莲花县、永新县、吉安县、泰和县、吉州区
28	二级支流	小江河	924	8.8	井冈山市、永新县
29	二级支流	牛吼江	1062	9.5	井冈山市、泰和县
30	二级支流	泸水	3400	28.70	安福县、吉安县、吉州区
31	三级支流	洲湖水	1110	9.37	安福县
32	一级支流	乌江	3883	35.3	永丰县、乐安县、吉水县
33	二级支流	藤田水	791	7.1	永丰县、吉水县
34	一级支流	同江	960	7.60	分宜县、安福县、吉安县、吉水县
35	一级支流	沂水	921	8.38	丰城市、新干县、峡江县
36	一级支流	袁水	6262	58.85	芦溪县、袁州区、分宜县、渝水区、新干县、樟树区
37	二级支流	杨桥水	553	4.82	分宜县
38	二级支流	孔目江	597	5.09	分宜县、渝水区
39	一级支流	肖江	1213	9.02	高安市、樟树市、丰城市
40	一级支流	锦江	7886	58.55	袁州区、万载县、上高县、宜丰县、高安市、丰城市、新建区
41	二级支流	宜丰河	738	8.03	宜丰县
42	二级支流	棠浦港	555	5.02	宜丰县、上高县
43	二级支流	流湖水	517	4.2	新建区、丰城市

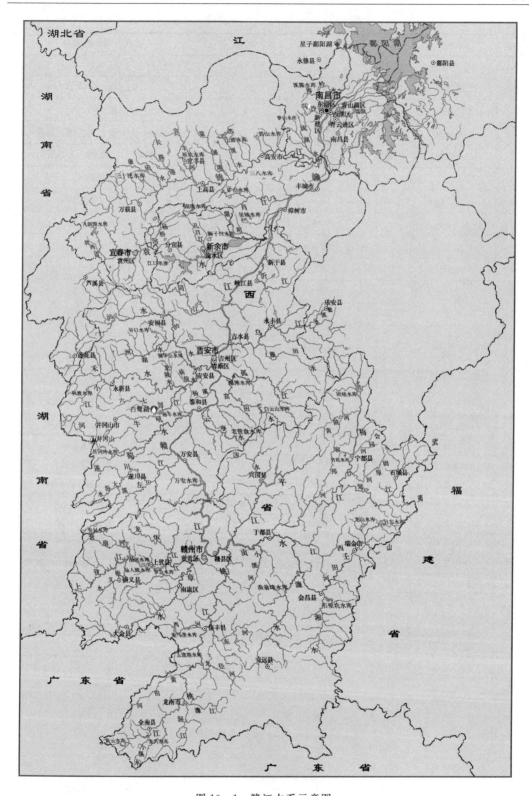

图 10-1 赣江水系示意图

第二节　暴雨洪水及干旱特点

一、暴雨特点

赣江流域是暴雨高发区。多发生在每年5—6月，为雨量大、历时长、范围广的锋面雨。暴雨强度其24h最大暴雨一般达到200～400mm。1982年6月的一次暴雨，属于单阻型梅雨形势，自6月10日以后，西太平洋副热带高压加强西伸，作用于脊线从北纬17°北移至北纬20°，北方冷空气不断南下，冷暖空气在江南交汇，地面静止锋长时间稳定维持在赣江中下游一带，加之低涡配合，形成赣江流域连续9天的暴雨过程。这次暴雨，永新龙脉站最大3h雨量168.3mm，宁冈白竹园站最大12h雨量338.7mm。9天降水量600mm以上，笼罩面积1280km²，7天降水量600mm以上，笼罩面积1250km²，3天降水量300mm以上，笼罩面积9320km²。赣江流域除锋面暴雨外，还有台风型暴雨，常发生在7月下旬至8月上旬。其特点是雨强大，雨势猛，但历时较短，范围也小，24h最大暴雨在400mm左右。1996年8月1日泰和境内的水搓水中王站，由于台风引起的暴雨，1天降水量394.7mm，最大3天降水量达551.9mm。

赣江流域降水量年内分配极不均匀。江西省每年4—9月，为汛期，而赣江流域降水连续4个月最大则多出现在3—6月，这期间降水由锋面形成，笼罩面积大，雨期长，雨量集中。这4个月的降水量，吉泰盆地及赣州在700mm左右。全流域连续4个月最大降水量占年降水量的55%～62%。汛期降水量占年降水量的65%～70%。月降水量最大多出现在5月，占年降水量的15%～20%。最小月降水量一般出现在12月，其月降水量占年降水量的2.5%～3.2%。流域洪水由暴雨形成。每年4—6月为暴雨集中期，常出现静止锋型、历时长、笼罩面广的降水过程；7—9月常出现台风型暴雨。这两类暴雨都可形成灾害性洪水，特别是赣江上游为典型的扇形水系，汇流迅速集中，更易形成洪灾。流域多年最大1天降水量120～315mm，1995年8月13日24h，兴国县南坑站出现315mm的特大暴雨；最大洪峰多出现在5—6月，1982年6月20日，下游南昌市外洲站实测最大洪峰流量20400m³/s。

二、洪水特征

赣江洪水均由暴雨造成，形成暴雨的天气系统主要是锋面、低涡和台风。其中由低涡和台风造成的流域特大暴雨，雨量集中，强度大，灾害性大洪水往往由这两种天气系统形成。

据赣江中游吉安控制站的资料统计，赣江超警戒线以上的大洪水多发生在4—6月，占68%，3月和7—9月只占30%，发生在10月至翌年2月的自中华人民共和国成立以来唯有2002年1次。自1950—2003年的54年中，赣江有28年共发生了44次超警戒线的大洪水，平均1～2年发生1次。本流域大洪水发生的概率也比较多，如1962年、1964年、1968年、1982年、1994年、1998年、2010年所发生的洪水均属全流域性或属大范围的大洪水，这些暴雨洪水均造成极其严重的山洪暴发，山体滑坡，堤防溃决，几十座重要城镇及数百万亩农田严重受淹，给国民经济建设及广大人民群众的生命财产造成了极其惨重的损失。

赣江流域洪水由暴雨造成。其特点是量大、峰高、有单峰或多峰。赣江流域近百年大洪水年份有1876年、1915年、1962年、1968年、1982年、1994年、1998年。赣江干流洪水多数由锋面雨造成，极少数由台风形成。赣江干流洪水有不同组成：1982年6月洪水主要来自中下游；而"68·6"洪水则整个流域较均衡，上游来水大于下游；"62·6"洪水是由前后两次洪峰组成，前峰来水主要是中下游，樟树以下前峰大于后峰，后峰来水主要自上中游，新干以上，后峰大于前峰。赣江干流洪峰流量大都在2000m³/s以上，"82·6"的洪峰流量为21200m³/s，"68·6"的洪峰流量为20100m³/s。

三、干旱特征

赣江流域水文干旱事件是频发的水文现象，每年都有水文干旱发生并具有一定的周期性。20世纪70年代到80年代中期丰枯变化的周期为7~8年，20世纪80年代中期到90年代末由枯到丰，1999年以后至2009年由丰到枯。水文干旱具有一定的连续性，以2~3年连续最多，峡江站（1985—1991年）和宜丰站（1984—1990年）分别出现连续7年的枯水期。从概率转移分析，转枯的概率大于转丰的概率。

水文干旱强度分析，在最长连续干旱年中最大缺水量占平均径流量的23%~38%。2000年以后的连续干旱期为3~4年，但不论是平均还是最大缺水量均明显偏大，说明2000年以后水文干旱强度加剧。各月都出现了水文干旱的现象，11月至次年1月出现概率在95%以上。4—6月出现概率最低，平均不足25%。

第三节　防洪抗旱工程体系及控制运用

一、概述

流域水利建设历史悠久，古代劳动人民挖塘筑陂抗旱，修堤建坝防洪，除害兴利。中华人民共和国成立后，流域水利建设经历了由除害到兴利、由治标到治本、由单目标开发到多目标综合治理的发展过程。流域已建成各类水库3961座，其中万安、上犹江、江口等大型水库15座，总库容54.9亿m³；中型水库118座，总库容24.9亿m³；小型水库3828座，总库容45.8亿m³。引水工程6.24万座，电力排灌站6365座，机械排灌站3371座。全流域有效灌溉面积87.2万hm²，占流域耕地总面积的88.7%，为1949年灌溉面积的4.4倍。

灌溉面积万亩以上灌区共109处，其中50万亩以上有赣抚平原，灌溉面积119.25万亩；10万~30万亩有9处，灌溉面积157.5万亩；0.5万~10万亩有22处，灌溉面积125.55万亩。防洪圩堤总长1234.7km，经过多年整修和加高加固，大部分堤顶超过历史最高洪水位1.00~2.00m，赣东大堤、富大有堤已达到抗御50~100年一遇洪水标准。

流域已开发装机容量98.5万kW，年发电量33.4亿kW·h。其中万安大型水电站装机容量53.3万kW，年发电量15.16亿kW·h。上犹江、江口、龙潭3座中型水电站，总装机容量 13.52 万 kW，年发电量 5.18 亿 kW·h。

二、水库

流域已建成各类水库 3961 座，其中大型水库 15 座，下面简述各大型水库概况及调度运用情况。

（一）峡江水利枢纽

峡江水利枢纽工程位于赣江中游峡江县老县城（巴邱镇）上游峡谷河段，距巴邱镇约 6km，是一座以防洪、发电、航运为主，兼顾灌溉等综合利用的大（1）型水利枢纽工程。该工程是赣江干流梯级开发的主体工程，也是江西省大江大河治理的关键性工程。枢纽主要建筑物有泄水闸、挡水坝、河床式电站厂房、船闸、左右岸灌溉进水闸及鱼道等。

峡江坝址控制流域面积 62710km^2，多年平均流量 1640m^3/s；多年平均悬移质输沙量 563.4 万 t，推移质输沙量 30.8 万 t；水库正常蓄水位为 46.0m，50 年一遇以上洪水起调水位为 45.0m，校核洪水位、防洪高水位 49.0m；水库总库容 11.87 亿 m^3，防洪库容 6.0 亿 m^3，调节库容 2.14 亿 m^3；水电站总装机容量 360MW，多年平均发电量 11.44 亿 kW·h；船闸通航能力为 1000t 级，设计年货运量 1491 万 t/a，改善航道里程（Ⅲ级航道）77km，过船吨位 1000t；设计总灌溉面积 32.95 万亩。

根据《防洪标准》（GB 50201—2014）、《水利水电工程等级划分及洪水标准》（SL 252—2017）及《船闸总体设计规范》（JTJ 305—2001），本工程等别为Ⅰ等，永久挡水建筑物［泄水闸、挡水坝、厂房（挡水部分）、船闸上闸首］、灌溉总进水闸及鱼道（挡水部分）为 1 级建筑物，洪水标准设计 500 年一遇，校核 2000 年一遇，相应洪峰流量分别为 29100m^3/s 和 32800m^3/s；厂房结构（非挡水部分）、副厂房、GIS 室、中控楼及进厂交通等为 2 级建筑物，采用洪水标准：设计百年一遇、校核 500 年一遇；船闸下闸首、闸室、鱼道（非挡水部分）为 2 级建筑物，设计洪水标准为 20 年；泄水闸消能设施设计洪水标准为百年一遇；大坝两岸开挖边坡的级别为 1 级。

坝址区 50 年超越概率 10% 的基岩水平峰值加速度为 0.03g，地震动反应谱特征周期为 0.35s；100 年超越概率 2% 的基岩水平峰值加速度为 0.09g，地震动反应谱特征周期为 0.35s，工程场地地震基本烈度小于 6 度，本工程不考虑抗震设防。

大坝为混凝土闸坝，坝顶全长 845m，顶高程 51.2m，最大坝高 44.9m。枢纽布置沿轴线从左至右依此为左岸挡水坝段（包括左岸灌溉总进水闸，长 102.5m）、船闸（长 47.0m）、门库坝段（长 26.0m）、泄水闸坝段（18 孔，总长 358m）、厂房坝段（长 274.3m，其中安装间长 62.5m）、右岸挡水坝段（包括右岸灌溉总进水闸、鱼道，长 37.2m）。

为减少库区淹没与移民，库区设有同江河、吉水县城、上下陇洲、柘塘、金滩、樟山和槎滩共 7 个防护区，以及沙坊、八都、桑园、水田、槎滩、金滩、南岸、醪桥、乌江、水南背（抬地）、葛山、砖门、吉州区、禾水、潭西等 15 片防护区外的抬田工程。7 个防护区分布于赣江两岸以及同江、文石河等下游两岸，根据防护区的不同保护对象，采用不同的洪水设计标准分别进行防护，建立各自相对独立的防洪保护圈。7 个防护区共保护耕地 5.35 万亩、人口 8.28 万人、房屋面积 466.3 万 m^2。同江防护区保护耕地面积 3.16 万亩、人口 4.48 万人、房屋面积 246 万 m^2，为防护效益最大的保护区，防护区布置有同赣堤、同南河、同北导托渠、阜田堤、万福堤、同江河出口泵站、麻塘抬田、同江河抬田等工程。

依据《防洪标准》（GB 50201—2014），综合考虑多方面因素，确定同江防护区的同赣堤、吉水县城防护区的沿江防洪堤设计洪水标准为 50 年一遇，同江防护区万福堤、阜田堤、同南河两岸堤防及上下陇洲防护堤设计洪水标准采用 20 年一遇，同赣堤、吉水县城防护堤堤防级别为 2 级，其他堤防级别为 4 级；其他防护区防护堤设计洪水标准采用 10 年一遇，堤防级别为 5 级。

（二）石虎塘航电枢纽

石虎塘航电枢纽位于泰和县城公路桥下游 26km 的万合镇石虎塘自然村附近，是以航运为主、结合发电，兼顾其他效益的水资源综合利用工程。总库容 7.43 亿 m^3，电站装机容量 12 万 kW，年平均发电量 5.27 亿 kW·h，通航设施建设标准为内河 Ⅲ 级。工程总投资 23.7 亿元。

根据 2008 年 7 月交通部审查通过的初步设计报告，赣江石虎塘航电枢纽工程主要由枢纽工程和库区防护工程两部分组成。其中，枢纽工程由右岸施工区和左岸施工区两个部分组成。右岸施工区主要承担右岸连接段土坝、连接坝段、鱼道、电站厂房及相邻泄洪闸工程，左岸施工区主要承担左岸土坝、混凝土纵向围堰、船闸及相邻泄水闸工程；库区防护工程设县城、万合、樟塘、金滩、沿溪 5 个防护区，5 个防护区分布于赣江两岸，防护工程堤线总长 43.03km，其中县城 6.57km，万合 9.8km，樟塘 1.07km，金滩 15.84km，沿溪 9.75km。新建 7 条导托渠、2 条排涝渠、2 座节制闸、5 座排涝站。同时在坝上设置过坝公路桥（桥面宽 10m，人行道宽 2.15m，总长约 1645.7m），以连接两岸交通。缩短了县城至万合镇公路里程约 20km。

水库淹没涉及 7 个乡镇场、55 个村（分场）。库区淹没土地总面积 28.19km（其中陆地面积 6.56km），采取堤防工程及抬田措施后，水库淹没影响区、库区堤防工程压占区、库区排渗工程压占区等需永久占用各类陆地面积 9846.07 亩，其中耕地 2976.01 亩，需移民 169 户 575 人，工程共需拆迁房屋 32742m。

（三）上游水库

上游水库位于高安市村前镇上游村，距高安市城区 40km，大坝坐落于锦江一级支流苏溪河上，坝址控制流域面积 140km²，是一座以灌溉为主，兼有防洪、发电、养殖、旅游、供水等综合效益的大（2）型水利枢纽工程。水库按百年一遇洪水标准设计、2000 年一遇洪水标准校核，正常蓄水位 83.00m，校核洪水位 86.24m，总库容 1.83 亿 m^3。枢纽工程由主坝、副坝（6 座）、溢洪道、灌溉涵管、发电引水涵管和电站厂房等建筑物组成。

主坝为均质土坝，坝中设黏土心墙，坝顶高程 88.00m，最大坝高 28.2m，坝顶长 380m。6 座副坝分布于主坝左右两侧，均为均质土坝，坝顶高程 87.50～90.00m，最大坝高 5.7～20.0m，坝顶总长度 442.5m。溢洪道位于主坝右岸第二垭口处，为开敞式实用堰，堰顶高程 80.00m，设有 3 孔，每孔净宽 2.5m，平板钢闸门控制。灌溉涵管位于主坝左端坝下，由 3 根混凝土圆管（内衬钢管）组成，进口底板高程 67.30m，内径 0.92m，平板钢闸门控制。发电引水涵管位于新副坝中段坝下，2孔，钢筋混凝土圆管，进口底板高程69.00m，内径1.7m，平板钢闸门控制。

上游水率水位—库容曲线表见表10-2。

表10-2　　　　　　　　　　　　上游水库水位—库容曲线表

水位/m	68.00	69.00	70.00	71.00	72.00	73.00	74.00	75.00	76.00	77.00
库容/亿 m^3	0.084	0.115	0.15	0.19	0.24	0.3	0.37	0.45	0.534	0.63
水位/m	78.00	79.00	80.00	81.00	82.00	83.00	84.00	85.00	86.00	87.00
库容/亿 m^3	0.726	0.83	0.948	1.075	1.205	1.35	1.493	1.64	1.795	1.954

上游水库在防洪中发挥的作用：拦洪错峰，水库在确保大坝安全的前提下，重点防护对象主要是村前、新庄、杨圩3个镇，人口5万余人，耕地面积7.4万余亩，320国道2km。

（四）飞剑潭水库

飞剑潭水库位于袁州区飞剑潭乡，距宜春市城区约30km，大坝坐落于赣江水系袁河北岸支流坑西河支流辽市河上游，坝址控制流域面积79.3km²，是一座以灌溉为主，兼有防洪、发电等综合利用的大（2）型水利枢纽工程。水库按百年一遇洪水设计、万年一遇洪水校核，正常蓄水位180.00m，校核洪水位182.91m，总库容1.0611亿 m^3。枢纽工程由主坝、副坝（2座）、隧洞（泄洪、灌溉、发电三合一）、坝下涵管、非常溢洪道和电站厂房等建筑物组成。

主坝为均质土坝，坝中设黏土心墙，坝顶高程184.00m，最大坝高33.22m，坝顶长174.0m。1号副坝为均质土坝，坝顶高程183.40m，最大坝高6.5m，坝顶长70.0m。2号副坝为均质土坝，坝顶高程184.00m，最大坝高4.5m，坝顶长57.0m。隧洞位于主坝左侧80m处，钢筋混凝土圆形管，内径2.5m，进口底高程161.30m，全长110.0m，平板钢闸门控制。坝下涵管位于主坝左岸坝下，管底高程154.78m，管内径1.2m，全长200m。非常溢洪道位于左岸横坑垭口处，为自溃式土堤，堤顶高程182.28m。

根据《防洪标准》（GB 52201—2014），飞剑潭水库一坝为大（2）型水库，工程等级为Ⅱ级，设计洪水标准为百年一遇，校核洪水标准为万年一遇。二坝为中型水库，工程等级为Ⅲ级，设计洪水为50年一遇，校核洪水为千年一遇。

根据水库现有防洪工程质量情况及存在问题，结合几十年水库运行，确定一坝按"三查三定"中的182.2m，二坝为146.57m作为现有的防洪安全标准。

飞剑潭水库为以灌溉为主的大（2）型水库，水库水位—库容曲线表见表10-3。

表10-3　　　　　　　　　　　　飞剑潭水库水位—库容曲线表

水位/m	164.00	165.00	166.00	167.00	168.00	169.00	170.00	171.00
库容/亿 m^3	0.064	0.084	0.106	0.133	0.162	0.195	0.231	0.271
水位/m	172.00	173.00	174.00	175.00	176.00	177.00	178.00	179.00
库容/亿 m^3	0.314	0.363	0.416	0.472	0.533	0.598	0.665	0.735

汛限水位为：主汛期（4—6月）为177.00m，相应库容5980万 m^3；后汛期（7—9月）为178.00m，相应库容6651万 m^3。

允许最高水位：水库允许最高水位是指水库在汛期防洪调度中，为确保水库安全而允许水库达到的最高水位。根据飞剑潭水库度汛标准确定的情况，水库允许最高水位为179.33m。

（五）山口岩水库

山口岩水库位于芦溪县上埠镇山口岩村上游1km处，距芦溪县城7.6km，距萍乡市约30km，大坝坐落在赣江一级支流袁河上游，坝址控制流域面积230km²，设计日供水20万t，灌溉面积10.12万亩，电站装机12MW，是一座以防洪、供水为主，兼顾发电、灌溉等综合利用的大（2）型水利工程。水库按500年一遇洪水标准设计、2000年一遇洪水标准校核，正常蓄水位244.00m，校核洪水位246.72m，总库容1.0481亿m³。枢纽工程主要由大坝、放空孔、引水隧洞及发电厂房等建筑物组成。

大坝为碾压混凝土双曲拱坝，坝顶长268.0m，最大坝高99.1m。中部设3孔溢流堰，堰型为实用堰，堰顶高程237.00m，溢流净宽24.0m，弧形闸门控制。放空孔位于大坝左侧0+108.62m桩号处，内径2.0m，进口中心线高程191.00m，平板钢闸门控制。引水隧洞位于大坝左岸，由进水口段、闸室段、渐变段、混凝土衬砌段、内衬钢管段及岔管段等组成，内径3.0m，进水口为岸塔式结构，平板钢闸门控制。山口岩水库水位—库容曲线表见表10-4。

表10-4　　　　　　　　　　　山口岩水库水位—库容曲线表

库水位（黄海）/m	237.68	239.11	240.26	241.34	242.68	243.91	245.30	246.60	247.00
泄量/（m³/s）	19.7	130	261	413	637	872	1169	1472	1575

山口岩水库是一座以防洪、供水为主，兼有发电、灌溉等综合利用功能的水利枢纽工程，由于城市供水和高灌区0.45万亩灌溉用水高程较高，不能与发电结合，坝下灌区灌溉用水可与发电完全结合。为了更好地达到水库为下游防洪的目标并满足各用水部门的要求，获取最大的经济效益，水库下闸蓄水后，只要库水位达到死水位221.00m以上，即可按照设计拟定的防洪运行方式和兴利（供水、灌溉、发电）运行方式进行正常调度。

水库为下游防洪利用的库容为防洪限制水位至防洪高水位之间的库容，水库为保坝安全调洪利用的库容为防洪限制水位至校核洪水位之间的库容；水库兴利利用的库容为极限死水位至正常蓄水位之间的库容（在主汛期4月1日至6月30日利用的库容为极限死水位至防洪限制水位之间的库容）。

（六）社上水库

水库位于安福县泰山乡社上村，距安福县城42km，大坝坐落在赣江水系禾水支流泸水河与灵金河汇合处，坝址以上控制集水面积427km²，灌溉面积21.0万亩，电站装机9800kW，是一座以灌溉为主，兼有发电、防洪、养殖等综合效益的大（2）型水利枢纽工程。水库按百年一遇洪水标准设计、2000年一遇洪水标准校核，正常蓄水位为172.00m，总库容1.71亿m³。枢纽工程主要建筑物包括主坝（1号坝）、副坝（2号坝）、溢洪道、发电引水隧洞、放空洞、电站等。

主坝为黏土斜墙坝，坝顶长186.5m，最大坝高40.0m。副坝位于主坝左岸约300m处，浆砌石重力坝，设溢流坝段和非溢流坝段，坝顶长142.25m，最大坝高38.58m。溢流坝段设 5 孔，其中右 3 孔为正常溢洪道，左 2 孔为非常溢洪道，堰顶高程均为166.00m，弧形闸门控制。发电引水隧洞位于副坝非溢流坝段内，圆形，平板钢闸门控制。放空洞位于主坝和副坝之间的将军岭山体中，全长 282.00m，进口底高程 145.00m，洞径 3.5m，平板钢闸门控制。

社上水库遇标准内洪水的调度，根据水利部长江水利委员会的批复，社上水库调度原则为考虑下游防御对象进行洪水调度，确定下游河道安全泄量为 $521m^3/s$，防洪高水位为 172.75m。

当水库水位达到汛限水位，而来水量小于 $521m^3/s$ 时，采用泄水量等于来水量调度。

当水库水位达到汛限水位，而来水量大于 $521m^3/s$ 时，下泄流量采用 $521m^3/s$，当库水位上涨至防洪高水位 172.75m 时，而来水量小于闸门全开流量时，则控制下泄流量等于入库流量，如果入库流量大于闸门全开时，则闸门全开，水库自由泄洪。

一般洪水根据以往调度经验和入库站水情确定泄、蓄流量，尽量使水位保持在防洪限制水位以下。

百年一遇及以上标准洪水，按设计要求泄洪，即下游无特殊防洪要求，正常溢洪道 3 孔全开，并利用非常溢洪道泄洪，使库水位不超过设计洪水位或校核洪水位。

一般洪水请示市及县防汛指挥部门，如遇百年一遇及以上洪水则由省防指指挥调度。执行部门为社上水库管理局。

主汛期（4—6 月）汛限水位为 171.50m，相应库容为 13675 万 m^3；次汛期（7—9月）汛限水位为 172.00m，相应库容为 14300 万 m^3。

（七）南车水库

水库位于泰和县桥头镇南车村，距县城 45km，大坝坐落在赣江水系禾水支流六八河下游，坝址以上控制流域面积 $459km^2$，设计灌溉面积 26.3 万亩，电站装机 12800kW，是一座以灌溉为主，兼顾发电、防洪等综合效益的大（2）型水利枢纽工程。水库按百年一遇洪水标准设计，2000 年一遇洪水标准校核，正常蓄水位 160.00m，总库容 1.53 亿 m^3。枢纽工程主要建筑物包括主坝、副坝（2 座）、溢洪道、引水及放空系统、电站等。

主坝为混凝土面板堆石坝，坝顶高程 164.00m，长 191.5m，最大坝高 60.0m。丝茅坳副坝为黏土心墙坝，坝顶高程 164.50m，长 32.2m，最大坝高 12.3m。孚口副坝为黏土心墙坝，坝顶高程 164.50m，长 17.7m，最大坝高 7.5m。溢洪道位于大坝左端，开敞式自由泄流，进口设 WES 实用堰，堰顶高程 150.00m，2 孔，每孔净宽 7.0m。引水及放空系统由进水闸室、洞身、压力管道、发电支洞、放空闸室等部分组成，进口底板高程130.5m，洞身最大直径 6.0m，平板钢闸门控制。

（八）白云山水库

水库位于吉安市青原区富田镇，距吉安市 70km，大坝坐落在赣江二级支流富田水上，坝址控制流域面积 $464km^2$，设计灌溉面积 18.26 万亩，电站装机容量 13MW，是一座以灌溉为主，兼顾防洪、发电、养殖等综合利用的大（2）型水利枢纽工程。水库按百年一遇洪水标准设计、千年一遇洪水标准校核，正常蓄水位 180.00m，总库容 1.0769 亿 m^3。枢纽工程主要由主坝、副坝、引水系统及电站等建筑物组成。

主坝为浆砌石空格填石重力坝，分为溢流坝段和非溢流坝段，坝顶长 91.5m，最大坝高 49.3m。溢流坝段设 3 孔实用堰，堰顶高程 174.0m，弧形闸门控制。副坝位于主坝右岸上游约 1.5km 的天然垭口处，均质土坝，坝顶长 39.50m，最大坝高 49.3m。引水系统位于主坝上游 110m 处右岸，进水口为塔式结构，设检修闸门；发电引水隧洞采用钢筋混凝土衬砌，一般洞径 4m，长 857.87m；压力钢管为明管，1 号管长 34.3m，2 号管长 38.19m，内径 2.2m。

每年 4 月 1 日至 6 月 30 日运行限定水位为 179.50m，7 月 1 日后恢复正常高水位 180.00m。

4—6 月发电、防洪并重，7—9 月以灌溉为主兼顾发电同时注意防洪，保灌水位不宜低于 176.00m。冬枯期以发电为主。

下游安全泄量以 500m³/s 为控制，下泄 300m³/s 以内由局防汛指挥部掌握调度，大于 300m³/s 则请示上级有关部门调度，特殊情况下，局指挥部调度后再报上级有关部门。

泄水建筑物运用方式及调度规程如下。

（1）对于 20 年一遇以下的一般洪水，按预报的入库洪水过程"削平头"操作，使水库水位维持在 180.00m 左右，最高回水位一天之内不超过 180.55m。

（2）对于 50 年一遇左右的较大洪水，在水库水位为 179.0m 时提前预泄，若此时水位在 179.00m 以上，以当时水位为预泄水位逐步加大泄量，使最高回水位在 1～2 天内不超过 181.00m。

（3）对于百年一遇及其以上洪水，按初设要求溢洪，即"下游无特殊防洪要求"，三孔闸门全开，使水库水位不超过百年一遇的设计洪水位 181.14m 或千年一遇的校核洪水位 182.82m，以确保枢纽工程建筑的安全。

（九）团结水库

水库位于赣州市宁都县洛口镇，距宁都县城 55km，大坝坐落于赣江水系梅江上游东江河上，坝址以上控制流域面积 412.0km²，设计灌溉面积 6.24 万亩，电站装机容量 2500kW，是一座以防洪、灌溉为主，结合发电、养殖、旅游等综合效益的大（2）型水利枢纽工程。水库按百年一遇洪水标准设计、2000 年一遇洪水标准校核，正常蓄水位 242.00m，总库容 1.457 亿 m³。枢纽工程主要建筑物包括主坝、副坝（17 座）、溢洪道、发电引水隧洞、灌溉引水隧洞及坝后电站等。

主坝为黏土心墙砂壳坝，坝顶高程 248.00m，坝顶长 210.0m，最大坝高 34.0m。17 座副坝均为均质土坝，坝顶高程为 248.80～249.60m，坝顶总长度 1348.3m。溢洪道位于主坝左侧，进口设宽顶堰，堰顶高程 236.00m，2 孔，每孔溢流净宽 10.0m，弧形闸门控制。发电引水隧洞位于主坝右侧，进口底板高程 221.50m，内径 3.2m。灌溉引水隧洞包括东干渠引水隧洞和西干渠引水隧洞，进口底板高程分别为 234.00m 和 233.40m，平板钢闸门控制。

（十）长冈水库

长冈水库位于兴国县长冈乡，距兴国县城 11km，大坝坐落在赣江水系平江支流激水上游，坝址以上控制流域面积 848.5km²，设计灌溉面积 5.1 万亩，电站装机容量 1.3 万 kW，是一座防洪、灌溉、发电并重，兼有养鱼、拦沙等综合利用的大（2）型水利枢纽工程。水库按百年一遇洪水标准设计、2000 年一遇洪水标准校核，正常蓄水位 190.00m（吴淞高程，下同），总库容 3.716 亿 m³。枢纽工程由大坝、发电引水系统、电站等建筑物组成。

大坝为浆砌石重力坝，最大坝高 50.5m，坝顶长 167.9m。中部为溢流坝段，设 WES 实用堰，堰顶高程 183.00m，分 3 孔，每孔溢流净宽 10.0m，弧形闸门控制。放空洞位于大坝下部，坝内矩形泄水孔，断面尺寸 1.5m×3.0m（宽×高），进口底高程 162.90m。发电引水系统位于大坝左岸山体中，由塔式进水口、引水隧洞、调压井、压力输水管以及灌溉兼发电（渠首电站）支洞等组成，隧洞进口中心高程 174.50m，内径 4.0m。

（十一）老营盘水库

水库位于泰和县上圯乡上圯村，距泰和县城 39.7km，大坝坐落在赣江一级支流云亭河上游，坝址以上控制流域面积 172km²，设计灌溉面积 11.5 万亩，电站装机 3650kW，是一座以灌溉为主，兼顾防洪、发电和养殖等综合效益的大（2）型水利枢纽工程。水库按百年一遇洪水标准设计、5000 年一遇洪水标准校核，正常蓄水位 158.00m，总库容 1.016 亿 m³。枢纽工程主要建筑物由大坝、泄洪洞、引水隧洞、补充灌溉隧洞等组成。

大坝为土石混合坝，坝中设混凝土心墙，坝顶高程 166.20m，长 158m，最大坝高 51.2m。泄洪洞位于大坝右岸山体，2 孔，城门洞形，7.0m×11.0m（宽×高），进口设无坎宽顶堰，弧形闸门控制。引水隧洞位于大坝右岸约 30m 处，由进口闸室、洞身、压力叉管组成，进口底板高程 127.30m，内径 3.0m，平板钢闸门控制。补充灌溉隧洞位于发电引水隧洞和泄洪隧洞之间，由进口段、竖井、洞身、引水渠等组成，进口底板高程 122.00m，内径 1.5m，平板钢闸门控制。

（十二）油罗口水库

油罗口水库位于大余县浮江乡杉树下村洋道坝，距大余县城 10.0km，大坝坐落在赣江支流章江河上游。坝址以上控制流域面积 557.0km²，设计灌溉面积 3.8 万亩，电站装机 6000kW，是一座以防洪为主，兼有供水、发电、灌溉等综合效益的大（2）型水利枢纽工程。水库按百年一遇洪水标准设计、5000 年一遇洪水标准校核，正常蓄水位 220.00m，总库容 1.1 亿 m³。枢纽工程主要建筑物包括主坝、副坝、溢洪道、发电引水隧洞及坝后电站等。

主坝为黏土宽心墙坝，后增设混凝土心墙，最大坝高 36.26m，坝顶长 177m。副坝位于主坝左岸的一天然垭口处，为黏土斜墙坝，后增设混凝土心墙，最大坝高 31.0m，坝顶长 93m。溢洪道位于副坝左岸天然山坳中，由进水渠段、控制段、泄槽段、挑流鼻坎等组成，进口设实用堰，堰顶高程 215.00m，共 4 孔，每孔净宽 10.0m，弧形钢闸门控制。引水隧洞位于副坝与溢洪道之间，由引水明渠、隧洞段、进口段和压力钢管组成，洞身钢筋混凝土衬砌，进口底板高程 204.00m，内径 3.0～3.2m。

（十三）万安水库

赣江中游的大（1）型水库，又名万安湖，位于江西省万安县中南部、赣县中北部。

1958 年 7 月 1 日动工兴建，几经停工又多次复工。1990 年 8 月 24 日建成下闸蓄水，同年 11 月 11 日第一台 10 万 kW 机组并网发电。

坝址位于江西省万安县城芙蓉镇上游 2km 的土桥头，地处东经 114°41′、北纬 26°33′，上游距赣州市、下游距吉安市各 90km，控制流域面积 36900km²。水库回水长度 90km，回水涉及吉安市万安县、赣州市赣县和章贡区。

实际正常蓄水位 96.00m（黄海基面），4—6 月防洪限制水位 85.00～87.00m，50 年一遇洪水不超过 93.60m，7—9 月防洪限制水位 94.50～96.00m，汛后蓄水位 96.00m，死水位 85.00m；设计洪水位（千年一遇洪水设计）100.00m，校核洪水位（万年一遇洪水校核）100.70m，可能最大（PMP）洪水位 103.60m，总库容 22.14 亿 m³。正常蓄水位（96.00m）相应库容 11.16 亿 m³，相应水面面积 107.5km²；兴利库容 7.97 亿 m³，死库容 3.19 亿 m³，设计防洪库容 10.2 亿 m³。河道型水库，平均水面宽 2km，沿程变化不大。库区呈带状淤积，兼有三角洲淤积及锥体淤积性质，三角洲顶点在良口，主要淤积部位在小湖州一良口段，水库多年平均年泥沙淤积量 400 万 t。

枢纽工程由大坝、船闸、电站厂房、灌溉渠系组成。大坝全长 1.104km，共分 8 个坝段，自右至左依次为：①右侧合地土坝长 430m，坝顶高程 105.00m，最大坝高 37m，坝顶宽 8.5m；②混凝土船闸坝长 51m，单级船闸闸室有效尺寸 175m×14m×25m；③船闸与电站厂房之间混凝土非溢流坝长 18m，坝顶高程 104.00m，最大坝高 44m，坝顶宽 19m；④电站厂房混凝土坝长 197m，坝顶高程 104.00m，最大坝高 68.1m，河床式电站发电厂房，安装 5 台机组，单机最大引用流量 580m³/s，位于右河床，包括主厂房、安装场、操作管理大楼、上游进水渠及拦沙坎、下游尾水渠和挡土墙及护岸工程、进库公路、厂外油库及油处理室；⑤混凝土底孔坝长 150m，坝顶高程 104.00m，最大坝高 58m，坝顶宽 21m，坝内设 10 个 7m×9m 泄流孔，以弧形闸门控制，最大泄流量 1.38 万 m³/s；⑥混凝土导墙段长 14m；⑦混凝土溢流坝长 164m，坝顶高程 104.00m，最大坝高 49m，坝顶宽 21.5m，堰顶高程 84m，堰宽 126m，分 9 孔，每孔 14m，弧形闸门 14m×16.5m，最大下泄流量 2.26 万 m³/s；⑧左侧混凝土非溢流坝长 80m，坝顶高程 104.00m，最大坝高 44m，坝顶宽 22.8m，坝体内设灌溉涵管内径 1.1m，引用流量 4m³/s。灌溉渠系分左右岸灌区，左岸灌区主干梁全长 13.59km，支梁 6 条总长 25.7km，右岸灌区未建。

库区水系发达，赣江在库尾赣州市八境台于左岸纳章水后入库，另有 6 条流域面积大于 100km² 的支流入库：左侧长村河、攸镇河、皂口水，右侧湖江河、良口水、武术水。

库区属中亚热带季风湿润气候区，多年平均气温 18.5℃、年降水量 1560mm（4—9 月占 68.7%）、年水面蒸发量 893mm。

多年平均年径流量 297 亿 m³，4—9 月占 74.9%，历年最大年径流量 520 亿 m³（1973 年），历年最小年径流量 104 亿 m³（1963 年）。多年平均年入库沙量 742 万 t，4—9 月占 85.3%，历年最大年入库沙量 1410 万 t（1973 年），历年最小年入库沙量 196 万 t（1963 年）。

万安水库是赣江干流综合利用的水利水电梯级工程，以发电为主，兼有防洪、航运、灌溉、养殖、旅游等效益。①发电效益：水电站总装机容量 53.3 万 kW，年平均发电量 15.16 亿 kW·h。防洪效益：自 20 世纪 90 年代以来，赣江上游多次发生洪峰流量超过 1 万 m³/s 的洪水，水库发挥调洪作用，平均削峰率达 15%。尤其 1994 年 6 月拦蓄洪水 6.3 亿 m³，削减洪峰 21%，1995 年 6 月拦蓄洪水 4.8 亿 m³，削减洪峰 23.1%。通过水库发挥蓄滞洪作用，可提高吉安至南昌段防洪标准到 50 年一遇。降低中下游洪水位 0.4～1.3m，减轻中下游的防洪压力。水库设计防洪库容 10.2 亿 m³，但由于移民问题未完全解决（设计正常蓄水位 100.00m。目前正常蓄水位 96.00m），防洪效益未充分发挥。②航运效益：建库前，万安至赣州段"九曲十八滩，船过十有九艘翻"，建库后，水库上下游航运条件大为改善。十八滩沉入水下，"高峡出平期，四季皆畅通"。经水库调节，大坝下游年平均流量由建库前的 $150m^3/s$ 加大到 $350m^3/s$，平均水深由 0.7m 提高到 1m。大坝单级船闸可通过 2 艘 500t 位驳船组成的船队。

①灌溉效益：设计灌溉面积 1.35 万 hm^2。右岸灌区设计灌溉面积 1 万 hm^2，尚未动工建设；左岸灌区实际灌溉面积 $3500hm^2$；②养殖效益：利用库汊养鱼，可养水域 87 万 hm^2，主要养鳙鱼，禁养鲤鱼、鲢鱼、草鱼、长吻鱼，2006 年鲜鱼产量 15 万 t；③旅游效益：水库形成 $100km^2$ 水域的万安湖，水面碧波万顷，烟波浩渺，周边众多湖港半岛，湖光山色，风景迷人，是千里赣江风景秀丽的一段，库周是国家级森林公园、省级风景名胜区。

（十四）上犹江水库

上犹江中游的大（2）型水库，又名陡水湖。地处江西省上犹县中南部、崇义县东北部，东南距上犹县城 18km。1955 年 3 月开工，1957 年 8 月建成。

坝址地处上犹县陡水镇铁扇关峡谷，位于东经 $114°24.5'$、北纬 $25°49.7'$，控制流域面积 $2750km^2$。水库回水范围自坝址至上犹江的崇义县过埠镇高沙村、思顺河的崇义县过埠镇车田村、崇义水的崇义县横水镇茶滩村过路滩下、营前河的上犹县营前镇石板村，库区位于崇义县东北部和上犹县中南部，最大回水长度 57km。

库周多为低山，群山起伏，地势周围高中间低，地面高程多在 $500\sim1000m$ 之间。入库支流主要有思顺河、崇义水、营前河。多年平均气温 18.2℃，年降水量 1694mm（4—9 月占 70.3%），年水面蒸发量 950mm。经封山育林等措施治理，竹木茂盛，2004 年植被覆盖率 82%。

多年平均年入库径流量 25 亿 m^3，4—9 月占 72.6%，最大年入库径流量 47.9 亿 m^3，最小年入库径流量 10.4 亿 m^3。多年平均年入库输沙量 24.6 万 t，输沙量主要集中于洪水期。2005 年水质达Ⅰ类地表水标准。

工程以发电为主，兼顾防洪、航运、旅游、养殖等效益，是流域治理开发中的骨干工程。电站装机容量 6 万 kW，多年平均年发电量 2.33 亿 kW·h。2004 年经单机增容改造，电站装机容量增至 7.2 万 kW，同时增加下游南河、仙人陂，罗边梯级水电站的电能。在历次较大洪水中，削减洪峰流量，减轻下游地区洪涝灾害损失。水库正常蓄水位时，改善库区航运里程 90km。已开发建设上犹江陡水湖旅游区。

水库正常蓄水位 198.40m（假定基面），防洪限制水位 195.50m，死水位 183.00m，设计洪水位 199.00m，校核洪水位 200.60m；总库容 8.22 亿 m^3，兴利库容 4.71 亿 m^3，死库容 2.5 亿 m^3。水面面积约 $43.8km^2$，系湖泊型年调节水库。水库泥沙淤积量小。

主要建筑物有大坝、溢洪道、泄洪洞、坝内式厂房、过木筏道。大坝为钢筋混凝土空腹重力坝，坝顶总长度 153m，由 10 个坝段组成。中间 5 个坝段为溢流段，坝顶长度 80m，潜没孔口式混凝土坝顶溢洪道，溢流道 60m，堰顶高程 184.50m，由 5 孔钢质平板定轮门控制，最大泄洪流量 $4940m^3/s$；非溢流坝段坝顶长 73m、宽 5m，坝顶高程 202.50m，最大坝高 67.5m。泄洪隧洞位于大坝右岸，为洞径 7m 的四型深水底孔有压隧洞，洞底高程 141.50m，最大泄洪流量 $930m^3/s$，由钢质弧形闸门控制。主厂房设于坝内，长 75m、宽 11.4m。过木筏道设在大坝左侧，筏道宽 6m。

（十五）江口水库

赣江下游左岸一级支流袁水中游的大（2）型水库，又名仙女湖，位于江西省新余市渝水区西南部、分宜县中南部，东北距新余城区 20km。1958 年 8 月动工，1961 年主体工程基本建成，1964 年 9 月开始发电。

水库原设计正常蓄水位 72m（吴淞高程），死水位 65.70m，设计洪水位 74.40m，校核洪水位 76.00m，总库容 8.9 亿 m^3，兴利库容 3.4 亿 m^3，死库容 1.84 亿 m^3，由于受上游淹没影响和对下游防洪要求，对各项参数进行了调整，现水库正常蓄水位 69.50m，死水位 65.00m，设计洪水位 72.75m，校核洪水位 75.11m，总库容 8.9 亿 m^3，兴利库容 1.86 亿 m^3，死库容 1.6 亿 m^3，正常蓄水位水面面积 50km²，最大水面宽 5km，长 10km。属不完全年调节湖泊型水库。水库淤积不严重。

水库以发电为主，兼防洪、灌溉、供水、水产养殖、旅游等综合效益。坝址位于江西省渝水区河下镇江口村附近，东经 114°49.5′、北纬 27°44′，控制流域面积 3900km²，回水长度 37km，涉及宜春市袁州区的彬江镇、新余市分宜县分宜镇、渝水区河下镇等。

库区水系发达，主要一级支流有松山河、小江边河、江背河、九龙山河。属中亚热带季风湿润气候区，流域多年平均气温 17℃，极端最高气温 41.7℃，极端最低气温 −9.2℃。相对湿度 80%～90%。库区流域多年平均年降水量 1610mm，4—6 月降水量占年降水量的 44%，流域多年平均年水面蒸发量 1000mm。库区植被良好，植被覆盖率在 90% 以上，水土流失较轻。

流域多年平均年入库径流量 34.7 亿 m^3，4—9 月占全年的 68.5%，流域多年平均年入库沙量 45 万 t，4—9 月占全年的 84%。

电站装机容量 4.0 万 kW，年发电量 9160 万 kW·h，坝下水电厂利用江口水电厂尾水发电，装机容量 1600kW，年发电量 816 万 kW·h。

水库建成后，由于下泄流量得到一定控制，减轻下游洪水威胁，并帮助削减赣江洪峰，2 万 hm² 农田防洪标准由 3 年一遇提高到 5 年一遇。1995 年 6 月 27 日洪水，最大入库流量 4370m³/s，相应最大下泄流量 1500m³/s。

袁惠渠工程为江西第二大灌区，建于 1957 年，设计灌溉农田 2.25 万 hm²，闸首建于江口水电厂尾水渠下游，直接利用发电尾水灌溉，水库提高了袁惠渠的灌溉保证率。

水库工业供水的主要对象原为新余钢铁有限责任公司和新余发电厂，随着人口增长和经济发展，供水量大增，工业供水流量不小于 8m³/s。新余市第三水厂每天从水库取水 10 万 m^3。

水库正常高水位下形成 72 个岛屿，1995 年新余市将江口水库冠名为仙女湖，创建国家级仙女湖风景名胜区。

（十六）赣江石虎塘航电枢纽工程

石虎塘航电枢纽位于泰和县城公路桥下游 26km 的万合镇石虎塘自然村附近，是以航运为主、结合发电，兼顾其他效益的水资源综合利用工程。总库容 7.43 亿 m^3，电站装机容量 12 万 kW，年平均发电量 5.27 亿 kW·h，通航设施建设标准为内河Ⅲ级。工程总投资 23.7 亿元。水库淹没涉及 7 个乡镇场、55 个村（分场）。库区淹没土地总面积 28.19km（其中陆地面积 6.56km），采取堤防工程及抬田措施后，水库淹没影响区、库区堤防工程压占区、库区排渗工程压占区等需永久占用各类陆地面积 9846.07 亩，其中耕地 2976.01 亩。

（十七）新干航电枢纽工程

江西赣江新干航电枢纽主要建设内容包括船闸、泄水闸、电站、鱼道、大坝、坝顶公路桥、库区防护工程及相应配套工程设施，其中，船闸工程为三级航道标准，闸室有效尺度为 230m×23m×3.5m（长×宽×槛上水深），设计年单向通过能力为 1879 万 t，并预留二线船闸位置。水库正常蓄水位 32.50m，电站总装机容量为 12 万 kW。江西赣江新干航电枢纽工程是赣江赣州至湖口河段自上而下规划的 6 个梯级中的第 5 个梯级，是一个以航运为主，兼顾发电等综合效益的枢纽工程。电站安装有 7 台套 16MW 灯泡贯流式机组，电站总装机容量 112MW，年发电量达 5.7 亿 kW·h 以上。项目建成后将大大改善赣江通航条件，并与上、下游枢纽和航道沟通，进一步发挥赣江水运优势，构建沿江地区对外物资交流的快速水上通道。

（十八）龙头山水电站枢纽工程

江西龙头山水电站枢纽工程位于江西省丰城市剑邑大桥下游 2.9km、龙头山渡口上游 1.5km 处，枢纽管理中心规划选址在丰城市曲江镇曲江村，是一座以发电、航运、城市交通为主，兼有防洪灌溉、供水、旅游、水产养殖等综合利用功能的大型水电站枢纽工程，也是赣江流域梯级电站规划中的最后一级电站。

三、堤防

赣江流域堤防工程总长达 1234.7km，下面简述保护耕地 5 万亩以上的重点圩堤概况。

（一）赣抚大堤

赣抚大堤系赣东大堤和抚西大堤的统称。赣东大堤位于赣江下游东岸，上起新干县溧溪村牛皮山，沿赣江下游东岸，经新干、樟树、丰城、南昌县市汊，下至南昌市郊将军渡，全长 141.46km。赣东大堤在新干大洋洲新市附近设有新市隔堤，长 0.73km，在樟树龙溪闸附近设有晏公隔堤，长 8.83km。抚西大堤位于抚河下游西岸，上起临川区焦石坝，经丰城市王家洲，下至南昌县饶坊山，全长 22.94km。赣抚大堤保护面积 1344km²，保护耕地 116.72 万亩，保护人口 140.7 万人，保护工农业生产总值 71.83 亿元，保护新干、樟树、丰城、南昌、南昌市及区内机场、铁路、主要公路干线和工矿企业等的防洪安全，为江西省两条最重要的防洪大堤，是赣抚平原东西面重要的防洪屏障。赣东大堤始建于汉永元年间（公元 89—105 年）。南宋庆元二年（1196 年），丰城大规模修建赣江东堤；明清时期，赣江东岸圩堤有较大发展，沿江群起建堤护田。清嘉庆七年（1802 年），丰城在小港口堵港筑堤，至清朝同治时，赣江东岸，自新干县石口至南昌县文家坊已分别连接成石口至龙溪河、龙溪河至大港口、大港口至文家坊三大段圩堤。清光绪元年（1875 年），丰城堵大港口，民国 26 年（1937 年），清江县堵龙溪河，筑新堤 750m，遂将赣江东岸大堤连成一体。同年，新干县原始于石口溧溪村的赣东堤延伸 300m 至牛皮山。民国 26—28 年（1937—1939 年），南昌县原址于文家坊的赣东大堤，延伸 13.73km 至南昌市郊潮王洲。1954 年南昌市郊桃花乡将赣东大堤由潮王洲延伸 1.5km 至黄泥洲。1959 年，赣东大堤由黄泥洲延伸 3.3km 至南昌市将军渡，与南昌市区高地相接，堵塞了赣江东岸石口至南昌市区的最后一条支流——桃花河，至此形成了现今完整的赣东大堤。抚河下游西岸的堤防建设,至今也有 300 多年的历史。自清康熙元年(1662 年),当地群众已在临川区长乐乡的王家洲、箭江口、新畲等地筑有局部小堤。乾隆五十年(1785 年),自王家洲至箭江口和新畲村至白城高地分别联成圩堤。民国二十八年(1939 年)筑白城至饶坊山新堤 2.51km,至此形成王家洲以上及王家洲至箭江口、箭江口至饶坊山段圩堤。民国 26—28 年(1937—1939 年),临川区堵王家洲河,筑堤 442m,至民国 34 年(1945 年),上抚西堤(箭江口以上)连成一体。1954 年江西省水利局将抚西堤列为全省的特等堤,逐年加高加固,1958 年修建赣抚平原水利综合开发工程时,箭江口堵口筑堤 360m,1959 年修建焦石坝至上东山(王家洲河口右岸)总干渠堤。从此,抚河西岸自焦石坝至饶坊山圩堤连成一体,形成抚西大堤。

历史上,赣抚大堤曾出现不少历史险情。据历史资料不完全统计,自唐贞元元年(公元 785 年)至民国 37 年(1948 年)的 1164 年中,因赣抚大堤堤身低矮单薄、百孔千疮,经不起大洪水袭击,每遇洪水季节,洪水或漫堤或决堤,致使大堤保护区内洪水灾害频繁,累计共遭受洪水灾害 271 次。自中华人民共和国成立以来,仅赣东大堤 1951 年、1961 年、1962 年三年 4 次 6 处决堤受灾。1951 年赣江大水,4 月 24 日,新干石口村赣东堤决口 155m,4 月 25 日,丰城拖船埠樟树下的赣东堤决口 180m;1961 年赣江大水,6 月 14 日丰城城墙堤沙月湖、石板地段决口 155m;1962 年赣江大水,6 月 20 日赣东大堤新干张家渡堤段决口 85m,南昌县万家洲堤段决口 530m,南昌县漳溪堤段决口 85m,后都经修复。抚西大堤自 1959 年形成后未发生溃堤事件,安全抗御了李家渡水位 1962 年的 30.130m(黄海,下同)、1969 年的 30.395m 和 1982 年的 30.755m。赣抚大堤自 1963 年以来,抗御了 1968 年、1982 年、1995 年和 1998 年几次大洪水,已连续 50 余年安全度汛,取得了巨大的经济效益和社会效益。

现在赣抚大堤,堤身高 7～11m,顶宽 8～10m,迎水坡 1:3,背水坡 1:4。堤顶高程:赣东大堤为 39.91～23.56m(黄海,下同);抚西大堤为 33.55～31.94m。穿堤建筑物 40 座,其中赣东大堤 33 座,抚西大堤 7 座。险段 98 处,长 27.579km,其中赣东大堤险段 88 处,24.849km,抚西大堤 10 处,2.73km。圩堤现状防洪能力 30 年一遇。赣东大堤的管理,历来以县市界为界。各县市(区)设有赣东大堤管理局(站),分段负责大堤的修、防及日常管护。宜春地区在樟树设有宜春地区赣江抚河河道堤防管理局。

抚西大堤地处临川、丰城、南昌三县市,其堤防维护管理由主要受益县(市)南昌、丰城负责。抚西大堤丰城段,在王家洲设置了专管机构,归口丰城市赣江抚河河道堤防管理局。南昌段在白城设置了抚西大堤管理站,属南昌县水电局直属机构。箭江分洪闸则由省赣抚平原水利工程管理局设站专管。赣抚大堤特征水位表见表 10-5。

(二)药湖联圩

药湖联圩坐落于丰城市和南昌市新建区境内,位于锦江下游南岸,丰城市与新建区交界处。圩堤起自新建区横头,沿锦江而下,经罗家渡、朱家、松湖街、南岸村、礼坊,止于丰城市司家闸附近,堤线全长 35.45km。其中,丰城市管辖两段,长 12.429km;新建区管辖两段,长 23.02km。圩堤保护面积 166km²(丰城市 109km²,新建区 57km²),保护耕地 15.6 万亩(丰城市 9.1 万亩,新建区 6.5 万亩)。

表 10－5 赣抚大堤特征水位表

圩堤名称	控制点地点	历史最高水位/m	出现时间/(年.月.日)	设计洪水位/m	警戒水位/m	现有堤顶高程/m	设计堤顶高程/m	备注
赣东大堤	新干县	37.70	1968.6.26	37.74	35.39	39.91	40.74	2.110
	樟树	32.463	1982.6.19	33.81	30.243	34.943	35.81	2.257
	丰城	29.190	1982.6.20	30.29	26.730	31.36	32.29	2.370
	市汊(南昌县)	26.060	1982.6.20	28.24	23.72	28.260	30.24	2.280
	南昌	22.490	1982.6.20	23.39	20.690	24.46	25.39	2.310
抚西大堤	李渡	31.12	1998.6.23	33.41	28.54	33.55	35.41	1.96
	温圳	27.646	1968.7.9	30.55	25.466	31.94	32.55	2.034

注 高程系统为黄海，吴淞与黄海的换算值见备注栏。

药湖联圩始建于 1961 年 9 月，由宜春地区行署组织丰城、新建两市县劳力兴建。联圩由四段圩堤组成。第一段为新建区锦江堤段，从新建区横当头至丰城与新建区交界处（0＋000～7＋020），长 7.02km；第二段为丰城锦江堤段，紧接新建锦江堤至两市县分界点松湖街处（7＋020～14＋327），长 7.307km；第三段为新建松湖堤段，从松湖街至新建区南岸村（14＋327～30＋327），长 16.0km；第四段为丰城药湖堤段，从新建区南岸村至丰城市药湖闸，又称司家闸（30＋327～35＋449），长 5.122km，其中从南岸村至礼坊约 2km 堤段为新建所建，后划归丰城管辖。

药湖联圩兴建后，曾发生过几次险情。1962 年 6 月中旬，新建区锦江圩漫决；1964 年 6 月下旬，新建药湖堤漫决；1973 年 4 月和 1975 年 5 月该联圩的内堤铁臂圩决口；1993 年 7 月锦江大水，松湖街站出现历史最高洪水位，实测为 27.03m（黄海，下同），险情严重。圩堤经历年的培修加固后，形成了现今的药湖联圩。

圩堤现有堤顶高程 27.03～29.17m。堤顶宽 5～9m，内、外坡 1：2.5～1：3。全堤共建有圩堤建筑物 34 座。险段 27 处，6.217km。圩堤现状防洪能力为 8～10 年一遇。

药湖联圩由药湖联圩工程管理局管理。该局设在丰城。药湖联圩特征水位表见表10－6。

表 10－6 药湖联圩特征水位表

控制点地点	历史最高水位/m	出现时间/(年.月.日)	设计洪水位/m	警戒水位/m	现有堤顶高程/m	设计堤顶高程/m	备注
松湖街(新建)	27.03	1993.7.6	26.75	25.12	27.12	28.25	黄海系统，换算值为 1.88m

注 高程系统为黄海，吴淞与黄海的换算关系详见备注栏。

（三）丰城大联圩

丰城大联圩坐落于丰城市境内，位于赣江下游东岸（右岸），清丰山溪北岸（左岸），圩堤起自拖船乡的谭家窑，经孙渡等，终至小港镇的小港闸，堤线全长 49.03km，圩堤保护面积 147.6km²，保护耕地 12.31 万亩，同时保护丰城市区及浙赣铁路 29.6km 的防洪安全。

该圩始建于 1963 年，系由原有的中洲圩、永固圩、金角圩、饶家圩等 19 座圩堤联并而成。1963 年该圩作为重点治理规划对象，进行了裁弯取直河道整治工作。1964 年冬又实施由三汊港至杨木桥穿永固圩直线开河工程。1968年开挖中洲排渍道，废弃了楼下埠至拖船埠中洲圩和永固圩的隔堤。1977年清丰山溪主河改道，又从桥头李村穿金角圩至魏家桥途经故县，在二仙庙破饶家圩至中洲任村止，在小港水入口处连接原老堤（中洲任村—小港闸）最终建成丰城大联圩。1994年清丰山溪小港口站水位高达25.12m（黄海），圩堤出险19处，且在拖船乡的上村村侧决口，后修复，并对圩堤进行了培修加固。

圩堤现有堤顶高程26.37～27.94m（黄海），堤顶宽4～8m，内、外边坡1∶2.5。全堤共建有建筑物16座（涵闸10座、电排站6座）。险段16处，长4.73km。圩堤现状抗洪能力为10年一遇。

圩堤现由堤段所在各乡镇负责管理。丰城大联圩特征水位表见表10-7。

表10-7　　　　　　　　　　　　　丰城大联圩特征水位表

控制点地点	历史最高水位/m	出现时间/(年.月.日)	设计洪水位/m	警戒水位/m	现有堤顶高程/m	设计堤顶高程/m	备　注
小港闸内	25.12	1994.6.18	25.65	22.34	26.14	27.15	黄海系统，换算值为2.36m

（四）小港联圩

小港联圩坐落在丰城市境内，位于赣江下游东岸，南隔清丰山溪入赣江水道—小港水与丰城大联圩毗邻。沿赣江有赣东大堤保护，东面及南面为清丰山溪干流防洪堤。圩堤起自小港闸，经中洲，顺清丰山溪而下，终至官塘。堤线全长22.78km。圩堤保护面积51.28km²，保护耕地5.17万亩，保护人口3.46万人，保护工农业生产总值0.288亿元。保护8km浙赣铁路的防洪安全。

该堤始建于1977年，是年清丰山溪主河道裁弯取直改道。同时将原大兴、万福两圩并成一圩形成现在的小港联圩。

该圩堤形成后分别抗御了1962年、1989年、1994年的24.74m（黄海，下同）、24.77m和25.12m的洪水位（其中25.12m为历史最高洪水位），未出溃堤决口险情。

圩堤现有堤顶高程26.14～26.30m，堤顶宽6m。内、外坡1∶2.5，全堤共建有圩堤建筑物7座（电排站2座、涵闸5座）。险段2处，长0.03km。圩堤现状防洪能力约10a一遇。小港联圩现归属小港镇负责管理。小港联圩特征水位表见表10-8。

表10-8　　　　　　　　　　　　　小港联圩特征水位表

控制点地点	历史最高水位/m	出现时间/(年.月.日)	设计洪水位/m	警戒水位/m	现有堤顶高程/m	设计堤顶高程/m	备　注
小港闸内	25.12	1994.6.18	25.04	22.34	25.94	26.54	黄海系统，换算值为2.36m

（五）粮洲堤

粮洲堤是泉港分洪工程的重要组成部分，位于赣江西岸樟树、高安、丰城3市交界接头处，上接樟树市赣西堤与肖江堤的结合处，下至泉港分洪闸。堤线长度原为4.5km，1968年大园村堤段溃口处，堤线向内弯迁，堤长增至4.63km。圩堤保护面积131km，保护耕地 12.18 万亩，保护人口 9.63 万人。保护张家山至八景铁路 4.2km。

该堤始建于清光绪元年（1875 年），此时在稂家洲一带即筑有用于防冲拦沙的沙河挡。至民国时期，提高仍只有 1～2m，堤顶宽 1～1.5m，堤身低矮单薄，只用于防沙。1956—1959 年修建泉港分蓄洪垦殖工程时，将沙河挡加高加大，改称稂州堤。

1959 年以后，经不断培修加固，稂洲堤抗洪能力有所提高，但未达到抗御大洪水标准。1961 年、1962 年、1964 年赣江 3 次大水，因闸内肖江水位较高，堤内外水位差小，圩堤安全度汛。1968 年 6 月，赣江特大洪水，稂洲堤多处出现重大险情。6 月 27 日，泉港闸处赣江水位达 30.88m（黄海，下同）。6 月 29 日凌晨 6 时 20 分，丰城市大园村堤段堤身决口 170m，后于 8 月 15 日堵口修复。1982 年赣江大水，稂洲堤安全度汛。1987 年，拆迁稂洲村有碍修堤的房屋逾 1200m²，并将堤身逐步加高加固。

现稂洲堤堤顶高程达 33.52～34.09m，顶宽 6～8m，内、外坡 1∶3，圩堤建筑物 1 座，即泉港闸，险段 6 处，长 0.63km。圩堤现状防洪能力达到 50 年一遇。

目前稂洲堤存在的主要问题分蓄洪区内修建了大量圩堤，达 41 条之多，圩堤围圈面积达 89.57km²，堤顶高程一般都在 30.22m，高安石城埠圩堤顶高达 32.22m。超过分洪水位 31.71m，严重影响分蓄洪区分洪，有待清障拆围。

稂洲堤现由宜春地区赣抚大堤管理局管辖，管理局设在樟树市。具体修防管工作由樟树、高安、丰城三市负责。樟树、高安各负责 1.5km，丰城市负责 1.63km。稂洲堤特征水位表见表 10－9。

表 10－9　　　　　　稂 洲 堤 特 征 水 位 表

控制点地点	历史最高水位/m	出现时间/（年．月．日）	设计洪水位/m	警戒水位/m	现有堤顶高程/m	设计堤顶高程/m	备　注
泉港	31.40	1982.6.19	32.67	29.22	33.52	34.67	黄海系统，换算值为 2.28m

注　高程系统内黄海，吴淞与黄海的换算关系见备注栏。

（六）晏公堤

晏公堤位于赣东大堤上游段，樟树市区西南，龙溪河右岸。圩堤西起赣东大堤桩号 31＋000 处，东南至樟树市洋湖乡小溪村旁山地，堤线全长 8.83km。圩堤保护面积 141km²，保护耕地 8.9 万亩，其保护效益已一并计入赣东大堤中。晏公堤在龙溪老闸未建前，主要是抗御龙溪河与赣江洪水。自民国 26 年（1937 年）在龙溪河出口处堵河建龙溪闸后，赣江东岸堤上、下段连成一体，晏公堤便成为赣东大堤内的一道隔堤，主要是防止其上游赣东大堤决口，洪水直泻下游，保障晏公堤以下的樟树、丰城、南昌等城市的安全。

对晏公堤的文献记载最早见于明朝时期，明崇祯十四年（1641 年），清江县即开始在这一地段筑有龙潭堤、吴家旱堤、蛇溪堨堤，后相互联并成一堤，因堤身旁有晏公庙，故称晏公堤。

1951 年 4 月，赣江大水，赣东大堤新干县石口段决口达 155m，洪水直泻下游，由于有晏公堤挡水，使晏公堤以下广大地区免遭洪水灾害。

1962 年 6 月，赣江大水，赣东大堤新干县张家渡决口达 158m，晏公堤挡水 10d，后因洪水过高，加之堤身单薄而决口，洪水直泻樟树以下及丰城、南昌平原，浙赣铁路交通中断。该年冬，对晏公堤进行堵口并加高加固。

圩堤现有堤顶高程 32.8～33.7m（黄海），堤顶宽 3～4m，内坡 1∶1.5，外坡 1∶2～1∶2.5。全堤共有圩堤建筑物 2 处，险段 2 外，长 1.73km。圩堤现状防洪能力为 20 年一遇。

晏公堤现由樟树市赣江河道堤管理局负责管理。晏公堤特征水位表见表 10－10。

表 10－10　　　　　　　　　　　　　晏 公 堤 特 征 水 位 表

控制点地点	历史最高水位/m	出现时间/（年.月.日）	设计洪水位/m	警戒水位/m	现有堤顶高程/m	设计堤顶高程/m	备　注
吴家港西头村	32.004	1962.6.30	33.574	29.00	33.77	35.074	黄海系统，换算值为 2.226m

注　高程系统为黄海，吴淞与黄海的换算关系见备注栏。

（七）赣西肖江堤

赣西肖江堤为赣西堤和肖江堤的总称。

赣西堤位于樟树市赣江西岸和袁河左岸，上段起自临江镇的窑湾村委古楼陈村丘陵地，沿袁河而下，至荷湖袁河与赣江汇合处，长 8.71km；下段自荷湖沿赣江西岸而下至肖江堤东端和泉港粮洲堤南端相接，长 13.43km。赣西堤堤线总长 22.14km。肖江堤位于肖江右岸，上自临江镇芦塘村，经楼村沿肖江而下至双园谢家村背与赣西堤相接，堤线长 21.15km。

赣西肖江堤堤线总长 43.29km，保护面积 73.84km²，保护耕地 6.47 万亩，保护人口 5.14 万人。保护浙赣铁路、清丰铁路支线及省群力山油库等重要工矿企业。

明清时期，赣江西岸即筑有许多零散间断的小堤，如窑湾堤、陈家坊堤、荷湖堤等，后经不断的联圩加固，赣西堤才初具雏形。1950—1951 年期间，从管理体制上，将其中属于高安、丰城所辖的堤段及沿堤所在村庄划归樟树管辖。1952 年冬，在上游的窑湾村延伸至 0.8km 的横堤。至此，赣西堤连成一体。

肖江堤最早建于清末民初，其时境内各自垒土围堤，互不相属。民国 18 年（公元 1929 年）间，先后将原来的同圣、万福、永安、永义等圩堤联并形成肖江堤。肖江堤在泉港闸未建前，主要防御赣江洪水，1958 年泉港分洪闸和粮洲堤建成，肖江堤成为泉港分洪区的圩堤，仍起防御赣江分洪保护铁路和农田的作用。

历史上，赣西肖江堤多次决口，如 1951 年大水，肖江堤分别在同圣、江口、下土湖 3 处决口，宽度达 530m，损失严重，后经整修加固，圩堤标准得以进一步提高。

现赣西肖江堤堤顶高程达 31.07～35.07m（黄海），顶宽 6～8m，内坡 1∶2.5，外坡 1∶2.5～3。全堤共建有圩堤建筑物 18 座，险段 19 处，长 6.53km。圩堤现状防洪能力为 10 年一遇。已按确定的 20 年一遇防洪标准继续进行加高加固。

赣西肖江堤现由樟树市赣江河道堤防管理局管理，该局设在樟树。赣西肖江堤特征水位表见表 10－11。

（八）筑安堤

筑安堤位于高安市锦河南岸。圩堤起自上湖乡象鼻咀，终至兰坊乡长乐宫，堤线全长 24.7km。圩堤保护面积 68.56km²，保护耕地 5.94 万亩，保护人口 8.4 万人，保护高安市的防洪安全。

表 10-11 赣西肖江堤特征水位表

控制点地点	历史最高水位/m	出现时间/(年.月.日)	设计洪水位/m	警戒水位/m	现有堤顶高程/m	设计堤顶高程/m	备 注
樟树站	32.463	1982.6.19	32.643	30.243	34.002	34.143	黄海系统,换算值为2.257m

注 高程系统为黄海,吴淞与黄海的换算关系见备注栏。

锦河古为笛河,又称蜀江,因流经筠州,故又称筠河。高安市筠阳镇位于锦河南岸,故该圩堤称为筠安堤。

筠安堤修建于1953年9月,采取以工代赈和民办公助的办法兴建。1954年1月大水,贾村水文站水位达34.192m(黄海,下同),超警戒水位(31.302m)2.89m,大部分堤段漫圩决口,后修复。1973年6月,锦河发生有记录以来历史最大洪水,贾村水位达34.282m,圩堤出现多处险情,但未决口。1973—1975年对筠安堤进行全面整险加固。1989—1990年组织第3次大规模的圩堤培修加固。筠安堤的抗洪能力有了较大提高。1993年大水,贾村水位34.092m,持续时间达14h之久,圩堤没有一处决口。

圩堤现有堤顶高程为34.06~35.74m,堤顶宽4~5.5m,内、外坡在1:2~1:2.5之间。全圩堤共建有圩堤建筑物22座,险段14处,长8.35km。圩堤现状防洪能力为15年一遇。

筠安堤现由各乡镇负责管理。筠安堤特征水位表见表10-12。

表 10-12 筠安堤特征水位表

控制点地点	历史最高水位/m	出现时间/(年.月.日)	设计洪水位/m	警戒水位/m	现有堤顶高程/m	设计堤顶高程/m	备 注
高安水文站	32.552	1973.6.25	32.84	28.702	34.340	34.340	黄海系统,换算值为2.298m

注 高程系统为黄海,吴淞与黄海的换算关系见备注栏。

(九) 三湖联圩

三湖联圩位于新干县境内,赣江中下游赣江左岸。联圩由赣西联堤和袁河联堤组成。

赣西联堤包括界埠段、荷浦段、三湖段3段圩堤。圩堤起自界埠乡的逆口村,经由界埠乡、荷浦乡,终至三湖镇蒋家村委会的陈家村,与樟树市洲上乡的洲上堤相接。新干境内堤线长度29.79km。

袁河联堤由荷浦江仔口堤和三湖袁河堤组成。圩堤起自荷浦乡的袁惠渠洋梅池水闸,经荷浦乡境内江仔口堤,在堤的末端湖边村与袁河堤段相接,沿经三湖镇山里村委会刘家村止,下连樟树市洲上乡的洲上堤。新干境内堤线长度23.1km。

三湖联圩堤线总长52.89km,圩堤保护面积83.46km²,保护耕地7.69万亩,保护人口8.25万人。

赣西联堤最早建于清同治年间,此时界埠、荷浦及三湖地段即筑有小堤。在中华人民共和国成立之前,堤线残缺不全,堤身矮小。民国26年(1937年)8月大水,赣西堤决口达27处之多。中华人民共和国成立之后,1964年,重修界埠堤,建成从逆口村至荷浦古巷窑场12.135km圩堤。此后历年对该堤及荷浦至三湖段圩堤进行培修加固,形成了现今的赣西联堤。

赣西联堤现有堤顶高程 36.29~40.10m（黄海），顶宽 4~6m，内外坡 1∶3。全堤共有圩堤建筑物 10 座，险段 26 处，长 8.87km。圩堤现状防洪能力为 20 年一遇。

袁河联堤始建于清同治年间，原名横河堤，此时县志已有记载，并有《横河口筑堤记》。民国时期，堤身矮小，抗洪能力弱。民国 20 年（1931 年）、民国 24 年（1935 年）、民国 35 年（1946 年）年及 1949 年夏，袁河堤均曾不同程度地因洪水造成圩堤决口。中华人民共和国成立之后，袁河堤曾于 1962 年 6 月决口，后修复，并于 1964—1965 年对袁河堤上、下段在横河口筑堤联并，形成一体，并经历年不断的培修加固，形成了现今的袁河联堤。

袁河联堤现有堤顶高程 34.39~37.2m（黄海），顶宽 3.5~4m，内坡 1∶2.5，外坡 1∶1.5~1∶2.5。全堤共有圩堤建筑物 21 座，险段 9 处，长 2.1km。圩堤现状防洪能力为 10 年一遇。

三湖联圩现由各段圩堤所在乡镇政府管理。三湖联圩特征水位表见表 10 - 13。

表 10 - 13　　　　　　　　　　　三湖联圩特征水位表

圩堤名称	控制点地点	历史最高水位/m	出现时间/(年．月．日)	设计洪水位/m	警戒水位/m	现有堤顶高程/m	设计堤顶高程/m	备注
界埠段	新干水位站	37.70	1968.6.26	37.85	35.39	39.35	39.35	黄海系统，换算值为 2.11m
荷浦江仔口堤	江仔口排涝站	32.95	1994.6.17	33.59		34.99	35.09	黄海系统，换算值为 2.11m

注　高程系统为黄海，吴淞与黄海的换算关系见备注栏。

四、蓄滞洪区

流域内已建成的蓄滞洪工程有泉港、清丰山溪 2 座蓄滞洪区。

（1）泉港分洪：为了保证赣江东岸堤防安全，1957 年在赣江下游西岸兴建了泉港分洪闸，设立泉港分洪区，设计最大分洪流量 2160m³/s（五孔闸门全开），分洪水量约 2 亿 m³。

（2）清丰山溪分蓄洪区：为了确保岗前渡槽、沙埠公路桥、小港口铁路桥、向塘铁路桥的安全和箭江口顺利分洪以及丰城大联圩的安全，丰城境内的蓄洪区应不小于 80km²。当箭江口分洪时，丰城下泄清丰山溪洪水应按抚河下游支流允许下泄洪水流量 1500m³/s 进行控制，超过部分在清丰山溪蓄洪区进行分洪。

清丰山溪：系芗水、丰水、富水、秀水、槎水、白水、株水汇流而成，流经赣江东岸地区注入鄱阳湖，有主河一条，支流 7 条，共长 374.5km，流域面积 2309.5km²，其中丰城市管辖面积 1956.5km²。主河道从黄墓桥至桥头李家为上游，长 15km；由桥头李家至南昌县上洲李家为下游，长 25km。市境主河道长 40km。在上洲李家处设计下泄流量 1100m³/s，相应小港闸内水位 27.3m。1994 年 6 月 17 日，小港闸内水位站最高洪水位达 27.48m，相应岗前渡槽下泄流量 900m³/s。冬季流量小，不通航。

为防御赣江发生特大洪水，20 世纪 50 年代在赣江下游建成泉港分洪蓄洪工程。该工程位于赣江下游西岸樟树、丰城、高安 3 市交界处。分洪区内总面积 131km²，设计最大分蓄洪水 5.16 亿 m³，是赣江下游防御特大洪水的重要防洪设施。泉港分洪蓄洪工程由泉港分洪闸、粮洲堤和消江堤、蓄洪区等部分组成。

（1）泉港分洪闸。位于丰城市泉港镇。闸址以上集水面积 1240km²，包括樟树市的消江和高安市的澧水流域。早在 1926 年，清江、高安、丰城三县即有建闸之议，因工程巨大未果。1934 年和 1936 年，三县又酝酿建闸，因抗日战争爆发，又未实现。中华人民共和国成立后，1956 年 2 月省计委批准同意兴建，同年 8 月开工，1958 年 3 月竣工。

泉港分洪闸闸身为钢筋混凝土结构。闸分 5 孔，每孔净宽 12m，高 6m。闸墩宽 2m，高 15.5m，长 22.5m。南岸边墩与粮洲堤相连，北岸边墩与岩石高地相接。

该闸原设计分洪水位：闸外（赣江）32.3m，相应闸内（消江）28.8m，内外水位差 3.5m。5 孔闸全开，最大分洪流量 2160m³/s，蓄洪区最大蓄洪量 5.16 亿 m³，降低赣江下游洪水位新干 0.06m、樟树 0.15m、泉港 0.6m、丰城 0.47m、市汊 0.29m。

2001 年 9 月，由长江勘测规划设计研究院提出新闸设计，其防洪标准为百年一遇（原闸防洪标准为 14 年一遇），建筑物为 Ⅱ 等工程，工程具有挡洪、分洪、排渍、蓄水灌溉和交通等综合功能。新闸设计分洪水位 32.13m，5 孔全开最大设计分洪流量 2000m³/s（原闸设计最大分洪流量 2160m³/s）。2001 年 10 月 10 日开工，2003 年 5 月全面竣工。闸室过流总净宽 60.0m，分 5 孔，孔口尺寸为宽 12m，高 6m；闸底板高程为 22.22m，闸门采用弧形钢闸门。

（2）粮洲堤、消江堤。粮洲堤是泉港分洪蓄洪工程的重要组成部分，上接樟树市赣西堤与消江堤结合处，下连泉港分洪闸，1958 年与泉港闸同时兴建。全长 4.5km，封堵消江出口，与赣江隔离。

丰城粮家洲，东临赣江，西滨消江，清光绪元年（1875 年），开始修筑防冲拦沙的小堤挡，1958 年修建泉港分洪工程时在原基础上加高加大，改称粮洲堤。1968 年 6 月，赣江发生特大洪水后，在堵口复堤时，筑新堤长 720m，高 5m，顶宽 6m。1981 年在堤顶普遍修筑高、宽各 1m 的子堤。现粮洲堤长 4.63km，堤顶高程 35.8～35.9m，顶宽 6～8m，已护坡 2km，护岸 2.5km。

樟树市的消江堤，原防御消江洪水和赣江洪水，保护浙赣铁路和农田，1958 年兴建泉港蓄洪工程时对消江堤进行加高加固，泉港蓄洪工程建成后，已成为分洪区南缘圩堤。

（3）泉港蓄洪区。泉港蓄洪区内有樟树、丰城、高安 3 市 9 个乡镇、244 个自然村，原有 1.5 万余亩耕田，蓄洪区最大蓄洪量 5.16 亿 m³。

五、引水工程

赣江流域水量丰沛，支流众多，自古先民因地制宜，就地取材，拦河筑坝修陂，以抬高水位引用天然径流量灌溉农田。西晋永嘉四年（公元 310 年），罗子鲁在分宜县西昌山峡断山堰为陂，灌田逾 400 顷，曰罗村陂。这是当时江西较大引水灌溉工程，也是流域水利建设见于史志文献的最早记载。

古代修建的小型陂坝多为柴草乱石坝，较大的陂坝为桩木堆石结构，易修易圮，迭经兴废。流域内有名的古代陂堰有泰和槎滩陂、宜春李渠、泰和梅陂、遂川南北澳陂、安福寅陂、泰和云亭阜济渠等，这些古代遗留下来的万亩以上灌溉工程至今仍在发挥作用。

中华人民共和国成立后，引水工程得到大力发展。流域内各县（市、区）除对原有小型陂坝、古老堰陂等工程进行整修、改建、扩建外，还新修一大批大、中、小型陂坝工程。1956 年起相继兴建锦惠渠、袁惠渠和章惠渠等大中型引水工程。

槎滩陂位于泰和县城以西约 30km 禾市镇槎滩村。拦截禾水支流牛吼江，集水面积 1070km²，始建于后唐年间。据泰和爵誉村周氏祠堂墙壁上嵌存的碑石《槎滩碉石二陂山田记》记载，后唐天成年间（公元 926—929 年）监察御史周矩（公元 895—976 年），金陵人，于后周显德五年（公元 958 年）避乱迁居泰和万岁乡，因地处高燥无秋收，乃在早禾市上游以木桩压石为大陂，长百丈，导引江水，开洪旁注，以防河道漫流改道，名槎滩。下七里筑条石滚水坝（名碉石陂）长 30 丈（1 丈≈3.3m），以调蓄水量水位，旁凹岸深潭下开渠 36 支，灌田 600 顷（1 倾≈6.7hm²）；并买山地，岁收木、竹、茶叶，为修陂费用。中华人民共和国成立后，省政府决定改建槎滩陂。1952 年政府贷款 26.5 万元，11 月 5 日开工，1953 年 2 月竣工。改建工程包括翻修加固拦河坝、改建高线北干渠、兴建进水闸及渠系建筑物等。此后，槎滩陂历经多次扩建和整修，兴修穿过牛吼江的倒虹管 1 座，增建干渠 1 条和支渠 3 条；改建高线干渠，加固主、副坝等。灌溉面积由原来的 2.57 万亩扩大到 4.43 万亩，大部分车灌改为流灌。2016 年槎滩陂被列入世界灌溉工程遗产名录。

梅陂位于泰和县西南部苏溪乡，坝址位于泰和县蜀水峡谷出口，渠首集水面积 1080km²。创建于何时不详。宋景祐元年（1034 年）龙泉县令何嗣昌修复，灌田 200 余顷。元祐年间（1086—1093 年）重建。1939 年，万安县政府要求改建，省水利局派员勘察设计。1940 年 11 月招商局承包施工，1942 年完工，渠首拦河坝增高至 7m。1943 年 9 月，增加贷款，改由省水利局施工，1944 年 5 月部分完工，灌田 2 万亩，改名为万安渠。中华人民共和国成立初期，省政府水利局拨给大米 29.5 万 kg，以浆砌块石修复滚水坝，清理渠系，增挖干渠 14km，修补附属建筑物，1951 年 5 月完成，仍名为梅陂，后全部划归泰和县管辖。灌区经多年逐步配套完善，现有总干渠和汉溪干渠各一条，分别长 22km 和 28km，支渠 12 条，全长 108km，有隧洞、泄洪闸、溢流堰、桥等干渠主要附属建筑物 28 座，控灌苏溪、马市 2 个镇农田 3.7 万亩；利用灌溉用水二级发电，总装机 900kW，年均发电量达 200 万 kW·h。

北澳陂位于遂川县泉江镇四农村，拦截遂川江右溪河末端，距县城 1.5km。拦河坝以上集水面积 1104km²。北澳陂古称虎潭陂，因陂上首有虎山，形如虎蹲，面临陂潭，故名。又按古代《六书》"水崖以外为溪，水崖以内为澳"的注释，取名北澳陂。

1950 年，遂川县委、县政府作出改建北澳陂拦河坝的决定。经省水利局勘测设计后，1951 年 1 月开工，1952 年春耕生产时通水，是年冬至 1953 年春工程扫尾竣工。之后，经过多次扩建、改建、加固维修和整治后，使原来只灌溉"六棚"农田 1113.13 石（每石为 4～5 亩，约计 5000 亩）的北澳陂，扩大到有效灌溉面积达 1.45 万亩。同时还利用渠道跌水建成云冈、泉江、罗屋和柏树下水电站，总装机容量 374.8kW。

南澳陂（原名大丰、横痕陂）位于遂川县珠田乡南溪村，拦截遂川江左溪河。工程始建于北宋明道年间（1032—1033 年），迄今已近 980 余年。在漫长的岁月中，历经沧桑，三易坝址，直到 1958 年才在现址构筑新陂，建成永久性枢纽工程，并提高取水口高程，新开渠道，扩大灌区，成为遂川县最大的引水工程。

新建的南澳陂枢纽工程由拦河坝、进水闸、船闸和筏道组成。灌区设计灌溉面积 5 万亩，有效灌溉面积达到 3.5 万亩，比中华人民共和国成立前增加 2.9 万亩。1960 年以后，还在南干渠上利用跌水先后建起过里口、建设、和平、枚江、坊坑、牛头脑等 6 座水电站，总装机 999kW，年发电量达 200 万 kW·h。

据《江西通志》记载，宋治平年间（1064—1067 年）安福县令黄中庸在安福县西乡七里山（今安福横龙镇枫塘村）拦截泸水河筑寅陂，引水灌田 1.3 万亩。南宋绍兴年间（1131—1162 年）县丞赵师日，明洪武初期（1368—1370 年）州判潘枢，明正统六年（1441 年）县令何澄，嘉靖年间（1522—1566 年）县丞王鸣风等，先后重筑或整修寅陂。1948 年，安福人彭学沛（时任民国政府行政院政务委员）请水利部门拨款修复，未果。1950 年，安福县政府将原寅陂坝址迁移到上首的丁家村。主要工程有水坝一座，最大坝高 2.5m，底宽 3.5m，长 110m，渠道流经严田、横龙、平都、江南等乡镇，全长 52km，引水流量 3m³/s。至 1951 年 6 月 21 日通水，全部修建工程 7 月完成。沿渠受益耕地面积 1.84 万亩。20 世纪 90 年代初，又对丁家陂进行改造加固，对渠道进行衬砌加固，并在下游兴建安福渠电站。

云亭阜济渠（汤陂）位于泰和县沙村乡易家村附近云亭水上游，距县城 30km。坝址以上集水面积 360km²。明万历二十八年（1600 年）泰和县人郭元鸿募工疏凿云亭，3 月而成，渠长 6km，灌田万亩。民国时期改为柴陂，最多灌田 2000 亩，一遇洪水就冲垮，不能旱涝保收。1957 年，泰和县水利局将其改建为混凝土溢流坝，更名为汤陂。最大坝高 2.3m，平均坝高 2m，坝长 45m，坝顶宽 1m，坝脚宽 3.5m。改建工程于 1958 年 4 月投入使用，设计灌田 1.2 万亩，实际灌田达 1.06 万亩。

走马陂位于宁都县长胜镇果子园。拦截固厚河，控制流域面积 310km²。1952 年动工兴建，1955 年建成陂坝。1956—1964 年共建成渠道长 107km，灌溉面积 3.64 万亩。

章惠渠位于赣江上游南康区以南 4km 的鲤鱼岭，坝址以上集水面积 1935km²。1958年 10 月开工，1959 年 4 月拦河大坝建成，1960 年 1 月，举行竣工典礼。渠首工程有拦河坝、筏道和南北两岸进水闸，坝长 180m，坝高 7.2m。渠道分南北干渠。南干渠长 39.3km，设计引水流量 4.5m³/s，大小支渠 50 条，共长 41.18km。北干渠长 18km，设计引水流量 3.5m³/s，大小支渠 60 条，共长 57.35km。南北干渠上共建电灌站数十座，为提水灌溉。章惠渠竣工后，进行过多次维修、加固和改建。

袍陂位于永新县禾川镇西光村，坐落于禾水河干流，陂坝以上集水面积 2364km²。因，北宋丞相刘沆"脱袍筑陂"的传说而得名。原坝址在现坝址下游 200m 处前江埠侧，历代多次修建，但屡遭洪水被冲垮。1957 年开始修复袍陂，工程结构为木桩堆石坝，1959 年基本完工，1962 年 6 月被大洪水冲毁。1963 年永新县委、县政府重建袍陂，是年10 月开工，1964 年 1 月底完成；渠道工程 1963 年 12 月底开工，1965 年 3 月基本建成并通水灌田。枢纽工程包括混凝土溢流坝一座，最大坝高 6m，坝长 142m。渠系工程包括总干渠 1 条，长 4km；干渠 3 条，长 38km；支渠 9km。袍陂灌区设计引用流量 8m³/s，实际引用 7m³/s。渠道实际年引水量 5.737 亿 m³，其中工业及生活用水 5.53 亿 m³，农业用水 0.207 亿 m³。设计灌田 1.76 万亩，有效灌溉面积 1.2 万亩。

源陂位于永新县澧田镇上珠田村，坐落于禾水河中游，坝址以上集水面积 1580km²。源陂历史悠久，传说"元朝两陂，水上九西"就是指源陂和官陂，可见源陂在元朝或元朝以前就存在。至清末，陂坝近于废毁，渠道亦阻塞。中华人民共和国成立后，永新县政府于 1951 年 9 月动工修筑源陂桩石坝，1952 年春基本完工。1958—1963 年对大坝进行整修和加固。1977 年、1979 年对大坝又进行改建。1981—1982 年因特大洪水漫坝淹岸，缺口百余米，河床再次改道。1982 年 8 月至 1983 年 1 月再次将坝体延长 118m，上、下游护岸 687m，恢复南干渠道 180m，北总干渠防洪护堤延长 388m，筏道导水墙加高，坝面进行修补。枢纽工程包括圬力重力坝 1 座，陂坝全长 289.2m，平均坝高 6.5m；筏道一个，宽 5.7m，长 58m；泄洪闸宽 2m。左右分别为北、南干渠进水闸，为拱形开敞式闸门。渠系工程包括总干渠 1 条，长 13km，干渠 20km，支渠 10km。工程设计灌溉农田 3.3 万亩，有效灌溉面积 2.3 万亩。

水北陂位于吉安县万福镇水北村，拦截同江水系九龙山水，拦河坝以上集水面积 495km²。这里原有一座石灰柴草陂，修筑年代无考。中华人民共和国成立后，吉安县政府重修水北陂，1951 年开工建设，1952 年建成受益。枢纽工程为圬工溢流拦河坝。最大坝高 6m，长 77m，宽 2m。灌溉渠道有总干渠 1 条，全长 10km，在其出口处建有 1 座 40kW 水力发电站。工程设计引用流量 1.2m³/s，实际引用流量 1m³/s，设计灌田 1.2 万亩，有效灌溉面积 1 万亩。2004 年 7 月，在进水闸 20m 处建水电站一座，装机容量 225kW。

北渠位于安福县严田镇龙源口村，沪水河北岸，沪水支流浒坑溪狭口上，坝址以上集水面积 104km²。1951 年 10 月动工兴建，1952 年冬建成竣工。渠系工程由拦河坝、进水闸、筏道和渠系建筑物组成。渠首工程为混凝土砌块石滚水坝，坝长 33m，最大坝高 3m；进水闸设在坝左侧，设有启闭机，宽 3m，引用流量 1.5m³/s；坝体左侧设有筏道，长 15m、宽 3m。渠系工程有总干渠 1 条，长 6km；干渠 2 条，长 34km；支渠 11 条，长 24km。工程设计灌田 1.32 万亩，实际灌田 1.32 万亩。

南江渠位于安福县金田乡洋村，拦引沪水支流陈山水，坝址以上集水面积 270km²。1956 年 8 月开始勘测设计与施工，1957 年 3 月基本建成并发挥效益。渠首枢纽为圬工滚水坝，最大坝高 2.1m，长 52m。坝右边设置筏道一个；进水闸为方形混凝土结构，布置在坝最右边，设计引用流量 1.2m³/s，实际引用流量 1.0m³/s。渠系工程有干渠 1 条，长 12km，支渠 4 条，长 13.6km。该工程设计灌田 1.8 万亩，有效灌溉面积 1.35 万亩。

恩江渠位于永丰县佐龙乡五石村，拦截恩江水，拦河坝以上集水面积 1876km²。1957 年 11 月开工，1958 年 2 月完工，是年 5 月 1 日升闸放水。工程分枢纽和渠系两部分。枢纽工程包括拦河坝、进水闸、筏道和通沙廊道 4 个部分。拦河坝为圬工重力滚水坝，坝长 165m，最大坝高 2.24m，是全省在纯砂基础上修建的第一座圬工滚水坝。渠系工程包括南北干渠，共长 49.5km，支渠 23km 以及水陂头涵洞、斗门溢水堰、斗门节制闸、庙下泄洪闸、迴龙江渡槽、圳下倒虹管、聂家溢水堰、郭家泄洪闸等渠系建筑物。设计引用流量 7.5m³/s，实际引用流量 6m³/s，设计灌溉农田 5 万亩，有效灌溉面积 3.9 万亩，其中旱涝保收面积 2.9 万亩。

拿山陂位于井冈山市拿山乡，拦引禾水支流的拿山河水。1975 年 10 月开工，1980 年元月建成，3 月开灌。渠系工程有总干渠长 2km，干渠长 15.5km，支渠长 28km，渠系建筑物共有 22 座。工程设计控灌农田 2.16 万亩，有效灌溉面积 1.65 万亩。

锦惠渠是江西省内第一个 5 年计划兴建的首座 10 万亩以上灌溉工程。渠首位于上高县钟家渡玛瑙山，进水闸在山下深潭旁，拦河坝设于进水口以下 650m 处锦江干流。干渠全长 95km，控制范围内有农田近 20 万亩。1956 年 5 月 10 日开工，12 月 20 日拦河坝合龙，1957 年 5 月 3 日竣工通水。主要建筑物有渠首拦河坝（混凝土埋块石滚水坝）、船筏道、进水闸、斜口山溪溢流堰、泄水闸、节制闸、塔下倒虹管、石井节制闸，其他渠系建筑物还有界埠、渡埠、猪头山、象鼻咀等节泄闸。设计灌田 16 万亩，实灌面积略有超过，并利用渠道跌水，兴建塔下、山咀湖、挂榜山、连山等 4 座水电站，装机容量共 458kW。

万安灌区位于万安县境内，灌区设计灌溉面积 31.2171 万亩，2011 年实际灌溉面积 14.6841 万亩。灌区范围包括万安县芙蓉镇、枧头镇、窑头镇、百嘉镇、麻源肯殖场、五丰镇、罗塘乡。

章江灌区位于南康区境内，设计灌溉面积 30.7243 万亩，2011 年实际灌溉面积 20.19 万亩。灌区范围包括南康区蓉江街道办事处、东山街道办事处、镜坝镇、大窝乡、龙岭镇、龙华乡、唐江镇、朱坊乡、三江乡、凤冈镇、潭口镇、潭东镇。灌区水源工程是以章惠渠水利枢纽工程、罗边水利枢纽及红旗水库为骨干的多水源蓄、引、提相结合的灌溉工程。

白云山灌区位于青原区境内，灌区设计灌溉面积 32.97 万亩，2011 年实际灌溉面积 11.785 万亩。灌区范围包括青原区富田镇、新圩镇、文陂乡、值夏镇、富滩镇、河东街道、天玉镇。

南车灌区位于泰和县及吉安县境内，灌区范围内总面积 153 万亩，耕地面积 36.02 万亩，灌区设计灌溉面积 30.06 万亩，2011 年实际灌溉面积 13.31 万亩。灌区范围包括泰和县桥头镇、禾市镇、马市镇、螺溪镇、南溪乡、石山乡、澄江镇、沿溪镇、苏溪镇、武山垦殖场、甘化厂以及吉安县永和镇、高塘乡、横岗乡、敦厚镇。灌区水源是以禾水上游大（2）型南车水库为主、中型芦源水库、13 座小型水库、槎滩陂枢纽及蜀水梅陂枢纽等为辅的多水源蓄、引水灌溉工程。

袁北灌区位于袁州区境内，是一座多枢纽，蓄引并举，库渠结合的大型灌区。灌区设计灌溉面积 34.68 万亩，2011 年实际灌溉面积 27.02 万亩。灌区范围包括袁州区天台镇、竹亭镇、辽市乡、飞剑潭乡、金瑞镇、洪塘镇、三阳镇、寨下镇、柏木乡、芦村乡、渥江镇、湖田镇、新田镇、西村镇。灌区水源由 1 座大（2）型水库（飞剑潭水库）、2 座中型水库（酌江、沙江水库）、15 座小（1）型水库、126 座小（2）型水库、3219 座山塘坝、3 座拦河引水陂坝（张土方陂、久集陂、郎中陂）组成。

袁惠渠灌区位于渝水区境内，灌区设计灌溉面积 33.7 万亩，2011 年实际灌溉面积 18.28 万亩。灌区范围包括渝水区罗坊镇、姚圩镇、新溪乡、珠珊镇、水西镇。

锦北灌区位于高安市境内，为多水源蓄引水灌溉工程。灌区设计灌溉面积 54.37 万亩，2011 年实际灌溉面积 42.3609 万亩。灌区范围包括高安市祥符镇、汪家想、伍桥镇、筊洲街办、石脑镇、龙潭镇、扬墟镇、村前镇、灰埠镇、黄沙岗镇、上湖乡、荷岭镇、蓝坊镇、渡埠农场、瑞洲街办。灌区水源主要由锦河拦河抬水坝 1 座、大（2）型水库 1 座（上游水库）、中型水库 3 座（樟树岭、碧山、曾家桥）、小型水库 103 座、山塘坝 338 座、引水陂坝 4 座（丁家陂、西陇陂、东边闸、桂塘闸）组成。

药湖灌区位于丰城市境内，灌区设计灌溉面积 31.55 万亩，2011 年实际灌溉面积 22.1 万亩。灌区范围包括丰城市董家镇、泉港镇、尚庄街道、曲江镇、隍城镇、湖塘乡、梅林镇、同田乡、上塘镇。

流域内除以上大型灌区外，至 2010 年，已先后建成重点中型灌区 51 座、一般中型灌区 84 座。

六、提灌工程

流域内古代提水工具，有水车（又名龙骨车，包括人力手摇水车、脚踏水车、牛拉水车）、筒车、戽斗等，这种用竹木制成的简易提水工具，造价低、灌田少，便于土地分散经营的个体户修置和使用。自唐、宋一直延续至 20 世纪 50 年代。其中应用最普遍的是水车，在山区溪流旁多用筒车，戽斗则用于小面积灌溉。从 20 世纪 60 年代初开始，民间提水工具逐渐被机械提水所代替。

流域内抽水机械用于农田灌溉始于 1934 年，当时省政府责成省农村合作委员会负责贷款，省水利局负责设计安装，在南昌、高安、永新等县首建抽水机站，每站装机 20～40 马力（1 马力≈735N）不等，均为燃烧木炭的内燃机。不久因日军侵略，机组被废弃。

中华人民共和国成立后，随着机械工业和电力工业的发展，排灌机械有很大发展，由木炭内燃机、柴油机、水轮泵发展到电动机、潜水泵、喷灌等。

中华人民共和国成立初期，省政府农业厅以贷款方式扶助灾区发展机械灌溉。1950 年春，流域内开始建设抽水机站。1951 年，省水利局在南昌、高安、清江等县试建瓜山等抽水机站，起到一定的示范作用。1958 年，在全省水利建设高潮中，流域内抽水机得到迅猛发展。由于 20 世纪 50 年代发展的抽水机，多数是木炭内燃机、型号多、质量差、不配套、需木炭量大、成本高及效益低，20 世纪 60 年代逐渐被柴油机和电动机所取代，机械排灌得到较快发展。1966 年后，由于电力排灌迅速发展，机械排灌设备增长速度缓慢。

流域内电力灌溉始于 1952 年，南昌专区有 3 台共 7kW 微型电动机用于提水灌田。1956 年 8 月，南昌市凤凰洲建成灌田 1500 亩电灌站。20 世纪 60—70 年代，电力排灌从湖区平原向丘陵山区发展。

进入 20 世纪 90 年代后，机械排灌总体是巩固与改善，少数站被改建或废弃，装机数量逐年有所减少。但电力排灌设施得到新的加强，沿江滨湖地区尤为明显。

水轮泵是 20 世纪 50 年代末国内研制的一种新型提水机械，是水轮机和水轮泵同轴组成的一种水泵。1961 年在永丰县佐安公社庄园村安装水轮泵 1 台，灌田 130 亩，效果良好。此后，流域内相继建成一大批水轮泵站抽水灌溉农田。1971 年，全省最大水轮泵站之一的章江水轮泵站建成，装有水轮泵 23 台，提水灌溉面积 2.1 万亩，发电装机容量 2350kW。1990 年 6 月，该站技术改造工程被列为水利部试点项目。1991 年 3 月，省计委将章江水轮泵站技术改造列为省基建项目，技术改造工程 1991 年 10 月开工，1993 年 5

月竣工。技术改造后，机组提水效率由原来的 38.11％提高到 62.77％，发电工作效率由原来的 65.1％提高到 77.1％，可增加灌溉面积 2.02 万亩，年发电量 180.5 万 kW·h。赣州市还建成灌溉面积达万亩以上的宁都县红旗水轮泵站。1975 年后，水轮泵站建设停止发展，并逐年被水电站替代而减少。

七、水电站

流域水电站建设始于第一个 5 年计划。1955 年 3 月开始兴建上犹江水电站，4 台机组共 6 万 kW，1957 年建成，1959 年 8 月全部投产。1958 年万安、江口等一批大中型水电站先后动工，中途经历停、缓建及复工等反复过程。江口水电站 60 年代中后期竣工。万安水电站第 1 号机组 10 万 kW 于 1990 年 11 月发电，1992 年 3 月第 2、3、4 号机组共 30 万 kW 建成投产，2006 年 1 月第 5 号 13.3 万 kW 机组并网发电。进入 20 世纪 90 年代，特别是 21 世纪后，流域内水电站建设加快，一大批水电站开工建成，据不完全统计流域内已建成装机 500kW 以上电站 708 座，装机容量 238.8 万 kW。其中，大（2）型电站 2 座，装机容量 89.3 万 kW；中型电站 2 座，装机容量 13.2 万 kW；小（1）型电站 26 座，装机容量 48.6 万 kW；小（2）型电站 678 座，装机容量 87.7 万 kW。

八、水闸

流域洪涝相伴发生，大水年也是大涝大溃年。历代都采取筑堤建闸，防洪排涝。流域最早的排水涵闸建于南北朝宋景平元年（公元 423 年），豫章太守蔡廓在南昌市南塘设水门。唐元和三年（公元 808 年），江南西道观察使韦丹筑长堤 6km，设内、外闸，湖水强则放，江水盛则闭，使赣水不得侵入。明弘治十二年（1499 年），郡守祝瀚建南昌牛尾岭石闸（今鱼尾闸），以排富大有圩内湖溃水。清代至民国，随着沿江滨湖围圩增多，兴建涵闸相应增多。1928—1948 年江西水利局先后兴建和修复龙溪闸、小港口闸等。中华人民共和国成立以来，不仅对原有涵闸进行修复、改建，拆除许多破残涵闸，还新建一批钢筋混凝土结构大中型排水闸。

据不完全统计，流域内建有各类水闸 1961 座，过闸总流量 85872.86m³/s。其中，大（1）型水闸 1 座，大（2）型水闸 10 座，中型水闸 111 座，小（1）型水闸 283 座，小（2）型水闸 1286 座。

第四节　监测预警措施

一、概述

赣江流域涉及新余、吉安全部，赣州、萍乡、宜春、南昌部分地区，共有 58 个重要水文监测站点。

二、各站特征水位流量

赣江流域各站特征值统计表见表 10-14。

表 10-14

赣江流域各站特征值统计表

序号	测站编码	站名	县、市	河名	加报水位/m	警戒水位/m	实测最高水位/m	实测最高水位出现时间/(年.月.日)	实测最大流量/(m³/s)	实测最大流量出现时间/(年.月.日)	历史最低水位/m	历史最低水位出现时间/(年.月.日)	历史最小流量/(m³/s)	历史最小流量出现时间/(年.月.日)
1	62301300	栋背	万安	赣江	67.00	68.30	71.43	1964.6.17	15300.00	1964.6.17	61.27	2004.12.15	47.90	2004.12.15
2	62301350	泰和	泰和	赣江	60.00	61.00	63.95	1964.6.17			52.48	2020.2.25		
3	62301500	吉安	吉安	赣江	49.50	50.50	54.05	1962.6.29	19600.00	1962.6.29	41.88	2008.12.5	121.00	1965.3.25
4	62301800	峡江(二)	峡江	赣江	40.00	41.50	44.57	1962.6.29	19900.00	1968.6.26	33.46	2019.10.17	122.00	2013.11.13
5	62301900	新干	新干	赣江	35.00	37.50	39.81	1968.6.26	19100.00	2010.6.25	27.75	2019.10.23		
6	62302000	樟树	樟树	赣江	29.50	33.00	34.72	1982.6.19	19900.00	1982.6.20	18.05	2018.11.10	162.00	2004.1.7
7	62302100	丰城	丰城	赣江	27.00	29.60	31.56	1982.6.20			13.96	2018.11.11		
8	62302150	市汊	南昌	赣江	25.70	26.00	28.34	1982.6.20			11.19	2019.12.3		
9	62302250	外洲	南昌市	赣江	22.70	23.50	25.60	1982.6.20	21500.00	2010.6.22	11.10	2019.12.12	172.00	1963.11.3
10	62302300	南昌	南昌市	赣江	21.80	23.00	24.80	1982.6.20			10.97	2019.12.17		
11	62302350	瑞金	瑞金	赣江-贡水	191.00	192.00	195.18	1962.6.30	1180.00	1962.6.30	187.30	1998.12.11	0.32	1965.3.21
12	62302550	葫芦阁	会昌	赣江-贡水	139.00	140.00	144.44	1964.6.15			135.09	2010.11.19		
13	62302700	峡山	于都	赣江-贡水	108.00	109.00	113.76	1964.6.16	8730.00	1964.6.16	102.15	1972.3.31	20.90	1965.3.25
		峡山(二)	于都	赣江-贡水	107.00	108.00	109.98	2015.5.21	7190.00	2019.6.11	98.61	2019.2.10	0.64	2017.11.2
14	62302750	赣州	赣州	赣江-贡水	98.00	99.00	103.29	1964.6.16	9230.00	1956.6.17	90.95	2018.5.28	66.00	1955.3.23
15	62302800	筠门岭	会昌	湘水		209.00	211.00	2004.7.8	646.00	2004.7.8	206.87	1999.1.9	0.00	1991.1.3
16	62302850	麻州	会昌	贡水-湘水	94.50	95.50	97.99	1978.7.31	2270.00	1978.7.31	88.93	2020.7.25	1.66	1963.6.11

续表

序号	测站编码	站名	县、市	河名	加报水位/m	警戒水位/m	实测最高水位/m	实测最高水位出现时间/(年.月.日)	实测最大流量/(m³/s)	实测最大流量出现时间/(年.月.日)	历史最低水位/m	历史最低水位出现时间/(年.月.日)	历史最小流量/(m³/s)	历史最小流量出现时间/(年.月.日)
17	62302950	羊信江	安远	贡水-濂水	196.00	197.50	200.55	1961.8.27	1030.00	1961.8.17	193.41	2010.9.10	0.00	1976.12.7
18	62303350	宁都	宁都	贡水-梅川	185.00	186.00	189.26	1984.6.1	2640.00	1984.6.1	182.34	2013.11.11	2.88	1963.9.4
19	62303500	汾坑	于都	贡水-梅川	129.00	130.00	134.50	2015.5.20	6110.00	2015.5.20	123.69	2020.12.7	5.00	2009.5.13
20	62303650	石城	石城	贡水-琴江	224.50	225.50	228.62	1997.6.9	1840.00	1997.6.9	220.16	2020.12.10	0.99	2018.5.26
21	62304150	翰林桥	赣县	贡水-平江	111.00	112.00	115.06	1956.6.17	2780.00	1961.6.12	107.28	2020.1.14	0.94	1986.8.30
22	62304500	南迳	全南	桃江		301.30	303.56	2019.6.10	463.00	1984.6.1	297.66	2017.12.24	0.20	2003.12.25
23	62304700	信丰(二)	信丰	赣江-桃江	146.00	147.00	147.92	2016.3.21	2350.00	2016.3.21	140.91	2018.5.4	0.10	2018.5.4
24	62304720	茶亭	信丰	赣江-桃江	142.00	143.00	144.52	2006.7.28	2690.00	2006.7.28	135.96	2009.11.1	3.98	2013.2.27
25	62304750	居龙滩	赣县	赣江-桃江	108.00	109.00	112.75	1964.6.16	4470.00	1984.6.16	102.24	2020.10.12	0.17	2010.11.8
26	62304850	杜头	龙南	太平江		93.00	97.71	2019.6.10	1210.00	2019.6.10	89.41	2018.2.17	0.03	2018.12.31
27	62305350	窑下坝	南康	赣江-章水	118.00	119.00	121.53	2009.7.4	1600.00	2009.7.4	114.35	2002.1.14	0.00	2013.2.13
28	62305550	坝上	赣州	赣江-章水	98.00	99.00	103.83	1961.6.13	5060.00	1961.6.13	93.82	2004.1.28	3.57	2004.1.28
29	62305650	樟斗	大余	横江		94.00	95.09	2009.7.3	76.70	1997.8.1	92.70	1985.1.19	0.04	1987.3.6
30	62306100	田头	南康	章水-上洮江	115.50	116.50	120.32	1961.6.12	2930.00	1961.6.12	110.53	2015.2.23	0.03	2013.1.3

序号	测站编码	站名	县、市	河名	加报水位/m	警戒水位/m	实测最高水位/m	实测最高水位出现时间/(年.月.日)	实测最大流量/(m³/s)	实测最大流量出现时间/(年.月.日)	历史最低水位/m	历史最低水位出现时间/(年.月.日)	历史最小流量/(m³/s)	历史最小流量出现时间/(年.月.日)
31	62306550	安和	上犹	寺下河		252.50	255.53	2006.7.26	616.00	2006.7.26	249.84	2020.2.28	0.00	2005.1.10
32	62306790	遂川	遂川	赣江-遂川江	98.00	99.00	101.45	1991.9.8			94.21	2015.11.7		
33	62307250	滁洲	遂川	赣江-遂川江	26.00	27.00	29.06	2001.7.7	740.00	2001.7.7	23.63	2019.12.12	1.00	2014.12.24
34	62307550	林坑	万安	赣江-蜀水	85.50	86.50	90.95	2018.6.8	1930.00	2018.6.8	82.80	2018.2.28	0.10	2015.1.10
35	62307880	白沙	吉水	赣江-孤水	87.00	88.00	90.44	2002.6.16	2730.00	2002.6.16	81.82	2018.1.24	0.24	2004.10.29
36	62308650	永新	永新	赣江-禾水	111.50	112.50	115.21	1982.6.17			107.40	2019.10.23		
37	62308950	上沙兰	吉安	赣江-禾水	58.50	59.50	62.58	1982.6.18	4400.00	1982.6.18	54.68	2020.1.21	4.00	1963.9.6
38	62309950	赛塘(二)	吉安	赣江-泸水	64.00	65.00	68.15	1962.6.28	3060.00	1982.6.19	59.57	2019.12.13	3.20	2019.12.13
39	62310120	牛田	抚州	赣江-乌江	94.50	95.00	96.82	2010.6.20	1330.00	2010.6.20	89.53	2020.11.14	0.35	2010.1.15
40	62310250	新田(二)	吉水	赣江-乌江	52.50	53.50	56.69	2010.6.21	3940.00	2010.6.21	47.57	2019.11.21	2.35	1963.9.11
41	62310350	寨头	乐安	南村水			89.89	1998.6.22	529.00	1993.6.22	83.23	1967.9.15	0.03	1963.9.3
42	62310550	鹤洲	吉安	赣江-同江	46.50	47.50	49.37	1962.6.19	703.00	1994.6.13	44.13	1963.9.12	0.00	1963.9.3
43	62310700	芦溪	萍乡	袁水	133.00	134.00	134.78	1970.5.8	707.00	1970.5.8	130.15	1974.6.8	0.00	1974.6.8
44	62310900	宜春	宜春	赣江-袁河	86.50	88.00	90.51	1995.6.26	2880.00	1995.6.26	83.95	2017.8.3	2.10	2003.8.3

续表

序号	测站编码	站名	县、市	河名	加报水位/m	警戒水位/m	实测最高水位/m	实测最高水位出现时间/(年.月.日)	实测最大流量/(m³/s)	实测最大流量出现时间/(年.月.日)	历史最低水位/m	历史最低水位出现时间/(年.月.日)	历史最小流量/(m³/s)	历史最小流量出现时间/(年.月.日)
45	62311200	新余	新余	赣江-袁河	44.00	45.00	47.00	2019.7.10			38.61	2003.4.1		
46	62311300	洛湖	樟树	赣江-袁河	32.80	34.10	36.56	1982.6.19			27.62	1954.11.27		
47	62311751	泉港闸闸外	丰城	赣江	28.50	32.00	33.68	1982.6.19			19.87	2011.4.30		
48	62311901	小港口闸闸外	丰城	赣江	26.40	27.50	30.56	1982.6.20			13.06	2011.12.31		
49	62312050	上高	上高	赣江-锦江	47.00	48.50	50.72	1954.7.26	3090.00	2010.5.22	41.43	2013.10.16	3.40	2011.6.2
50	62312250	高安	高安	赣江-锦江	28.90	31.00	33.40	1993.7.6	3480.00	2012.5.13	22.43	2013.11.4	9.52	1963.9.12
51	62312300	松湖街	新建	赣江-锦江	25.30	26.50	28.91	1993.7.6			18.80	2019.12.14		
52	62312400	危坊	万载	赣江-锦江	74.50	76.00	78.57	1969.6.26	1550.00	1969.6.26	71.95	2007.8.12	0.75	1963.9.18
53	62312550	石市	宜丰	赣江-锦江	51.00	53.00	54.59	1958.5.10	2590.00	1958.5.10	47.30	2011.6.2	3.40	2004.1.8
54	62313150	宜丰	宜丰	赣江-锦江	65.00	66.50	69.37	1973.6.24	1230.00	1973.6.24	63.44	1960.3.13	0.00	1960.3.8
55	62610800	滁槎	南昌	赣江	20.50	21.50	23.89	2020.7.11			11.13	2019.12.18		
56	62613000	昌邑	新建	赣江	18.50	20.00	22.66	2020.7.12			9.37	2019.12.12		
57	62613400	吴城	永修	赣江	19.00	19.50	22.98	2020.7.12			8.87	2014.2.6		
58	62311750	泉港闸内	丰城	赣江			32.26	1968.7.11			22.01	1971.10.2		

第五节　水旱灾害情况

一、洪水灾害

中华人民共和国成立后，赣江 1962 年、1968 年、1998 年发生全流域性大洪水。1962年 6 月 11—18 日，流域连降大雨，致使赣江干、支流洪水组合叠加。水位暴涨。南昌、丰城、樟树、高安、新建 5 县清决圩堤 62 条，淹田 147 万亩。6 月下旬，各地再降大雨和暴雨，29 日洪峰到达吉安，超警戒水位 3.55m，禾埠决堤，洪水直灌吉安市城区，沿江城区水深达 3m。30 日樟树市晏公堤清决，樟树镇被洪水围困。大洪水致使 20 多个县市受灾，损失粮食约 60 万 t。

1952 年泰和、万安发生特大山洪。7 月 17—18 日，万安降雨 285.3mm。18 日 5 时，多处发生山崩，大片山坡崩坍，9 时山洪从四面八方铺天盖地而来，泰和、万安两县境内冲倒房屋 4095 间，受灾农田 4 万亩、人口近 2 万人，死亡 38 人。

赣江洪水比较频繁，据调查资料显示，历史上大洪水有 1876 年、1899 年、1915 年、1922 年、1924 年，其中 1915 年是赣江上中游 1812 年以来的一次特大洪水，吉安站洪峰流量为 22500m³/s。峡江站以下以 1876 年洪水为最大，丰城市石上站洪峰流量 22900m³/s。中华人民共和国成立后出现较大洪水有 1961 年、1962 年、1964 年、1968 年、1982 年、1994 等年份。上游以 1964 年最大，赣州站洪峰水位 103.29m；中游以 1968 年最大，吉安流量 18800m³/s，水位 53.84m；下游以 1962 年最大，石上站流量 20340m³/s，水位 32.01m。

二、干旱灾害

自宋咸平三年（1000 年）至中华人民共和国成立的 949 年间，流域共发生大小旱灾307 年次。1934 年流域发生大旱灾，6 月 16 日以后百日少雨，田地龟裂，早稻不能结实，收获一二成或三四成。晚稻秧苗细如松针，颗粒无收，饥民以蕨葛和观音土为食，自杀饿毙者到处可见。

中华人民共和国成立后，特大旱灾发生在 1963 年、1978 年、1986 年。1963 年春旱、夏旱连秋旱。夏季降水量比历史同期减少 35%～56%，秋季降水量比历史同期减少25%～33%，大部分小塘、小库、小溪、山泉干涸或断流，许多大中型水库的蓄水量只及计划的 20%～30.9%。流域受灾面积 918 万亩，粮食减产 95 万 t。

第十一章

抚 河 流 域

第一节 流 域 概 况

一、自然地理

抚河流域属鄱阳湖水系。上游因流经广昌县盱江镇而称为盱江，东汉时中下游称汝水。隋朝废郡立州，临川郡改为抚州，故名抚河。位于江西省东部。

地处东经 $115°35'\sim117°09'$、北纬 $26°30'\sim28°50'$ 之间，流域面积 $16493km^2$，呈菱形。涉及江西省抚州市的广昌、南丰县、临川区等 11 县（区），宜春市的丰城市，南昌市的南昌、进贤县，赣州市的宁都县和福建省光泽县，共计 16 县（市、区）。东邻福建省闽江，南毗赣江支流梅江，西靠清丰山溪、沂江、乌江，东北依信江，北入鄱阳湖。

发源于广昌、石城、宁都 3 县交界处的广昌县驿前镇灵华峰（血木岭）东侧里木庄，干流自南向北流，经广昌、南丰、南城、金溪县、临川区、丰城市、南昌县、进贤县，在进贸县三阳集乡三阳村汇入鄱阳湖。

二、气象水文

流域属中亚热带湿润季风气候区，冬夏长、春秋短，无霜期 274 天。多年平均气温 17.8℃，极端最高气温 42.1℃（1971 年），最低气温 $-12.7℃$（1991 年），相对湿度 79.2%。夏季风向偏南，冬季风向偏北，春秋季风向多变，平均风速 1.8m/s。多年平均年降水量 1732mm，4—9 月降水量占全年的 67%；降水时空分布不均，最大年降水量 2337mm（1997 年），最小年降水量 1132mm（1963 年），东南部降水量多于西北部。多年平均年水面蒸发量 894mm。

多年平均年径流量 165.8 亿 m^3，4—6 月径流量占全年的 50.7%，4—9 月径流量占全年的 72.1%。干流上游受武夷山脉影响，支流临水上游受相山山脉影响，形成两个暴雨高值区。4—6 月多受北方干冷空气与南方暖湿气流交叉影响，形成高空切变线和地面静止锋，出现长时间暴雨天气，形成全流域性洪水，24h 最大暴雨量 $200\sim500mm$，一次降雨过程在 $300\sim900mm$ 之间。抚河干流 78.6% 的洪水发生在 4—6 月，特殊年份 7—9 月受台风影响出现暴雨洪水。一次洪水过程上游 3~7 天、下游 5~10 天，且峰高量大。历史上，1876 年、1912 年发生全流域大洪水，中华人民共和国成立后，1982 年、1998 年发生全流域较大洪水。一般洪水每 3~5 年出现一次，较大洪水 10~15 年出现一次。

多年平均年输沙量 152.5 万 t，年内输沙量集中在 4—6 月，占全年的 68%；输沙量年际变化较大，最大年输沙量 365.9 万 t（1998 年），最小年输沙量 27.1 万 t（1963 年）。

三、地形地貌

流域地势自东南向西北倾斜，三面环山，南北宽、东西窄。武夷山脉逶迤境东，雩山余脉横亘西南，中上游属低山丘陵区、下游属丘陵平原区。流域山地面积占 25％、丘陵面积占 60％、平原面积占 12％、水面面积占 3％。

四、河流水系

抚河主河道长 348km，纵比降 0.111‰。流域面积在 200km² 以上的一级支流 10 条，其中 500km² 以上的一级支流 4 条，分别为黎滩河、芦河、临水和东乡水（表 11-1）。流域内流域面积大于 10km² 的支流 381 条。不小于 10km² 但小于 50km² 的支流 286 条；不小于 50km² 但小于 200km² 的支流 73 条，其中一级支流 23 条，二级支流 25 条，三级支流 19 条，四级支流 6 条；不小于 200km² 但小于 1000km² 的支流 18 条，其中一级支流 8 条，二级支流 5 条，三级支流 5 条；不小于 1000km² 但小于 2000km² 的支流有东乡水；不小于 2000km² 的支流 3 条，其中一级支流有黎滩河和临水，二级支流有崇仁河。河网密度系数 0.38，河流弯曲系数 1.58。抚河流域水系如图 11-1 所示。抚河水系流域超 500km² 河流特征参数统计见表 11-1。

表 11-1　　　　　抚河水系流域面积超 500km² 河流特征参数统计表

序号	抚河水系	名称	流域面积 /km²	年径流量 /亿 m³	江西省内涉及城市
1	一级支流	黎滩河	2453	24.6	黎川县、南城县
2	二级支流	龙安河	536	5.02	黎川县
3	二级支流	资福水	904	8.35	黎川县、南城县
4	一级支流	芦河	540	4.85	资溪县、南城县、金溪县
5	一级支流	临水	5151	50.57	宜黄县、崇仁县、临川区
6	二级支流	崇仁水	2813	27.95	乐安县、崇仁县、临川区
7	三级支流	宝塘水	1072	9.81	乐安县、崇仁县
8	一级支流	东乡水	1236	10.67	金溪县、东乡区、临川区、进贤县

第二节　暴雨洪水特点

抚河流域是暴雨区，短历时暴雨强度很大。一般发生在每年 5—6 月，24h 最大暴雨一般在 200～400mm，一次降雨一般在 300～500mm，最大超过 800mm。1998 年 6 月由于欧亚中高纬度为稳定的两槽一脊控制，在乌拉尔山和鄂霍次克海为一阻塞高压，而从巴尔喀什湖至我国东北地区上空为一宽广的地槽区，低纬副热带高压较常年明显偏南，冷暖空气频繁交汇于长江流域。

抚河流域洪水由暴雨造成，其特点是量大、峰高、有单峰或多峰。抚河流域自中华人民共和国成立以来，特大洪水年份有 1968 年、1982 年、1998 年、2002 年，洪水多由锋

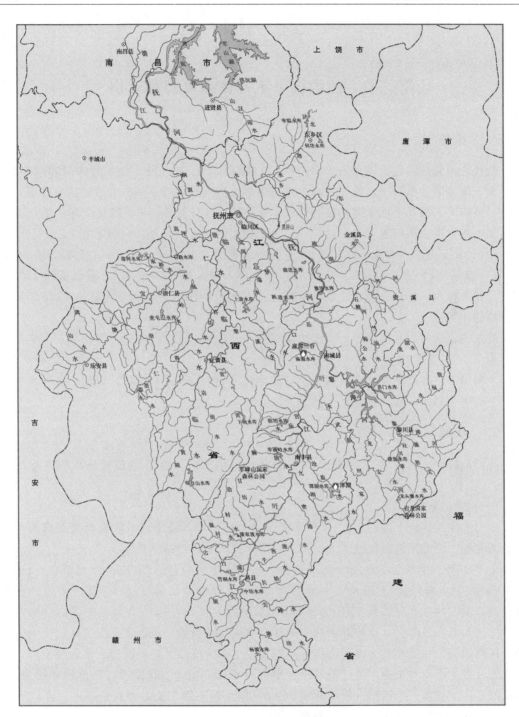

图 11-1　抚河水系示意图

面雨造成，极少数由台风形成。

　　抚河流域洪水由不同因素形成，1982 年和 1998 年受降水影响，整个流域从 6 月开始
涨水；1982 年廖家湾水位 42.78m 为历史最高水位，洪峰流量为 5500m³/s，1998 年廖家

175

湾出现 6320m³/s 的实测最大流量，2002 年抚河上游的沙子岭和南城均出现超历史洪水位。

第三节 防洪抗旱工程体系及控制运用

一、概述

清代之前修建的较大陂堰有 2624 座，典型的有崇仁宝水渠、宜黄博梓陂和永丰陂、广昌文下里官陂、临川千金陂等水利工程。中华人民共和国成立后，先后建成金临渠、宣惠渠、芦河渠、赣抚平原灌区，灌溉面积小于万亩的引水工程 65 处以及众多山塘、陂坝等灌溉工程。建成洪门水库 [大（1）型]、廖坊水库 [大（2）型]，总库容 16.46 亿 m³，灌溉面积 79.5 万亩；燎源、麻源等 20 座中型水库，总库容 5.72 亿 m³，灌溉面积 63 万亩；151 座小（1）型水库，862 座小（2）型水库，总库容 6.79 亿 m³，灌溉面积 110.25 万亩。建有抚西、抚东、唱凯 3 条保护万亩以上耕地的圩堤，中洲、嵩湖等 17 条保护万亩耕地的圩堤。

流域内建成洪门、廖坊等大小水电站共计 1061 座，总装机容量 228 万 kW，年平均发电量 7.41 亿 kW·h。

南城以上河段已断航，南城以下至廖坊水库坝址可通 100t 位以下船舶，廖坊水库坝址以下河道可通 10t 位以下船舶。

二、水库

抚河流域内大型水库主要有洪门水库和廖坊水库，下面简述其概况、调度运用情况等。

（一）洪门水库

洪门水库黎滩河下游的大（1）型水库，又名醉仙湖，位于江西省南城县东南部、黎川县西北部，西北距南城县城 12km。1958 年 7 月动工，1960 年蓄水。

主坝坐落于南城县洪门镇沅潭港村望天石黎滩河峡谷，位于东经 116°43′、北纬 27°31′，控制流域面积 2376km²。回水长度 36km，涉及黎川县日峰、中田、龙安，南城县龙湖、洪门共 5 乡（镇），库尾为黎川县城日峰镇。

库区为低山丘陵区，地势两侧高中间低，自南向北领斜。地处华南地层区，赣中南福隆—抚州凹陷，地质年代为晚元古代震旦纪。中上游为侵蚀类型剥蚀沟、坡面冲刷沟，下游北西一带为堆积类型的河流泛滥平原。地层岩性以变质岩、花岗岩、石英砂砾岩为主。地震烈度小于Ⅵ度。库区纳入流域面积 200km² 以上的一级支流右岸有资福水、左岸有龙安河，二级支流右岸有龙湖水、竺油水。

库区多年平均气温 17.8℃，相对湿度 79.2%。夏季风向偏南，冬季风向偏北，春秋季风向多变。多年平均风速 2.3m/s、年降水量 1791mm（4—9 月降水占全年的 67.4%）、年水面蒸发量 793mm。经采取封山育林、栽种经济林等水土保持治理措施，植被覆盖率为 72%。

多年平均年入库径流量 24.31 亿 m^3，历年最大年入库径流量 41.31 亿 m^3（1998年）、最小年入库径流量 8.17 亿 m^3（1963 年），3—6 月入库径流量占全年的 72%，7—9月入库径流量占全年的 20%，10 月至次年 2 月入库径流量仅占全年的 8%。多年平均年入库沙量 3.9 万 t，入库沙量年际年内分配与入库径流量年际年内分配相似。

洪门水库开发目标以发电为主，兼顾防洪、灌溉、航运、旅游与水产养殖。水电站装机容量 4.2 万 kW，年平均发电量 1.13 亿 kW·h。对水库进行科学调度，可提高抚河中下游圩堤防洪标准，减轻中下游防洪压力；可解决下游丘陵缺水地区灌溉用水，提高下游赣抚平原水利工程的灌溉保证率；可改善黎川至洪门航道 35km。库区可养殖水面面积4000hm²，主要养殖鳙鱼、鲢鱼、鲫鱼等，年产鲜鱼 5000t。

水库正常蓄水位 100.00m（黄海基面），主汛期防洪限制水位 99.00m，死水位92.00m，500 年一遇设计洪水位 103.52m，可能最大洪水位（校核洪水位）107.20m。水库总库容 12.14 亿 m^3，兴利库容 3.74 亿 m^3，死库容 1.68 亿 m^3。正常蓄水位库容 5.42亿 m^3，水面面积 69.58km²。系不完全年调节河道型水库。2005 年水质达 I 类地表水标准。

枢纽工程主要有主坝、副坝、溢洪道、非常溢洪道、引水隧洞和水电站组成。主坝为黏土心墙风化土料壳坝，坝顶高程 107.5m，最大坝高 38.7m，坝顶长 278m、宽6m。副坝位于主坝右侧，为黏土心墙风化土料壳坝，坝顶高程 105.40m，坝顶长154m、宽 3m。溢洪道位于主坝右侧 2000m，混凝土重力式溢流堰，设 3 孔弧形闸门，溢流净宽 36m，堰顶高程 91.40m，最大泄洪流量 3530m³/s。非常溢洪道位于副坝右侧50m，为自溃式黏土心墙砂壳坝，溢洪道宽 96m，堰顶高程 104.25m，引冲槽底板高程103.60m，当出现 2000 年一遇洪水时该坝自溃，自用时堰前水位为 103.60m，非常运用时最大泄洪流量 6310m³/s。主坝左侧山体建有发电兼灌溉引水隧洞 2 条，1 号隧洞长 145m，下接支洞 2 条，2 号隧洞长 130m，下接支洞 3 条，主隧洞内径 6m，支隧洞内径 3.4m，设计最大引水流量 185m³/s。输水隧洞出口处设水电站厂房，装机 5 台，单机容量 8400kW。

（二）廖坊水库

廖坊水利枢纽工程位于临川区鹏田乡廖坊村，距抚州市约 45km，大坝坐落在抚河干流中游，坝址以上控制流域面积 7060km²，灌溉面积 50.3 万亩，装机容量 49.5MW，是一座以防洪、灌溉为主，兼顾发电、养殖、供水和航运等综合利用的大（2）型水利枢纽工程。水库按百年一遇洪水标准设计，千年一遇洪水标准校核，正常蓄水位 65.00m，总库容 4.32 亿 m^3。枢纽工程由主坝、副坝（3 座）、厂房、开关站等建筑物组成。

主坝为混凝土闸坝，全长 298m，坝顶高程 70.50m，最大坝高 41.5m，由非溢流坝段、表孔溢流坝段、底孔溢流坝段、连接坝段和厂房坝段构成。非溢流坝为混凝土重力坝。表孔溢流坝段设 7 孔，WES 实用堰，堰顶高程 54.50m，每孔净宽 12.0m，弧形闸门控制。底孔溢流坝段设 3 孔，WES 实用堰，堰顶高程 52.00m，每孔净宽 12.0m，弧形闸门控制。副坝均为黏土心墙坝，1 号副坝长 308.0m，最大坝高 11.3m；2 号副坝长71.53m，最大坝高 2.2m；3 号副坝长 38.4m，最大坝高 2.8m。

三、堤防

抚河流域保护重点圩堤主要有抚西大堤。抚东大堤、唱凯堤、抚西大堤与赣东大堤为同一个保护区，在赣江流域中已经介绍，本小节简述抚河流域保护耕地 10 万亩以上的重点圩堤——抚东堤和唱凯堤的概况。

（一）抚东堤

抚东大堤位于进贤县境内，抚河下游东岸，与抚西大堤隔河相望。

圩堤南起柴埠口，经焦石、李渡镇、文港、温圳镇、梁家渡，北止架桥乡谭家村北。堤线全长 52.21km，圩堤保护面积 107.93km²，保护耕地 12.53 万亩，人口 15.78 万人。另保护浙赣铁路 7km、316 和 320 国道及温圳国家粮库等主要设施。

抚河东岸早期筑有太平围、南方围、保安围、曾湾围、梅林围等小圩，清朝中期已连成一条抚东堤。中华人民共和国成立后经历年的不断培修和加固，抗洪能力明显提高，但也发生了不同程度的 3 次溃堤决口。1961 年 6 月 1 日，李家渡水位 31.61m，文港、桂花堤段决口；1962 年 5 月 28 日，李家渡水位 32.09m，梅村、判穴、桂家、曾湾、枫树 5 处堤决口；1968 年 7 月 9 日李家渡水位 32.35m，外港张家决口，此时抚河流量 7860m²/s（约 7 年一遇）。1982 年抚河特大洪水，上游临川唱凯堤溃口后，李家渡洪峰流量仍达 7880m³/s，箭江闸最大分洪流量 600m³/s，梁家渡铁路桥安全通过 7880m³/s 流量，经奋力抢险，抚东堤无恙。

从 1965 年起至 1968 年，抚东堤曾与赣抚大堤一并列入基建计划。1998 年，南防洪堤与原抚东堤联并为抚东大堤，同年列入鄱阳湖区二期防洪工程除险加固建设计划。现堤顶高程 35.30～23.34m，顶宽 6～8m，内外坡均为 1：25～1：3。全堤共建有圩堤建筑物 27 座，其中电排站 1 座，自排涵闸 26 座，险段 27 处。现状防洪能力为 8～10 年一遇。

抚东堤现由抚东堤管理站管理，归进贤县管辖（1969 年起原临川县管辖的柴埠口至温家圳抚东堤段统一划归进贤县管辖）。抚东堤特征水位见表 11-2。

表 11-2　　　　　　　　　　　　　　抚 东 堤 特 征 水 位 表

控制点地点	历史最高水位/m	出现时间/（年.月.日）	设计洪水位/m	警戒水位/m	现有堤顶高程/m	设计堤顶高程/m	备　注
李家渡	31.12	1998.6.23	32.24	28.54	32.18	33.74	黄海系统，换算值为 1.96m

注　高程系统为黄海，吴淞与黄海的换算关系见备注栏。

（二）唱凯堤

唱凯堤位于抚州市临川区境内，抚河干流中游右岸。堤线南起湖南乡下马山，沿抚河干流而下到千金坡中洲分汊，经孔家桥、杨泗桥到华溪乡尧家咀（与抚河主流汇合），再沿抚河干流而下至罗针镇城前水闸接东乡河出口，后朔东乡河而上经云山桥、唱凯镇周博巷，沿三汊港而上至华溪乡詹家村止，堤线全长 81.8km（其中沿抚河堤段长 47.5km，沿东乡河堤段长 34.3km），圩堤保护面积 100.65km²，保护耕地 12.29 万亩，保护人口 14.43 万人，保护工农业生产总值 51288 万元。

据临川县志记载，唐贞元年间（公元 785—805 年），抚州刺史戴叙伦制"均水法"，筑河堤数十座，为临川修堤之始。以后，历代先后筑有唱凯、曾坊、廖坊、长湖、葫芦、白水东、白水西等 14 座小圩，此为唱凯堤的前身。1954—1955 年建泉湖、梅渡联圩闸，1962 年建城前、白水联圩闸、联葫芦、长湖、唱凯、曾坊、廖坊等小圩，截白水东西圩，遂形成现今唱凯堤。

唱凯堤多数为砂基，且原抗洪标准偏低（约 8 年一遇），圩堤隐患险情多，历史上曾多次出险。1949 年决口 39 处计 8399m，1952 年、1973 年、1982 年、2010 年四次溃决口，其中以 1982 年最为严重。1982 年 6 月 18 日抚河发生特大洪水，华溪乡王家堤段决口 237m，直接经济损失近亿元。同年 8 月堵口复堤，11 月竣工。

唱凯堤特征水位表见表 11-3。

表 11-3　　　　　　　唱 凯 堤 特 征 水 位 表

控制点地点	历史最高水位/m	出现时间/(年.月.日)	设计洪水位/m	警戒水位/m	现有堤顶高程/m	设计堤顶高程/m	备　注
廖家湾水文站	40.97	1982.6.18	41.04	39.49	42.26	42.54	黄海系统，换算值为 1.807m

注　高程系统为黄海，吴淞与黄海的换算关系见备注栏。

四、蓄滞洪区

下面介绍抚河流域内的长洲坪滞洪区、箭江分洪工程概况。

（一）长洲坪滞洪区

地处东乡水主河道与南、北港汇合口的长洲坪一带，因其地势低洼，每当汛期来临，只要降雨量稍大，便是白茫茫一片。规划秉承"平垸行洪，退田还湖"的防洪治理原则，将常年受淹的长洲坪一带 6.44 万亩农田作为滞洪区。据实地调查，其 20 年一遇洪水位 36.05m 时，淹没面积 6.44 万亩，其中，东乡区 5.09 万亩，临川区 1.35 万亩，受淹房屋 25.7 万 m²。受淹人口及房屋就地安置，受淹耕地维持现状，采用小水小收、大水不收、只种一季的方法减少当地农民的损失，同时加固滞洪区与主河道连接处的两岸堤防，以达到长洲坪滞蓄洪水的作用，减轻东乡水洪水对下游唱凯堤的压力，可保护耕地 15.2 万亩，保护人口 14.41 万人。

（二）箭江分洪工程

箭江分洪工程位于抚河下游西岸南昌县黄马乡、丰城市袁渡镇境内，是抚河流域防洪工程措施的重要组成部分，分洪河道全长约 25km，由分洪河道（也为赣抚平原灌区西总干渠）、两岸堤防、箭江分洪闸、岗前滚水坝等建筑物组成，是赣抚平原水利工程防洪的主要体系，保护辖区近 350 万人民群众生命财产安全和京九、浙赣铁路、向塘机场以及国道 105、320、316 和温厚高速公路等重要基础设施安全。该工程左岸上游部分堤防属丰城市管辖，右岸及左岸下游部分堤防属南昌县管辖，箭江分洪闸、岗前滚水坝、河道水面及沿河分水建筑物为省赣管局管理，地理位置特殊。分洪时，经分洪闸从箭江支流可分走抚河干流 1200m³/s 水量，对防汛抗洪也发挥了重要作用。

五、引水工程

清代以前流域内就修建有较多的引水工程，据不完全统计，流域内相关县有陂堰

2624 座，灌溉面积 13 万亩以上。抚河流域清代以前修建的引水工程见表 11－4。

表 11－4　　　　　　　　　抚河流域清代以前修建的引水工程

县名	工程座数	灌溉面积/亩	主　要　陂　堰
广昌	65	9670	东西陂、平西陂
南丰	103	54394	桑田陂、雾岗陂、醴泉陂、九陂
黎川	257	10746	赤岸陂、株林陂
南城	384	47819	苏家陂、骆陂、麻源港头陂
宜黄	198		永丰陂
乐安	240		王祖陂、云田峡陂
崇仁	119		永丰陂、宝水渠
临川	625		带湖、述陂、华陂、土塍陂、冷泉陂、千金陂、博陂、梓陂、菱陂、文昌堰、长沙陂、山家陂
金溪	433		
资溪	66	8416	仓前岭堰、王家陂、谢家陂、中洲陂、桐埠陂
东乡	134		铁牛陂、游蚰滩闸、石江口陂、全家陂、汝闸
合计	2624	131045	

　　清代至中华人民共和国成立前，流域内主要引水工程有广昌东西陂、崇仁宝水渠、宜黄博陂、梓陂、宜黄永丰陂、临川千金陂等。

　　中华人民共和国成立后，除对原有小型陂坝工程进行整修、加固、改建、扩建外，逐年新建大批灌溉农田万亩以下中小型陂坝。目前，据不完全统计，建成的大型灌区有赣抚平原灌区和廖坊灌区，有效灌溉面积 169.1 万亩；灌田万亩以上、20 万亩以下中型引水灌区工程有宜惠渠、金临渠、宝水渠、芦河渠，有效灌溉面积共 150.62 万亩；有灌田万亩以下小型引水工程 10919 座，主要分布在丘陵山区，有效灌溉面积 74.82 万亩。

　　1. 广昌东西陂

　　位于广昌县长桥、盱江、甘竹交界处，为柴木干砌石结构，建于清同治年间，灌田 300 亩。

　　2. 崇仁宝水渠

　　相传为隋代开挖，百姓视水如宝而得名。渠首位于崇仁县城西南 4km 相水下游，拦河坝控制流域面积 598km²。渠道自巴陵门外引西宁水，绕城会古石庄、冷坑诸山溪，灌溉两岸良田。宋代捐募万金重修，改称万金陂。明代沟渠淤塞，灌溉效益大减。1963 年 11 月改、扩建，1965 年竣工。宝水渠渠道全长 106.5km。其中，干渠 1 条，长 2.5km；分渠 3 条，长 42km；支渠 32 条，长 62km。使石庄等 5 个乡 1 个镇 5.31 万亩农田受益。1985 年 12 月，又对渠首拦沙、筏道、河岸护砌工程和渠道配套工程等进行改造。

　　3. 宜黄永丰陂

　　位于宜黄县城南乡仙三都村，是宜黄最早兴建的陂坝，建于明万历年间，由知县王尚廉组织民工修筑，凿新渠 200 丈。清雍正、乾隆年间两次被洪水冲毁。清道光四年（1823年），县令王世巫组织增砌石坝。

4. 金临渠

因灌溉金溪、临川农田而得名，是省内最大的无坝引水工程。1957 年 7 月 6 日动工兴建，次年 3 月 1 日竣工。工程建在抚河中游东岸，渠首位于金溪浒湾镇疏山寺旁，灌区南起金溪浒湾镇，北至临川城前圩，长 50km。整个工程有较大建筑物 236 座，主干渠 1 条，长 35km；干渠 4 条，共长 45.2km；支渠 9 条，共长 67.8km；斗渠 132 条，共长 190.8km。有效灌溉面积 17.14 万亩。其中灌溉金溪县农田近 14 万亩。

5. 博陂、梓陂

博陂位于临川鸽陂头，宜黄河西岸，距航埠 2.5km，建于唐开元中期（公元 730 年）；梓陂位于宜黄河东岸，距秋溪 5km，建于唐开元末期。二陂相距约 3.5km。唐武德年间（公元 618—626 年），抚州刺史周法猛组织民工用红石砌筑一座滚水坝，东岸开渠 20km，西岸开渠 15km，两岸引水灌溉农田 5 万余亩。明宣德七年（1432 年），崇仁县丞潘原清重修梓陂。明代中叶一次大水，博陂被冲塌，梓陂随毁。民国 35 年（1946 年），宜黄籍水利专家黄育贤及江西省水利局技术人员先后勘察博陂、梓陂，见河底尚存块石，两岸仍有水渠，报请省参议会通过决议重修，但未实施。

中华人民共和国成立后，省政府水利局于 1956 年兴建宜惠渠，灌溉农田 6 万余亩，原先因博陂、梓陂而失去灌溉的农田重新受益。

6. 临川千金陂

位于临川区抚河大桥东端上游 1000m 抚河与干港的分叉口处。据《江西通志》载：抚河干流原在临川瑶湖渡向西流与临水汇合，唐代中期决口，正道淤浅。唐上元年间（公元 760—761 年），郡守组织民工兴建华陂以塞支行正，后被毁。唐大历三年至六年（公元 768—771 年），抚州刺史颜真卿主持继筑土塍陂，又废。唐贞元年间（公元 785—804 年），刺史戴叙伦主持筑冷泉陂。唐咸通九年（公元 868 年），刺史李渤组织民工扩挖冷泉陂故道 970 丈，望之如带，故名带湖，作输水渠道；横截抚河干流汝水，木桩叠薪柴实以巨石，作成 125 丈滚水坝，名千金陂。陂长 125 丈，分水至冷泉陂之新溪，过文昌桥北，奔流逾 15km，灌田百余顷。千金陂采用"桩木堆石结构"，建成后多次冲毁，多次修复，汤显祖为此写过《千金陂赋》。最后一次重修是在清康熙二十七年（1688 年）。民国时期，长久未修。中华人民共和国成立后，省政府水利厅于 1957 年兴建金临渠，灌溉农田 17 万多亩，千金陂原灌区为其中段部分。

7. 宜惠渠

渠首位于临川区秋溪镇洪坊村南端的宜黄河右岸五星岩下，整个工程有建筑物 46 座。其中，干渠 1 条，长 19.17km，宽 10m；支渠 12 条，共长 72.5km。渡槽 14 座，水闸、涵洞 27 座。进水闸共 3 孔，每孔宽 2.3m，引用流量 5.6m³/s。灌区包括秋溪、连城、河东、上顿渡、河西和抚州市域西等乡（镇），有效灌溉面积 6.4 万亩，1955 年 9 月 5 日动工兴建，次年 4 月竣工。1958 年 10 月，宜惠渠跨宜黄河木质斜虹管建成，长 452m，内径 1m，流量 1.4m³/s。1964 年 1 月斜虹管改为钢筋混凝土结构。1970 年冬，又建连城节制闸 1 座，共 7 孔。1977 年节制闸改手摇启闭为电动启闭控制，使灌溉效益进一步提高。

8. 芦河渠

坝址在金溪县和南城县交界处的黄狮渡，引用芦河水，坝址以上控制集水面积

$400km^2$。整个工程分两期进行，1965年9月至1966年3月，建成混凝土重力滚水坝1座，冲沙闸、渠首进水闸和筏道各1座；总干渠2.80km，左干渠12.5km，右干渠10.2km；总干节制闸及左干付坊倒虹吸管等各种建筑物45座。1966年10月至1976年12月，延伸渠道至各个灌区，开挖渠道86.7km，新建过山涵等渠系附属建筑物257座。设计灌溉面积4.5万亩，有效灌溉面积3万亩。

9. 廖坊灌区

廖坊灌区于2002年10月动工，2005年12月蓄水，范围主要包括东乡区黎圩镇、岗上积镇、孝岗镇、圩上桥镇、红星企业集团、占圩镇、马圩镇、红亮垦殖场、虎圩乡，工程设计灌溉面积50.3万亩。以抚河为界，分东、西两岸灌区，其中东岸灌区引水流量$34.1m^3/s$，控制灌溉面积41.55万亩；西岸灌区引水流量$8.6m^3/s$，控制灌溉面积8.75万亩。

10. 赣抚平原灌区

1958年5月1日破土动工，1959年7月通水，1960年4月29日第一、二期工程竣工。灌区跨越临川区、丰城市、进贤县、南昌县和南昌市辖区，沿抚河两岸拓展，分为东、西灌区。东灌渠系渠首位于焦石大坝上游右岸4.5km处柴埠口，正常引水流量$60m^3/s$，加大引水流量$85m^3/s$，可灌溉抚河东岸农田15.8万亩。西灌渠系渠首位于进贤县李家渡镇焦石村焦石大坝左岸上首10m处，正常引水流量$107m^3/s$，加大引水流量$123m^3/s$。进水闸沿抚西大堤内西侧开挖总干渠（西干渠），经临川大岗镇、丰城袁渡镇入箭江，可控灌南昌县、丰城市农田103万亩。

六、提灌工程

古代，流域内农田提灌多使用戽斗、龙骨车、筒车等旧式提灌工具，直到20世纪30年代初才开始使用以木炭为燃料的抽水机。中华人民共和国成立后，随着机电灌溉站、水轮泵、水锤泵、内燃泵与机电井的普遍使用，完全取代旧式提灌工具。

流域内应用机械提水灌田，始于1936年。该年建立的临川中洲堤抽水机站是域内第一座机械提灌站，装有1台90马力以木炭为燃料的"煤气"抽水机。1950年，全区只有煤气抽水机10台、80.85kW，灌田2190亩。1963年新增提灌设备装机418台、4871kW。期间主要机电灌溉站有临川葫芦圩机灌站、临川缴上电灌站。1964年，南城县万坊乡庙前岗四岭兴建首座40型水轮泵站，既抽水又加工农副产品。之后，对宜黄、黎川、乐安、资溪等山区县的河流进行规划，积极推广，宜黄县二都乡率先在河流上兴建三都水轮泵站（后改为水电站）。该提水设备效率低，耗水量大，灌田面积小。2000年后，全市只保存有部分水轮泵。

据不完全统计，抚州全市11个县（区）有固定机电灌溉2210处、2550台、装机容量55740kW，灌溉面积55万亩；有流动机电灌溉2636台、装机容量33560kW，灌溉面积15.04万亩。

七、水利枢纽工程

赣抚平原综合开发水利工程居于江西省中部偏北，赣江抚河下游冲积平原上，地跨东经 115°31′~116°10′、北纬 28°00′~28°40′，灌区涉及临川区、丰城市、进贤县、南昌县、南昌市辖区，东及抚河东岸大堤防护区，南接丰城平原丘陵台地，西以赣江东岸大堤为屏障，北滨鄱阳湖南缘，总面积约 2000km²，是省内重要的产粮基地，又是政治、文化、工业、交通的中心，这里水系紊乱，河港交错，洪涝旱灾频发。

工程主要效益：缩短防外洪的堤线 485km，灌溉农田 120 万亩，减免涝灾 70 万亩，增垦洼地 16 万亩，发电装机容量逾 6000kW，改善航运及城市供水等。

枢纽工程主要由焦石大坝、西灌渠系、东灌渠系和箭江分洪闸组成。1958 年 5 月 1 日破土动工，1959 年 7 月通水，1960 年 4 月 29 日第一、二期工程竣工。1963—1968 年，兴建箭江分洪闸、王家洲节制闸、市汊船闸等配套工程，以及焦石枢纽莲塘渡槽加固工程，共开挖排洪排渍道 16 条，干、支、分渠道 543 条，总长 1674km，建成大中型建筑物 277 座。

焦石拦河滚水坝位于进贤县李家渡镇焦石村附近，坝体全长 451m，坝高 9m，坝顶高程 28~28.36m。左侧设冲沙闸，筏道宽 30m，筏道与过水坝段相接。溢流坝段长 421m，抬高枯水位 2~5m，为 2 级建筑物，20 年一遇洪水设计，百年一遇洪水校核。大坝左端为西干渠渠首，大坝上游 4.5km 处的右岸柴埠口为东干渠渠首。

西灌渠系渠首位于进贤县李家渡镇焦石村焦石大坝左岸上首 10m 处，闸身 7 孔，每孔净宽 3m，进水口底坎高程 25m，闸顶高程 37m，最大开闸水位 30.0m，正常引水流量 107m³/s，加大引水流量 123m³/s。进水闸沿抚西大堤内西侧开挖总干渠（西干渠），经临川大岗镇、丰城袁渡镇入箭江，可控灌南昌县、丰城市农田 103 万亩。

东灌渠系渠首位于焦石大坝上游右岸 4.5km 处柴埠口，闸身 7 孔，每孔净宽 3m，高 2.5m，进水口底坎高程 26m，正常引水流量 60m³/s，加大引水流量 85m³/s，可灌溉抚河东岸农田 15.8 万亩。

箭江口分洪闸位于抚河箭江口，分洪闸为中墩分缝带有胸墙的单孔钢筋混凝土结构。8 孔，每孔净宽 12m，高 3.5m，闸上有 8m 宽工作交通桥。孔底高程 27.6m，闸顶高程 35m。1962 年 11 月开工，1964 年 4 月竣工。

抚河流至王家洲街左岸分出王家洲支汊，主流北流 1.3km 至箭江口，于左岸分出较大支流箭江，箭江支流向西北流，至丰林转西 3km 为界岗，折南至舒家湾与来自王家洲支汊汇合称舒家湾河，而后箭江支流向北在岗前渡槽下从右岸汇入清丰山溪，后经向塘镇、棠墅港村于武阳镇回注原抚河故道分几支入湖。1958 年在箭江支流进口处修建箭江口分洪闸，不分洪时抚河水不再进入箭江支流，从焦石坝进水闸引入抚河水，经总干渠到王家洲闸进入箭江口支流河道，再经岗前渡槽进入赣抚平原灌溉系统；分洪时，经分洪闸从箭江支流可分走抚河干流流量 1200m³/s。

赣抚平原工程建成后，可灌溉农田 118.8 万亩，缩短航线逾 100km，赣、抚两河来往船只不必再绕道鄱阳湖而直达南昌，焦石西岸运渠通过总干船闸、天王渡和市汊船闸，进出赣江、抚河，终年可行驶百吨轮船。东岸建有柴埠口船闸，经东干渠直达温家圳船坞与浙赣铁路组成联运。利用渠道跌水建成张王庙、吴石、螺丝渡、高田等 12 座水电站，总装机容量 6390kW。工程渠系通往农村和城镇，为当地工业和生活提供充足水源。

八、水闸

1962 年，抚州兴建城前闸、白水闸。据不完全统计，抚河流域建有各类水闸 302 座，总过闸流量 12884.67m³/s。其中分（泄）洪闸 84 座，过闸流量 2585.1m³/s；节制闸 140 座，过闸流量 8764.1m³/s；排（退）水闸 59 座，过闸流量 1283.27m³/s；引（进）水闸 19 座，过闸流量 252.24m³/s。

第四节 监 测 预 警 措 施

一、概述

抚河流域涉及抚州、南昌部分地区，共计 14 个重要水文监测站点。

二、各站特征水位流量

抚河流域各站特征值统计见表 11-5。

第五节 水 旱 灾 害 情 况

一、洪水灾害

1962 年抚河洪水骤涨，河东堤桂花段决堤，受灾人口 3.8 万人，死亡 24 人，淹没农田 2910hm²，粮食减产 1.65 万 t，浙赣铁路中断 7 天。1982 年灾情更为严重，临川区嵩湖镶嵩湖堤叶家桥段、罗湖镇唱凯堤王家村堤段决口，受灾人口 20.8 万人，冲塌房屋 3718 间，死亡 8 人，9280hm² 农田被淹，交通中断 22 天，电信中断 9 天。

流域内的山区和丘陵地带，暴雨易引发地质灾害。1998 年黎川县大暴雨，淘口、厚村等乡（镇）山体滑坡多处，倒塌、损坏房屋 1.2 万间，近 4 万人无家可归，死亡 63 人，667hm² 耕地无法复耕，多条公路中断。

二、干旱灾害

1963 年旱灾全流域多条河流断流，抚河干流廖家湾水文站流量仅有 1.3m³/s，受灾面积 9.2 万 hm²，粮食减产 10.7 万 t。

表 11 - 5　抚河流域各站特征值统计表

序号	测站编码	站名	县、市	河名	加报水位/m	警戒水位/m	实测最高水位/m	实测最高水位出现时间/(年.月.日)	实测最大流量/(m³/s)	实测最大流量出现时间/(年.月.日)	历史最低水位/m	历史最低水位出现时间/(年.月.日)	历史最小流量/(m³/s)	历史最小流量出现时间/(年.月.日)
1	62401800	廖家湾	临川	抚河	39.50	41.30	42.78	1982.6.18	7330.00	2010.6.21	34.39	2017.9.16	0.68	1978.9.24
2	62402400	李家渡	进贤	抚河	29.50	30.50	33.08	1998.6.23	11100.00	2010.6.21	20.88	2020.11.22	0.06	1967.9.3
3	62403000	温家圳	进贤	抚河	26.80	27.50	29.68	1968.7.9			17.09	2018.11.9		
4	62405200	沙子岭	广昌	抚河-盱江	122.50	123.00	125.82	2002.6.16	3220.00	2002.6.16	117.42	2020.12.26	0.41	2014.1.13
5	62405400	南丰	南丰	抚河-盱江	78.00	78.50	81.98	2002.6.16	2440.00	2019.7.8	73.45	2019.12.2	8.70	2011.8.22
6	62405800	南城	南城	抚河-盱江	67.00	67.50	70.76	2002.6.17			62.55	2020.12.28		
7	62406200	双田	南丰	九剧水		113.00	114.64	2002.6.16	856.00	2002.6.16	109.66	1963.9.11	0.15	1963.9.11
8	62406250	双田(二)	南丰	九剧水	108.00	108.50	108.75	2019.7.7	457.00	2019.7.7	105.53	2019.11.24	0.85	2018.7.28
9	62406600	娄家村	抚州	抚河-临水	38.00	38.80	41.51	2010.6.21	4640.00	2010.6.21	32.47	2019.11.27	0.92	1991.7.27
10	62407000	桃陂	宜黄	抚河-临水	68.50	69.50	71.61	2010.6.21	2070.00	2010.6.21	65.45	2019.12.17	0.18	2017.8.28
11	62407800	芜头	乐安	抚河-临水	86.00	87.00	90.99	1969.6.30	2440.00	1969.6.30	河干	1963.9.10	0.00	1963.9.10
12	62407810	芜头(二)	乐安	抚河-临水	82.00	82.50	84.58	2020.7.10	1040.00	2020.7.10	77.76	2019.11.26	0.02	2019.11.26
13	62408000	崇仁	崇仁	抚河-临水	53.00	54.00	56.88	1969.7.1			48.99	2013.8.12		
14	62408400	马口	崇仁	抚河-临水	78.00	79.00	81.91	1969.6.30	865.00	1969.6.30	74.36	1993.10.6	0.00	2013.8.13

第十二章

. . . .

信 江 流 域

第一节 流 域 概 况

一、自然地理

信江是鄱阳湖水系五大河流之一，流域形状呈不规则矩形。东毗浙江省富春江，南倚武夷山脉与福建省闽江相邻，西邻鄱阳湖，北倚怀玉山脉与饶河毗邻。流域涉及浙江省、福建省、江西省共 19 个县（市、区）。

信江上游段两岸谷坡陡峭，山岭陡峻，河道落差较大。中、下游为山丘型向平原型过渡区，河道较为平缓，河床质组成多为鹅卵石。上游段河道平均比降 6.104‰，中游段河道平均比降 0.263‰，下游段河道平均比降 0.1‰。河网密度系数 0.18，河流弯曲系数 2.18。

流域降雨年内分配不均，径流特征与降水特征相应，流域洪水大多由暴雨产生，多年平均降水量 1860.0mm，多年平均年径流量 209.1 亿 m^3。流域蒸发情况山区小于丘陵，丘陵小于平原，湖滨地区较大。流域内含沙量自上游至下游逐渐减少，多年平均年水面蒸发量 750mm。2010 年水质评价河长 135.7km，全年 I 类水占评价河长的 21.4%，II 类水占评价河长的 73.3%，IV 类水占评价河长的 5.3%。

二、气象水文

信江流域多年平均年降水量 1860.0mm，上游近怀玉山脉和以武夷山脉区域为流域内降雨高值区域，整体呈从上游到下游降雨量逐渐递减，沿河流两边向中间递减分布。流域性连续大暴雨大多出现在 6—7 月上旬。呈上半年逐月增加，下半年逐月减少的趋势。流域内单站年最大降雨量 3530.9mm（1998 年玉山县广平站），单站年最小降水量 923.7mm（1971 年原广丰县广丰站现指广丰区广丰站）。

信江流域多年平均年蒸发量 750mm。以现有 4 个蒸发站资料进行多年平均值计算，蒸发总的情况是山区小于丘陵、丘陵小于平原，湖滨地区较大，约 880mm，其他地区在 750mm 左右。多年平均低值区为武夷山山区的铁路坪站，628mm，信江中下游地区蒸发量较大，以弋阳站 934.0mm 为最高。蒸发量与季节有一定的关系，其随气温的变化而发生明显的改变，即冬季为最低，夏季最高。多年月平均蒸发量自 1 月开始，逐月增大，至 7 月为最高，然后又逐月降低，直至 12 月。

流域径流特征与降水特征相应，年际各月各季度径流分配大致相近，多年平均年径流量 209.1 亿 m^3，4—9 月占全年的 73.7%，4—6 月占全年的 54.1%。最大年径流量 389.62 亿 m^3（1998 年），最小年径流量 104.42 亿 m^3（1963 年）。

信江流域洪水大多由暴雨产生，一般 3 月下旬进入汛期，流域性洪水大都出现在 5—7 月，历年最大洪水多出现在 6 月，一般 7 月中旬以后进入伏旱，主汛期基本结束。8 月受台风雨影响，也会出现流域性洪水。流域洪水过程一般持续 3～5 天，大洪水过程可持续 5～8 天，最长可持续半个月。

信江泥沙大部分来自主汛期，全流域多年平均输沙量 240 万 t，4—9 月占全年的 72.5%，年最大输沙量 501 万 t（1973 年），年最小输沙量 39.9 万 t（2004 年）。流域多年平均含沙量自上游至下游有逐渐减小趋势，广丰、上饶、横峰、弋阳等县是信江流域水土流失较为严重地区。

三、地形地貌

信江位于江西省东北部，为鄱阳湖水系五大河流之一，地处东经 $116°19'$～$118°31'$、北纬 $27°32'$～$28°58'$。流域总面积 17599km^2，主河长 359km，流域平均高程 268m。

四、河流水系

信江流域水系发达，支流众多，水网密集。流域内流域面积大于 10km^2 的河流有 320 条，先后建成大、中、小型水库 1253 座，其中大型水库 2 座，中型水库 37 座，小（1）型水库 198 座，小（2）型水库 1016 座。信江尾闾地区河、湖、汊、港众多，地形极为复杂，主要湖泊有琵琶湖。

信江流域内河系发达，各支流大都源于武夷山和怀玉山两大山脉之中。干流左岸较右岸发达，较大支流均源于干流左岸，上游右岸较左岸发达，中游段则是左岸水系较右岸发达，下游则基本对称。

流域内集水面积大于 200km^2 支流有丰溪河、铅山河、白塔河等 25 条，涉及福建省浦城县、光泽县，浙江省常山县、江山市，江西省玉山县、信州区、上饶县、铅山县、横峰县、弋阳县、贵溪市、余干县、万年县、月湖区、贵溪市、余江县、资溪县、金溪县、东乡区共 19 个县（市、区）。

流域内流域面积 10km^2 以上支流 319 条，不小于 10km^2 但小于 50km^2 的支流 225 条；不小于 50km^2 但小于 200km^2 的支流有 69 条，其中一级支流 22 条，二级支流 35 条，三级支流 10 条；不小于 200km^2、小于 1000km^2 的支流 22 条，其中一级支流 14 条，二级支流 8 条；不小于 1000km^2 但小于 2000km^2 的支流 1 条；不小于 2000km^2 的支流 2 条。河网密度系数 0.18，河流弯曲系数 2.18。

信江水系分布如图 12-1 所示，流域面积超 500km^2 的河流特征参数统计见表 12-1。

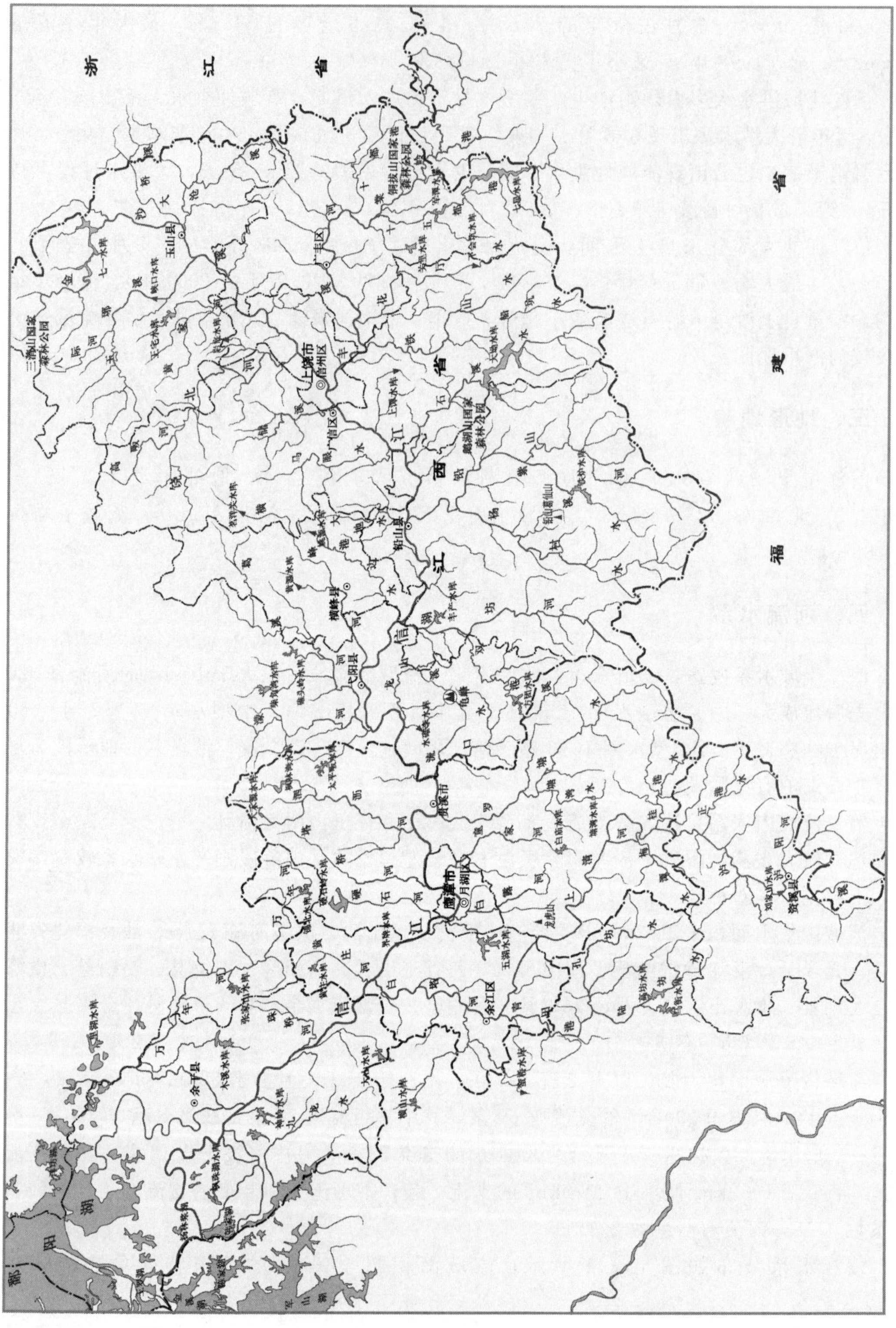

图 12 - 1　信江水系示意图*

表 12 - 1 信江水系流域面积超 500km² 河流特征参数统计表

序号	信江水系	名称	流域面积/km²	年径流量/亿 m³	江西省内涉及城市
1	一级支流	饶北河	619	7.41	横峰县、玉山县、上饶县、信州区
2	一级支流	丰溪河	2260	23.82	信州区、上饶县、广丰区
3	一级支流	石溪水	573	7.42	上饶县、铅山县
4	一级支流	铅山河	1262	17.19	铅山县
5	一级支流	湖坊河	652	8.16	铅山县、弋阳县
6	一级支流	罗塘水	656	7.68	贵溪市
7	一级支流	白塔河	2839	34.05	资溪县、贵溪市、余江县
8	二级支流	青田港	646	7.79	金溪县、东江县、余江县

第二节 暴 雨 洪 水 特 点

流域大暴雨大多出现在局部地区，历时 1～2 天，历时短、强度大。区域性或流域性大暴雨往往历时长、雨量大、强度大、影响范围大。流域南岸武夷山北坡和上游怀玉山南侧属大暴雨多发区，其中流域中部南岸如铅山河、石溪水、湖坊河为大暴雨频发区域。

武夷山、怀玉山区为江西省降水高值区。暴雨多、范围广、强度大，极易形成大洪水。70% 的洪水发生在 4—6 月，洪水峰高量大。特殊年份 7—9 月甚至 10 月受台风影响也会出现暴雨。

第三节 防洪抗旱工程体系及控制运用

一、概述

信江流域规划修编报告提出流域水利管理与信息化建设等规划。据不完全统计，流域内已建成各类水库 1253 座，5 级以上圩堤 144 座。基本形成以堤防为主、水库和分洪工程为辅的防洪工程体系，初步建立区域供水、灌溉、水力发电等水资源综合利用体系。流域内除了部分古老堰陂外，还兴建 500kW 以上水电站 190 座，各类水闸 362 座。建设城市防洪排涝工程，实施防洪抗旱非工程措施。

至 2010 年，流域内建成上饶水情分中心，先后在上饶、贵溪、玉山、弋阳、铅山建成山洪灾害预警系统。水土保持重点治理工程和其他水土流失治理工程建设取得初步成效，据不完全统计，流域内治理水土流失面积 966708.16hm²。

二、水库

1949 年冬到 1952 年春，全区组织群众修复原有水库、塘坝，并量力新建了一批水库、水塘。水库拥有 27 座，有效灌溉面积 0.92 万亩，其中小（1）型水库 1 座、小（2）

型水库 26 座；拥有塘坝 3.89 万座，有效灌溉面积 36.42 万亩。

1953—1955 年水利建设由治标转向治本，兴建玉山县竹青塘水库（灌田 700 亩）等 2 座水库为示范水库。

1956 年上饶专区首座中型水库——贵溪硬石岭水库（原辖区）于 12 月破土动工，1957 年大坝合龙，蓄水 2580 万 m³，灌溉面积 7.8 万亩。硬石岭水库建成，推动全区兴建水库进程，1956 年由上年 87 座增加到 143 座，1957 年又增加到 256 座。其中，中型水库 3 座，小（1）型水库 67 座，小（2）型水库 186 座。

1958 年 7 月玉山县七一水库破土动工。全区完成和基本完成的水库总数达 530 座，比上年增加 274 座。1960 年全区完成和基本完成水库 941 座。1962 年 8 月全区续建配套 30 座万亩以上水库，14 座 5000 亩以上水库。

1970 年兴建的大源河、群英、双溪、段莘等一批中型水库，1973 年前后投入运行；灌溉农田 10 万亩以上的军民水库于 1979 年竣工。

据不完全统计，流域内水库工程主要有七一、大坳 2 座大型水库，七星、茗洋关等 37 座中型水库，马眼等 1214 座小型水库。

（一）七一水库

七一水库位于玉山县城双明镇，主坝位于信江上。控制流域面积 324km²，1958 年 7 月动工，1960 年 3 月建成蓄水，1960 年 12 月发电。设计洪水位 96.11m，校核洪水位 96.19m，正常蓄水位 94m（假定基面）。总库容 2.489 亿 m³，兴利库容 1.25 亿 m³，死库容 7600 万 m³。七一水库属心墙坝，坝顶高程 167.4m，坝高 53.1m，坝顶长 420m，是一座以灌溉为主，结合防洪、发电、供水、养殖、航运、旅游等综合利用的大（2）型水利工程。有效灌溉面积 13.95 万亩，水库电站与竹枧、灰弄两个中干渠跌水电站总装机容量 1.037 万 kW，年平均发电量 2889 万 kW·h。

（二）大坳水库

大坳水库位于上饶县上泸镇大坳村，主坝位于石溪水上，控制流域面积 390km²，1995 年 12 月开工兴建，1999 年 6 月建成蓄水，2000 年 4 月发电。设计洪水位 217.85m，校核洪水位 220.52m，正常蓄水位 217m。总库容 2.757 亿 m³，兴利库容 1.42 亿 m³，死库容 1.0 亿 m³。大坳水库属重力坝，坝顶高程 221.2m，坝高 90.2m，坝顶长 443.7m，是一座以灌溉为主，结合防洪、发电、旅游、水产养殖等综合效益的大（2）型水利枢纽工程。大坳水库有效灌溉面积 25.95 万亩，水电站装机容量 4 万 kW，年平均发电量 8450 万 kW·h。

三、堤防

信江两岸台地，历来易受洪涝袭扰。农民始堆土为埝，称"田埂圩"。其后逐渐发展为筑圩堤御洪，开涵闸排涝。筑堤见于文字记载的：唐、宋时期，有建圩筑埭之举；明代较盛，铅山县陈公堤，玉山县徐州圩、大丘圩、新安圩、荻龙圩以及余干县西津圩等，均建于这一时期；清朝，鄱阳、余干筑圩已具规模，出现保护农田万亩以上的联圩；清同治十一年（1872 年）版《广信府志》《饶州府志》载，区境有圩堤 147 座。

民国初，以维修为主。1926 年江西省政府省务会议决定兴修水利，由于经费支绌，滨湖地区兴建了少量堤、闸。1935 年江西省政府决定"是年以水利建设为本省建设中心工作",要求"低洼之区,修筑圩堤涵闸,以防泛滥"。鄱阳、余干、万年、弋阳、铅山等县征工 1.88 万人,培修加固圩堤。其后,无所作为。1944 年 1 月,江西省政府鉴于上年大旱,颁布《江西省各县办理非常时期强制修筑塘坝水井工作人员须知》和《江西省非常时期强制修筑塘坝水井须知》,实行强制修筑。鄱阳、余干、万年、玉山、上饶等县,依靠民办在修复、加固原有圩堤的同时,新建一批圩堤。至 1949 年底,全区共有圩堤 193 座,堤线总长 1182.82km,保护耕地 61.93 万亩,保护人口 56.65 万人。其中保护耕地万亩以上的有 8 座。

1954 年 3 月余干县信河联圩建成(后联成信瑞联圩),信江尾闾数十万亩农田一年两收,3 万亩草坪改为良田。

1956 年农村实现农业合作化,圩堤岁修的重点转向除险加固,营造防浪林,提高防洪标准。每年都以成百公里的速度锥探,处理隐患。1962 年以后,在继续除险加固的同时,着力于治理内涝。期间,保护农田 10.5 万亩的梓埠联圩于 1958 年 10 月兴建。余干信瑞联圩 1977 年 11 月兴建,保护耕地 24.39 万亩。到 1985 年,全区共有圩堤 1070 座,堤线总长 1959.53km,保护耕地 170.98 万亩,保护人口 157.09 万人。其中,保护耕地 10 万亩以上的 4 座,堤线长 178.14km,保护耕地 47.59 万亩;保护耕地万亩以上的 16 座,堤线长 314.35km,保护耕地 45.59 万亩;保护耕地万亩以下的 1050 座,堤线长 1467.04km,保护耕地 77.8 万亩。

据不完全统计,流域内有 5 级以上堤防 144 座,其中 2 级堤防 2 座,3 级堤防 3 座,4 级堤防 24 座,5 级堤防 115 座。

四、引水工程

信江流域水量丰沛,古代人民因地制宜,就地取材,拦河筑坝修陂,引用天然径流灌溉农田。历代兴建农田水利工程中陂、坝、堰、挡、渠等引水工程占有重要地位。

中华人民共和国成立前,历代遗留下来的万亩以上灌溉工程如玉山灵湖坝、弋阳上葛坝等都属引水工程,在封建社会土地分散经营的情况下,先民兴建灌田数万亩的工程实属创举。其余引水工程大多是一村一姓合建,规模很小,灌田不多,常因天灾人祸遭到破坏,且多为柴草乱石坝,较大的则为桩木堆石结构。据《江西通史》载:明洪武二十八年(1395 年)鄱阳县丞周从恭修复旧陂 14 所。明成化年间(1465—1487 年),余干县南五里修彭家陂,用柴土叠作,逾年则柴朽土崩,水泄田涸,民受其害,后周略等易土以石,率众并力而成,工毕,灌溉不息,民无旱伤,故更名为永济陂。据《鄱阳县志》载:明弘治元年(1488 年)以后兴建较多,明嘉靖三十八年(1561 年),全县已有大小陂坝 171 处。《玉山县志》载:清朝鼎盛时期,康熙年间(1662—1722 年),玉山有陂坝 105 处,道光时增至 153 座,同治年间增至 160 座,称"玉之为邑,山高水驶,灌溉资于陂坝"。

信江流域部分古代有名的陂坝经过改建、重建仍在运用,而部分古代陂坝被中华人民共和国成立后兴建水库或其他灌区所替代,存有旧址,但已失去灌溉效益。

(一)干流古老陂堰

灵湖坝位于玉山县文成镇姜宅村金沙溪下游,坝址以上流域面积 425.8km²,据清康熙《玉山县志》载，其时即有灵湖坝，并列为县陂。据乡民所传，有 800～1000 多年历史：原为木桩堆石陂，常修常倒，民国时期进行修筑，中华人民共和国成立后，1951 年县人民政府将该坝作为全县重点水利工程，1963 年进行过一次大修。1979 年冬至 1983 年 12 月，上饶地区水电局连年进行除险加固，坝身全部用混凝土护面，加筑消力池、护坦、输砂闸，改建进水闸，坝身长 431m，最大坝高 4m，整个坝体基本稳定。原有干渠 1 条，长 2.6km，支渠 5 条，全长 4km。清康熙《玉山县志》载，灌田 20 顷（2000 亩）；道光《县志》载，灌田 30 顷，民国时期灌田 2500 余亩。

（二）支流古老陂堰

支流古老陂堰有位于黄家溪上游长林坝和新田坝、玉琊溪上游桑田坝、饶北河上游白沙坝、陈坊河上游新城坝、铅山河上游江顺宝堤、葛溪水上游上葛坝、白塔河中游萧公陂。

其中萧公陂建于明朝洪武开国时期，白沙坝和新城坝建于明成化元年，长林坝、新田坝和桑田坝是清康熙年间建为县陂，上葛坝建于清乾隆年间，江顺宝堤建于清道光末年。

这些古老陂堰在当时都发挥沟渠和灌溉效益，是古代劳动人民的智慧结晶。

（三）信江流域内较大灌区

七一灌区位于上饶市的玉山县、信州区、上饶县境内，涉及 16 个乡镇。据不完全统计，区内共有人口 52.07 万人（其中农业人口 46.42 万人），耕地总面积 34.29 万亩，灌溉总面积 31.06 万亩，有效灌溉面积 26.40 万亩。该灌区农作物以种植水稻为主，兼种油菜、甘蔗、蔬菜、杂粮等作物。七一灌区是一个以大（2）型七一水库和峡口、王宅、岩底 3 座中型水库为骨干水源工程，串并联众多小型水库和小塘坝联合进行灌溉的大型灌区。灌区内有干渠 10 条，长 210.72km；支渠、斗渠 148 条，长 416.4km；主要干、支渠建筑物 478 座。由于渠线长、渠道淤积严重、灌溉配套设施不完善和渠道渗漏大等原因，实际灌溉面积只有 16.07 万亩。

红旗灌区包括南干灌片和北干灌片，共涉及弋阳县朱坑镇、圭峰镇及旭光乡等 3 个乡镇，人口 5.35 万人，其中农村人口 4.18 万人。灌区设计灌溉面积 5.10 万亩，实际有效灌溉面积 3.70 万亩。灌区土地肥沃、水源较充足，作物以水稻为主，其他作物有大豆、花生、油菜、绿肥、蔬菜等，是弋阳县主要产粮区之一。该灌区的兴建，改善该区域的自然条件，提高当地抗御水旱灾害能力。红旗灌区兴建于 20 世纪 60 年代，主要水源有信江，利用红旗水轮泵站从信江提水灌溉，附近有龙门岩、朱家坂 2 座小（1）型水库和 100 多座小（2）型水库及塘坝补充水源。南干灌片干渠有南干渠、龙门岩干渠及朱家坂干渠，干渠长 31.5km，控灌面积 2.75 万亩；北干灌片干渠有北干渠，长 12.5km，控灌面积 2.347 万亩；南北灌片干渠总长 44.0km，控灌面积 5.10 万亩，渠系建筑物 200 多座。

饶丰灌区是丰溪河上大型灌区，设计灌区面积 32.3 万亩，灌溉范围包括广丰区部分乡镇和上饶县花厅镇的全部或部分农田，其中湖丰镇、大南镇、壶桥镇 3 个镇是丰溪河流域外的灌溉用水户。饶丰灌区水源工程有七星、军潭、关里、下会坑 4 座中型水库，条铺、山塘、壶桥和孙坞 4 座小（1）型水库、丰溪河左岸支流团结坝引水工程、丰溪河花厅水支流上的新村、大王两座引水工程和丰溪河干流上的赵山、芦林等 6 座引水工程。

信州水利枢纽工程位于信江中上游、信州区龙潭大桥下游约 4km 处，拦河坝以上集水面积 5234km²，坝址处多年平均年径流量 59.6 亿 m³，多年平均年入库沙量 104 万 t。

工程电站设计装机容量 $3\times3.35kW$，设计水头 5m，年均发电量 3830 万 $kW\cdot h$，是一座以建设城市景观为主要任务的水利工程，水库在信江主河道、玉山水、丰溪河形成总长度17.4km、宽 400～500m（局部宽 800m）的主体水面景观。2003 年动工兴建，2005 年基本建成发挥效益。

红旗闸坝枢纽工程位于信江中游、弋阳县南岩镇上游约 10km 旗山场顾家村。闸址集水面积 $8734km^2$，坝址处多年平均年径流量 101.6 亿 m^3，多年平均年入库沙量 189 万 t。设计灌溉面积 5.10 万亩，实际有效灌溉面积 3.70 万亩；增效扩容后水电站装机容量2000kW，共 20 台机组。1968 年动工兴建，1970 年基本建成发挥效益。工程已投入运行以来，经济、社会效益显著。

貉皮岭分洪道位于信江尾闾余干县境内，原是信江西大河支汊之一，最早于 1952 年开辟为分洪道。其进口位于西大河左岸貉皮岭处，出口位于大淮宋家，全长约 18km。左岸为丘陵，右岸为原枫港圩、枫富圩南堤。分洪道于大淮流入洋坊湖、韩家湖，最后进入鄱阳湖。1977 年西大河治理时将貉皮岭分洪道封堵。20 世纪 90 年代后，信江发生数次大洪水，在相同流量下，梅港站水位比 20 世纪 50—60 年代抬高 1m 以上，造成洪水灾害。为解决此问题，应打开貉皮岭分洪道，给信江下游洪水以出路。

界牌航电枢纽工程位于余江县中东部，东南距鹰潭市城区 12.5km。大坝位于中童镇徐杨村信江干流河道上，控制流域面积 1.23 万 km^2。坝址处多年平均年径流量 142.8 亿m^3，多年平均年入库沙量 266 万 t。回水长度 43.6km，回水涉及鹰潭市余江县、月湖区、贵溪市。1992 年 11 月开工兴建，1998 年 3 月建成蓄水。

五、提灌工程

九牛滩水轮泵站枢纽工程位于信江中游下段的贵溪市滨江镇鸿塘村，距贵溪市区约5.0km。距鹰潭市约 20km，距鹰潭市下游的界牌水利枢纽工程坝址 31km，坝址处多年平均年径流量 135.2 亿 m^3，多年平均年入库沙量 252 万 t，坝址以上流域面积 $11650km^2$。工程由拦河坝、南岸泵站、北岸泵站、船闸、引水渠道等建筑物组成，是一座具有发电、灌溉等综合效益的水利枢纽工程。九牛滩拦河坝正常蓄水位 26.80m，相应库容 3680.8 万 m^3；20 年一遇标准洪水位 35.04m，50 年一遇标准洪水位 35.89m。1966 年开工兴建，1972年建成投入运行。

六、水电站

据不完全统计，信江流域建有 500kW 以上水电站 190 座，总装机容量 434570kW。其中，小（1）型 8 座，小（2）型 182 座。

七、河道整治

中华人民共和国成立后，治理河道工程与其他水利工程同步进行，或裁弯取直，或拓宽河面，或因兴建圩堤而被截流改道，或成内湖，或成内河。

信江上游河道整治。玉山县境内古城溪流域，支流东港水石瑞乡清边至王家坝段于1967 年改直，河长 3000m，河宽 3m，河深 2.5m；王家坝至三板桥段于同年改直，河长

6000m，河宽6m，河深3m。八都溪流域，支流桥棚水的八都中学至吴家上碓河段于1973年改直，河长350m，河宽4m，河深2m；桥棚水的仙岩乡上宅至石底河段于1977年改直，河长2000m，河宽15～17m，河深2.5～3m；后陈水库至王家坞段于1977年改直，河长800m，河宽4m，河深2m。该县于1975—1977年间还对龙溪河华村乡湾村清溪桥等河段、毛宅水的下镇乡至玉马溪湖段、嘉湖水下镇乡嘉湖至赛头段裁弯取直。其中，龙溪河共改7处，计河长1800m，河宽平均12m，河深平均3.5m；毛宅水河长由原5000m缩短为3000m，河宽4～6m，开垦水田30亩；嘉湖水，河长由原5000m缩短为2000m，河宽3m，开垦水田15亩。其后，该县几乎每年都有河道治理工程。

信江下游河道整治。信江下游过大溪渡至潼口滩（俗称"大八字嘴"）分东西两大河，东大河入饶河的乐安河，西大河经瑞洪入鄱阳湖。两大河水道在余干县境北面平原上，支汊纵横，迂回曲折，历代多变。

东大河在潼口滩下约7km洪恩渡（俗称"小八字嘴"）又分左右二支。左支西北流约8km至洪家嘴再分为东西两汊：东汊东北流经严家渡、雷家渡、过珠湖形成网区，汇入右支于乐安村注入乐安河；西汊经南塘、坑口、管枥、赤岸、迂曲回环至瑞洪（旧称津水）汇入鄱阳湖。右支为东大河主河，过珠湖于乐安村注入乐安河。

明代旧西津水改道，自南塘附近村港嘴分东西两汊。东汊北流经严溪渡、雷家渡、汤村港入湖为主流；西汊西北流经祝家滩前徐、茶林湾、鹭鸶港、李家渡、东塘等弯道至黄泥潭，再分别北走南西墩、三汊、西汊入乐安河，西走石口经寿港入鄱阳湖。原西津水南塘至坑口段又称南塘港夹。

西大河经貊皮岭、龙津至坞石，分别南走枫港，北走江家埠（俗称龙津南支、龙津北支），两支至枫港下坝溪合流，下至许家渡又分为北支木犀河，南支寨上河，于角山复合，西北流会合原西津水经瑞洪入鄱阳湖。寨上河从渔埠上分出一支，南过坝头与九龙河相通，原九龙河在枫港附近西穿杨坊湖后会寨上河过韩家湖至角山，与木犀河会合。龙津北支北岸挡头有一支水流北走团林至坑口，与旧西津水合流。从大八字嘴西北流经龙津折西南流，过枫港折西北流，过木犀至瑞洪河道旧称龙窟河，又称龙津河，即今西大河。至此，从挡头经坑口、三塘至瑞洪河道称为三塘河，从小八字嘴分出的左支也称互惠河。

1928年堵三塘河汊筲箕港，建成马挡圩。1936年建中山圩，塞南塘港夹，从此三塘河与互惠河分流。

东大河治理。1951年余干县建琵琶圩，堵断新开河，堵市湖与互惠河出口，使市湖为内河。1952年在互惠河进口200m处，筑黏土心墙坝，又在詹上村及石头口筑拦河坝，互惠河成为内港，并将区内13小圩联并为信河联圩，使原长187km的堤线缩短至67km。同年，为减轻堵互惠河后抬高洪水位影响，利用貊皮岭以下低地开中高水位分洪道。分洪道穿貊皮恒，过赵家套、曹塘塍通向九龙河潭津口至角山入西大河，长21.5km，分洪流量略大于原互惠河。1954年将百亩垣河段裁弯取直879m。1958年建古埠联圩，将万年河蔡家、方家两汊道堵塞，将板头枥至大龙塞河段拓宽200m，另开新河通珠湖，将古埠圩程家埠河段取直，缩短流程3.0km。原五都至汪家沟段取直370m，四一圩王坊至张家山堤段内迁370m，干港圩板头至下埠段取直2000m，共缩短流程3336m。

西大河治理。1951年余干县将寨上河坝头至九龙河段及韩家湖通道堵截，缩短流程

5000m，建富强圩。1977 年建信瑞联圩和枫富联圩，堵复貊皮垣分洪道入口与通向九龙河的分洪道出口，分洪道上段仍留作必要时分洪使用，貊皮垣改名枫港圩。新挖九龙河港道，并将九龙河西岸圩区与富强圩并为枧富联圩，三塘河围入信瑞联圩内。同年，木犀河扩宽至 800m，迁李家湾阻水河段圩堤，废绕城圩，内迁大溪圩麻园嘴险段，将西大河下游 58 座小圩，分别并入信瑞、枫富、枫港三大联圩，缩短堤线 120km。因河道拓宽清淤未达到设计标准，进贤、余干两县互围河滩，信江尾闾入湖锁口，影响泄洪。经两县协议，今后未完圩堤不准堵口加固，维持现状。2000 年 11 月按设计重开貊皮分洪道，九龙河改道入洋坊湖。

从此，信江下游河道，自大八字嘴分为东、西两大河，呈"人"字形进入余干平原。东大河由潼口滩经珠湖于乐安村入乐安河，长 49.5km，河宽 400m 左右（江家港段仅 200m 左右）。西大河由潼口滩经龙津、木犀至三江口（瑞洪镇北），四支归一，河长 65km、宽 800m。

丰溪河整治。丰溪河位于广丰区境，流至上饶市信州区汇入信江。古名永丰溪，是该县境内最大的一条河流。自东向西，流经 12 个乡、镇、场，主河道长 64km。流域面积 2233km^2。清光绪四年（1878 年），洪水泛滥，河岸大段水毁，一直未复。其后又因泥沙淤塞，河床不断抬升，河面越来越宽，有的河段甚至改道，两岸农田和 5000 多户农家常受洪水袭扰。

1969 年 11 月中旬起，广丰区组织 10 万农村劳动力上工地，改造丰溪河，70 天竣工。1975 年，该县七都人民公社出动数千人，将 1726m 长的七都溪改直，开垦农田 140 多亩，并在沿河两岸筑起防洪堤，在张村新建 1 座长 75m、宽 6.5m 的 3 孔石拱桥；塘边人民公社河源大队将 2800m 长的弯曲老溪改直，河长缩短 796m，并在两岸新筑防洪堤开垦农田 21 亩。

八、水闸

至 2010 年，信江流域建有各类水闸 362 座，大（1）型 3 座，大（2）型 5 座，中型 20 座，小（1）型 92 座，小（2）型 242 座，总过闸流量 58334.57m^3/s。其中，分（泄）洪区 39 座，过闸流量 30841.4m^3/s，节制闸 104 座，过闸流量 17857.7m^3/s；排（退）水闸 163 座，过闸流量 6300.87m^3/s；引（进）水闸 56 座，过闸流量 3334.6m^3/s。

第四节 监 测 预 警 措 施

一、概述

信江流域涉及上饶、鹰潭、抚州部分地区，共计 12 个重要水文监测站点。

二、各站特征水位流量

信江各站特征值统计见表 12 - 2。

表 12 - 2

信江各站特征值统计表

序号	测站编码	站名	县、市	河名	加报水位/m	警戒水位/m	实测最高水位/m	实测最高水位出现时间/(年.月.日)	实测最大流量/(m³/s)	实测最大流量出现时间/(年.月.日)	历史最低水位/m	历史最低水位出现时间/(年.月.日)	历史最小流量/(m³/s)	历史最小流量出现时间/(年.月.日)
1	62411400	上饶	上饶	信江	65.00	66.00	69.39	1955.6.20	4470.00	1966.7.8	60.22	2011.11.24	2.25	1959.1.25
2	62411800	河口	铅山	信江	50.50	52.00	55.08	1955.6.20			43.62	2017.9.24		
3	62412000	弋阳	弋阳	信江	42.00	44.00	47.93	1955.6.20	11000.00	1955.6.20	36.38	2015.1.24	2.90	1978.9.8
4	62412400	贵溪	贵溪	信江	33.00	34.00	38.38	1998.6.16	3340.00	1951.6.28	27.35	2008.9.29	28.00	1951.8.25
5	62412600	鹰潭	鹰潭	信江	28.00	30.00	33.99	1998.6.23			21.36	2011.5.18		
6	62413000	梅港	余干	信江	24.00	26.00	29.84	1998.6.23	13800.00	2010.6.20	15.78	2019.12.9	4.14	1997.1.15
7	62413400	大溪渡	余干	信江	22.00	23.50	26.72	1998.6.23			13.86	2019.12.10		
8	62413600	玉山	玉山	信江	77.00	78.00	80.17	1998.7.24			73.69	2003.11.1		
9	62415000	广丰	广丰	信江	91.00	92.00	93.83	1997.7.9	1260.00	1980.4.28	86.90	2003.10.18	0.72	1980.1.23
10	62415800	铁路坪	铅山	洽珠水			61.76	1992.7.4	1340.00	1992.7.4	57.20	2013.12.12	0.091	1987.2.12
11	62417400	耙石	余江	信江-白塔河	30.00	31.00	35.23	2010.6.20	3730.00	1976.7.13	25.91	1957.9.14	0.50	1978.10.15
12	62417600	柏泉	资溪	信江-白塔河	157.00	158.00	161.10	2010.6.19	1640.00	2010.6.19	154.74	1965.1.31	0.00	1975.8.19

第五节　水旱灾害情况

　　信江流域自然灾害主要是洪涝、干旱和山洪地质灾害。洪灾主要分布在中下游地区。据流域内各县史料记载，水灾分布年代：东晋 3 次、唐代 6 次、宋代 37 次、元代 9 次、明代 55 次、清代 77 次、中华民国 23 次。1949—2010 年，轻重不同洪涝灾害年共有 36 年，其中特大洪涝年有 1954 年、1955 年、1973 年、1983 年、1993 年、1995 年、1998 年、2010 年共 8 年，洪涝灾害损失特重。

　　流域内旱灾较严重，干旱时段：干旱有伏旱、秋旱、夏秋连旱。伏旱常出现在"出梅进伏"之后，秋旱常出现在夏末秋初，夏秋连旱常出现在 5—10 月。据流域内各县史料记载，旱灾分布年代：东晋 1 次、南北朝 4 次、唐代 6 次、宋代 31 年次、明代 41 年次、清代 38 年次、中华民国 13 年次，1949—2010 年较严重干旱年份共 28 年，其中特大干旱年有 1978 年、1994 年、1996 年、2003 年、2007 年共 5 年。

　　这些区域又是暴雨多发区，一旦山洪暴发，因洪水历时短、流速大，往往造成大的灾害，同时还伴随滑坡、泥石流。

一、洪水灾害

　　信江流域洪水主要由暴雨形成，每年 4—6 月冷暖气流持续交绥于长江中下游一带，形成大范围的降雨，该时期是本流域降雨最多的季节，往往产生较大的暴雨，引发洪灾。7—10 月，由于台风影响也会出现洪水。

　　信江流域洪涝相伴发生，易涝易渍范围主要分布在中下游平原圩区，由于中下游平原圩区两岸及尾闾滨湖地区地势低洼，遇外河水位较高时，圩内涝水不能及时排出。该区域除受上中游暴雨产生的洪水影响外，还常受因长江、鄱阳湖洪水位的顶托而发生洪涝灾害。

　　1954 年 4—9 月，信江流域断续暴雨 102 天，信江暴涨数次，5 月信江流域沿河各站从上到下都超警戒线，上饶水位站最高水位 67.29m，铅山河口站最高水位 52.79m，梅港站最高水位 26.29m。沿岸各县市区全部受灾，余干县、铅山县受灾尤为严重。余干县 45 座圩堤溃决 30 座，未溃各圩亦内涝严重，沿河滨湖平原一片汪洋，县城街道，除县政府面前一段外，全被水没，深处可行船。受灾乡 137 个，受灾人口 21.81 万人，受灾田地 38.57 万亩，毁坏民房 1.02 万间、茅屋 2038 栋，小型水利工程 551 座，农具船只 2.3 万余件。6 月份信江流域玉山站同期降水量达 710.4mm，玉山县被洪水冲坏水坝、水堤、水塘共 130 余处。万年县标林圩、永镇圩、太安圩、山背圩（共和圩）、道港圩、新兴圩、中洲圩等圩堤，先后漫决，万年县西北部一片汪洋泽国。6 月 15—18 日，广丰县连降暴雨，受淹农田 10 万亩，成灾 34337 亩，粮食减产 154 万 kg，洪水冲毁各种水利工程 1400 处。7 月铅山县两次山洪暴发，8953 户共 33138 人受灾，淹死 6 人，冲毁房屋 390 间，毁坏大小水利工程 384 处，农田成灾面积 44400 余亩，减产粮食 267 万 kg。

　　1955 年信江发生特大洪水。6 月 18—22 日五天连续暴雨，信江河水滔滔，两岸市、镇、村庄浸淹，舟皆城街游弋。玉山县城南门冰溪最大洪峰流量 3270m³/s，城区进水深 6 尺（1 尺≈33.3cm），街道可撑船，全县淹死 7 人，浙赣铁路殿口段路基被淹，火车停开。5月上饶县连降暴雨，信江河水位超过警戒线 1.26m，受淹农田 60666 亩，其中无收面积 7748 亩，减产粮食 166.83 万 kg，冲毁水利工程 2151 处，其中水塘 471 口，水坝665 座，水圳 773 条，渠道 13 条，河堤 299 处。6月铅山县洪水暴涨，淹掉水田 13658亩，旱地 4124 亩，冲毁房屋 196 间，死耕牛 8 头。4750 户、16645 人受灾，其中重灾户1431 户。

1973 年 6 月 19—25 日，信江流域上饶水位站 6 月 25 日最高水位 67.73m，超警戒线1.73m；弋阳站 6 月 26 日最高水位 46.05m，超警戒线 2.05m；梅港站 6 月 26 日最高水位 28.33m，超警戒线 2.63m（当年梅港站警戒水位为 25.7m）。5月 1 日铅山县山洪暴发，冲毁小型水库 4 座、水电站 3 座、拦水坝 96 处，倒塌房屋 182 间，受淹水田 45549亩。粮食减产 650 万 kg。3855 户、17347 人受灾，6 月 24 日又发大水，加重灾情。5 月、6 月的两次暴雨，广丰县出现两次洪峰，淹没农田 2607.47hm²，其中有 375.53hm² 早稻和 66.47hm² 经济作物全无收。冲倒水库 17 座、水塘 149 口、水坝 172 条、河堤 788 处、民房 737 间、学校 5 所、石木小桥 19 座，淹没二晚秧田 36.9hm²，损失稻谷种子 4.81 万kg。6 月 19—21 日，上饶县全县降雨量平均达 566.3mm，河水猛涨，13 个公社受淹，淹没农田 74668 亩，冲毁水库 17 座，水坝 366 座，房屋 871 间，桥梁 73 座。6 月 26 日，玉山县人民水库［小（1）型水库］垮坝，13.2m³ 水量倾泻而下，冲决了下游的东方红水库，溃决后造成两省（浙江省、江西省）两县 3 个公社 11 个大队 73 个生产队受灾，死亡21 人，重伤 4 人，冲毁民房 569 间、216 户，冲毁农田 1688 亩。

1983 年长江及鄱阳湖流域特大洪水。入汛后，信江沿岸自 4 月 14 日至 7 月 14 日，3个月中遭受 5 次洪害（4 月 14—15 日、5 月 29 日至 6 月 1 日、6 月 2—4 日、6 月 19—21日、7 月 6—14 日）。4 月，玉山县洪水冲垮河堤 210m，拦河坝 10 条，木桥 50 座，渠道100 余 m，房屋 19 栋 69 间，冲淹秧田 1150 亩。6 月 2 日铅山县山洪暴发，冲坏防洪堤 55处共 20.5km，冲毁水库堤坝 29 个、山塘 78 口、渠道 10km、水闸 1 座、桥梁 104 座、输电线路 2km、公路 10.6km，倒塌房屋 310 间，灾害遍及 26 个公社、1479 个生产队。7月 14 日，余干县康山大道决口。整个汛期信江上饶水位站最高水位达 68.96m，超警戒线2.96m，上饶市信州区城区街道受淹。

1993 年 6 月 12—24 日全区平均降水量达 421mm，是历年同期平均降水量的近 3 倍。信江上饶水位站、河口站、弋阳站、梅港站洪峰水位分别为 67.98m、53.11m、45.4m、27.74m，分别超警戒线水位 1.98m、1.11m、1.4m、1.74m。广丰县全县有 22 个乡镇受灾，灾户 11.3 万户，受灾人口 51.98 万，因灾死亡 4 人，伤 175 人，冲毁农田354.67hm²，旱地 212hm²，受淹耕地 1.53 万 hm²，有 7215 户农户颗粒无收。被洪水围困村庄 23 个、2645 人。房屋被损坏 13352 间，冲毁 3338 间，其中房屋全倒 86 户、156间，无家可归的灾民有 396 人。因灾死亡大牲畜 67 头，损失衣被等 50.8 万件、家具等32.8 万件，损坏水库 8 座、堤埂 97.1km，堤坝缺口 23.4km，损坏桥涵 15 座，电灌、机灌站 28 座、840kW，冲毁塘坝 79 座。全县经济损失 1.88 亿余元。

1995 年 4—7 月全区平均降水量 1710mm，是历年同期平均降水量的 1 倍多。接二连三的暴雨过程，使信江上饶水位站水位 3 次超警戒线，最高洪峰水位达 68.72m，超警戒线 2.72m；余干梅港站洪峰水位达 29.35m，超警戒线 3.35m，大溪渡站洪峰水位达

26.34m，均为新的历史最高水位。6月3日、23日、24日，玉山县连续遭受3次大暴雨袭击，特别是23—24日24h内降雨174.5mm，大、中、小水库相继泄洪，河水猛涨，沿河两岸一片汪洋，损坏小（1）型水库2座，小（2）型水库10座，山塘水库106座，水电站2座，农田28.25万亩，倒塌房屋1746间，经济损失1.5亿元。6月3日凌晨广丰县连降暴雨，洪水泛滥成灾，有湖丰、壶峤、大南、沙田、泉波等12个乡（镇）受灾，灾民19.3万人，特重灾民4.5万人，因灾死亡2人、伤200多人，农作物受灾面积7666.67hm²，冲毁房屋325间。同月23日17—25时，广丰县境又遭暴雨袭击，23日一天降雨175mm，洪水再次泛滥成灾，受灾有湖丰、壶峤、大南、西坛等10个乡（镇）、117个行政村、21.96万人，农作物受灾面积6666.67hm²，冲毁堤坝2564处，冲毁电杆126根，损坏民房20189间，总共经济损失5040万元。

1998年为长江流域及鄱阳湖区特大洪水。信江流域的第一次暴雨过程是6月12—25日，第二次暴雨过程是7月17—31日。信江沿河各主要站，先后出现5次超警戒线水位。此次洪涝灾害受害面广，流域内的12个县（市）普遍受灾，受灾乡镇305个，受灾人口505.3万人，占全区总人口的80.2％。因灾死亡53人，其中淹死40人，压死11人，被洪水围困村庄2497个，被困人口169.7万人，紧急转移安置71.94万人，98万人饮水困难。铅山县城区河口镇4次被洪水围困，共达8日之久，主要街道全部进水，最深处达3m，4万居民曾一度断水、缺粮。保护农田面积万亩以上的堤防决漫顶有10座。玉山县全县30个乡（镇）、场、库、所的281个行政村都不同程度受灾，受灾人口40多万，成灾人口12万，被洪水包围村庄21个、4万人口，损坏民房450间，冲倒民房1020间，死3人，全县经济损失达1.5亿元。信州区（原上饶市）市区，铅山县城河口镇、广丰县城永丰镇、弋阳县城区、玉山县城冰溪镇、横峰县城多次被淹。余干县外洪内涝，32个乡（镇）普遍受灾，其中2个乡镇共6.3万余人被水围困。弋阳县22个乡镇受灾，受灾人口达29.6万人，占县总人口的75％。铅山县城河口镇4次被洪水围困，先后共达8天之久，主要街道全部进水，最深处达3m，4万居民曾一度断水缺粮。

此次洪水造成农业损失巨大，流域内农作物累计受洪灾面积327.6万亩，其中成灾面积254.27万亩。同1997年比，粮食减产6.52亿kg，死亡牲畜58.6万头（只），淡水养殖损失3.59万t，农林牧副业直接经济损失达53.9亿元。

2010年入汛以来，信江流域先后7次出现超警戒线洪峰水位。流域内12个县（市、区）、市经济开发区、三清山风景区普遍受灾，涉及213个乡（镇）、394.98万人，因灾死亡4人（铅山县3人、上饶经济开发区1人），因灾失踪2人（铅山县），紧急转移安置人口26.86万人，被困人口5.94万人；倒塌房屋6331间，损坏房屋27175间；农作物受灾面积445.38万亩，其中绝收面积79.22万亩；因灾直接经济损失64.73亿元，其中农业直接经济损失22.54亿元，工业、交通等经济损失18.63亿元，水利设施直接经济损失19.52亿元，其他方面经济损失4.04亿元。

二、干旱灾害

信江流域的干旱成因与当年大气环流演变、副高进退情况紧密关联。一般年份，7月上旬副高脊线得入江西省各地，8月初长江以南处于副高控制范围，信江流域进入伏旱季节，酷暑。除了最常见的伏秋干旱外，还可能出现冬春旱，少数年份还发生春旱连伏旱，甚至出现自春到冬长年的连旱的特大旱年。

1978年入夏以后，信江流域逾100天无透雨。其中余干、弋阳各104天，铅山76天未下透雨。梅季少雨，汛期结束早，气温高，蒸发大，山泉干涸，塘坝脱水，水库见底，信江一度断流。弋阳县伏、秋旱连冬旱104天，弋阳水文站1978年7—11月5个月共降水量只有196.4mm，而7—11月5个月蒸发量达764.8mm。9月8日弋阳站信江最小流量只有2.9m³/s，为有记录以来最小。弋阳县信江两岸的城郊、清湖、湖山等地旱情占31.4%，丘陵地区的圭峰、湾里、中坂、旭光等地受旱灾更严重，受旱田地14.2万亩，成灾田地12.57万亩，受灾户数达20886户，人口达114216人。万年县干旱总天数95d，水库干涸，河溪断流，属历史所罕见，人畜饮水发生困难，受灾面积8万亩，成灾面积6.8万亩。

1994年流域内先洪后旱。6月下旬以后，流域内出现高温少雨的天气。从6月25日至8月13日，全区总平均降水量只有66.9mm，仅为同期多年平均降水量的1/3。比干旱的1991年同期还少降水71mm。其中，广丰降水量为17mm，玉山降水量21mm，上饶、铅山等县市降雨均在50mm以下。在这期间持续36~39℃高温干旱天气，蒸发量大于降水量。江河湖库水位迅速下降，到8月13日，信江上饶水位站水位61.57m，低于多年同期水位的0.85~1.4m。流域内蓄水工程总蓄水量比上年同期减少2.2亿m³。流域内大部分县市出现了较为严重的旱灾，受旱农田面积48.3万亩，成灾农田面积26.33万亩。因干旱人畜饮水困难达11.6万人、2.5万头大牲畜。旱灾较严重的有玉山、上饶、广丰等县（市）。

1996年夏秋干旱，旱涝交替。4—6月，信江流域的广丰、上饶、铅山、弋阳等县降水量少。尤其是7月13日至8月13日近一个月基本无雨。流域内大中型水库的蓄水量比多年的平均值少分1/3，加之气温高，蒸发量大于降水量，致使流域内各县（市）出现了明显干旱。据统计，流域内农作物受旱面积122.48万亩。因干旱人畜饮水困难有5.85万人、牲畜3.31万头。干旱较严重的有广丰、弋阳、上饶、余干等县（市）。

2003年7月以来，上饶市连续一个多月出现晴热高温少雨天气，7月1日至8月6日全市平均降雨仅为43.7mm，比历史同期均值少78%，降雨量严重偏少，37℃以上的高温天气达34天，日蒸发量达8~12mm，旱情十分严重，目前仍无下雨迹象，干旱形势非常严峻，据8月6日有关部门统计，全市12个县（市、区）均遭受不同程度旱灾，因干旱受灾人口195.15万人，成灾人口125.58万人。全市受旱总面积达25.7359万hm²，其中农作物受旱面积达12.8686万hm²，水田缺水10.7980万hm²，旱地缺墒4.2693万hm²。全市有77.392万人和24.084万头大牲畜发生饮水困难。全市因旱灾直接经济损失3.19亿元，其中农业经济损失2.729亿元。

2007年6月下旬至8月上旬，流域内高温少雨，干旱日数高达55天，35℃以上高温天气达36天。伏旱过后，又出现秋冬连旱，10月10日至11月17日连续39天无雨。流域内农作物受旱面积225万亩，因旱造成25.55万人和25.78万头牲畜饮水困难。

第十三章

饶 河 流 域

第一节 流 域 概 况

饶河是鄱阳湖水系五大河流之一。流域形状呈鸭梨形。东毗浙江省富春江，南靠怀玉山脉与信江相邻，西邻鄱阳湖，北倚五龙山脉和白际山脉与安徽省青弋江毗邻。涉及安徽、浙江、江西3省共17个县（市、区）。

饶河上游段两岸陡峭，河谷狭窄，河床多岩石、漂砾石，河床稳定；中游段两岸多山，但不连续，河床由卵石组成；下游段属尾闾水道，水流紊乱，汛期受鄱阳湖洪水顶托影响。主河道纵比降0.325‰，河网密度0.314，河流弯曲系数1.068。

流域气候湿润，雨量充沛，多年平均年降水量1850.0mm，多年平均年径流量114.8亿 m³。流域内水质监测河流有乐安河、昌江、泊水、体泉水，监测河段长363km。全年水质优于或达到Ⅲ类水河长306.5km，低于Ⅲ类水河长56.5km。主要污染物为氨氮。

据不完全统计，流域内流域面积10km²以上河流293条，有大、中、小型水库1113座。

一、自然地理

位于江西省东北部，地处东经116°30′～118°13′、北纬28°34′～30°02′。流域面积15300km²（江西省境外面积为2156km²），主河道长299km。流域平均高程193.09m。

流域形状呈鸭梨形。东毗浙江省富春江，南靠怀玉山脉与信江相邻，西邻鄱阳湖，北倚五龙山脉和白际山脉与安徽省青弋江毗邻。涉及浙江省开化县，江西省婺源县、德兴市、玉山县、上饶县、横峰县、弋阳县、万年县、昌江区、珠山区、乐平市、浮梁县、鄱阳县，安徽省东至县、石台县、祁门县、休宁县等共3省17个县（区、市）。

二、气象水文

饶河流域属副热带季风气候区，春夏秋冬四季分明，气候湿润，雨量丰沛。流域多年平均气温17.3℃，以7—8月最高，12月或1月最低。据不完全统计，极端最高气温达41.8℃（1967年8月29日景德镇站），极端最低气温－13.4℃（1991年12月29日乐平站）。多年平均相对湿度80%，最小相对湿度4%。冬季多偏北风，夏季多偏南风。多年平均风速1.7m/s，最大风速为24m/s（1964年4月21日景德镇站），相应风向为西风。多年平均日照时数1810h。无霜期276天。

流域上游的婺源、德兴一带是江西省四大暴雨中心之一，年降雨一般都在2000mm以上；下游的鄱阳、乐平、万年一带雨量较少，一般只有1600mm左右。年内分配不均匀，降雨多集中在 4—6 月，占全年总雨量的 60％以上。

流域多年平均蒸发量 750.0mm。单站最大年蒸发量 1052.5mm（1978 年石门街水文站），最小年蒸发量 399.7mm（2002 年直源街水文站）。

三、地形地貌

饶河流域山地、丘陵约占 70％；平原占 30％。北部黄山支脉由东北向西南延伸，南部怀玉山脉由东南向西横插，地势东北高、西南低。上游为丘陵山地，下游多属丘陵平原。山地主要分布在东北边界（如怀玉山、大茅山）及赣、皖边界。丘陵分布在乐安河及昌江干流中、下游的流域边区、河谷两侧分水岭以内。台地区多为冲积平原，绝大部分分布于两河干流下游及河谷两侧以及主要支流的河谷间。天目山从皖浙赣边境进入江西，其余山脉位于浮梁县与婺源县之间，成为昌江和乐安江上游地区水系的分水岭。景德镇市境内山脉属黄山山脉的余脉，总体走向为北东—南西向。东部与安徽省交界处群山林立，峰峦起伏，海拔 1000m 以上高峰有 10 多处，如五股尖（1618.4m）、香油尖（1400.1m）等。婺源境内有石耳山、大鳙山、五龙山、回岭、大余山、觉山、浙岭、高湖山、斧头角、双坦尖、鄣公山等。德兴市境内的怀玉山从浙赣边境伸入该区的中部，是流域内主要山脉之一，也是全省主要的边缘山脉之一。流域内有地势崎岖，高耸入云的玉京峰、大茅山、米头尖、大灵山等群山，以海拔 1817m 的玉京峰为最高峰。怀玉山把乐安河和信江中上游的水系分隔在北南两侧。流域中部为盆地—丘陵—平原相间地带。西部是下游滨湖尾闾地区，海拔 14～20m。湖泊众多，港汊交错，河渠纵横，构成稠密的水网区。

四、河流水系

流域内流域面积 10km² 以上支流 292 条。其中不小于 10km² 但小于 50km² 的支流 222 条；不小于 50km² 但小于 200km² 的支流 48 条，其中一级支流 10 条，二级支流 24 条，三级支流 14 条；不小于 200km² 但小于 1000km² 的支流 20 条，其中一级支流 11 条，二级支流 9 条；不小于 1000km² 但小于 2000km² 的一级支流 1 条（建节水）；不小于 2000km² 的一级支流 1 条（昌江）；河网密度 0.314，弯曲系数 1.068。

流域内有大型水库 2 座，中型水库 17 座，小型水库 1094 座。图 13-1 所示为饶河流域分布，表 13-1 为饶河水系流域面积超 500km² 河流特征参数统计。

表 13-1　　　　　　　　饶河水系流域面积超 500km² 河流特征参数统计表

序号	饶河水系	名称	流域面积/km²	年径流量/亿 m³	江西省内涉及城市
1	一级支流	清华水	626	7.17	婺源县
2	一级支流	九都水	666	7.07	德兴市
3	一级支流	泊水	555	7.37	玉山县、德兴市、乐平市
4	一级支流	长乐水	516	5.34	德兴市、乐平市
5	一级支流	建节水	1001	10.9	弋阳县、德兴市、乐平市

序号	饶河水系	名称	流域面积 /km²	年径流量 /亿 m³	江西省内涉及城市
6	一级支流	槎溪水	608	6.39	婺源县、乐平市
7	一级支流	安殷水	693	7.48	万年县、乐平市
8	一级支流	昌江	6260	62	浮梁县、珠山区、昌江区、鄱阳县
9	二级支流	小北港	886	8.42	浮梁县
10	二级支流	东河	587	6.75	浮梁县
11	二级支流	南河	520	5.49	婺源县、浮梁县、珠山区、昌江区

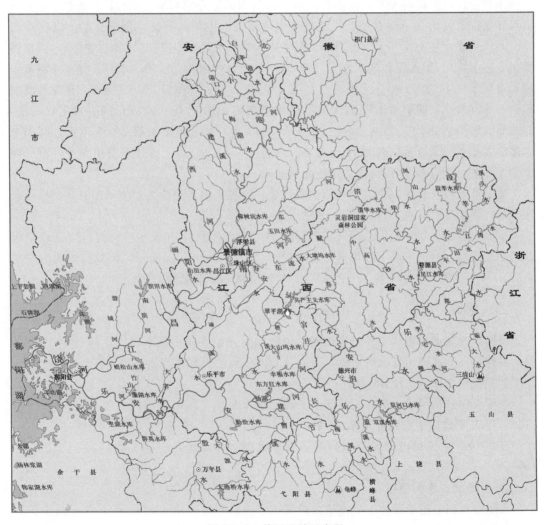

图 13-1 饶河流域示意图

第二节 暴雨洪水特点

江西省怀玉山区为降水高值区。暴雨多、范围广、强度大，极易形成大洪水。70%的洪水发生在 4—6 月，洪水峰高量大。特殊年份 7—9 月甚至 10 月受台风影响也会出现暴雨。

第三节 防洪抗旱工程体系及控制运用

一、概述

水利建设利用饶河天然径流灌溉，始于南北朝，至今已经有 1400 多年历史。景德镇市昌江区宁家陂始建于南北朝，拦截昌江引水灌溉。中华人民共和国成立后，已建有滨田、共产主义 2 座水库［大（2）型］，段莘、双溪、大港桥等 18 座水库（中型），游田桥等 106 座小（1）型水库和 880 座小（2）型水库及众多山塘、陂坝、水井、提水等灌溉工程，可供水量 12.8 亿 m^3。其中兴建蓄水工程 6750 座，总库容 10.5 亿 m^3，有效灌溉面积达 108 万亩，兴建引水工程 2750 座，其中灌溉面积为 1 万～10 万亩的引水工程 4 座，有效灌溉面积达 26.25 万亩；兴建提水工程 2660 座，机电排灌面积 29.55 万亩，其中电力排灌面积 24.15 万亩（纯灌 17.1 万亩、纯排 7.05 万亩），机械排灌面积 5.4 万亩（纯灌 5.1 万亩、纯排 0.3 万亩）。流域内除涝面积 8.1 万亩。

饶河洪水灾害年年发生，为抗御洪水侵袭，筑堤防洪历史悠久。流域内有防洪堤总长 300km，总计保护耕地 61.65 万亩，保护人口 30 万。

干流河道经多年整治，沿河城市的防洪能力大大提高。1998 年后饶河河段按规划设计的平境行洪、退田还湖工程可增加蓄滞洪水总量 1 亿 m^3。水能开发流域已建水电站总装机 5.34 万 kW（其中干流 1.8 万 kW）。年发电量 20.77 亿 kW·h。

二、水库

民国前，流域内蓄水工程只有山塘。民国期间开始兴建山塘水库。民国 24 年（1935 年）兴建鄱阳县风雨山邱家墩水库，万年县 26 座小（2）型水库。民国 37 年（1948 年），浮梁县共修建水库（山塘）9 座。

中华人民共和国成立后，大兴蓄水工程，塘库最先发展，流域内大力建设蓄水工程。1958—1969 年建成中型以上水库 13 座。

至 2010 年，流域内有水库 1114 座，其中大型水库 3 座，中型水库 17 座，小型水库 1094 座。

（一）浯溪口水利枢纽

浯溪口水利枢纽工程位于景德镇市蛟潭镇境内，距景德镇 40km，是昌江干流中游一座以防洪为主，兼顾供水、发电等的综合利用工程，水库正常蓄水位 56.00m，死水位 45.00m，防洪限制水位 50.00m，防洪高水位 62.30m，校核洪水位 64.30（$P=0.05\%$），总库容 4.747 亿 m³，调节库容 1.30 亿 m³，电站装机容量为 32MW，年发电量 8152 万 kW·h，保证出力 1600kW，工程建成后，可承担地区电网中的调峰任务，并为枢纽正常运行管理提供必要的资金来源。

1. 工程概况

本工程等别为Ⅱ等，大（2）型工程。枢纽采用混凝土重力（闸）坝及河床式厂房组合式布置方案，永久性建筑物为 2 级建筑物，厂房结构（非挡水部分）及其他建筑物为 3 级建筑物，临时建筑物为 4 级建筑物。大坝采用碾压混凝土重力坝、溢流坝及河床式厂房组合式布置方案，坝轴线平面上呈折线，厂房及泄洪建筑物垂直于水流方向，左岸非溢流坝轴线折角 6.0°，偏向下游。坝顶高程 65.50m。最大坝高 46.80m。上坝线枢纽总体布置沿轴线从左至右依次为：左岸碾压混凝土非溢流坝段（长 163.72m）、表孔溢流坝段（5 孔、长 78.00m）、底孔溢流坝段（6 孔、长 108.00m）、厂房坝段（长 43.10m）、右岸碾压混凝土非溢流坝段（长 105.80m），坝轴线长度 498.62m。

浯溪口水利枢纽工程是昌江干流的骨干工程，工程任务以防洪、供水、发电等为开发目标，为昌江上具有综合利用功能的控制性工程。工程建成后，具有防洪、供水、发电等方面的效益。

浯溪口水利枢纽工程建成后，经水库调节可使景德镇市的防洪标准从 20 年一遇提高到 50 年一遇，减免坝址下游沿岸保护区的洪灾损失，经济效益和社会效益十分显著。同时浯溪口水利枢纽工程建成后，可满足景德镇设计水平年（2020 年）的供水要求。

江西省是一次能源缺乏省份，煤炭资源蕴藏量少、且有丰富的水力资源。由于经济技术、水库淹没等问题，开发利用程度较低。浯溪口水电站接入江西省电网运行。浯溪口水电站的建设将对江西省的能源供应产生积极的影响。水电站靠近景德镇负荷中心，电站装机容量 32MW，年发电量 8152 万 kW·h，保证出力 1600kW，将成为江西省电网中的骨干水电站。工程建成后，可参与江西电网的调峰，缓解江西电网电力供需紧张状况。

2. 泄洪设施及泄流能力

浯溪口水利枢纽工程泄水建筑物采用 6 个底孔加 5 个表孔组合方案。

底孔泄流坝位于主河床区，右侧接厂房坝段，左侧接表孔溢流坝段。坝段长 108m，闸墩顶高程 65.90m，胸墙式结构，设 6 孔，孔口尺寸 12m×9m。底孔堰顶高程 34.50m，胸墙底高程 43.50m，基础高程 27.00m，闸室顺水流方向长度 37.70m。

表孔溢流坝位于左岸滩地，右侧接底孔溢流段，左侧接碾压混凝土重力坝，坝段长 78m，闸墩顶高程 65.50m，设 5 孔，每孔净宽 12m，开敞式结构，堰顶高程 47.00m，基础高程 27.00m。

（二）滨田水库

昌江下游右岸一级支流南滨河（又名滨田河）大（2）型水库，位于鄱阳县东北部，西南距鄱阳县城 40km。1958 年动工，1960 年竣工。

主坝位于鄱阳县游城乡滨田村上游 500m 处滨田河的垭口上，坝址地处东经 116°39′03″、北纬 29°19′05″，控制流域面积 72.6km²。水库回水长度 10km。回水范围涉及上游城乡和金盘岭镇。

水库正常蓄水位 48.54m（吴淞基面），死水位 37.44m，设计洪水位 50.31m，校核洪水位 51.16m；水库总库容 1.115 亿 m^3；正常蓄水位相应库容 7985 万 m^3；死库容 590 万 m^3；为多年调节水库，正常蓄水位水面面积 11.2 km^2，属湖泊型水库。

工程主要由主坝、副坝、溢洪道及灌溉水库底涵等建筑物组成：主坝为均质土坝，迎水坡塑性混凝土防渗墙，坝顶高程 53.20m，最大坝高 26.00m，坝顶长度 720m、宽 5m；副坝为均质土坝，在主坝右坝肩南山头垭口处，最大坝高 16m，坝顶长度 50.00m、宽 5.55m；溢洪道为实用堰，位于主坝右坝肩，最大泄流量 242m^3/s；灌溉水库底涵埋设于副坝下，内径 2m，灌溉总渠泄流量 11.8m^3/s。

（三）共产主义水库

车溪水中上游大（2）型水库，又名翠屏湖，位于乐平市，西南距乐平市城区 40km。1958 年 9 月动工兴建，1960 年 3 月竣工。

主坝坐落在乐平市涌山镇车溪村上游 3km 的蛤蟆墩，地理位置为东经 117°25′54″、北纬 29°13′08″，控制流域面积 155km^2，水库回水长度 15km。

水库是一座以灌溉为主，兼顾防洪、发电、水产养殖和工业供水等综合效益的水库。可灌溉农田 1.06 万 hm^2，减轻下游乐平市防洪压力，水电站装机容量 1585kW，可养殖水面面积 850hm^2。邻近沿沟煤矿、涌山煤矿等工矿企业每年向水库取用的工业用水达 300 万 m^3。

水库正常蓄水位 64.40m，死水位 53.60m，设计洪水位 67.62m，校核洪水位 69.28m；总库容 1.437 亿 m^3、兴利库容 6850 万 m^3、死库容 1400 万 m^3。正常蓄水位水面面积 10.5km^2，水面长 15km、平均宽 700m。水库淤积不严重，属多年调节河道型水库。

工程由主坝、副坝、放空隧洞、溢洪道以及水电站厂房等组成。主坝为心墙加斜墙的组合坝，坝顶高程 71.10m，最大坝高 34.20m，坝顶长度 492.0m、宽 10.0m；1 号副坝位于主坝右侧，为均质土坝，最大坝高 14.1m，坝顶长度 125.5m；2 号副坝位于 1 号副坝右侧垭口，为均质土坝，最大坝高 17.40m，坝顶长度 46.0m；放空隧洞位于主坝左岸，设计最大下泄流量 33.5m^3/s；溢洪道位于主坝左岸垭口处，溢流宽度 8.0m，设计最大泄量 490m^3/s；坝后电站有 3 级，总装机容量 1585kW。

三、堤防

鄱阳湖滨，昌江、乐安河尾闾，江河两岸台地，历来易受洪涝袭扰。农民始堆土为埝，称"田埂圩"。其后逐渐发展为筑圩堤御洪，开涵闸排涝。民国 15—37 年间，政府扶助兴建鄱阳、万年等县防洪工程。

中华人民共和国成立后，各级党和政府高度重视饶河流域防洪工程建设，修复建设工程有饶河联圩、畲湾联圩、乐丰圩、碗子圩、中洲圩、向阳圩、桂道圩，珠湖圩、莲北圩、西河东联圩、梓埠联圩、齐埠圩、三河圩堤、西瓜洲圩堤、老鸦淮圩堤。至 1975 年，流域内建成堤防总长 259.49km，保护耕地 58.21 万亩。

至 2010 年，饶河流域堤防长 470143.00m，堤防达标长 267539.00m；湖堤长 4460.00m，湖堤达标长 19160.00m。共有 4 级圩堤 20 座，堤线总长 262015.00m。

四、引水工程

现存景德镇历代灌溉（百）亩以上陂坝统计：东河流域陂坝 55 处灌田 9310 亩；南河流域陂坝 17 处，灌田 4480 亩；小北港流域 8 处，灌田 775 亩；梅湖水流域 5 处，灌田 625 亩；建溪水流域 23 处，灌田 4190 亩；西河流域 12 处，灌田 2290 亩；直入昌江小支流 14 处，灌田 2682 亩；以下景德镇城区和原属鄱阳县境陂坝 19 处，灌田 5340 亩。

据不完全统计，景德镇市共有 959 个灌区，总灌溉面积 82.9010 万亩，高效节水灌溉面积 2.2245 万亩（低压管道输水灌溉面积 1.1792 万亩、喷灌面积 0.070 万亩、微灌面积 1.0383 万亩），2011 年实际灌溉面积 81.1771 万亩。2000 亩以上灌区 34 个，总灌溉面积 43.2673 万亩。按不同水源工程分，可分为水库灌溉（面积 36.3424 万亩）、塘坝灌溉（面积 27.2018 万亩）、河湖引水坝灌溉（面积 13.0276 万亩）、河湖泵站灌溉（面积 12.2153 万亩，其中，固定站灌溉面积 10.0431 万亩、流动机灌溉面积 2.1722 万亩）、机电井灌溉（面积 2.6112 万亩）和其他灌溉（1.1294 万亩）。

1. 流域内主要灌区

（1）鄱湖灌区。位于鄱阳县中北部，以军民、滨田两座大型水库为骨干水源，以长藤结瓜的形式与大源河、北槎垄两座中型水库和 26 座小（1）型水库以及梅岭引水灌区连接而成，设计灌溉面积 35.05 万亩，共有 7 条干渠，总长 196.27km，260 条支渠，总长 607.2km。

（2）共库灌区。位于景德镇乐平市。灌区范围涉及共库、涌山、双田、临港、金鹅山、浯口、洎阳街道办、后港、塔前、乐港、接渡、高家、鸬鹚、马家良种场。耕地面积 4500 亩，设计灌溉面积 4050 亩，总灌溉面积 2633 亩。

2. 流域内主要引水工程

（1）天门沟灌渠。始建于南朝梁敬帝太平年间（公元 556—557 年）。天门沟渠水由南山三宝蓬山溪水汇成，自南向北蜿蜒曲折流经杨梅亭后，在豪猪岭南麓进入天门洞隧道，向西流入湖田村，横贯整个湖田窑遗址，再流入湖田畈，全长约 1860m。

（2）古石坝。它是乐平市众埠镇秧畈地区一座明代水利工程，坐落在弋阳县曹溪镇横桥小店村西北侧，石二山东北麓小溪上，距乐平、弋阳两市县边界 2km 许，至今保存完好。系拦河滚水坝，小型储水灌溉工程建筑，由主坝和副坝两部分组成。主坝处东、西坝副坝坡间，长约 95m，顶宽近 8m，底宽约 30m，高达 4m。内、外坡斜度分别为 1：2.5、1：5。坝顶与坝坡皆用石灰石堆砌而成，坝内用砂石填充，局部地方已用水泥修补，堆砌岩石形状各异、大小不一。东副坝呈弧形，长约 100m；西副坝长约 20m，副坝均高出主坝 1m 许。

（3）东梁陂。位于万年县青云东门。《谢志》载：明正德八年（1513 年），参政吴延举在城厢设县治后，捐金伐石重建东梁陂，并在陂坝下游两岸植柳。故县志有"东梁烟柳"之美称，成为当时姚西十景之一，东梁陂上游流域面积 9km²，为浆砌石坝，坝高 3.5m，埂长 13m，可灌田 300 亩，渠道 4km。现陂址犹存。

（4）忠心挡。拦河坝位于万年县陈营镇庵前岭下，属乐安河支流安殷水的珠溪河，建于清朝康熙丁亥年（1707 年），同治元年（1862 年）大坝被洪水冲垮，同治八年重修。民国 28 年（1939 年）和民国 30 年（1941 年）又被洪水冲垮，又重建。1967 年被山洪冲垮，1968 年大修。坝址以上流域面积 146km²，坝长 148m，平均坝高 3.6m，引用流量4.15m³/s，大坝右岸设进水闸，闸孔尺寸 5.1m×3.1m，渠道长 7.5km，灌田面积3500 亩。

（5）梅岭渠。它位于鄱阳县梅岭村，潼津河支流。1960 年始建，1965 年竣工。集雨面积 167km²。设计灌溉面积 2.2 万亩，实际达到 1.85 万亩。拦河坝为水泥浆砌块石溢流坝，最大坝高 5m。进水闸为溢流式，设计引用流量 4.6m³/s，实际引用流量 1.5m³/s。总干渠 1 条，长 20km。干渠 2 条，长 10km。支渠 6 条，长 20km。

（6）南泊滚水坝。它位于东河上游鹅湖乡南泊村，始建于 1964 年 5 月，是一座混凝土重力坝，坝长 60m，坝的两端分设东、西进水闸各 1 座，道阀 1 座，坝底设放空平管 1个，管径 30cm，并设有放水斜管 4 级，引用东源山、白石塔、长明几条支流河水，水资源丰富。配套工程有东、西干渠各 1 条，东干渠长 1500m，灌溉河东 550 亩农田，并在南泊村建有 1 座装机容量 12kW 的引水式小水电站。西干渠长 7500m，渠首有暗渠 190m，灌溉农田 800 亩，使两岸农田变为自流灌溉的稳产高产农田。

（7）长潭滚水坝。它位于鹅湖乡鹅湖村，始建于 1969 年，坝型为掺石混凝土重力坝，坝长 80m，坝高 4m，设进水闸及阀道各 1 座，东岸开渠道 1 条，长 3km，灌溉面积 550亩。利用渠道的水力，建有水电站 1 座，装机两台，共 80kW。

（8）海石碑坝座。坐落在天保乡的水口处，是在原来干砌石坝的坝址上修建起来的。由于原坝清基不彻底，未加处理即在软基础上修筑，因而一遇洪水就被冲垮。经过数次的失败后，于 1963 年将该坝改建为掺石混凝土重力坝，改建后坝身稳定，灌溉面积由原来的 130 亩增加到 500 余亩。

（9）大洲引水渠。它位于黄坛乡的大洲村，渠道全长 3km，其中 2km 是卵石浆砌，灌溉面积 1500 亩，是一座老式的引水工程。原渠首进口处有一柴草坝，拦截水流进入渠道，每遇洪水，草坝被冲垮，洪水过后又重新修筑。1963 年，将渠道进口向上游沿山延伸 140m，用浆砌覆盖引水入老渠，成为无坝引水工程。大洲水电站建成后，将发电的尾水引入老渠灌溉，灌区效益更好。

（10）汪胡梅岭滚水坝。它位于瑶里乡汪胡村。始建于 1978 年，坝高 15m，坝顶长32m，底长 8m，是浆砌块石重力坝，内坡有混凝土防渗墙，专为蓄水发电而建，离石坝端 35m 开一输水隧洞进水，坝后建成一级电站，进水头 135m，装机 400kW。此后利用一级水电站尾水出口 30m 处的河道上又建一座坝，坝高 1.5m，长 15m 的浆砌石坝，引入一条长 840m 的引水渠；取水头为 107m，装机 500kW，为梅岭二级水电站。

（11）蛤蟆潭、长明滚水坝。它位于瑶里乡内瑶村东河上游 1.5km 处，名曰蛤蟆潭，建成一座高 3m、长 60m 的拦河滚水坝，拦截梅岭、白石塔、罗源三支流，开一条长4.1km 渠道至三墩村，取水头 30m，设计装机 1000kW，1977 年 11 月动工，1981 年 3 月完成第一期工程，1985 年装机 500kW，为弥补流量不足，另在长明的分坑上游 1km 处建有一座浆砌块石滚水坝，坝高 1m，坝长 9m，经 2km 支渠入干渠。

（12）大港滚水坝。它位于经公桥乡大港村，是一浆砌块石重力坝，坝高 5.5m，坝长 65m，1969 年动工兴建，主要是为蓄、引水发电而建，装机 2 台 175kW，于 1979 年 1

月投产运行。

（13）港口滚水坝。它位于经公桥乡港口村，距下游大港坝 2.5km。该坝原是一座 2m 高的襄衣坝（用于拦河引水舂米）。1965 年，为安装水轮泵发电（装机 12kW），在老襄衣坝的基础上加高 1m，建成 3m 高草坝，次年被洪水冲毁。1966 年重新修建成 2.5m 高的桩坝，1967 年改建成 3m 干砌石坝，并装机 40kW 发电。至 1983 年，又在 1967 年基础上加高 1m，并取直成现在的污工硬壳坝，装机容量增至 150kW，于 1984 年底建成发电。

（14）中洲滚水坝。位于江村乡的中洲村，始建于 1969 年冬，1981 年 12 月竣工。该坝高 3.5m、长 67.7m，是一座单一为水力发电而建的浆砌块石坝，设计装机 3 台，总容量 375kW。实际装机 2 台，容量共 300kW。亭岭下滚水坝位于西湖乡柘平村西湾，始建于 1969 年冬，1982 年竣工投入使用。该坝高 3.5m、长 40m，是一座单一为水力发电而建的浆砌块石坝，设计装机 2 台 110kW。

五、提灌工程

景德镇市建有固定机电灌站 956 处 1120 台 34050kW，有效灌溉面积 9810hm^2；流动机灌面积 1630hm^2；排涝装机 79 台 8770kW，除涝面积 5680hm^2。

六、水利枢纽工程

鲇鱼山枢纽位于景德镇和凰岗枢纽之中点的鲇鱼山镇，距两地 19km。昌江渠化第一期工程——鲇鱼山梯级枢纽 1983 年开工，1987 年船闸和泄水闸建成并投入使用，1989 年装机 2653kW 的电站正式发电。1997 年 10 月，景德镇航务分局对鲇鱼山船闸枢纽拉闸放水开始大修，11 月 30 日落闸蓄水。枢纽主要建筑物有船闸、泄水闸、电站和公路桥，因左岸顺直，适宜布置船闸，在平面布置上由左岸向右岸依次为船闸、泄水闸、电站，维持原有河势。上述建筑物均按三级建筑物设计，正常挡水位 22.00m，最大水位差 6.00m，最高通航水位上游 22.60m，下游 21.98m，相应流量 2200m^3/s，最低通航水位上游 22.20m，下游 17.30m（在凰岗枢纽未建成前为 16.20m），相应流量 1500m^3/s，上闸首挡洪水位 25.95m。1998 年 6 月，昌江遭遇特大洪水侵袭，造成鲇鱼山枢纽右岸防洪堤多处决口，电站上下游围墙及船闸围墙受到严重毁损。1998 年 10 月动工修复，1999 年 1 月竣工。

凰岗枢纽位于景德镇下游 38km，地处丘陵地带与平原河段衔接点上，在响水滩尾部。昌江渠化第二期工程——凰岗梯级枢纽于 1987 年 10 月动工兴建，1992 年 2 月落闸蓄水。凰岗以下 51km 航道整治疏浚也同期完成。景德镇至鄱阳 90km 航道由过去只能通航 10t 级船舶变成常年通航 300t 级船队的五级航道，年水运通过能力可达 70 万～150 万 t，成为景德镇的 1 条水上黄金通道。枢纽主要建筑物有船闸、泄水闸、溢流坝和公路桥。在平面上由左岸向右岸依次为船闸、泄水闸、溢流坝，基本上维持原有河势。船闸上闸首位于坝轴线，公路桥建在泄洪闸闸墩的偏下游部位。左岸上下游护岸长度分别为 173m 和 180m。上述建筑物均按三级建筑物设计，正常挡水位 17.30m，最大水位差 5.50m，最高通航水位上游 20.25m，下游 20.10m，其相应流量 2280m^3/s，上闸首挡洪水位 22.50m。

七、水电站

中华人民共和国成立前，流域内无一座水电站。1958年，流域内建成小水电站12座，装机容量442kW。1980年，婺源、德兴等县进入全国万电县行列。据不完全统计，饶河流域建有水电站53座，其中小（1）型1座，小（2）型52座，总装机容量10580kW。

八、水闸

至2010年，饶河流域共有水闸357座，其中大（1）型1座，大（2）型1座，中型15座，小（1）型48座，小（2）型292座，过闸流量19832.24m³/s。

第四节　监测预警措施

一、概述

其中饶河流域涉及景德镇、上饶部分地区，共计11个重要水文监测站点。

二、各站特征水位流量

饶河流域各站特征值统计见表13-2。

第五节　水旱灾害情况

一、洪水灾害

饶河流域气候湿润，雨量充沛。乐安河上、中游是全省多雨区之一，婺源、德兴一带为暴雨中心区，降水量年内分配极不均匀。饶河流域洪水主要由暴雨形成，每年4—6月冷暖气流持续交汇于长江中下游一带，形成大范围的降雨，该时期是本流域降雨最多的季节，往往产生较大的暴雨，引发洪灾。7—10月由于台风影响也会出现洪水。流域多暴雨，每年4—6月为饶河流域主汛期，多为峰面雨，7—10月由于台风影响也会出现洪水。洪水过程线形状尖瘦，一次洪水过程历时上游为1～3天、中游为3～5天，下游历时较长，为5～7天；若遇鄱阳湖水位顶托，则洪水历时更长。饶河（乐安河和昌江）洪水除受其本身来水影响外，还受鄱阳湖水位顶托影响。

1954年乐安河流域婺源三都站5月降水量734mm，其中5月3—9日，7天共降雨359.7mm；德兴银山站5月降水量593.3mm，石镇街站降水量536.3mm，鄱阳站降水量494.7mm。5月7日，石镇街站最高水位20.09m，超警戒线水位0.59m。德兴县成灾田地面积2万余亩。万年县所有圩堤漫决，四、五、六区26乡139村被淹，死亡71人，冲倒房屋1036幢，受灾稻田88997亩，其中无收42528亩。昌江两岸万余亩农田受淹。6月30日，鄱阳站最高水位21.19m，德兴县县城水淹邮电局，海口500余户被淹。鄱阳湖

饶河流域各站特征值统计表

表13-2

序号	测站编码	站名	县、市	河名	加报水位/m	警戒水位/m	实测最高水位/m	实测最高水位出现时间(年.月.日)	实测最大流量/(m³/s)	实测最大流量出现时间(年.月.日)	历史最低水位/m	历史最低水位出现时间(年.月.日)	历史最小流量/(m³/s)	历史最小流量出现时间(年.月.日)
1	62501200	潭口	景德镇	饶河-昌江	57.00	58.00	62.94	1996.7.1	4990.00	1996.7.1	49.35	2019.10.23	0.33	1978.9.8
2	62501400	樟树坑	景德镇	饶河-昌江	33.00	34.50	42.53	1998.6.26	6290.00	2020.7.7	27.03	2012.1.13	0.04	2012.1.13
3	62501800	渡峰坑	景德镇	饶河-昌江	26.50	28.50	34.27	1998.6.26	8600.00	1998.6.26	20.83	1958.8.23	1.28	1978.8.27
4	62502200	古县渡	波阳	饶河-昌江	19.00	19.50	23.43	2020.7.9			12.34	2019.11.24		
5	62502600	波阳	波阳	饶河	18.50	19.50	22.75	2020.7.12			12.58	2019.11.26		
6	62504800	香屯	德兴	饶河-乐安河	37.00	38.00	43.56	2011.6.15	7470.00	2011.6.15	30.38	2019.11.18	2.03	2013.11.3
7	62505000	虎山	乐平	饶河-乐安河	25.00	26.00	31.18	2011.6.16	10100.00	1967.6.20	18.24	2019.11.16	4.80	1967.10.10
8	62505400	石镇街	万年	饶河-乐安河	18.50	20.00	23.53	1998.7.24	8230.00	2011.6.16	12.42	2019.11.26		1958.7.22
9	62506200	婺源	婺源	饶河-乐安河	57.00	58.00	64.54	2017.6.24	5020.00	2017.6.24	52.33	2009.2.9	0.07	2014.1.6
10	62506800	汪口	婺源	段莘水			76.26	2017.6.24	3080.00	2017.6.24	67.64	2013.10.26	0.175	2016.9.9
11	62508000	德兴	德兴	洎水			57.74	1966.7.8	1600.00	1966.7.8	50.72	2019.11.24	0.016	1978.9.2

水位于 7 月 31 日涨至最高，除碗子、浦汀圩安全度汛外，其余圩堤全部漫决，大水冲坏小型水利工程 265 处，冲坏房屋 30078 间，31.36 万人受灾，农作物成灾面积 31646.7hm²。

1955 年赣北大洪水。尤其 6 月，饶河流域普降大暴雨，雨量集中，强度大，致使饶河出现特大洪水。6 月 17—24 日，连降暴雨。乐安河段万年县石镇街洪水位 22.76m，鄱阳县湾埠、浦汀等 24 座小圩漫顶倒塌，45 座小（2）型水库、33 座堰坝、824 处塘坝、422 条水渠被洪水冲倒。农作物受灾面积 14160hm²，成灾面积 11466.7hm²。7 月 4 日鄱阳镇最高水位 21.99m，7 月 15 日中洲圩决口，全县共漫决圩堤 59 座，全县受灾人口 76.4 万人，农作物受灾面积 51826.7hm²，直接经济损失 99445 万元。江湾水流域受灾稻田 0.40 万余亩，冲坏堤坝 50 座，桥梁 5 座，冲毁房屋 10 幢，受灾 800 户，死亡 1 人；江湾村受灾人口 0.30 万人，洪灾损失 100 万元。此次水灾，婺源县受灾稻田 7 万余亩，冲坏水库、塘坝 3235 座，桥梁 143 座，冲毁房屋 367 幢，受灾 9940 多户，死亡 13 人。鄱阳、余干、万年 3 县冲毁圩堤 44 座，其中余干县漫倒、溃决支堤，决口 77 处，长 43209m。3 县共冲垮水利工程 1.37 万座，桥梁 560 座，房屋 5311 栋，淹死 88 人，淹死耕牛 357 头。

1967 年 6 月 17—20 日 3 天内婺源县三都站以上平均降水量 314.7mm，德兴香屯站以上平均降水量 357.2mm，乐平虎山站以上平均降水量 353.7mm，万年石镇街站以上平均降水量 351.3mm。17 日暴雨中心在婺源，降水量自上而下递减，18 日暴雨中心转移到德兴、乐平，19 日暴雨移至乐平共产主义水库，24h 降水量 347.9mm，3 场暴雨，出现连续 3 个洪峰。三都站洪峰水位 57.16m（吴淞高程，下同），洪峰流量 1700m³/s。德兴香屯站洪峰水位 43.11m，洪峰流量 7030m³/s。乐平虎山站洪峰水位 30.73m，洪峰流量 10100m³/s。香屯、虎山洪水居历史首位。万年石镇街洪峰水位 23.22m，居历史第二位。上饶全区农作物受灾面积 184.4 万亩，占耕地面积 25.6%，其中无收面积 95.8 万亩。因灾死亡 146 人，冲坏房屋 10379 间，桥梁 1531 座，铁路 1 处，公路数百处，冲倒圩堤 59 座，山塘水库 639 座。

1973 年乐安河、昌江均发生较大洪水。7 月 5 日鄱阳镇最高水位 21.03m，最大圩堤饶河联圩乔木湾范家上首出现大泡泉，7 月 12 日决口。汛期先后溃决圩堤 42 座，冲倒小型水库 20 座，农作物受灾面积 31360hm²，成灾面积 27333.4hm²。7 月 26 日晚至 27 日上午暴雨，西河上游港口、东港连降暴雨 300mm，山洪暴发，交通中断，浮梁县 4594 亩农田受灾。

1995 年 4—6 月，昌江流域平均降水 1331mm，比历年均值多 517mm；4—6 月，乐安河流域平均 1845mm，比历年均值多 912mm。3 个月内两河均 6 次发生超警戒线水位。6 月 3 日，乐平市礼林圩内水位比外河水位高 1m，导致圩内山洪冲毁圩堤近 40m，给景德镇市造成巨大损失。景德镇市共有 4 个县（市、区）53 个乡镇街道 546 个村受灾，受灾人口 138.4 万人次，被洪水围困人口 18.57 万人，死亡 14 人，11 个城镇进水（包括景德镇市城区和乐平城区），损坏房屋 1.54 万间占地 20.5 万 m²，倒塌房屋 0.55 万间占地 7.65 万 m²，农作物受灾面积 66.0 万亩，成灾面积 57.8 万亩，绝收面积 40.2 万亩，毁坏耕地 17.0 万亩，损失粮食 7065t，死亡牲畜 11.73 万只，因灾减产粮食 11.7 万 t，直接经济损失 10.37 亿元。

1996 年 6 月 29 日后，昌江流域普降特大暴雨，使景德镇遭受一场特大暴雨洪水袭击。7 月 1 日 16 时昌江渡峰坑站洪峰水位 33.18m，景德镇全市（除乐平外）共有 41 个乡镇 275 个村委会 166 个居委会受灾，受灾人口 61 万人，成灾人口 42 万人，被困人口 21.5 万人，无家可归人口 9.5 万人。21 个城镇进水，损坏房屋 5.9 万间，倒塌房屋 2.8 万间。

1998 年昌江渡峰坑水文站最高洪水位 34.27m，超历史记录 0.86m。饶河尾闾鄱阳站最高洪水位 22.61m，超历史记录 0.62m。饶河全流域受灾人口 225.2 万人，死亡 23 人，损坏房屋 35.5 万间，倒塌房屋 10.2 万间；农作物受灾面积 157.5 万亩，成灾面积 97.5 万亩；206 国道因水淹中断 2 个月之久，共漫决圩堤 70 余处。景德镇市城区 6 月下旬和 7 月下旬两度受淹，受淹面积 36km^2，占城区面积的 2/3，直接经济损失约 14 亿元。

自 2008 年 6 月 8 日开始江西省出现强降雨过程。受强降雨影响，饶河发生大洪水。7 座小型水库发生险情。11 日 7 时，饶河支流昌江渡峰坑水文站洪峰水位 31.67m，超警戒水位 3.17m。景德镇市部分城区进水受淹，低洼处最大水深 5.40m。饶河干流乐安河，其控制站虎山水文站 11 日 17 时左右洪峰水位 29.14m，超警戒水位 3.14m。强降雨导致部分地区群众被洪水围困、水库出险、山体滑坡。

2010 年受极端天气过程频繁影响，平均降雨分别达 208mm、384mm 和 586mm。3 月初赣东北出现罕见早汛，乐安河虎山站洪峰水位 27.46m，超警戒水位 1.46m，为历史同期最高水位。3—7 月乐安河虎山站出现 5 次超警戒线洪水，7 月 10 日 13 时 50 分，最高洪水位 28.54m；7 月昌江渡峰坑站出现 1999 年以来最大洪水，16 日零时，洪峰水位 32.75m。乐平市 20 个乡镇（街道）不同程度受灾，造成全市道路、房屋、农田、电力、水利设施等受损。截至 7 月 11 日，乐平市洪涝灾害造成直接经济损失 2.33 亿元，其中农林牧渔业损失 0.825 亿元，农作物受灾面积 16.2×10^{3}hm^2（其中粮食作物 10.586×10^{3}hm^2），农作物绝收面积 2.036×10^{3}hm^2（其中粮食作物 1.746×10^{3}hm^2），因灾减收粮食 4.2 万 t，死亡牲畜 0.068 万头；水产养殖损失 2.4 万 t；受灾人口 32.6 万人；被洪水围困人口 17807 人，内涝最大水深 6～7m，开动电力泵站 8 处共 3435kW，危险地段被困人员 10860 人全部转移。乐平至德兴铁路浯口段、乐平至德兴公路交通线路古田段中断 33h，省道乐弋线等大量县乡公路中断达 17 条次，中断供水 3 次。

二、干旱灾害

旱灾也是饶河流域主要自然灾害之一，一般每年 6 月底至 7 月上旬前后便进入晴热少雨的干旱期。自 8 月起，由于干热气团的控制，月降水量一般只有 100mm 左右，而同期蒸发量可达 200mm 以上，干旱持续时间可达 20～30 天，最长在 40～50 天以上。至 10 月降水量一般在 100mm 以下，亦少于蒸发量。若该时期影响流域的台风雨偏少，则将发生伏旱甚至连着秋旱，干旱可一直延续到 10 月。

流域内各县（市）农作物以双季水稻为主，其生育期一般在 4 月初到 10 月中旬。其中早稻生育期 5—7 月逾 80 天，处于梅雨季节，雨水较丰，灌溉用水不多。晚稻生育期 7—10 月逾 90 天，正值天干少雨季节，这一期间，平均降水量仅占总量的 20％左右，而蒸发量占年总蒸发量的 40％～50％，因此常发生夏秋干旱。

1978 年，婺源县 7—10 月仅降雨 174.2mm，旱期持续 151 天，个别村庄吃水要到几里外的河里去挑。全县受灾稻田面积 11.62 万亩，其中 1.02 万亩颗粒无收。德兴县伏旱连秋旱，持续 87 天，银山站全年降水量 1240.4mm，为有记录以来降水量最少的年份。7—10 月降雨量只有 182mm。造成德兴市不少地方田土龟裂，禾苗旱死，水溪断流，泉水干枯，有的村庄连人畜饮水都发生困难。全县 458 个水库干涸 435 个，直至年底，旱象尚未解除，二季晚稻受损严重，大部分减收或无收。万年县伏秋旱，干旱总天数 95 天，水库干枯，河溪断流，石镇街最低水位 12.59m，为建水文站以来历年最低值，人畜饮水发生困难，受灾面积 8 万亩，成灾面积 6.8 万亩。景德镇 1978 年 1—6 月降雨仅 792mm，渡峰坑水文站实测最小流量 1.28m³/s，全市出现高山无泉、小溪断流现象，旱情为历史所罕见；城区工厂停产，电厂停机，居民生活用水得不到保障；受灾面积 24.3 万亩，占种植面积 50％以上，受灾人口 7 万多人。鄱阳县夏秋连旱，持续 102 天基本无雨，除滨田、蜈蚣山水库死库容有水外，其他大小水库全部干涸，饶河支流昌江、潼津河、西河和所有小河断流，鄱阳镇枯水位降至 12.62m，属历史罕见。山上树木有的干枯致死，全县有 1043 个自然村人畜饮水都很困难，农作物受灾面积 57333.3hm²，成灾面积 22666.7hm²。

2000 年 1—6 月，昌江河流域平均降水量仅 978.5mm，4—6 月降水量 556.5mm，比同期均值偏少 214.7mm。鄱阳县 4 月 12 日至 5 月 12 日，出现连续 31 天无降水日。5 月、6 月，日照百分率分别达到 50％、45％，7 月更高，部分农田出现龟裂。6 月 23 日以来持续高温少雨、旱情加剧。景德镇市农作物受旱面积 514.65 亩，其中受灾面积 32.48 万亩，损失粮食 5.93 万 t，折币 3113.8 万元。6—8 月祁门县发生严重旱灾，缺水面积 16083 亩，无水栽插 38900 亩，无水翻田 20686 亩。25 个乡镇 152 个行政村，受重旱乡镇 15 个，重灾村 76 个，人口 14.2 万人，成灾 9.2 万人，受旱面积 12.75 万亩，水稻受旱 9.1 万亩。

2001 年入汛以来景德镇降水量持续偏少。特别是 6 月降雨比历年平均值偏少四成多，雨季较往年提前 10 多天结束，全市江河水库水位普遍偏低，6 月底水库蓄水量比多年均值少近 1.0 亿 m³，致使 7 月发生大范围干旱，全市农作物受旱面积 21.7 万亩，其中重旱面积 9.3 万亩，轻旱面积 10.4 万亩，干枯面积 2.0 万亩，因灾损失粮食 7.61 万 t，经济作物 1260 万元。7 月初至 8 月中旬，浮梁县连续 30 日最高气温超过 35℃，平均气温 31℃，7 月平均降雨量为 23mm，仅为多年均值的 13％，属 50 多年来之罕见。全县农作物受旱面积 163 万亩，17 座小（2）型水库和 818 座山塘干枯，造成 0.8 万人和 0.6 万头牲畜饮水困难。

2003 年德兴市持续高温少雨，7 月月降水量 58.7mm，月雨日仅 3 天。7 月下旬平均气温及 7 月月平均气温超过历史极值，高温少雨致使伏旱明显，旱情加剧，早稻减产。至 7 月底，全市农田受旱面积近 5000hm²。景德镇市出现伏旱连秋旱现象，最高气温达 40℃以上，为 1952 年以来的最高值，发生罕见旱灾。鄱阳县受灾乡镇 39 个，受灾面积 104.1 万亩，其中成灾 31.9 万亩，绝收面积 32.2 万亩，水田缺水 48.7 万亩，旱地缺墒 30 万亩，受旱饮水困难 31 万人、牲畜 7 万头。因饮水困难，4 所中小学被迫停课，高温致病

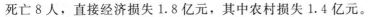
死亡 8 人，直接经济损失 1.8 亿元，其中农村损失 1.4 亿元。

　　2007 年景德镇市降雨持续偏少，汛期后，全市出现普遍干旱，局部重旱，其中乐平市旱情尤为严重。旱情高峰时，全市农作物受灾面积达 $17.49\times10^3\,hm^2$，占总耕地面积的 31.6%，其中轻旱 $9.76\times10^3\,hm^2$，重旱 $6.18\times10^3\,hm^2$，干枯 $1.56\times10^3\,hm^2$。有 0.57 万人、0.34 万头大牲畜因旱发生饮水困难。

第十四章

修 河 流 域

第一节 流 域 概 况

修河又称修水，是鄱阳湖水系五大河之一。流域东西长、南北窄，形似芭蕉叶。东临鄱阳湖；南隔九岭山主脉与锦江毗邻；西以黄龙山、大围山为分水岭，与湖北省陆水和湖南省汨罗江相依；北以幕阜山脉为界，与湖北省富水水系和长江干流相邻。干流自西向东穿铜鼓、修水、武宁、永修四县而过，流域涉及九江市的修水、武宁、永修、瑞昌，宜春市的铜鼓、奉新、靖安、宜丰、高安，南昌市的安义、新建、湾里等12县（市、区）。

上游河床多由卵石、粗细沙组成，河道坡陡流急；中游河道河床坡降渐缓，河床主要以卵石和细沙组成；下游河道地势平缓，水系紊乱，河势水流多变，河床主要由粗沙组成，部分段河床冲淤变化较大。主河道纵比降 0.52‰。

流域地处长江流域中下游地区，属江南多雨区域，降水时空分布不均，具有明显的季节性和地域性。流域多年平均降水量 1630.5mm，多年平均年径流量 135.05 亿 m³。2010年修河流域评价河长 419km，评价河段 6 个。

流域内流域面积 10km² 以上河流 305 条，有大、中、小型水库 599 座。

一、自然地理

修河位于江西省西北部，长江中下游南岸，为鄱阳湖水系五大河流之一。地处东经 113°56′～116°01′、北纬 28°23′～29°32′。流域面积 14797km²（占全省总面积的 8.9％），包括修河干流区域（修河流域 10417km²）和潦河区域（潦河流域 4380km²）两大块，主河道长 419km，流域平均高程 323m。

二、气象水文

修河地处长江流域中下游地区，属江南多雨区域，降水时空分布不均，具有明显的季节性和地域性。总体降水趋势是上半年逐月增加，下半年逐月减少。流域降水量随海拔高度的升高而增加，流域上中游降水明显多于下游，山区明显多于平原、尾闾区。降雨有相对集中区，主汛期多以锋面雨为主，历时短、强度大。

据不完全统计，修河流域多年平均降水量 1630.5mm，最大年降水量 2294mm（1998年），最小年降水量 1138.5mm（1968 年）。上游流域多年平均降水量 1658.3mm，中游1598.1mm，下游 1490.1mm。

修河具有典型的南方山区性河流特征，洪水起涨较快，洪峰持续时间又短，但也经常出现复峰现象。主要暴雨洪水多发生在 4—6 月，特殊年份受台风影响，7—9 月局部地区也会发生暴雨洪水。流域发生较为典型的洪水年份有 1954 年、1955 年、1973 年和 1998 年。枯水期来水主要由地下水补给。在每年 12 月至次年 2 月，出现枯水季，水位下降到最低值。有些年份受上游水利工程（蓄水）和工农业用水影响，最低水位也会出现在干旱季节（7—10 月）。

三、地形地貌

修河流域北部有幕阜—九宫山，位于省境边缘，是省际界山；南部有九岭山，为县际界山和分水岭。两大山脉均呈近东西走向，多为 500～1000m 以上中低山，面积 5198.7km²，构成南北屏障。中部则是连续展布的东西向丘陵、河谷平原地貌。整个地形呈南北两面高山夹一峡谷，分别从南、北部向中部修水逐级层层下降。修水县抱子石水库以上属上游，河道窄，两侧山高坡陡，地形切割强烈；抱子石至柘林水库大坝属中游，河面较宽，河曲发育多滩，至永修县柘林成一峡口。下游在永修县境地形低缓，西部多为低丘岗埠地形，东部为河湖平原。地形总体趋势由西部向中东部渐低，即由中低山地形逐渐过渡到丘陵、低丘岗埠、河湖平原的地形。整个地貌形成以修水为轴心，向南、北两岸延伸的平原、丘陵、山地阶梯式格局。各种地貌类型面积比例为平原 16.8%、丘陵 36.7%、山地 46.5%。

四、河流水系

流域河系发达，发源于铜鼓、修水、武宁、永修、奉新、靖安、安义等县四周山地的支流，取向北、北南两向汇入干流，形成完整的水系。受地势西高东低影响，干流主河道自西向东穿行于九岭山脉与幕阜山脉之间，各支流发育于两大山脉之中，南部较北部发达，较大支流多位于干流南岸的九岭山脉之中。

流域地势西高东低，东西长，南北窄，形似芭蕉叶。东临鄱阳湖；南隔九岭山主脉与锦江毗邻；西以黄龙山、大围山为分水岭，与湖北省陆水和湖南省汨罗江相依；北以幕阜山脉为界，与湖北省富水水系和长江干流相邻。流域内集水面积大于 200km² 支流有潦河、武宁水、渣津河等 19 条，主要涉及九江市的修水、武宁、永修、瑞昌，宜春市的铜鼓、奉新、靖安、宜丰、高安，南昌市的安义、新建、湾里等 12 县（市、区）。

流域内流域面积大于 10km² 以上的支流 304 条，其中不小于 10km² 但小于 50km² 的支流 225 条；不小于 50km² 但小于 200km² 的支流 60 条，其中一级支流 23 条，二级支流 26 条，三级支流 9 条；四级支流 2 条；不小于 200km² 但小于 1000km² 的支流 16 条，其中一级支流 9 条，二级支流 6 条，三级支流 1 条；不小于 1000km² 但小于 2000km² 的有一级支流武宁水、二级支流北潦河；不小于 2000km² 的有一级支流潦河。

修河河网密度系数 0.36，河流长度 391km，河流直线长度 188.6km，河流弯曲系数 2.1。修河干流至永修县艾城镇况家村下游开始分为 2 条河流，其支流名为杨柳津河，流向转向北偏东流，在小河街村下游杨柳津河又分为 2 条河，杨柳津主河向东北方流，经庐山市蚌湖入鄱阳湖，另一支称王家河，折向正南转东北流，在涂埠镇王家街回流至修河干流。

流域内有各类水库 618 座，其中大型水库 3 座，中型水库 16 座，小（1）型、小（2）型水库 599 座。修河水系示意如图 14 - 1 所示，修河流域面积超 500km² 河流特征参数统计见表 14 - 1。

表 14 - 1　　　　　　修河水系流域面积超 500km² 河流特征参数统计表

序号	修河水系	名称	流域面积 /km²	年径流量 /亿 m³	江西省内涉及城市
1	一级支流	渣津水	952	7.72	修水县
2	一级支流	武宁水	1735	14.10	铜鼓县、修水县
3	一级支流	安溪水	516	3.94	修水县
4	一级支流	巾口水	592		
5	一级支流	潦河	4380	42.82	宜丰县、奉新县、安义县、永修县
6	二级支流	北潦河	1518	14.33	修水县、靖安县、奉新县、安义县
7	三级支流	靖安北河	736	6.89	靖安县、安义县

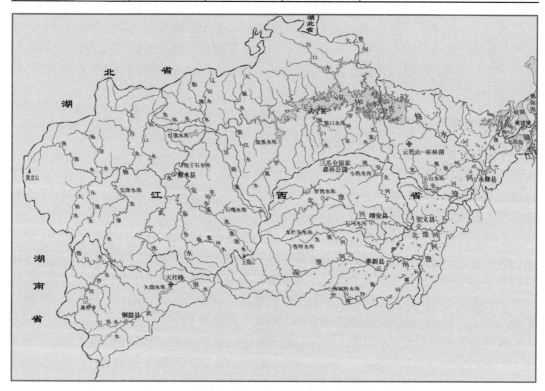

图 14 - 1　修河水系示意图

第二节　暴雨洪水特点

流域具有典型的南方山区性河流特征，多暴雨且强度大，易发生连续降水，洪水起涨较快，洪峰持续时间短，但也经常出现复峰现象。主要暴雨洪水多发生在 4—6 月，特殊年份受台风影响，7—9 月局部地区也会发生暴雨洪水。流域最大 3h 点降水量 259.8mm（修水县港口站），最大 24h 点降水量 347.3mm（铜鼓县乌石站）。流域发生较为典型的洪水年份有 1954 年、1955 年、1973 年和 1998 年。1973 年流域上游高沙水文站（控制流域面积 5303km²）出现 9200m³/s 的历史最大洪峰流量，1998 年 7 月 31 日永修水位站出现 23.48m 的历史最高洪水位。

第三节　防洪抗旱工程体系

一、概述

中华人民共和国成立后，修河流域加固修复原有水利设施，新建一大批水利工程。1970 年永修、新建两县联合封堵修河下游分流河汊蚂蚁河入口，使修河尾闾 1/3 泄流回归干流。截至 2006 年，流域已建成柘林、东津、大椴 3 座大型水库，郭家滩、抱子石、盘溪等 14 座中型水库，610 余座小型水库，塘坝 1.6 万余座，柘林灌区等引水工程 1.2 万余座，提水工程近千座；建起保护耕地万亩以上圩堤总长逾 150km，其中永修县有 7 座保护耕地万亩以上圩堤，18 座保护耕地千亩以上圩堤。全流域有效灌溉面积达 165 万亩，旱涝保收面积 139.5 万亩，分别占总耕地面积的 68% 和 58%。

二、水库

20 世纪 50 年代初，政府发动农民大修山塘运动，颇见成效。1956 年年初，政府发出号召"逢坳建库"，流域内各地掀起兴建水库热潮。此间，修河流域各县先后兴建自己的首座示范水库。大规模的水库建设是 1958 年"大跃进"时期开始的。在 1958—1961 年短短几年里，先后开工兴建柘林水库（大型工程）和十几座中型水库（云山、石门、红色等工程）以及几十座小（1）型水库。当下的水库工程有一半以上是这一时期打下的基础。20 世纪 60—70 年代，在"农业学大寨"活动中新上马或复工的工程不少，如柘林水库和南茶、源口、红旗等中型水库就是在这一时期复工的。进入 20 世纪 80 年代，水利建设重点进入管理阶段，新上马的水库工程较少，主要是进行现有水库的除险加固改造以及提高防洪标准，进行渠系配套以及水库的多种经营。仅从建设的角度讲，1980 年以前，所建水库占总水库的 95% 以上。

从 1980 年起，经过 30 年来工作，流域内所有中型水库已完成除险加固。所有小（1）型水库除险加固工作，有的已完成，有的正在进行中。

据不完全统计，修河流域内已建成大（1）型水库 1 座、大（2）型水库 2 座、中型水库 16 座、小（1）型水库 124 座、小（2）型水库 475 座。

流域大型水库工程概况如下。

（一）东津水库

东津水库是修河干流上游大（2）型水库，位于修水县中部，东距修水县城 37km。该工程建在修河上游干流（也称东津水）原东津乡山口墩村峡谷出水口处，控制流域面积 1080km²，水库正常蓄水位 190m，前汛期（4—6 月）防洪限制水位 189m，后汛期（7—

9月）防洪限制水位190m，死水位165m。大坝设计洪水位194.29m，校核洪水位200.16m。总库容7.95亿m³，兴利库容3.86亿m³，死库容1.75亿m³。正常蓄水位时水面面积20.50km²，为多年调节水库。

东津水电工程于1969年9月25日开工，1973年2月，江西省压缩基本建设项目，工程缓建。1992年1月29日，东津水电工程复工。是年11月22日，工程顺利截流。该蓄水工程于1998年通过竣工验收，2000年通过大坝安全鉴定。

水库以发电为主，兼顾防洪等效益。电站装机容量6万kW，年平均发电量1.164亿kW·h。水库在防汛中发挥明显效益，有效削减1998年、1999年洪峰流量，使修水县城减轻水灾损失，并缓解柘林水库防汛压力。

水库枢纽工程由大坝、溢洪道、发电引水隧洞、导流放空洞、发电厂房等组成。大坝为钢筋混凝土面板堆石坝，坝顶高程200.5m，最大坝高85.5m，坝顶长326m、宽6m。

（二）柘林水库

柘林水库是修河干流中游大（1）型水库，又称柘林湖、庐山西海，系江西省库容最大的蓄水工程。1958年8月兴建，1975年建成投产。位于武宁县东部、永修县西北部，东南距南昌市城区90km，东北距九江市城区110km，是一座以发电为主，兼有防洪、灌溉、航运、水产、旅游等综合效益的大（1）型水库。

主坝址位于永修县柘林镇的鲫鱼山与猴子崖两山之间，地处东经115°30′、北纬29°12′18″，大坝长590.75m，控制流域面积9340km²。多年平均径流量80.4亿m³，多年平均流量254.8m³/s，最大流量12100m³/s（1955年6月22日实测）。水库设计洪水位71.3m，相应库容71.71亿m³，正常蓄水位65.0m，相应库容50.17亿m³，相应水面面积为308km²，汛前限制水位64.0m，防洪库容24.53亿m³，死水位50.0m，相应库容15.73亿m³，水库总库容79.2亿m³。正常蓄水位时水面面积308km²，为湖泊型多年调节水库。建成后库区泥沙淤积1亿m³。

水库枢纽工程由主坝、副坝、溢洪道、泄洪洞、进水闸、发电厂房、船筏道、竹木过坝机等部分组成。主坝属黏土心墙砂壳坝。坝顶高程73.5m，坝顶长度590.7m，宽6m，最大坝高63.5m，防浪墙高1.7m。1978年坝体加筑混凝土防渗墙；副坝共3座，均属土坝。

（三）大垇水库

大垇水库是位于武宁水中游的大（2）型水库，又名九龙湖，位于铜鼓县东北部，西南距县城32km。1987年9月动工，1990年10月蓄水，同年12月第一台机组发电，1992年11月竣工。坝址位于大垇镇太坪里村附近，东经114°34′、北纬28°29′，控制流域面积610.35km²。水库以发电为主，兼有防洪、灌溉、旅游、养殖等综合效益。水电站装机容量1.28万kW，年平均发电量4106万kW·h。

正常蓄水位212m，死水位197m，设计洪水位212.09m，校核洪水位213.94m；总库容1.15亿m³，兴利库容7730万m³，死库容2250万m³。正常蓄水位水面面积7.52km²，属多年调节湖泊型水库，至2004年已淤积库容20万m³。

水库枢纽工程由主坝、副坝、溢流坝、引水隧洞、坝后式电站组成。主坝为浆砌石重力坝，坝顶高程215.2m，最大坝高43.4m，坝顶长度357m、宽8m。

三、堤防

1954年，修河流域出现百年一遇特大洪水，使大部分圩堤毁坏。各级政府采取一系列紧急措施，组织生产自救。这年冬天至翌年春耕前，各圩区组织大批劳动力修复所有的溃决圩堤，灾后无一人饿死，无一人逃荒。

20世纪50年代起，修河流域特别是永修县、安义县、奉新县把圩堤建设作为水利工作的重点，每年冬春都组织群众培修加固。在1954年大水过后，每年都进行大规模的复堤堵口工作。除对原有圩堤普遍加高加固外，又新建许多圩堤。许多小圩堤并成大圩堤，缩短防线，节约土地，增加使用面积，提高防洪标准。1998年百年一遇特大洪水发生时，修河流域圩堤发挥了重要的防护作用。

至2010年，修河流域共有4级堤防9座，5级堤防50座。

四、引水工程

1949年后为了发展生产、生活需要，修河流域内又修筑许多圳堰，如修水县的苏区堰、双港堰、解放堰；武宁县的芦湾堰、桐油潭堰等，并对原有的陂、堰工程进行维修加固。

截至2010年，铜鼓县修建引水工程2341处，灌溉农田4.58万亩。有千亩以下小型灌区183个，有干、支渠等固定渠道328条，总长816.48km，渠系建筑物115座。修河流域灌区分布如图14-2所示。

修水县有引水工程3125处，灌溉农田14.66万亩，其中500亩以下陂堰3093座，灌溉面积11.17万亩；500亩以上引水工程32座，有效灌溉面积3.49万亩，旱涝保收面积3.41万亩。水电装机容量2610kW。全县有200亩以上灌区114座，其中千亩至万亩中型灌区10座，千亩以下200亩以上小型灌区104座。截至2010年，全县有效灌溉面积达33.53万亩。

武宁县共建有2个中型灌区和223个灌溉面积200亩以上的小型灌区，有效灌溉面积18.96万亩。

靖安县1950年冬至1951年春，续建明代嘉靖四十四年（1565年）始建的解放堰，1953年又进行扩建和渠道延伸。1953年8月至1954年兴建西潦渠。1954年对始建于明代成化十四年（1478年）的洋河堰进行扩建加固。1966年10月，红卫水轮泵站拦河大坝建成。1967年对洪背堰进行整修加固。1974—1975年沙港电站大坝、渠道建成。2006年全县有引水工程1481处，有效灌溉面积7.83万亩。

安义县建成北潦渠，1952年同时兴建南、西两条引水渠。山区小堰改建成浆砌块石滚水堰。

九江市柘林灌区是1973年兴建的，以农业灌溉为主，兼防洪、发电、城镇供水等综合效益的大型水利工程，设计灌溉面积2.14万hm^2。总干渠从柘林水库三副坝引水，全长54.92km，设计流量30m^3/s；分干渠17条，长度157.34km，支渠开挖110条，全长130km，现有效灌溉面积21万亩，年平均农业供水量2.31亿m^3。柘林灌区下设柘林、大坪、燕坊、军山四个渠道管理段和一个渠首水电站，属准公益性水利事业管理单位。除渠首电站具有经营性功能外，主要承担灌溉、防洪、排涝等公益性任务。目前，除地方同级财政给予一部分定额拨款外，水费收入是主要的经济来源。灌区地处昌九工业走廊的中部，是重要的商品粮、商品棉和水产养殖基地，灌区优质丰富的水资源极大地促进了当地社会经济的发展和人民生活环境的改善。

潦河灌区属于全国大型灌区。潦河灌区位于江西省西北部，工程坐落于修河水系潦河流域，流域控制面积 4332.8km²。潦河灌区工程是一座以防洪、排涝、灌溉为主的大型灌溉工程，是江西省兴建最早的多坝自流引水灌区。工程分布于宜春、南昌 2 市及奉新、靖安、安义 3 县境内，为提高灌区农业抗灾能力、调整农业产业结构、增加农民收入、改善灌区生态环境等作出重要贡献。最早兴建于唐代，后于 20 世纪 50 年代改建和扩建达到现有规模，是江西省兴建最早的多坝引水灌区。灌区流域内属中亚热带季风型湿润性气候区，气候温和湿润，四季分明，雨量充沛、光照充足且无霜期长。据不完全统计，灌区内总土地面积 706.25km²，现有耕地面积 48.3 万亩（其中水田 40.76 万亩，旱地面积 7.54 万亩），山地面积 43.44 万亩，其中果园林地 5.39 万亩，现有灌溉面积 33.6 万亩，实际灌溉面积 25.4 万亩。灌区内有 7 座引水大坝，灌溉工程由奉新南潦干渠、安义南潦干渠、解放干渠、洋河干渠、北潦干渠、西潦北干渠、西潦南干渠等 7 条主干渠、148 条支渠、456 条斗农毛渠组成，其中干渠总长 151km，支渠总长 439km，支渠以下斗、农、毛渠总长 788.5km。各类渠系建筑物 362 座。受工程建设时历史环境和经济条件所限，工程标准偏低、配套不全，加上年久失修，使灌区水利用系数逐年下降，灌区灌溉面积由 33.6 万亩下降到现在的 25.4 万亩，属典型的工程型缺水灌区，急需对灌区进行续建、配套和节水改造建设。

五、提灌工程

修河流域大规模机电排灌事业的发展始于 20 世纪 50 年代初，主要是燃气机、汽油机和涡轮机为动力的抽水灌溉机械。流域内第一个建机械排灌站的是永修县大岸抽水机站，该站一开始就有 300 马力，不久又建成城南抽水机站。1953 年，省水利局完成 8 个大抽水机站修建计划，其中永修县九合圩就占两站，共装机 1874 马力。修水县 1956 年 4 月第一个抽水机站（梁口站）建成，当年又建 6 个灌溉农田达万亩的机站。

在发展机电排灌的同时，20 世纪 70 年代末，修河流域开始在修水、武宁两县推广先进的农田灌溉方法，即移动式喷灌。至 1981 年是喷灌机发展的主要时期，农村实行联产承包制后，由于种种原因，喷灌设施大部分搁置未用。

潦河流域安义县提水工程起步较晚。1964 年礼源角水电站投产后，电灌站开始发展起来。1986 年以后，安义县电灌站建设迎来了新的发展时期，一大批电灌站就是这一时期建设起来的，到 1988 年，全县有电灌站 18 座。至 2009 年年底，全县已有电力灌站 170 余座，装机 8885kW，灌溉农田面积 6.33 万亩。

据不完全统计，铜鼓县有机电泵站 85 座共 151 台，装机容量 1380kW，灌溉面积 6150 亩；修水县有电力排灌站 188 座，装机 2881kW，供水能力 2849 万 m³，有效灌溉面积 3.17 万亩；武宁县有固定浇灌提水工程 94 座，装机 2166kW，有效灌溉面积 1.93 万亩；永修县共有大小电力排灌站 151 座，电动机 232 台，装机 13967kW，排涝面积 11.41

万亩，有效灌溉面积 8.57 万亩。

六、水电站

1956 年，修河流域在安义县鼎湖乡建成全省第一座木制水轮机小型水力发电站。

至 2010 年，修河流域共建有水电站 183 座，其中大（2）型 1 座，中型 1 座，小（1）型 6 座，小（2）型 175 座，工程总库容 828655.00 万 m^3。

七、水闸

明万历三十年（1602 年）永修知县罗尚忠筑南堤建涵闸 3 座。

至 2010 年，修河流域共建有水闸 348 座，其中，大（2）型 1 座，中型 11 座，小（1）型 97 座，小（2）型 239 座，总过闸流量 9433.26m^3/s。

第四节 监测预警措施

一、概述

修河流域涉及九江、宜春部分地区，共计 10 个重要水文监测站点。

二、各站特征水位流量

修河各站特征值统计见表 14-2。

第五节 水旱灾害情况

一、洪水灾害

修河全流域性水灾发生频率较小，局部地区暴雨与洪涝年年都有。流域上游多于下游，山区多于丘陵平原和尾闾。

修河中、上游洪水由暴雨形成，其季节变化与暴雨同步。每年 3 月下旬雨水开始增多，4 月进入汛期，5—6 月为全年降水量最多月份，占全年总降水量的 40%～50%，年最高水位同步出现，是流域水灾多发期。

修河下游除受全流域暴雨洪水影响外，还受鄱阳湖高水位顶托影响。由于洪水下泄不畅，滨湖圩堤受高水位长时间浸泡，抗洪能力受限，尾闾圩堤内涝和决堤时有发生，易造成较为严重的灾情。

1954 年 6 月 15—18 日，流域内雨量达 438mm，16 日降雨 202mm。修水县城洪水进城舟行于市，全县冲倒房屋 6128 间，淹死 74 人，受灾 15650 户共 66241 人，无家可归者 1221 户共 4189 人；受灾农田 52.54 万亩，全部冲毁、淤沙达 18.63 万亩；冲毁堤、塘、堰、圳等小型水利工程 743 座，冲坏 2475 座，其中山塘 41 座；冲毁石桥 46 座、木桥 138 座；损失粮食 188368kg。永修县城被淹，损毁圩堤 14 座，倒塌决口 264 个，冲毁农田

表 14-2

修河各站特征值统计表

序号	测站编码	站名	县、市	河名	加报水位/m	警戒水位/m	实测最高水位/m	实测最高水位出现时间/(年.月.日)	实测最大流量/(m³/s)	实测最大流量出现时间/(年.月.日)	历史最低水位/m	历史最低水位出现时间/(年.月.日)	历史最小流量/(m³/s)	历史最小流量出现时间/(年.月.日)
1	62511600	高沙	修水	修河	89.00		99.00	1973.6.25	9200.00	1973.6.25	84.80	1968.9.8	8.56	1965.3.20
2	62513500	渣津	修水	修河－渣津水		125.00	126.67	2011.6.10	1530.00	2011.6.10	120.28	2017.11.3	0.75	2013.8.22
3	62513000	虬津	永修	修河		20.50	25.29	1993.7.5	4070.00	1993.7.5	15.48	2017.11.30	0.00	1983.5.1
4	62513200	永修	永修	修河	19.00	20.00	23.63	2021.7.11	4730.00	2017.6.25	13.68	2013.10.28	0.00	2006.6.20
5	62514200	铜鼓	铜鼓	铜排水		228.50	231.26	1983.7.9	936.00	1983.7.9	河干	2011.6.27	0.00	2011.6.27
6	62517400	万家埠	安义	修河－潦河	26.00	27.00	29.68	2005.9.4	5600.00	1977.6.15	19.30	2017.12.9	0.00	2009.1.11
7	62517600	晋坪	奉新	南潦水	46.50	47.50	49.70	1973.6.24	1230.00	1973.6.24	42.98	2016.1.7	1.27	2009.10.10
8	62518200	奉新	奉新	修河－南潦河	24.00	25.00	27.93	1977.6.15			21.22	2018.11.4		
9	62519000	靖安	靖安	修河－北潦河	60.20	61.10	62.73	1977.6.15	1020.00	2016.7.4	57.57	2014.11.4	2.59	2015.2.15
10	62514800	先锋	永修	修河	97.50	98.50	105.08	1973.6.25	5410.00	1973.6.25	94.35	2014.4.24	0.09	2009.12.14

注　铜鼓站 2017 年开始停测流量，2019 年停测水位。

1.95 万亩，南浔铁路被冲毁，中断交通 21 天。6 月 16—17 日，北潦河水大涨，靖安县城 4 门进水，全县倒塌房屋 556 间，死亡 5 人，冲毁禾苗 9282 亩。奉新县溃决圩堤 32 座，冲毁水库 974 座，倒损房屋 6528 间，死亡 7 人，淹死耕牛 104 头。6 月 13—16 日，安义县连续降水 379mm，县城水深普遍 0.7m，安义浮桥、万埠大桥均被洪水冲走，全县受灾面积 12.94 万亩，占水田面积的一半，其中无收 1.71 万亩，损失粮食 490.7 万 kg，倒塌房屋 3071 间，有 4959 户 2.07 万人受灾，死亡 3 人，受伤 6 人，冲毁各类水利工程 793 座（处）。

1955 年 6 月 20 日晚，修水暴雨，山洪暴发，水位猛涨，高沙水文站水位 95.02m，修水县城环城公路进水，西摆街淹水，向城内侵袭。永修漫溃圩堤 14 座，倒塌决口 257 个；178 个大队受灾，冲毁农田 4149 亩。6 月 23 日晨，北潦河、北河水位急剧上涨，山坡崩塌，双溪区石马乡源头张贵标全家 4 口压死在屋内。1954—1955 年，南浔铁路二度中断交通 125 天。6 月 17—23 日，安义县连降暴雨 497.8mm，洪水猛涨，52 个乡（镇、场）、1.35 万户 5.17 万人受灾，受淹耕地 11.53 万亩，损失粮食 1000 万 kg，圩堤决口 202 处，冲坏陂坝 215 座，小型水库 96 座，山塘 586 座，水闸 39 座，圳 9 条，桥梁 77 座，民房 3137 间，死亡 17 人。永修县城再次被淹，交通中断 104 天。

1962 年 6 月 17—24 日，安义县 8d 降水 417.9mm，全县 85 个大队，590 个生产队受灾，受淹水田面积 8.44 万亩，旱地 0.59 万亩，圩堤脱坡 12 处，冲毁小型水库 8 座，水闸、渡槽、涵管 83 座，筒车 2 部，倒塌民房 303 间，直接经济损失折款 39 万元。铜鼓县城西门护城堤决口，永宁镇全镇浸水，水深数尺；全县冲毁农田 5000 余亩，毁坏水利工程设施 755 座，倒塌房屋 80 间。

1969 年 5 月 11 日，修水局部大暴雨，何市公社何坑水库被冲垮。6 月 28—30 日，修河、潦河上游出现暴雨，洪水猛涨，永修县山下渡水位 22.01m，永修县部分地区遭受不同程度水灾，受灾大队 90 个、生产队 569 个，受灾人口 17603 户 86853 人，倒塌圩堤 12 座，受灾面积 16.2 万亩，受灾作物 13 万亩，全县损失粮食 26750t、棉花 550t。

1970 年 7 月 13 日起，连降暴雨数日，永修县山下渡水位 22.10m，8 座圩堤（包括 4 座圩挡）溃决成灾，内涝外淹严重，倒圩受灾面积 3 万亩，圩外受淹面积 3.16 万亩。

1973 年 6 月 19—27 日，连降暴雨，7 天降雨量 854.2mm。铜鼓县受淹农田 3.67 万亩，损毁水利工程 4368 处，冲毁桥梁 863 座，毁桥梁 832 座（其中公路桥 15 座），冲坏公路 32 处 84.3km，倒房屋 4196 间，损失粮食 352.38 万 kg，电讯中断近 10 天，受灾人口 1.47 万人，死亡 41 人。5 月 1 日、17 日、31 日，修水县局部发生水灾。6 月 17—25 日，修水过程降雨量 350mm，整个流域大水，山洪暴发，高沙水文站最高水位 99.00m，修水县城进出公路水淹 1m 余，53 个公社受灾，受灾人员 13.43 万人，死亡 94 人，伤 148 人，倒房 25221 间，有 28 个生产队住房全部冲光，冲坏公路 250km，冲走木材 26375m³。永修城山、马口圩全部溃决，立新联圩多次脱坡或穿漏，险遭溃决。6 月 20—24 日，潦河上游奉新、靖安、安义 3 县同时普降大到暴雨，降水量 367～438mm，10 个公社（场、镇）、76 个大队、540 个生产队、779 个自然村、1.74 万户 6.79 万人受灾，死亡 4 人，伤 126 人；洪水淹浸房屋 8129 幢，其中倒塌 1081 幢，圩堤决口 18 处，冲坏水利工程 205 座，受淹面积 21.57 万亩。

1975 年受 4 号台风强降雨影响，北潦河、北河洪水猛涨，北潦河靖安站水位53.31m，超警戒水位 2.71m。靖安县 10 个公社，7 个镇、场、校、所，86 个大队 549 个生产队，14393 户不同程度受灾；冲坏、冲毁水利工程 1233 座，交通中断 10d。8 月 13—15 日，安义县连降暴雨 310～330mm，山洪暴发，全县 57 个大队，1.38 万户共 6.88 万人受灾，死亡 5 人，被淹面积 15.6 万亩，损失粮食 87 万 kg，冲毁各类房屋 1.77 万间，广播线路、交通、邮电全被中断。

1977 年 6 月 14—15 日，修河流域暴雨，靖安县境连续 2 天 21h 降雨 411.6mm，山洪暴发，河水猛涨，贯州水文站洪水位 54.17m，超警戒水位 3.57m。15 日上午 9 时县城拦洪墙被冲决口，洪水破堤而入，靖安大桥北端冲毁几十米，城内水深 1m 多，30 多个单位被淹，电灯、电话、广播、公路"四线"齐断；全县 16 个公社（镇、场）受灾，受淹农田 10.13 万亩，冲毁、冲坏水利工程 825 座，水电站 39 座，冲坏公路 247km，桥梁 56座，涵洞 86 个。修水高沙水文站最高水位 97.80m，全县 52 个公社 554 个大队 4419 个生产队受灾，绝收 5.48 万亩；冲垮小（1）型水库 1 座、小（2）型水库 3 座，其他被冲坏工程 11092 处、电站 18 个；受灾 2057 户共 10618 人，倒房 4442 间，死亡 21 人。6 月14—16 日，潦河流域普降大暴雨，奉新县降水量 420.7mm，靖安县 400mm、安义县226.8mm，洪水咆哮而下。安义县遭受特大洪水灾害，有 10 个公社（场、镇）74 个大队，1.56 万户 10 万人受灾，死亡 22 人，整个县城被淹，许多低矮村庄水没屋脊，农田被淹面积 14.9 万亩，冲毁水利工程 444 座、渡槽涵闸 200 余座、各种大小桥梁 301 座、机电设备 433 台，倒塌各类房屋 663 栋，损失牲畜 2023 头，冲走农家具 1.22 万件，直接经济损失 1700 余万元。

1981 年 6 月 27 至 7 月 1 日，武宁县普降大雨，24 个公社（场）受灾，倒塌房屋 45栋，淹死 2 人，损坏农作物 3.87 万亩。6 月 28—30 日，靖安县骤降暴雨 3 天，降雨量388.9mm，境内顿成泽国，淹没农田 4.17 万亩，倒塌渠道 31162m，圩堤 1991m，陂堰40 座，小水电站 8 座，输电线路 42.4km，冲坏公路 36.75km，桥梁 75 座，倒塌房屋 134栋，压死 5 人。6 月 27—30 日，安义县三日降水量 220.3mm，县城被洪水包围，交通中断，81 个大队、1.47 万户共 7.84 万人受灾，倒塌房屋及猪牛舍共计 968 间，死 5 人，被淹水田面积 14.3 万亩，旱作物 0.94 万亩。

1983 年 5 月 29 日，修水高沙水文站降雨 198.6mm，修水县 23 个公社 214 个大队1905 个生产队、25779 户 129927 人受灾，倒房 1432 间，死亡 12 人，伤 43 人，死牛 31头，死猪 414 头，农田被淹 16.39 万亩，冲毁堰堤 83178m，塘、圳 283 口。7 月，修、潦河流域又降大暴雨，永修县溃决圩堤 23 座，其中有 5 万亩以上的立新圩，全县 20 个公社 178 个大队 1880 个生产队，33118 户共 16.67 万人受灾，尤其是郭东圩溃决，导致南浔铁路被冲毁 160m，铁路交通中断 16 天，直接经济损失 100 万元。7 月 6—11 日，靖安县被淹农田 4.6 万亩，冲毁农田 8100 亩，毁坏水利工程 453 处、圩堤 281 处 6420m、渠道 421 处 2577m、小水电站 10 座；冲坏输电线路和通信线路 7.1km，冲坏桥梁 43 座，倒塌房屋 152 间，淹死 7 人。7 月 6—9 日，潦河上游奉新、靖安县连降暴雨 360mm，安义县有 11 个公社（场、镇）105 个大队 1256 个生产队，2.32 万户共 12.37 万人受灾，死亡1 人；冲毁水利工程 197 座，圩堤决口 3 处，倒塌民房 124 间，厂房 28 间，校舍 4 间，水田受淹面积 15.74 万亩，损失 948 万元。铜鼓县城被淹，5.8 万居民受灾，死亡 34 人；淹没农田 1.5 万亩，倒屋 3997 间，冲毁水利工程设施 3389 座，20 家工厂被淹，全县损失折款 436.2 万元。

1988 年 6 月 11—22 日，武宁县降雨 271.3mm，其中 22 日 1—5 时降水量 104mm，山洪暴发，死 3 人，损失 572 万元。

1990 年 8 月 3 日，武宁县杨洲乡 24h 内连续降雨 217.4mm，其中九一四工区生活区遭受严重洪水灾害，倒塌住房 12 间，生产生活设施遭受损毁。

1993 年 6 月 30 日至 7 月 6 日，武宁县降雨 325.7mm，毁农田 1.3 万亩、房屋 3815 间、水利工程 3014 处，受灾人口 10.42 万人，直接经济损失 7143 万元。柘林水库水位 67.04m，超汛限 2.04m。永修县山下渡站最高水位 22.70m，潦河万家埠站水位 29.04m，有 11 座千亩以下圩堤漫决。永修县 20 多个乡（镇、场）187 个自然村 48760 户受灾，受灾面积 3.41 万亩，淹没公路 41.8km。

1995 年 6 月中下旬，修河流域连续降水 621.7mm。铜鼓县 11.7 万余人受灾，死亡 5 人，5000 余人无家可归，直接经济损失 1.74 亿元。武宁县 7.2 万户共 30.96 万人受灾，其中无家可归 1974 人，被毁自然村 1 个，死亡 27 人，伤 49 人，死亡牲畜 1000 余头，成灾农作物 36.54 万亩，毁田 1.21 万亩、电站 6 座，直接经济损失 1.72 亿元。永修县山下渡最高水位 22.80m，吴城站水位 22.30m，超出警戒水位以上 2m 的高水位持续 18 天，梅西湖等 14 座千亩以下圩堤漫决，全县内外涝面积 36.79 万亩，倒房 313 间，死亡 2 人，经济损失 3.5 亿元。

1996 年 7 月 13 日 10—18 时，武宁县降暴雨，洪水泛滥成灾，受灾人口 18 万余人，直接损失 3263 万余元，因灾死亡 2 人。8 月 2—3 日，受第 8 号强台风影响，靖安县内连降大暴雨，全县 15 个乡镇 107 个村 6.7 万人受灾，其中 7200 人被洪水围困逾 10h，3200 人紧急转移，数小时内洪水将许多村庄和房屋围困或淹没，损坏房屋 760 幢，7.6 万亩农田作物受灾，3 个乡镇中断通信，冲毁公路 12 条，4 个乡（镇）中断交通，14 个县乡工矿企业停产，直接经济损失 3650 万元。

1998 年 6 月 17—27 日，靖安县降雨 598mm，全县 15 个乡镇 120 多个村 9.63 万人受灾，2 万多人被洪水围困 36h 之久，淹没农作物面积 9.52 万亩，毁坏耕地面积 6759 亩，损坏冲倒房屋 1600 多间、桥涵 150 座、水库 7 座。6—7 月，武宁县降水量 1000mm 以上，至 7 月 31 日，修河武宁段水位涨至 68.15m，超警戒线水位 3.15m，为历史上罕见大洪灾，造成直接经济损失 76737 万元，死亡 2 人。永修县降水量 984.6mm，其中暴雨 8 次，占全年降水量的 44.3％。修河、潦河第一次洪水与鄱阳湖洪水遭遇，吴城、柘林、云山水库水位均超历史。7 月下旬初，长江发生第二次全流域大洪水，造成江湖洪水又同时超高相遇，创下水位和维持时间的历史最高值。7 月 31 日，山下渡最高水位 23.48m，超历史最高水位 0.58m，历时长达 10 天；柘林水库最高水位 67.97m，超历史最高水位，历时长达 9 天；吴城最高水位 22.97m，超历史最高水位 0.67m，历时长达 37 天，6 月 24 日至 9 月 22 日，洪水在警戒线上维持 91 天。永修县滨湖圩堤溃决 19 座，其中 5 万亩圩 2 座、千亩圩 13 座，20 个乡（镇、场）176 个村、27.2 万人受灾，因灾死亡 10 人，直接经济损失 9.2 亿元。

1999 年 4 月 23 日 20 时至 24 日 21 时，武宁县降雨 210mm，洪灾造成直接经济损失 3884 万元；6 月 28 日 8 时至 30 日 8 时，又下暴雨 200mm，直接经济损失 9100 万元。7 月 18 日，永修县山下渡最高水位 22.55m，受灾面积 25 万亩，倒塌民房 131 栋，经济损失 3.1 亿元。

2005 年 6 月 27 日，修河上游发生暴雨洪水，修河渣津水文站出现建站以来最高洪峰。修水县渣津镇司前小学 200 多名师生被洪水围困，全丰镇黄沙垅村一组、十三组，塘城村大屋咀被洪水围困 77 户 190 名群众。6 月下旬至 8 月中旬，武宁县连续 3 次遭狂风暴雨袭击，部分地区 12h 降雨 277mm，全县 147 个村 12380 人受重灾，有 1940 人紧急转移安置，直接经济损失 4267 万元。受 13 号台风"泰利"影响，靖安县降雨量创 1952 年以来非汛期历史最大。9 月 3 日 17 时北潦河水位 52.82m，超警戒水位 2.22m，特大暴雨使全县 11 个乡镇 217 个村庄 9.6 万人受灾，淹没房屋 1.3 万幢，冲毁房屋 670 幢，淹没水田 12 万余亩，县乡公路中断 4 条，冲毁桥梁 32 座，毁坏公路 50km，损坏小型水库 17 座，毁坏堤防 10.6km、水电站 10 座，毁坏大量输电线路和通信设施，造成直接经济损失 4.5 亿元，其中水利设施直接经济损失 1.01 亿元。9 月 2—4 日，安义万家埠水文站降雨 289.6mm，靖安马脑背水文站降雨 411.1mm，4 日 4 时 50 分，青湖圩堤永修大枧段在超历史洪峰水位影响下，堤防溃决，受淹房屋 2055 栋，受灾人口 7600 人，死亡牲畜 16801 头。安义县境内有 6 个村委会 45 个自然村 8000 人不同程度受灾，有 5 所小学、1 所中学受淹停课，青湖敬老院、青湖医院受洪水围困，56 处桥、涵、管、闸被毁，转移人口 1.8 万。

2010 年 6 月 20 日，铜鼓、修水两县遭遇强降雨，东津水库入库流量剧增到 2750m³/s，水库水位陡涨至 189.59m，即将超汛限水位，水库需要提前开闸泄洪，而此时从铜鼓县大垅水库下泄洪峰正在逼近修水县城，可能形成两股洪峰叠加，修水县及时转移县城 3 个受淹点群众 6000 余人。永修站于 6 月 20 至 8 月 5 日，3 次超警戒水位，累计时间长达 34 天。

二、干旱灾害

修河流域水资源较为丰富，但时空分布不均，80% 以上旱情出现在 7—9 月。流域多年平均天然径流量月分配大致为：一季度占 15% 左右，二季度占 50% 左右，三季度占 26% 左右，四季度占 9% 左右。其中汛期 4—9 月占全年水资源总量 76% 左右，这种水资源年内变化幅度大的情况使流域存在季节性缺水。对于降水，一般来说，降水量小于多年平均值就容易出现干旱。修河流域属长江以南地区，由于夏季风来得早、去得晚，雨季早而且时间长，如受副热带高压控制，6—8 月雨量偏少，极易产生伏旱。

修河干流上游部分山区林木茂密，植被良好，夏秋多雷阵雨，但一部分地区因植被差，土壤水分含量少，出现干旱概率大，干旱也较严重。潦河上游地理气候特征与修河干流上游相近，但局部地区植被较差，较容易出现干旱。中部丘陵干旱区主要分布在修河干流和潦河中下游区，包括武宁县东部丘陵地区、瑞昌市局部、永修县西部、高安和安义县等局部，另外还有相当一部分"望天丘"和"跑水田"，一旦遇到干旱，灾情较为严重，人畜饮水也会发生困难。东部平原干旱区主要包括永修、新建两县东部平原，此区降雨量较少，虽邻近鄱阳湖，可利用丰富的过境客水，但水利条件较差，干旱季节往往鄱阳湖水位也较低，提水灌溉较为困难，岗地上的农作物供水不足形成灾情。

1978年6月下旬到11月初，伏旱、秋旱时间长达5个月，而后接冬旱至次年春旱，历史罕见。全境受旱面积225万亩。其中永修县中、晚稻绝收面积3万亩，武宁县155座蓄水工程除3座尚有少量底水外，其余全部干涸，多数村镇群众饮水困难。安义县水库蓄水只占计划的60％左右，秋旱受灾面积8.98万亩。

1988年7月3日至8月15日，永修县出现较严重的伏旱和秋旱，7月县城降水量仅46mm，吴城镇降雨量仅15.1mm。云山水库（中型）蓄水仅占有效库容的5％，全县4座小（1）型水库和45座小（2）型水库水位降至死水位或基本干涸，受灾面积24.9万亩，绝收2.17万亩。

2000年4—7月，修水县作物受旱面积35.97万亩，因旱损失粮食9.95万t，损失经济作物0.27亿元。6月23日至8月18日，武宁县作物受旱面积22.80万亩，因旱损失粮食3.93万t，损失经济作物0.32亿元。6月24日至7月31日，永修县作物受旱面积24.99万亩，因旱损失粮食3万t，损失经济作物0.70亿元。

2003年6月29日至9月1日，永修县作物受旱面积37.5万亩，因旱损失粮食1.5万t，损失经济作物0.27亿元。7月1—28日，靖安县降雨仅为14mm，8月降雨继续偏少，全县农林果药受旱面积12.7万亩，直接经济损失2598万元。7月7日至9月2日，武宁县作物受旱面积22.35万亩，因旱损失粮食3.96万t，损失经济作物0.396亿元。7月15日至8月29日，修水县作物受旱面积29.1万亩，因旱损失粮食6.7万t，损失经济作物0.17亿元。2009年修水、永修等县受旱严重。

第十五章

长 江 及 鄱 阳 湖 区

第一节 区 域 概 况

一、自然地理

长江在江西省北面，是江西省与湖北省、安徽省的界河，地处东经 $115°30'06''\sim$ $116°44'52''$、北纬 $29°50'07''\sim30°03'18''$。江西境内河流长度 140.0km，分中游段和下游段。长江中游段下端自瑞昌巢湖至湖口石钟山下鄱阳湖入江水道交汇处，河流长度 75.7km，江面宽 $1.2\sim3.3$km，长江下游段上端自湖口石钟山下鄱阳湖入江水道交汇处至彭泽县马当镇下钱湾与安徽省东至县交界处，河流长度 64.3km，江面宽 0.9km（马当咽喉水道）至 3.6km。江西省境内除鄱阳湖水系外直接流入长江干流的流域面积 $10km^2$ 以上的河流 69 条，主要有长河、沙河、太平河、东升水及浪溪水等。

鄱阳湖地处长江之南，江西省北部，庐山东麓，东经 $115°49'\sim116°46'$、北纬 $28°24'\sim29°46'$，是中国最大的淡水湖，古称彭蠡、彭泽、彭湖。汉代彭蠡湖在长江以北的湖北广济至安徽枞阳之间，江西境内仅松门山以北有一条狭长的水域，以南为宽广的湖汉平原。隋代以后，因水域扩展到鄱阳县境内称为鄱阳湖。鄱阳湖流域面积 16.22 万 km^2，占长江流域面积的 9%。鄱阳湖流域江西省境内面积 15.67 万 km^2，占鄱阳湖流域面积的 97%，占江西省面积的 94%。

二、气象水文

长江江西段地处中亚热带向北亚热带过渡区，属热带湿润气候区，日照较充足，雨量较丰沛，气候温和，四季分明。流域内平均日照时数在 $1650\sim2100$h，年平均气温为 $16\sim17℃$，最冷 1 月平均气温为 $3\sim5℃$，最热 7 月平均气温为 $28\sim29℃$。无霜期为 $239\sim266$ 天，九江市最长，为 266 天，彭泽县为 $245\sim250$ 天。降水量多年平均值在 $1331\sim1940$mm，蒸发量多年平均值在 $700\sim1164$mm，与年降水量相比，蒸发量小于降水量。

长江江西段水位受上游的影响，上游流域发生强度降雨时，水量都要经过九江，形成九江水外洪，洪水高峰期一般在 6—9 月。鄱阳湖出水口位于长江九江区域下游，汇赣江、抚河、信江、饶河、修河五大河流的水量，灌注鄱阳湖流入长江。主汛期长江九江洪水受鄱阳湖水系顶托，增加洪水下泄的阻力，延长汛期时间。但赣北地域汛期降水对长江影响不大。

长江中上游每年主汛期为 6—9 月，但因中游洞庭湖区和本地鄱阳湖区的主汛期是在 4—6 月，二者叠加造成长江江西段每年汛期洪水时间较长，江西进入防汛期，长江也进入防汛状态，江西结束防汛期也是以长江的洪水消退为标志。

江西省入长江多年平均年径流量为 1512.6 亿 m³。长江九江站实测最高水位 23.03m（吴淞基面，下同。1998 年 8 月 2 日），实测最低水位 6.48m（1901 年 3 月 19 日），实测最大流量 75800m³/s（1996 年 7 月 23 日）。九江站现警戒水位 20.00m，系 2003 年调整后的数据，此前警戒水位为 19.50m。

鄱阳湖属亚热带湿润季风气候区，气候温和，雨量丰沛，光照充足，无霜期较长。冬春季常受西伯利亚冷气流影响，多寒潮，盛行偏北风，气温低；夏季冷暖气流交错，潮湿多雨，为"梅雨季节"，气温回暖；盛夏至初秋为太平洋副热带高压控制，晴热干旱，盛行偏南风，偶有台风侵袭。多年平均年降水量 1541.8mm，降水虽然较为丰富，但时空分配不均，易形成洪旱灾害。

多年平均气温 16.5～17.8℃，极端最高气温 41.2℃（1966 年 8 月 10 日），极端最低气温－18.9℃（1969 年 2 月 6 日）。7 月或 8 月平均气温最高，1 月平均气温最低。

受鄱阳湖水系和长江洪水双重影响，高水位时间长。每年 4～6 月，湖水位随鄱阳湖水系洪水入湖而上涨，7—9 月因长江洪水顶托或倒灌而维持高水位，10 月才稳定退水。鄱阳湖星子、都昌、棠阴、康山 4 站多年平均水位 11.36～13.39m，最高水位 20.55～20.71m，最低水位 3.99～10.25m。水位年变幅最大为 9.59～14.85m，最小为 3.54～9.59m。有 77.8％的年份最高水位发生在 6—7 月，79.3％的年份最低水位发生在 12 月和 1 月。

三、地形地貌

长江江西段全区现代地貌从发育至形成，经历了漫长的历史时期。大陆出露最早的地层是中元古界双桥山群地层，属扬子准台地的一部分，为一套厚度巨大、变质较浅，以火山岩、火山细碎屑岩及泥沙质为主的复理石浊积岩组成，构成扬子准台地褶皱基底。晚元古代、古生代、中生代及新生代沉积遍布于全境，类型属地台型沉积。震旦系以海相碎屑堆积为主，寒武系主要为碳酸盐建造，沿长江南岸均为碳酸盐外壳相。奥陶系为碳酸盐相沉积或碎屑岩相沉积。志留系、泥盆系为碎屑岩相。石炭系、二叠系、三叠系为碳酸盐相沉积。侏罗系、白垩系、第三系均为碎屑盐相沉积。第四系地层以河泥沉积为主，但庐山有山岳冰川堆积。由于大陆地壳具有多层结构，大地地貌类型也较为复杂多样，境内山地、丘陵、平原、江湖和阶梯谷地广布。

流域内最为有名的是位于长江中、下游交界处的庐山，其他主要山峰有青山、金盆山等。江南低山丘陵区位于长江中下游平原以南，瑞昌市丘陵地区、九江市低山高丘地区等丘陵地区大多分布在中游地带。瑞昌市花园盆地、横港盆地、肇陈盆地和洪一盆地，均产于低山—丘陵地区，这些盆地多属山前堆积和河谷冲积而成，而肇陈、横港两盆地则更具有溶蚀盆地的特征。瑞昌市滨河、滨湖平原区以及九江市平原洲地属于长江中下游平原区。下游上段湖口段以丘陵为主，彭泽境内则以高丘、低山环绕湖泊为主。

鄱阳湖流域北部为长江及赣江、抚河、信江、饶河、修河等水系冲淤而成的鄱阳湖平原，地形较为平坦，东、西、南部三面环山，中部地带丘陵起伏，流域地势南高北低，周边高、中间低，由南向北，由边及里逐渐倾斜，类似朝北敞口的盆地。流域地貌类型以丘陵山地为主，丘陵山地面积约占总面积的 78％（其中山地、高丘分别占 36％、42％），平原岗地约占 12.1％，水面约占 9.9％。除上述常见地貌类型外，还有岩溶、丹霞和冰川等特殊地貌（江西文明信息库，2008）。

四、河流水系

长江江西境内主要列条目一级支流 5 条，二级支流 1 条，分别为长河、横港河、沙河、太平河、东升水和浪溪水，都是从长江右岸汇入长江。

长江江西段河网密度为 0.19，河流弯曲系数为 1.26。大于 200km² 或经过县城支流情况见第 2 章（其他入江河流）。

鄱阳湖流域情况如图 15-1 所示，长江（江西段）流域面积不小于 50km² 但小于 200km² 支流情况见表 15-1。

表 15-1　　　长江（江西段）流域面积不小于 50km² 但小于 200km² 支流情况表

河名	河源	河口	流域面积/km²	主河长/km	河网密度	弯曲系数	流域形状系数	流经地	干支流关系
十里水	江西省庐山管理局小天池东北坡	江西省九江市经开区九江市文化馆	61.7	14	0.379	1.04	0.32	江西省庐山市、九江市浔阳区	长江一级支流
南阳河	江西省瑞昌市横立山乡全胜村	江西省瑞昌市武蛟乡三金村	197	32	0.278	1.73	0.31	江西省瑞昌市	长江一级支流
九都源水	江西省瑞昌市范镇镇上源村秦山上	江西省瑞昌市范镇镇良田村	76.1	19	0.339	1.07	0.29	江西省瑞昌市	长江二级支流、横港河一级支流
黄茅潭水	江西省湖口县凰村乡檀垅村	江西省湖口县流泗镇长江村	65	14	0.215	1.35	0.53	江西省湖口县	长江一级支流
武山水	江西省彭泽县天红镇武山村黄岭	江西省彭泽县天红镇农科所费家	59	12	0.336	1.29	0.42	江西省湖口县、彭泽县	长江二级支流、太平河一级支流
莲花水	江西省湖口县大垅乡花尖村	江西省彭泽县太平关乡平畈村张家山	53.1	20	0.377	1.61	0.24	江西省湖口县、彭泽县	长江二级支流、太平河一级支流
黄岭水	江西省彭泽县杨梓镇椿树村	江西省彭泽县芙蓉农场	160	23	0.318	1.47	0.46	江西省彭泽县	长江二级支流、太平河一级支流
余家堰水	江西省彭泽县杨梓镇马桥村傅家店	江西省彭泽县芙蓉墩镇龙王咀	65.7	19	0.289	1.48	0.42	江西省彭泽县	长江三级支流、太平河二级支流、黄岭水一级支流

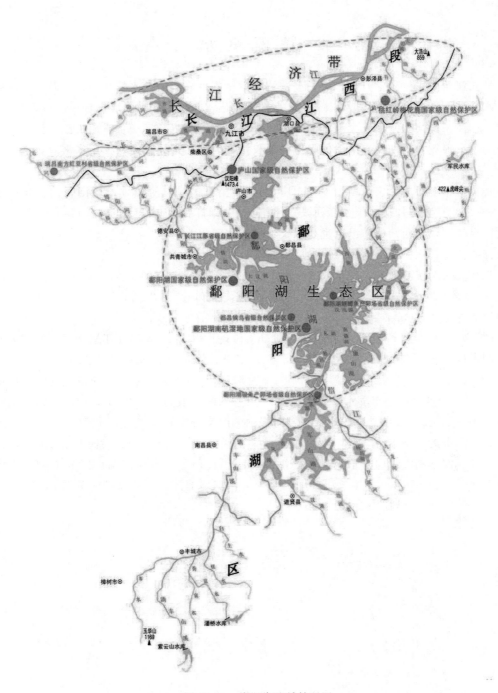

图 15-1 鄱阳湖流域情况图

鄱阳湖除纳赣、抚、信、饶、修五大河流外，其他入湖流域面积 200km² 以上一级河流有博阳河、清丰山溪、叉港、潼津河、龙泉河、土塘水和徐埠港 7 条；二级河流有博阳河支流庐山水，清丰山溪支流芗水、秀富水、槎水，潼津河支流田畈街水，龙泉河支流响水滩河 6 条。

第二节　暴雨洪水特点

　　长江江西段水位受上游的影响，上游流域发生强度降雨时，水量都要经过九江，形成九江水外洪，洪水高峰期一般在 6—9 月。鄱阳湖出水口位于湖口县城石钟山下，汇赣江、抚河、信江、饶河、修河五大河流的水量，灌注鄱阳湖流入长江。主汛期长江九江洪水受鄱阳湖水系顶托，增加洪水下泄的阻力，延长汛期时间。但赣北地域汛期降水对长江影响不大。

　　长江中、上游每年主汛期为 6—9 月，但因中游洞庭湖区和本地鄱阳湖区的主汛期是在 4—6 月，二者叠加造成长江江西段每年汛期洪水时间较长，江西进入防汛期，长江也进入防汛状态，江西结束防汛期也是以长江的洪水消退为标志。

　　江西省入长江多年平均年径流量为 1512.6 亿 m^3。

　　长江九江站实测最高水位 23.03m（吴淞基面，下同。1998 年 8 月 2 日），实测最低水位 6.48m（1901 年 3 月 19 日），实测最大流量 75800m^3/s（1996 年 7 月 23 日）。九江站现警戒水位 20.00m，系 2003 年调整后的数据，此前警戒水位为 19.50m。

　　图 15-2 所示为 1954 年实测九江、湖口水位过程以及 1998 年九江站、湖口站、大通站实测水位过程，图 15-3 所示为 1998 年九江站、湖口站、大通站实测流量过程。图 15-4 所示为 1954 年型百年一遇、300 年一遇湖口站、九江站的水位、流量过程。由图中可知，6—9 月洪水占全年洪水的 60% 左右。洪水历时一般为 15~20 天，单峰型洪水历时一般为 10~15 天，洪水过程线形状主要与降雨的时空分布有关。

　　长江洪水近一半年份与鄱阳湖洪水不遭遇。长江洪水提前到来，鄱阳湖水系洪水延迟，长江、鄱阳湖洪水即行遭遇，江湖洪水相互顶托，导致沿江滨湖地区严重的洪涝灾害。例如，1954 年和 1998 年长江全流域大洪水，滨湖地区高水位持续时间分别长达 123 天和 94 天，外洪内涝损失惨重。

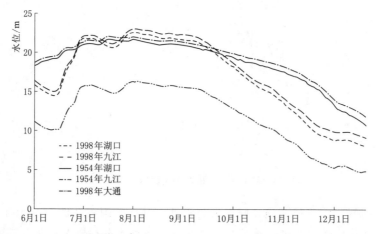

图 15-2　湖口站、九江站 1954 年、1998 年，大通站 1998 年实测水位过程

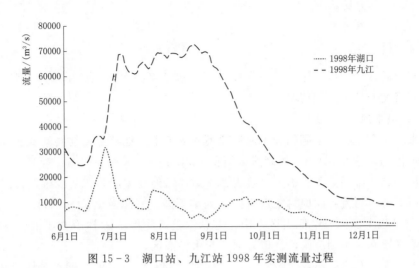

图 15-3　湖口站、九江站 1998 年实测流量过程

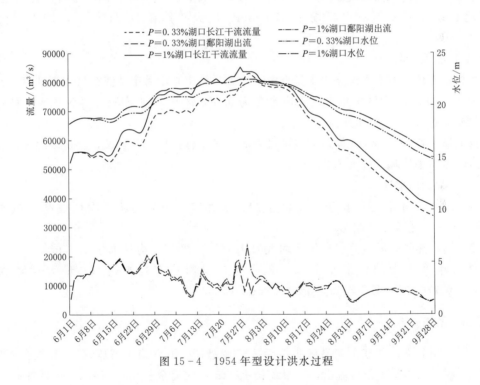

图 15-4　1954 年型设计洪水过程

第三节　防洪抗旱工程体系

一、概述

至 2010 年，鄱阳湖环湖区（省内）建有大型水库 3 座、中型水库 23 座、小型水库 1054 座，总装机 500kW 以上水电站 4 座，规模以上堤防 163 座，蓄滞洪区 4 座，各类水

235

闸 815 座。

二、水库

鄱阳湖环湖区（省内）建有大型水库 3 座，包括军民水库、潘桥水库、紫云山水库，下面简述其概况及调度运用情况。

（一）军民水库

军民水库水利枢纽位于鄱阳湖水系潼津河北支流上。地处鄱阳县候家乡上首叶家港村附近，大坝控制河道长 24km，控制流域面积 133km²。

潼津河发源于鄱阳县莲花山乡三县尖西南麓，流经马尾港，在柴沙村附近与潼津河东支流千秋河汇合，再流经朗埠村附近直接注入鄱阳湖。潼津河全长 84.8km，全流域面积 978km²。坝址以上库内属中低山区，山峦起伏，连绵不断，森林茂密，植被良好；坝址以下为丘陵平原和鄱阳湖滨区，良田万顷，为水库灌区。

军民水库库区及灌区属亚热带气候区，气候温湿，雨量丰沛，四季分明，光照充分，无霜期长。库区多年平均降雨量 1701mm，最大年降雨量 2464mm，最小年降雨量 930.3mm。

（二）潘桥水库

潘桥水库位于清丰山溪秀水支流上游，地处丰城市东南秀市镇潘桥村，坝址控制流域面积为 71.35km²；库区多年平均入库水量为 0.663 亿 m³，水库总库容为 1.513 亿 m³，属多年调节的大（2）型水库。

流域属中亚热带湿润气候，流域雨量充沛，光照春秋短、冬夏长，春夏多南风，秋冬偏北风，多年平均降水量为 1525.9mm。

（三）紫云山水库

紫云山水库水利枢纽位于丰水河上游，地处丰城市东南部，坝址控制流域面积 81.5km²；总库容 1.401 亿 m³。

流域属亚热带季风气候区，年平均气温 17.6℃，多年平均降水量 1737mm，4—6 月降水量为年降水量的一半左右，7—8 月受台风影响有暴雨过程；最大年降水量 2413mm（1970 年），最小年降雨量 980.8mm（1963 年）。

三、堤　防

长江从湖北进入九江市瑞昌码头镇后，经瑞昌市、九江市、浔阳区、濂溪区、湖口县，至彭泽县马当镇下钱湾流出，江岸线长 152km，江堤全长 196.55km（包括江心洲堤 73.66km）。截至 2010 年，九江市万亩以上圩堤共有 31 座，堤坝总长度为 383km；5 级以上堤防工程 216 处，5 级以下堤防工程 371 处；堤内耕地 104.43 万亩，人口 135.69 万人。全市 5 个流量以上的水闸工程 527 座；1～5 个流量的水闸工程 434 座；橡胶坝 18 座。

长江干堤上段起自瑞昌市码头镇，下至柴桑区赛城湖闸，全长 32.7km，由梁公堤、赤心堤和永安堤 3 部分组成。长江干堤中段上自柴桑区赛城湖闸，下止鄱阳湖口，全长 34.51km，由赛湖大堤、九江市区城防堤（墙）、济公益公堤和东升堤组成。长江干堤下段自鄱阳湖口至彭泽县牛矶山，堤线全长 55.68km，由建设堤、天灯堤、牛脚芜堤、黄茅堤、永和堤、长棉堤、砂洲堤、红光堤、棉洲堤、芙蓉堤、朝阳厂堤、彭泽县城防堤（马湖堤）、辰字堤、大坂堤、跃进堤、马垱堤、杨柳堤、船形堤组成。

梁公堤位于码头镇境内，全长 5.6km，堤顶高程 26～26.5m，堤身高 7～8m，堤顶宽 8m。1999 年、2000 年、2001 年经江西省长江干流江岸堤防加固整治工程指挥部除险加固后基本未出现异常情况。

赤心堤位于九江县城子镇境内，全长 4.95km，堤顶高程 25.3～25.5m，堤身高 6～7m，堤顶宽 8m。1999 年、2000 年、2001 年经江西省长江干流整治加固工程指挥部除险加固后基本未出现异常情况。

永安大堤东接八里湖、南接赛城湖、西接赤心堤。全长 15.14km，设计高程 25～25.5m（吴淞基面），警戒水位 20.00m。保护范围上至瑞昌市，下至市城区。圩内面积 38.67km²，人口 2.7 万人。

赛湖大堤从赛湖农场丁家咀开始，经赛湖螺丝港水闸、长河闸，至桂林桥两河口止，总长 15.6km。由二道堤、赛湖堤螺丝港水闸至长河闸段、长河堤 3 部分组成，二道堤起于赛湖丁家咀，止于螺丝港水闸，全长 4.2km。有节制闸一座，南湖水闸，过水断面 4m²，最大过流量 9m³/s。赛湖堤螺丝港水闸至长河闸段，起于螺丝港水闸，止于长河闸，全长 4.3km。长河堤起于长河闸，止于桂林桥（又名两河口），全长 7.1km。

九江市城防堤位于长江中游右岸，地处九江市区境内，属国家Ⅰ级堤防，上起赛城湖闸，下至乌石矶，长 17.46km，设计堤顶高程 25.25m（吴淞），设计洪水位 23.25m。保护市区及九江经济开发区，保护区内人口近 90 万人。

八里湖堤位于市城区西南方，与七里湖、蛟滩湖水面贯通一体。全长 3.52km，设计洪水频率 50 年一遇，八里湖堤顶高程 22～23m，堤顶宽 6m，内二坡台宽 30m，外二坡台宽 16m，保护九江经济开发区及濂溪区。从 2004 年开始，八里湖堤按 50 年一遇大水标准设计，2007 年工程验收合格，城市防洪能力得到极大提高。

济公联圩地处濂溪区新港镇，全长 5.5km，堤顶高程 24.5～22.5m，堤面宽 6～8m，最高堤高 7m，保护耕地 767hm²，人口 1.22 万人。

东升堤北临长江，南面为鄱阳湖，堤线总长 10.4km。

芙蓉联圩位于彭泽县境西部芙蓉墩镇，地处长江与芳湖之间。堤线全长 12.3km，堤顶高程 23.8m，平均堤身净高 8m，堤顶宽 8m，总保护面积 7000hm²，其中耕地 5000hm²，可养殖水面 2000hm²。联圩内有千亩圩堤 6 座，百亩圩堤 4 座，百亩之下圩堤 19 座。

棉船圩位于彭泽县北部，长江江中之洲滩，为一江心洲圩区。堤线全长 32.3km，围堤保护面积 54km²，保护耕地 5.3 万亩，保护人口 4 万人。圩内是全省著名丰产棉区，圩堤保护工农业生产总值达 2.87 亿元。

太泊湖圩由 5 座外洪堤即兰天畈堤、麻山堤、新桥堤、谭桥堤和香口堤组成。堤线总长 13.6km，保护面积 70km²，保护耕地 5.3 万亩，保护人口 3 万人，保护工农业生产总值 2 亿元。全堤共建有圩堤建筑物 7 座。

彭泽县城防堤位于县城龙城镇北面，由老城区防洪堤、马湖堤和茅店堤 3 段组成。堤线全长 4.19km，圩堤保护面积 3.6km²，保护耕地 0.25 万亩，保护人口 3.5 万人，保护工农业生产总值达 3 亿元。

江新洲大堤位于鄂、皖、赣三省交界处，九江市北部长江之江心洲，为一江心洲圩区。圩堤全长 41.36km，为一闭合圩堤。圩堤保护面积 76.39km²，保护耕地 6.88 万亩，保护人口 4 万人，保护工农业生产总值 3.8 亿元。

四、蓄滞洪区

康山、珠湖、黄湖、方洲斜塘四座国家级蓄滞洪区是长江流域防洪体系的重要组成部分，总集水面积 791.5km²，湖口站水位 22.50m（吴淞高程）时，其蓄洪面积 506.19km²，有效蓄洪容积 26.24 亿 m³。

康山蓄滞洪区位于鄱阳湖东南岸，赣江南支、抚河、信江三河汇流口的下游。蓄洪面积 292.98km²，蓄洪水位以下共有 6 个乡（镇、场），44 个行政村，至 2010 年，蓄滞洪区蓄洪水以下居住人口 8671 户共 37044 人，耕地 14.32 万亩。

珠湖蓄滞洪区位于鄱阳湖东岸、饶河出口附近。蓄洪面积 128.52km²，蓄洪水位以下共有 6 个乡镇，61 个行政村，据不完全统计，蓄滞洪区蓄洪水位以下居住人口 19601 户共 93654 人，耕地 8.46 万亩。

黄湖蓄滞洪区位于鄱阳湖南岸，南昌县将巷联圩东北部，地处赣江南支、赣江中支之间的入湖尾闾，鄱阳湖滨。该区三面临水，南面有一条长约 8.5km 的隔堤与蒋巷重点联圩分隔。区内蓄滞洪面积 49.28km²，蓄洪水位以下共有 4 个行政村。至 2010 年，蓄滞洪区蓄洪水位以下居住人口 98 户共 437 人，耕地 4.56 万亩。

方洲斜塘蓄滞洪区位于新建区，鄱阳湖西岸，赣西联圩北部，赣江主支左岸，铁河乡境内。区内由铁河将其分为方洲、斜塘两部分。区内蓄洪面积 35.41km²，蓄洪水位以下有 7 个行政村，据不完全统计，蓄滞洪区蓄洪水位以下居住人口 1616 户共 7270 人，耕地面积 2.83 万亩。康山蓄滞洪区在实时调度中通常被最先安排使用，其最大有效分洪量可达 16.58 亿 m³，占鄱阳湖整个蓄滞洪区分洪容积的 63%，是其中最大的一个蓄滞洪区。珠湖蓄滞洪区内属于典型的滨湖丘陵地貌，低矮丘陵和湖泊平原众多，水面宽阔，设计蓄洪水位为 20.65m（黄海高程），设计蓄洪量为 5.45 亿 m³，黄湖蓄滞洪区有效蓄洪容量 2.87 亿 m³，方洲斜塘蓄滞洪区有效蓄洪容积 2.04 亿 m³。

五、灌区

鄱湖灌区位于上饶市鄱阳县，灌区范围涉及田畈街镇、金盘岭乡、油墩街镇、高家岭、四十里街镇、谢家滩镇、石门镇、团林乡、古县渡镇、珠湖乡、县农科所，耕地面积 60 万亩，设计灌溉面积 35.05 万亩，总灌溉面积 20.18 万亩。主要水源工程水库，补充水源工程塘坝、河湖泵站。

六、泵站

（1）新开河电力排涝站。位于九江市区新开河入长江处城防堤 0 号桩附近，属新建项目，1993 年 12 月开工，1996 年 5 月竣工。装机 3 台共 3000kW，设计排涝流量 40m³/s，承担排涝面积 320km²。

（2）河西电力排涝站位于九江城区西部九瑞路口城防堤上，属新建项目，1993 年 9 月开工，1994 年 4 月竣工。装机 5 台共 900kW，设计排涝流量 6.25m³/s，承担排涝面积 1.03km²。

（3）龙开河口电力排涝站位于九江市区龙开河入长江处的城防堤 27～28 号闸口之间，属新建项目，1994 年 12 月开工，1995 年 6 月竣工。装机 6 台共 930kW，设计排涝流量 8m³/s，承担排涝面积 15.35km²。

（4）琵琶湖电力排涝站位于九江市城防堤 72 号闸口上游 100m 处，属新建项目，1999 年 2 月开工，同年 6 月竣工。装机 4 台共 1040kW，设计排涝流量 10.35m³/s，承担排涝面积 11.3km²。

（5）八里湖排涝总站位于九江市八里湖新区，装机 3000kW，设计排涝流量 47.1m³/s。八里湖汛期控制水位 16.00m，内湖起排水位 18.5m，具体操作按 1997 年批准的《八里湖洪水调度方案》，由城区防汛指挥部调度。

（6）河口排涝泵站位于九江市龙开河路 1 号，装机 930kW，设计排涝流量 8m³/s。当外江水位低于泵站前池最高水位 17.20m 时，开闸自排；当外江水位高于泵站前池水位 17.20m 时，关闭河口自排闸；当外江水位高于泵站前池水位 17.20m，龙开河管道又有来水时，开机排水，具体操作按 1997 年批准的《南湖、河口泵站供水调度方案》进行。本泵站与南湖新闸统一由城区防汛指挥部调度。

七、水闸

（1）赛城湖闸位于九江市阎家渡，1969 年 8 月，赛城湖垦殖场和九江市在此地围堤建闸，开河排水，是赛湖通江排水工程，具有外挡江水、内排渍水作用，集雨面积 991km²。流域内有长河、城门湖、鸡公岭 3 股来水。水位 20.00m 时，湖面积 53.6km²。自 1970 年建闸后，沿湖 7 个乡、镇、场相继围垦湖滩耕地 8 万余亩，排涝面积 6 万亩。赛城湖闸已成为连接九江市以上长江大堤和九江市城区长江防洪堤组成部分。

（2）赤湖闸地处九江县赤心堤彭家湾，与民国时遗留的涵闸上游距离 200m。最大泄流量 120m³/s，闸身长 36.2m，排涝面积 4 万亩。赤湖闸是赤湖水系独立流入长江的咽喉，是九江市第一闸。

（3）八里湖闸地处九江市阎家渡。该闸兼有防洪、泄水双重任务，即外挡长江水、内泄八里湖洪水，是九江市防洪总体方案的重要组成部分。该闸是八里湖洪水排入长江的唯一通道，对九江市城市防洪将起举足轻重的作用。根据八里湖防洪标准，当长江水位 17.12m，内湖相应发生 50 年一遇洪水 18.9m，该闸须通过电排设备抽排入江，此时新开河道最大流速为 1.62m/s。

（4）芙蓉闸位于彭泽县芙蓉墩镇，扼彭泽芙蓉河出口，是芳湖唯一的入江控制闸。建于 1968 年，过闸流量 450m³/s。集雨面积 516km²，保护耕地 7.5 万亩，人口 7 万余人。该闸为带胸墙的开敞式水闸，起到控制芳湖水位的作用。当长江水位高于内湖水位时闸即关闭。

（5）太泊湖联闸于 1968—1970 年在彭泽县修建。由跃进闸、香口闸和八亩田闸组成，均建在太泊湖周围，入江水道上。作为太泊湖综合水利工程组成部分，共同发挥作用。洪水年份，3个闸联动，抵挡长江水入湖，避免淹没损失。在枯水年份，能引长江水入湖，调蓄水源，满足养殖、农田之需，受益田亩3.7万亩，排涝面积5万亩。

据不完全统计，鄱阳湖及鄱阳湖混合区域建有各类水闸332座，总过闸流量7479.7m³/s。其中分（泄）洪闸93座，过闸流量1836.9m³/s；节制闸129座，过闸流量2622.0m³/s；排（退）水闸101座，过闸流量2825.1m³/s；引（进）水闸9座，过闸流量195.8m³/s。

第四节　监测预警措施

一、概述

鄱阳湖区涉及九江、南昌、上饶、抚州部分地区，共计8个重要水文监测站点。

二、各站特征水位流量

鄱阳湖区各站特征值统计见表15-2。

第五节　水旱灾害情况

一、洪水灾害

长江江西段干流地区及鄱阳湖湖区的洪水灾害，多由暴雨形成，一般年份，汛期为4—6月。鄱阳湖水系有赣、抚、信、饶、修五河及一些直接入湖的中小河流，长江汛期高水位会倒灌入湖。鄱阳湖滨湖地势较低，抗御洪涝能力弱，洪涝灾害是一个较严重的问题。

1949—2018年，鄱阳湖湖区发生超警戒水位（吴淞高程19m）的洪水有35年次，水位超过20m较大洪水有21年次，水位超过21m大洪水年份有1954年、1973年、1983年、1995年、1996年、1998年、1999年、2016年、2020年，其中1954年、1998年、2010年等年份发生了全流域性大洪水。

1954年，长江发生近百年来全流域性特大洪水。长江自5月中旬起水位持续上涨，顶托倒灌，形成鄱阳湖区最大洪水。长江九江站和鄱阳湖湖口最高水位分别达22.08m和21.68m，星子站最高水位达21.85m。九江20m以上的高水位自6月中旬持续到9月下旬，历时百余天；湖口自6月27日达1949年最高水位20.65m，直到9月7日才退到20.65m以下，历时73天。此次洪水造成沿江滨湖16个重灾县无收的农田达279.7万亩。

1998年，鄱阳湖发生继1954年的又一次全流域大洪水。鄱阳湖湖口站水位达到22.59m，超历史最高水位（1995年21.80m）0.79m，湖口站超过历史最高水位、警戒水位的持续时间分别为29天和94天。长江九江站水位达23.03m，超历史最高水位（1995年22.20m）0.83m，九江站超过历史最高水位、警戒水位的持续时间分别为42天和94

表 15 - 2

鄱阳湖区各站特征值统计表

序号	测站编码	站名	县、市	河名	加报水位/m	警戒水位/m	实测最高水位/m	实测最高水位出现时间/(年.月.日)	实测最大流量/(m³/s)	实测最大流量出现时间/(年.月.日)	历史最低水位/m	历史最低水位出现时间/(年.月.日)	历史最小流量/(m³/s)	历史最小流量出现时间/(年.月.日)
1	62601200	星子	星子	湖口水道	18.00	19.00	22.63	2020.7.12			7.11	2004.2.4		
2	62602000	都昌	都昌	鄱阳湖	18.00	19.00	22.43	1998.8.2			7.46	2014.2.1		
3	62603200	石门街	波阳	鄱阳湖		19.50	30.58	2020.7.8	2520.00	2020.7.8	20.91	1971.9.4	0.008	1961.1.22
4	62605800	康山	余干	鄱阳湖	18.00	19.50	22.51	2020.7.12			11.73	2019.12.18		
5	62606800	三阳	进贤	鄱阳湖	19.50	20.50	23.32	2020.7.11			14.73	1971.8.3		
6	62608100	岗前	南昌	清丰山	23.50	24.00	25.24	1994.6.17	895.00	1994.6.17	19.31	2020.11.15	0.07	1991.7.28
7	62611700	楼前	南昌	鄱阳湖	19.50	20.50	23.20	2020.7.11			12.10	2019.10.9		
8	62614200	梓坊	德安	博阳河		26.00	30.60	1998.6.27	1180.00	1998.6.27	21.74	1970.8.12	0.00	1970.8.12

天。鄱阳湖星子站出现历史最高水位 22.52m，超历史最高水位（1995 年 21.93m）
0.59m，超历史最高水位、警戒水位持续时间分别为 20 天和 95 天，高水位持续时间之长
为历史罕见。这场大洪水造成沿江滨湖地区的长江大堤、10 万亩以上重点圩堤和保护京
九铁路的郭东圩、永北圩等发生大量泡泉、塌坡等重大险情，九江城防堤决口，九江市部
分城区进水受淹，240 座千亩以上圩堤溃决，其中 5 万亩圩堤溃决 3 座，1 万～5 万亩圩
堤溃决 20 座。

2010 年，江西省发生历史罕见的严重洪涝灾害，赣江、抚河、信江三大河流发生 50
年一遇特大洪水，长江、鄱阳湖超警戒水位一个多月。鄱阳湖星子站最高水位 20.31m，
超警戒 1.31m，为 1999 年以来最高。长江九江站最高水位 20.64m，超警戒 0.64m，为
2002 年以来最高。鄱阳湖星子站水位超警戒时间达 45 天，长江九江站水位超警戒时间达
32 天。

2020 年江西省鄱阳湖流域再次遭遇了历史性特大暴雨，降雨量为 1961 年（有完整气
象记录的最早年份）以来之最，水位超过 1998 年，站点监测水位日涨速率为历史第一，
鄱阳湖洪涝灾害共导致 673.3 万人受灾，紧急生活救助 31.3 万人，农作物受灾 74.2hm²，
绝收 19.2 万 hm²。全省范围内洪涝灾害也导致 903.7 万人受灾，直接经济损失 344.3 亿
元，造成了不可估量的损失，足可见洪涝灾害影响之大。

二、干旱灾害

长江流域经纬度跨距均较大，形成气候差异悬殊，有些地区干旱灾害频繁。面积较大
的干旱，平均 2～3 年发生 1 次，局地干旱则时有发生。干旱灾害的连锁效应更加重了灾
区损失，往往蝗螟继发、疫病流行，史志书称之为"三灾辐辏"。由于特定的季风天气影
响，凡成灾严重的干旱事件，一般都是旱期较长，少则历时 2～3 个月，多则 4～5 个月，
甚至长达 1 年或以上者。旱灾同时在多地发生或先后发生，面积可延及若干州县或数十州
县，极严重者可延及数省区。干旱受自然和社会两大因素影响，在不同历史阶段有多发
期，也有相对的低谷期。因此，旱灾具有季节性、阶段性、持续性、群发性等特征。例
如，1956 年、1978 年、2004 年和 2009 年，长江干流江西段，都先后发生较为严重的
干旱。

自明弘治十二年（1500 年）至 1949 年的 450 年间，湖区共出现严重旱灾 119 次，其
中特大旱灾 24 次，1934 年为特大干旱年。中华人民共和国成立至 2010 年，湖区发生 8
次大旱灾，分别在 1963 年、1966 年、1967 年、1978 年、1992 年、2004 年、2006 年、
2009 年，其中尤以 1978 年为重。

1978 年旱灾。从 6 月中下旬起，直到 11 月初，时间长达 5 个月之久，旱情罕见。
伏、秋旱罕接冬旱，直至第二年春旱，这在历史上也是少有的。据水文部门资料统计，赣
北 7—9 月只降雨 100～150mm，比上年同期减少 50%～70%，而在此期间，高温天气，
为历年所罕见。进入 7 月以后，气温继续上升，长江流域相继出现 38℃以上的高温，瑞
昌等地 7 月上旬最高温度曾达到 40℃。前期降雨偏少，水库蓄水普遍不足，只完成计划
蓄水的 60% 左右，九江地区蓄水更少，只占计划的 50%。各江河水位普遍比往年偏低，
出现梅雨无雨、汛期无汛的少有现象。到 6 月中旬雨季就基本结束，比往年提前一个月左

右。7月15日，受台风影响，大部分县、区普降一次喜雨，旱情有所缓和。但进入8月以后，流域内继续无雨，旱情迅速回升。大部分小塘、小库、小溪、山泉已经干涸或断流，大、中、小水库剩水量甚少。更严重的是，这场大旱不仅给1978年晚秋作物和冬作物造成严重损失，还直接影响到第二年春灌，1979年出现历史上少有春旱。

2009年鄱阳湖旱灾。9月份长江流域降雨偏少30％，10月上、中旬偏少40％～50％。9月21日以来33天全省基本无雨，都昌、新干、樟树3县（市）连续51天无有效降雨。10月中旬，鄱阳湖湖口站来水偏少60％以上，湖区出现较枯水位。据统计，都昌县有38.23万人口及22.3万大牲畜出现饮水困难，15.67万亩晚稻、2.39万亩棉花、0.71万亩其他经济作物遭受不同程度的旱灾损失。

第十六章

直入长江各河流

第一节 长 河

一、流域概况

1. 自然地理

长河古称壤溪，上、中游又称乌石港，下游称长河，位于江西省北部，地处东经115°14′～115°46′、北纬29°33′～29°41′。流域涉及瑞昌市、九江市柴桑区，呈长条形状。东临赛城湖，南毗博阳河，西依湖北省的富水、北与赤湖及湖北省网湖流域相邻。河源位于江西省瑞昌市花园乡毛竹村，地处东经115°13′55″、北纬29°33′10″，高程646m。自河源由西向东过茅竹村转向东北流经田贩、花园村抵达花园乡，沿河两岸渐阔，一路直行，经油市、下杨湾、港北、高露、洪下村转向东。过大屋冯村达洪下乡，经张家铺于桐林贩右岸纳青山水，过铺头水文站经永丰堰达高丰镇，流过石山堰于桂林桥附近右岸纳入最大支流横港河。干支流会合后转向东北达瑞昌市溢城镇东郊。自溢城镇起，长河干流成为瑞昌市、九江市柴桑区的界河，向东偏北流至九江市柴桑区赛湖农场毛沟新村注入赛城湖，入湖口位置坐标为东经115°46′11″、北纬29°41′32″，河口高程13.5m。后经赛城湖闸汇入长江，入江口位于九江市城西斩缆咀（阎家渡外），位置坐标为东经115°55′16″、北纬29°42′35″。

2. 气象水文

长河流域属亚热带季风气候大陆温湿性气候带，气候温和，四季分明。春暖迟，秋寒早，春秋短，冬夏长。年平均气温16.5℃，平均年降水量1498mm，平均年水面蒸发量808mm。年平均空气相对湿度在75%～80%，年日照时数1700h上下，年无霜期240～260天，每年4—9月降雨量占全年降雨量的69.3%。

据不完全统计，流域多年平均降水量1484mm，实测单站年最大降水量2151.7mm（1998年瑞昌市横港站），单站年最小降水量908.0mm（1978年瑞昌市红旗站）。多年平均径流量6.22亿m³。流域内铺头水文站（控制流域面积185km²），多年平均降水量1503.2mm，最大年降水量2064.2mm（1998年），最小年降水量1096.4mm（1992年）；多年平均水位36.29m（假定高程），最高水位39.93m（1982年9月2日），最低水位35.88m（2005年6月24日）；多年平均流量4.90m³/s，实测最大流量717m³/s（1982年9月2日），最小流量0.090m³/s（2000年3月3日）。

3. 地形地貌

流域上、中游南北两岸为低山地貌为主，兼有侵蚀堆积地貌，多卡斯特岩体出露。北有大德山，西东走向，一字长列如屏障；南有蜈蚣山和秦山，将中、上游流域分为两支。北支即为流域干流，南支为流域最大支流横港河。秦山主峰青山高 921m。下游为丘陵滨湖区，湖泊水网交织。横港河为长河支流，走势与长河干流上段趋势较一致。自西向东，南北两岸为低山高丘地貌，北部紧邻长河干流，以秦山隔断分水，南部以岷山为界，西部河源部分则以丘陵为主，中部河谷左岸间有小范围的平原盆地。

4. 河流水系

流域面积 703km²，主河长 73.4km，流域平均高程 194m，主河道纵比降 1.57‰。河网密度系数 0.33，河流弯曲系数 1.36，流域形状系数 0.20。流域内流域面积不小于 10km² 但小于 50km² 的支流 11 条。长河一级支流横港河自然环境与长河相似。

二、防洪抗旱工程体系

1. 水库

流域内有 2 座中型水库，即横港水库和高泉水库，均位于支流横港河上。

（1）横港水库位于瑞昌市横港镇繁荣村，属横港河上游的一座中型水库，1958 年 9 月动工，1979 年 12 月竣工。集水面积 22.0km²，总库容 1144 万 m³，正常蓄水位 114.00m，死水位 94.00m。水库大坝为心墙坝，坝顶高程 118.71m，最大坝高 38.71m，坝顶长度 262m，顶宽 5.0m。水库以灌溉为主，兼防洪、发电、养殖功能。实灌面积 1.8 万亩，装机 400kW，养殖水面 600 亩。

（2）高泉水库位于瑞昌市范镇高泉村，属支流九都源水上游的一座中型水库，1969 年 10 月动工，1978 年 12 月竣工。集水面积 20.8km²，总库容 1095 万 m³，正常蓄水位 239.50m，死水位 215.00m。水库大坝为土石坝，坝顶高程 245.5m，最大坝高 41.5m，坝顶长度 240m，顶宽 4.5m。水库以灌溉为主，兼防洪、发电、养殖功能。实灌面积 0.5 万亩，装机 2380kW，养殖水面 468 亩。

据不完全统计，长河流域有 3 座水电站，其中 2 座位于支流横港河上：青峰水电站，装机容量 830kW；高泉一级水电站，装机容量 500kW；高泉二级水电站工程，装机容量 1880kW。

2. 堤防

（1）长河左岸堤。起点位于瑞昌市花园乡茅竹村委会，终点位于瑞昌市高丰镇永兴村委会，系 5 级堤防，规划防洪标准 10 年一遇，圩堤长 14420m，起点坝顶高程 27m，重点堤坝高程 26.5m，1956 年黄海高程系统。

（2）长河右岸堤。起点位于瑞昌市花园乡茅竹村委会，终点位于瑞昌市桂林街道办事处瑞民居委会，系 5 级堤防，规划防洪标准 10 年一遇，圩堤长 21800m，起点坝顶高程 27m，重点堤坝高程 26.5m，1956 年黄海高程系统。

（3）南湖圩堤。起点位于瑞昌市赛湖农场一分场生活区，终点位于瑞昌市赛湖农场一分场生活区，系 5 级堤防，规划防洪标准 10 年一遇，圩堤长 2150m，起点坝顶高程 23m，重点堤坝高程 22.5m，吴淞高程系统。

（4）瑞昌市城市防洪堤。起点位于瑞昌市桂林街道办事处大塘村委会，终点位于瑞昌市赛湖农场一分场生活区，系 3 级堤防，规划防洪标准 30 年一遇，圩堤长 23200m，起点坝顶高程 23.5m，重点堤坝高程 23m，吴淞高程系统。

3. 水闸

据不完全统计，长河流域有 4 座水闸，分别是：城西新站-长河闸站-水闸工程，排（退）水闸过闸流量 50m³/s；螺丝港分洪闸，分（泄）洪闸过闸流量 15.2m³/s；五里站-新一排站-水闸工程，分（泄）洪闸过闸流量 10m³/s；邹家咀分洪闸，分（泄）洪闸过闸流量 7.8m³/s。

三、水旱灾害情况

1954 年流域发生罕见洪灾，4—7 月连降大雨，降水量达 1618.5mm；道路、桥梁损毁严重，农田被淹。1982 年 9 月，流域再次发生大洪水，公路中断、农田受淹。长江中下游发生有记录以来最高洪水，铺头水文站最高洪水位 39.93m，超警戒水位 1.43m，部分圩堤漫顶、农田大面积受淹。

1998 年流域发生大洪水，年雨量达 2180.3mm，乡村公路、农田大部冲毁，直接经济损失 6.3 亿元。

2005 年 9 月 2 日受"泰利"台风影响，瑞昌站降水量达 426.9mm，洪涝造成经济损失达 3.2 亿元。瑞昌干旱天气平均 4 年一遇，其中有 2 次旱灾最为严重。

1978 年夏秋连旱 110 天，全县各种农作物全部受灾。

2000 年的伏旱为 50 年一遇，6—7 月降水仅 11.4mm，水库、塘、堰干涸，村民饮水困难，晚稻绝收面积 2450hm²。

第二节 横 港 河

1. 自然地理

横港河旧称溢水，又名筒车港，位于江西省北部，地处东经 115°23′～115°41′、北纬 29°33′～29°38′。流域涉及瑞昌市、九江市柴桑区，呈长条形。东临蚂蚁河，北邻长河，西毗乐园河，南靠博阳河。河源位于江西省瑞昌市南义镇程家村，东经 115°22′49″、北纬 29°33′03″，高程为 501.4m。自河源向东南流，至红光村转向东北流。在繁荣左岸汇集干港河，过横港镇右岸纳钟家铺水，经长春于源源村右岸纳入最大支流九都源水，九都源水支流建有高泉中型水库。之后流向东北，于范镇街附近左岸纳入八都坂水。后经永和、常丰于九江市柴桑区交界处的石山村右岸纳入牛颈山水，牛颈山水下游有涌泉洞，干流于瑞昌市桂林桥附近汇入长河。河口位于江西省瑞昌市桂林街道办事处大塘村，东经 115°37′57″、北纬 29°38′26″，高程 17.0m。

2. 气象水文

流域多年平均降水量 1464mm，实测单站年最大降水量 2151.7mm（1998 年瑞昌市横港站），单站年最小降水量 959.1mm（1978 年瑞昌市横港站）。多年平均径流量 2.11 亿 m³。

3. 地形地貌

流域为中强侵蚀的碎屑岩低山、丘陵，多喀斯特地貌，地处扬子准堤台九江台陷瑞昌—九江凹褶断束，地层结构为志留纪、二叠纪、三叠纪分布。主要岩层为钙质页岩、粉砂岩、灰岩等，以红壤土和红色石灰土为主。地震烈度为Ⅵ度。

4. 河流水系

横港河主河长 38.2km，流域平均高程 193m，主河道纵比降 2.53‰，河网密度系数 0.39，河流弯曲系数 1.46，流域形状系数 0.33。流域面积不小于 10km² 但小于 50km² 的支流 6 条，不小于 50km² 但小于 200km² 的支流 1 条。流域内建有横港、高泉 2 座中型水库，2 座小（1）型水库和 21 座小（2）型水库。

第三节 沙 河

一、流域概况

1. 自然地理

沙河因流经沙河镇而得名，位于江西省北部，地处东经 115°57′～115°55′、北纬 29°32′～29°39′。流域东面为庐山西坡，西南界为九江市柴桑区的岷山，北接八里湖。流域涉及濂溪区、柴桑区呈扇形。流域面积 180km²。河源位于九江市庐山风景区仰天坪北风口顶，位于东经 115°57′、北纬 29°32′，高程 1340m。主流自河源由东南向西北，经庐山羊场黄龙庵、碧云庵、龙溪庙，于濂溪区赛阳镇金桥村穿过 105 国道，过红花岭，于兰桥村先后穿过福银高速和京九铁路进入九江县，于下街头左岸纳聂家河转北行，出马鞍山，于柴桑区东风村烂泥湾左岸纳干家河，进入沙河街，沙河街为柴桑区政府驻地。又于沙河街西北殷家村右岸纳赛阳水，之后，右岸先后又有谭家河、丁家河汇入，转东北，行至柴桑区青山咀附近赛城湖水产场五丰村注入八里湖。河口位位置处于东经 115°53′53.1″、北纬29°38′18.0″，高程 14m。入江口位于九江市城西斩缆咀（阎家渡外），位置坐标为东经115°55′16.2″、北纬 29°42′35.0″，与赛城湖入江口合并。

2. 气象水文

流域气候属亚热带湿润季风气候带。据不完全统计，多年平均气温 17℃，1 月平均气温 4.2℃，极端最低气温－9.7℃（1969 年 2 月 6 日）；7 月平均气温 29.4℃，极端最高气温 40.2℃（1961 年 7 月 23 日）。无霜期年均 256.7 天，最长 306 天，最短 239 天。年均日照时数 1891.5h，年太阳总辐射 107.5kcal/cm²。流域上游为暴雨密集区，雨量极其丰沛，多年平均降水量 1370mm，实测单站年最大降水量 2098.2mm（1998 年九江县沙河站），单站年最小降水量 980.4mm（2007 年柴桑区沙河站）。多年平均径流量 1.18 亿 m³。

3. 地形地貌

流域地形东南高、西北低，以山地、丘陵为主。东南部以中低山为主，流域上游为庐山，主峰汉阳峰海拔 1473.4m。南部、西部山丘起伏，以丘陵为主。北部为滨湖地区，地势低洼。

地质构造单元处于扬子准地台东南缘，2 级构造单元，属下扬子钱塘台拗的一部分。构造形迹以褶曲为主、断裂为辅。地层为古老变质岩断块山。土壤类别可分为 8 个土类、12 个亚类、33 个土属、72 个土种。8 个土类依次为水稻土、潮土、草甸土、黄棕壤、红色石灰土、石灰土、紫色土、红壤。土壤多偏酸性，丘陵地区以红壤土、黄壤土为主。

4. 河流水系

沙河主河道纵比降 15.7‰，流域河网密度系数 0.50，河流弯曲系数 2.17，流域形状系数 0.36。沙河流域水系发达，尤其是来自庐山西面的沟壑较多，支流密集。流域面积不小于 10km² 但小于 50km² 的支流 5 条，除干家河外，其他 4 条支流均发源于庐山山脉。

二、防洪抗旱工程体系

流域已建毛桥、雨淋、立新、南城、芦林湖、如琴湖等 6 座小（1）型水库，总库容 720.52 万 m³；建有莲花台、将军河、尖山垅、姚家冲、桂家洼等 19 座小（2）型水库，总库容 549.55 万 m³。其中，庐山如琴湖水库具有供水功能，年供水量 200 万 m³；庐山莲花台水库年供水量 188 万 m³；柴桑区毛桥水库年供水量 250 万 m³；九江县雨淋水库年供水量 188 万 m³，装机容量 110kW。庐山将军河水库以发电功能为主，3 级梯级分布，总装机容量 8760kW。

三、水旱灾害情况

1953 年 8 月 17—18 日流域上游庐山地区发生特大暴雨过程，两天降雨量达 1073mm，造成河槽严重冲蚀、河岸崩塌、改道现象随处可见，中游地带农田、道路、村舍受淹严重。

2005 年 9 月 2—4 日，受"泰利"台风影响，濂溪区再次发生 940.3mm 的强降水过程，流域内多次发生山洪泥石流等灾害。中游地区大片农田受淹。

第四节 太 平 河

一、流域概况

1. 自然地理

太平河又称太平港，因流经太平关而得名，位于江西省北部，地处东经 116°24′～116°28′、北纬 29°35′～29°48′。流域流经湖口县、彭泽县，呈长方形分布。东、南邻响水河，西毗鄱阳湖子湖南北港流域。流域面积 264km²，河源位于彭泽县杨梓镇邻都村，地处东经 116°31′49″、北纬 29°41′19″，河源高程为 540m。自河源而下，过武山林场北行于彭泽县天红镇武山村左岸纳东涧水，继续北行右岸纳葡萄港至天红镇。后于天红村右岸纳阳家水，向北穿行 5km 峡谷，至太平关乡桥头华村左岸纳马迹岭水，继续北流于右岸鼓楼村附近纳袁家水，之后过太平关乡进入滨湖地带，左岸纳莲花水后，于太平关乡毕家渡注入芳湖，后经芳湖调蓄后汇入长江。河口位于江西省彭泽县龙城镇流芳社区，东经 116°29′53″、北纬 29°52′42″，河口高程 10m。

2. 气象水文

境地气候处亚热带湿润季节风气候带。日照充足，雨量充沛，四季分明，无霜期长，适宜于亚热带作物的正常生长。属中亚热带向北亚热带的过渡区。全年日照时数 1900h，日照率 46%；多年平均气温 16.5℃，极端最低气温为 −18.9℃（1969 年），极端最高气温 40.0℃（1988 年）。季节转换，气候变化明显。

流域多年平均降水量 1550mm，实测单站年最大降水量 2321.8mm（1998 年彭泽县向前站），单站年最小降水量 865.6mm（1978 年彭泽县向前站）。多年平均径流量 1.88 亿 m³。

3. 地形地貌

流域地貌特征为中度侵蚀的碎屑岩丘陵和冲积堆积的红土、砂砾石岗地。流域南高北低，中上游两岸为低山、高丘地貌，境内武山主峰海拔 675m，下游为低丘逐步过渡到滨湖低洼地带。处扬子准地台九江台陷湖口-彭泽凹褶断束，中上游地层结构为震旦纪、寒武纪，下游主要为新生代第四纪。流域地形南高北低，地层岩性为石灰岩，多喀斯特地貌，主要岩层为灰岩、页岩、粉砂岩等。

4. 河流水系

太平河主河长 34.2km，流域平均高程 111m，主河道纵比降 2.49‰，河网密度系数 0.39，河流弯曲系数 1.36，流域形状系数 0.36。流域面积不小于 10km² 但小于 50km² 的支流 6 条，不小于 50km² 但小于 200km² 的支流 1 条。流域内建有马迹岭、白沙 2 座中型水库。

二、防洪抗旱工程体系

1. 水库

（1）白沙水库于 1971 年 10 月动工兴建，1972 年 3 月完工。水库坝址位于彭泽县太平关乡白沙村，属下游右岸支流袁家水上游一座中型水库。水库集水面积 10.16km²，总库容 1245 万 m³，正常蓄水位 58.1m，死水位 36.8m。水库大坝为均质土坝，坝顶高程 60.28m，最大坝高 26.92m，坝顶长度 150m，顶宽 4.0m。水库具有防洪、灌溉、发电、养殖功能。实灌面积 1.05 万亩，装机 100kW，养殖水面 675 亩。

（2）马迹岭水库于 1973 年 3 月动工兴建，1973 年 12 月竣工。水库坝址位于湖口县大垅乡联丰村，属中游左岸支流马迹岭水上游一座中型水库。水库集水面积 9.8km²，总库容 1171 万 m³，正常蓄水位 122.5m，死水位 103m。水库大坝为均质土坝，坝顶高程 124.1m，最大坝高 29.4m，坝顶长度 210m，顶宽 5.0m。水库具有调洪、灌溉、养殖功能。实灌面积 2.2 万亩，养殖水面 600 亩。

至 2010 年，太平河流域有 13 座水电站。分别是：过水滩一级水电站，装机容量 960kW；黄坑水电站，装机容量 800kW；江口水电站，装机容量 750kW；龙源水电站工程，装机容量 1500kW；牛坑水电站，装机容量 960kW；山湖水电站工程，装机容量 1000kW；石磨墩水电站，装机容量 960kW；添宝水电站工程，装机容量 800kW；田心二级水电站，装机容量 640kW；田心一级水电站，装机容量 640kW；愚公洞水电站，装机容量 990kW；园潭水电站工程，装机容量 750kW；寨下水电站工程，装机容量 625kW。

2. 水闸

1966 年开始，陆续在流域下游及芳湖开展围垦灭螺综合治理工程，相继兴建刘芝湖（芳湖）闸、芙蓉闸。控制内湖水位和防止江水倒灌。

三、水旱灾害情况

1973 年流域大水。5 月中旬连降暴雨，降雨量达 460.8mm，山洪暴发，下游芳湖洪水受长江干流高水位顶托影响，无法排泄，沿湖周边农田、道路严重受淹，灾情较重。

1981 年 6 月，连降大到暴雨，流域内天红、太平等乡镇农田被淹，房屋受损，天红狮夫山水库破坝。洪涝灾害严重。

1983 年 4 月初至 7 月上旬，发生暴雨和大暴雨 20 余次，仅 6 月初至 7 月上旬降雨量达 690.4mm，导致山洪暴发，农田大面积受淹。

1958 年大旱。5—10 月，持续干旱，未下透雨，其中 68 天滴雨未下，造成粮食大面积减产；1968 年 5—9 月，高温少雨，持续干旱 102 天。

1998 年，自 6 月 25 日至 9 月 25 日止，历时 90 天，降雨连绵。长江洪水持续高位，内河洪涝排泄不畅，造成流域内大面积受灾。

第五节　东　升　水

一、流域概况

1. 自然地理

东升水又称东升河、新桥河，因流经"东升镇"而得名，位于江西省北部，位于东经 116°38′～116°40′、北纬 29°44′～29°56′。流经彭泽县境内，流域形状呈葫芦状。东邻浪溪水，南毗漳田河，西靠芳湖，北临太泊湖。流域面积 277km²。东升水河源位于彭泽县上十岭综合垦殖场，东经 116°37′53″、北纬 29°44′37″，河源点高程为 330m。自河源向东北流，过红光水库于芦峰口左岸纳华桥水到达上十岭垦殖场，继续北上至东升镇白铜坊右岸纳东庄水进入东升镇。过东升镇转向西北，又在畈上村左岸纳桃红水，折向北行 8.5km，右岸纳芳村水，穿过铁路桥进入太泊湖农业综合开发区，左岸纳黄花水后汇入太泊湖，1966 年流域下游湖区治理，改道后于黄山脚下汇入长江。河口位于彭泽县马垱镇金山村，东经 116°38′26″、北纬 29°59′31″，河口高程 9m。

2. 气象水文

流域处中亚热带的过渡带，属温暖湿润的季风气候。全年季节变化明显，无霜期长，年均日照时数 2043.6h。冬季以北风为主，极端最低气温 −18.9℃（1969 年 12 月 6 日），夏季以南风为主，极端最高气温 40℃（1961 年 7 月 23 日）；全年平均气温 16.5℃。年间的降水量相差较大，季节分配亦不均匀，4—6 月降水量占年降水量的 44%，年内 7—8 月蒸发量最大，占全年的 29.3%。流域多年平均降水量 1560mm，实测单站年最大降水量 2031.0mm（彭泽县东升站，1999 年），单站年最小降水量 904.1mm（彭泽县东升站，1968 年）。多年平均径流量 2.24 亿 m³。

3. 地形地貌

地貌特征为侵蚀剥蚀的变质岩、碎屑岩和溶蚀侵蚀的碳酸盐岩丘陵。流域南高北低，中上游左右两侧低山环绕、高丘交替，左侧为桃红山，主峰海拔 536m，右为雷峰尖，主峰海拔 576m。下游为低丘、河网交织。地处扬子准地台九江台陷湖口-彭泽凹褶断束，地层结构以中元古代和震旦纪、寒武纪分布为主。

4. 河流水系

东升水主河长 39.2km，流域平均高程 95m，主河道纵比降 1.36‰，河网密度系数 0.39，河流弯曲系数 1.73，流域形状系数 0.36。流域面积不小 10km² 但小于 50km² 的支流 5 条，不小于 50km² 但小于 200km² 的支流 1 条。流域内建有红光、新屋笼等 7 座小（1）型水库。

二、防洪抗旱工程体系

1. 水库

1958 年冬，流域内浪溪镇操家垅、东升镇黄家山分别兴建小（1）型、小（2）型水库各 1 座，自此拉开流域内大规模水利工程建设序幕。至 2010 年，流域内共建有红光、新屋垅、石岭、利冲、操家垅、登山、桃花岭、铁笼、南阳 9 座小（1）型水库，总库容 1529 万 m³，灌溉农田 1113hm²。建设六冲、黄家山、海山坞、镜子岭等 13 座小（2）型水库，总库容 445 万 m³。

2. 堤防

爱民圩堤起点位于彭泽县黄花镇爱民村民委员会，终点位于彭泽县黄花镇爱民村民委员会，系 5 级堤防，规划防洪标准 10 年一遇，圩堤长 4500m，起点坝顶高程 22m，重点堤坝高程 22m，吴淞高程系统。

3. 水闸

东升水流域有 11 座水闸，分别是：①百亩丘节制闸，节制闸过闸流量 8.7m³/s；②宝山节制闸，节制闸过闸流量 5.5m³/s；③大塘节制闸，节制闸过闸流量 35m³/s；④槐树堰节制闸，节制闸过闸流量 6.3m³/s；⑤屋张排水闸，排（退）水闸过闸流量 11.8m³/s；⑥跃进泄洪闸，分（泄）洪闸过闸流量 450m³/s；⑦早术节制闸，节制闸过闸流量 5.3m³/s；⑧早树堰节制闸，节制闸过闸流量 6.7m³/s；⑨卓刘圩排涝闸站-水闸工程，排（退）水闸过闸流量 11.8m³/s；⑩卓刘圩小排水闸，排（退）水闸过闸流量 5.8m³/s；⑪坂心节制闸，节制闸过闸流量 26.7m³/s。

三、水旱灾害情况

1978 年 6—12 月，199 天降雨仅有 337.7mm，其中 80 天持续干旱，山塘、水库干涸，无水种晚稻。

1981 年 6 月，连降大到暴雨，流域内东升、上十岭农田被淹，房屋受损，洪涝灾害严重。

1983 年大水。入汛后，降雨连绵，4 月初至 7 月上旬，发生暴雨和大暴雨 20 余次，造成流域内山洪频繁暴发，农田累遭淹没损失。

第六节　浪　溪　水

一、流域概况

1. 地理概况

浪溪水又称瀼溪港、瀼溪河,位于江西省北部,地处东经 116°52′～116°43′、北纬 29°59′～29°55′。流域在彭泽县境内,呈扇形。东南邻漳田河,西毗东升水,北靠太泊湖。流域面积 241km²,主河长 45.5km,流域平均高程 174m,河源位于彭泽县浩山乡小山村,东经 116°52′08″、北纬 29°58′43″,高程为 450m。河源自东北流向西南,经小山于海形左岸纳丰科水,向南经盘谷于下保里右岸纳田里冯水。过岷山折向西于浩山乡柳墅村左岸依次纳柳墅港和桑园水,转向西北汇入浪溪水库,于库内港下村上游右岸纳大桂水,出水库经瀼溪镇主流在马垱镇亭子墈进入太泊湖,后经太泊湖汇入长江,另一部分经麻山渠汇入长江。河口位于安徽省东至县香隅镇香口村,东经 116°44′14″、北纬 30°02′46″,高程 8m。

2. 气象水文

流域处亚热带湿润季风气候区。日照充足,雨量充沛,四季分明,无霜期长,适宜于亚热带作物的正常生长。属中亚热带向北亚热带的过渡区。气候特征与东升水流域相似。

3. 地形地貌

流域地处扬子准地台九江台陷湖口-彭泽凹褶断束,地貌特征为侵蚀剥蚀的变质岩、碎屑岩和溶蚀侵蚀的碳酸盐岩丘陵,地层结构以中元古代和震旦纪、寒武纪分布为主。地形东南高、西北低,属古老变质岩。地貌以低山丘陵为主,主河道呈口向东北的 U 形,流域上游为怀玉山余脉,山峦交错、地形复杂。上游大浩山主峰海拔 859m。

4. 河流水系

主河长 45.5km,流域平均高程 174m,主河道纵比降 3.5‰,河网密度系数 0.39,河流弯曲系数 2.77,流域形状系数 0.48。流域面积不小于 10km² 但小于 50km² 的支流 5 条。流域内建有浪溪水库 1 座中型水库,小(1)型水库 2 座。

二、防洪抗旱工程体系

流域内有中型水库浪溪水库 1 座,和丰科、马家冲小(1)型水库 2 座,可灌溉农田 3000hm²。

浪溪水库位于干流下游,坝址处彭泽县浪溪镇浪溪港村,距县城东偏北 35km。1966 年冬施工,1973 年完成全部水库枢纽工程。1981 年对水库工程又进行安全复核。因工程原设计是按百年一遇设计、500 年一遇校核的,不符合部颁千年一遇校核的要求。故于 1985 年进行除险加固,增强溢洪道一孔,圆形断面泄洪隧洞一座,主坝和副坝在原基础上加高 2m。水库集水面积 210km²,总库容 5947 万 m³,正常蓄水位 25.5m,死水位 19.0m。水库大坝为均质土坝,坝顶高程 36.0m,最大坝高 22.7m,坝顶长度 297.5m,顶宽 6.0m。水库以防洪灌溉为主,兼具养鱼、发电。实灌面积 3.8 万亩,装机 1580kW,

养殖水面 4155 亩。

三、水旱灾害情况

1973 年流域大水。5 月中旬连降暴雨，降雨量达 460.8mm，山洪暴发，下游太泊湖洪水受长江干流高水位顶托影响，无法排泄，沿湖周边农田、道路严重受淹，灾情较重。

1981 年 6 月，连降大到暴雨，流域中上游海形、浩山农田被淹，房屋受损，洪涝灾害严重。

1983 年大水。4 月初至 7 月上旬，流域中上游暴雨和大暴雨频发，造成河堤受损，农田受淹，粮食减产。

1998 年，自 6 月下旬至 9 月下旬，流域内暴雨连绵。下游太泊湖长时间维持高水位，受长江洪水影响，内河洪涝排泄不畅，造成流域内大面积受灾。

▶ 第十七章

• • • •

入 珠 江 流 域 河 流

江西省境内入珠江流域河流包括东江水系、北江水系、韩江水系等。珠江流域源河是寻乌水，位于江西省南部，流域面积 1841km²，多年平均降水量 1600mm，地形北高南低，周围高、中部低，流域内以农、林业为主，尤以脐橙、蜜桔闻名。另有北江水系中坝河、竹洞河；有韩江水系聪坑河、大中河、书园河、罗福嶂河、铁马河等 50km² 以下入珠江水系河流。

第一节　寻　乌　水

一、流域概况

珠江流域东江水系的源河，因在寻乌县境内，故称寻乌水，又称寻乌河，古名寻邬水。位于江西省南部、广东省东北部，地处东经 115°21′～115°53′、北纬 24°37′～25°12′。江西省境内流域面积 1841km²，发源于江西省寻乌县三标乡长安村桠髻钵，干流流经寻乌县三标、水源、澄江、吉潭、文峰、南桥、留车 7 乡（镇），出寻乌县斗晏水库下行 120m 入广东省境。流域平均高程 461m、主河道长 115.4km、纵比降 6.24‰、河网密度 0.53、河流弯曲系数 2.17，流域形状系数 0.38。

流域形状呈羽毛状。西邻定南水，北毗湘水、濂水，东邻福建省韩江水系梅江，南汇入珠江。西南流入广东省龙川县，在龙川县合河坝汇定南水（贝岭水）后始称东江。流域涉及江西省寻乌县、广东省龙川县、兴宁县。江西境内流域面积大于 10km² 以上支流 52条，其中不小于 10km² 但小于 50km² 的支流 45 条；不小于 50km² 但小于 200km² 的支流 4条；不小于 200km² 但小于 1000km² 的支流 3 条。流域内建有斗晏中型水库、观音亭小（1）型水库和 8 座小（2）型水库。

河源地处东经 115°32′18″、北纬 25°07′20″，河源高程 921.7m。河源至澄江镇为上游段，河段长 42km。河源为东江源桠髻钵山自然保护区、省级森林公园；由河源向东南流经寻乌县水源乡三桐村又称三桐河，有天然瀑布；经太湖村，流经水源乡称水源河，也称下畬水，河床坡降大，多砾石、卵石，基岩裸露，河水清澈，植被良好；经坳背、竹园头、北亭，进入澄江镇又称澄江河，两岸丘陵连绵，河床渐缓，以卵石、粗沙为主，河宽40～80m。澄江镇至南桥镇水背村为中游段，河段长 43km；寻乌水蜿蜒南流穿行于低山丘陵间，入吉潭镇地界又称吉潭河，河槽深窄，两岸多为丘陵，耕地成片，果树成林，水土流失较为严重，河床多砂；经吉潭镇滋溪村左岸纳剑溪，转西南流经吉潭镇所在地，至文峰乡石角里村右岸纳马蹄河后始称寻乌水；继续西南流至南龙村，南龙水库位于南桥镇青龙村的青龙岩所在地，流经南桥镇水背村水背水文站。南桥镇水背村以下至赣粤省界处为下游段，河段长 30.4km。水背村至黄坝河段，河宽 100～150m，两岸多为丘陵，植被稀疏，水土流失以面蚀居多、沟蚀为次，局部有崩岗，造成河床抬高，汛期沿河低洼农田经常受淹；继续向西南流，进入留车镇鹅湖村右岸纳龙图河后，进入斗晏水库库区，在水库回水区曲行 21.1km，出库下行 120m 流入广东省境；至龙川县上坪镇渡田村右岸纳篁乡河，于龙川县合河坝右岸接纳定南水后始称东江。寻乌水出境口位于寻乌县龙廷乡斗晏电站大坝下游和广东省交界处，东经 115°33′24″、北纬 24°38′41″，出境口高程 160m。

流域多年平均气温 18.9℃；多年平均降水量 1600mm，单站年最大降水量 2488.9mm（1961 年寻乌县寻乌站），单站年最小降水量 889mm（1986 年寻乌县澄江站）；多年平均径流量 15.10 亿 m³，最大年径流量 28.98 亿 m³（1975 年），最小年径流量 4.289 亿 m³（1963 年）；年水面蒸发量 1090mm；多年平均年悬移质输沙量 43.3 万 t。

降雨年内分配不均匀，年内降雨主要集中在 4—10 月，占全年多年平均降雨的 77%。降雨在年际分配上也不均匀，最大年份为最小年份的 2.4 倍。在空间分布上，从低丘到中山降水量有逐渐增加的趋势；中部和西部雨量偏大，暴雨中心出现在三标、县城、水源一带。

控制流域面积 987km²，多年平均降水量 1577.9mm，最大年降水量 2109.1mm（1983 年），最小年降水量 1037.1mm（1991 年）；多年平均蒸发量 939.3mm；多年平均水位 220.28m，最高水位 224.42m（1983 年 6 月 3 日），最低水位 218.32m（2010 年 12 月 23 日）；多年平均流量 27m³/s，最大流量 982m³/s（1983 年 6 月 3 日），最小流量 0.66m³/s（1983 年 1 月 23 日）；多年平均含沙量 0.312m³/kg，最大年平均含沙量 10.5m³/kg（2010 年），最小年平均含沙量 8.07m³/kg（2009 年）；实测多年平均输沙量 27.5 万 t；最大年输沙量 43.3 万 t（2010 年），最小年输沙量 11.7 万 t（2009 年）。

二、防洪抗旱工程体系

流域内寻乌县 1949 年有水陂 54 座、山塘 270 口。1978 年先后兴修 2 座小（1）型水库，14 座小（2）型水库。2010 年蓄水工程 646 座，其中，山塘 596 口，蓄水量 3775 万 m³；小型水库 50 座，总库容 4515 万 m³。引水工程 1812 处。防洪工程有河堤 24 条，总长 91.16km，保护农田 1306.67hm²。有排灌站 70 座，装机 133 台，1500kW，灌溉面积 9380hm²。

流域内建有斗晏水库（中型）和 9 座小型水库，2004 年水利工程灌溉面积 9270hm²，已建水电站总装机容量 4.18 万 kW，多年平均发电量 1.41 亿 kW·h。寻乌水上游斗晏中型水库，位于寻乌县南部，北距寻乌县城 35km。1992 年 9 月开工，2000 年 4 月竣工。控制流域面积 1714km²，总库容 9820 万 m³，兴利库容 4990 万 m³，死库容 1660 万 m³，水面面积 5.134km²，系河道型年调节水库。工程以发电为主，兼有防洪、灌溉等效益，装机容量 3.75 万 kW，多年平均年发电量 1.312 亿 kW·h。

截至 2010 年，流域内有 4 级圩堤 3 座，分别为寻乌县城北区防洪工程、寻乌县城东区防洪工程、寻乌县城南区防洪工程。5 级圩堤 11 座，分别为鹤仔河堤、太平河堤右岸、太平河堤左岸、唐屋河堤右岸、唐屋河堤左岸、寻乌县澄江镇防洪工程、寻乌县桂竹帽镇防洪工程、寻乌县吉潭镇防洪工程、寻乌县三标乡防洪工程、寻乌县水源乡防洪工程、寻乌县文峰石排防洪工程。全县小型水电站 105 处，装机容量 8.37 万 kW，发电量 2.47 亿 kW·h。

1978 年，县社水电站 132 个，装机 1155kW。据不完全统计，全县小型水电站 105 处，装机容量 8.37 万 kW，发电量 2.47 亿 kW·h。

三、水旱灾害情况

(一) 典型水灾

流域内寻乌县一般水灾的形成，是由 3—6 月峰面雨和 7—9 月台风雨引起山洪暴发成灾。暴雨洪水成灾后，冲坏冲毁沿河河岸及农田，山洪暴发冲毁靠山房建，威胁着人身财产的安全，损失均较为严重。近 15 年来，农作物受灾面积比较严重的有 1990 年、1991 年、1992 年、1993 年、1995 年、1997 年和 2000 年，其中 1990 年、1991 年、1992 年、1993 年连续 4 年受水灾。

1953 年 5 月中旬，连日大雨，山洪暴发，尤其晨光、吉潭、三标区遭灾严重。冲毁稻田 5523.91 亩，冲垮水陂 563 座、水圳 236 条，河堤 16 条。

1955 年 5 月下旬，连日大雨，山洪暴发，冲毁水陂 274 座，水圳 95 条。

1959 年 8 月 31 日至 9 月 3 日，县城附近遭水灾，东门桥被洪水冲毁一孔，农田受灾面积 5.7 万亩，其中重灾 1.5 万亩，塌房 77 间，死 1 人。

1964 年 6 月上、中旬，连续降雨逾 10d，农田受灾面积 6.56 万亩。

1967 年 5 月 27 日，境内暴雨，河水猛涨，留车老圩夷为平地。

1983 年 6 月 15 日，罗塘、岑峰等 8 个公社，因降暴雨，出现有记载以来少见的大洪水。

1990 年 7 月 31 日至 8 月 1 日，受当年第九号台风影响，县内南半部均连降 2d 暴雨，致使 9 个乡镇 100 个自然村，8665 户农户，3.76 万人不同程度受灾。受灾农作物 2.4 万亩，水灾受伤 4 人。水灾冲坏小（2）型水库 1 座（庵下）、水陂 482 座、塘坝 59 口，冲坏冲垮河堤 220 处 17.4km，冲坏水电站 6 座 1190kW，机电排灌站 6 座 100 马力，水轮泵 6 座 8 台，涵洞 58 处，渡槽 29 座，渠道 264 处长 34590m，冲倒输电线杆 66 根。以上水利设施 1491 座（处），直接经济损失 749.73 万元，影响农田灌溉 1.47 万亩。水灾还倒塌民房 382 间，打坏房屋 477 间，冲坏桥梁 155 座，冲走木材 117m³，毛竹 1.5 万根，冲坏公路 88.4km。这次水灾是 1986—1990 年最大的一次水灾，经济损失 1188.67 万元。

1991 年 8 月 8—11 日，受当年第 11 号台风的影响，全县普降中雨至暴雨。雨量集中的桂竹帽，8 月 12 日降雨量达 114mm，水源、澄江、长安、晨光和县城等地日雨量也都在 80～100mm 之间。全县重旱区的南桥、留车两镇，日降雨量分别为 53mm 和 59mm。这次台风波及 11 个乡（镇）、109 个村、660 个村民小组，9895 农户，5.2974 万人受灾，受灾面积 1.608 万亩，冲坏冲毁水利设施 586 座（处），影响 1.79 万亩农田灌溉。水灾还冲坏冲毁简易公路 56.3km，倒塌房屋 178 间，打坏房屋 535 间，冲坏桥梁 95 座，冲倒高压输电电杆 11 根，总经济损失 677.13 万元，其中水利直接损失 365 万元。

1992 年 3 月 25—27 日，3 天降雨量 202.6mm，造成严重洪涝灾害。水利设施冲坏冲毁和民房倒塌，伤亡严重，直接经济损失 625.83 万元。灾情波及全县 19 个乡（镇）、222

个村、2530 户，12.6453 万人受灾，受灾农作物 4.1285 万亩，毁坏农田 1467 亩，倒塌民房 1426 间，因灾死亡 10 人，受伤 72 人，倒塌中小学校教室 21 间，冲毁冲坏水利设施 769 座（处），影响当时灌溉面积 2.204 万亩。冲坏冲毁桥梁 213 座，冲坏公路（路基路面）298 处计 39.2km。

1993 年 6 月 8 日午夜至 9 日上午，县城在 22h 内降雨量 178mm，水源、长安等地的雨量超过县城，酿成全县灾害较为严重的"6·9"水灾。这次大暴雨使全县 12 个乡镇、157 个村、1071 个村民小组、13807 户 5.39 万人受灾。水灾造成死亡 3 人、伤 4 人；受灾农田 3.6874 万亩；水灾冲坏冲毁全县水利设施 559 座（处）；冲坏公路 31 处，冲坏冲毁桥梁 124 座；冲走防汛船只一艘；水灾倒塌房屋 846 间，打坏房屋 421 间。上述总经济损失 950.2 万元，其中水利 5.2 万元，斗晏工地损失 103.7 万元。

1995 年 6 月中旬，受低压切变云团控制，县内大部分地区数天普降大雨，局部地区大暴雨，尤其是 6 月 18 日南片各乡镇灾情严重，涉及 9 个乡（镇）、113 村、14870 户、5.326 万人受灾，直接经济损失 528.6 万元，其中水利损失 216.36 万元。受灾农作物 2.1653 万亩；冲坏冲毁水陂 267 座，冲坏圳道 32.6km，冲坏桥涵 23 座；淹没电站 2 座，倒塌房屋 273 间，损坏房屋 1946 间。"6·18"洪水是龙廷乡 1983 年以来最大一次洪水，造成重大损失达 58.34 万元。

1996 年 8 月 1 日下午，受第 8 号台风影响，全县各地普降暴雨，局部地区大暴雨，两天过程降水量 140～150mm，水源乡最高达 200mm。据统计，这次台风造成受灾乡镇 12 个，受灾村 185 个，受灾村民小组 1500 个，受灾人口 9.37 万人；全县倒塌房屋 1370 间，民政直接经济损失 169 万元；受灾粮食作物 2930hm²，毁坏耕地（冲毁水电）7hm²，损失渔产量 35t，农业直接损失 213.5 万元；冲坏公路路基路面 8.2km，邮电通信微波转讯台损坏，直接损失 50 万元；冲坏小型水库 4 座，损坏河堤 65km，河堤决口 25 处，损坏护岸 50 处，损坏渠道 60km，毁坏水陂 75 座，变压器 5 台，高压油开关一台，渡槽 25 座，桥涵 40 座，损坏机电泵站 3 座 40kW，冲坏水电站 4 座 700kW，水利设施直接经济损失 300 万元。继 8 号台风之后，8 月 13 日傍晚，北部澄江、水源又降大暴雨，这次水灾有 6 个乡镇 45 个村、1.8 万人受灾，因山体滑坡致死亡 1 人，水灾损失达 375 万元。

2000 年 6 月 19 日，以晨光、河角为中心的降水量多数超过 100mm，其中河角地区 192mm。8 月，受 8 号台风（杰拉华）、10 号台风（碧利斯）影响，以县城吉潭为中心月降水 560mm，是 50 年以来 8 月最高降雨量，尤其是 8 月 25 日，县城日降水量 184.5mm。二次水灾全县受灾乡镇 15 个，涉及 172 个行政村，受灾人口 9.89 万人，死亡 7 人，受伤 57 人，紧急转移人员 9670 人，无家可归 1131 人；倒塌房屋 8498 间，损坏房屋 21043 间，农作物受灾面积 1.111 万亩，毁坏耕地 0.39 万亩；毁坏大小水陂塘坝 827 座，冲毁渠道 1815 处 95km，毁坏水电站 6 座 1430kW，损坏河堤 110 处 8.07km；冲毁鱼塘 3234 口，毁坏输电线路 240.7km，损坏通信线路 93.2km；冲坏公路桥梁 175 座，冲坏公路 485.3km，因灾停产矿企业 23 个。直接经济总损失 8930 万元，其中水利直接经济损失 795.7 万元。

2008 年 7 月 29—31 日，县内出现特大暴雨，全县平均过程雨量为 200mm，县城水位站洪峰水位 277.73m，为 1962 年以来的最高水位。全县 15 个乡（镇）、19.2 万人受灾，倒塌房屋 6109 间，多处山体滑坡，国道 206 县城路段被淹，交通受阻，直接经济损失 6.6 亿元。

（二）典型旱灾

寻乌县的旱灾，主要受气候的影响，长期高温，相对蒸发量大，以及降雨量在时空分布上极不均匀，有的地区长期不下雨造成旱灾。一般有春、夏、秋旱之分，十五年来，一般春旱较少，大都出现在 6—9 月伏旱或秋旱。根据防汛办和水电局水利年报的统计，除 1994 年风调雨顺未发生旱灾外，其余年份均发生过不同程度的旱灾（其受旱面积从 0.438 万亩至 10.4758 万亩），其中较为严重的是 1986 年、1991 年和 1998 年。

1955 年，春旱，晨光、留车、南桥一带受旱农田面积 6.76 万亩。

1963 年，大旱，个别地方千年泉源断流，生活用水要到数里外取用。早稻大面积减产，有的地方晚稻无法栽种，损失产量约 469 万 kg。

1986 年 7 月中旬起，全县有 16 个乡镇受旱，干旱时间 30～38 天，全县受灾面积 4.7354 万亩，因旱减产粮食 1919.69 万 kg，折款 392.94 万元。

1991 年，总降水量 846.8mm，比 1990 年少 820.6mm，比大旱 1963 年 1028.5mm 少 81.7mm。4—7 月，总降雨量为 359.5mm，比 1990 年同期少 495.3mm，比 1963 年少 247.5mm。全县 547 条大小河流除 73 条集雨面积大于 10km^2 较大河流还有少量水流外，其他小河基本断流。1—6 月流量只有 6.29 亿 m^3，比 1990 年减少 8.23 亿 m^3。全县 576 座蓄水工程，仅蓄水 275.5 万 m^3，占汛期可蓄水量的 28.7%，大部分山塘干涸，17 座水库中有 9 座在死水位线以下，不能放水。全县水稻受旱面积 12.95 万亩，占水稻总面积的 70.9%，造成粮食减产 4203.2kg，估计经济损失 1492.14 万元。旱情尤为严重的南桥、留车两镇水稻成灾面积 100%，早稻绝收面积 40% 左右。全县 20 个乡（镇）222 个村全部受旱，受灾农户 41840 户 16.68 万人，受旱面积 10.4758 万亩，总损失 2733.73 万元。

1991 年，全年总降雨量仅 959.5mm，为有气象记载以来最少纪录。4—8 月有 96 天未下雨，县内大部分河流断流，有 20 个乡（镇）、222 个村、72.9% 的农业人口受灾，受旱作物面积 6986.67hm^2，绝收面积 2086.67hm^2。

2000 年 5 月，寻乌县降雨仅有 53mm，其降雨量仅次于 1963 年大旱（42.3mm）；5 月至 6 月上旬，约近 40 天长期少雨，造成南桥、留车、晨光等重旱区不同程度受灾。据统计，作物受旱面积 3.37 万亩；蓄水工程蓄水量比多年同期减少 1257.7 万 m^3，4 座水库和 191 口山塘干涸，径流部分断流，5 月底前发生部分人畜饮水困难；进入 7 月份，雨量仍严重偏少（只有 77.7mm，是多年同期的 50%），各类蓄水工程的蓄水量是往年同期的 1/3，不少塘坝水库干涸。

第二节　定　南　水

一、流域概况

东江上游右岸一级支流，在寻乌县境河段称大湖崇河；入安远县境称镇岗河，又称为镇江河、安源水；古称三伯坑水；定南县境内，称为九曲河；江西境内称定南水，汇入东江后称贝岭水。位于江西省南部、广东省东北部，地处东经 114°47′36″～115°32′20″、北纬 24°33′53″～25°08′07″。发源于寻乌县三标乡大小湖崬村，自东北流向西南，干流流经寻乌、安远、定南、广东省和平、龙川 5 县，于广东省和平县下车镇三溪口村流入广东省境。江西省境内流域面积 1683km²，流域平均高程 431m，主河道长 91.2km、纵比降 3.05‰，河网密度为 0.40，河流弯曲系数 1.98，流域形状系数 0.17。

流域形状似三角形。西邻桃江及其支流，北毗濂江，东、南靠东江，涉及江西省寻乌、安远、龙南、定南、广东省和平、龙川 6 县。江西境内流域内流域面积大于 10km² 以上支流 47 条，其中不小于 10km² 但小于 50km² 的支流 39 条；不小于 50km² 但小于 200km² 以上的支流 6 条；200km² 以上一级支流有 2 条。流域内建有东风、礼亨、转塘、九曲、长滩 5 座中型水库、3 座小（1）型水库和 13 座小（2）型水库。

河源地处东经 115°32′01″、北纬 25°04′37″，河源高程 1136.4m。出河源西北行经寻乌县大小湖崬村，下行 5km 至梅坝入安远县境。寻乌县境河段称大湖崬河，入安远县境称镇岗河，古称三伯坑水。河道弯曲，河槽宽浅，河水清澈，河床多卵石、粗沙，两岸农田成片，丘陵平原交错，林果茶园毗连。向西南流入东风水库，三百山河在库区左岸汇入。出东风水库西行经凤山乡西南流，经井垃至老围村，过镇岗乡所在地，转南流经上魏、下魏于孔田镇下龙村左岸纳新田水后，河流蜿蜒向西流至龙岗转西南流，经鹤子镇所在地至定南县龙塘镇白驹村。两岸植被较好，河床多卵石，因其流经天九镇沙罗湾时呈"九"字形故名九曲河。河流在龙塘镇转东南流，在鹅公镇黄朝富于左岸纳柱石河后转向西南流，经坪岗村至转塘水库，过转塘村入九曲水库。过天成桥，经天九镇桃溪村三溪口右岸纳下历水，向东流行 4km，建有长滩水库。出库后经老虎斜进入广东省境内，至广东省和平县下车镇三溪口右岸纳老城河，左岸纳广东省张田溪，三溪交汇，故名"三溪口"。入粤后流经龙川县称贝岭水，至龙川县合河坝从右岸注入寻乌水。出境口位于定南县天九镇老虎斜，东经 115°11′25″、北纬 24°41′46″，出境口高程 160.00m。

流域多年平均气温 18.8℃。多年平均降水量 1590mm；降水年内分配不均匀，4—6 月降水量最多，占年降雨量的 42.2%；10—12 月降雨量最少，占年降雨量的 9.6%；降雨在年际分配上也不均匀，最大年份为最小年份的 2.34 倍；区域降水量分布趋势是山区多于丘陵，南部多于北部；单站年最大降水量 2344.6mm（1983 年安远县新屋站），年最小降水量 832.9mm（1991 年安远县双坑站）。多年平均径流量 15.70 亿 m³，最大年径流量 25.35 亿 m³（1975 年），最小年径流量 3.465 亿 m³（1963 年）；径流的年际变化极不平衡，最大年是最小年的 7.3 倍；径流的年内分配亦不均匀，4—6 月占全年的 49.8%，7—9 月占全年的 22.5%；径流的地区分布不平衡，南部大于北部，山区大于丘陵区。年水面蒸发量 1070mm。多年平均流量 22.8m³/s，最大流量 30.8m³/s（1996 年），最小流量 15.3m³/s（1999 年）。

胜前水文站（控制流域面积 751km²）多年平均降水量 1540.5mm，最大年降水量 2027.9mm（2006 年），最小年降水量 776.2mm（1991 年）。多年平均水位 221.68m，最高水位 229.56m（2006 年 7 月 15 日），最低水位 220.00m（1996 年 7 月 12 日）。多年平均流量 21.1m³/s，最大流量 1550m³/s（1978 年 7 月 31 日）；最小流量 0.890m³/s（1991 年 6 月 6 日）。

二、防洪抗旱工程体系

流域内建有东风、礼亨、转塘、九曲、长滩 5 座中型水库，3 座小（1）型水库和 13 座小（2）型水库，总库容 1.12 亿 m^3，电站装机容量 2.37 万 kW，多年平均年发电量 9810 万 kW·h，水利工程灌溉面积 7393hm^2。

流域内寻乌县治理开发保护如寻乌水。

涉水工程。流域内安远县在中华人民共和国成立前，有山塘 640 口，蓄水量 74.9 万 m^3，灌溉面积 0.67 万亩。有水利设施 3546 处，农田有效灌溉面积 15.9 万亩。据不完全统计，有山塘 1749 座，灌溉为主的中小型水库 33 座，农田有效灌溉面积 6.8 万亩。

东风水库。位于安远县风乡山大山村，于 1967 年 10 月开工，1970 年 3 月竣工。水库控制流域面积 128km^2，是一座以灌溉为主，兼顾发电、养殖、种植的中型年调节水库。水库总库容 1145 万 m^3，防洪库容 250 万 m^3，兴利库容 670 万 m^3，死库容 190 万 m^3。灌溉面积 1.1 万亩，保护耕地 3 万亩。电站装机容量 1280kW，多年平均年发电量 300kW·h。

转塘水库。定南水下游中型水库，地处定南县东部，西南距定南县城 28km，2002 年 9 月开工，2005 年 11 月建成。控制流域面积 929km^2，水库正常蓄水位 225.00m（黄海基面），设计洪水位 225.65m，校核洪水位 229.00m，总库容 2480 万 m^3，正常蓄水位相应库容 1412 万 m^3，水面面积 1.886km^2，系河道型日调节水库。工程以发电为主，兼有养殖等综合效益，电站装机容量 1.0 万 kW，多年平均年发电量 3090 万 kW·h。

九曲水库。定南水下游中旬水库，位于定南县东南部，西北距定南县城 15km。1972 年开工，1983 年 10 月竣工。控制流域面积 1080km^2，水库正常蓄水位 204.00m（黄海基面），设计洪水位 208.80m，校核洪水位 210.40m，总库容 1880 万 m^3，兴利库容 350 万 m^3，死库容 580 万 m^3，正常蓄水位相应水面面积 1.48km^2，为河道型日调节水库。工程以发电为主，电站装机容量 3200kW，多年平均年发电量 1780 万 kW·h。

礼亨水库。下历水上游中型水库，位于定南县西南部，东南距定南县城 3.5km，1958 年 12 月开工，1964 年 12 月竣工。控制流域面积 34.9km^2，水库正常蓄水位 278.01m（黄海基面），设计洪水位 279.59m，校核洪水位 281.34m，总库容 3910 万 m^3，兴利库容 2550 万 m^3，死库容 520 万 m^3，水面面积 2.57km^2，为河道型年调节水库。工程以城市供水、防洪和灌溉为主，兼有发电、养殖等效益，电站装机容量 520kW，多年平均年发电量 90 万 kW·h。

长滩水库。定南水下游中旬水库，地处定南县东南部，西北距定南县城 27km，1992 年 12 月开工，1997 年 7 月建成。控制流域面积 1312km^2，水库正常蓄水位 187.00m（黄海基面），设计洪水位 187.70m，校核洪水位 189.81m，总库容 1155 万 m^3，正常蓄水位相应库容 800 万 m^3，水面面积 1.02km^2，系河道型日调节水库。工程以发电为主，兼顾旅游等综合效益，电站装机容量 6400kW，多年平均年发电量 3400 万 kW·h。

河道整治。流域内安远县民国以前，无河道疏浚之举。中华人民共和国成立至 1985 年，全县疏浚小河溪沟逾 40km；1953—1982 全县疏浚河道 50km；1956—1979 年疏浚河道 912km；1986—2005 年全县疏浚河道 12 座（处），总长度 13km，清理土石方 12.29 万 m^3。

城市防洪排涝。安远县城区主要防洪设施有濂江河堤，上游建成的小（2）型水库也部分削减了县城的洪峰与洪量。根据防洪总体规划，防洪工程总体布局按地理位置分濂江河石果背桥河段、水背桥以下溪背低洼段、新开发城区花椒河支流 3 个区域。规划水平年近期 2000 年，防洪标准 20 年一遇；远期 2015 年，防洪标准 50 年一遇。防洪工程设施：东江源大桥上、下游新建河堤 3900m，均为浆砌块石重力防洪堤；水背桥至农机厂河段建路堤并用式河堤；花椒河现为土堤，远期规划浆砌石护岸。

定南县城区防洪是靠沿河两岸 4 条圩堤 1700m，治涝以沟排为主，防洪标准低于 5 年一遇；礼亨水库对城区防洪起到蓄洪削峰作用，削减洪峰 86.9%。根据城区防洪总体规划，防洪工程总体布局是加高加固现有河堤，具体划分为杨梅、礼亨河段 2 个防洪治理区，防洪标准 20 年一遇。防洪工程设施：杨梅河段，现有河堤 4300m，有 2200m 河堤需进行加固，整治河道对现有小（2）型水库进行除险加固；礼亨河段，高桥至仙龙亭桥为站北开发区，对河堤加高加固。

防洪抗旱非工程措施。流域内防洪抗旱管理直接接受县防汛抗旱指挥部统一调度，每个乡镇下设防汛办和水利管理员，负责辖区内防洪抗旱管理，每座水库设有水库管理机构，由县乡防汛机构统一调度。

每年汛前，县水务局都要派出技术人员对全县小（1）型、小（2）型水库及重点堤防工程进行安全检查，发现问题及时处理上报并制订年度度汛调度方案；相继制订《安远县特大洪涝灾害救灾应急预案》《安远县城市防洪预案》《安远县防洪预案》《安远县突发性地质灾害应急预案》。县人民政府设防汛抗旱指挥部，由副县长担任总指挥，负责全县防汛抗旱工作。乡镇人民政府相应设置乡镇防汛抗旱指挥部，乡镇长担任指挥长，负责本乡镇防汛抗旱工作。县防汛抗旱指挥部在县水利局设办公室，具体负责县防汛抗旱日常工作。

坚持有灾抗灾、无灾预防的原则，提前制订防灾抗灾预案，及早协调预案实施，及时提供雨情、旱情信息，准确作出水库并蓄水决策；加强水利工程用水调度，统一合理调配抗旱水源，做好水库、河道水质监测及饮用水质的管理；在水源缺乏地区，组织群众维修堰圳渠道；及时提供天气预报，实施人工降雨增水作业；县政府及有关部门及早筹备抗旱经费和做好抗旱物资准备。根据县防汛抗旱指挥部和乡镇防汛抗旱办公室视旱情程度启动抗旱应急响应，县乡抗旱部门按照"先生活后生产，先农业后工业"的原则，组织调用抗旱队伍、物资，调用应急水源实施抗旱。

水土保持。据调查统计，安远县因 20 世纪 80—90 年代稀土开采而造成的水土流失面积达 10.95km²，其中强度以上达 9.303km²，水土流失非常严重。据江西省 2005 年第三次遥感数据及结合实际调查统计，全县有水土流失面积 374.2km²，其中：轻度流失面积 194.6km²，中度流失面积 74.933km²，强度流失面积 73.27km²，极强度流失面积 20.93km²，剧烈流失面积 10.467km²；全县有崩岗 1572 处，侵蚀 6.9334km²。2005 年开始实施水土流失重点治理工程，先后实施东江源区水土流失重点治理工程、开龙项目区国家水土保持重点建设工程（2008—2012 年）和中央预算内水土保持安远县车双项目区崩岗治理工程，完成 8 条小流域水土流失面积 4429.34hm² 综合治理；治理崩岗 30 座水土流失面积 71.22hm²。

三、水旱灾害情况

(一) 安远县

1. 典型水灾

流域内安远县平均每年出现暴雨次数 4.5 次，主要发生在 4—6 月，暴雨历时长且强度大，多出现大于 100mm 的暴雨。其暴雨次数多、强度大的地区为中部沿九龙山一线江头、高云山及县城、版石。

1961 年 5 月 19—22 日，连续降水 161.2mm，6 月 22 日降水 179.2mm，均酿成水灾。8 月 25 日 20 时起至 27 日 15 时止，持续暴雨，降水 245.8mm，全县山洪暴发，再次发生水灾，冲毁农田 4.21 万亩，冲塌房屋 959 间，23 人被淹死。

1964 年 6 月 13—16 日，连续降水 336.7mm，造成水灾，全县 2.93 万亩农田受灾，210 间房屋被冲倒。

1978 年 7 月 31 日，暴雨，县城中山街水深 0.7m，蔡坊圩水深逾 2m，洪水冲走稻谷约 42.5 万 kg，冲塌房屋 350 间，淹死 11 人。

1983 年 6 月 3 日，暴雨，河水猛涨，上魏圩水深 1.2m，双芫圩水深 0.7m，洪水淹没农田 3.57 万亩，冲走木材 3666m³，冲塌房屋 460 间，冲毁桥梁 77 座，冲走成鱼 6.5 万尾。

2002 年 6 月 12 日凌晨，鹤子、镇岗分别降大暴雨 163.5mm 和 155.1mm；8 月 6 日，鹤子、凤山 1 天降雨分别为 106.5mm、101mm；8 月 10 日又降大到暴雨，凤山、蔡坊降雨量分别为 90mm 和 62.8mm；8 月 15 日凌晨再降大到暴雨，江头、县城降雨量分别为 95.2mm 和 61.1mm；全县有 16 个乡（镇）14.07 万人受灾，受灾农田 3500hm²，损坏小 (2) 型水库 2 座；凤山、濂江、古田河堤损坏 9 段，长 5.3km；毁塘坝 388 座，水圳 35 条（116 处）；损坏水轮泵站 5 座，电站 2 座；乡村公路中断 11 条，毁路基 25km；损坏高低压线路 5km，通信线路 3km；造成直接经济损失 6384 万元。

2. 典型旱灾

1953 年 6 月下旬至 7 月底，降水量 47.0mm，全县干旱成灾，农田受灾面积 16685 亩，成灾面积 3340 亩，凤山、天心、五龙等乡灾情尤重，凤山乡受旱面积 1500 亩。

1962 年 7 月 3 日至 8 月 2 日仅降水 24.2mm，全县受旱面积 20236 亩。

1963 年，安远发生春、夏、秋连续重旱，遭受中华人民共和国成立以来最严重的旱灾，期间溪水断流，池塘干涸，农田龟裂，全县 9.6 万亩农田受灾，其中 1.77 万亩颗粒无收。

1977 年，从 1 月至 4 月 4 日降水量 123.4mm，全县 31 座水库有一半是三类水库，作放空处理，余限制水位不能正常运行，致使全县受旱农田面积 38000 亩。

1979 年，从 6 月 12 日至 8 月 10 日降水量 115.8mm，致使全县 185 个大队、1538 个生产队遭受干旱灾害，农田受旱面积 59161 亩。

流域内龙南县典型水灾年：

1966 年 6 月 22 日洪水，县城超警戒水位 3.7m，全城水淹，全县受灾 1.79 万户、7.1 万人，死亡 23 人，倒塌房屋 2.55 万间，农作物受灾面积 4400hm²。

2006 年 7 月 26 日，降雨 136mm，县城超警戒水位 2.1m，17 个乡（镇）严重受灾，倒塌房屋 526 间，死亡 2 人，直接经济损失 1.3 亿元。

（二）定南县

1. 典型水灾

流域内定南县境群山丛立，小盆地较少，且暴雨雨量集中，降水强度大，局部易发生洪涝造成洪涝灾害。据资料统计，年平均暴雨日数 5～6 次，发生大水年份占 1/3。受地形影响，鹅公、天九出现暴雨概率最多。1723—1985 年定南县共发生大小洪水 28 次，平均 9 年一次。

1953 年 5 月 13 日至 6 月 15 日，连续 6 次水灾，受灾农田 2.04 万亩，倒塌房屋 427 间，死 8 人。

1961 年 8 月 26—27 日，降大暴雨，降水量达 196.0mm，全县山洪暴发，冲倒房屋 549 间，便桥 103 座，水利设施 626 处，淹没稻田 1.8 万亩，损失稻谷逾 4.5 万 kg；9 月 10 日暴雨，河流泛滥，倒塌房屋 322 间，冲坏水利设施 537 处，便桥 113 座，死亡 5 人，牛死亡 2 头，受灾面积 5000 余亩。

1964 年 6 月 9—15 日，降水量 400mm，山洪暴发，淹没稻田 3.2 万亩，减产 195 万 kg，倒塌房屋 747 间，死亡 8 人，伤 6 人。

1966 年 6 月，连降暴雨，降水量达 633.0mm，20 日降水量 233.8mm，冲坏水利设施 3709 座，淹没农田 5.1 万亩，倒塌房屋 160 余间，死亡 3 人。

1973 年 5 月 7 日，暴雨，倒塌房屋 170 余间，死亡 2 人，冲坏稻田 5800 亩，便桥 54 座。

1978 年 7 月 30 日，降特大暴雨，日降水量 239.4mm，全县河流横溢，淹没稻田 6.7 万亩，倒塌房屋 410 余间，死亡 1 人，月子、下历、天花等地受灾严重。

1983 年 7 月 25 日，岭北暴雨成灾，淹没农田 4500 亩，损失稻谷逾 2500kg，月子圩倒塌房屋 8 间，死亡 2 人。

1990 年 7 月 28 日、31 日，暴雨，农田受淹 5600 亩，倒塌房屋 9 间，冲坏水利设施 135 座，河堤决口 980m，山体滑坡，死亡 2 人。

1992 年 3 月 25—26 日，连降暴雨，农田受害 8000 多亩，毁坏水利设施 300 座，倒塌房屋近 400 间，8 人死亡，直接经济损失 200 万元。

1998 年 3 月，降水集中，大雨、暴雨连续出现，损坏房屋 60 多间，倒塌房屋 200 多间，山体滑坡致 2 人死亡，受灾作物面积 3646hm^2，直接经济损失 150 多万元。

2010 年 5 月 5—7 日，县内发生特大洪灾，暴雨强降水过程出现历史罕见的“5·7”洪灾，受灾人口 7.39 万人，因灾死亡 12 人，1 人失踪，直接经济损失达 79528 万元。

2. 典型旱灾

定南县发生干旱（连续大于 60 天无雨）年份占 56%，其中秋旱（8 月 11 日至 10 月 10 日出现的干旱）为最多，占总次数的 65%，干旱的强度以中旱为最多，占 56%。典型旱灾年如 1963 年，大旱，小河断流，受旱农田 1160hm^2，粮食减产 450t。

第十八章

入 湘 江 水 系 河 流

江西省入湘江水系 200km² 以上河流有萍水河、南坑水、麻山水、栗水、草河、渼水。萍水河为湘江一级支流，位于江西省西部，流域面积 1398km²，南坑水、麻山水、栗水为萍水河一级支流。草河位于萍乡市西部，流域面积 336km²。渼水位于江西省西北部修水县，流域面积 275km²。

第一节 萍 水 河

一、流域概况

湘江中下游右岸一级支流，位于江西省西部。本书所记仅为江西境内渼水上游与支流澄潭江汇合口以上河段，在萍乡境内称萍水河，古名萍川，是萍乡市境内最大河流。地处东经 $113°36'\sim113°54'$、北纬 $27°41'\sim27°51'$ 之间，流域面积 1370.7km²。发源于江西省上栗县鸡冠山乡砖岭村，干流流经袁州、上栗、安源、湘东、醴陵 5 县（区）。流域平均高程 265m，主河道长 94.1km，纵比降 0.254‰，河网密度 0.57，河流弯曲系数 1.45，流域形状系数 0.34。

流域形状呈扇形。东邻袁水，南与草河、禾水相邻，北以杨岐山与浏阳河分水，涉及江西省宜春、萍乡 2 市和湖南株洲市，共 2 省 3 市 5 个县、区。江西境内流域内流域面积大于 10km² 以上支流 29 条，其中不小于 10km² 但小于 50km² 的支流 23 条；不小于 50km² 以上支流 6 条。流域内建有黄土开、坪村、河江、枣木、涡底潭 5 座中型水库、21 座小（1）型水库和 52 座小（2）型水库。

地表水左分水线：从袁州区水江乡中坑、天台镇流田，经上栗县赤山镇观泉、安源区白原街道办茶园，过芦溪县南坑镇棋盘石、长丰乡羊角岭，转湘东区白竺乡上村、麻山镇鸡毛岭、下埠镇胡家坊，至荷尧镇金鱼石汇入湖南省。

地表水右分水线：从袁州区水江乡新村，经上栗县东源乡石岭分水线，过长平乡董古岭、云峰岭，至荷尧镇金鱼石汇入湖南省。

河源位于江西省上栗县鸡冠山乡砖岭村，东经 $113°53'59''$、北纬 $27°50'59''$，河源高程 564.10m。由河源自北向南经水江、上埠、赤山，至赤山镇周江于左岸纳院背水，过赤山经彭高镇至田中村右岸纳福田水，该河道蜿蜒曲折，河床崎岖不平，河槽呈 V 形，河宽 $10\sim60m$，河床由砾石、砂石组成；由三田出上栗县自北向南弯曲流经萍乡市中心城区安源区，后迂回折西，流经南门萍实桥、小西门铁路桥，汪龙潭至长潭里左岸纳入南坑河，其上游建有中型坪村水库，该河段河宽 $60\sim100m$，河道断面呈"凵"形，河床多由沙、卵石组成；经长潭出安源区流入湘东区，由东向西流过小桥至江口村左岸纳麻山河。向西北流经坝老上至刘公庙左岸纳入源于五峰山的乌岗河，浙赣铁路经姚家洲向西横跨萍水河。后弯曲向西过湘东镇至荷尧右岸纳荷尧水，湘东区境内地貌较平坦，地势东南高、西北低，河段多沙洲和分汊，河床宽浅，水流平缓，河宽 100～1500m，河道断面呈"凵"形，河床多由沙、卵石组成。过荷尧镇流经骆驼湾水电站于金鱼石出省境，向南折回于湘东区湾梓里右岸纳入下埠水，出省境后流经湖南醴陵枧头洲双河口，从左岸与澄潭江汇合，而后始称渌水。出境口位于萍乡市江西省湘东区荷尧镇大义村金鱼石，东经 113°39′52″、北纬 27°40′37″，出境口高程 60.0m。

流域多年平均降水量 1642.9mm，单站最大年降水量 2201.5mm（1997 年安源区萍乡站），单站最小年降水量 1024.8mm（1971 年湘东区湘东站）。多年平均径流量 13.56 亿 m^3。年内分布不均匀，汛期径流较大，4—9 月径流量约占年总径流的 70%。年际变化十分明显，根据相邻流域水文实测记录分析，最大年份径流量是最小年份的 4.2 倍。

中上游的赤山镇，上栗县赤山水位站断面，东经 113°53′28″、北纬 27°41′58″，中高水时河槽呈"凵"形，低水时河槽呈 V 形。经实地勘测，赤山站河段历史最高洪水位 102.44m，河面宽达 80m，最大水深 5.82m。而最低水位时，河宽仅有 60m 左右，最大水深约 2.38m。多年平均河面宽 60m 左右，平均水深 3.38m。

萍乡市区鹅湖桥以上河流水质良好，多为Ⅱ～Ⅲ类水；小西门铁路桥以下至金鱼石河段水质多为Ⅳ～Ⅴ类水，是江西省重点污染河段之一，其主要污染物有氨氮、总磷、BOD_5、石油类等。已划分水功能利用开发区 2 个，保留区 2 个，缓冲区 1 个。

二、防洪抗旱工程体系

流域内有 5 座中型水库、19 座小（1）型水库和 106 座小（2）型水库，蓄水工程总库容 1.76 亿 m^3，供水能力 2.34 亿 m^3。流域内共有小（1）型以上水闸 32 座，其中大型水闸 2 座，中型水闸 9 座，小（1）型水闸 21 座。

黄土开水库位于上栗县赤山镇境内的中型水库，距萍乡城 22km。1958 年动工兴建，分 3 期施工，1978 年完工。坝高 28m，坝长 120m，坝顶宽 7m。控制流域面积 6.8km²，设计引水入库面积 11.2km²，设计库容 1140 万 m^3，兴利库容 812 万 m^3，有效灌溉面积 1.93 万亩。

坪村水库位于芦溪县南坑镇境内的中型水库，距萍乡城 27km，是一座集农业、灌溉、城市供水、发电于一体的综合性工程。1966 年动工兴建，1970 年枢纽工程完工。控制流域面积 52.2km²，总库容 1500 万 m^3，有效灌溉面积 3.5 万亩。

河江水库位于莲花县六市乡境内的中型水库，1968 年动工兴建，1974 年枢纽工程完工。坝高 297m，长 146m，坝顶宽 6m，大坝左端 516m 高程输水涵管，大坝右端设开敞式溢洪道。控制流域面积 26.6km²，设计库容 1160 万 m^3，设计灌溉面积 2.23 万亩。

枣木水库位于上栗县桐木镇境内的中型水库，距萍乡城 64km。1974 年动工兴建，1980 年枢纽工程完工。坝长 40.32m，坝顶长 150m、宽 8m。控制流域面积 47km²，设计库容 1380 万 m^3，兴利库容 1046 万 m^3，设计灌溉面积 2.5 万亩，实际灌溉面积 1.65 万亩。

锅底潭水库位于芦溪县长丰乡境内，是一座集农业、灌溉、城市供水、防洪、发电于一体的中型水库。该水库枢纽工程由钢筋混凝土面板堆石坝、溢洪道、引水系统、水电站及其他配套设施组成。控制流域面积 71.6km²，设计库容 2207 万 m³，总库容 2215 万 m³，每年可为下游麻山水厂提供调节水量 1500 万 m³。

流域内有陂坝 1478 座（袁州区 2 座），供水能力 2.63 亿 m³。流域内有电灌站 958 台，装机 1567.8 万 kW，水轮泵站 26 台，供水能力 0.7 亿 m³。流域内有 4 座重点中型灌区，为坪村灌区、友谊灌区、桐木灌区、黄土下灌区，6 座中型灌区。

流域除萍乡城区和湘东城区段进行部分清淤及护岸外，其他河段岸线主要为自然岸线。

流域干流由北至南穿越萍乡城区，由东向西穿越湘东城区，沿岸用地包括公园、住宅、商业和部分企业用地。根据流域河道现状，重点治理干流长度 30km，萍乡城区与湘东城区河岸绿化长度 20km。

萍水河流域有 3 级圩堤 4 座，4 级圩堤 8 座，5 级圩堤 6 座。

三、水旱灾害情况

（一）典型水灾

流域内萍乡市从 4 月进入雨季，每年 5—8 月，有时由于降雨集中，大雨和暴雨相继出现，山洪暴发，河水猛涨，造成灾害。1955—1985 年共出现 20 次洪水灾害，其中小洪水 4 次（1964 年 1 次、1966 年 2 次、1980 年 1 次），占洪水总数的 20%；中等洪水 11 次（1961 年 2 次、1965 年、1967 年、1970 年、1975 年 1 次，1977 年 2 次，1979 年 3 次），占洪水总数的 60%，大洪水 4 次（1969 年 1 次，1982 年 3 次），占洪水总数的 20%。

1986 年 6 月 23 日，萍乡市内日降水量 175.5mm，为 1955 年以来日雨量最大值，虽然前期降水少，仍给工农业生产造成较大损失。早稻及二期秧苗近 3 万亩受淹，冲毁商品蔬菜地 1300 多亩。萍麻公路冲坏路面逾 10km，跃进、青山矿冲走煤炭逾 4000t。

1987 年 5 月 19 日下午 5 时至 20 日 14 时左右，上栗区的东源、赤山、长平、福田、彭高等地降 200~220mm 特大暴雨。萍乡城区 20 日降水量 96.8mm，沿河两岸，洪水泛滥成灾。全市倒房 1448 间，死、伤 48 人；城区多处排水不及，小西门水深处达 1m 多；农田受淹 11.7 万亩，其中冲毁 2.8 万亩；2350 亩蔬菜被淹，其中冲毁 900 多亩。直接经济损失 1000 余万元。

1989 年 6 月 28 日至 7 月 3 日，连续大雨、暴雨，总降水量 321.2mm，受淹稻田 5 万多亩，成灾万亩以上；随雨水浸染，局部地区出现轻度穗颈瘟和稻曲病。西瓜、蔬菜等作物受淹后也普遍出现病害死苗，造成严重减产。6 月 29 至 7 月 3 日，日平均气温又都低于 22℃，这种障碍型冷害是 1995 年有气象资料以来没有的。早稻普遍出现麻壳，严重的结实率在 70% 以下，减产幅度较大。

1993 年 7 月上旬，持续低温暴雨，旬降水量达 294.0mm。日最大降水量 119.9mm（8 日）。2—4 日，日平均气温又都低于 22℃，早稻开花、灌浆不利，稻瘟病发生蔓延；西瓜、蔬菜烂兜、死苗。上栗区及湘东麻山等地洪涝成灾，早稻和二晚秧苗被冲淹，损失较大。

1994 年 6 月 13 日和 16 日，分别出现大暴雨、暴雨，降水量为 153.4mm 和 87.7mm，对早稻早、中熟品种抽穗扬花不利。特别是 13 日的大暴雨，局部地区洪涝严重，早稻受灾面积达十多万亩，二晚秧苗冲淹 0.4 万亩。西瓜及大棚辣椒、番茄等死苗严重，产量损失较大。

1995 年 6 月 25—26 日，受高空低槽、中层切变和地面静止锋共同影响，全市大部分地区出现大暴雨。26 日雨量北大南小，萍乡城区达 162.6mm，莲花县为 57.9mm。29 日晚又受高空低槽和地面新生静止锋影响，自南向北先后出现暴雨，雨量南多北少，其中莲花县 250.1mm，萍乡城区 136.6mm。萍水、栗水、袁水、禾水上涨，毁坏河堤、渠道逾 50km，损坏抽水工程 60 余处，冲毁电站 7 座，毁坏县乡公路路面 59km、公路桥 3 座、涵洞 356 座，塌房 510 余处。市自来水厂受淹，中断供水 3 天。

1997 年 5 月 8 日、7 月 8 日、9 月 1 日，出现 3 次暴雨，萍乡城区日降水量分别为 109.6mm、148.3mm、178.4mm。其中 7 月 8 日暴雨范围较广，灾情较重，雨量自北向南递增，以南降雨量最大，达 217.0mm。芦溪袁水和湘东渌水两岸的南坑、湘东、麻山、东桥等地农田受淹，受灾农田面积 18.8 万亩，冲走水产品逾 20t，倒房数百间，淹死 3 人，损失较大。

2010 年，全市降雨异常偏多，且强度呈叠加特点，4—6 月降雨过程更为集中，较多年同期均值偏多 5 成。6 月 24 日，强降雨达到最高值，萍乡城区降水量 167mm，上栗县长平乡降水量 245.5mm。全市受灾人口 86.8 万；农作物受灾面积 3.5 万 hm²，损坏房屋 5000 间，倒塌房屋 4749 间；公路塌方 1886 处，冲毁路基 476.1km；冲毁公路涵洞 459 处，冲毁路面 782.33km，桥梁局部损毁 217 座；损坏灌溉渠道 3500 余处，损坏山塘 126 座，损毁陂坝 60 余处，损坏河堤 60 余处，损坏机电排灌设施 100 余处，发生大型山体滑坡 3 处，全市累计直接经济损失 22 亿元。

（二）典型旱灾

流域相对地势较高，无过境河流。境内旱灾，主要有伏旱、伏秋旱和秋旱，少数年份还出现过春旱。据 1950—1985 年统计，36 年中出现干旱有 14 年，为 2.5 年一遇。其中轻旱 3 年（1951）占 21.4%；中旱 4 年（1956 年、1957 年、1966 年、1981 年），占 28.6%；大旱 7 年（1958 年、1959 年、1960 年、1963 年、1971 年、1978 年、1983 年），占 50%。

1963 年春旱、夏旱连秋旱最为严重，渌水及其他 3 条主要河道全部断流，全市 2.69 万 hm² 农田受旱，成灾面积 1.4 万 hm²，8670hm² 农田颗粒无收，全市工农业用水及居民生活用水、牲畜饮水非常困难。

1991 年 6 月 21 日至 7 月 30 日，持续高温干旱，总降水量仅 9.2mm，大部分地区没有出现有效降雨，加上主汛期雨量又比历年同期偏少 3 成，山塘水库蓄水不足，更加重了旱情。全市早稻受旱面积 5 万余亩，因断水过早，产量影响较大，有的田块甚至颗粒无收。

2003 年 6 月下旬至 8 月上旬，持续高温干旱，萍乡市除人工降雨外，几乎没有自然降雨。极端最高气温达 41℃（8 月 2 日），创下历史之最。由于久晴高温，山塘水库蓄水量急减，一些地方出现人畜无水可饮的现象，受旱涉及 3 县 3 区 59 个乡（镇），受旱面积达 39.23 万亩，占水田面积的 56%，其中莲花县最为严重，受旱面积达 72%。

2007 年萍乡市遭受 50 年不遇的特大干旱灾害，出现罕见的夏、秋、冬连旱。4 月 1日至 7 月 31 日，全市平均降雨 462.6mm，比多年平均值（812.4mm）偏少 43%，比旱情严重的 1963 年（574.8mm）、1978 年（620.7mm）、2003 年（602.9mm）分别偏少20%、25%、23%。尤其是进入 10 月以后，基本未出现有效降雨。据统计，全市共有 59个乡镇近 30 万亩农田受旱，受旱面积占农田总面积的 50%；有 7.5 万人出现饮水困难，占全市农村人口的 5%。严重的旱情使工业生产深受影响，重点工业生产也因水资源短缺一度告急，全市干旱直接经济损失 1500 余万元。

第二节 草 河

一、流域概况

湘江水系铁水的支流，指其在江西省内部分的称谓。因其中下游流经湘东区东桥镇，又名东桥水。地处东经 113°33′~113°48′、北纬 27°20′~27°31′，流域涉及江西省萍乡市湘东区和湖南省醴陵市。流域状似叶片形。江西省境内流域面积 284.6km²。流域平均高程 285m，主河道纵比降 2.84‰，江西省境内河长 34.3km。流域东邻麻山水，南接湖南攸县洣水支流攸水，西毗湖南铁水，北靠渌水。流域形状系数 0.39，河网密度 0.34，河流弯曲系数 1.76。流域内流域面积不小于 10km² 但小于 50km² 的支流 1 条；50km² 以上支流 1 条。流域内建有南岗口小型水库。

地表水左分水线：从湘东区白竺乡芭蕉头村，自北向南经葫芦丘、白竺至长坪与麻山河分界。转西至湘东攸县交界处的东棚与湖南省攸县攸水分界。沿湘东攸县界界西北行，经珠子前，至竹山坡转北，到上言湖转西北至石壁与湖南省清水江分界。沿湖南省攸县湾里西北行，经醴陵市清水江乡高湾至东山从右岸汇入铁水，与铁水分界。

地表水右分水线：自东向西至鸡毛岭与周家源水分界。转西北经五峰山至栗山坡与腊市水水分界。转西南经黄竹坪、山田、寨上，至黄泥湖与美田桥河分界。转西北至东山与铁水分界。

河源位于湘东区白竺乡芭蕉头村，东经 113°46′51″、北纬 27°29′36″，河源高程266.9m。干流源头由东北向西南流经龙台后，经水泽至郊溪，转向西流至塘溪于左岸纳中村河，继续向西至大陂于右岸纳五峰河，折向南于南岗口村左岸纳官陂河，向东过东桥镇经南岸村过沿圹出境，流入湖南省醴陵市境内，汇入铁水。草河属山区性河流，草河东桥村以上水系发达，植被良好，地形以山地，以丘陵为主，河床深窄，河道弯曲，河宽30~60m。东桥村以下河床宽浅，河道顺直，河床主要由砂、石组成，河宽 50~80m。干流流态常年为顺流，总体流向为由东向西。草河出境口位于江西省萍乡市湘东区东桥镇院子里村，东经 113°36′09″、北纬 27°26′52″，出境口高程 69.81m。

流域多年平均降水量 1650mm，单站最大年降水量 2347.6mm（1994 年湘东区广寒站），单站最小年降水量 871.6mm（1963 年湘东区岗口站）。多年平均径流量 3.22 亿 m³。

中上游属中山区，重峦叠嶂，起伏连绵，河道蜿蜒曲折，穿越崇山峻岭，狭谷急流，水势暴涨暴落，属山区性河流，河面宽小于 30m，河床由砂砾石组成。东桥村以上属高丘陵区，海拔高度在 300～500m，东桥村以下属低丘陵区，海拔高度在 300m 以下，属侵蚀构造和构造剥蚀地貌，丘顶纯秃，谷地趋宽，地势平缓，河槽两岸宽敞平坦，均为稻田耕地，河槽逐渐开阔，河道宽浅弯曲，河面宽 50～80m，河床为粗细砂覆盖，河道不通航。

干流自上而下，除少数乡镇附近建有防洪土堤，或块石整治沟渠，局部河段因兴建水库、水电站而整治加固了河堤、河岸外，整体河岸为自然状态，或山坡脚、或田埂、或岩石、道路等。

中、下游的东桥镇茶红村北岭，经实地勘测，石前站河段历史最高洪水位 83.20m，河面宽达 391m，最大水深 4.68m。而最低水位时，河宽仅有 16m 左右，最大水深约 0.45m。多年平均河面宽 39m 左右，平均水深 1.1m。

流域东桥镇以上水质好于东桥以下的水质，枯期水质优于汛期，平水期水质优于洪水期，全年水质达到Ⅲ类标准。

二、防洪抗旱工程体系

中华人民共和国成立后，随着一批较大的蓄水、引水和提水工程的兴建，为扩大工程效益，增加农田灌溉，水利设施配套成龙。水库、陂坝、电灌、渠道相连，形成一批较大范围的灌区，其中灌田 1000 亩以上的有南干水库灌区和友谊渠灌区。

南干水库灌区。1969 年由东桥公社动工兴建，1972 年竣工。1973—1978 年进行渠系配套建设。干渠从坝下引水渠修到过草河，全长 5km，其中暗道、隧洞 4 处，全长 370m；渡槽 1 座，长 150m，设计灌溉面积 1 万亩。主要灌溉东桥镇的南干、东桥、草市 3 个村。

友谊渠灌区。为接通湖南省醴陵县酒埠江水库东干渠的水，灌溉东桥、排上、老关 3 个公社的部分生产队的农田而修建，其中东桥公社 1000 亩，排上公社 2300 亩，老关公社 700 亩。1974—1976 年从醴陵清水江公社跃进大队分水，开挖支渠至东桥的沿塘、凫田；从醴陵沈潭公社市田垅分水，开挖支渠至排上的梅林、官桥；从醴陵东富公社北冲分水，开挖至老关，3 条支渠绕越 20 多个山头，全长 5500m。渡槽 3 座，隧洞 8 处，整个灌区原计划灌溉农田 4000 亩，实际灌溉 3000 亩。

境内的东桥镇、广寒寨乡集镇所在地建立小型自来水厂，以地表水为主要取水源，供水范围仅限于集镇所在地的生活用水。

三、水旱灾害情况

境内暴雨形成的水灾可分为两大类：一类是南北气流在地面系统上形成锋面雨，主要出现在 4—6 月；另一类是热带气旋形成台风，出现在 7—9 月，以 8 月居多。典型水灾年份有 1995 年、1997 年（详见萍水河）。

第三节　渌　　水

一、流域概况

湘江支流汨罗江的源河在江西省内部分，又称大桥河、大桥水。下段出境口部分也称界上河。位于江西省西北部修水县境内。地处东经 113°56′～114°09′、北纬 28°52′～29°04′。东邻修河支流东港水，北毗渣津水，西、南入汨罗江。流域涉及江西省修水县黄龙乡、大桥镇、水源乡以及湖南省平江县，江西省内流域面积 275km²，呈不对称阔叶状。主河长 32.8km，流域平均高程 306m，主河道纵比降 3.51‰。河网密度 0.42，河流弯曲系数 1.83，流域形状系数 0.38。流域内流域面积不小于 10km² 但小于 50km² 的支流有 6 条；50km² 以上支流 1 条。其中最大支流中塅河流域面积占渼水流域面积的 1/3。流域内有万祥、五宝洞、徐家坳、洞上 4 座小（1）型水库和 20 座小（2）型水库。

地表水左分水线：源头北山八陡岭向东沿黄龙山东脊线至金峰岭折向南，奔黄龙乡东侧蛇岭山脊南下，经徐家屋、石新村，沿山脊折向东北，经半岭山脊折向东南，过燕窝穿过古市镇至大桥乡级公路，继续向东南，过坳下，穿越 S305 省道，于寺前折向西南，于箬苑窝转向正南，奔土龙山而上，于主峰沿山脊折向西，于山脚处向北绕行，于干塘尾一直向西，穿过省界，并再次交汇于省界出境口处。

地表水右分水线：自八陡岭沿山脊线向西至湫池塘，折向南，沿江西、湖南省界线南下，形成了流域西部分水线，至修水县水源乡石泉村社背屋西部省界处，流域分界线穿入湖南省平江县大坪乡沙里村东部的无名山脊继续南下，至交止塘折向东回归省界处交于出境口。

河源位于湖南省平江与江西省修水县交界处的幕阜山脉之黄龙山东南麓黄龙乡黄龙村上大岭山，东经 113°59′40″、北纬 29°01′52″，河源高程 669.50m。自源头黄龙山之上大岭山而下，由西向北东，流经佛教五宗七派之一的黄龙宗发源地黄龙寺。干流经黄龙乡折向东南，经水源乡左岸纳河桥水，过西塘于大桥镇墩台村左岸集大桥水转向西南，后经画桥右岸纳沙湾水转向南流，过大桥镇龙门堂后沿省界西行至界上右岸纳墨田水，于小源垄进入湖南省，此段又称界上河，转向西南流经杨树坑、车田渡，于西尹村社下右岸汇合中塅水，流入湖南省平江县龙门镇芳草村下游 3km 处左岸汇入汨罗江。出境口位于修水县大桥镇西尹村社下，东经 114°01′25″、北纬 28°53′32″，出境口高程 122.5m。

流域多年平均降水量 1590.0mm。降雨年内分布不均，4—9 月降雨量占全年总量的 69%，年际分布差异性也较大，最大年份为最小年份的 2.2 倍。单站年最大年降水量 2449.4mm（1967 年修水县朱溪厂站），单站最小年降水量 1058.6mm（1968 年修水县朱溪厂站）。多年平均径流量 2.553 亿 m³。年内分布不均匀，汛期径流较大，4—9 月径流量占年总径流的 74%。

中上游属中山区，重峦叠嶂、起伏连绵，河道蜿蜒曲折，穿越崇山峻岭，狭谷急流，水势暴涨暴落，属山区性河流，河面宽小于 30m，河床由砂砾石组成。水源、中段以上属高丘陵区，海拔高度为 300～500m，大桥、沙湾以下属低丘陵区，海拔高度在 300m 以下，属侵蚀构造和构造剥蚀地貌，丘顶纯秃，谷地趋宽，地势平缓，河槽两岸宽敞平坦，均为稻田耕地，河槽逐渐开阔，河道宽浅弯曲，河面宽 50～70m，河床为粗细砂覆盖，河道不通航。

渼水系山区性天然河流，河床组成主要是砾石和粗砂，局部河段为块石河床，村镇平缓处河床间有水草和淤泥。因受山洪冲刷影响，天然河道，尤其是土坡河堤易受冲淤，带来的结果是河势不够稳定，但因两岸地势较高，大规模改道的概率很低。

干流自上而下，除少数乡镇附近建有防洪土堤，或块石整治沟渠，局部河段因兴建水库、水电站而整治加固河堤、河岸外，整体河岸为自然状态，或山坡脚、或田埂、或岩石、道路等。

流域内干流河道，现状水质检测为Ⅱ类地表水标准。受影响因素主要是生活污染和种养殖业的有机污染。

二、防洪抗旱工程体系

1958年10月，在流域下游右岸大桥镇沙湾村兴建小（1）型五宝洞水库，1962年10月竣工。设计灌溉面积0.4万亩，实灌面积0.36万亩。

1965年9月，在流域中游左岸大桥镇山口村兴建小（1）型万祥水库，1969年5月竣工。设计灌溉面积0.3万亩，实灌面积0.28万亩。

1971年9月，在流域上游左岸大桥镇坳联村兴建小（1）型徐家垅水库，1975年4月竣工。设计灌溉面积0.35万亩，实灌面积0.2万亩。

1973年9月，在流域上游黄龙乡洞上村兴建小（1）型洞上水库，1974年8月竣工。设计灌溉面积0.3万亩，实灌面积0.2万亩。

至2010年，流域内还修建20座小（2）型水库以及若干小山塘，旱季均能有效发挥抗旱功能。

在河道整治方面，中华人民共和国成立后，进行河堤加高加固，到1985年，流域内在干流大桥镇大桥河段修筑堤高3.5m河堤，长4.5km。沙湾河段堤高2.5m河堤，长3km。支流水源乡水源河段堤高3m河堤，长3.4km。

主要桥梁有龙门桥，位于修水、平江两县交界处（即江西、湖南两省交界处），长95.6m。1967年5月兴建，1969年3月竣工。中塅桥为石拱桥，位于中塅乡（水源）至黄龙乡线上，长47m，1976年竣工。

三、水旱灾害情况

1998年5月20日，流域24h降水量238mm，仅大桥镇一处受灾面积13000亩，经济损失1000万元。渎水流域旱灾类型主要有气象干旱、水文干旱和农业干旱。一般以伏旱和秋旱形式出现，尤以秋旱严重。流域内旱灾频发、多发，80%年份有过旱灾，多出现在夏末及秋季，少数年份也有过秋冬连旱。因流域范围不大，出现干旱时多数是全流域性的。但中下游修水县大桥镇因农作物播种面积大、人口密度大，使受灾程度要大于上游地区。

第四篇

防汛抗旱应急管理实践

2016 年年底印发的《中共中央国务院关于推进防灾减灾救灾体制机制改革的意见》明确提出"两个坚持，三个转变"，即贯彻以人民为中心的发展思想，正确处理人和自然的关系，正确处理防灾减灾救灾和经济社会发展的关系，坚持以防为主、防抗救相结合，坚持常态减灾和非常态救灾相统一，努力实现从注重灾后救助向注重灾前预防转变，从应对单一灾种向综合减灾转变，从减少灾害损失向减轻灾害风险转变，落实责任、完善体系、整合资源、统筹力量，切实提高防灾减灾救灾工作法治化、规范化、现代化水平，全面提升全社会抵御自然灾害的综合防范能力。

2018 年 4 月 16 日，应急管理部正式挂牌，整合国家防汛抗旱总指挥部职责。2018 年 11 月 3 日，江西省应急管理厅正式挂牌。近年来，以习近平总书记关于安全生产、应急管理和防灾减灾救灾工作重要论述为指引，不折不扣贯彻落实省委省政府重大决策部署，从最薄弱环节入手，查漏洞、补短板，不断推进应急管理工作创新发展。面对洪灾和旱灾，江西应急管理工作坚持问题导向、目标导向和效果导向，落实落细省委、省政府和应急管理部决策部署，严密组织防汛抗旱工作，全力保障人民群众生命财产安全。本篇从防汛抗旱组织指挥体系、法律法规和责任体系、预案方案体系、应急保障体系、常规工作等方面，阐述防汛抗旱应急管理实践，供从事防汛抗旱工作人员培训学习、参考。

第十九章

组 织 指 挥 体 系

防汛抗旱是关系到社会安全和稳定，关系到社会主义现代化建设能否顺利进行的大事。国务院设立国家防汛抗旱总指挥部，流域设立流域防总，省、市、县（市、区）人民政府分别设立由有关部门、当地驻军、人民武装部负责人等组成的防汛抗旱指挥部。各级防汛抗旱指挥部担负着发动群众组织、组织各方面社会力量，从事防汛指挥决策等重大任务，在上级防汛抗旱指挥机构和本级党委及人民政府的领导下统一指挥本行政区域的防汛抗旱工作，在防汛抗旱工作中进行多方面联系和协调工作，组织各成员单位按照分工各司其职做好防汛抗旱工作，进行防汛抗旱工作的统一指挥、统一行动。

第一节　国家防汛抗旱组织体系

国务院设立国家防汛抗旱总指挥部（以下简称"国家防总"），统一指挥全国的防汛工作，按照《中华人民共和国防洪法》《中华人民共和国防汛条例》《中华人民共和国抗旱条例》等规定，国家防总在国务院领导下，负责领导组织全国的防汛抗旱工作，由国务院领导同志任总指挥，成员由中央军委联合参谋部和国务院有关部门负责人组成。国家防总在应急管理部设立办事机构（国家防汛抗旱总指挥部办公室），承担总指挥部日常工作。

第二节　流域防汛抗旱组织体系

国家确定的重要江河、湖泊设立由有关省、自治区、直辖市人民政府和该江河、湖泊的流域管理机构负责人等组成的防汛抗旱指挥机构，指挥所管辖范围内的防汛抗旱工作，其办事机构设在流域管理机构。长江、黄河、淮河、海河、珠江、松花江、太湖等流域设立流域防总，负责落实国家防总以及水利部防汛抗旱的有关要求，执行国家防总指令，指挥协调所管辖范围内的防汛抗旱工作。各流域管理机构防汛抗旱指挥部由有关省、自治区、直辖市人民政府行政首长和流域机构负责人组成，负责协调指挥本流域的防汛抗旱工作，执行规定的调度方案。其办事机构（流域防总办公室）设在该流域管理机构。国家防总相关指令统一由水利部下达到各流域防总及其办事机构执行。

第三节　地方防汛抗旱组织体系

各级防汛抗旱指挥部在同级党委、人民政府和上级防汛抗旱指挥部的领导下，具有行使政府防汛抗旱指挥和监督防汛抗旱工作的职能。根据统一指挥、分级分部门属地为主负责的原则，各级防汛抗旱机构的职责如下。

（1）贯彻执行国家有关防汛抗旱工作的方针、政策、法规和法令。

（2）组织制订并监督实施各种防御洪水方案、洪水调度方案和抗旱工作预案。

（3）及时掌握汛期雨情、水情、险情、旱情、灾情和气象形势，了解长短期水情和气象分析预报，必要时启动应急防御对策。

（4）组织防汛抗旱检查工作。

（5）负责防汛抗旱物资的储备、管理和防汛抗旱资金的计划管理。资金包括列入各级财政年度预算的防汛抗旱岁修费、特大防汛抗旱补助费以及受益单位缴纳的河道工程修建维护管理费、防汛抗旱基金等。针对防汛抗旱物资要制订国家储备和群众筹集计划，建立保管和调拨使用制度。

（6）负责掌握洪涝和干旱灾害情况。

（7）负责组织抗洪抢险，调配抢险劳力和技术力量。

（8）督促蓄滞洪区安全建设和应急撤离转移准备工作。

（9）组织防汛抗旱通信和报警系统的建设管理。

（10）组织汛后检查、防汛工程水毁修复情况等。

（11）开展防汛抗旱宣传教育和组织培训，推广先进的防汛抢险和抗旱新技术、新产品。

防汛抗旱是项综合性很强的工作，需要动员和调动各部门各方面的力量，在政府和防汛指挥部的统一领导下，分工合作、同心协力，共同完成抗御洪水灾害的任务。

第四节　江西省防汛抗旱组织体系

江西省防汛抗旱指挥部（以下简称省防指），是江西省人民政府设立的省政府议事协调机构，由省委、省政府有关部门、省军区、武警江西总队、相关事业单位及抢险救援队伍等组成。负责以习近平新时代中国特色社会主义思想为指导，深入贯彻落实国家防汛抗旱总指挥部和省委、省政府关于防汛抗旱工作方针政策和决策部署，全面领导、组织全省的防汛抗旱工作。

江西省县级以上人民政府设立防汛抗旱指挥部（以下简称防指），在上级防汛抗旱指挥机构和本级人民政府的领导下，组织和指挥本地区的防汛抗旱工作。防指由本级人民政府和有关部门、当地驻军、人民武装部负责人等组成，政府主要领导同志担任总指挥，其办事机构设在同级应急管理部门，负责组织本行政区域的防汛抗旱工作。

江河管理机构、水利工程管理单位、施工单位以及水文部门等，汛期成立相应的专业防汛抗灾组织，负责本流域、本单位的防汛抗灾工作；有防洪任务的重大水利水电工程、大中型企业根据需要成立防汛指挥部。针对重大突发事件，可以组建临时指挥机构，具体负责应急处理工作。

以 2022 年江西省防汛抗旱组织体系为例，其组织架构、组成、职责分工等情况如下所述。

一、江西省防汛抗旱组织架构

江西省防汛抗旱指挥部（以下简称省防指），是江西省人民政府设立的省政府议事协调机构，由省委、省政府有关部门、省军区、武警江西总队、相关事业单位及抢险救援队伍等组成。负责以习近平新时代中国特色社会主义思想为指导，深入贯彻落实国家防汛抗旱总指挥部和省委、省政府关于防汛抗旱工作方针政策和决策部署，全面领导、组织全省的防汛抗旱工作。

江西省防汛抗旱应急组织机构体系图如图19-1所示。

二、省防指组成

省人民政府主要负责同志担任省防指总指挥，省人民政府相关负责同志担任指挥长，明确一名指挥长负责指挥部日常工作，省人民政府相关副秘书长、省防指有关成员单位主要负责同志担任副指挥长，设秘书长1名、副秘书长若干名。

省应急管理厅、省水利厅、省军区、武警江西总队、省委宣传部、省委网信办、省直机关工委、省发改委、省教育厅、省工业和信息化厅、省公安厅、省财政厅、省自然资源厅、省住房和城乡建设厅、省交通运输厅、省农业农村厅、省商务厅、省文化和旅游厅、省卫生健康委、省国资委、省林业局、省广播电视局、团省委、江西日报社、江西广播电视台、省供销社、省气象局、省消防救援总队、省粮食和物资储备局、民航江西监管局、省通信管理局、省监狱管理局、省能源局、省水文监测中心、中国安能集团第二工程局有限公司集团有限公司、国网江西省电力有限公司、中国铁路南昌局集团有限公司等为省防指成员单位。

三、省防指职责

（1）在省委、省政府统一领导下，组织指挥全省防汛抗旱工作。

（2）指导各地各部门贯彻执行党中央、国务院、国家防汛抗旱总指挥部、长江流域防汛抗旱总指挥部和省委、省政府关于防汛抗旱工作的决策部署。

（3）组织制定全省防汛抗旱发展战略、方针政策、规章制度等并贯彻实施。

（4）指导各地各部门建立健全防汛抗旱指挥机构，建立上下联动、信息共享、协调有力的工作机制。

（5）建立健全全省防汛抗旱责任体系，预案、方案体系。组织指导各地开展培训演练。

（6）组织全省按照审批权限编审江河湖泊和水工程的防御洪水抗御旱灾调度和应急水量调度方案以及水工程度汛方案，实施防汛指挥调度。

（7）组织指导全省防汛抗旱开展隐患排查、监督检查，督促指导各地开展河湖行洪通道清障并及时处理影响安全度汛的有关问题。

（8）协调指导防汛抗旱经费的筹集、使用和管理。督促指导各地及相关行业储备防汛抗旱物资、装备等。负责省级防汛抗旱应急物资和应急救援装备统一调用；特殊时期，实施全省防汛抗旱应急物资和应急救援装备的统筹调用。指导各地各部门开展防汛抗旱队伍建设。

（9）适时组织防汛抗旱会商，分析研判形势，提出应对方案。

（10）组织动员社会力量开展巡堤查险、抗洪抢险、应急救援及救灾等工作。组织防

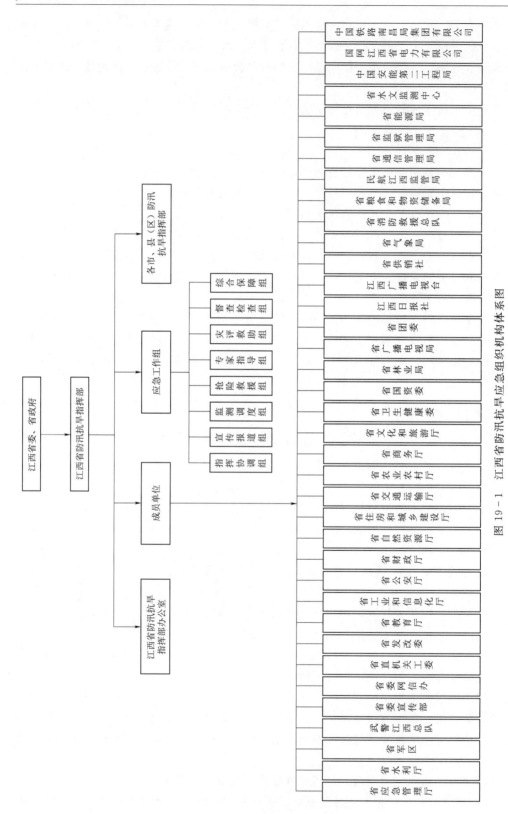

图 19 - 1　江西省防汛抗旱应急组织机构体系图

汛抗旱对外救援工作。组织、指导蓄滞洪区运用、补偿工作。

（11）根据当前汛情变化，宣布提前进入汛期，或提前结束主汛期；按规定启动、结束防汛抗旱应急响应；协助省委、省政府组织重大水旱灾害应急处置工作；按照《防洪法》的要求，视情况宣布全省进入紧急防汛期，或督促指导有关设区市、县（市、区）级人民政府防汛指挥机构宣布进入紧急防汛期，并按紧急防汛期要求开展防汛工作。

（12）组织指导受灾群众基本生活救助。

（13）组织指导重大水旱灾害应急处置的调查评估，协调推进善后处置工作。

（14）负责统一发布全省防汛抗旱信息。按照有关规定，适时组织召开防汛抗旱新闻发布会。

（15）按规定组织开展防汛抗旱表彰奖励。

（16）负责省委、省政府交办的其他防汛抗旱工作。

四、省防指领导及成员单位职责

总指挥：负责领导、指挥全省防汛抗旱工作。

指挥长：协助总指挥指挥、组织、协调全省防汛抗旱工作。

副指挥长：协助总指挥、指挥长落实各项决策部署和工作要求。

秘书长：协助指挥长、副指挥长组织开展防汛抗旱日常工作。

副秘书长：协助秘书长负责落实相关工作。

省防指具体领导组成，根据当年领导调整及分工情况，由省政府文件明确，省防指领导具体分工和职责，在省防指年度工作方案中明确。

省防指成员单位是省防汛抗旱组织领导体系的重要组成部分，应根据职责分工，切实履行职责，各司其职、密切协作，确保防汛抗旱各项工作任务高质量完成。各成员单位应根据承担的防汛抗旱工作任务和要求，及时组织编制本单位防汛抗旱部门应急预案，并根据前方指挥部、应急工作组和年度包片分工等要求，派员承担相应工作。

省应急管理厅：承担省防指日常工作；组织指导防汛抗旱体系建设规划、专项预案编制；协调指导重要江河湖泊和重要水工程的防御洪水抗御旱灾调度和应急水量调度工作；指导协调水旱灾害综合预警，指导水旱灾害综合风险评估工作。组织指导蓄滞洪区运用、补偿工作。按照分级负责的原则，组织协调重特大水旱灾害应急救援工作；指导协调全省应急避难设施建设与管理；组织指导水旱灾害受灾群众基本生活救助。负责组织协调防汛抗旱抢险救援社会捐赠物资的管理。承担水旱灾情信息的统计发布；承担防汛抗旱抢险救援队伍建设和调动，物资、设备、资金的计划管理；指导、协调和监督各有关行业、部门涉及防洪安全的在建工程的管理。督促省内工矿企业落实所属尾矿坝汛期安全防范措施；组织指导水毁基础设施修复工作；组织或参与防汛安全事故的评估、调查处理。

省水利厅：督促指导水利行业水工程落实各类责任人；负责组织编制省水利厅防汛抗旱部门应急预案，指导市、县两级水利部门编制防汛抗旱部门应急预案，并监督实施；指导水利行业水工程防洪抢险应急预案的编制及按程序报批，并监督实施；指导开展行业内防汛抢险专项演练；组织编制重要江河湖泊和重要水工程的防御洪水抗御旱灾调度和应急水量调度方案，按程序报批并组织实施，指导全省水工程防汛抗旱调度、应急水量调度；

负责水情旱情监测预警工作。负责省级水旱灾害防御物资、装备的购置及储备管理，指导水利行业各类水工程管理单位做好防御物资购置、储备工作；负责组织开展水利行业防汛抗旱督导检查工作；负责防御洪水应急抢险技术支撑工作，组织、指导防汛抗旱水利行业专家队伍建设。

省军区：根据汛情、旱情需要，组织指挥辖区民兵参加抗洪抢险救灾行动，协调军兵种及预备役部队支援重大抗洪抢险救灾，负责向军队系统上级单位申请对我省抢险救灾给予有关方面支援，负责协调任务部队遂行抢险救灾任务的保障。

武警江西总队：根据汛情需要，组织指挥驻赣武警部队参加抗洪抢险救灾、营救群众、转移物资及执行爆破等任务。协助做好维护相关区域社会安全稳定工作，并根据省防指要求，申请调配抢险救灾物资、器材。

省委宣传部：负责牵头组织全省新闻单位对防汛抗旱工作进行宣传报道；负责防汛抗旱舆论引导。

省委网信办：负责组织协调防汛抗旱网络舆情导控工作。

省直机关工委：负责牵头组建省直机关基层党组织党员突击队，拟定管理办法，健全工作机制，汛情紧张时协助相关地区开展防汛抗洪抢险救灾。

省发改委：负责组织协调防汛抗旱体系建设与水毁工程修复所需基建资金的筹集。指导有关部门和单位做好城市内涝治理相关项目前期工作，对符合条件的项目，积极争取中央预算内投资支持。

省教育厅：指导、协调、监督高校及地方教育行政部门做好防汛抗旱宣传教育工作；督促涉及防洪安全的高校及地方教育行政部门落实汛期安全防范措施，保障师生生命安全，指导学校灾后规划重建工作。

省工业和信息化厅：负责协调有关工业企业的防汛工作。

省公安厅：负责维护防汛交通、抗洪抢险秩序和相关区域社会治安工作，负责做好防汛抢险、分洪爆破时的戒严、警卫等工作，打击破坏防汛抗旱救灾行动和防汛抗旱设施安全、盗窃防汛抗旱物资设备等违法犯罪行为，做好防汛抗旱的治安保卫工作。防汛紧急期间，协助组织群众撤离和转移，根据防汛需要实施交通管制。

省财政厅：负责筹集防汛抗旱资金，在本级财政预算中安排资金，用于：防汛抗旱应急除险，水毁防洪工程、抗旱工程的修复，防汛抗旱非工程措施水毁修复；根据省防指提出的资金分配建议，按照相关规定及时下达资金，并会同有关部门监督检查资金使用情况。

省自然资源厅：负责降雨引发的山体滑坡、崩塌、泥石流等地质灾害的巡查排查、监测预警、工程治理等防治工作的组织指导协调和监督，及时向防汛指挥部门提供地质灾害预测预报预警信息。负责提供防汛抗旱救灾所需的基础测绘资料和技术支持，做好防灾救灾的测绘保障工作。负责农村居民住房灾后重建的规划工作。负责加强国土空间规划统筹，严格内涝治理相关空间用途管制；配合相关部门将城市内涝治理重大项目纳入国家重大项目清单，加大建设用地保障力度，确保排水防涝设施、应急抢险物资储备的用地需求；在地下设立建设用地使用权的，应优先保障城市排水防涝设施建设；对符合国土空间规划的排水防涝设施用地应纳入土地利用年度计划，依法核发规划许可，防止侵占排水防涝设施用地。

省住房和城乡建设厅：负责有关城市公用设施建设工地等安全工作。牵头推进城市内涝治理工作，组织修编城市排水防涝综合规划，负责排水管网等排涝设施的建设管理。

省交通运输厅：指导水运和公路交通设施的防洪安全，负责所辖枢纽工程防洪安全的协调、督促、检查和落实，指导汛期通航秩序监管和督促地方政府加强渡运安全管理。汛期督促船舶航行服从防洪安全要求，配合水利部门做好汛期通航河道的堤岸保护。保障抗洪抢险车辆的优先通行。组织调配紧急抢险和撤离人员所需车辆、船舶等运输工具，必要时实行水上交通管制。

省农业农村厅：负责组织指导灾后农业救灾、生产恢复和救灾备荒种子发放。负责所辖场、所的堤防建设、管理和抗洪抢险工作。

省商务厅：负责组织协调抗洪、抢险、抗旱、救灾所需生活必需品的供应。

省文化和旅游厅：组织指导 A 级旅游景区、旅行社制订防汛应急预案，负责 A 级旅游景区防汛工作的组织协调，督促 A 级旅游景区、旅游团队落实防汛应急各项措施，保障团队游客生命安全。

省卫生健康委员会：负责组织水旱受灾群众及防汛抗洪人员的医疗救护、健康教育、心理援助和相关区域卫生防疫工作。对相关区域突发公共卫生事件实施紧急处理，防止疫病的传播、蔓延。

省国有资产监督管理委员会：负责督促指导出资企业编制防汛应急预案并实施，督促指导廿四联圩五七靶场段圩堤建设、管理和抗洪抢险工作，负责协调提供抗洪抢险所需炸药。

省林业局：负责组织协调抗洪抢险所需木材、毛竹等器材的供应，组织做好林业系统的防汛工作。

省广播电视局、江西广播电视台、江西日报社：负责组织对全省防汛抗旱工作进行宣传报道及重大灾情资料的收集、录像工作，主动及时向上级新闻部门提供稿件。必要时，根据省防指的要求，及时发布防汛抗旱信息。

团省委：负责牵头组织先进青年组建青年突击队和赣青突击队，拟定管理办法，健全工作机制，汛情紧张时协助相关地区开展防汛防洪抢险救灾。

省供销社：负责组织协调抗洪、抢险、抗旱、救灾有关物资的筹集和供应。

省气象局：负责监测天气气候形势，做好灾害性天气预测预报预警工作，及时向省防指提供天气实况和气象预测预报预警信息；承担气象灾害预警信息的发布。

省消防救援总队：根据汛情、旱情需要，组织指挥全省消防综合性救援队伍执行抗洪抢险救灾、营救群众、转移物资等任务，负责干旱时城乡群众的应急送水工作。

省粮食和物资储备局：指导协调粮源供应保障，以及洪水威胁区内粮食转移等工作。

民航江西监管局：负责协调、督促、检查江西民航的防洪安全工作。优先组织协调运送防汛、抢险、防疫、抗旱、救灾物资和设备。紧急情况下，负责协调安排视察灾情、紧急抢险和受困人员撤离所需航空器。

省通信管理局：负责保障防汛期间通信设施的安全，保障水情信息和防汛抗旱调度命令、水旱灾害信息传递及时。紧急情况下，调度应急通信设备，保障防汛指挥调度联络畅通；负责协调电信、移动和联通公司发布重大汛情预警信息。

省监狱管理局：负责编制监狱部门防汛抗旱应急预案并组织实施；负责所辖监狱农场圩堤的建设、管理和抗洪抢险工作。

省能源局：负责协调调度防洪排涝和抗旱用电，负责综合协调防汛抗旱相关用油工作。

省水文监测中心：承担水、雨情的监测、分析、预测、预报；承担墒情监测、分析，收集墒情资料并编制土壤墒情公报；按照权限发布洪水、枯水水情预警。

中国安能集团第二工程局有限公司：根据汛情、旱情需要，参加抗洪抢险救灾、营救群众、转移物资、抗旱应急等任务。

国网江西省电力有限公司：组织指导电力部门防汛抗旱应急预案编制并组织实施；保障抗洪、排涝、抗旱、救灾的电力供应以及应急抢险救援现场的临时供电；负责供电系统所属水电厂防洪安全的协调、督促、检查和落实；负责按防汛抗旱要求实施电力调度。

中国铁路南昌局集团有限公司：组织指导铁路部门防汛抗旱应急预案编制并组织实施；负责铁路防洪工作。优先运送防汛抢险、抗旱、救灾、防疫人员和物资、设备。

五、省防指成员单位包片分工

监督指导包片区域防汛抗旱工作，重点督促贯彻落实省委、省政府关于防汛抗旱工作的总体部署，执行省防指调度指令；加强与包片区域防办联系，及时掌握了解负责区域防汛抗旱形势及发展态势，跟踪掌握雨情、水情、工情、险情、灾情等情况；按照省防指统一安排，开展对包片区域的检查、督查。

六、省防指应急工作组

按照《江西省防汛抗旱应急预案》规定，当省防指启动应急响应时根据要求适时启动指挥协调组、宣传报道组、监测调度组、抢险救援组、专家指导组、灾评救助组、督查检查组、综合保障组等8个工作组，按要求在省防指集中办公，共同应对响应期间防汛抗旱工作。

（1）指挥协调组负责与相关部门和地方党委、政府对接抗洪抢险救灾工作。统筹协调各应急工作组工作，对接下派上级及省级工作组工作动态；完善响应期间工作机制；组织省防指各类会议。负责响应期间的省防指及省防办文件管理；统计、收集、汇总、报送重要信息；统一调拨防汛抗旱物资；负责统一发布防汛抗旱信息；协调做好省领导同志赴灾害现场相关保障工作。牵头组建重大水旱灾害应急处置、调查评估组。

材料小组负责省防指相关会议汇报材料组织；值班小组负责统计、收集、汇总、报送重要信息，发布灾情和抗灾信息。

（2）宣传报道组主要负责组织协调新闻单位对防汛抗旱工作进行宣传报道。收集整理重大灾情、抢险救灾的文字音像资料，主动及时向上级新闻部门提供稿件。协调做好洪涝灾情及抗洪抢险救灾工作信息发布和舆论引导工作。

（3）监测调度组主要负责监测天气形势，分析水情、汛情、旱情发展趋势，做好分析预测，负责权限范围内水利、水电、航运枢纽工程调度，指导各地开展水工程调度工作。

（4）抢险救援组主要负责协调部队参加抗洪抢险、抗旱救灾，统筹协调各类应急救援队伍、专业抢险力量、装备、物资等资源；指导编制应急抢险救援方案，协助开展抢险救援行动，包括重大险情应急抢险救援、因洪涝导致重要基础设施损毁或产生重大安全隐患等次生灾害的应急处置、群众转移、失踪人员搜救等工作。必要时，提请成立前方指挥部。

（5）专家指导组主要负责组派专家组协助指导当地做好洪涝灾害引发的工程险情、山洪灾害等险情灾情处理及抗旱工作。对接上级及省级各类专家组工作动态，跟踪险情发展态势和处置进展，必要时，提出险情处置方案。险情统计小组负责全省洪涝险情统计。

（6）灾评救助组主要负责洪涝、干旱灾情统计；协助地方开展洪涝灾情调查；指导进行灾害损失评估；指导制定受灾群众救助工作方案以及相应的资金物资保障措施；协调灾害现场生活必需品供应，指导受灾群众紧急安置的基本生活保障；指导医疗救助和卫生防疫工作，协调医疗救护队伍和医疗器械、药品，对受伤人员进行救治；指导相关区域饮用水源监测，防范和控制各种传染病等疫情的爆发流行。

（7）督查检查组主要负责督查防汛责任制、防汛纪律的落实，对违纪等情况进行调查、提出查处意见。

（8）综合保障组主要负责保障防指通信联络畅通；负责防指工作组及下派工作组、专家组工作、生活、出行保障；负责各方支援和捐赠防汛抗旱物资的接收和管理；协调抗洪排涝和抗旱用电用油供应；协调抢险救援力量、救援装备以及抢险救灾物资等交通应急通行，必要时实行交通管制；指导地方修复受损通信设施，恢复相关区域通信。

物资小组负责接收和调拨防汛抗旱物资。

第五节　省防指工作机制

为进一步完善省级防汛抗旱组织体系，以江西省防汛抗旱指挥部制订的 2022 年年度工作方案为例，对会议、会商、信息共享、值班值守等工作机制进行介绍。

一、会议机制

年度防汛抗旱工作会议：3 月底至 4 月初，由省政府组织召开，一般采取电视电话会议形式。会议主要内容是总结上年防汛抗旱工作、分析当年防汛抗旱形势、部署当年全省防汛抗旱工作。参会单位及人员为各级防指领导及各级防指全体成员，视情要求乡镇主要负责人参会。

省防指全体成员单位会议：3 月下旬，由省防指领导主持召开。会议主要内容是分析防汛抗旱形势，研究部署防汛抗旱工作，审议防汛目标任务书、重点水工程度汛方案、省防指成员单位职责调整情况等重要事项。参会单位为省防指全体成员单位。

防御工作动员部署会：启动应急响应后，依据本预案的有关规定组织召开。

其他会议：根据党中央、国务院、国家防总的决策部署和省委、省政府的具体要求，以及特殊情况需要，召开相关会议。

二、会商机制

省防指防汛抗旱会商会分为防汛抗旱趋势会商、防汛抗旱天气过程应对会商、特定阶段会商和特定灾害处置或涉水工程调度专题会商等 4 种情形。

防汛抗旱趋势会商会：1 月和 2 月各召开一次，开展全年防汛抗旱形势趋势分析，由省防指领导或授权其他同志组织召开。省防指相关成员单位负责同志及联络员参加。

灾害性天气过程防汛抗旱会商会：当气象、水文部门预测可能出现致灾的强降雨过程、台风登陆可能影响我省，五河干流及鄱阳湖、长江九江段可能出现超警戒洪水，少雨干旱、河道径流锐减、水库蓄水不足等情况，适时由省防指领导或授权其他同志组织召开；主要分析研判灾害性天气过程形势，提出防御措施，省防指相关成员单位负责同志及联络员参加。

特定阶段防汛抗旱会商会：在主汛期即将结束前，组织召开主雨季结束期研判会商会，由省防指领导组织或授权其他同志召开；主要分析研判主雨季结束时间，后期防汛抗旱形势变化，提出后汛期防汛抗旱策略调整措施，省防指相关成员单位负责同志及联络员参加。

特定灾害处置或涉水工程调度等专题会商会：当涉水工程险情处置或影响较大的涉水工程调度需要多部门分析决策时，一般由行业主管部门组织召开，必要时，由行业主管部门提请省防指组织召开；相关单位和市县派员参加，会商结果及时报省防办。

三、信息共享机制

省防指统筹协调、统一指挥，按照横向联动、纵向贯通的原则，实现防汛抗旱各类信息共享互通，主要分为基础信息、实时监测信息、预测预报信息、水工程调度信息和其他工作动态信息等 5 类。

（一）基础信息共享

省自然资源厅负责提供地质灾害隐患点基本信息，根据需要和有关规定提供基础地理信息数据等；省水利厅（含省水文监测中心）负责提供水利工程基础信息、水文监测站网、全省流域水系特征信息、水文历史监测成果数据、已有的洪水风险图成果和山洪灾害调查评价成果等；省气象局负责提供全省地面气象站气候标准值数据成果信息、台风历史监测信息等；省交通运输厅、省水利厅、省能局等相关单位负责提供航电枢纽、水电站基本情况等；省应急管理厅负责提供尾砂（矿）坝基础信息等；省水利厅、省交通运输厅、省住建厅、中铁南昌局集团等单位负责提供跨汛期施工涉水工程基本信息；其他成员单位按职责分工负责防汛抗旱相关基础数据共享。

（二）实时监测信息共享

省自然资源厅负责提供地质灾害实时监测信息等；省水利厅（含省水文监测中心）负责提供降雨、河道水情（水位、流量）、墒情、蒸发、水库水情等实时监测信息，堤防、水库等工程险情动态信息；省气象局负责提供实时雨情监测信息、天气雷达探测信息、卫星探测信息、人工影响天气信息等；省交通运输厅、省水利厅、国网江西省电力公司等单位负责提供航电枢纽、水电站水情信息等；省应急管理厅负责提供洪涝干旱灾情信息、尾砂（矿）坝监测信息等；其他省防指成员单位按职责分工负责洪涝干旱灾害相关实时监测和动态信息共享。

（三）预测预报信息共享

省气象局负责提供中期、短期天气预报，过程性灾害天气预报，台风、大风、雷电、暴雨、等气象灾害预报预警，年度气候趋势预测，主汛期、伏秋期气候趋势预测等信息；省水利厅（含省水文监测中心）负责提供江、河、湖、库（省调度）洪水预报，山洪灾害、中小河流预警信息，年度水情趋势预测，主汛期、伏秋期水情趋势预测，过程性灾害天气的洪水预报等信息；省自然资源厅负责地质灾害预报预警等信息。

（四）水工程调度信息共享

省水利厅在向工程管理单位发布调度命令时，应当抄送水库调度影响范围内的设区市防指和水行政主管部门、省防指、上一级水行政主管部门或流域机构；相关设区市水行政主管部门应当将调度命令及时转达调度影响范围内的县（市、区）防指和水行政主管部门。对工程调度结果可能造成某区域防洪压力增大的情况，应在发布调度命令前做好沟通，按照局部利益服从整体利益的原则实施工程调度；工程管理单位及市、县（区、功能区）防指，要在调度命令执行前第一时间做好可能受影响区域的预警发布和避险转移工作，确保水工程调度过程中人民群众生命财产安全。

（五）其他工作动态信息共享

省防指各成员单位按照职责分工，及时报送防汛抗旱值班信息、水旱灾害防范应对等相关工作动态信息，阶段性工作小结、年度工作总结等信息；防汛重点部门如省应急管理厅、省水利厅、省交通运输厅、省自然资源厅、省工业和信息化厅、省气象局、省消防救援总队、国网江西省电力有限公司、中国铁路南昌局集团有限公司等省防指成员单位，省监狱管理局所管工程发生超警戒水位或超汛限水位时，应于每日16时前向省防办报送行业管理范围内防汛抗旱信息，主要内容应包括本行业灾险情以及防汛抗旱工作开展情况等。省防办及时整合实时监测、预测预报、灾情险情等各类信息向上级有关部门及成员单位发布值班信息，实现工作信息实时共享。

四、值班值守机制

（一）汛期（一般为4月1日至9月30日）

有直接防汛任务的省防指成员单位、防汛抗旱抢险救援队伍及其他有防汛责任的单位（部门）实行24h防汛值班，确保信息畅通。其他成员单位可根据实际，将防汛值班并入单位综合值班，成员单位联络员必须保持24h通信畅通，关注汛情发展，有情况及时报送。省防办值班工作由省应急管理厅承担。

省防办值班分为日常值守、预警值守和响应值守3种状态。

当气象预报无强降雨过程、无台风登陆影响我省，且全省五河干流、长江九江段、流域面积1000km²支流无超警戒水位现象时，为日常值守状态。

当气象预报有强降雨过程、预报台风登陆将影响我省，或全省五河干流、长江九江段、流域面积1000km²支流出现超警戒水位或发生突发灾情险情时，为预警值守状态。

当启动应急响应时，为响应值守状态。

省防办及省防指各成员单位、其他相关单位应根据上述总体原则，制定值班值守制度，明确岗位职责、工作内容和相关纪律。

（二）非汛期（一般为 1 月 1 日至 3 月 31 日，10 月 1 日至 12 月 31 日）

如遇旱汛、秋汛等特殊汛情，省防办及有关成员单位，参照汛期值班值守要求，及时启动应急值班值守。

第六节　省防指日常办事机构

省防指设立防指办公室（简称省防办），省防办设在省应急管理厅，负责省防指日常工作。省防办设主任 1 名、常务副主任 1 名、副主任若干名。主要职责如下：

（1）承担省防指日常工作，负责省防指会议（会商）组织，文件起草，专报、纪要编印及档案管理等；督促指导各地各部门落实省防指工作部署，组织做好水旱灾害防御和应急处置工作。

（2）向省防指提出防汛抗旱指挥、调度、决策工作建议。

（3）负责编制防指工作规则、年度工作要点和年度工作方案，建立信息共享、会议、会商、调度、抢险救援等工作机制。

（4）组织、指导各地落实行政区域、水工程、蓄滞洪区等防汛抗旱责任人和防汛抗旱包片分工责任。负责相关防汛抗旱责任人的汇总上报及公示。负责编制设区市、省直管县及有关单位年度防汛目标任务书，督促指导市、县逐级下达防汛目标任务书。

（5）负责省级防汛抗旱专项应急预案编制、修订、演练、培训工作。指导、推动、督促市级、县级防汛抗旱指挥部门编制并实施防汛抗旱专项应急预案。指导、推动、督促各部门编制并实施防汛抗旱部门预案。

（6）安排部署各地各部门开展汛前检查等汛前准备工作，建立隐患台账，并跟踪督促整改情况。

（7）组织开展防汛抗旱值班值守，及时收集掌握汛情、旱情、险情、灾情和防汛抗旱行动情况等。根据相关部门预警信息，提醒地方做好相关防御工作及受威胁群众转移安置工作。

（8）密切关注防汛抗旱形势，适时提出启动、结束防汛抗旱应急响应建议，并按规定组织实施响应行动。

（9）负责洪涝干旱灾情统计、核实、上报和发布。

（10）负责提出防汛抗旱经费、物资的申请、计划和调配建议。

（11）参与重大水旱灾害应急处置调查评估工作。

（12）督促指导水毁基础设施修复工作。

（13）完成省防指交办的其他工作。

第二十章

· · ·

法律法规和责任体系

第一节 法 律 法 规

中华人民共和国成立以来，我国根据实践经验，参考国外经验，制定了《中华人民共和国防洪法》《中华人民共和国水法》《中华人民共和国防汛条例》《中华人民共和国抗旱条例》《中华人民共和国河道管理条例》《中华人民共和国水库大坝安全管理条例》《蓄滞洪区运用补偿暂行办法》等法律法规及规范性文件，各级政府根据国家这些法律法规，又制定出本地区的实施细则及有关配套法规，江西省制定了《江西省实施〈中华人民共和国防洪法〉办法》，已初步形成了国家和地方防洪法律体系，使我国的防汛抗旱工作逐步规范化和制度化。

一、法律

我国现有的防汛抗旱有关法律主要有《中华人民共和国防洪法》《中华人民共和国水法》，是开展各项防汛抗洪工作的依据和重要保证。

（一）《中华人民共和国防洪法》

防汛抗洪关系到国家、集体财产和人民群众的生命安全，单位和个人都有为保卫国家集体和人民群众的安全贡献自己力量的责任。《中华人民共和国防洪法》规定，任何个人和单位都有参加防洪抗洪的义务，该法适用于一切单位，包括党政、司法机关、部队、企事业单位、群众团体、农村集体组织等。无论上述单位是否处于防汛抗洪一线，都对防汛抗洪负有责任，在必要时，应履行自己的义务，以维护国家、集体和人民的利益。

《中华人民共和国防洪法》共有 8 章 66 条，于 1998 年 1 月 1 日起施行。根据 2016 年 7 月 2 日第十二届全国人民代表大会常务委员会第二十一次会议《关于修改〈中华人民共和国节约能源法〉等六部法律的决定》第三次修正。

第一章 总则，共有 8 条。规定了防汛抗洪是全民的义务，开发利用水资源要服从防洪总体安排，各级防汛指挥机构的职责、权限。

第二章 防洪规划，共有 9 条。对编制防洪和排涝规划的原则和审批程序作了明确的规定。

第三章 治理与防护，共有 11 条。规定了河道、湖泊的治理和管理的原则及权限，对涉河、临河等方面的工程（如码头、管道、桥梁以及围湖造地），规定了审批程序。

第四章 防洪区和防洪工程设施的管理，共有 9 条。制定了洪泛区、蓄滞洪区的定义及有关政策，对防洪工程设施（如水库、堤防等）的安全管理。

第五章 防汛抗洪，共有 10 条。规定了防汛抗洪工作实行各级人民政府行政首长负责制，与防汛抗洪有关部门的职责以及在汛情紧急的情况下，防汛指挥机构有权在其管辖范围内调用所需的物资、设备和人员。

第六章 保障措施，共有 6 条。明确了防汛抗洪的投入和资金来源，并对其用途进行了具体规定。

第七章 法律责任，共有 12 条。明确规定了违反防洪法的各种行为所应承担的民事责任、行政责任或刑事责任。

第八章 附则，共有 1 条。防洪法实施生效日期。

1998 年长江、松花江大水和 2003 年淮河大水期间，有关省防汛抗旱指挥部按照《中华人民共和国防洪法》的规定，对辖区内有关地区宣布进入紧急防汛期，确保了抗洪抢险工作的顺利进行。

（二）《中华人民共和国水法》

《中华人民共和国水法》作为我国水资源方面的基本法，对水保护的方针和基本原则、保护的对象和范围、保护水资源的防治污染等的主要对策和措施、水资源管理机构及其职责、水的管理制度以及违反水法的法律责任等重大问题作出了规定。

2001 年修订后的《中华人民共和国水法》总共 8 章、82 条，于 2002 年 10 月 1 日起实施生效。根据 2016 年 7 月 2 日第十二届全国人民代表大会常务委员会第二十一次会议《关于修改〈中华人民共和国节约能源法〉等六部法律的决定》第二次修正。

第一章 总则，共有 13 条。说明了水立法的依据、水资源的所有权。立法规定水资源属于国家所有，某些山塘、水库中的水资源属于集体所有。这一章还规定了水资源的范围、水法的基本原则以及水资源管理机构、水管理制度，对一些重大问题作出了原则性规定。

第二章 水资源规划，共有 6 条。规定了水资源规划的制定和审批程序。

第三章 水资源开发利用，共有 10 条。对开发利用水资源的原则和审批程序进行规定。

第四章 水资源、水城和水工程的保护，共有 14 条。规定了保护地表水以及水库渠道的具体措施，开采地下水的规划和防止水流阻塞、水源枯竭，禁止围湖造田，对保护水工程以及有关设施也作出了相应的规定。

第五章 水资源配置和节约使用，共有 12 条。规定了各国和各地方的水长期供求计划的制订和审批程序，以及水量分配方案的制订与执行。还规定了实行取水许可制度的范围和要征收水费、水资源费。

第六章 水事纠纷处理与执法监督检查，共有 8 条。对解决水事纠纷的原则和程序，以及执法监督作了具体规定。

第七章 法律责任，共有 14 条。明确规定行为人违反水法的各种行为所应承担的民事责任、行政责任或刑事责任，对执行处分的机关也作了规定。

第八章 附则，共有 5 条。规定了国防条约、协定中与我国法律不同时应遵循的原则，规定国务院和地方人大常委会可以依照水法，制定相应的实施办法以及水法生效实施日期等问题。

二、行政法规

行政法规是指国家行政机关，为了执行法律、履行行政管理职能，在其职权内，根据法律制定的普遍性规则。它包括以下内容。

（1）国务院制定的行政法规和发布的决定、命令。

（2）国务院各部、委发布的命令、指示和规章。

（3）省、直辖市人大和人大常委会制定的地方性法规。

（4）民族自治地方人民代表大会制定的自治条例的单行条例。

（5）县级以上各级人民政府发布的决定和命令。

现有的国家防汛抗洪行政法规主要有《中华人民共和国防汛条例》《中华人民共和国抗旱条例》《中华人民共和国河道管理条例》《中华人民共和国水库大坝安全管理条例》《蓄滞区运用补偿暂行办法》等。另外，各省、直辖市、自治区还制定了一些相关配套法律、法规，是保证防汛抗洪工作顺利进行的有力武器，江西省制定了《江西省实施〈中华人民共和国防洪法〉办法》。

（一）《中华人民共和国防汛条例》

《中华人民共和国防汛条例》是根据原《中华人民共和国水法》制定，共 8 章 48 条，于 1991 年 7 月 2 日起施行生效。近年来，根据 2002 年制定的《中华人民共和国水法》和《中华人民共和国防洪法》，对《中华人民共和国防汛条例》进行了修订，2005 年 7 月 15 日国务院批准施行。新的《中华人民共和国防汛条例》共 8 章 49 条。该条例对防汛组织、防汛准备、防汛与抢险、善后工作、防汛经费、奖励与处罚进行了明确规定。根据 2011 年 1 月 8 日《国务院关于废止和修改部分行政法规的决定》第二次修订，自发布之日起施行。

（二）《中华人民共和国抗旱条例》

《中华人民共和国抗旱条例》根据《中华人民共和国水法》制定，为了预防和减轻干旱灾害及其造成的损失，保障生活用水，协调生产、生态用水，促进经济社会全面、协调、可持续发展。于 2009 年 2 月 11 日经国务院第 49 次常务会议通过，2009 年 2 月 26 日发布，自公布之日起施行。共计 6 章 65 条。该条例对旱灾预防、抗旱减灾、灾后恢复、法律责任进行了明确规定。

（三）《中华人民共和国河道管理条例》

《中华人民共和国河道管理条例》是根据《中华人民共和国水法》制定，适用于中华人民共和国领域内的河道（包括湖泊、人工河道、行洪区、蓄洪区、滞洪区）。本条例共 7 章 51 条，于 1988 年 6 月 10 日起施行生效，该条例对河道的整治与建设、河道保护、河道管理经费以及违法行为及其处罚作了明确规定。2017 年 3 月 1 日，《中华人民共和国国务院令》（第 676 号）对第十一条第一款和第二十九条进行了修改。2017 年 10 月 7 日，《中华人民共和国国务院令》（第 687 号）对第十四条第二款进行了修改。

（四）《中华人民共和国水库大坝安全管理条例》

《中华人民共和国水库大坝安全管理条例》是根据《中华人民共和国水法》制定，适用于中华人民共和国境内坝高 15m 以下、10m 以上，或者库容 100 万 m^3 以下、10 万 m^3

以上。对重要城镇、交通干线、重要军事设施、工矿区安全有潜在危险的大坝，其安全管理也参照本条例执行。本条例共 6 章 34 条，于 1991 年 3 月 22 日起施行生效，该条例对大规建设程序审批、大坝管理、大坝防汛抢险以及一些违法行为及其处罚作了详细规定。

（五）《蓄滞洪区运用补偿暂行办法》

《蓄滞洪区运用补偿暂行办法》是国务院根据《中华人民共和国防洪法》制定，该办法共 5 章 26 条，于 2000 年 5 月 27 日起施行生效。该办法对着滞洪区运用补偿原则、补偿对象、范围和标准以及补偿程序和违法行为作了明确规定，附录中还列出了国家蓄滞洪区名录。

（六）《江西省实施〈中华人民共和国防洪法〉办法》

《江西省实施〈中华人民共和国防洪法〉办法》，结合江西省实际，对防洪规划、治理与防护、防洪区和防洪工程设施的管理、防汛抗洪、保障措施、法律责任等作了明确规定。2001 年 10 月 19 日江西省第九届人民代表大会常务委员会第二十六次会议通过，2010 年 9 月 17 日江西省第十一届人民代表大会常务委员会第十八次会议修正。

（七）《江西省河道管理条例》

《江西省河道管理条例》，为加强河道管理，保障防洪安全，发挥江河湖泊的综合效益，根据《中华人民共和国水法》和《中华人民共和国河道管理条例》，结合本省实际，制定本条例。2021 年 7 月 28 日江西省第十三届人民代表大会常务委员会第三十一次会议第五次修正。

（八）《自然因素引发的重大事故调查协作配合办法（试行）》

《自然因素引发的重大事故调查协作配合办法（试行）》，于 2021 年 5 月，由江西省纪委机关、省委宣传部、省监委机关、省应急管理厅联合印发，围绕规范自然因素引发的重大事故调查工作，重点解决如何区分自然灾害与事故、责任事故之间的界限；自然因素引发的重大责任事故调查由谁负责、什么时候启动、依据什么开展；纪检监察机关与政府部门如何加强事故调查协作配合等一系列实体和程序问题。

三、部门规范性文件

法律、法规和规章以外的文件。我国防汛抗旱方面的规范性文件主要有《中央自然灾害救灾资金管理暂行办法》《特大防汛抗旱补助费管理办法》《中央自然灾害救灾资金管理暂行办法》等。

（一）《中央自然灾害救灾资金管理暂行办法》

《中央自然灾害救灾资金管理暂行办法》是由财政部、应急部联合颁布，目的是为加强中央自然灾害救灾资金管理，提高救灾资金使用效益。该办法共 5 章 26 条，于 2020 年 6 月 28 日起施行生效，该办法对救灾资金管理、支出范围，重大自然灾害救灾资金申请与下达，日常救灾补助资金申请与下达，预算资金管理与监督等作了明确的规定。

（二）《中央级防汛物资储备及其经费管理办法》

中央级防汛物资储备是贯彻防汛工作方针、支持遭受特大洪水灾害地区抗洪抢险的一项重要措施。加强中央级防汛物资储备及其经费的管理，是做好防汛工作和提高财政资金使用效益的重要环节。为了更好地发挥中央级防汛物资在抗洪抢险中的作用，财政部、水利部结合防汛工作的实际情况，对 1995 年制定的《中央级防汛物资储备及其经费管理办法》进行了修订。该办法共 6 章 29 条，于 2004 年 12 月 10 日起施行生效，该办法对中央级防汛物资储备品种、定额和方式、管理以及调用结算、物资储备经费、更新经费和管理费的来源作了明确的规定。

第二节　责　任　体　系

防汛抗旱是一项责任重大而复杂的工作，关系到国民经济的发展和城乡人民生命财产的安全。洪水到来时，工程一旦出现险情，防汛抢险是压倒一切工作的大事，需要动员和调动各部门各方面的力量投入战斗，必要时还要当机立断，做出牺牲局部、保存全局的重要决策，必须建立和健全各种防汛责任制，实现防汛工作正规化和规范化，做到各项工作各负其责，这是做好防汛工作的关键。

《中华人民共和国防洪法》第三十八条规定，"防汛抗洪工作实行各级人民政府行政首长负责制，统一指挥、分级分部门负责"。所以，各级防汛抗旱指挥部要建立健全切合本地实际的防汛管理责任制度。防汛责任制包括行政首长负责制、分级管理责任制、分包责任制、岗位责任制、技术责任制和值班工作责任制等。

一、行政首长负责制

为战胜洪水和干旱灾害，平时要组织动员广大干部群众，使其在思想上、组织上做好充分准备，克服种种麻痹思想。一旦发生洪涝和干旱，当人民生命财产遭受严重威胁时，就需要发挥政府职能，加强有效管理，动员和调动各部门各方面的力量，发挥各自的职能优势，同心协力共同完成。因此，需要各级政府的主要负责人亲自主持，全面领导和指挥防汛抢险救灾工作，保障防汛抗洪统一领导、统一指挥、统一调度的方针得以实施。根据《中华人民共和国防洪法》和《中华人民共和国防汛条例》的有关规定以及实际工作需要，我国的防汛抗旱工作实行各级人民政府行政首长负责制。

省（自治区、直辖市）、地（市）、县（市、区）、乡（镇）各级政府一般都由主要负责人分工抓防汛抗旱工作，以便加强防汛抗旱的工作领导，明确责任和任务，组织协调各部门工作，发动群众投入防汛抗旱，更好地推动防汛抗旱工作的开展。

国家防总 2003 年印发了《各级地方人民政府行政首长防汛抗旱工作职责》（国汛〔2003〕1 号），规定地方各级行政首长防汛抗旱主要职责如下。

（1）负责组织制定本地区有关防汛抗旱的法规、政策，组织做好防汛抗旱宣传和思想动员工作，增强各级干部和广大群众水的忧患意识。

（2）根据流域总体规划，动员全社会的力量，广泛筹集资金，加快本地区防汛抗旱工程建设，不断提高抗御洪水和干旱灾害的能力。负责督促本地区重大清障项目的完成，负责督促本地区加强水资源管理，厉行节约用水。

（3）负责组建本地区长设防汛抗旱办事机构，协调解决防汛抗旱经费和物资问题，确保防汛抗旱工作顺利开展。

（4）组织有关部门制订本地区防御江河洪水、山洪和台风灾害的各项预案（包括运用蓄滞洪区方案等），制订本地区抗旱预案和旱情紧急情况下的水量调度预案，并督促各项措施的落实。

（5）根据本地区汛情、旱情，及时做出防汛抗旱工作部署，组织指挥当地群众参加抗洪抢险和抗旱减灾，坚决贯彻执行上级的防汛调度命令和水量调度指令。在防御洪水设计标准内，要确保防洪工程的安全；遇超标准洪水，要采取一切必要措施，尽量减少洪水灾害，切实防止因洪水造成人员伤亡事故；尽最大努力减轻旱灾对城乡人民生活、工农业生产和生态环境的影响。重大情况及时向上级报告。

（6）水旱灾害发生后，要立即组织各方面力量迅速开展救灾工作，安排好群众生活，尽快恢复生产，修复水毁防洪和抗旱工程，保持社会稳定。

（7）各级行政首长对本地区的防汛抗旱工作必须切实负起责任，确保安全度汛和有效抗旱，防止发生重大灾害损失。如因思想麻痹、工作疏忽或处置失当而造成重大灾害后果的，要追究领导责任，情节严重的要绳之以法。

二、分级管理责任制

坚持分级属地为主的原则，全面压实各级地方政府的防汛抗旱责任，落实各级地方政府防汛抗旱的责任制。

各类涉水工程，根据工程（如水库、堤、闸等）所处地区工程等级和重要程度等，确定省、地（市）、县、乡（镇）分级管理运用、指挥调度的权限责任。在统一领导下，对水库、堤、闸实行分级管理、分级调度、分级负责。汛前要对工程的防汛抗旱行政责任人进行公示。

根据山洪地质灾害的特点，重在发挥基层的作用，要以县（区）为主，全面落实县、乡、村、组、户五联户防御责任制，建立相关部门工作联运机制。

三、分包责任制

为充分发挥党委政府领导和防指成员单位的作用，省、市、县、乡（镇）负责人和各级防指成员单位应建立防汛包片负责，对重点涉水工程（库、堤段等）建立分包责任制，责任到人，有利于防汛抢险工作的开展。汛前要对工程的防汛抗旱行政责任人进行公示。

四、岗位责任制

工程管理单位的业务处室和管理人员以及护堤员、水库安全管理员、技术负责人、抢险队要制定岗位责任制。明确任务和要求，定岗定责，落实到人。岗位责任制的范围、项目、安全程度、责任、时间等，要做出条文规定，要有几包几定，一目了然。要规定进行评比、检查制度，发现问题及时纠正。严明工作纪律。

此外，为实现科学抢险、优化调度以及提高防汛指挥的准确性和可靠性，凡是评价工程抗洪能力、确定预报数字、制订调度方案、采取的抢险措施等有关技术问题，均应由专业技术人员负责，建立技术责任制。县、乡的技术人员要实行技术包库、包堤段负责制，责任到人，对水库、堤、闸安全技术负责。

五、值班工作责任制

为了随时掌握汛情，减少灾害损失，在汛期，各级防汛指挥机构应建立防汛值班制度，汛期值班室 24h 不离人。值班人员必须坚守岗位，忠于职守，熟悉业务，及时处理日常事务，以便防汛机构及时掌握和传递汛情。要加强上下联系，多方协调，充分发挥水利工程的防汛减灾作用。防汛值班的主要责任如下。

（1）熟悉所辖区的防汛基本情况。对所发生的各种类型洪水要根据有关资料进行分析研究。

（2）按时请示报告。对重大汛情及灾情要及时向上级汇报，对需要采取的防洪措施要及时请求批准执行，对授权传达的指挥命令及意见，要及时、准确传达。

（3）及时掌握汛情。汛情一般包括雨情、水情、工情和灾情。要按时了解雨情、水情实况和水文、气象预报；了解水库和河道等防洪工程的运用和防守情况；主动了解受灾地区的范围和人员伤亡以及抢救情况。

（4）及时掌握各地水库、堤、闸等发生的险情及处理情况。

（5）对出现的重大险情要整理好值班记录，以备查阅，并归档保存。

（6）严格执行交接班制度，认真履行交接班手续。

（7）做好保密工作，严守国家机密。

六、防汛抗旱安全事故责任追究

为认真落实防汛抗旱行政首长负责制，严肃防汛抗旱纪律，依法追究防汛抗旱安全事故行政责任人的责任，2004 年国家防办根据《中华人民共和国防洪法》《中华人民共和国行政监察法》《中华人民共和国防汛条例》《国务院关于特大安全事故行政责任追究的规定》等法律、法规和国家防总《关于各级地方人民政府行政首长防汛抗旱工作职责》的有关规定，组织制定了《防汛抗旱安全事故责任追究暂行办法》（以下简称《办法》）。

《办法》规定：各级地方人民政府防汛抗旱行政责任人以及按照防汛抗旱责任制要求明确其行政区域或工程的有关行政责任人，对所管辖范围内发生的防汛抗旱安全事故，因失职、渎职或工作不力，造成较大经济损失、人员伤亡或者对社会稳定造成不良影响的，要依法追究其责任并按照有关规定给予行政处分；构成犯罪的，依法追究其刑事责任。

第二十一章

值班值守及信息报送

值班值守是指为及时掌握和报告辖区内重大突发事件情况和动态、办理向上级报送紧急重要事项、保证与各级各部门联络畅通而进行的专门值班工作。在《江西省防汛抗旱应急预案》中，对值班值守机制和信息报送机制做出了明确要求。本节以省防办工作方式为例，介绍值班工作任务、值班人员职责、值班工作纪律以及信息报送与发布机制，供各地方、各部门参考。

第一节 值 班 工 作 任 务

一、掌握形势

1. 掌握天气形势

一要关注降雨过程，查看天气预报，了解有没有降雨过程，掌握预报降雨时段、强度、落区等情况；二要关注强对流天气，查看天气预报及气象部门报送的气象呈阅件、气象情况反映等材料和气象预警信息，掌握暴雨、大风、雷电、冰雹等强对流天气预报情况；三要关注台风影响，有台风生成时，密切关注台风路径发展，掌握其影响及预测情况。

2. 掌握雨情水情

一要紧盯雨情，熟练运用防汛抗旱指挥系统等业务信息系统，当发生过程性降雨时，原则上要求每小时查看雨情不少于一次，遇强降雨要加密查看频次；二要紧盯水情，特别是发生或预报河湖超警或省调度水库超汛限时，要掌握预测超警幅度并跟踪掌握实时发展情况；三要紧盯山洪预警，强降雨期间，密切关注防汛抗旱指挥系统中的山洪灾害预警情况，及时提醒相关地区做好群众提前转移避险工作，并收集人员转移情况。

3. 掌握灾情险情

及时调度收集有关地区灾情、险情，特别是当发生工程（如堤防、水库、水闸、道路、桥梁、铁路、通信设施、电力设施等）险情、山洪灾害、城镇内涝受淹、因暴雨洪水导致人员被困及伤亡等灾害突发事件时，要及时核实情况，持续跟踪事件发展过程。

4. 掌握工作动态

强降雨或强对流性天气过程，相关地区山洪地质灾害防范工作及群众避险转移情况要掌握；发生江河洪水时，相关水工程运行、调度情况要掌握；发生洪涝灾害或工程险情时，抢险救灾工作动态要掌握；有关重要会议情况要掌握。

294

二、组织调度

1. 调度值班情况

加强对市、县及相关成员单位防汛值班情况的督促检查，特别是强降雨（1h降雨大于30mm、2h降雨大于50mm、3h降雨大于80mm、连续24h降雨大于100mm）期间，结合雨情水情工情及预警信息，调度抽查值班人员和相关责任人在岗履职情况，督促落实防御措施，特别是落实山洪地质灾害群众转移措施。

2. 调度防范工作

一方面，要调度相关地区防指，了解其工作开展情况，并督促做好防范工作。另一方面，要加强与水利、自然资源、交通运输、住建、电力、铁路、气象、水文等部门沟通联系，调度防范工作情况，督促相关成员单位按照职责分工做好防范应对并及时报送相关情况。比如：发生江河洪水要调度水利、水文等部门，发生地质灾害要调度自然资源部门，发生城市内涝要调度住建部门。

3. 调度灾情险情

一旦发生灾情、险情，所在地区要及时报送相关信息。收到灾情信息后，灾情信息调度要和救灾处的灾情统计工作相互协同、实时共享。险情信息务必第一时间调度，按照滚动更新的原则掌握最新情况并按规定进行报送。

三、文电办理

1. 文件接收

及时查收传真、信息系统、赣政通、微信等途径接收的各类文件。及时接收掌握上级部门以及气象、水文、水利、自然资源、住建、交通运输等相关行业（部门）和市、县（区、局、功能区）报送的各类信息。

2. 文件办理

值班员对接收文件进行初步分析，属于值班工作范畴的一律按照值班工作要求及时办理，其他文件分类提交厅办公室收文并发送至相关业务部门，有时间性的文件要电话报告。对接收到的国家防总（防办）、省委省政府、上级流域机构防指等领导机关及相关部门的文件与领导同志指示批示，经初步分析后分类呈报相关负责领导，并同步提交相关业务部门，根据相关负责领导要求，联合相关业务部门按程序负责处理意见落实。

3. 来电处理

详实记录来电来访内容，有回复要求的，根据情况按要求及时回复。必要时请示值班主任、带班领导，再按要求回复。领导来电和上级部门来电要第一时间报告值班主任和带班领导，重要来电要同时报告厅主要领导、相关分管负责同志和有关部门主要负责人。

4. 事务处理

根据领导要求，会同有关业务部门落实相关会商、调度会议材料，做好会场安排、参会人员通知，联系督促保障中心落实视频保障等。根据领导要求，为相关媒体提供许可范围内的防汛信息，落实媒体采访等工作。

四、预警提示

1. 拟发提前转移通知

收到省水文和气象部门联合发布的中小河流和山洪灾害预警信息后，由值班员草拟做好群众提前转移避险工作的通知，经值班主任审核、带班领导审签后，以防办文件发至辖区防指，同时做好发文登记。

2. 拟发警示提醒信息

收到警示提醒后，根据当地预测预报情况，由值班员草拟警示提醒，经值班主任审核、带班领导审签后，以值班信息的方式发送。

3. 转发预报预警信息

当接收到气象、水文等部门发布的专业预报预警信息时，第一时间向相关市、县防指及成员单位发送；当接收到气象、水文部门发送的过程强降雨、短历时降雨（6h、3h、1h）预报及江河湖超警戒洪水预报、中小河流预警时，要第一时间向涉及区域的市县发送，同时，送相关业务部门分析研判，相关部门根据分析结果，编制预警信息，及时向相关区域发布群众转移避险预警。

五、信息报送

1. 值班信息

每天下午编发当日防汛值班信息；启动防汛应急响应时，加编一期防汛值班信息；根据工作需要，可视情加编防汛值班信息。防汛值班信息的主要内容包括雨情、水情、灾险情及防汛工作动态等。防汛值班信息以防汛抗旱指挥部办公室名义报送，报送单位一般为：上级防办、当地政府、省防指成员单位，值班信息由值班主任校核、带班领导签发。

2. 值班短信

对应值班信息时间节点，精炼值班信息重要内容，编发短信至相关人员。

3. 灾情报送

一般灾情在值班信息中一并报送，重要灾情单独报送。

4. 险情报送

暂按《洪涝突发险情灾情报告暂行规定》（国汛〔2020〕7号，详见"防汛资料汇编"）要求上报险情、灾情报表和文字材料。突发险情按工程类别分类报告，主要内容应包括防洪工程、重要基础设施、堰塞湖等的基本情况、险情态势、人员被困以及抢险情况等。突发灾情报告内容包括灾害基本情况、灾害损失情况、抗灾救灾部署和行动情况等。

六、做好交接班

1. 值班交接

日常状态下，按照本单位要求办理交接手续；预警状态以例会方式交接班，例会由前一班带班领导主持，两班带班领导、值班主任、值班人员均要到会，由前一班值班主任介绍情况，交班内容：介绍当日值班发生的主要情况、处理结果和遗留问题，指出下一班关注重点，交代待办事宜，交接班时前后，签字交班；应急响应状态时交接班按照预案有关规定要求进行。

2. 编制值班日志

每班值班人员在交班前应完成当日日志，值班日志内容包括天气概况、雨水工情、险情灾情、巡查抢险救援情况、领导指示批示、防汛抗旱工作动态、重要来文来电处理情况、领导相关防汛抗旱工作活动、重要会议、突发事件处理、带班领导、值班主任、值班人员等信息，余留问题需交下一班处理工作及其他事项。形成纸质和电子文件归类存档。接班人员在上一班值班日志上签字交接。

3. 文件归档管理

按照防汛抗旱信息归类，对已处理文件材料及时归档，包括纸质文件和电子文件归档管理。

第二节　值班人员职责

一、带班领导职责

带班领导对防办主任和防指领导负责。

（1）总体掌握全省雨情、水情、工情、旱情、灾情和抢险救灾等情况；熟悉了解值班人员分布并督促到岗。

（2）对接收的各类文件、信息和电话，提出办理意见，特别重要事项，请示防办主任及防指相关领导决定。

（3）审定签发值班信息、工作短信息，签发有关文件，特别重要文件，审核后提交防办主任及防指相关领导签发。

（4）根据降雨情况，督促基层带班领导落实防御措施。

（5）接受或组织接受媒体采访，审定向媒体提供的防汛抗旱信息。

二、值班主任职责

值班主任对带班领导负责。

（1）关注并掌握全省雨情、水情、工情、旱情、灾情和抢险救灾等情况。

（2）对接收的各类信息和电话，向带班领导提出拟办建议，按照带班领导要求抓落实。

（3）审核值班信息、值班日志、工作短信息及有关文件，呈交带班领导审定、签发。

（4）根据带班领导安排，指导值班员为相关媒体提供许可范围内的防汛信息、落实媒体采访等。

（5）完成带班领导布置的各项工作，并及时反馈。

（6）督促指导值班员落实各项值班工作。

三、值班人员职责

对值班主任负责。

（1）密切关注全省雨情、水情、工情、旱情、灾情和抢险救灾等情况。

（2）积极主动调度各地各有关部门防汛工作情况、灾情险情、值班值守等情况。

（3）及时接收处理各类文件、信息和电话，向值班主任报告，按照值班主任要求落实，做好登记和资料归档。

（4）编制预警信息、值班信息、值班日志、工作短信及临时应急性有关文件，呈值班主任审核。

（5）及时报送防汛值班信息、值班短信、灾情、险情等各类信息。

（6）收集、汇总、整理各类防汛信息，在值班主任指导下，为相关媒体提供许可范围内的防汛信息。

（7）根据值班主任要求，督促基层防办落实防御措施。

（8）完成值班主任布置的其他工作，并及时反馈。

（9）做好交接班和文件归档工作。

第三节　值 班 工 作 纪 律

（1）带班、值班人员应严格遵守值班制度，汛期实行 24h 全天值班，按已明确的值班表按时到岗到位，不准空岗、离岗，恪尽职守，认真履职。确因事需短时离开岗位的，带班领导向防办主任报告，值班主任向带班领导报告，值班人员向值班主任报告。如需调班，带班领导向防办主任请示，值班主任向带班领导请示，值班人员向值班主任请示，同意后方可调整。

（2）凡涉密文件材料处理必须做到密来密往。根据其密级按规定办理。

（3）值班人员接打电话要使用礼貌用语，简洁高效，铃响三声以内接听电话，不得占用防汛值班电话接打与工作无关的事，以免影响正常防汛信息的传送。

（4）值班期间不准进行与工作无关的活动，原则上不得从事与值班无关的工作。

第四节　信息报送与发布机制

按照 2022 年修订的《江西省防汛抗旱应急预案》要求为例，介绍信息报送与发布机制。

一、信息报送

（1）防汛抗旱信息的报送和处理由各级防指统一负责，实行分级上报、归口处理、资源共享的原则。防汛抗旱信息的报送应快速、准确、翔实，重要信息应立即上报，因客观原因一时难以准确掌握的信息，应及时报告基本情况，同时抓紧进一步了解情况，随后补报详情。

（2）防汛抗旱信息分为日常信息和突发险情灾情信息。日常信息主要包括：雨情、水情、墒情、工情、险情、灾情，工程调度运用情况，抢险救灾进展情况，防汛抗旱人力调集、物资及资金投入情况，人员转移及安置情况，防汛抗旱工作动态等；突发险情信息主要包括：水库（水电站）、堤防、涵闸（泵站）等工程突然出现可能危及工程安全的情况，交通、能源、通讯、供水、排水等基础设施因洪涝、台风等灾害导致的突发险情，以及因山体崩塌、滑坡、泥石流突发形成的堰塞湖险情等；突发灾情信息主要包括：由于江河湖泊洪水泛滥、山洪灾害、台风登陆或影响、堰塞湖形成或溃决、水库垮坝、堤防决口等导致的人员伤亡、人员被困、城镇受淹、基础设施毁坏等情况。

（3）防汛抗旱日常信息汛期每日一报，并实行零报告制度，特殊情况适当增加报送频次。水利、应急、自然资源、住建、交通等防指相关成员单位防汛抗旱日常信息按要求报送本级防指。各级防指要健全防汛抗旱信息互通机制，及时共享信息，防汛抗旱日常信息按要求报送上一级防指。

（4）突发险情灾情信息由各级防指负责报送，报告原则、主要内容、程序等按照国家防总制定的《洪涝突发险情灾情报告暂行规定》（2020年）执行。水利、应急、自然资源、住建、交通等部门要及时掌握本行业突发险情灾情信息并及时报送本级防指。

（5）当省防办接到特别重大、重大的汛情、旱情、险情、灾情报告后应立即报告省委、省政府和国家防总、长江防总，并及时续报。当突发险情灾情涉及或者可能影响毗邻区域的，事发地防汛抗旱指挥机构应当及时向毗邻区域通报；当防汛抗旱突发险情灾情涉及或者可能影响外省的，省防指应当及时向相关省防汛抗旱指挥机构通报，并向国家防总、长江防总报告。

二、信息发布

（1）防汛抗旱信息发布由各级防汛抗旱指挥机构按分级负责要求组织发布，应当及时、准确、客观、全面。

（2）发生特别重大、重大险情灾情事件后，事发地人民政府或防汛抗旱指挥机构要在事件发生后的第一时间向社会发布简要信息，最迟要在5h内发布权威信息，随后发布初步核实情况、政府应对措施和公众防范措施等，最迟在24h内举行新闻发布会，根据处置情况做好后续发布工作。发生较大、一般险情灾情事件后，要及时发布权威消息，根据处置进展动态发布信息。

（3）信息发布形式主要包括新闻通稿、举行新闻发布会、接受媒体采访、组织专家解读，以及运用官方网站、微博、微信、移动客户端、手机短信等官方消息平台等发布信息，具体按照有关规定执行。

（4）宣传部门和网信部门要加强新闻媒体和新媒体信息发布内容管理和舆情动态分析，及时回应社会关切，迅速澄清谣言，引导网民依法、理性表达意见，形成积极健康的社会舆论。

（5）新闻报道坚持团结稳定鼓劲、正面宣传报道为主的方针，坚持实事求是、及时准确、把握适度的原则。

第二十二章

防汛抗旱预案方案体系

防汛抗旱各类应急预案是针对可能发生的各类水旱灾害预先制订的防御方案、对策和措施，是各级防汛抗旱指挥部门实施应急指挥调度和抢险抗灾的重要依据，是保证防汛抢险、抗旱救灾工作高效有序进行，最大限度地减少人员伤亡和财产损失，保障经济社会全面、协调、可持续发展的重要保障，是江西省防汛能力提升工程的重要组成部分。

江西省各级防汛抗旱指挥部门曾在不同时期先后组织编制了各类防汛抗旱预案，如防汛抗旱应急预案、防御洪水方案、抗旱预案、山洪灾害防御预案、堤防防洪预案、水库防洪预案等，基本形成了防汛抗旱预案体系。已编制的各类预案在防汛抢险、抗旱救灾等工作中发挥了重要的作用。

第一节 预 案 体 系

防汛抗旱相关的预案有防汛抗旱应急预案、抗旱预案、城市防洪应急预案、山洪灾害防御预案、蓄滞洪区运用预案、水库防洪抢险应急预案、堤防防洪抢险应急预案、在建涉河工程防洪抢险应急预案等，针对各类水旱灾害突发事件，预先制定其应急组织管理指挥系统、工程救援保障体系、保障供应体系，明确应急管理、指挥、救援计划和应急抢险救援物资队伍等，确保一旦发生相关水旱灾害突发事件能够及时、有序、科学、高效应对。

一、编制原则

（1）遵循分级分类原则。不同行政级别、不同工程等级、不同重要性的预案，编制内容和要求不同。乡（镇）及以下、工程等级较低、工程重要性较低的预案，简化预案文本内容或简化为预案表格。

（2）有编制导则的预案，参照导则并结合江西省实际制定预案编制要求。

（3）无编制导则的预案，但有编制要点、编制大纲、有关通知要求等相关指导性文件的，以指导性文件为基础，参照其他预案制定其编制要求。

（4）无导则及相关指导性文件的预案，参照其他预案制定其编制要求。

二、编审单位和审批权限

根据相关法律、法规和预案，结合江西省实际，确定防汛抗旱各类应急预案的编制、审批部门。

1. 防汛抗旱应急预案

省、市、县（市、区）、乡（镇）防汛抗旱指挥机构应组织编制本级行政区防汛抗旱应急预案。征求相关单位意见后，并报本级政府审核印发，根据实际情况每5年进行修编。如遇管理职能的调整、区域内工程情况的重大变化等情况，要做到及时调整修订预案。对部分情况的变化，可通过防汛抗旱年度工作方案进行补充，工作方案按有关程序报批。

2. 抗旱预案

抗旱预案分为总体抗旱预案和专项抗旱预案。市、县（市、区）、乡（镇）防汛抗旱指挥机构应组织编制本级行政区总体抗旱预案；城市防汛抗旱指挥机构负责组织编制城市专项抗旱预案；省级防汛抗旱指挥机构负责组织有关部门编制生态专项抗旱预案；承担供水和灌溉任务的重点水利水电工程（如水库、水电站、泵站、闸坝、灌区等）管理单位负责组织编制重点工程专项抗旱预案；涉及区域共同的上一级防汛抗旱指挥机构应组织编制跨区域抗旱应急水量调度预案。

城市、生态、重点工程等专项预案参照《编制指南》中的行政区总体抗旱预案的要求编制。

3. 城市防洪应急预案

城市防洪应急预案由城市防洪应急总体预案、城市防洪应急专题预案和城市防洪应急专项预案构成。市级、县级建制城市防汛抗旱指挥机构应组织编制城市防洪应急总体预案；城市相应行业主管部门根据需要组织编制城市江河洪水、排水除涝、山洪灾害防御、台风防御、洪涝灾害交通管理等专题预案；重点防护对象管理单位根据需要组织编制各类重点防护对象的防洪应急专项预案。

城市防洪应急专题预案和重点防护对象的专项预案参照《编制指南》中的城市防洪应急总体预案要求编制，在此基础上，可适当调整、细化相关内容。

4. 山洪灾害防御预案

有山洪灾害防治任务的县（市、区）、乡（镇）、行政村应编制山洪灾害防御预案。山洪灾害防御预案重点明确山洪灾害易发区、受威胁群众组户数、预警人员及预警措施、安全转移路线等内容。

5. 蓄滞洪区运用预案

蓄滞洪区所在地县级人民政府防汛抗旱指挥机构应组织编制蓄滞洪区运用预案。

《编制指南》中的蓄滞洪区运用预案编写要求适用于国家级蓄滞洪区运用预案的编制，其他蓄滞洪区运用预案可参照执行。

6. 水库防洪抢险应急预案

水库管理单位应负责编制水库防洪抢险应急预案；无水库管理单位的由水库所有者（业主）负责编制。

7. 堤防防洪抢险应急预案

堤防管理单位应负责编制千亩以上堤防防洪抢险应急预案；无堤防管理单位的由所在地有关管理单位组织编制。重点堤防编制堤防防洪抢险应急预案报告，其他堤防填报堤防防洪抢险应急预案简表。

重点堤防指保护耕地面积5万亩以上圩堤，以及保护耕地面积5万亩以下，但圩区内有城市或有铁路、公路、机场等重要设施的圩堤。

8. 在建涉河工程防洪抢险应急预案

工程建设单位应负责组织编制河道管理范围内在建的跨河、临河、穿河、穿堤等涉河工程防洪抢险应急预案。

9.其他预案

根据实际情况参照上述预案有关要求编制。

三、预案修订

总体应急预案原则上每 5 年修订一次，专项、专题和部门应急预案原则上每 3 年修订一次。有下列情形之一的，应当结合实际及时修订应急预案。

（1）有关法律、法规、规章、标准、上级预案发生变化的。

（2）应急指挥机构及其职责发生重大调整的。

（3）相关单位发生重大变化的。

（4）面临的风险或其他重要环境因素发生重大变化的。

（5）重要应急资源发生重大变化的。

（6）预案中的其他重要信息发生变化的。

（7）在突发事件实际应对和应急演练中发现需要作出重大调整的。

（8）应急预案制订单位认为应当修订的其他情况。

四、预案演练与实施

预案制订后，确定由何单位、何时、何处、何种方式组织受影响区域公众的演练，向受影响区域公众报告存在的风险情况与预案的组织单位、宣传内容、方式、时间和场合以及向社会发布权限和方式。使政府与相关职能部门、水行政主管部门、水利工程主管部门或业主、管理单位及职工、公众了解事件的处理流程，充分理解撤离的信号、过程和地点。再确定以适当的方式和规模组织相关部门、管理单位及职工、公众参与预案演练（习）。

预案制订后，执行主体、受影响对象，如工程管理单位、应急抢险队伍、受威胁群众、可能影响的当地企业、重要交通设施管理等部门，要熟悉预案的基本情况。各级防汛指挥机构应考虑如何向社会、公众宣传，提高大家的参与意识；如何培训应急抢险队伍和预案实施主体，预案演练是有效手段之一。演练（习）的方式可以结合实际和当地客观条件，采取集中轮训演练、分片或分类实景演练、桌面推演、网络视频推演、电话演练等，要积极把培训和演练结合起来，在集中轮训演练或实景演练时，可以邀请相关领导、部门、企业、群众、应急队伍负责人等现场观摩，互相交流学习。通过演练使各相关人员熟悉预案内容，各受影响企业、群众提高防御意识和主人公思想，达到在突发应急灾害来临时能有序应对。

第二节 方 案 体 系

防汛抗旱有关方案包括防御洪水方案、洪水调度方案、度汛方案等。

一、编制原则

1.防御洪水方案

参照已批复的长江、珠江等流域防御洪水方案的编制要求。

2. 洪水调度方案

基本采用《洪水调度方案编制导则》的编制要求。

3. 度汛方案

(1) 水库：基本采用各地现行的水库度汛方案编制要求。

(2) 堤防：综合江西省各地现行的堤防度汛方案编制要求，制订堤防度汛方案表格。

(3) 其他工程：参照水库和堤防编制要求。

二、编审单位和审批权限

(一) 防御洪水方案

防御洪水方案是防御洪水的总体安排。有防汛抗洪任务的县级以上地方人民政府防汛指挥机构应根据流域综合规划、防洪工程实际状况和国家规定的防洪标准，制订防御洪水方案，并报上一级人民政府防汛指挥机构批准。

(二) 洪水调度方案

洪水调度方案是基于防洪现状，对防御洪水方案的具体化、细化。有防汛抗洪任务的县级以上地方人民政府防汛指挥机构，应当根据批准的防御洪水方案制订洪水调度方案，并报上一级人民政府防汛指挥机构批准。

洪水调度方案审查、审批时应提交研究报告、编制说明，着重反映洪水调度方案编制中主要问题的处理。经过审批的洪水调度方案是实施洪水调度的法律依据。

(三) 度汛方案

全省各类水工程度汛方案编审工作由省水利厅牵头组织，涉水工程行业主管部门和有关单位要按照省水利厅部署要求做好相关水工程度汛方案编制、报审等工作。

全省各类水工程度汛方案按照水工程调度管理权限及工程类别分级审批。省级审批的重点水工程度汛方案由省水利厅组织审查并提交省防指成员会审议通过后，报省防指印发。水工程影响范围跨行政区域的，水行政主管部门在技术审查的同时要征询下一级相关防指意见。

1. 水库

大型水库和重要中型水库的度汛方案，由设区的市人民政府防汛指挥机构或者有关主管部门组织编制，其中由省人民政府防汛指挥机构调度的大型水库和中型水库的度汛方案报省人民政府防汛指挥机构批准，其他大型和重要中型水库报设区的市人民政府防汛指挥机构批准，报省人民政府防汛指挥机构备案；非重要中型水库和重要小（1）型水库的度汛方案由县级人民政府防汛指挥机构组织编制，报设区的市人民政府防汛指挥机构批准，报省人民政府防汛指挥机构备案；其他小型水库的度汛方案，由县（市、区）水行政主管部门会同当地乡镇人民政府共同编制，报本级人民政府防汛指挥机构批准，报上一级人民政府防汛指挥机构备案。

所有水库须编制汛期调度运用计划报告并填报汛期调度运用计划简表。水库汛期调度运用计划应遵循已批准的防御洪水方案和洪水调度方案。

尾矿库度汛方案由所属企业主要负责人组织编制，并报主管部门或上级单位审查；无主库由所在地县级应急管理部门负责编制、审核。核工业系统的尾矿库报江西矿冶局审查。三等及以上尾矿库的方案由省应急管理厅汇总后报省防指。三等以下尾矿库的方案由各设区市应急管理局汇总后报市防指。省、市、县应急管理部门负责督促企业及时编制、报备、落实方案。

2. 堤防

保护耕地面积5万亩以上（含5万亩）的重点堤防的度汛方案，由设区的市人民政府防汛指挥机构或者有关主管部门组织编制，报省人民政府防汛指挥机构批准。

保护耕地面积1万亩以上（含1万亩）、5万亩以下的堤防的度汛方案由县级人民政府防汛指挥机构组织编制，报设区的市人民政府防汛指挥机构批准，报省人民政府防汛指挥机构备案。

保护耕地面积1万亩以下的小型堤防的度汛方案，由县（市、区）水行政主管部门会同当地乡镇人民政府共同编制，报本级人民政府防汛指挥机构批准，经批准的度汛方案应报上一级人民政府防汛指挥机构备案。

各级堤防的度汛方案以表格形式填报。

3. 在建涉河工程

在建的水库、水电站、拦河闸坝等工程的度汛方案，由工程建设单位负责制订，由主管部门组织专家审查并批准，报同级防汛部门备案。

4. 其他已建涉河工程

其他已建涉河工程的度汛方案，由工程管理单位负责制订，经上一级主管部门审查批准后，报有管辖权的人民政府防汛指挥部备案，并接受其监督。

在建和其他已建涉河工程的度汛方案，根据实际情况参照圩堤和水库度汛方案要求编制。

三、方案修订

流域或区域防洪体系、经济社会状况等发生较大变化时，应及时修编防御洪水方案和洪水调度方案。水工程度汛方案每年均需编制，并在汛期之前完成上报和审批。

第二十三章

防汛抗旱应急保障体系

防汛抗旱应急保障体系重点从应急物资与装备、应急队伍、通信与信息、供电、交通运输、医疗、治安、物资、资金、社会动员等方面构建。同时，建设省级防汛抗旱指挥系统，形成覆盖各级防汛抗旱部门的计算机网络系统，提高信息传输的质量和速度。各级防汛抗旱指挥机构建立了专家库，当发生水旱灾害时，由防汛抗旱指挥机构统一调度，派出专家组指导防汛抗旱工作。

一、组织保障

防汛工作担负着发动群众、组织社会力量、从事指挥决策等重大任务，而且具有多方面的协调和联系的职能，因此，需要建立起强有力的组织机构，担负起协调配合和科学决策的重任，做到统一指挥、统一行动。我国的防汛组织机构是各级党委政府领导下的、由党委政府相关部门参加的各级防汛抗旱指挥部。防汛抗旱指挥部下设办公室，负责日常工作。

各级防汛抗旱指挥部在同级党委和人民政府和上级防汛抗旱指挥部的领导下，是所辖地区防汛抗旱工作的指挥机构，具有行使政府防汛指挥和监督防汛工作实施的权力。根据"统一指挥、分级分部门负责"的原则，各级防汛指挥部要明确职责，保持工作的连续，做到及时反映本地区的防汛情况，坚决执行上级防汛抢险调度指令。防汛工作由地方政府行政首长负总责，地方政府行政首长是本地区防汛指挥部的指挥长，防汛指挥部是各地方防汛的领导集体。为了保障这个领导集体有效地领导、指挥防汛工作，必须要有相应的保障体系，这个体系就是相应的防汛指挥部办公室或专门机构。办公室或专门机构是防汛指挥部和专业部门领导的防汛参谋部和办事机构。为了提高办事效率和及时提供决策支持，办公室要有高素质的、相对稳定的人员并配备现代化的软、硬件设备；为应战不同类型的组合洪水，要拟定好各类防汛预案，为指挥者提供周密的作战方案；要建设好防汛指挥系统，为指挥者提供准确、及时的信息和技术支持。

二、队伍保障

防汛抗旱队伍是防汛抗旱保障力量，包括国家综合性消防救援队伍、专业应急抢险救援队伍、解放军和武警部队、社会应急力量、群众防汛队伍、抗旱服务队、水库堤防安全巡查员、山洪灾害群测群防员等。为了能使地方抢险队伍真正做到拉得出、抢得住，必须做到"保障有力"。抢险队伍要建立健全组织领导机构，配备各方面的专业人员和交通工具、通信设备、抢险器材等。

三、物资保障

防汛抗旱物资在防汛抗旱减灾体系及抢险救灾过程中发挥着至关重要的作用。建设物资储备充足、管理科学、调运快捷的防汛抗旱物资储备体系，是战胜各类洪水及干旱灾害的基础和保证。各地要制定完善的防汛抗旱物资管理制度，根据物资设备的类别、特点等合理规划建设防汛抗旱物资储备仓库，按需科学储备各类物资，并加强物资管理，规范物资收储、调运等程序。

四、社会秩序保障

防汛紧急时期，新闻部门要配合防汛指挥部做好宣传发动工作，动员全社会全力以赴地投入防汛。为了使防汛、抢险、救灾工作能紧张、有序地开展，防止坏人破坏、不法分子乘机浑水摸鱼，要动员公安、交警和广大民兵、治安人员维护好社会治安、交通秩序。要打击破坏防洪设施、偷盗防汛物料的犯罪分子和不法分子。灾民集中地更要做好治安保卫工作，维护灾民生活安定。

五、公共交通和医疗卫生保障系统

防汛抢险、救灾紧急时期，人员、物资调动频繁，城市公交、公路、水运、铁路部门要动员一切力量，组织好运输力量，保证人员、物资的及时调运；保障运输线路的畅通，做好疏导工作，必要时可以调度防汛无关车辆绕道行驶。为保障灾民的健康，防止疫情的发生，在灾民集中地做好医疗卫生工作非常重要。卫生部门要组织医疗队下到灾民集中地，宣传卫生知识，对饮用水源、粪便进行消毒；要设立临时医疗点，为灾民防病、治病。

本章重点讲述防汛抗旱物资、人员队伍和信息化系统等方面。

第一节 防汛抗旱物资

常用防汛物资包括编织袋、覆膜编织布、防管涌土工滤垫、围井围板、快速膨胀堵漏袋、橡胶子堤、吸水速凝挡水子堤、钢丝网兜、铅丝网片、橡皮舟、冲锋舟、嵌入组合式防汛抢险舟（艇）、救生衣、管涌检测仪、液压抛石机、抢险照明车、应急灯、打桩机、汽柴油发动机、救生器材等。常用抗旱物资包括大功率水泵、深井泵、汽柴油发电机组、输水管、找水物探设备、打井机、洗井机、移动浇灌、喷滴灌节水设备和固定式拉水车、移动净水设备、储水罐等。

一、物资储备

（一）防汛物资种类及主要用途

（1）土料。用得最多的是散土。主要用途为修筑土质堤坝、路基，黏土防渗，黏土灌浆。堤坝抢险。

（2）砂石料。砂石料是防汛抢险的主要物料，包括块石、碎石、粗砂。

1）块石一般用重 20～150kg 大石块，根据不同需求和石料来源情况选用；

2）碎石一般用粒径 0.5～10cm 的石子或卵石；

3）粗砂一般选用粒径 0.5mm 以上砂子。

（3）木料与竹料。在防汛抢险中常用于签桩护坡，打桩堵口、扎排防浪等。

（4）编织物料。包括草袋、麻袋、苇席、编织袋、编织布等。草袋、麻袋、编织袋等在防汛抢险中有抢堵、缓冲、铺垫等用途，苇席、编织布等在防汛抢险中常用来防冲、护坡、搭棚、铺垫等。

（5）梢料，指山木、榆、柳等树的枝梢。有的岗柴、芦苇以及秸秆柴草等也统称为梢料，在防汛抢险中用来制作柳捆、铺枕、沉排等。

（6）土工合成材料。主要分为土工织物和土工膜两大类，分别为透水材料和不透水合成材料，土工织物又可细分为编织物、机织物、无纺织物及复合织物 4 种。在防汛抢险中主要利用土工合成材料的排水和防渗功能，进行坍塌、管涌、流土、滑坡等险情的抢护。应用较普遍的品种有编织袋、编织布、无纺布、土工膜（或复合土工膜），选用时应该根据应用要求和被保护土体的颗粒大小与级配来确定。

（7）绑扎材料。主要有铁丝、棕麻绳、尼龙绳等，在防汛抢险中用于绑扎块体和捆缆物料。

（8）油料。主要有汽油、柴油及润滑油、钢丝绳脂等。汽油、柴油为抢险车辆、机械（汽油机、柴油机等）的燃料，润滑油、钢丝绳脂用于抢险车辆、机械的维护和保养。

（9）照明设备。主要有手电筒、便携式工作灯、投光灯及配套的柴油/汽油发电机等，用于巡堤查险和防汛抢险照明。

（10）爆破器材。主要有炸药、起爆器材、点火器材等，用于汛期破口分泄洪水，或清除行洪障碍时的爆破作业。

（11）防汛救生设备。主要有救生衣、救生圈、橡皮船、冲锋舟、救生艇等，用于紧急转移洪水淹没区群众。

（12）应急排涝设备。主要有便携式移动排水单元、大型移动泵站、"龙吸水"排涝车等，用于应急排水和城市排涝等工作。

（二）抗旱物资种类及主要用途

（1）抗旱用油。农业部门每年预留救灾柴油作为抗灾、救灾的应急需要，其中约有 2/3 用于抗旱。石化部门每年为抗旱安排部分汽油。商业部门也积极组织调剂和调运。抗旱紧张时，地方政府采取强制手段，停运部分车辆为排灌机械让油。

（2）抗旱用电。在电力紧张时期，为了不误农时，旱区电力部门积极组织负荷和电量的调剂，经常采取压缩工业用电，为农业让电，有条件的地方通过安排多发电和调剂好峰谷用电等办法，解决抗旱用电。

（3）主要是打井机及配套设备，在旱情严重时进行钻井抽水，保障生活用水和部分农业生产。

（4）抽水泵。包括各型抽水泵及其配套的发电机、电线、水管等。

（5）其他物资设备。对抗旱所需的其他物资和设备，中央有关部委和地方有关部门也及时安排生产和调拨。

二、物资管理

依据《中华人民共和国预算法》《中华人民共和国防洪法》《中华人民共和国防汛条例》《中华人民共和国抗旱条例》等有关法律法规，制定适合本省实际的防汛抗旱物资管理制度。物资管理时需根据物资设备的类别、特点等合理规划库区及库位的区域划分，并进行统一分类、定位、记录，做到数量清、规格清、标志明显、签牌齐全、对号入座、一目了然；各类设备物资均必须分类别、品种、规格、型号摆放整齐，收储、发运作业后按上述要求及时整理，对物资要定期盘点，保证账、物、卡一致。

第二节 防汛抗旱队伍

防汛抗旱抢险救援队伍是防汛抗旱应急管理体系建设的重要组成部分，是防范和应对突发事件的重要力量，在预防和处置水旱灾害突发事件中发挥重要作用。

防汛抗旱队伍建设要坚持专业化与社会化相结合，提高防汛抗旱救援队伍的应急救援能力和社会参与程度；坚持立足实际，按需发展，兼顾政府财力和人力，充分依托现有资源，建设规模适度、管理规范的防汛抗旱抢险救援队伍。江西省应急抢险救援力量的组成主要包括国家综合性消防救援队伍、各类专业应急抢险救援队伍和社会应急力量。当前江西省应急抢险救援队伍基本情况如下。

一、国家综合性消防救援队伍

国家综合性消防救援队伍主要由消防救援队伍和森林消防局机动支队驻赣大队组成，承担着防范化解重大安全风险、应对处置各类灾害事故的重要职责。

（1）消防救援队伍。省消防救援总队直属国家应急管理部消防救援局，下辖11个消防支队、1个直属培训基地和130个消防大队（其中县市区大队100个、开发区大队14个、特勤大队1个、水上大队2个、其他类大队13个）、147个消防中队，编制员额5613人。

（2）森林消防局机动支队驻赣大队。隶属应急管理部森林消防局机动支队，驻地为南昌市新建区望城新区三联村，正营级，大队建制，下设2个中队，编制200人，现有队员146人。

二、专业应急抢险救援队伍

各类专业应急救援队伍主要由地方政府和企业专职消防、航空、地方森林防灭火、生产安全事故救援、水上搜救等专业救援队伍构成，担负着区域性灭火救援和生产安全事故、自然灾害等专业救援职责。江西省主要防汛抢险救援专业队伍有以下几个。

（1）中国安能集团第二工程局有限公司（原武警水电第二总队）。隶属于中国安能建设集团有限公司，公司总部位于南昌市高新区，在高安、安义、景德镇和新余各设1个大队。其中高安大队为专职抢险救援大队，现有人员150人，主战装备43台套，保障车辆50台套，主要担负抗洪、滑坡、泥石流、堰塞湖道路抢通等应急救援任务，平常进行抢险合成训练，汛期备勤、抢险。

（2）专业森林消防队。现有 108 支队伍，4432 人，以县建队、分散养兵、集中使用，分布在林区各县（市、区）和风景名胜区管理局（管委会），在负责森林防灭火工作的同时也是地方防汛队伍的重要组成部分。

（3）矿山专业应急救援队伍。现有 8 支队伍，424 人，其中矿山救护总队 210 人，排水站 10 人，其余矿山救护队 204 人。包括江西煤业集团有限责任公司矿山救护总队（国家矿山应急救援乐平队）、赣州市矿山救护支队、萍乡市安全生产救援救护中心、宜春市矿山救护队、上饶市安全生产应急救援中心、九江市矿山危险化学品事故应急救援中心、丰城市矿山救护队、江西煤矿抢险排水站等。

（4）上高潜水队。成立于 1991 年，上高县水利局下属副科级自收自支事业单位，现有在岗人员 8 人，业务上由省防指调度指挥。

（5）江西省水上搜救中心鄱阳湖分中心。为省港航管理局下属副处级全额拨款事业单位，编制数 80 人，现有船员 38 人，潜水员 9 人，在庐山市码头设一救助艇全时待命值班。

（6）省航空护林局。省应急管理厅下属正处级参公事业单位，核定编制 25 人，现有 22 人，位于南昌市昌北国际机场旁，目前已有 AC313、M171 和 K32 这 3 架直升机值班备勤，将增加两架飞机，分别是 M26 直升机和国王 C90 固定翼。

三、解放军和武警部队

人民解放军和武警部队是江西省防汛抢险救援的突击力量，担负着重特大灾害事故的抢险救援任务，是取得防汛胜利的生力军和突击力量。每当发生大洪水和紧急抢险时，他们不怕艰险，勇敢地承担了重大的防汛抢险和抢救任务。各地防指要主动与当地驻军联系，及时通报防御方案和防洪工程情况，明确部队防守任务和联络部署任务，当遇大洪水和紧急险情时，立即请求解放军和武警部队参加抗洪抢险。

四、社会应急力量

社会应急力量是应急抢险救援的重要辅助力量，全省现有在民政部门登记注册、单次应急行动出队队员大于 18 人的社会应急力量 95 支，专职队员 597 人，正式队员 5455 人，志愿者 16213 人，其中南昌 5 支、九江 13 支、赣州 25 支、吉安 6 支、萍乡 3 支、鹰潭 1 支、新余 2 支、宜春 11 支、上饶 13 支、景德镇 5 支、抚州 11 支。

五、群众防汛队伍

群众防汛队伍是江河防汛抢险的基础力量，是以青壮年劳动力为主，吸收有防汛经验的人员参加，组成不同类别的防汛队伍。根据堤线防守任务的大小和距离、河道的远近，常划分一线、二线队伍，有的还有三线队伍，紧邻堤防的县、乡、村组成常备队和群众抢险队，为一线防汛队伍；紧邻一线的县、乡组成预备队，为二线队伍；离堤线较远的后方县组成三线队伍。滩区、分滞洪区、水库库区内的群众要组织迁安救护队。

六、水库堤防安全巡查员

2007 年开始，江西省每座小型水库配备 1~2 名安全管理员，汛期负责水库巡查报汛。2012 年以来，全省四、五级小型堤防每公里配备一名专职安全管理人员。小型水库与小型堤防安全管理员为提高小型水利工程的防汛应急能力提供了重要保障。

七、山洪灾害群测群防员

建立县、乡、村、组、户五级山洪灾害防御责任制体系，充分利用山洪灾害监测预警系统，当强降雨达到临界雨量，及时发布预警信息，实行县包乡、乡包村、村包组、组包户的联户防范责任制，落实山洪灾害易发区群众发放防御明白卡的要求，坚持群众提前转移制度，提前组织群众转移避险，有效减轻山洪灾害损失。

第三节　防汛抗旱业务信息化系统

随着经济社会的发展、科技水平的提高，特别是信息技术的高速发展，在确保江河湖库防洪安全和供水安全等防汛抗旱领域，仅利用传统的减灾手段已经远远不能满足越来越高的防汛抗旱工作要求。

近年来，根据江西省防洪抗旱工作的迫切需求，通过江西省防汛抗旱决策支持系统、山洪灾害监测预警综合平台、江西省防汛抗旱指挥系统、洪水预报调度系统、水库自动测报系统等一系列信息化系统的建设和应用，较为高效、可靠地为江西省各级防汛指挥机构及时、准确地监测和收集所管辖区域内的雨情、水情、工情、灾情，对当前防汛形势作出正确分析、判断，对雨水情趋势作出预测和预报，根据防洪工程现状和调度规则快速提供调度方案，为决策者提供全面支持，达到最有效运用防洪工程体系，将洪水灾害损失降到最低的目的。

以江西省防汛抗旱指挥系统为例，该系统常用功能包括汛期综述、气象信息、雨量查询、河道查询、水库查询、水雨情信息查询与管理。其中气象产品涵盖了气象云图、天气预报、天气雷达、台风路径、台风预报 5 个功能的气象情况，为省水利厅值班人员提供天气情况参考，值班人员可以根据天气情况，及时做好准备工作，同时也可起到提醒下级防办的作用；汛情综述直观展示当日的雨情、河道水情、水库水情，并进行综合排序汇总，列出最大点降雨、面降雨统计、河道水位和水库水位的超警排序；雨量查询功能包括最新雨情、实时降雨、滑动分析、极值统计、面雨量统计、过程降雨分析、降雨面积分析、各县雨量分布等；河道查询功能有最新河道水情、洪水过程、入湖水量、超警戒水情等；水库查询功能包括最新水库水情、洪水过程、超限水情等。

第二十四章

防 汛 抗 旱 常 规 工 作

洪水灾害发生有一定的规律性，防汛工作就是根据掌握的洪水特征，有针对性地做好预防工作，采取积极的预防措施，减少洪水灾害损失。管理工作主要分为汛前准备、汛中应对和汛后恢复。

旱情是指某个时间段的某个地区干旱的情况，干旱通常指淡水总量少，不足以满足人的生存和经济发展的气候现象，一般是长期的现象。抗旱是指采取措施，减轻干旱造成的损害。管理工作同汛期应急管理类似，也分为抗旱预防工作、抗旱减灾工作、灾后恢复工作。

第一节 防 汛 常 规 组 织

一、汛前工作

防汛工作是一项系统工程，它涉及社会的各个方面，是一项政策性、技术性很强的工作。对汛期洪水，首先是立足于防。每年汛期到来之前，必须按照可能出现的情况，充分做好各项防汛抢险准备，汛前准备工作既要有宏观的全局控制意识，又要有微观可操作的实施办法。防汛工作是长期的任务，要年年抓。防汛的思想准备是各项准备工作的首位，不能有半点疏忽。要认真贯彻"安全第一，常备不懈，以防为主，全力抢险"的防汛方针，切实克服麻痹思想、侥幸心理、松懈情绪和无所作为的情绪，要以对国家、对人民高度负责的精神，认真抓好各项准备工作。汛前准备工作主要有以下内容。

（一）组织准备

防洪抢险具有时间紧、任务急、技术性强、群众参与等特点，多年的洪水应急抢险实践，尤其是1998年抢险的实践证明，要取得抢险工作的全面胜利，一靠及时发现险情，二靠抢险方法正确，三靠人力、物料和后勤保障跟得上，人防工程在抢险工作中占有重要的地位，主要包括健全防汛抢险的领导机构、组织好防汛抢险队伍、做好抢险队伍的技术培训工作等内容。1998年长江、松花江及嫩江出现特大洪水。仅长江干堤就出现险情6000多处，在解放军与当地群众的拼搏努力下。这些险情都转危为安。所以，要求各级行政首长实行目标责任制，明确各级行政领导的第一把手是第一责任人。

防汛是动员组织全社会的人力和物力防止和预防洪涝灾害，必须要有健全而严密的组织系统。防汛指挥机构是一个综合协调指挥机构，按照《中华人民共和国防洪法》《中华人民共和国防汛条例》的规定，有防汛任务的县级以上地方人民政府必须设立有关部门、当地驻军、人民武装部负责人等组成的防汛指挥机构，领导指挥当地的防汛抗洪工作。

每年汛前各地要根据防汛指挥机构部门人员的变化情况，对防汛指挥机构进行调整，以政府文件印发落实。同时，各级防汛指挥机构还要根据防汛工作的实际需要，对防汛指挥机构中的各个部门职责任务进行明确，下发文件执行。每年汛前要做好的各项组织准备工作，主要有以下几项。

（1）建立健全防汛机构。各级政府由有关部门和单位组成防汛指挥机构。汛前各级政府要及时调整明确防汛指挥长和指挥部组成人员，完善指挥机构，召开防汛工作部署会议，充实防汛抗旱办公室人员力量。

（2）做好雨情、水情监测预报及传输发布等组织准备工作。

（3）做好各个部门协调配合的组织准备，完善汛期通信和信息传输网络。

（4）各级有防汛岗位责任的人员，要做好汛期上岗到位的组织准备，并通过公示牌、网站、宣传栏等不同形式进行公示。

（5）各级防汛部门要做好防汛队伍的组织准备工作，对常备的应急队伍要登记造册，明确负责人，健全应急通信联系方式。

（6）做好当地驻军和武装部队投入防汛工作的部署准备工作。

（二）技术准备

技术准备是指险情调查资料的分析整理和与堤防有关的地形、地质、水情、设计图纸的搜集等。主要包括以下内容。

1. 险情调查

此项工作应在汛前进行。首先是搜集历年险情资料，进行归纳整理；其次是掌握上一年度及往年对险工险段的整治情况。根据上述资料，对重大险工险情进行初步判断，并告知于民。

2. 收集技术资料

汛前应收集堤防的设计资料及相关建筑物的设计图纸。绘制堤防的纵剖面图，标注出堤基地质特征、堤顶高程、堤坡坡比、历年最高水位线、堤脚处的一般地面高程。配备堤防辖区的 1∶50000 地形图和 1∶5000～1∶10000 堤防带状地形图。

3. 统一报警方法

警号规定如下。

（1）利用广播电视、移动电话、对讲机、报警器报警时，警号可现场约定。

（2）当没有条件采用现代设备进行报警时，可因地制宜地采用口哨、锣鼓，甚至鸣枪报警，警号应事先约定。

出险标志：出险和抢险的地点，要做出显著的标志，如红旗、红灯等。

广而告之：无论用何种报警器具和方法，都要有严密的组织和纪律，并使之家喻户晓。

4. 水雨情监测

水雨情监测主要应包括气象监测、水位监测、泥石流监测和滑坡监测。气象监测收集降雨量等气象信息，水位监测收集河道水位等资料，泥石流和滑坡监测负责监测由山洪引起的泥石流、滑坡等。

监测要突出实时性、准确性，以便能提供实时、可靠的监测资料，并及时将监测结果

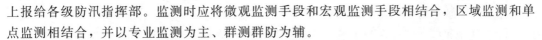

上报给各级防汛指挥部。监测时应将微观监测手段和宏观监测手段相结合，区域监测和单点监测相结合，并以专业监测为主、群测群防为辅。

（三）抢险物资准备与供应

防汛物资准备主要是在汛前做好的应急抢险物资储备。为了保障抗洪抢险物资的应急需要，规范防汛物资储备管理，科学制定防汛物资储备定额，根据《中华人民共和国防洪法》及其他相关法规。防汛物料是防汛抢险的重要物质条件，须在汛前筹备妥当，以满足抢险的需要。汛期发生险情时，应根据险情的性质尽快从储备的防汛物资中选用合适的抢险物料进行抢护。如果物料供应及时，抢险使用得当，会取得事半功倍的效果，化险为夷；否则，将贻误时机，造成抢险被动。

防汛使用的主要物资有土料、砂料、石料、石子、木料、竹料、草袋、麻袋、编织袋、土工织物、土工膜、篷布、铝丝、绳索、照明器材、运输工具和救生设备等。防汛物资准备工作，主要是根据水库、堤防、涵闸等工程防洪标准和质量、易出险的部位和下游保护对象等情况。检查所备防汛物料品种是否齐全，数量是否满足需要，堆放地点是否合理以及库房是否安全等。汛前要对机械设备、照明和救生设备等检查清理，必要时要进行检修和测试。为汛期运送抢险物料的交通道路要保持通畅。

（四）队伍落实

现代科学手段还无法对洪水危机发生的规律及时、准确地做出预测、预报，只能年年准备、年年防守。为做好防汛抢险工作，取得防汛斗争的胜利，除充分发挥工程的防洪能力外，更主要的一条是在当地防汛指挥部门领导下，在每年汛前必须组织好防汛队伍。多年的防汛抢险实践证明，堤防抢险采取专业队伍与群众队伍相结合，军民联防是行之有效的，主要包括专业防汛队伍、解放军和武警部队抢险队伍、群众防汛队伍等。

（五）预案修订

按照《中华人民共和国防汛条例》的规定，国家防办于 1996 年印发了《防洪预案编制要点（试点）》，对防汛预案的编制原则、基本内容提出了具体要求，规范了防洪预案编制工作。

对防御洪水方案要做好宣传教育工作，做到统一思想、统一认识。要善于总结上年度防洪方案执行情况，不断改进措施，有防洪任务的水库和蓄滞洪区要根据政府批准的江河防洪方案制订汛限水位和运行调度计划，加强河道岸线管理。清除河道阻水障碍，提高防汛抗洪效益，只有制订详尽全面、可操作性强的防洪预案，才能保证抗洪抢险工作有条不紊、忙而不乱。汛前要根据流域内经济社会状况、工程变化等因素，对防御洪水预案进行全面修订完善。江河、水库、蓄滞洪区等单项工程的防洪运用方案，要随情况的变化予以补充完善，并按照有关规定分级审批执行。防洪预案制定后，要按照《中华人民共和国防洪法》规定的权限审批，一经审批，就具有绝对权威性和法律性，一般不得随意改变，如有重大改变，则要上报审批。之前部分章节已详述预案相关要求，此处略。

（六）汛前检查

汛前检查是及时发现和消除安全度汛隐患的有效手段，其目的是发现和解决安全度汛方面存在的薄弱环节，为汛期安全度汛创造条件。汛前，各级防汛指挥部门要提早发出通知，对各级、各部门汛前大检查工作提出具体要求。自下而上组织汛前大检查，发现影响防洪安全的问题,责成责任单位在规定的期限内处理,不得贻误防汛抗洪工作。

在汛前检查过程中,要制定检查工作制度。实行检查工作登记制度,落实检查人和被检查人的责任,对检查中发现的问题,将任务和责任落实到有关单位和个人,明确责任分工,限汛前完成任务,堵塞不安全漏洞,消除安全度汛隐患。

以省防指防汛检查内容为例,重点检查的主要内容有:

1. 查阅资料

(1)"查"责任落实。

1)市、县行政区及重要水工程防汛抗旱行政责任人是否落实,是否在媒体上公布。

2)市、县防指是否下达防汛目标任务书。

3)市、县防汛抗旱工作党政领导包片分工和防指成员单位分组分片制度是否建立。

4)水库、圩堤等工程防汛岗位责任制是否落实。

5)山洪灾害县包乡、乡包村、村包组、组包户的联防责任制是否落实。

6)重点城市排水防涝安全责任人是否落实。

(2)"查"机制建立。

1)防指工作规则及年度工作方案是否制定。

2)市、县防指组成人员和职责是否落实和明确。

3)防办工作细则性文件及年度工作方案性文件是否制定。

4)市、县防办组成人员和从事防汛抗旱工作的相关科(股)室及人员是否明确。

5)防汛值班制度是否建立。

(3)"查"工作部署。

1)年度防汛抗旱工作要点是否制定。

2)防汛检查是否开展,隐患排查整改台账是否建立。

(4)"查"预案方案。

1)防汛抗旱应急预案。是否修编,哪年修编的?若发现存在机构改革后尚未修编的情况,要作为检查发现问题跟踪督导落实。

2)水工程度汛方案。是否逐级落实,重点检查圩堤行政责任人是否按桩号逐段进行明确。

3)山洪灾害防御预案。抽查县、乡是否编制并批复山洪灾害防御预案,抽查部分预案是否符合当地实情、可操作性是否良好。

4)其他预案方案。抽查部分在建涉水工程度汛方案编制审批情况,了解针对极端暴雨洪水、城市内涝等突出问题是否开展预案修编工作等。

(5)"查"支撑保障。

1)资金保障。检查防汛抗旱资金安排及落实情况,各地是否将防汛抗旱日常工作经费、防汛抗旱应急抢险救援和灾害救助经费纳入财政预算。

2)物资储备。检查物资台账是否建立,是否建立物资管理办法,储备管理及调用程序是否建立规范程序。

3)应急队伍。是否建立市、县抢险救援队伍基本情况台账,队伍调用相关机制是否建立。

4）信息系统。主要检查市、县应急局值班室是否可以正常访问防汛抗旱指挥系统或山洪灾害监测预警平台。

5）宣教培训演练。检查各地防汛抗旱宣传、教育工作开展情况，检查是否开展各类预案演练和针对防汛抗旱业务工作的培训。

2．现场检查

（1）"检"在建涉水工程。从在建涉水工程清单中优先抽选破堤破坝、尚未完工的在建工程，检查施工进度，度汛方案、应急抢险预案、抢险队伍、防汛物资等度汛措施落实情况。

（2）"检"隐患整改落实。从隐患排查整改台账中优先抽选风险较大或尚未整改完成的，检查整改措施、安全度汛措施和应急预案落实情况。

（3）"检"基层防汛准备。现场检查基层应急所或乡镇防办设置、防汛抗旱物资队伍、山洪灾害防御预案编制、安全转移明白卡发放、监测预警设施运行维护、群众提前转移避险工作等情况。

（4）"检"工程度汛准备。现场检查水库或圩堤等工程现场砂石料等抢险物料是否达到基本要求，检查日常巡查台账记录是否规范。

（5）"检"各类责任人履职。

1）行政责任人。电话抽查县（市、区）行政责任人不少于2名，询问是否知晓自己是防汛抗旱行政责任人，是否知晓作为行政责任人的工作职责，开展了哪些履职相关工作等。

2）水工程责任人。电话抽查水库行政责任人、水库巡查责任人、圩堤行政责任人、圩堤巡查责任人各不少于1个，检查行政责任人是否掌握了解水库/圩堤基本情况，是否组织开展防汛检查；检查巡查责任人是否按要求在汛期每日对水库/圩堤进行巡视检查和日常管理维护。

3）山洪灾害五级联防责任人。电话抽查不少于1个县（市、区）、1个乡镇、2个行政村山洪灾害防御责任人，检查是否知道自己是山洪灾害防御责任人，是否知道主要职责是什么，开展了哪些履职工作。

（七）舆论宣传

利用广播、电视、报纸等多种方式宣传防汛抗灾的重要意义，总结历年洪水危机事件应急处理的经验教训，使广大干部和群众克服麻痹思想和侥幸心理，坚定信心，增强抗洪减灾意识，树立团结协作、顾全大局的思想，加强组织纪律性，服从命令听指挥。同时加强法制宣传，使有关防汛工作的法规、办法家喻户晓，防止和抵制一切有碍洪水危机应急处理行为的发生。要向社会公布防汛责任人名单，检查监督履行防汛安全责任。

二、汛中工作

（一）工程检查

汛前要对防汛工程进行全面检查，汛期更要加强防汛工程险情的巡查。两者虽然在时间上不同，但目标一致，都是围绕"以防为主"的防汛方针开展工作的。

以堤防汛期巡查为例，当江河水位超过警戒水位时，堤防可能出现险情，若不及时发现和处理，各种险情就会由小变大、由轻变重，不但增加抢险困难、耗费物料，还会导致堤防溃决。因此，巡查是防汛抢险中一项极为重要的工作，切不可掉以轻心、疏忽大意。

1. 巡查要求

（1）巡查队员必须挑选熟悉工程情况、责任心强、工作细心、熟悉险情、有防汛抢险经验的人担任。巡查队员分基本队员和后备队员，基本队员在水情到达设防水位时上堤巡查，后备队员在水情到达警戒水位时参加巡查。巡查队员力求固定，全汛期不变。

（2）巡堤查险任务应按堤段重要情况分段包干配置巡查人员，统一领导，分段负责。要具体确定检查内容、路线及检查时间（或次数），要把任务落实到人。要求对一般险情及时处理，定期汇报；对重大险情，随时上报并提出意见。

（3）巡堤查险人员要明确责任，坚守岗位，听从指挥，严格按查险制度进行巡查。穿堤建筑物和已发现的险情要专门配置巡查人员。

（4）巡查重点、范围及内容。

1）巡查重点：险情调查资料中所反映出来的险工、险段。

2）巡查范围：堤身、堤（和）岸要做到"六查"，即在堤顶，查堤坝迎水坡、查堤背水坡、查堤脚、查平台及查平台外一定范围，并相互查过责任段至少 10～20m。要特别注意巡查堤背水坡脚 20m 以内水塘、洼地、排灌渠道、房屋、水井以及与坝体、堤防相接的各种交叉建筑物等，这些是容易出险又容易被忽视的地方。

3）巡查的内容，如裂缝、滑坡、跌窝、洞穴、渗水、塌岸、管涌、散浸、漏洞等，一旦发现异常情况，要及时报告。

4）当发生暴雨、台风、地震、堤防水位骤升（或骤降）及持续高水位或发现异常现象时，要增加巡查密度，特别是夜间巡查密度，必要时应对可能出现重大险情的部位实行昼夜连续监视。

2. 巡查方法

（1）用眼看、耳听、手摸、鼻嗅、口尝、脚踩等常规、直觉的方法，对工程表面和异常现象进行检查。

（2）巡查路线。巡查要做到"徒步拉网式"的普查，堤上、堤下、堤身内外均要进行巡查，对堤内情况要加强侦查。每组 5～7 人成排前进，一人走堤外水边，乘浪边起落的时机，用脚查探破绽和防浪情况；一人走堤内脚；一人走溃水边，注意浸漏、滑脱现象及草下暗漏。如果堤脚附近没有溃水，也要在距离堤脚较远处巡查有无管涌险情。巡堤人员要时分时合，迂回巡查，不可有空白点，要不断交换情况，在风雨夜或风浪大时，堤外水边巡查人员要注意安全。

（3）巡查时所带工具。最常用的巡查工具有：记录本（记载险情用）、小红旗（作险情标志）、木尺（丈量险情对某一显著目标部位的尺寸）、锯木屑（当堤身浸漏时用来抛于堤外江面以发现小激涡）、手电筒或照明灯（便于夜间巡查照明）、铁锹、通信工具、木棍竹棍、简易拍摄和传输设备等。各地区应根据具体条件和堤段最大可能发生的险情，对所带的工具有所增减。

3．巡查记录和报告

（1）巡查过程中，有异常情况时，除应详细记录时间、部位、险情和绘出草图外，必要时还应测图或摄影。

（2）现场记录必须及时整理，如有问题或异常现象，应立即进行复查，以保证记录的准确性。

（3）在检查中发现异常现象时，应及时采取应急措施，并上报主管部门。

（4）各种检查记录、报告均应整理归档，以备查考。

4．巡查工作的制度

（1）交接班制度。汛期必须实行昼夜值班，并实行严格的交接班制度，巡查人员做好巡查记录，现场做好标记，记录中写清楚异常情况及采取措施，交接班时应交代清楚。接班的巡堤队员应提前上班，与交班人共同检查一遍，交班人应交代本班了解的情况，特别是可能出现的问题，必须交代清楚。

（2）注意事项。

1）检查、休息、交接班时间由带领检查的队（组）长统一掌握，检查进行中不得休息，规定时间内不得离开岗位。

2）检查是以人的感觉器官或辅以简单工具，对险情进行检查、分析、判断。夜间检查要持照明工具。

3）队（组）检查交界处，必须越界。一般重叠检查段的长度不应少于10～20m。相邻小队碰头时应互通情报。

4）检查中发现可疑象征，应派专人进一步详据检查。探明原因，采取处理措施，并及时向上报告。

（二）值班值守

防汛值班是防汛抗洪中一项最基本的工作。做好防汛值班工作，时刻掌握汛情信息，及时传递反应，是取得防汛抗洪工作胜利的先决条件。防汛值班工作责任重大，一定要落实防汛值班工作责任制。建立健全汛期值班制度等规章制度，严明防汛值班纪律。

各级防指及有关防指成员单位严格实行防汛24h值班值守制度，重要时段领导必须在岗带班，加强值班力量，必要时相关单位和人员要集中办公室，明确岗位职责，规范工作流程，严肃值班纪律，强化信息报送，确保信息畅通，及时上传下达。对因值班值守不到位酿成事故或造成不良影响的，依法依规依纪严肃追责问责。

（三）监测预警

水雨情监测设施主要包括自动雨量站、自动水位站、简易雨量站、简易水位站。雨量站监测雨量信息，水位站监测雨量和水位信息。根据洪水灾害预警的需要和各地的建站条件，考虑洪水灾害威胁区地形地貌复杂、降雨分布不均、群众居住分散、地方经济发展不均衡等实际情况，水雨情监测站可灵活选择自动站或简易站。

为扩大水雨情信息监测的覆盖面，充分发挥村组自防自救的作用，因地制宜地配置简易的雨量、水位监测设施，由乡、村、组采用直观、可行的监测方法进行水雨情信息的监测。利用本区域适用的预警方式进行信息发布，达到群测群防的目的。简易雨量站、水位站采用有雨定时监测，大到暴雨或水位上涨加密监测的工作形式，及时上报和通知下游相关村、组。

有关成员单位加强各类监测预警设施设备运维管理，做到正常、可靠运行，确保监测高效、预报精准、预警及时；运用新技术、新设备，提高监测预报预警精细化程度，实现非建制工业园区（开发区、新区）、边远山区、城乡结合部等区域监测预警全覆盖。气象、水文、自然资源部门及时发布天气、洪水和地质灾害预报，必要时根据省防指要求开展短历时滚动预报，强化降雨落区、量级预报，提高精准度，及时向社会公众发布相关专业预警信息；水利部门根据降雨预报、实时雨情、水情，及时发布群众转移预警；省防办统筹对接各类预警信息。及时、准确的水雨情、工情、险情、灾情信息是防汛指挥决策和组织抗洪抢险救灾的关键条件。各级防汛指挥部门要落实用水雨情监测责任体系，确保汛情信息畅通。

洪涝灾害发生后，各级防汛部门必须在第一时间逐级迅速上报洪涝灾情和工程险情报告。同时，按照规定在灾害发生24h内把洪涝灾情统计简表逐级报告。

1. 气象和水雨情收集、汇报制度

（1）及时了解并准确掌握水情、雨情。定时、定点收集，做好统计分析工作。做好中短期雨情、水情预报和每天雨情汇报。

（2）对灾害性气象、水文信息，应加强纵、横向联系，主动通报。

（3）发生暴雨洪水或出现其他灾害性天气，应立即收集雨情、水情和灾情并及时上报。

（4）堤防进入警戒水位。逐日填报堤防水情表等。

2. 险情汇报、登记制度

（1）及时做好各类水利工程的清隐查险工作，发现险情分类登记造册，逐级上报。

（2）水利工程发生较大险情，应及时报告并迅速组织抢险。重大险情和工程事故应查明原因，并编写专题报告。

（3）水利工程发生险情需要上级派潜水员和专家抢险时，按有关规定办理。

（4）汛后提出险情处理意见。根据先急后缓的原则，分项列出当年需要处理的病险工程，对暂时无力解决的工程，督促当地防汛部门落实临时度汛方案和抢险措施。

3. 洪涝灾害汇报登记制度

（1）洪涝灾害发生后，应及时汇报灾害情况，并密切注视灾情发展变化，随时上报灾情和抗灾动态。

（2）洪涝灾害统计上报时间分为时报、月报和年报。时报在发生灾害后及时核实上报。

（3）发生洪涝灾害时，要及时填报抗洪情况统计表、排渍情况表。

（4）及时用电话、传真、网络、简报、专题报告、照片、录像等方式反映情况。

（四）会商研判

适时组织防汛抗旱会商，分析洪旱灾害、地质灾害及其次生灾害的影响区域和程度，评估可能对人民生命财产安全、城乡居民生活、工农业生产、交通运输等产生的不利影响，研究防范应对措施，部署阶段性防御工作，增强科学性、针对性和有效性。

防汛会商一般采用会议方式，多数在防汛会商室召开，特别情况下也有现场会商。随着信息化的建设和发展，也采用电视电话会商、远程异地会商。

按研究内容，可分为一般汛情会商、较大汛情会商、特大（非常）汛情会商和防汛专题会商。

1. 一般汛情会商

一般汛情会商是指汛期日常会商，一般量级洪水发生时，对堤防和防洪设施尚不造成较大威胁时，防汛工作处于正常状态，但沿堤涵闸、水管要注意关闭，洲滩人员要及时转移，防汛队员要上堤巡查，防止意外事故发生。

会商会议内容：①听取气象、水文、防汛、水利业务部门关于雨水情和气象形势、工程运行情况汇报；②研究讨论有关洪水调度问题；③署防汛工作和对策；④究处理其他重要问题。

2. 较大汛情会商

较大汛情会商是指大量级洪水发生时的会商，此种情况洪峰流量达河道安全泄量，洪水达防洪设计高程。部分低洼堤防受到威胁，抗洪抢险将处于紧张状态。水库等防洪工程开启运用，需加强防守、科学调度。

会商会议内容：①听取水雨情、气象、险情、灾情和防洪工程运行情况汇报，分析未来天气趋势及雨水情变化动态；②研究部署辖区面上抗洪抢险工作，研究决策重点险工及应采取的紧急工程措施，指挥调度大险情抢护的物资器材，及时组织调配抢险队伍，必要时可申请调用部队投入抗洪抢险；③研究决策各类水库及其他防洪工程的调度运用方案；④向同级政府领导和上级有关部门报告汛情和抗洪抢险情况；⑤研究处理其他有关问题。

会商结果由指挥长或副指挥长决定是否向政府、党委和上级部门及领导汇报。

防汛紧急会议。除召开上述常规防汛会商会议外，指挥长可视汛情决定是否召开指挥部紧急会议，防汛紧急会议由指挥长、副指挥长、技术专家和有关的防汛抗旱指挥部成员单位负责人参加，就当前抗洪抢险工作的指导思想、方针、政策、措施等问题进行研究部署。

3. 特大（非常）汛情会商

特大（非常）汛情会商是指特大（非常）洪水发生时，洪峰流量和洪峰水位超过现有安全泄量或保证水位情况下的会商。此时，防汛指挥部要宣布辖区内进入紧急防汛期，为确保人民生命财产安全，将灾害损失降到最低程度，要加强洪水调度，充分发挥各类防洪工程设施的作用，及时研究蓄滞洪区分洪运用和抢险救生方案。

会商会议内容：①听取雨情、水情、气象、工情、险情、灾情等工作情况汇报，分析洪水发展趋势及未来天气变化情况；②研究、决策抗洪抢险中的重大问题；③研究抗洪抢险救灾人、物、财的调度问题；④研究决策有关防洪工程（如水库、蓄洪圩）拦洪和蓄洪的问题；⑤协调各部门抗洪抢险救灾行动；⑥传达贯彻上级部门和领导关于抗洪抢险的指示精神；⑦发布洪水和物资调度命令及全力以赴投入抗洪抢险动员中；⑧向党委、政府和上级部门和领导报告抗洪抢险工作。

会商结果责成有关部门组织落实，由会议主持人决定以何种方式向上级有关部门和领导报告。

4. 防汛专题会商

防汛专题会商研究防汛中突出的专题问题，具体有：①工程抢险会商，重点决定抢险措施；②洪水调度抢险，重点研究决定水库、蓄滞洪区的实时调度方式；③避险救生会商，重点研究山洪、垮坝、垮堤时救生救灾措施。

根据所需决策的内容，汇报和讨论发言侧重不同。汛情分析重点汇报气候、水情方面；抢险措施研究，重点汇报工情和技术；洪水调度重点研究水库、洪道、蓄洪滞洪情况。

（五）指挥决策

防汛抗洪指挥决策包含防汛指挥调度决策和抗洪抢险指挥决策两个方面。

《江西省防汛抗旱应急预案》中明确，出现水旱灾害后，事发地防汛抗旱指挥机构应立即启动应急预案，并根据需要成立现场指挥部。在采取紧急措施的同时，向上一级防汛抗旱指挥机构报告。根据现场情况，及时收集、掌握相关信息，判明事件的性质和危害程度，并及时上报事态的发展变化情况。

1. 防汛指挥调度决策

防汛指挥调度决策主要是各级防汛指挥部门的主要领导召集防汛指挥机构各成员和技术人员会商，听取水文、气象情况和工情、险情汇报，研究汛情、险情的发展趋势，对水库防洪调度、江河干流洪水调度、分洪蓄滞洪区运用、重点防洪目标防守、洪水威胁区人员撤离等重大问题进行研究决策。

在防汛指挥调度决策中，各级指挥长负有重大责任和使命。因此，必须把握好以下几点。

1）要正确决策。正确的决策是夺取抗洪抢险斗争胜利的基本保证。决策失误，一着不慎，全盘皆输，要做到正确决策，必须全面掌握雨情、水情、工情、险情，广泛听取专家意见，权衡利弊，顾全大局，遵循一定的行政程序，并在一定的法律约束保障下做出决策。

2）科学调度。根据情况的变化，及时对洪水、人力、财力调度方案进行补充完善，使其更加科学、合理。

3）果断指挥。站在全局的高度，快速反应，敢于负责，当机立断，关键时刻不要优柔寡断，举棋不定，贻误战机。

防汛指挥调度决策主要有洪水调度决策、防洪抢险队伍调度决策及防汛调度决策，其中洪水调度决策程序技术性强、决策难度大。洪水调度主要内容有水库调度和分蓄洪调度。

（1）水库调度决策步骤。

1）根据当前汛情，结合水情、天气预报，组织技术专家研究分析，提出有关水库的各种实时调度方案。

2）会商研究分析各方案的利弊。

3）指挥长做出决策并确定最佳调度方案。

4）签发调度命令并实施。

5）收集实施情况和调度效果，并及时根据新的雨水情况及洪水修正预报，及时修正调度方案，如有必要，再次进行会商研究，做出新的调度决策。

（2）分蓄洪调度决策步骤。

1）由技术专家组根据水情、天气预报，结合当前的汛情，经分析研究，若洪水将超过控制水位，且危及重点地区安全时，提出分蓄洪调度初步方案，并通知水文部门，进行调度方案计算。

2）根据分蓄洪调度初步方案，及时做出水文预报，重新计算调整方案。

3）指挥长召集指挥部有关成员和防汛、气象、水文专家以及分蓄洪有关单位负责人共同会商决定分蓄洪方案。

4）将方案立即报告同级党委、政府和有关领导，同时报请防汛指挥机构批准实施。

5）在向上级报告要求运用蓄滞洪区的同时，由指挥长签发有关分蓄洪区蓄洪安置命令，由分蓄洪区所在人民政府按分蓄洪区转移、安置预案组织实施。

6）待方案批准后，防汛指挥长签发分蓄洪调度命令，由分蓄洪区所在地人民政府按命令要求组织实施。

2. 抗洪抢险指挥决策

抗洪抢险指挥决策主要是江河库坝在发生险情后，抗洪一线指挥人员为迅速控制险情发展，减轻洪水灾害损失面采取的抗洪抢险指挥决策工作。主要是针对险情特点，制订险情抢护、物资队伍调动、抢险后勤保障等总体方案。具体要做好以下几项工作。

（1）建立一个强有力的前线指挥班子，抗洪抢险工作担负着发动群众、组织社会力量、指挥决策等重大任务，而且要进行多方面的协调联系，因此要建立一个强有力的指挥机构。这个指挥机构要精干、高效，具有权威性，实行军事化工作方式。在人员组成上，要由当地政党军主要领导，并吸收业务专家组成；成员要明确分工，各负其责，重要问题要随时研究决策；做到能指挥一切，调动一切，令必行、行必果；对紧急问题要有处置权。

（2）制订一个科学、切合实际的抢险方案。科学的抢险方案是夺取抗洪斗争胜利的前提。险情发生后，要迅速、全面了解雨情、水情、工情、险情，掌握险情发生的范围、程度、险点和难点，制订出抢险方案。

（3）紧急动员，积极抢险。抗洪抢险非常时期，要由当地人民政府下达命令，实行全社会总动员，一切工作都要服务于抢险工作。必要时要组织群众，组建抢险突击队，并调遣部队，实行军民联合奋战。

（4）可靠的后勤保障能力。抗洪抢险是否顺利实施、能否尽快见到成效，关键是要有可靠的后勤保障。后勤保障的关键是防汛物料的及时组织到位，能够迅速投入抗洪抢险。要做好抢险人员生活保障，保持抢险人员体力。

（六）应急响应

按照《江西省防汛抗旱应急预案》启动响应条件或上级防指要求，及时启动、升级、降级相应级别的省级应急响应，由省防指发布，全体成员单位按要求迅速开展工作。响应条件结束，省防指适时发布结束响应。

按洪涝的严重程度和范围，将应急响应行动分为 4 级。一、二级应急响应的启动和结束由省防办根据情况提出请示，经省防指指挥长审定，报省长批准，以省防指的名义发布；三、四级应急响应的启动和结束由省防办根据情况提出请示，经省防指副指挥长审定，报省防指指挥长批准，以省防指的名义发布。

进入汛期，各级防汛抗旱指挥机构实行 24h 值班，全程跟踪雨情、水情、工情、灾情，并根据不同情况启动相关应急程序。

按照国家有关规定，有关水利、防洪工程的调度按照调度权限由所属地方人民政府和防汛抗旱指挥机构授权水行政主管部门负责，必要时，视情况由防汛抗旱指挥机构直接调度。各级防指成员单位应按照指挥部的统一部署和职责分工开展工作并及时报告有关工作情况。

洪涝灾害发生后，由地方人民政府和防汛抗旱指挥机构负责组织实施抗洪抢险、排涝、抗旱减灾和抗灾救灾等方面的工作。由当地防汛抗旱指挥机构向同级人民政府和上级防汛抗旱指挥机构报告情况。造成人员伤亡的突发事件，可越级上报，并同时报上级防汛抗旱指挥机构。任何个人发现堤防、水库发生险情时，应立即向有关部门报告。

对跨区域发生的洪涝灾害，或者突发事件将影响到邻近行政区域的，在报告同级人民政府和上级防汛抗旱指挥机构的同时，应及时向受影响地区的防汛抗旱指挥机构通报情况。

因洪涝灾害而衍生的疾病流行、水陆交通事故等次生灾害，当地防汛抗旱指挥机构应组织有关部门全力抢救和处置，采取有效措施切断灾害扩大的传播链，防止次生或衍生灾害蔓延，并及时向同级人民政府和上级防汛抗旱指挥机构报告。必要时可通过当地人民政府广泛调动社会力量积极参与应急突发事件的处置，紧急情况下可依法征用、调用车辆、物资、人员等，全力投入抗洪抢险。

以 2022 年 6 月江西省人民政府办公厅印发的《江西省防汛抗旱应急预案》为例，江西省防汛抗旱应急响应启动条件及其响应行动内容如下：

1. 四级应急响应

（1）四级启动条件。

当发生符合下列条件之一的事件时，省防指启动防汛四级应急响应：

1）全省有 3 个设区市启动防汛应急响应。

2）省气象局发布暴雨黄色预警，经会商研判，可能发生洪涝灾害。

3）全省 24h 降雨量超过 100mm 的笼罩面积之和超过 1.5 万 km²，且降雨仍在持续。

4）省水文监测中心发布洪水水情橙色预警。

5）长江九江段及鄱阳湖当湖口站水位达到 20.50m（吴淞高程，下同），且呈上涨趋势。

6）保护农田 1 万亩以上 5 万亩以下堤防发生重大险情，且对下游造成重要影响。

7）小（2）型水库出现重大险情后，发生垮坝，且对下游造成重要影响。

8）小（1）型水库出现重大险情，且对下游造成重要影响。

9）台风登陆并将严重影响我省。

10）按照国家防总和省委、省政府的要求或其他需要启动四级响应的情况。

（2）四级响应行动。

1）发布应急响应。省防指将启动四级应急响应及防汛救灾情况迅速上报国家防总、长江防总、省委、省政府，并通报省防指成员单位及相关设区市人民政府和防指，督促相关设区市、省防指成员单位按照本地、本部门预案启动相应级别的应急响应，省防指通过媒体对外发布相关信息。

2）召开会商部署会。由省防指指挥长或委托副指挥长主持召开防汛形势会商及工作部署会，省防指相关成员单位及部门参加，视情况相关市、县（区）视频参会，分析防汛形势、部署应对工作。

3）启动应急工作组。省防指成立指挥协调组、宣传报道组、监测调度组、综合保障组等4个工作组，根据发生险情情况视情启动专家指导组、抢险救援组，按照各自职责开展工作。工作组每2天由指挥协调组组长召开1次工作例会。

4）响应期内会商。响应期内省防指每天召开一次会商例会。每4天召开一次汛情综合会商会，会商会由省防指副指挥长或省防指秘书长主持，相关成员单位、省防指应急工作组参加，视情况相关市、县（区）视频参会，会商结果报省委、省政府和省防指领导，通报省防指成员单位和相关设区市防指。根据实际情况，适时加密会商频次，强化形势研判和工作部署。

5）派出工作组。省防办根据汛情发展态势，经省防指领导同意后，向相关区域派出由处级领导带队的防汛工作组，在12h内赴相关区域协助指导防汛工作。工作组原则上由包片成员单位组成。当涉水工程出现险情时，根据需要或地方防指的请求，省防指派出专家组，在4h内出发，赴现场指导险情处置工作。

6）物资队伍和资金保障。省防指督促相关地区做好抢险力量、物资调配和保障工作，根据抗洪抢险救灾需要和地方防指的请求，酌情调派抢险救援队伍和调拨省级防汛物资予以支持，必要时申请中央防汛物资支持。省防指组织财政部门为灾区及时提供资金帮助。根据实际需要，省财政厅会同应急管理厅及时向财政部、应急管理部申请中央防汛补助资金，并做好资金拨付下达工作。

7）信息报送和发布。相关设区市防指、有关省防指成员单位每日16时向省防指报告防汛救灾工作情况，重大突发性汛情、险情、灾情和重大防汛工作部署应在第一时间报告。省防指统一审核和发布全省汛情及防汛动态。

2. 三级应急响应

（1）三级启动条件。

当发生符合下列条件之一的事件时，省防指启动防汛三级应急响应：

1）省气象局发布暴雨橙色预警，经会商研判，可能发生洪涝灾害。

2）省水文监测中心发布洪水水情红色预警。

3）长江九江段及鄱阳湖当湖口站水位达到21.00m，且呈上涨趋势。

4）保护农田1万亩至5万亩（单退圩堤超进水位除外）堤防发生决口，且对下游造成重要影响。

5）重点圩堤或保护农田5万亩至10万亩堤防发生重大险情，且对下游造成重要影响。

6）小（1）型水库发生垮坝，且对下游造成重要影响。

7）一般中型水库出现重大险情，且对下游造成重要影响。

8）强台风登陆并将严重影响我省。

9）按照国家防总和省委、省政府的要求或其他需要启动三级响应的情况。

（2）三级响应行动。

1）发布应急响应。省防指将启动三级应急响应及防汛救灾情况迅速上报国家防总、长江防总、省委、省政府,并通报省防指成员单位及相关设区市人民政府和防指,督促相关设区市、省防指成员单位按照本地、本部门预案启动相应级别的应急响应,省防指通过媒体对外发布相关信息。

2)召开会商部署会。由省防指指挥长主持召开防汛形势会商及工作部署会,省防指相关成员单位及部门参加,视情况相关市、县(区)视频参会,分析防汛形势、部署应对工作。

3)启动应急工作组。省防指成立指挥协调组、宣传报道组、监测调度组、抢险救援组、专家指导组、综合保障组等6个工作组,按照各自职责开展工作。工作组每2天由指挥协调组组长召开1次工作例会。

4)响应期内会商。响应期内省防指每天召开一次会商例会。每3天召开一次汛情综合会商会,会商会由省防指副指挥长或省防指秘书长主持,相关成员单位、省防指应急工作组参加,视情况相关市、县(区)视频参会,会商结果报省委、省政府和省防指领导,通报省防指成员单位和相关设区市防指。根据实际情况,适时加密会商频次,强化形势研判和工作部署。

5)派出工作组。省防办根据汛情发展态势,经省防指领导同意后,酌情加派厅级领导带队的防汛工作组,在10h内赴相关区域协助指导防汛工作,工作组原则上由包片成员单位组成。当涉水工程出现险情时,根据需要或地方防指的请求,省防指派出专家组,在4h内出发,赴现场指导险情处置工作。

6)物资队伍和资金保障。省防指督促相关地区做好抢险力量、物资调配和保障工作,根据抗洪抢险救灾需要和地方防指的请求,省防指在6h内调派抢险救援队伍和调拨省级防汛物资予以支持,必要时申请中央防汛物资支持。省防指组织财政部门为灾区及时提供资金帮助。根据实际需要,省财政厅会同应急管理厅及时向财政部、应急管理部申请中央防汛补助资金,并做好资金拨付下达工作。

7)信息报送和发布。相关设区市防指、有关省防指成员单位每日16时向省防指报告防汛救灾工作情况,重大突发性汛情、险情、灾情和重大防汛工作部署应在第一时间报告。省防指统一审核和发布全省汛情及防汛动态。

8)召开新闻发布会。省防办会同省政府新闻办视情适时召开新闻发布会,主动回应舆论关切,正确引导舆论导向。

3. 二级应急响应

(1)二级启动条件。

当发生符合下列条件之一的事件时,省防指启动防汛二级应急响应:

1)省气象局发布暴雨红色预警。

2)长江九江段及鄱阳湖当湖口站水位达到21.50m,且呈上涨趋势。

3)全省五大河流(赣、抚、信、饶、修)之一发生流域性大洪水或2条发生流域性中洪水。

4)重点圩堤或保护农田5万亩至10万亩堤防(单退圩堤超进水位除外)发生决口,且对下游造成重要影响。

5)重要堤防或保护农田10万亩以上堤防发生重大险情,且对下游造成重要影响。

6)一般中型水库发生垮坝,且对下游造成重要影响。

7）大型水库或重点中型水库发生重大险情，且对下游造成重要影响。

8）超强台风登陆并将严重影响我省。

9）按照国家防总和省委、省政府的要求或其他需要启动二级响应的情况。

（2）二级响应行动。

1）发布应急响应。省防指将启动二级应急响应及防汛救灾情况迅速上报国家防总、长江防总、省委、省政府，并通报省防指成员单位及相关设区市人民政府和防指，督促相关设区市、省防指成员单位按照本地、本部门预案启动相应级别的应急响应，省防指通过媒体对外发布相关信息。

2）召开会商部署会。由省长主持召开全省紧急动员会部署工作，省防指全体成员单位及相关部门参加，视情况相关市、县（区）视频参会，分析防汛形势、部署应对工作。

3）省防指领导坐镇指挥。省防指指挥长坐镇省防指，指挥调度重点工作，与重点区域适时视频连线，及时做出针对性安排布置。省防指部分成员进驻省防指协调相关事项。

4）启动应急工作组。省防指成立指挥协调组、宣传报道组、监测调度组、抢险救援组、专家指导组、灾评救助组、督查检查组、综合保障组等8个工作组，按照各自职责开展工作。工作组每天由省防指副指挥长召开1次工作例会。

5）响应期内会商。响应期内省防指每天召开一次会商例会。每2天召开一次汛情综合会商会，会商会由省防指指挥长或副指挥长主持，相关成员单位、省防指应急工作组参加，视情况相关市、县（区）视频参会，会商结果报省委、省政府和省防指领导，通报省防指成员单位和相关设区市防指。

6）派出工作组。省防办根据汛情发展态势，经省防指领导同意后，派出厅级领导带队，省防指相关成员参加的防汛工作组，在8h内赴相关区域协助指导防汛工作，工作组原则上由包片成员单位组成。当涉水工程发生重大险情时，省防指派出专家组立即赴现场指导险情处置工作，按照有关要求督促指导地方成立前方指挥部。

7）物资队伍和资金保障。省防指督促相关地区做好抢险力量、物资调配和保障工作，根据抗洪抢险救灾需要和地方防指的请求，省防指在2h内调派抢险救援队伍和调拨省级防汛物资予以支持，必要时申请中央防汛物资支持。省防指组织财政部门为灾区及时提供资金帮助。根据实际需要，省财政厅会同应急管理厅及时向财政部、应急管理部申请中央防汛补助资金，并做好资金拨付下达工作。省财政厅多方筹措资金全力支持各地防汛抢险救灾工作。

8）信息报送和发布。相关设区市防指、有关省防指成员单位每日8时、16时向省防指报告防汛救灾工作情况，重大突发性汛情、险情、灾情和重大防汛工作部署应在第一时间报告。省防指统一审核和发布全省汛情及防汛动态。

9）新闻发布会召开。省防办会同省政府新闻办每2天召开一次新闻发布会，主动回应舆论关切，正确引导舆论导向。

4．一级应急响应

（1）一级启动条件。

当发生符合下列条件之一的事件时，省防指启动防汛一级应急响应：

1）长江九江段及鄱阳湖当湖口站水位达到22.00m（吴淞高程，下同），且呈上涨趋势。

2）全省五大河流（赣、抚、信、饶、修）之一发生流域性特大洪水或2条发生流域性大洪水。

3）重要堤防或保护农田10万亩以上堤防发生决口，且对下游造成重要影响。

4）大型水库或重点中型水库发生垮坝，且对下游造成重要影响。

5）按照国家防总和省委、省政府的要求或其他需要启动一级响应的情况。

（2）一级响应行动。

1）发布应急响应。省防指将启动一级应急响应及防汛救灾情况迅速上报国家防总、长江防总、省委、省政府，并通报省防指成员单位及相关设区市人民政府和防指，督促相关设区市、省防指成员单位按照本地、本部门预案启动相应级别的应急响应，省防指通过媒体对外发布相关信息。

2）召开会商部署会。由省委书记主持召开全省紧急动员会部署工作，省防指全体成员单位及相关部门参加，视情况相关市、县（区）视频参会，分析防汛形势、部署应对工作，必要时决定相关区域采取停工、停产、停学等紧急措施。

3）省防指领导坐镇指挥。省防指指挥长坐镇省防指，指挥调度重点工作，与重点区域适时视频连线，及时做出针对性安排布置。省防指部分成员进驻省防指协调相关事项。

4）启动应急工作组。省防指成立指挥协调组、宣传报道组、监测调度组、抢险救援组、专家指导组、灾评救助组、督查检查组、综合保障组等8个工作组，按照各自职责开展工作。工作组每天由省防指副指挥长召开1次工作例会。

5）响应期内会商。响应期内省防指每天召开一次会商例会。每天召开一次汛情综合会商会，会商会由省防指指挥长或副指挥长主持，相关成员单位、省防指应急工作组参加，视情况相关市、县（区）视频参会，会商结果报省委、省政府和省防指领导，通报省防指成员单位和相关设区市防指。

6）派出工作组。根据汛情发展态势，省领导按照包片分工方案，赴相关区域督促指导防汛工作，省防办经省防指领导同意后，派出由厅级领导带队，省防指相关成员参加的防汛工作组，在6h内赴相关区域协助指导防汛工作，工作组原则上由包片成员单位组成。当涉水工程发生重大险情时，省防指派出专家组立即赴现场指导险情处置工作，按照有关要求督促指导地方成立前方指挥部。

7）物资队伍和资金保障。省防指督促相关地区做好抢险力量、物资调配和保障工作，根据抗洪抢险救灾需要和各地请求，省防指在2h内调派抢险救援队伍和调拨省级防汛物资予以支持，必要时申请中央防汛物资支持。省防指组织财政部门为灾区及时提供资金帮助。根据实际需要，省财政厅会同应急管理厅及时向财政部、应急管理部申请中央防汛补助资金，并做好资金拨付下达工作。省财政厅多方筹措资金全力支持各地防汛抢险救灾工作。

8）信息报送和发布。相关设区市防指、有关省防指成员单位每日8时、16时向省防指报告防汛救灾工作情况，重大突发性汛情、险情、灾情和重大防汛工作部署应在第一时间报告。省防指统一审核和发布全省汛情及防汛动态。

9）新闻发布会召开。省防办会同省政府新闻办每天召开一次新闻发布会，主动回应舆论关切，正确引导舆论导向。

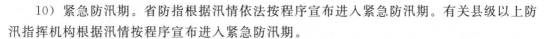

10）紧急防汛期。省防指根据汛情依法按程序宣布进入紧急防汛期。有关县级以上防汛指挥机构根据汛情按程序宣布进入紧急防汛期。

（七）应急抢险救援

坚持以属地为主的原则，组织抢险救援由灾害发生地人民政府总负责，全面落实防汛抗旱行政首长负责制，当地防汛抗旱指挥机构负责具体工作落实。省防指根据事态严重程度或灾害发生地人民政府、防汛抗旱指挥机构的支援请求，调派力量支援当地应急抢险救援，帮助地方尽快恢复群众生活生产秩序。当发生较大以上灾情险情时，视情成立现场抢险救援指挥部，指挥长及组成人员应根据灾险情的影响范围和程度，由省（市、县）有关领导和单位组成，统一指挥调度抢险救援行动。应急抢险救援实行统一指挥、跨区域支援、专业力量和社会力量有序联动的组织运行模式；省级抢险救援力量体系以军队为突击、综合性消防救援队伍为骨干、专业队伍和社会救援队伍为补充；省级抢险救援专家队伍由省应急厅根据灾害类型，从省防汛抗旱专家库中选取并组建，负责支援灾害发生地研究、处理抢险救援重大技术问题；对抢险救援工作组织不力，贻误战机，造成不应有损失的，严格依法依规追究相关单位和人员的责任。

1. 抢险指挥

主汛期的险情往往发展很快，必须贯彻"以防为主，防重于抢"的方针。平时对水工建筑物进行经常和定期的检查、观测，养护修理和除险加固、消除隐患和各种缺陷损坏，为了使抢险主动，汛前要做好思想上、组织上、物质上和工程技术方面的准备，以免出现险情时措手不及。组织上要严格建立责任制，成立各级防汛抢险机构和组织，人员要落实。责任要明确，纪律要严明。防汛抢险应备足必要的物料，可按竣工情况和以往经验准备。常用的材料一定要充足并有富余，以应急需。汛期风大浪急，尤其是夜晚抢险，一定要准备好通信联络、交通工具和照明设备。汛前要对工程，特别是堤防及其险工险段进行必要的维修，使之达到一定的防洪标准和防御能力。如有的工程或局部段落汛前无法达到相应的要求标准，则更应具有应付险情发生的各项准备；对所有闸门、阀门事先应进行启用操作，避免失灵或临时出现故障。

堤防工程一旦在汛期出险，各级防汛指挥部门必须及时组织抢险。在抢险过程中，必须有坚强的领导，就地指挥。要精心组织，争分夺秒。在防汛抢险的关键时刻，各级领导要按照分片包干的防汛岗位责任制，要按时到岗、到位，深入抗洪抢险第一线，现场指挥。指挥员应当做好以下几方面的工作。

（1）熟悉当地当时雨情、水情、地情、工情（工程）、人情（抢险队伍）、物情（抢险物资）以及溃堤后淹没范围、影响大小、转移道路及避险措施。

（2）集思广益，果断决策抢险方案。指挥者要善于观测险情，倾听当地管理和技术人员的意见，现场研究指挥措施、避险措施，及时准确识别险情。发生险情，要立即进行观察、调查和分析，做出正确的判断，随即按不同险情测定出有效的抢护方案和措施，组织力量快速排险。抢险属于一种紧急措施，所用的方法既要科学又要实用。当几种意见不统一时，既不能主观臆断，又不能犹豫不决。以"说得有理，行之有效"为原则，及时决策，切勿延误时机。

（3）分工负责，多方配合，打整体战。一场抢险战斗，在总指挥调度下分为：第一线为施工队（如堵洞、压管涌），这部分人员要有领导、技术人员现场指挥，要有身强力壮、勇于苦干的抢险突击队；第二线为物料运输队；第三线为通信、照明和生活安置后勤队；第四线为后备抢险人员，一旦险情在抢护中发生恶化需要大量、快速投入时，即可随时调用；第五线为后方转移组，当出现危急情况有可能溃堤、溃坝时，要及时组织群众撤离到安全地带。

（4）组织抢险物料及时到位。按照汛前防汛物料储备分布，合理使用或临时组织力量应急调用。

（5）特大洪水时，河槽、水库已蓄满，有超额洪水漫溢，指挥者应明确保护重点，对人口集中、影响范围大的地方堤坝要加强防守观察，抢修加固堤坝，备足抢险物料，不能因小失大（重）。

（6）做两手准备。当大水将来临或险情已发生，一方面全力抢治，化险为夷；另一方面应视危险程度及时适度地做好可能淹没区的人员和物资转移，以防万一。

2. 人员安全转移与安置

坚持以属地为主的原则，群众转移安置由灾害发生地人民政府负总责，全面落实防汛抗旱行政首长负责制，当地防汛抗旱指挥机构负责具体工作落实，按照"县—乡—村—组—户"五级联防联控工作制度，明确各灾害威胁点转移路径、安全避灾场所，教育引导灾害威胁区群众主动提前实施转移，确保接警后组织群众及时、安全、高效、有序转移安置，保障好转移群众基本生活需求。

（1）安全转移。在帮助受洪水威胁区（包括可能运用的蓄滞洪区。受山洪台风灾害威胁区、受洪水威胁低洼地区等）的人员安全转移过程中，为了避免事到临头混乱无序的局面，各级应预先做好安全转移方案，本着就近、迅速、安全、有序的原则进行。先人员，后财产；先老幼病残人员，后其他人员；先转移危险区人员，后转移警戒线区人员；各部门各司其职，协调配合，确保安全转移群众。

安全转移方案一般应包括以下工作内容：

1）预警程序及信号传递方式。为让群众躲灾、避灾及时，减少洪水灾害损失，在一般情况下，应按县—乡（镇）—村—组的次序进行预警。紧急情况下按组—村—县的次序进行预警。

2）预警、报警信号设置。预警信号为电视、电话等，各级防汛抗旱指挥部在接到雨情、水情信息后通过县电视台及电话通知到各乡（镇），乡（镇）及时通知各村、组。报警信号一般为口哨、警报器等。如有险情出现，由各报警点和信息员发送警报信号，警报信号的设置因地而异。

3）信号发送。在4—9月汛期，县、乡（镇）、村三级必须实行24h值班，相互之间均用电话联系。村、组必须明确1~2名责任心强的信号发送责任人，在接到紧急避灾转移命令或获得严重的监测信息后，信号发送人必须立即按预定信号发布报警信号。

4）转移安置的原则和责任人。其原则是先人员，后财产；先老幼病残，后一般人员；先危险区，后警戒区。信号发送和转移责任人必须最后离开洪水灾害发生区，并有权对不服从转移命令的人员采取强制转移措施。

5）人员转移，各区居民接到转移信号后，必须在转移负责人的组织指挥下迅速按预定路线进行安全、有序转移。转移工作采取乡（镇）、村、组干部包片负责的办法，统一指挥，有序转移，安全第一。

6）安置方法、地点及人数。洪水灾害发生后，人员安置的方法应本着就近、安全的原则，采取对户接待、搭棚等多种安置方法。搭棚地点应选择在居住附近坡度较缓，没有山体崩塌、滑坡迹象的山头上。

7）转移安置纪律，洪水灾害一旦发生，转移安置必须服从指挥机构的统一安排、统一指挥，并按预先制定好的严明纪律，井然有序地进行安全转移，确保人民生命安全。

（2）人员安置。人员安置必须始终坚持"以人为本"的指导思想，千方百计确保人民群众生命财产安全。面对暴雨洪水灾害，各级党委政府必须高度重视，建立严格的责任制和责任分工。有条不紊地做好人员救护，要坚持"救生第一"的原则，把暴风洪水威胁区的群众转移到安全地带。老、弱、病、残、幼等弱势群体要予以重点保护。公安部门要组织警力，对撤离区实行交通管制和治安戒严，维护灾区社会秩序。

人员的安置点及道路安排如下：

1）安全围（区）。地势较高、人口居住较集中的乡镇，采用建安全围防御洪水。围（区）面积不宜过大，堤顶高程高出洪水位并有一定安全超高，迎水面特别是顶冲部位要有防风浪措施，堤顶有足够的宽度，围（区）内配备排水设施。

2）安全台。对于蓄洪概率较高的地区，可以沿堤筑安全台，台顶建房，躲避洪灾。安全台顶面高程要高出洪水位，并有一定安全超高。

3）安全楼。安全楼是蓄滞洪区内群众躲避洪灾的临时应急措施，有单户、联户和集体安全楼等多种形式，随着农村经济的发展，农民修建住房的积极性高，国家给予适当扶持，有计划地指导群众修建避水安全楼，不仅为蓄洪区蓄洪时提供人身安全保障和财产转移的场所，而且还改善了蓄滞洪区群众的居住条件。平时楼上楼下均可使用，一旦分洪时群众上楼避洪，重要生活物资和贵重物品也可往楼上转移，蓄滞洪区内的机关、学校、工厂等单位和商店、影院、医院的蓄洪设施一般选择较高地形，修建时要考虑到集体避洪安全。

4）邻近安全地区协助安置。预报要发生需分蓄洪的洪水时，将洪泛区人员迁移安置到相邻安全的地势较高地区，由当地政府集体安排到学校、礼堂或者插队落户。有些洪灾区淹水时间长，或者恢复居住时间长，灾民临时住棚条件差，就地安置后需再实行第二次转移到安全乡镇。

5）转移道路。按照防御洪水方案和洪水调度方案规定，江河洪水接近和达到分洪标准水位时，且上游仍有降雨、水位继续上涨情况下，应提前转移蓄滞洪区和低洼地区的群众。由于转移人数多，撤退转移道路是重要的工程项目。

（八）救灾救济与卫生防疫

1. 救灾救济

我国实行"政府领导，部门负责，分级管理，分级负担"的救灾工作体制，救灾工作坚持"自力更生，依靠群众，生产自救，互助互济"的方针。洪水危机过后，救灾工作涉及面广，各级党委、政府须顾全大局、突出重点、统筹安排。要充分发挥社会主义制度的优越性，广泛发动群众，开展亲邻相帮、互帮互济活动，城市支援农村、机关支援基层、非灾区支援灾区，帮助灾区迅速恢复生活、生产。

救灾救济内容。救灾救济部门要组织力量核查灾情。深入灾区调查研究，摸实情、报实数，统一发布灾情。要组织、协调救灾工作。严格坚持灾民救助管理制度，解决好灾民的吃、住、医问题，保证不因灾饿死一个人，不出现成批的外流逃荒，不出现大的疫情，确保把灾民急需的物品发放到位，管理、分配救灾款物并监督检查使用情况。一是解决灾民的吃饭问题，按照"实物救灾、救济到户"的要求，及时发放救灾粮供应证，确保灾民最基本的口粮，同时按照灾民口粮供应资金的一定比例发放救灾款，用于购买生活必需品。二是要确保灾民有衣穿，通过救灾储备仓库和其他代储点紧急调控，也可通过社会募捐方法解决。三是保证有房住，坚持分散安置与集中安置相结合的原则，鼓励群众投亲靠友，提倡邻里相帮，政府组织对口安置。灾民的吃饭、饮水、穿衣、住房、治病等基本生活要得到保障。要特别做好粮、油、肉、菜、粮、盐等生活必需品的供应，加强灾区市场的监督检查，坚决打击囤积居奇、哄抬物价、趁机牟取暴利的不法行为，确保市场物价的基本稳定。

鼓励利用社会资源进行救济救助，提倡和鼓励企事业单位、社会团体以及个人捐助社会救济资金和物资，统筹安排社会救济资金和捐赠资金、物资的管理发放工作。应随时向社会和媒体公布捐赠救灾资金和物资使用情况。接受社会监督。2021年6月，江西省应急管理厅、省财政厅联合出台《关于做好受灾群众集中安置点规范化建设的指导意见》，进一步规范受灾群众集中安置工作。《指导意见》提出，各地要因地制宜，按照"精准化安置、封闭化管理、网格化服务、规范化建设"目标，打造集中安置点"十有"（有标识、有饭吃、有水喝、有床睡觉、有物资、有地方洗澡、有医护人员、有秩序、有台账、有心理疏导）标准，确保受灾群众得到妥善安置。

2. 卫生防疫

洪水过后，会带来次生灾害，包括环境污染、水源污染、食品污染、病菌孳生等。同时在抗洪抢险过程中，人们由于受到洪水的困扰，生活紧张、心情焦急、睡眠不足，饮食不规律，使人体抵抗力下降，容易感染疾病，极有可能出现疫病流行，历史上大水之后出现大疫的情况非常普遍，有时造成的人员死亡比洪水直接造成的死亡还严重。

（1）水灾后易产生的传染病。经肠道感染的传染病有：①细菌性的有痢疾、伤寒、副伤寒、霍乱、食物中毒等；②病毒性的有甲基肝炎。经皮肤感染的传染病，如钩端螺旋体病。经蚊子传播的传染病，如登革热、疟疾、乙型脑炎等。经呼吸道感染的疾病，如感冒等上呼吸道感染。

（2）防疫措施。受灾区的各级政府要高度重视防疫工作，要层层建立防疫工作行政首长负责制，明确规定由各级党政主要领导亲自抓，卫生防疫部门要把防疫工作提在首要位置，成立防疫领导小组和办公室。洪水危机发生后，领导分层包干，率领医疗队到灾区防病治病，检查监督防疫工作。同时，积极进行灾后传染病预防控制，开展有关宣传工作，指导灾民做好饮用水消毒和环境清理、消毒，及时处理局部发生的传染病疫点，有效地控制传染病的发生和扩散蔓延，保证灾民的身心健康。具体措施有以下几个。

1）加强水源管理。确保水体质量和饮用水卫生。提倡喝开水，不喝生水。自来水厂要严格对饮用水进行消毒管理。在洪水期间适当提高加氯量，确保饮用水卫生，对于井

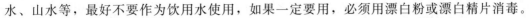

水、山水等，最好不要作为饮用水使用，如果一定要用，必须用漂白粉或漂白精片消毒。

2) 加强食品卫生监督，严把食品卫生关。卫生、食品等监督部门要加强对食品卫生的监督，各饮食摊点要严格执行《中华人民共和国食品卫生法》，严禁出售不卫生的食品。对于受潮、霉变、污染的食品和淹死、死因不明的禽畜类，千万不能吃；各类瓜果一定要洗干净去皮再吃；不要生吃虾、蟹等水产品。

3) 积极开展爱国卫生运动。做好室内外环境卫生。狂风暴雨使得垃圾、粪便、动物尸体等到处都是，严重污染周边环境。洪水过后，要积极清理周边环境，做到水退到哪里，环境清理到哪里，消毒杀虫工作做到哪里，"三管"工作落实到哪里。垃圾、粪便、动物尸体等集中后要用高温堆肥法处理。对所淹房屋设备等要清除污泥，室内地面、墙壁、家具等也要洗擦和消毒。

4) 加强营养和身体锻炼，做好自身防病工作。洪水期间，身体抵抗力减弱，给一些病菌带来了入侵的机会，所以，洪水过后要注意适当补充营养，并开展锻炼，增强自身体质和抵御疾病的能力。

三、汛后工作

洪水的发生，给人民的生命财产带来严重损失，善后与重建工作成为各级政府和有关部门的头等大事，是直接关系到灾区社会稳定的大事，必须放在相当重要的位置切实抓好。政府要根据洪水危机的发生范围、强度大小、受灾程度等实际情况，迅速制订恢复计划，加大人力、物力和财力的投入，采取一系列有效措施，做好救灾救济工作，恢复人们的生产生活条件；重建基础设施和水利工程，让其重新发挥工程功能；重现心理恢复，让受灾人民尽快摆脱阴影。

灾害发生后，在省人民政府的统一领导下，省防指相关成员单位和灾害发生地人民政府各尽职责、加强协作，共同做好灾后处置工作。省防指组织有关单位和专家进行灾害核查，分析主要致灾因子和指标，对灾害影响和后果进行评估和总结。省防指相关成员单位应对本行业受灾及损失情况进行调查分析，以书面形式报告省防指，并负责指导、协调灾害发生地相关行业主管部门、单位或企业，按照职责做好灾后处置相关工作。

（一）生产自救

洪水灾害一般受灾面广、损失率高，灾民生产生活的恢复特别是当年的温饱和社会安定主要靠生产自救，有关的工作有以下几项。

（1）要坚持"自力更生为主、国家补助为辅"的救灾工作方针，正确引导受灾群众克服等、靠、要的思想，自觉发扬自力更生、艰苦奋斗精神，积极开展生产自救。

（2）迅速排除险情，让灾民尽快回到自己原有的家园和生产岗位，让灾民发挥自救能力。

（3）恢复生产条件，采取调整农业产业结构等非常措施，补种有关农作物，夏季受灾应组织秋种，秋季受灾应冬种，弥补灾害给农业生产造成的损失。

（4）用"以工代赈"的办法，组织灾民恢复水利、交通等急需设施。

（5）积极创造条件，组织劳力从事多种经营或组织劳力输出，帮助受灾群众开展劳务增收。

（6）总结受灾教训，重新规划灾区的基本建设，重建后新设施的抗灾能力和环境条件要高于和优于原条件。

（二）水毁基础设施恢复重建

洪水可能引发溃坝、决堤或暴雨山洪地质灾害，水淹、水冲毁生产生活设施，基础设施严重损坏，水利工程遭到破坏。受灾区各级政府要有计划地开展各项重建工作，迅速恢复基础设施的功能。

1. 急需恢复的基础设施

与生活生产密切相关的基础设施要尽快恢复，以保证受灾地区恢复正常生活的基本需求，举例如下。

（1）通信设施。灾害发生后，应首先恢复通信设施，设法与灾区取得联系，弄清灾区和抢险救灾的需求。

（2）交通设施。一般在溃坝灾害或山洪以后，公路被淹没或毁坏，要设法快速修复公路，使救灾人员和物资能进入。

（3）供水供电设施。供水供电管道线路被毁坏，一定要快速修复，及时供水供电，满足灾区人民的基本生活需要。

2. 水利工程恢复重建

对危及人民生命财产安全的水利工程，应及时组织人力抢修，对其他水利工程，灾后政府应及时制订恢复计划，下发资金维修加固。特别重大、重大洪水灾害的恢复重建工作由事发地地级以上市人民政府负责，较大、一般洪水灾害的恢复重建工作由事发地县级以上人民政府负责。

水利工程恢复重建的一般内容如下。

（1）灾情评估。对洪水灾害进行事后评估，包括影响范围、受灾人数（人员伤亡）、破坏程度、造成损失、洪灾潜在影响、可用于恢复资源（如人力、物力和财力），做到心中有数、有的放矢，进而有针对性地提出事后恢复与重建的计划和措施。

（2）恢复策略。对要恢复的项目确定重建方式和标准，也就是恢复的预期效果和政策。是要低水平恢复基本功能，还是重新规划超越洪水危机前的水平？例如，对受破坏的水利工程重新规划设计，提出各种可能性方案（如在原址重建或重新选址，是恢复到原有设计标准还是超过原设计标准），考虑地区的发展需要，分析政府在恢复与重建工作中需要投入的人力、物力，进行经济比较论证出最优方案，并根据可利用资源情况和政府的规划，制定恢复计划的短期目标和长远目标。

（3）行动步骤和进度安排。确定恢复步骤，明确各个管理部门在其中的职责和作用，制订具体的技术恢复方案。根据现有资源情况，制订合理的进度计划。进度计划快了，各方面管理部门难以完成任务，影响情绪，同时会造成公众对政府恢复能力的怀疑；进度计划慢了，恢复工作迟迟无法完成，同样会造成公众对政府的不信任。

3. 防汛抢险物资补充

在洪水灾害处理中，政府需要大量的物资用于应急抢险，原有的物资储备在洪水危机后可能被大量消耗，政府要投入资金，按照规定及时补充物资。

汛后应按《防汛储备物资验收标准》（SL 297—2004）和《防汛物资储备定额编制规

程》（SL 298—2004）补充防汛储备物资，保证其数量和质量。

（三）灾后总结

在抗洪抢险过程中，有许多成功的经验，也可能会出现一些问题，每年汛期结束后，都应及时收集、调查、总结当年的防汛情况，做好暴雨洪水调查和防汛抢险的总结工作。对发生的重大事件，要实地调查研究，掌握第一手资料，总结经验教训，为今后的防汛抢险工作积累经验。总结主要包括汛情、灾情调查，洪水调度总结，减灾效益分析。这些工作主要由各级防汛部门负责完成。

1. 汛情、受灾调查

暴雨洪水发生有很大的随机性，由于气象雨量观测站点和水文站点不可能覆盖所有暴雨洪水区域，雨洪分区和暴雨洪水特征往往难以全面掌握，汛后各级防汛指挥机构要对汛情进行调查。

汛情调查的主要目的是掌握暴雨洪水实际情况，对暴雨洪水特征进行分析总结，为防汛抗旱和水利建设积累基础资料，并进一步完善暴雨洪水监测网络。

灾情调查既是为了核实灾情，也是为及时向各级政府实施生产自救和指导经济工作提供较为科学的依据。因此，必须对农作物受灾面积、成灾面积、倒塌损坏房屋以及农牧林渔、工矿企业、交通、通信、水利等基础设施毁坏等受灾情况进行实地调查，并做好调查分析。水利、农业、交通等部门要组织联合调查组深入基层，深入灾区一线，收集、核实受灾基本情况，各部门要在深入调查的基础上分析成灾原因，提出防灾、减灾措施。救灾措施的调查报告为灾区提供重建家园、水毁修复等指导性意见和建议。

2. 减灾效益评估

从广义上讲，防洪减灾效益是指当人们在一定时间（短期、长期）和空间内付出的劳力、物力、财力等综合因素所减免的洪灾损失，包括工程措施（如防洪工程）和非工程措施（如防汛指挥信息系统）的减灾效益。在水利方面，防洪属于除害，不属于兴利，与水力发电、供电、灌溉等不同，不直接创造财富，只能减免洪灾所造成的经济损失和一切不利影响。从某种程度上说，它的效益不仅是经济效益，还可减免人员伤亡、维护社会稳定，具有重大的社会效益。但是，防洪工程防洪效益的年际变化具有很大的随机性和不确定性，在一般年份防洪减灾经济效益较小或几乎没有效益，但遇到大洪水特别是达到设计标准洪水时则能产生巨大的效益。近年来，非工程措施在防洪中的作用越来越大，产生的减灾效益越来越明显。因此，全面、正确地估算防洪减灾效益，为决策部门提供决策依据，增强社会公众防洪意识，对促进防洪事业的发展都具有重要的现实价值和深远意义。

做好减灾效益分析是衡量防汛抗洪工作效果的一项重要工作，各级防汛部门必须形成工作制度，每年要对整个年度和有关重大防汛抗洪工作效果进行综合评价，分析总结防汛减灾效益。防汛减灾效益分析工作一般采用以下基本步骤：

（1）全面摸清灾区的基本情况。在调查前，要全面收集掌握灾区社会经济状况，防洪设施现状等有关的情况，包括：①人口、土地，企事业单位分布情况，工业、农业产值等社会经济情况；②流域内河流、水系自然地理特征，雨情、水情测报和江河堤防、水库工程、蓄滞洪区和其他防洪工程设施现状；③历史上本区域洪涝灾害情况，本次洪水灾害情况；④防汛抢险指挥过程，防汛抢险的主要措施。

（2）洪涝灾害损失情况调查。由于洪涝灾情的范围很大，一般情况下洪涝灾害损失情况的调查采取以点推面的方法进行。

1）划分灾害调查损失标准，根据掌握的洪涝灾害情况，一般要按流域或行政区域把灾区分成若干个区域，在每个区域范围内按照特重灾、重灾、轻灾标准，选择有关的乡镇作为调查基础单位。

特重灾、重灾、轻灾标准的划分大体上按照两个条件掌握；一是根据农作物的损失率区分，特重灾、重灾、轻灾的损失率分别为 70%、50%～70%、30%～50%；二是根据淹没水深，分特重灾、重灾、轻灾的淹没水深分别为大于 1.0m、0.5～1.0m、小于 0.5m。

2）进行灾害情况调查。调查工作开始之前，要统一制定调查统计表格，以便调查内容的一致和汇总计算工作。主要表格有：①洪灾典型乡镇农、居民家庭财产损失调查表；②洪灾典型乡镇农、林业等损失调查表；③洪灾典型乡镇工业、企业、电力损失调查表；④洪灾典型乡镇交通运输损失调查表；⑤洪灾典型乡镇公益事业损失调查表；⑥洪灾典型乡镇水利设施损失调查表；⑦洪灾典型乡镇商业损失调查表；⑧洪灾典型乡镇防汛抢险费用调查表。

3）汇总调查统计成果。对调查项目的内容进行汇总计算，汇总成典型乡镇各项损失调查成果，内容中要反映分行政区典型乡镇的灾前财产、损失情况。

根据各典型乡镇各项损失汇总表，推算不同特重灾、重灾、轻灾不同损失率灾情损失表。内容中要反映出典型乡镇特重灾、重灾、轻灾的灾前财产、损失、损失率等。

计算折算系数，根据受灾地区的灾情年度人均纯收入或人均工农业社会产值与典型乡镇的比值，对调查结果进行折算。

确定特重灾、重灾、轻灾单位面积损失值，计算出洪涝灾害损失。

（3）进行洪水还原计算和灾害损失分析。按照洪水计算的有关方法，对本次洪水进行还原计算。要做的工作主要有以下两项。

1）把本次实际洪水过程还原到某一比较年防洪工程状况下的减小洪峰流量，避免启用蓄滞洪区作用，把本次洪水还原原始状态的受灾面积，按照特重灾、重灾、轻灾单位面积损失值计算灾害损失。

2）按照不考虑洪水调度的错峰、蓄洪、滞洪等手段发挥的减小洪峰流量，避免启用蓄滞洪区等作用，把本次洪水还原原始状态的受灾面积，按照特重灾、重灾、轻灾单位面积损失值计算灾害损失。

（4）防洪效益计算。防洪减灾经济效益是指防洪体系所减免的洪涝灾害直接经济损失。2001 年国家防办颁布了《防洪减灾经济效益计算方法（试行）》，已印发各地执行。

3. 防汛抗洪总结

每年汛期结束后，应及时收集、调查、总结当年防汛抗洪方面的经验、教训和发生的重大事件，组织有关人员编写防汛抗洪总结。防汛抗洪总结包括以下内容。

（1）水雨情。区域内汛期水情、雨情及特征值，与历史特征值的比较，影响汛期的主要天气系统及其典型降雨过程，主要河流、湖泊的水情特征值，各类水库的水情特征值及泄洪情况。

（2）灾情、险情。区域内汛情总的灾情、险情，主要降雨过程中的灾、险情及其典型情况。

（3）防汛抗灾措施。从思想、组织、工程措施和非工程措施、人员、物资等方面在汛前准备、抢险救灾中的重大部署、抗灾消耗、抗灾成就。

（4）今后的防汛抗灾工作建议。针对当前防汛抗灾中暴露的突出问题、薄弱环节以及防汛抗灾的发展趋势，对今后的防汛抗灾工作提出建议。

防汛抗灾总结应根据实际情况，还要着重分析总结以下内容。

1）汛期降雨过程，汛期主要江河、湖泊控制站点水情特征值。

2）中、小河流特大暴雨总结。

3）重大险情抢险过程（若干）。

4）洪水调度（水库洪水调度、江河洪水调度）过程及效益分析。

5）洪涝灾害统计分析。

总结报告属密件，应严格控制发送范围，一般只发送防汛抗旱指挥部领导、部门成员单位以及相关的技术人员，防止任意广泛发送。

4. 表彰和处罚

对在抢险救灾中有立功表现的个人和单位给予表彰和奖励，促进今后洪水应急管理工作的有力发展。根据《中华人民共和国防汛条例》第七章规定的奖励条件，本着突出第一线的基层单位和基层干部、群众的原则，严格按照评选条件，充分发扬民主，走群众路线，采取自下而上的方法评选产生。

根据《中华人民共和国防洪法》和《中华人民共和国防汛条例》的规定，有些行为对防汛抢险工作造成了不良的影响和后果，对因失职、渎职而贻误抢险时机，阻碍防洪抢险的人员，根据情节和造成损失的严重性建议给予行政处分或移交司法机关处理。

第二节　抗旱常规工作

一、干旱预防

各级党政领导要对分管抗旱区域内的工作进行总体部署，并抓好宣传动员工作。要科学、准确地分析水资源状况，并适当向公众进行公告。通过有说服力的宣传，使广大干部群众充分认识抗旱减灾的现实意义和长远意义，充分认识抗旱减灾的长期性和艰巨性。当旱情发生时，要根据轻、中、重、特重旱各个受旱时段的不同情况和水资源供求矛盾，阐述做好抗旱工作的紧迫性，进一步增强干部群众对水资源短缺的忧患意识、抗旱夺丰收的责任意识，克服畏难情绪、厌倦情绪，使广大干部群众牢固树立抗旱保发展、抗灾夺丰收的思想。

（一）预案制订

按章操作、规范调度是实现水利工程最大抗旱效益的根本途径和措施。编制抗旱预案是由被动抗旱到主动防旱的根本转变，科学的水资源配置和调度方案，其重要性等同于供水工程。凡担任防汛抗旱指挥的领导，都要重视抗旱调度方案的审定，熟悉调度方案，一旦出现影响全局的旱情，要立即进岗到位，指挥若定。在抗旱紧张时期，分管抗旱工作的领导要坐镇会商，认真分析水源状况、供需水量。根据不同旱情，有针对性地确定调度原则、调度措施，具体负责审定水利部门提出的应急调水方案，并批准实施，务必确保实现优化调度。

（二）物资储备

确保资金、物资到位，是解决燃眉之急、做好抗旱工作的基础。关键时段、重点地区抗旱抗灾措施，要做好应急抗旱人力、财力和技术的准备，以及救灾备荒种子、救灾化肥、救灾柴油、饲草、动物防疫物资等救灾物资储备和灾后调拨调度工作，提高防灾抗灾应变能力。同时，要加强抗旱物资设备的准备，如机械动力、电力、燃料的储备等和筹集抗旱资金，配合永久性蓄、引、提灌溉工程，抗御旱灾，使灾害对工农业生产和城乡人民生活的影响减至最低程度。负责抗旱指挥的领导，要积极筹措抗旱资金，凡国家、地方财政下拨的抗旱经费，务必按照有关规定，督促资金尽快落实到位，专款专用；凡社会捐赠的款物，要全部用于抗旱救灾，帮贫扶困，以稳定人心；凡下拨的补助汽油、柴油等抗旱物资，要分轻重缓急分配到位，使好钢用在刀刃上，在抗旱紧张期间，分管抗旱的领导要抓好协调，具体负责重要机具设备的调配，组织架机抽水抗旱；抗旱结束之后，要督促有关部门或单位组织回收机具设备。

二、抗旱会商

根据水文、气象等部门的监测，在干旱缺水达到一定程度起，实行抗旱会商制度。抗旱会商次数随干旱缺水严重程度而增加。会商的会议内容如下。

（1）旱情及抗旱措施、旱情发展过程，当前地表水、地下水资源数量，供需矛盾，已采取的抗旱节水措施及其效果，拟进一步采取措施及存在的问题。

（2）水文、气象和农作物要素，降水偏少程度、未来降雨情况，河流径流预测，农作物长势土壤墒情下降程度、苗情变化等，并对干旱的未来发展趋势做出预测。

（3）干旱缺水对经济和环境的影响，已采取的抗旱措施及效果，拟进一步采取的措施，存在的问题和对策。

（4）各地旱情、抗旱措施及效果，拟进一步采取的措施，解决人畜饮水问题和研究抗旱对策。

（5）城镇供水状况、节水措施和需采取应急供水措施的区域和办法。进一步的抗旱节水和向饮水困难地区应急供水的措施，提出备选方案。

三、抗旱调度

为把有限的水资源管理好、调度好，确保在来水极端不利的情况下，水利工程供给的工业用水、城市生活用水和农业用水不发生尖锐矛盾，保证社会的安定和稳定，必须对水源工程的水量进行联合调度运用。同时，全社会应该推行定额管理限量供水，超量部分实行累进浮动加价。对水量调出地区给予一定的经济补偿。

依据 2002 年修订的《中华人民共和国水法》第三章第二十条规定：开发、利用水资源应首先满足城乡居民生活用水，并兼顾农业、工业、生态环境用水以及航运需要。在干旱和半干旱地区开发、利用水资源，应当充分考虑生态环境用水需要，第五十条规定：各地人民政府应当推行节水灌溉方式和节水技术，提高农业用水效率。第五十一条规定：工业用水应当采用先进技术、工艺和设备，增加循环用水次数，提高水的重复利用率，第五十二条规定：城市人民政府应当因地制宜采取有效措施，推广节水型生活用水器具，降低城市供水管网失率。以"先生活后生产，先节水后调水，先地表后地下，保证重点、兼顾一般"为总调水原则。

（1）地表水与地下水供求原则：先引用地表水，地表水不能满足时引用地下水。

（2）地表水与水库蓄水供求原则：先引河道天然来水，后取水库蓄水。

（3）用水与需水原则：灌溉季节，先满足灌溉用水，再向水库充水。

（4）供水顺序：先满足生活用水，再向生产供水。

抗旱水量调度内，实行水源工程管理单位负责制和责任追究制度。水源工程管理单位负责本水源工程区内的水量应急调度工作，建立相应的指挥组织，统一指挥本区内的抗旱水量调度工作，组织制订本单位的抗旱水量调度预案，并经省级防汛抗旱指挥部批准后执行。

四、应急响应

（一）四级应急响应

1. 四级启动条件

当发生符合下列条件之一的事件时，且预报未来 1 周无有效降雨的，省防指启动四级抗旱应急响应：

（1）全省 650 万亩至 1100 万亩农作物受旱。

（2）全省 50 万人至 100 万人因旱饮水困难。

（3）按照国家防总和省委、省政府要求或其他需要启动四级响应的情况。

2. 四级响应行动

（1）省防指将启动四级应急响应及有关旱情情况迅速上报国家防总、长江防总、省委、省政府，并通报省防指成员单位及相关设区市人民政府和防指。有关设区市、省防指成员单位按照本地、本部门预案启动相应级别的应急响应。

（2）根据抗旱救灾需要和各地请求，旱区防指和有关部门做好救灾资金下拨、防汛救灾物资、人员调配和运输保障。必要时，可请求上级支援。

（3）省防指视情成立指挥协调组、监测调度组等 2 个工作组。

（4）必要时，经省防指领导同意，组织由省防指有关成员单位参加的工作组赴旱区检查指导抗旱工作；做好抗旱骨干水源的管理。

（5）省防指统一发布旱情及抗旱动态；干旱灾情由省防办商有关部门审核后发布。

（6）省水利厅负责做好沿江滨湖地区的蓄、引、提水工程工作。

（7）相关设区市防指及有关省防指成员单位每日向省防指报告抗旱救灾工作情况，重大突发性灾情和重大抗旱工作部署应在第一时间报告。

（二）三级应急响应

1. 三级启动条件

当发生符合下列条件之一的事件时，且预报未来1周无有效降雨的，省防指启动三级抗旱应急响应：

（1）全省1100万亩至1500万亩农作物受旱。

（2）全省100万人至300万人因旱饮水困难。

（3）按照国家防总和省委、省政府的要求或其他需要启动三级响应的情况。

2. 三级响应行动

（1）省防指将启动三级应急响应及有关旱情情况迅速上报国家防总、长江防总、省委、省政府，并通报省防指成员单位及相关设区市人民政府和防指。有关设区市、省防指成员单位按照本地、本部门预案启动相应级别的应急响应。

（2）由省防指指挥长或副指挥长主持召开全省抗旱视频会议，有关成员单位负责人参加。根据需要，相关设区市防指负责同志以视频方式参加会议。

（3）省防指会同省财政厅、省水利厅向国家防总、财政部、水利部申请特大抗旱补助费；请求省政府下达必要的抗旱资金。

（4）组织受灾地区专业抗旱服务队伍，开展抗旱服务。

（5）根据地方请求，省防指向严重干旱地区调拨抗旱物资。

（6）省防指成立指挥协调组、宣传报道组、监测调度组等3个工作组。

（7）根据需要，由省农业农村厅代表省防指，派出技术人员赴现场指导农业生产工作。

（8）省防指通过省新闻媒体发布旱情通报，及时报道旱情及抗旱动态。

（9）省防办会同省政府新闻办每10天召开一次新闻发布会，主动回应舆论关切，正确引导舆论导向。

（10）有关设区市防汛抗旱指挥机构根据相关预案规定，做好抗旱救灾工作，每日向省防指报告抗旱救灾工作情况，重大旱情、灾情和抗旱工作部署要在第一时间报告。

（三）二级应急响应

1. 二级启动条件

当发生符合下列条件之一的事件时，且预报未来1周无有效降雨的，省防指启动二级抗旱应急响应：

（1）全省1500万亩至2200万亩农作物受旱。

（2）全省300万人至500万人因旱饮水困难。

（3）按照国家防总和省委、省政府的要求或其他需要启动二级响应的情况。

2. 二级响应行动

（1）省防指将启动二级应急响应及有关旱情情况迅速上报国家防总、长江防总、省委、省政府，并通报省防指成员单位及相关设区市人民政府和防指。有关设区市、省防指成员单位按照本地、本部门预案启动相应级别的应急响应。

（2）由省防指指挥长主持召开全省抗旱工作会议，有关成员单位负责人参加。根据需要，相关设区市防指负责同志以视频方式参加会议。

（3）省防指组织专业抗旱服务队伍，开展抗旱服务和应急供水。

（4）省防指发出抗旱物资调拨令，有关部门做好抗旱救灾物资、人员调配和运输保障。

（5）省防指成立指挥协调组、宣传报道组、监测调度组、灾评救助组、综合保障组等5个工作组。

（6）经省防指总指挥同意，组织由厅级领导带队，省防指有关成员单位参加的工作组，赴一线指导抗旱工作。

（7）省防指统一发布旱情及抗旱动态；干旱灾情由省防办商有关部门审核后发布。

（8）省防办会同省政府新闻办每7天召开一次新闻发布会，主动回应舆论关切，正确引导舆论导向。

（9）根据抗旱救灾需要和各地请求，旱区防指和有关部门做好救灾资金下拨、防汛救灾物资、人员调配和运输保障。必要时，可请求上级支援。

（10）有关设区市防汛抗旱指挥机构根据预案规定，及时启动相应应急响应，做好抗旱救灾工作，每日向省防指报告抗旱救灾工作情况。

（四）一级应急响应

1. 一级启动条件

当发生符合下列条件之一的事件时，且预报未来1周无有效降雨的，省防指启动一级抗旱应急响应：

（1）全省2200万亩以上农作物受旱。

（2）全省500万人以上人口因旱饮水困难。

（3）按照国家防总和省委、省政府的要求或其他需要启动一级响应的情况。

2. 一级响应行动

（1）省防指将启动一级应急响应及有关旱情情况迅速上报国家防总、长江防总、省委、省政府，并通报省防指成员单位及相关设区市人民政府和防指。有关设区市、省防指成员单位按照本地、本部门预案启动相应级别的应急响应。

（2）由省防指总指挥或指挥长主持召开紧急抗旱会议，有关成员单位负责人参加。根据需要，相关设区市防指负责同志以视频方式参加会议。

（3）省防指动员组织全省专业抗旱服务队伍和社会抗旱服务力量，全力以赴开展抗旱服务和应急供水；协调解放军、武警部队参加抗旱救灾工作。

（4）省防指成立指挥协调组、宣传报道组、监测调度组、灾评救助组、督查检查组、综合保障组等6个工作组。

（5）根据需要，由省领导或省防指领导带队，省防指有关成员单位参加的工作组赴一线指导抗旱工作。

（6）省防指通过省新闻媒体发布旱情通报，及时报道旱情及抗旱动态。

（7）省防办会同省政府新闻办每3天召开一次新闻发布会，主动回应舆论关切，正确引导舆论导向。

（8）有关设区市防汛抗旱指挥机构根据相关预案规定，做好抗旱救灾工作，每日向省防指报告抗旱救灾工作情况，重大旱情、灾情和抗旱工作部署要在第一时间报告。

五、紧急救援措施

旱灾之年影响社会稳定的因素很多。在大旱之年，各级人民政府必须关注民生民情，确保人民群众有水喝、有饭吃，确保农村社会稳定，确保农村人畜饮水和城镇居民生活用水安全。

遇到大旱之年，一定要采取技术、经济、行政甚至法律措施，确保农村人畜饮水和城镇居民生活用水安全。

（一）优先保证生活用水

干旱发生后，各级防汛抗旱指挥部门首先要逐个乡（镇）、村（组）落实饮水水源及备用水源方案，摸清水量、水质情况，并掌握其动态变化。当农村人畜饮水和城镇居民生活用水与工农业生产用水发生矛盾时，要无条件地优先保证生活用水。

（二）增水扩水

对水资源不足难以保证饮水的乡（镇）、村（组），要发动群众引水蓄水、筑坝拦水、架机提水、地下挖水。千方百计地增水扩水，并派技术人员指导。必要时，还应跨流域或远距离调水，发动群众挑水，组织机关、企业单位、综合消防、森林消防运用运输机械拉水、送水。

（三）节约用水

要定期发布饮水源公告和中长期气象预报，让群众知晓缺水的严峻形势。引导群众自觉节约用水，在城镇要适当提高集中式供水的水价，制定居民生活用水和工业企业生产用水定额标准。并按照定额标准实行阶梯式水价，超计划用水累加价收费，用经济手段促使工业企业提高水的重复利用率和居民节约用水，这方面的潜力极大。

（四）限制用水

当干旱持续发展，水资源极度紧张时，在城镇要压缩企业生产用水，特别是用水量大、节约用水水平低的企业，限制甚至关闭洗浴中心、洗车、餐饮业等用水最大的消费行业用水，在农村，可以宰杀部分老弱牲畜，或转移牲畜饲养地方，进行异地饲养，对特别困难的村、组，可以有组织地迁移安置。

（五）加强水质消毒

要按照国家饮水水源地保护规定，加强饮水水源管理。在农村，严禁在饮水水源中洗衣服、淘米、放鸭、养鱼、游泳、弃倒生活废水和垃圾等；在城镇，从河流取水时，严禁在取水口上、下游 1000m 以内洗衣服或游泳，严禁向取水河流排放工业、生活污水和垃圾。

六、旱灾评估与救助

特别重大或重大旱灾的善后与重建工作由灾害发生地地级以上市人民政府和省防指有关成员单位负责。较大或一般旱灾的善后与重建工作主要由县级以上人民政府负责。

旱情缓解后，组织做好灾区生活供给、卫生防疫、救灾物资供应、治安管理、恢复生产等工作。

（一）救灾赈灾

灾后救灾赈灾工作由灾害发生地县级以上人民政府具体实施。对待特别重大和重大灾情的救灾救济工作，要在省人民政府统一领导下，由省防指、省救灾指挥部门具体部署。各有关单位要分工协作，共同做好相关工作。

救灾赈灾工作是一项复杂的社会系统工程，必须要有强有力的统一协调指挥，调动社会一切积极因素共同参与。我国确定的救灾减灾工作原则和方针是"政府统一领导，上下分级管理，部门分工负责，地方为主，中央为辅""救灾工作分组管理，救灾资金分级负担"和"依靠群众，依靠集体，生产自救，互助互济，辅之以国家必要的救济和扶持"。

各级党委、政府要十分重视抗灾救灾工作，层层建立救灾责任制，通过生产自救、互助互济、开仓借粮、对口支援、政府救济、税收减免、政策优惠等措施，努力解决受灾群众的生活生产困难。通过调节种植结构、劳务输出，发展副业生产等措施，千方百计地增强农民抗灾自救的能力。

（二）社会捐赠和救助管理

鼓励利用社会资源进行救济救助，提倡和鼓励企事业单位、社会团体以及个人捐助社会救济资金和物资。

民政部门负责统筹安排社会救济资金和捐赠资金、物资的管理发放工作，及时向社会和媒体公布捐赠救灾资金和物资使用情况，接受社会监督。

抗旱经费和抗旱物资必须专项使用，任何单位和个人不得截留、挤占、挪用和私分。各级财政和审计部门应当加强对抗旱经费和物资管理的监督、检查和审计工作。

（三）工程恢复

旱情缓解后，县级以上人民政府水行政主管部门应当对水利工程进行检查评估，并及时组织修复遭受干旱灾害损坏的水利工程；县级以上人民政府有关主管部门应当将遭受干旱灾害损坏的水利工程优先列入年度修复建设计划。

旱情缓解后，有关地方人民政府防汛抗旱指挥机构应当及时归还旱期征用的物资、设备、交通运输工具等，并按照有关法律规定给予补偿。

（四）保险

鼓励企事业单位、个人积极参加保险，提倡和鼓励保险公司参与减灾科研及宣传教育，扶助减灾设备物资生产与储备、减灾基础建设等工作。

发生干旱灾害后，对公众或企业购买了家庭财产险或自然灾害险等相关险种并符合理赔条件的，保险监管部门要督促有关保险机构及时按规定理赔。

（五）灾后总结

旱情缓解后，县级以上人民政府防汛抗旱指挥机构应当及时组织有关部门对干旱灾害影响、损失情况以及抗旱工作效果进行分析和评估；有关部门和单位应当予以配合，主动向本级人民政府防汛抗旱指挥机构报告相关情况，不得虚报、瞒报。组织有关专家和人员，总结在应急处置工作中的经验和不足，提出整改意见和措施，编写典型案例，对灾害影响和后果进行评估。

中华人民共和国成立以来重点年份水旱灾害索引

一、赣江流域

典 型 水 灾 年

1.1 （1）**1954 年中下游大水** 4 月入汛后，赣江中游吉安地区雨水不断，5—6 月雨量集中。降雨量占全年总降水量的 50%～60%，有的高达 70%。江河水位上涨。赣江 4 次涨水，禾河 3 次涨水，泸水 3 次涨水，遂川江 5 次涨水，乌江 2 次涨水，各河流每次涨水均超警戒水位。多次的洪水灾害，使全区 12 个县（市）、81 个区、405 个乡近 20 万人受灾。受淹农田 43.12 万亩，其中减产 2 成的 5.64 万亩，减产 5 成的 13 万亩，绝收的 17.9 万亩，减产粮食 0.2 亿 kg。冲毁水库 128 座，水陂 2185 座，其他水利工程 3488 座，桥梁 234 座。倒塌房屋 26410 间，死亡 25 人，伤 61 人，死亡牲畜 40 头，冲走木材 1500m³，农具 705 件，家具 1508 件，衣物 630 件，粮食 2812.5kg。

（2）5—6 月，赣江下游宜春全区大水。溃决圩堤 32 条，冲毁水库 974 座，受灾面积 118.8 万亩，成灾 92.6 万亩，损失稻谷 1 亿 kg；倒损房屋 6528 间，淹死耕牛 104 头，死 7 人。

（3）南昌地区自 4 月份进入汛期后降雨不断，仅 5—7 月降雨量达 1783.5mm，占全年降雨量 68%。6 月由于长江洪水提前，与鄱阳湖洪水遭遇，使湖区长期处于高水位，湖区大部分圩堤溃决，城区内涝严重，142 天的赣江高水位使涵闸不能开启，市区部分街道长期受淹，淹没农田 8.3 万亩，直接损失达 400 万元以上。

1.2 **1959 年赣江上游大洪水** 6 月 8 日 8 时至 6 月 23 日 8 时，赣州地区多数县降雨量均在 200mm 以上，于都、宁都、石城超过 400mm。信丰县连续降雨 20 天，雨量达 1273.4mm，最高水位达 48.19m。全县有 13 个公社受灾，被淹农田 92581 亩，冲坏水利工程 2845 处，倒塌房屋 1976 间；死 13 人，伤 3 人。6 月 19 日，于都县有 15 个公社（镇）被水淹，县城中山街水深 3 尺；全县受灾农田面积 46327 亩，毁房 421 间，死 3 人，伤 13 人。

1.3 （1）**1961 年大洪水** 4 月 16—22 日，赣江上游赣州全区普降暴雨，宁都、兴国、石城、崇义、赣县、南康、于都、大余、上犹等 9 县，雨量达 200mm 以上。4 月 21 日，章、贡两水水位分别达 103.18m 和 120.94m，超过警戒线 4.18m 和 5.94m。全区有 119 个公社、1065 个大队受灾，成灾面积 180.73 万亩，减产粮食 3436.55 万 kg；倒塌房屋 3418 间，冲坏水利工程 9207 座（处），其中水库 5 座，水陂 2646 处；冲坏较大的桥梁 10

座，南康唐江木桥冲坏 6 孔，龙华大桥全部冲垮；淹死 90 人，失踪 6 人，伤 12 人。赣州市中山路一带水深可行船，被淹街巷 21 条；城郊水东一带成泽国。赣州通往各线车辆全部中断。

(2) **赣江中游吉安地区** 4 月 16—21 日，全区雨量普遍达 150～200mm。万安林坑站高达 350mm。各河水位急剧上涨。赣江上的万安棉津水文站最高水位超警戒 3m；吉安水文站最高水位超警戒 1.74m；峡江水文站最高水位超警戒 1.62m；新干水位站最高水位超警戒 0.63m。5 月 31 日至 6 月 6 日，又出现一次降雨过程。降雨量普遍在 120～180mm。赣江、禾水、遂川江、孤江、乌江出现第二次洪峰。6 月 9—13 日，在上次洪水尚未完全退落的基础上，大范围的暴雨接踵而来，降雨量普遍在 250mm 以上。遂川、永新县 5 天降雨量高达 400mm 以上。赣江、禾水、遂川江、蜀水、孤江、乌江同时发生大水。吉安、上沙兰、夏溪、林坑、渡头、新田站的最高水位均超警戒水位。与此同时，赣州地区亦普降大暴雨，河水猛涨，上犹电站被迫开闸泄洪。百水齐汇吉安，洪水泛滥。吉安赣江堤、禾埠堤、新干赣东堤多处出险，凰山堤决口。遂川、万安、永新、莲花等县山洪暴发。8 月 26—30 日，受台风影响，全区普降暴雨 200 多 mm。遂川、峡江月降雨量分别达 427.7mm 和 401.2mm。赣江和五大支流再次涨水。吉安、泰和、万安、遂川、吉水、峡江、新干、永丰、安福等县又遭洪涝灾害。9 月 10—15 日，又受台风影响，全区普降大到暴雨。据 27 个水文雨量站记载，有 22 个站月降雨量超过同期历史记录。降雨量 300mm 以上有上沙兰等 9 个站。遂川南溪站月降雨量最大 507.5mm。当年出现 5 次暴雨洪水，是吉安地区 1931 年有水文记载以来第一次。5 次大水，全区受淹范围有 13 个县（市）、236 个公社，1339 个大队，2778 个村庄，72196 户，299913 人。受淹农田 106.46 万亩，其中成灾面积 106.37 万亩（绝收 45.32 万亩）。冲倒小（1）型水库 1 座，小（2）型水库 3 座，山塘 2037 座，水陂 3787 座，水塘 536 口，渠道 3998 条，圩堤决口 754 处，冲坏桥梁 1225 座，倒塌房屋 3297 间，牛栏厕所 4697 间，死亡 44 人，伤 42 人。

(3) **赣江下游**由于受暴雨和中、上游来水影响，赣江水位急剧上涨。4 月 23 日洪峰到达樟树时，水位达 33.13m，与丰城县拖船埠堤顶相平。第二次是 6 月 1—15 日，又接连发生两次暴雨过程。第一次暴雨所形成的赣江洪水尚未完全退落，第二次暴雨接踵而来，且暴雨范围广、雨量大，赣江洪水猛涨。赣东大堤丰城县的拖船埠、朱家埠、小港口等处堤段洪水又平堤顶或超过堤顶。6 月 14 日，赣江樟树水位 33.68m；石上水位 31.05m，丰城水位 30.56m。赣江八一桥站最高水位 23.82m。14 日 11 时 45 分，丰城县城石板地老城墙处决口，开始逾 10m，后逐渐扩大到 207m，洪水穿街而过，县城大街冲成两段，一片汪洋，道路可行舟，自决口处至大树李家长 600m、宽 180m 以内的房屋，全部被洪水冲毁。冲刷坑长 500m，宽 140m，深 2～8m。自 14 日 11 时 45 分至 19 日 17 时 40 分，县城共进洪水 126h。这次大水共冲毁房屋 527 幢、1518 间，冲坏土地 2250 亩，溺死 171 人，淹没稻田 23.38 万亩，冲垮浙赣铁路 5 段共长 400m，桥梁一座，中断运行 264h35min。冲垮赣粤公路 3 段共长 200m，桥梁一座，中断行车 10 天，经济损失总计 1797 万元。南昌县赣东大堤出现大小险情 287 处。南昌市境内共漫溃圩堤 14 处，受淹农田 59.25 万亩，其中成灾 37.63 万亩，受淹 7433 户，受灾人口 2.9 万人。

1.4 (1) 1962 年全流域大洪水 赣江上游赣州全区 17 个县，自 6 月 4—30 日连降大到暴雨，各地先后发生水灾。特大水灾主要发生在贡水梅江流域的宁都、石城和绵江流域的瑞金等县。石城县 6 月 4—30 日，降雨量为 640.6mm，其中 26—28 日降雨量达 242.2mm，全县受灾面积 13.4 万亩，成灾面积 12.83 万亩，分别占该县耕地面积的 51.7%、44.9%。宁都县受灾面积 31.4 万亩，成灾面积 15 万亩，分别占该县耕地面积的 46.3%、22.1%。瑞金县受灾面积 15.2 万亩，成灾面积 8.3 万亩，分别占该县耕地面积的 39.6%、21.4%。全区统计，成灾面积 89.3 万亩，减产粮食 2972.5 万 kg，冲坏水利设施 64815 座（处），损坏房屋 28641 间，冲毁自然村 28 个，死亡 147 人，伤 275 人。

（2）赣江中游吉安地区连续发生 3 次特大洪水。5 月 26—27 日暴雨集中，主要雨区位于东部、西部和北部，峡江、新干月降雨量超过历史纪录，分别达 476mm、554.5mm。导致赣江、禾水、泸水、孤江、乌江、蜀水出现第一次洪峰。永丰县是这次暴雨洪水中心，全县 26 日普遍降水量 150～205mm，乌江、藤田水、沙溪水、龙冈河均出现超历史的大洪水。恩江堤决口 8 处，县城水深 2.5m。江口等圩镇全被水淹。这次洪水全区 14 个县（市）有 10 个县（市）受灾，共有 217 个公社、1431 个大队、3675 个生产队、72997 户、36.09 万人受灾。受淹农田面积 74.58 万亩，成灾面积 52.20 万亩；冲坏水利工程 5048 座（其中水库 152 座、水陂 2479 座）；圩堤决口 1080 处，长 6824m；倒塌房屋 1475 间、牛栏厕所 316 间，死亡 33 人，伤 34 人，无家可归 477 人；冲坏公路 245km，桥梁 727 座。

（3）6 月 16—20 日，暴雨又笼罩赣江中上游。16 日 12h 内，吉安、吉水、峡江、遂川等县降雨量超过 100mm。全区平均 3 天最大降雨量 142.7mm，5 天最大降雨量 200mm。各河水位急剧猛涨，赣江和五大支流水位均超警戒。全区 14 个县（市）全部受灾，受灾严重的有新干、吉水、吉安、泰和、峡江 5 个县。受灾公社有 329 个，大队 3097 个，户数 23.56 万户、94.20 万人。受灾农田 133.5 万亩，减产粮食 1.35 亿 kg。倒塌房屋 11758 间，损坏房屋 9985 间，死亡 84 人，伤 258 人。冲走木材 18963m³，冲坏小水库 216 座，水陂 791 座，水塘 1246 口，渠道 4418 条，圩堤决口 136 处长 1464m，桥梁 941 座。损失仓库粮食 20.5 万 kg，种谷 24.07 万 kg。

（4）第二次大洪水尚未退落，22 日暴雨带又移到吉安、赣州两地区。赣江、禾河、蜀水、遂川江、孤江、乌江洪水猛涨。赣江洪峰出现超历史、超警戒线、超第二次洪水位。万安县城内外一片汪洋，老街可行船。泰和县城浸在水中。遂川江猛涨，遂川县城水深 1.5m。禾水洪峰受赣江洪峰顶托，禾埠堤于 28 日 11 时 40 分，自猪婆口至易家 4km 长的堤段洪水漫堤，超高 0.5～1m，大堤决口 7 处，长 730m。洪水直涌吉安城区，3 条街道浸水，中山路水深达 2.5m。赣江吉安站于 29 日 4 时出现洪峰，水位达 54.05m，比第二次洪峰高出 1.01m，超警戒水位 3.55m，洪水在警戒水位以上持续 167h，成为中华人民共和国成立后持续时间最长水位。赣江峡江站 29 日 18 时洪峰水位达 44.93m，比第二次洪峰高 0.51m，超警戒水位 3.43m，洪水在警戒水位以上持续 192h。巴邱、仁和、水边 3 镇水深 2m，一片汪洋。赣江新干站 30 日 2 时洪峰水位达 39.28m。比第二次洪峰高 0.17m，超警戒水位 1.78m。洪水在警戒水位以上持续 167h。赣东堤张家渡堵口再次溃决，形成决口分洪。据统计，全区 14 个县（市）除井冈山外，全部受灾。受灾公社 323 个，大队 3004 个，生产队 6138 个，户数 24.12 万户，90 万人。受淹农田面积

159.43 万亩，占耕地面积的 25%，成灾面积 141.82 万亩（其中绝收 91.61 万亩）。

（5）赣江下游宜丰县 5 月 2—6 日出现 3 次暴雨过程，降水 224.2mm；6 月 16—27 日又出现 6 次大雨和暴雨。多次暴雨洪水造成全县被淹农田达 8.2 万亩；上高县 6 月 16—18 日连降暴雨，总降水 281.8mm，河水猛涨，造成洪涝灾害；高安县 6 月 18 日特大暴雨，日降水量 155.6mm，造成洪涝，灰埠、石脑、蓝坊等处圩堤缺口，受淹农田达 80 万亩；赣江沿线清江县 6 月 19 日 5 时蛟湖附近圩堤被冲倒，袁河水淹浸洲上公社；6 月 30 日 10—17 时，赣江洪峰在樟树城南冲倒圩堤，淹没全城，樟树机场被淹；丰城县 6 月 20 日赣江大水，县城水位 30.75m，平原地区一片汪洋，铁路停车 9 天，公路停车 28 天，县城街道可行舟，全县 44 个公社、509 个大队受灾，受灾面积 73.3 万亩，淹田 69.55 万亩，淹死 31 人，伤 109 人，冲倒房屋 4674 间，损坏房屋 3.03 万间，全县损失达 190.56 万元。

（6）5—6 月，南昌降水 973.5mm，占全年降水量 50.5%，最大一日降水量 200.6mm。期间赣江出现 3 次洪峰，第二次洪峰到达南昌县一带又同下游袁、锦两支流洪水相遇，汇成特大洪峰，市汉洪峰水位达到 27.73m（6 月 20 日），是赣江下游自 1924 年以来的最高洪峰水位。6 月 20 日下午 6 时，赣东大堤南昌县万家洲段决口，晚上 11 时，赣东大堤南昌县漳溪段决口，洪水经南昌县吴石区、向塘区、富山区及小蓝、八一、沙潭等公社直奔南昌市，威胁市区安全。6 月 21 日，洪峰通过八一桥，水位达 24.21m，下游扬子洲堤于凌晨 2 时漫决。6 月 22 日深夜 12 时南昌市桃花堤漫倒，潮王洲地区被淹；由于万家洲、漳溪段决口，洪水流量逾 4000m³/s，洪水灾害波及整个南昌县，受灾农田 23.28 万亩。

（7）7 月 2 日下午 4 时，赣江第三次洪峰通过南昌市，水位 24.13m，下午 3 时南昌县蒋巷区义城圩在下岸王家决口。市境内沿河滨湖的恒湖圩、广丰圩、鸦鹊湖圩、红星农场的后堤以及新建县的杨林圩、万福圩等均在 7 月 1 日溃决。先后溃决的圩堤还有新建的东江圩、港北圩、赣西圩、高级圩等大小圩堤 17 座，南昌县的永安堤、五丰圩、九连圩、黄湖圩、岭永圩等大小圩堤 23 座。由于长江、鄱阳湖水位上涨，影响赣江洪水下泄，锦江又有后续洪水进入赣江，使市汉以下河段水位仍缓慢上涨，南昌市八一桥 7 月 4 日达到最高水位 24.22m。这年赣江、抚河接连 3 次洪水，南昌市共溃决大小圩堤 40 余座，受灾农田 95.23 万亩，其中成灾 75.42 万亩，受灾农户 11.28 万户，人口 41.53 万人，死亡 45 人，倒塌房屋 3100 余栋。受灾地域占市境内的 64%。

1.5　（1）1964 年大水　6 月 8—11 日，赣江上游赣州连降大到暴雨，14—15 日又降暴雨和特大暴雨，各站降水量达 300～450mm。由于雨量集中，强度大，洪水来势猛。赣县桃江居龙滩水文站水位达 112.75m，超警戒水位 3.75m；赣州水文站水位 103.29m，超警戒水位 4.29m；章江坝上站水位 102.79m，超警戒水位 3.79m；于都县城 16 日晨洪峰为 125.39m，持续 102h。信丰、全南、定南、于都、会昌、赣州市、赣县等县（市）均为中华人民共和国成立后灾情最大的一年。赣县受灾面积 8.8 万亩，成灾面积 3.87 万亩，造成当年早稻减产 650 万 kg，甘蔗减产 1692t，倒塌房屋 1700 间，死亡 64 人，死猪牛 83 头。于都县受淹农作物 60774 亩，成灾面积 53439 亩，县城倒房 696 间，农村倒房 1508 间、牛猪栏 906 间、厕所 1614 间。赣州市城区淹没面积达 7.76km²，淹没房屋 1900 多间，倒塌 410 余间；郊区沿江淹没农田 4.4 万亩，成灾 3.6 万亩，分别占该市耕地面积的 36% 和 29%。全区受灾面积 62.68 万亩，成灾面积 34.02 万亩。

（2）6 月 8—16 日，赣江中游吉安地区从南到北连降暴雨，平均降雨 68mm，最大的井冈山降雨 140mm，赣江洪水急涨。由于洪水凶猛，万安韶口、泰和万合、吉安白沙圩堤漫堤决口。万安、泰和、吉水、峡江县城浸水，深 1～3m。6 月 18 日 8 时至 19 日 8 时的 24h 内，有 9 个县（市）的降雨量在 100mm 以上。泰和县在 4h 内降雨 131mm。吉水白沙降雨 201mm。雨量非常集中，山区发生山洪，五大支流水位陡涨。由于洪水过大，受淹时间长，有万安、泰和、吉安、吉安市、吉水、峡江、新干、遂川、永丰、永新、安福等 11 个县（市）受灾，受灾公社 271 个、生产大队 2008 个、生产队 11766 个、村庄 2774 个，受灾户 14.21 万户、59.32 万人，占总人口的 25.5%。受灾农田面积 116.11 万亩，成灾面积 91.46 万亩。按受灾程度计算共减产粮食 0.65 亿 kg、棉花 96 万 kg。淹死 28 人，伤 30 人，淹死耕牛 38 头、猪 412 头，冲倒房屋 4916 间、牛栏厕所 3347 间，冲走粮食 8.6 万 kg、食油 0.635 万 kg、木材 3266m³、毛竹 3.4 万根。冲坏小（2）型以下水库 244 座、水陂 4064 座、水塘 1247 口，圩堤决口 759 处，长 6931m。冲坏桥梁 1110 座，损失公路 17 条，长 15.8 万 m。

（3）6 月 21 日，赣江洪峰通过南昌市，八一桥最高水位 24.05m，赣江南支滁槎站洪峰水位 21.47m（吴淞基面），正当洪水来时，南昌市各县又连降大到暴雨，南昌县降雨 357mm，致使南昌县蒋巷黄湖圩、滁槎岭永圩和南新九联圩等万亩圩堤和 14 座小堤溃决。沿江滨湖沿岸成灾。全市受灾作物面积达 72.17 万亩，其中成灾 39.8 万亩。

1.6 （1）1968 年 6 月 14—18 日中下游大水，吉安地区 5 天总降雨量在 200mm 以上的有万安棉津，遂川南溪、滁州、关口，吉水新田，吉安赛塘，井冈山，莲花，宁冈，安福。受暴雨影响，江河水位猛涨，赣江及各支流站水位均超警戒线。6 月 21—25 日，出现第二次大暴雨。赣江棉津站 24 日 20 时出现第二个洪峰水位 79.75m，超警戒水位 2.25m；吉安站 26 日 2 时出现第二个洪峰水位 53.84m，超警戒水位 3.34m；吉水 26 日 4 时洪峰水位 51.42m，超警戒水位 4.42m，县城水深 1.5m；峡江 26 日 13 时出现第二个洪峰水位 44.91m，超警戒水位 3.41m，县城水深 2m；新干 26 日 20 时出现第二个洪峰水位 39.81m，超警戒水位 2.31m，比历史最高水位的 1962 年还高 0.53m。永新、安福、吉安、遂川、万安、永丰等县沿河圩镇街道都浸水受淹。7 月 8 日湖南南部暴雨中心东移影响吉安，全区从南到北又普降大到暴雨。各河水位复涨，出现第三次洪峰，这次洪水对水利工程威胁较大。

（2）3 次大洪水，吉安多地重复受淹月余，沿赣江 7 县（市）受灾特重。全区受灾县（市）14 个、公社 223 个、大队 1858 个、小队 9116 个、户数 9.67 万户、人数 40.86 万人。圩堤决口 12150m，冲毁小水库 297 座、水陂 2735 座、水轮泵站 71 座、机电排灌站 97 座，倒塌住房 3937 间、牛栏厕所 7650 间，死亡 48 人，农作物受灾面积 113.86 万亩，其中成灾面积 68 万亩。

（3）赣江下游在 6 月大水期间，樟树水位 34.19m，丰城水位 30.97m。泉港蓄洪垦殖区的粮洲堤于 6 月 29 日 7 时溃决。7 月上旬，赣中又普降大雨和暴雨。宜春专区东南部 8 日一天降雨 100mm 以上，丰城 209mm。冲坏清江泉港堤、丰城万石圩。本次洪水加上抚河洪水，市境内共溃决圩堤6座，受灾面积23.91万亩，成灾面积19.17万亩。

1.7 （1）1973年1—6月大水，赣江上游赣州全区先后出现7次大暴雨，平均降水1400mm。受强降水影响，5月12日凌晨1时，瑞金县重点小（1）型环溪水库发生垮坝事件，造成九堡河两岸严重洪灾。该县九堡、云石山公社及会昌县西江公社死亡18人，经济损失达100余万元；6月，安远县遭特大水灾，全县19个公社（镇）、195个大队、1352个生产队受灾。受灾农田97914亩，占早稻面积的55％；冲倒房屋1075间，冲坏水利工程5800处、公路45km；死3人，伤143人，死牛猪139头；县城街道水深1m以上，车头、镇岗、水东墟等地被水围困。据统计，全区18个县的9925个生产队出现水灾，受淹农田79.9万亩；毁坏房屋33870间，其中冰雹、大风毁坏4038间；毁坏水利工程28940座（处），其中蓄水10万m^3以上水库12座；损失粮食、种子125万kg；死100人，伤281人。

（2）赣江中游吉安地区4月初，赣江洪水猛涨，万安棉津至新干均超警戒水位。沿江各县（市）遭洪涝灾害，昌赣及各县公路被淹，运输中断2天。沿赣江7县（市）和永丰、遂川、安福受灾公社105个、大队474个、生产队2885个、户数3万、15.44万人。水淹农田25.27万亩，冲毁农田2.68万亩，仅稻田种谷损失达207.64万kg。倒塌房屋23245间、牛栏厕所1359间，重伤83人，轻伤197人，死亡耕牛4头、生猪50头，冲毁水利工程704座、桥梁244座，冲走木材2606m^3、毛竹26595根。5月吉安境内又普降大雨到暴雨。万安、泰和、新干、吉水渡头和遂川夏溪月降雨量为322.2～358.6mm，其余各县都在200mm以上。赣江和五大支流同时涨水。这次洪峰水位虽比4月洪峰水位低，但持续时间长。从10日18时到14日12时，连续5天多时间，洪水维持在警戒水位。沿江农作物受淹程度较大。据赣江沿岸七县（市）和永新、安福县统计，共受淹农田8.86万亩。6月18—27日，新干、永丰、吉水、莲花县又降大雨到暴雨，降雨量都在200mm以上。赣江万安、泰和、吉安市、峡江段均超过警戒水位。据新干、永丰、吉水、吉安、莲花5县统计，有27个公社、94个大队、611个生产队受灾，水淹农田10.8万亩，冲毁农田1369亩，损失晚稻种谷11.36万kg。冲倒水利工程52座［其中新干、永丰冲倒小（2）型水库3座］，水陂10座。圩堤决口1256m，冲走牲畜4头，倒坍民房59间、木桥109座，死亡7人，伤5人。

（3）自6月20日开始，南昌市15天降雨量815.0mm，这次暴雨强度大，历时长，分布面广，为中华人民共和国成立24年来所罕见。新建县松湖街最高水位28.85m，超过历史最高纪录。29日，五条河入湖流量猛增，鄱阳湖又受长江洪水顶托影响，下泄缓慢，湖水位急剧上涨，全市沿江及鄱阳湖滨圩区都进入紧张的防洪排涝状态。到7月10日，南昌市溃决大小圩堤221座，其中万亩以上圩堤5座（南昌县的黄湖、三集、九联、岭永、东升堤），受淹受涝面积116.54万亩，其中颗粒无收98.59万亩，占栽种面积的67.5％，倒塌房屋1.55万间，受灾人口96.35万人。

1.8 （1）**1982年6月中下游大水** 6月13—22日，吉安全区连降大到暴雨，不少地方出现大暴雨。永新县6月15—17日3天暴雨量243.5mm，吉水新田14—16日3天暴雨量305.4mm，峡江14—16日3天暴雨量234.2mm，新干16—18日3天暴雨量254.8mm。各地山洪暴发，大江小河洪水猛涨，赣江吉安站6月19日最高洪水位52.66m，超警戒水位 2.16m。全区有 14 个县（市）、219 个公社、30 万户、154 万人受灾。特重灾县有永新、莲花、吉安、永丰、吉水五县。水淹县城 8 个，122 万人被洪水围困，5 万人无家可归。莲花县三板桥公社一块 13t 重的巨石，被山洪冲出 3.6km 远，永丰县一株千年古樟，被洪水连根拔起。受淹农田面积 206 万亩，成灾面积 153.2 万亩，减产粮食 1.64 万 kg。冲毁耕地 15.1 万亩。倒塌房屋 15 万间（包括部分牛栏、厕所），死亡 75 人，受伤 808人。冲毁小（2）型水库 9 座、塘坝 2657 座、机电排灌站 498 座、水轮泵站 158 座、小水电站 52 座。圩堤决口 428 处，共 142.19km，其中万亩以上圩堤 166 处共 12.82km。渠道塌方缺口 502.1km，冲坏涵闸 1196 座，倒塌渡槽 133 座。倒塌桥梁 3242 座，冲坏公路531.6km，损失仓库粮食 695.8 万 kg，冲走木材 3.9 万 m³。46 个工矿企业停产，影响工业产值 1244 万元，还有一批学校、商店、医院、粮站倒塌，被迫停课停业。

（2）6 月 11 日起，7 天之内宜春地区大部分县（市）连降暴雨，雨量达 300mm 以上。赣江流域降雨 400～600mm，丰城、清江部分地区达 650mm。暴雨量大，覆盖面广、雨型恶劣，致使外洪内涝全面暴发。6 月 26—28 日，赣江下游各水位站先后出现超历史洪峰水位，6 月 28 日，洪峰通过八一桥，最高水位 24.80m（吴淞基面）。这次洪水造成的内涝，给宜春和南昌地区造成严重破坏。宜春所辖丰城、清江、新余、分宜、高安、宜丰、万载、上高和宜春县等 9 个县（市）暴雨成灾，其中丰城、清江、新余、分宜 4 县遭受特大重灾。据统计，宜春地区受灾公社（镇）188 个、大队 1664 个、生产队 16079 个、30.63 万户、135.8 万人，受灾耕地面积 202.6 万亩，各种损失总值达 2.4 亿元。南昌地区朝阳洲及沿江路一线被淹，其中沿江路一带水深达 1～3m，受淹街巷 72 条，住户 1.2万户共 8 万多人，淹没面积 2.2km²，沿江路及朝阳洲地区的工厂、商店停业超过十多天，直接经济损失达 500 万元以上。

1.9（1）1983 年中上游大水 赣江上游赣州全区当年先后出现 6 次洪灾，19 个县（市）有 27 万户受灾；受淹农田 119 万亩，破坏农田 17 万亩；毁坏水利工程 4.1 万座（处），其中水陂 4700 座、小水电站 136 座计装机容量 2845kW；倒房 3.26 万间；损失粮食213.5 万 kg；死 101 人，伤 226 人。

（2）1—3 月，赣江中游吉安境内平均降雨量达 450mm 以上，比正常年份同期多年平均降雨量多 2 倍。加上赣州地区普降暴雨，赣江 2 月出现洪峰，泰和 26 日洪峰水位60.75m，超警戒水位 0.75m。3 月洪水更大，赣江从万安至峡江普遍超警戒水位。5 月11 日，吉安境内的中、西、北部又普降暴雨。莲花、永新、宁冈、吉安、安福、峡江、新干等 7 县 10h 内普遍降雨 80mm 以上。莲花千坊水文站 3h 内降雨量达 107mm，莲花县城进水。禾河超警戒水位 1.13m，两岸大片农田、村庄被淹。6 月中旬全区出现"南大北小"全境性的降雨过程。吉安市 6 月 19—20 日 2 天降雨量 184.5mm。禾河、蜀水、沪水、同江 4 支流和赣江同时涨水。6 月 21 日又发"端阳水"。雨量集中，赣江及 5 条支流都涨水。以上多次灾害，造成全境 14 个县（市）134.9 万人受灾。受淹农田 122.98 万亩，成灾面积 50.33 万亩。死亡 28 人，伤 42 人。倒塌房屋 21095 间，死亡牲畜 658 头。损失仓库粮食（包括种谷）147.23 万 kg。冲坏堤防 143 处计 49.12km，冲毁小（2）型水库 1 座、塘坝 1301 座、冲坏渠道 183.8km、渡槽 4 座、闸坝 2 座、机电泵站 50 座、小电站 26 座，损坏农田线路 52km、电杆 3968 根、通信线路 194.8km。影响灌溉面积

35.44万亩，冲坏桥梁861座，翻沉船只6艘。

1.10 1992年上游大水 3月25日8时至26日8时，24h内赣州全地区18个县（市）降雨量均达50mm以上，其中全南县、会昌县、信丰县、大余县、赣州市（今章贡区）、南康县超过100mm，出现中华人民共和国成立后少有的未入主汛期的"92·3"大洪水。水库均溢洪，4座大型水库合计最大泄洪流量1800m³/s，沿河两岸洪水泛滥。5月，瑞金县、石城县局部降暴雨，7月下旬又出现少有的大到暴雨，造成全地区性的"92·7"洪涝灾害。18个县（市）、321个乡镇、2593个村、3.21万个村民小组、217.4万人口、313.65万亩农田受灾，其中毁坏农田21万亩；成灾农田188.25万亩。洪灾导致55人死亡，死亡牲畜6.29万头，倒房7.33万间，其中住房2.03万间。冲坏公路613.76km、桥梁1132座，冲毁水利水电工程2.1万座（处），其中塘坝4862座、水陂8564座、圩堤3685处计418.45km、小水电站62座计2834kW、机电泵站167座计1946kW、渠道6410处计456.32km、渡槽82座计1061m，影响灌溉面积81.75万亩，直接经济损失25.83亿元。

1.11 （1）1994年大水 5月1—3日，赣江上游赣州全地区普降暴雨，其中石城县、宁都县降雨量最大，石城水文站连续24h降雨375.9mm，48h达417mm，超过本区有雨量记载以来最高纪录。6月14—17日，全地区又出现大暴雨，平均降雨量165mm，石城县、瑞金市250mm以上。第一次暴雨，15个县（市）受灾，直接经济损失9亿多元。第二次暴雨，造成倒塌房屋476间，冲毁城区道路5.92万m²，毁坏、淤塞下水道9910m，损坏自来水管道22处计9300m、公厕6座、城区防洪堤坝3490m，损失木材278m³，直接经济损失1935.2万元。

（2）5月1日14时至2日20时赣江中游吉安全区普降大到暴雨，泰和站降雨量高达197mm，致使该县的冠山、坳子背两座小（2）型水库垮坝失事。6月12—17日，全区平均降雨235mm，吉安站水位达53.32m，超警戒水位2.82m，为中华人民共和国成立后的第三高水位，万安、峡江、新干、永丰、永新、安福六个县城进水，峡江和新干县城水深超过2m，105国道和四条跨区公路中断，中断最长的达7天。受灾乡镇242个，受灾人口194.8万，38.68万人被洪水围困，214万亩农田受淹，直接经济损失超过10亿元。

（3）6月8—18日赣江下游宜春全区普降暴雨，局部大暴雨，樟树降雨量超400mm，丰城、宜春、宜丰等县市均超300mm。6月8—15日，南昌全市平均降雨量321.5mm，最大一日降雨量126.3mm，使赣江及锦河出现大洪水。6月19日，锦河松湖街站最高水位28.13m，赣江市汊站最高水位28.13m（吴淞基面），外洲站25.42m（吴淞基面），南昌站24.68m（吴淞基面）。据统计，宜春地区受灾县市10个、乡镇185个、村2408个，受灾人口179.5万人，受灾农作物186.45万亩，其中成灾面积102.75万亩，绝收面积54.6万亩，毁坏耕地面积3.54万亩，损坏房屋1.76万间，倒塌房屋0.89万间，死亡18人，全停产工矿企业1866个，公路中断51条次，冲毁桥涵220座，损坏路基86.2km，损坏通信线路20.7km、输电线14.32km，直接经济总损失10.36亿元。全区损坏水利工程3456座，渠道决口54.15km，损坏机电泵站92座、装机容量9850kW，损坏电站9座、装机容量2060kW。南昌地区受灾人口20.5万人，受淹民房3964间，受淹农田40.3万亩，发生水毁工程158座，直接经济损失1.49亿元。

1.12 赣江上游大水 1995 年 6 月 15 日 20 时至 17 日 20 时，赣江上游赣州全地区平均降雨量 165mm，石城县、宁都县、瑞金市 24h 降雨量分别为 276mm、207mm、249mm；全南县 6h 内降雨量 102mm。6 月 27 日和 7 月 3 日，石城县、宁都县、兴国县、瑞金市、全南县、龙南县、安远县又出现暴雨。8 月 1 日，全地区有 11 个县降暴雨，宁都县、石城县日降雨量分别达 108mm、104mm。8 月 13 日受 5 号台风影响，石城县、宁都县和兴国县的 6 个乡镇又降暴雨，日降雨量 249.7mm，兴国县良村、南坑 2 个乡镇 3h 降雨量 250mm。强降雨造成山洪暴发，江河水位猛涨，水库大量泄洪，致使全地区大部分县（市）沿河两岸发生严重洪涝灾害，石城县、瑞金市、于都县、信丰县更甚。全地区受淹农田 183.6 万亩，其中 129 万亩成灾，减产粮食 20.3 万 t。水利水电工程设施被冲毁坏 1.07 万座（处），其中小（1）型水库 2 座、小（2）型水库 17 座、堤防缺口 320 处计 14.81km，直接经济损失 1.84 亿元。

1.13 （1）1998 年 3 月 6—9 日大水，赣州全区普降大到暴雨，平均降雨量达 173.9mm，有 16 个县（市）降雨量在 100mm 以上。24 座大中型水库先后开闸泄洪，各主要江河水位超过警戒水位，贡江赣州站洪峰水位 102.22m，超警戒水位 3.22m，为有记录以来第四大洪水，出现历史罕见的全市性大早汛，有 18 个县（市）、320 个乡（镇）、203.5 万人受灾，农田受灾面积 56.3 万亩。

（2）3 月 6—9 日，赣江中游吉安境内出现历史罕见的早春连续性大到暴雨过程，各县（市）过程雨量均在 100mm 以上，平均降水量达 140mm，有 9 个县（市）出现暴雨日，导致春汛，时间之早历史罕见。与此同时，赣江上游的赣州地区也出现暴雨过程，万安水电站不得不开闸泄洪，更促使赣江水位猛涨。新干三湖镇以上至万安良口赣江水位全都超过警戒线水位。3 月 10 日 12 时吉安市赣江水位超警戒线水位 2.13m，禾水、沪水、乌江等赣江支流也超过警戒线，出现大范围内涝和洪涝。这次洪涝造成 5 人死亡、542 人受伤，倒塌房屋 2894 间，损坏 7927 间，毁坏耕地 4.935 万亩，死亡大牲畜 7294 头，冲毁公路桥涵 91 座，毁坏路基 215km，中断公路 37 条次，损坏输电线杆 207 根，电线 41.8km，损坏通信线路 560 杆，计 45.6km，损坏小（2）型水库 16 座，堤坝 48.6km，护岸 175 处，水闸 164 座，机泵站 67 座，小水电站 4 座。境内工业、交通、通信、能源、水利设施等直接经济损失 1.26 亿元，农业经济损失 2.32 亿元，共计经济损失 3.58 亿元。6 月 12—15 日，受稳定的中层切变线影响，境内又出现一次较大的降水过程，以北部和中部较为明显，过程雨量在 200mm 以上，以新干的 460mm 为最大，永丰的 430mm 次之。除安福及万安、遂川外，其他站都出现暴雨日，永丰出现 4 个暴雨日，新干、峡江、泰和还出现大暴雨，致使赣江水位超警戒线水位。6 月 25 日 12 时，吉安市水位超警戒线 0.6m，境内大部分地方遭受洪涝灾害。此次洪灾造成农作物受灾面积达 61.334 万亩，绝收 12.15 万亩，毁坏耕地 1.61 万亩，死亡牲畜 2456 头，因灾死亡 3 人，倒塌房屋 1150 间，损坏 3000 间，直接经济总损失 3.58 亿元，其中农业经济损失 3.07 亿元。

（3）6 月 12 日起，赣江下游宜春地区普降大到暴雨，到 6 月 28 日，造成江河水库水位猛涨。沿河两岸一片汪洋，山区到处山洪暴发。全区受灾县市 10 个，乡镇 202 个，人口 234 万人，死亡 9 人；被洪水围困村庄 850 个，人数 25.84 万人，损坏房屋 28380 间，倒塌 6950 间，农作物受灾面积 295.95 万亩，绝收面积 85.821 万亩；毁坏耕地 61.3 万亩，损失粮食 30.6 万 t；全停产工矿企业 95 个；公路交通中断 201 余次；损坏水库 79 座、堤防 200.2km，出现大小山体滑坡 1683 处。

（4）赣江下游南昌地区 6—7 月降雨量异常集中，6 月 12 日以来，出现 3 次持续大范围强降雨过程，仅 6 月 12—28 日降雨量 580mm，比常年 6 月全月降雨量还多 78％。6—7 月全市平均降雨量 961mm，是多年同期均值的 2.16 倍。江河洪水涨势凶猛，加之江河上游来水和长江、鄱阳湖洪水顶托倒灌，赣江下游发生超历史特大洪水和严重内涝。3 次洪水持续时间达 112 天，尤其是滨湖地区洪水居高不下，赣江西支出口昌邑站超警戒水位持续 92 天，超历史最高水位持续 19 天。受洪水影响，致使部分防内涝圩堤漫顶溃决，逾 1000km 圩堤发生险情 1400 余处，万亩以下小圩溃口漫顶 44 座，市内 20 余条街道和 18 座地下通道被淹。部分内涝电排站不能正常运行。遭灾地区两季无收，上半年无收，下半年无种，受灾村庄 1648 个，人口 128 万人，666 个工厂企业停产或半停产，损毁房屋 12.86 万间，农作物受灾面积 390 万亩，其中成灾面积 246 万亩，绝收 246 万亩，减产 72.76 万 t，冲毁桥涵闸坝及水利通信、供电设施等 1657 处（座），直接经济损失 49.46 亿元。

1.14 1999 年 5 月 24—27 日赣江上游大水，赣州全地区 3 天平均总降雨量 166.2mm，其中瑞金市最大降雨量 235.1mm；26 日宁都县日降雨量最大 155mm。9 月 4 日，受 9 号台风影响，全市平均降雨量 43mm，以宁都县肖田乡降雨量 161mm 为最大。9 月 17 日，在 10 号台风影响下，崇义县、大余县、龙南县、全南县 4 个县普降大到暴雨，局部特大暴雨，龙南县扬村镇 4h 降水量 170mm，崇义县关田乡 48h 降水量达 243mm。灾情较严重的"5·25"洪灾，有 9 个县（市、区）174 个乡镇受灾。9 月上中旬受 9 号、10 号台风影响，有 5 个县 52 个乡镇受灾。至 9 月底，全市（地区）有 13 个县（市、区）223 个乡镇遭水灾，受灾人口 156.74 万人，倒塌房屋 0.54 万间。农作物受灾面积 86.4 万亩，其中 57.15 万亩成灾，12.75 万亩绝收，农、林、牧、渔业直接经济损失 1.75 亿元；因灾停产工矿企业 206 个，毁坏路基 360km，损坏输电线路 157.8km、通信线路 70.3km，工业交通直接经济损失 7800 万元；损坏堤防 60.2km、护岸 784 处、水闸 146 处，冲毁塘坝 1532 座，水利设施直接经济损失 7200 万元。全市（地区）因洪水、山地地质灾害致死 20 人，洪涝灾害经济损失 3.69 亿元。

1.15 **2002 年 10 月赣江上游大水** 10 月 27—30 日，赣州全市出现历史罕见的秋季大暴雨，全市平均降雨量 156.4mm，大部分县市均出现暴雨和大暴雨，暴雨过程覆盖了于都等 13 个县市，以西部最大。受暴雨影响，11 个水文站洪峰水位均超过警戒水位，章江坝上站洪峰水位 103.37m，超过警戒水位 4.37m，为最大。贡水下游的赣州水位站出现 102.44m 的洪峰水位，超警戒水位 3.44m。有 11 个县（市、区）、196 个乡（镇）、206.6 万人受灾，农田受灾面积 127.2 万亩。

1.16 （1）2010 年赣江上游赣州市大水，5—6 月出现多次强降雨天气，部分乡镇出现暴雨，累计造成全市 22 个乡（镇）、92 万人受灾，农作物受灾面积 70.35 万亩，倒塌房屋 7882 间。

（2）6 月 17—25 日，吉安全市发生大范围持续暴雨洪水过程，暴雨强度之大、覆盖范围之广，洪峰水位之高，洪水次数之多，高水持续时间之长，均为历史罕见。6 月 17—

25 日，全市平均降水量 312mm，比正常年 6 月份总降水量还多 33%。全市 13 个县（市、区）有 108 个乡（镇）降水量超过 300mm，处于暴雨中心的永丰、吉水、青原、安福、永新、井冈山等 6 个县（市、区）有 28 个乡（镇）降水量超过 400mm，最大为永丰县城 491mm。吉安市赣江及各主要支流连续出现超警戒水位，新田水文站出现 80 年一遇超历史洪水。据统计，当年洪水使全市受灾人口达 157.6 万人，倒塌房屋 11356 间，损坏房屋 17756 间，农作物受灾面积 204 万亩，绝收面积达 57.8 万亩，毁坏耕地 3.39 万亩。

典 型 旱 灾 年

2.1　1951 年夏秋大旱　吉安夏秋全区干旱。5 月，下游地区许多雨量站的降水量少于同期多年平均值的 1/2，有的甚至不及 1/5。自 7 月中旬至 9 月又久晴不雨。旱情严重的地方，水圳、水塘已车干，部分河流、水井涸竭，陂渠泉源断流，有的地方居民吃水都成问题。全年的农业收成减产 1～3 成。其中南昌地区因水源不足，早、中、晚稻有 32 万亩因旱受灾，占当年水稻栽种面积的 27%，颗粒无收的有 11.5 万亩。

2.2　（1）1956 年秋旱　上游赣州受旱面积 110 万亩，成灾面积 87.7 万亩，粮食减产 2947 万 kg；受灾 409700 户、168 万多人。南康、信丰、大余、宁都、于都为重灾县。次年，局部地区又发生旱情。

（2）6 月 20 日后，赣江中游吉安普遍少雨，出现大旱。旱情较严重的吉水、吉安、峡江、新干、安福、泰和、万安、永丰等 8 个县的旱情都在 120 天以上，永新、莲花、遂川、宁冈等 4 个县的旱期在 40～50 天。7 月中旬全区受旱农田面积 267.48 万亩，占水田面积的 48.8%，到 9 月底，全区受旱面积达到 510.35 万亩，占播种面积的 83%，其中颗粒无收 208.47 万亩，减产歉收 229.88 万亩，减产粮食 2.39 亿 kg。受灾面占全区农业社总数的 47%，计 2077 个农业社，21.15 万人（占农村总人口 11.1%）。

2.3　（1）1963 年全流域特大旱灾　当年旱灾是在上年大部分地区发生旱情的基础上，连续出现 2 年旱灾。1962 年 7—9 月，赣州全区降水仅 217.4mm，比历史同期减少 43.1%。1963 年雨水稀少，2—3 月出现春旱，3 月下旬至 4 月中旬持续干旱，4 月下旬旱情继续扩大。全区 1963 年 1—5 月只降雨 349.6mm，比上年同期少 309.3mm。干旱高峰期，许多小溪小河断流，山塘水库干涸。贡水中游以上，比历年最枯水位低 10cm 左右。赣县湖江区，7 条主要河流有 5 条断流。龙南、定南、全南 3 县，212 座小型水库有 187 口干涸，占 88.2%；3816 口山塘有 3142 口干涸，占 82.3%。石城县 199 个大队、1949 个生产队，有 196 个大队、1884 个生产队受旱，70% 的生产队吃水发生困难。崇义县大部分水塘、水库干涸，小江、扬眉江多处河段断流。灾后统计，全区受旱面积 277.87 万亩，其中成灾面积 173.52 万亩，分别占耕地面积的 50.9% 和 31.8%。

（2）赣江中游吉安地区，1962 年 7—9 月，全区降雨量比历年同期平均减少 44%。1962 年秋到 1963 年春，全区降雨量比历年同期平均减少 23%。夏季降雨量比历年同期少 46%～66%。秋季降雨量比历年同期少 38%～55%。全区 1.84 万座小水库和水塘，4 月底干涸 65%，到 9 月全部干涸。56 座小（1）型以上水库蓄水量只及计划的 10%～20%。18 座万亩引水工程的灌溉流量减少 2/3。赣江及五大支流在 4 月、6 月、8 月 3 次下降到历年最枯水位。山泉枯竭，溪水断流，库塘干枯，出现田干地裂，赤地千里。春旱时，艳阳高照,全区 178 万农田断水,其中 84 万亩旱稻无水翻耕,2.4 万亩秧田龟裂;夏旱时,裂日炎炎,50％早稻计 220 万亩缺水耘田,枯萎 50 万亩;秋旱时,骄阳似火,72.1％晚稻,计 226 万亩受旱,干死 99 万亩。人畜饮水要到远离几里、十几里的大江大河里去挑水。1963 年连续 9 个月干旱,加上 1962 年秋冬两季干旱,经历 1 年零 3 个月干旱期,面广灾重。涉及全区 14 个县(市),成灾生产队达到 21653 个,其中重灾队 11247 个,成灾人口 143.95 万,其中重灾户 72.23 万人。受灾面积 428.17 万亩,占播种面积的 56.3％。成灾面积 341.21 万亩。严重减产以至无收的达 147.7 万亩,按受灾程度计算,共损失粮食 2.22 亿 kg。

2.4　1962 年 10 月至 1963 年 3 月,下游流域少雨,降水量比历年同期平均值少 1/4～1/3,出现严重春旱。夏季降雨量比历年同期少 35％～55％。秋季降雨量比历年同期少 25％～33％。赣江外洲站年径流深仅为 292.5mm,为多年平均径流深 811.6mm 的 36％,8—11 月各月最小流量均在 200m³/s 左右,最枯流量只有 172m³/s,为历年极小值。许多大中型水库蓄水量只有计划的 20％～30％。小河断流,陂坝无水,塘库干涸,有些地方甚至人、畜饮水都很困难,是有水文记录以来最干旱的一年。据统计,宜春受旱面积 134.31 万亩;南昌全市有 66.36 万亩农田受灾,成灾 33.17 万亩,损失粮食 46000t。

2.5　**(1) 1978 年中下游特大干旱**　1—6 月吉安全区平均降雨量只有 814mm,比 1977 年同期减少 343.5mm。吉水、新干、永丰、安福、峡江等 5 县减少 300mm 以上。泰和、莲花、吉安 3 县减少 200mm 以上。永新、宁冈减少 100mm 以上。全区小(2)型以上水库蓄水量到 6 月底只有 6.15 亿 m³,占计划的 51.3％,比 1977 年同期少蓄 22％。由于干旱发生在早稻抽穗扬花期,来势猛、范围广、气温高、持续时间长,是 1963 年以来又一次大旱灾。早稻受旱面积高达 243 万亩,占播种面积的一半以上。其中枯萎无收 41 万亩,约损失粮食产量 0.82 亿 kg。一季晚稻受旱 10 万亩,占播种面积的 14％。二季晚稻有一半以上受旱,其中枯萎 10 万亩。总共受旱面积 393.5 万亩。

　　(2) 下游地区从 6 月中、下旬开始,初为伏旱,继为秋旱、冬旱,直到第 2 年又春旱。干旱时间长达 5 个多月。7—9 月仅降雨 100～150mm,比上年度同期少 50％～70％。宜春全区 1683 座小(2)型水库,干涸的有 950 座;297 座小(1)型水库,干涸的有 60 座;45 座大中型水库,只剩下 2.2 亿 m³ 水量,大部分是死库容。南昌市小水库基本干涸,7 座中型水库变成死库容,小河小溪断流。6 月中旬,宜春全区受旱面积 158 万亩,进入 7 月后,旱情继续扩大,据 7 月 7 日统计,宜春全区受旱面积 244.5 万亩。南昌市因旱受灾面积 106.59 万亩,其中成灾面积 63.48 万亩,无收面积 20.8 万亩,共减产粮食 14.3 万 t,15 万人饮水困难,因旱大部分丘陵山区晚秋作物无法栽种。

2.6　1979 年上游秋旱上游赣州地区 7 月份平均降水量仅 36mm,10—12 月的降水量只有 20.4mm,比多年同期平均值少 147.3mm,其中 10 月有 12 个县滴雨未下,其他 5 个县(市)也只有 0.1～0.5mm。全区有 181 万亩农田受旱,占耕地面积的 28.4％,减产粮食 500 万 kg。赣县、于都、信丰、安远、瑞金为重灾县。

2.7　**(1) 1986 年全流域大旱**　据统计,赣州全区受旱农田 282 万亩,其中 49.5 万亩绝收。甘蔗枯死 1.95 万亩。

（2）赣江中游吉安，4—9月全区平均总降雨量 772mm，比同期多年平均雨量少27%（279mm）；4—6月全区平均降雨量 488mm，比同期多年平均雨量少 210mm，偏少30%；7—9月全区平均降雨量 284mm，比同期多年平均雨量少 69mm，偏少 20%。由于时空分配极不均匀，全区出现夏秋旱，7月中旬至9月底，连续 82 天，全区平均降雨量只有 172mm，比多年同期平均降雨量少 128mm，偏少 43%。其中莲花、永新、安福、原吉安市、吉水、新干等县比历年同期平均降雨量少 50%～60%。比特旱的 1963 年同期还少 12%。夏旱连秋旱，持续时间长达百余天。至9月，受旱面积达到 222.53 万亩。按受旱程度分：断水 74.19 万亩，开裂 52.21 万亩，发白 52.43 万亩，枯萎 26.03 万亩。

（3）赣江下游从上一年9月到 1986 年 2 月，连续 6 个月少雨，7月下旬之后 50 余天内少雨高温，7月7日至 10 月 10 日，南昌降雨仅 151mm，水库水塘大部分干涸，小河小溪断流，水源严重不足，旱情不断扩大蔓延，受灾作物面积 114.13 万亩，其中成灾面积49.93 万亩，丘陵山区地区部分秋冬作物无法栽种。上高县发生秋旱，全县受旱面积达 11万亩。高安秋旱受旱面积达 11 万亩。

2.8（1）**2003 年全流域历史罕见旱灾**　赣江上游赣州地区全年降水量 1078.5mm，比多年平均值偏少 32.0%。6月中旬至8月下旬，全市出现持续高温天气，降水量较常年显著偏少，其中，6月中旬至6月底，全市平均降水 69.2mm，比多年平均偏少 67.2%。7月全市降水量 15.7mm，比多年平均偏少 88.0%，为历年同期最小值。8月全市平均降水量118.5mm，比多年平均偏少 20.0%。由于严重的干旱，部分工业企业停产；农业绝收面积 50.60 万亩，粮食减产 38.75 万 t，直接经济损失 3.89 亿元；经济作物损失 1.48 亿元；果树直接经济损失 3 亿多元。因旱灾造成全市 44.53 万人、41.65 万头牲畜饮水困难。

（2）赣江中游吉安地区，7—8月全市 13 个县（市、区）均出现严重旱情，农作物受旱面积 327.09 万亩，重旱面积 155.925 万亩，干涸 78.3 万亩，水田缺水 177.54 万亩，58.34 万人以及 45.42 万头大牲畜因旱饮水困难。

（3）赣江下游从7月1—31日，宜春全市平均降雨量仅为 33.2mm，比多年同期平均少 127.4mm，是自 1986 年以来干旱最严重的年份。新余市 7 月降雨量仅 3.3mm，较常年同期偏少 9 成以上，居历史同期第三个少雨月份，也是自 1943 年以来罕见的特大干旱。南昌市境内7—9月累计平均降雨量 38mm，江河水位枯竭，赣江八一桥最低水位只有15m，为历年最小值；南昌站 12 月 23 日出现 14.84m 枯水位，比枯水调查的 1934 年最低水位 15.38m 还低 0.54m，出现自 1934 年以来的最低水位。据统计，受干旱影响，宜春全市农作物受旱总面积 158.5 万亩，占耕地总面积 32.6%，其中轻旱 92.8 万亩、重旱 38万亩、干枯 11.7 万亩。全市因旱无法栽插二晚面积 27.62 万亩，因旱造成人畜饮水困难3.45 万人、2.71 万头大牲畜；新余市全市一县三区、32 个乡（镇）均出现程度不同旱情，其中重灾乡（镇）20 个，重灾村委会 256 个。全市受灾人口 56 万人，成灾人口 48.3万人，饮水困难人口 10.98 万人，饮水困难大牲畜 5.47 万头。农作物受灾面积 50.76 万亩，其中二晚成灾面积 30.75 万亩，达 67%，绝收面积 12.9 万亩，1.45 万亩缺水无法播种。全市棉花成灾面积 6.9 万亩，达 78.5%，绝收面积 2.2 万亩。直接经济损失 3.5 亿元。一些工业企业因缺水，限产或停产，影响工业产值 0.95 亿元。南昌全市受旱作物面积 113.1 万亩，其中成灾面积 83.1 万亩，绝收面积 19.85 万亩，损失粮食 17.76 万 t，经济作物直接经济损失 1.39 亿元，并使 4.6 万人、2.66 万头牲畜饮水困难。

山 洪 地 质 灾 害

3.1 1952 年，泰和、万安二县发生特大山洪、山崩、泥石流。据离缝岭约 50km 的万安县雨量站记载，7 月 17—18 日降雨量达 285.3mm，其中 17 日降特大暴雨 216mm。18 日 7—8 时，泰和县石家乡石榴坪村至缝岭乡的鹅公山、绵羊山、鸭鸡山、龙头山、大坳山、天湖山等山头，山崩地裂，爆裂 6000 多个洞，裂缝 3m 至数十米不等。水从洞中涌出，喷高数米。据目击者说，当时大雨倾盆，天昏地黑，突然天色由红变黄又变白，尔后呈绿色。整个山岩响声震天，个个山崩喷出一柱青烟，水从缝中喷出，水柱高达 2～3 丈。大片山坡、树木、石头崩滚而下，洪水从四面八方盖地而来，沿云亭河五区（沙村）、十区（冠朝）、八区（永昌）汹涌而去。此次山崩、泥石流灾害泰和县有 7441 户受灾，冲倒房屋 1705 栋，死亡 38 人，伤 45 人。万安 2 个区 12 个乡受灾，死亡 47 人，倒房 7170 间。

3.2 1960 年 8 月，遂川县发生特大山洪、山崩、泥石流。8 月 9—12 日，遂川县受厦门登陆的台风影响，普降大暴雨。出现山崩地裂、毁灭性的泥石流灾害。8 月 9—10 日，关口降雨 320mm，高坪 8 月 9 日降雨量高达 156.5mm，滁州水文站水位突涨，超警戒水位 7.82m，比历史上最高水位的 1901 年还高出近 7m。据戴家铺、下七、黄坳乡群众反映，8 月 10 日晚 8 时山崩开始，响声震天。七岺、戴家铺、黄坳、堆前、大汾等 5 个公社出现大面积山崩地裂、泥石流。千年古树连根拔起，百吨重的石头冲出几百米，山上和沿河两岸的房屋全部冲走。有 28 户 77 人，人房财产荡然无存。3118 户、10450 人无家可归，17 个村庄成为乱石滩。据统计，这次灾害共造成 414 人死亡，受重伤 56 人，轻伤 190 人。

3.3 2006 年 7 月，受第五号台风"格美"影响，上犹县五指峰山麓及其周边山区发生特大山洪、山崩、泥石流。这次台风雨从 7 月 25 日夜晚开始，至 27 日基本结束，历时 48h，五指峰山麓及其周边山区降雨量 200～400mm。上犹县五指峰乡大寮至上犹县双溪乡白水一线，五指峰乡黄沙坑河流域中上游为本次暴雨中心，其过程最大降雨量超过 400mm。中心区短历时暴雨频率经分析为 200～500 年一遇。五指峰南部上犹县黄沙坑河中上游是本次暴雨山洪的重灾区，洪水暴涨暴落，峰高水急，经现状水文调查分析，黄沙坑断面洪峰流量达 1390m³/s，接近同流域面积中的国内、外最大流量记录，属超过 500 年一遇的特大洪水。据调查，受这次暴雨洪水影响出现的特大山洪、山崩、泥石流灾害，造成重大人员伤亡和财产损失。

二、抚河流域

典 型 水 灾 年

1.1　1952 年　6 月 6 日至 8 日，黎川县 3 天降雨 353.3mm，县城水位达 108m，洪水漫及楼房，受灾人口 10258 人，受淹农田 15928 亩，冲毁房屋 574 间，死亡 3 人，伤 10 人，损失粮食逾 350 万 kg。8 日文昌桥水位达 40.26m，唱凯、中洲堤和崇仁等县境内堤防决口 35 处，淹田 10 余万亩。

1.2 1953 年 3 月 19 日，宜黄县山洪暴发。5 月 25 日至 6 月 3 日全区普降大雨，文昌桥 5 月 28 日洪水位 40.14m，南城、金溪浒湾、抚州街道均水深 1m 以上，倒堤 98 处，冲毁涵闸 29 座、陂 499 座、小水库 54 座，淹田 36 万多亩，毁田 8804 亩，淹死 10 人，冲倒房屋 42 栋计 99 间，桥 118 座。5 月 28 日李渡洪水位达 31.57m，临川县境内堤防溃决口 16 处，受灾农田 9.17 万亩。8 月 17 日久旱高温，突降暴雨，东乡 33h 降雨量 553mm，各地因前期干旱，防洪物资准备不足，抢救失时，金溪冲坏中晚稻 5.91 万亩，其他作物 1.53 万亩，倒屋 1742 栋，毁桥 43 座，淹死 8 人。

1.3 1954 年 6 月中旬至 7 月下旬，全区各地连降大雨，山洪暴发，河水上涨。广昌县 6 月 18—19 日大雨，县城水深 1m，冲坏各种水利工程 818 座，淹田 10375 亩，淹死 3 人；金溪、南丰两县淹田 17418 亩，冲毁水利工程 32 座。

1.4 1961 年 6 月，抚州多地山洪暴发，农田被淹，12 日 22 时文港决堤，李家渡实测最高水位 31.62m，超过箭江口分洪水位标准（31.40m），13 日抚河东岸大堤 3 处同时决口，将太平等 4 个小圩冲出 49 个决口。7 月崇仁、黎川、广昌、宜黄又降暴雨，全区逾 420km 堤防发生险段 285 处，淹没稻田 34.5 万亩。9 月 9—20 日，全区又出现历史少有暴雨、洪水，抚河大堤决口 3 处，宜黄龙和水库漫坝、溃决，崇仁孙坊堤决口 3 处，全区受灾面积 79.30 万亩，冲毁水利工程 4847 座，倒塌房屋 821 间，冲走粮食 18.4 万 kg，浸坏粮食逾 3 万 kg，冲坏桥梁 679 座，冲走木材 2100m³、毛竹 126.87 万根，死亡 10 人，死牛 60 头、猪 286 头和大量家禽。

1.5 1962 年 5 月 25 日至 6 月 27 日，全区连降暴雨，受灾公社 228 个，受灾人口 47.32 万人，受淹面积 105.26 万亩，冲倒房屋 2452 栋，淹死 36 人，冲毁大小水利工程 17154 座。广昌 26 日一夜降雨量 350mm，27 日清晨起，广昌县有 8 个大队 1000 多名群众被洪水包围；南丰站最高水位 81.38m，超警戒线水位 2.88m，县城内一片汪洋，水深 2m 多，全县受灾农田 73493 亩，万余居民被水包围；鹰厦铁路 27 日因山洪影响被迫停车。28—30 日抚河水位急剧上涨，南城超过有记录以来历史最高水位，抚州市文昌桥最高水位 40.2m，李家渡水文站最高水位 32.00m。29 日文港下边院上公社横堤与东干渠堤漫决，洪水直泻温圳一带和杨柳圩沿线，冲断浙赣铁路数段。黎川县县城最高水位 105.91m，成灾面积 19550 亩，冲坏大小水利工程 155 处、桥 70 座，淹死 1 人，损失粮食逾 3 万 kg。乐安桂花堤在第一次决堤下游 40m 处第二次决口，毁田 1077 亩，淹 43600 亩，37693 人受灾，淹死 24 人、牛 12 头、猪 88 头。

1.6 1967 年 6 月下旬，区内北部连降大到暴雨，抚河洪水猛涨。6 月 22 日，南城 10h 降雨量 374mm，村庄被水冲毁，死亡 40 多人，盱江两岸 9 万多亩农田受害，冲毁水利工程 819 座，损失 400 余万元。

1.7 1968 年 7 月普降大到暴雨。7 月 9 日文港公社外港张家堤防决口。11 日上午在梁家渡铁桥以上 50m 扒口泄洪。全区受灾公社 166 个、大队 1106 个、生产队 8058 个，计 95506 户、478406 人，淹田 88 万多亩，其中无收逾 37 万亩，冲倒小型水库 303 座、陂坝 2865 座，特等堤决口 3 处，主堤决口 2 处，支堤决口 47 处，冲倒房屋 1970 间、公路桥 27 座、便桥 624 座，淹死 6 人，冲走木材 6384m³、毛竹 4372 根。

1.8　1970 年 7 月洪水灾情统计，全区受淹早稻 353933 亩、一晚 95706 亩、二晚 10389 亩、棉花 21049 亩、杂粮 15196 亩。冲毁水库 10 座、陂坝 799 座，冲毁公路桥 4 座、便桥 318 座，冲倒房屋 28 栋 47 间，淹死 12 人，伤 5 人。

1.9　1982 年 6 月 11—23 日，抚河流域发生 1949 年以来最大洪水；11—22 日有黎川、金溪、资溪、南丰、临川、崇仁、宜黄、乐安县降雨总量均在 500～600mm。抚州市文昌桥水位最高达 41.43m，李家渡水文站水位 32.71m，洪峰流量为 8480m³/s，相当于该站 20 年一遇洪水。万亩以上堤防决口 4 条，小（2）型水库垮坝 5 座，受淹农田逾 200 万亩，沿河 20 多万名群众被洪水围困。临川县唱凯堤（保护耕地面积 11.46 万亩）溃决，毁田 1500 亩，浸田 43.7 万亩，围困群众 7.8 万多人，死亡 8 人，伤 423 人，淹死牛 272 头、猪 4201 只，倒屋 3718 间，中断昌（南昌）抚（抚州）公路 22 天，中断通信电话 9 天。抚州市城西堤甘家闸于 6 月 18 日溃决。洪水围困 2 万余人，造成地、市经济损失逾 3000 万元。东乡南、北港堤决口，围困 3.5 万多人。区内部分山区暴发山洪，局部地区遭受毁灭性灾害，资溪县淹田 1.1 万亩，倒房 31 栋。

1.10　1983 年 6 月中旬，全区普降大到暴雨，被淹农田 90.2 万亩，受灾群众 71 万多人，死 5 人，重伤 19 人，倒塌房屋 705 间，冲垮小山塘 84 座、陂坝 1793 座、小水电站 30 座、电灌站 50 座。7 月上旬，长江洪水倒灌，进贤、东乡共淹 19.95 万亩，18 条堤防漫堤、决口，其中千亩以上堤防决口 7 条，冲毁机电排灌站 26 座。

1.11　1984 年 5 月 30 日至 6 月 1 日，广昌、南丰、南城、黎川等县大暴雨，局部出现特大暴雨，南城、广昌水位均超过警戒线水位 2m 多，全区受灾人口 3.8 万多人，其中死亡 19 人，伤 10 人，淹田 30697 亩，淹桔林 21340 亩，冲倒房屋 1701 间、电杆 1095 根，毁桥 458 座，淹死耕牛 39 头、猪 530 头，冲毁小水电站 38 座，冲毁小山塘 191 座、陂坝 677 座、电灌站 6 座，小堤决口 273 处。

1.12　1990 年，全区受灾人口 26.1 万人，死亡 3 人，倒塌房屋 359 间，经济损失 3163.79 万元。

1.13　1992 年 7 月 3—6 日，区内东北部、中部和南部连续出现大暴雨，降雨总量最大在金溪县琉璃乡，高达 321mm。流域内 12 个县（市）、148 个乡（镇）、905 个村委会、82.05 万人受灾，一度被洪水围困群众 6.32 万人，紧急转移人口 2.08 万人，被冲倒房屋 2520 间，总损失 4.70 亿元。

1.14　1993 年 1—7 月上旬，全区受灾乡镇 138 个，受灾人口 74.67 万人，洪水围困人口 4.31 万人，死亡 19 人，直接经济损失 1.52 亿元。

1.15　1998 年 3 月，抚河上游连降暴雨，出现少见早汛，广昌、南丰、南城水位均超警戒。自 6 月 12 日起，受中层切变和地面静止锋共同影响，全区自北向南普降暴雨、特大暴雨。抚河、临水、东乡水全超历史最高水位，唱凯堤东乡河堤段 3 处洪水漫堤，7 座万亩以上堤防先后洪水漫顶，53 座千亩以上堤防洪水漫顶，一大批水利工程损坏、冲毁。受灾人口 237.36 万人，成灾人口 194.97 万人，农作物受灾面积 310.04 万亩，成灾面积 268.68 万亩，绝收面积 164.76 万亩。因灾死亡 91 人，失踪 50 人。因灾伤病人口 9974 人，死亡大牲畜 83953 头，倒塌房屋 7091 间，损坏房屋 175932 间，无家可归人口 76284 人。东乡、资溪、崇仁、黎川、宜黄、乐安、南城等 8 个县县城及临川上顿渡进水，洪水围困村庄 1841 个，被困人口 46.34 万人。全区直接经济损失 52.17 亿元，农业直接经济损失 27.21 亿元。进贤县 27 个乡镇、267 个村委会、1894 个自然村 39812 户，191100 人受灾。受灾总面积 316798 亩，房屋被淹 2137 幢，损坏公路 49.03km，直接经济损失 1.95 亿元。

1.16　2002 年 6 月 7—13 日，广昌、黎川、南丰、南城、乐安、宜黄等县出现强降雨，广昌水南站降雨 612mm。特大暴雨使水库、河道水位猛涨，广昌中坊、青桐、杨溪，南丰车磨岭等 4 座中型水库相继泄洪，各断面水位均超警戒水位，南丰站水位 81.98m，超警戒水位 3.48m，洪水造成重大损失。全市有 136 个乡（镇）163.82 万人受灾，死亡 12 人，广昌、南城、南丰、黎川 4 县县城受淹，直接损失 26.42 亿元，青泥堤、浒湾堤先后决口，南丰等 20 多座千亩堤防漫顶。

1.17　2005 年 6 月，全市绝大部分区域连降暴雨，出现洪涝灾害。金溪受灾人口 3.8 万人，倒塌房屋 340 间，农作物受灾面积 6 万亩；资溪受灾人口 5.2 万人，倒塌房屋 200 间，直接经济损失 1.58 亿元；南城受灾人口 10.2 万人，县城受淹，作物受灾面积 18.6 万亩；南丰 16.2 万人受灾，倒塌房屋 370 间，经济损失 9800 万元；宜黄经济损失 9997 万元；黎川经济损失 2.08 亿元；广昌经济损失 3.61 亿元。

1.18　2010 年 6 月，抚河中下游发生特大洪水。21 日抚河廖家湾水文站洪峰水位 42.61m，超警戒水位 1.31m，相应流量 7330m³/s，为 1952 年建站来实测记录最大值。临水娄家村水文站 21 日洪峰水位 41.51m，超警戒水位 2.71m，超历史实测记录最高水位 0.1m，相应流量 4620m³/s，同为历史记录最大值。"6·21"洪水过程中，导致抚河唱凯堤灵山何家段于 6 月 21 日 18 时 30 分决口，4 个镇、56 个村委会、358 个自然村受淹，10 多万人被困，13.5 万亩农田受灾；全市 28 座中型水库有 21 座超汛限或溢洪；172 座小（1）型水库有 117 座超汛限，70 座溢洪；996 座小（2）型水库有 677 座超汛限，525 座溢洪。全区有 158 座小型水库出险，其中小（1）型 13 座、小（2）型 145 座。全市 11 个县（区）有 8 个受重灾，4 个县城被淹；受灾人口达 277.5 万，紧急转移安置人口 62.6 万；299 万亩农作物受灾，倒塌房屋 4.6 万间。全市直接经济损失达 140.9 亿元，其中水利设施损失 34.6 亿元。

典 型 旱 灾 年

2.1　1955 年 6 月下旬以后，久晴不雨，全区受旱 81.41 万亩，其中龟裂 32.72 万亩，缺水 22.49 万亩，绝水源 8.44 万亩。

2.2　1963 年，全区连续 150 天未下雨。继上年严重冬旱，1—7 月仍晴多雨少，8 月还没有下透雨，旱情继续发展，春夏秋旱接踵而至，受旱面积 144.7 万亩。南丰县旱期逾 200 天，受旱 14.03 万亩，成灾 9.43 万亩。黎川县受旱面积 14.1 万亩。

2.3　1978 年，从 6 月中旬起，全区出现史上罕见的春旱、夏旱连秋旱的特大旱年。全年降雨量 1122mm，7—9 月平均降雨 162mm，而全年水面蒸发量达 1657mm，抚河几乎断流。金溪县最高温度曾达 40℃，全区受旱面积 160.3 万亩。进贤县受旱 107 天，其中 77 天无雨，小河、小溪断流。

2.4　1985 年，春旱、伏旱和秋旱接踵而至，全区早稻受旱 35 万亩，伏旱受旱面积达 66

万多亩，秋旱受旱面积为 75 万亩。不少村庄水井干涸，人畜饮水困难。

2.5　1991 年 6 月中旬至 8 月上旬，全区连续超过 50 多天无雨，出现历史上罕见特大旱灾。全区受旱面积高达 270.10 万亩。

2.6　2000 年 6 月下旬始，全区持续高温少雨，22 座中型水库仅蓄水 122.5 亿 m^3，12 座小型水库和大多数山塘干涸。全区农作物受旱面积 103.2 万亩，万人因旱饮水困难。

2.7　2003 年 6 月起，抚州全市降雨偏少，伏旱连秋旱，7 月份最高气温 42.2℃。全市农作物受灾面积 290.63 万亩，其中成灾 221.45 万亩。南丰 26 万亩蜜桔 90% 因干旱出现卷叶，全市 25.66 万人、24.68 万头牲畜饮水困难，干旱造成经济损失 10 多亿元。

2.8　2007 年 6 月下旬至 8 月上旬，抚州全市高温少雨，干旱日数 55 天，35℃ 以上高温天气 36 天，7 月 24 日黎川县高温 40.2℃，创当年全省之最。伏旱过后，又出现秋冬连旱，10 月 10 日至 11 月 17 日连续 39 天无雨。全市农作物受旱面积 225 万亩，因旱造成 25.55 万人和 25.78 万头牲畜饮水困难。乐安、东乡县城供水困难，东乡县缺水人口 13.5 万人、乐安 4.5 万人，全市因干旱造成直接经济损失 7.14 亿元。全市 11 个县（区）中，东乡县为重度干旱，资溪、金溪县为轻度干旱，其余 8 县（区）为中度干旱。

山 洪 地 质 灾 害

3.1　1967 年 6 月 22 日，南城大雨，麻姑山、洪门、龙湖等地山洪暴发，崩山倒坡，造成巨大损失。

3.2　1969 年 6 月 30 日，崇仁山洪暴发，多处山崩，凤岗崩山压死 12 人。

3.3　1998 年全区共发生崩塌、滑坡、泥石流（合称崩滑流）和地陷灾害 67552 处，造成 97 人死亡、259 人受伤，毁坏房屋 7644 间，损坏房屋 24966 间，毁坏农田 31305 亩，直接经济损失约 43728 万元。6 月中旬，黎川县发生崩、滑、流等重要地质灾害 50 处，死亡 81 人，其中厚村乡大源村焦陂小组 6 月 22 日特大滑坡灾害，造成 46 人死亡、12 人受伤，损毁房屋 90 间，经济损失 100 万元。宜黄县发生重要灾害 8 处，死亡 9 人。其中凤岗镇北关西路二食品厂宿舍 6 月 22 日发生滑坡灾害，造成 5 人死亡、3 人受伤，毁房 61 栋，经济损失 56 万元。南丰县发生重要灾害 9 处，死亡 13 人。洽村乡长陂水库库区滑坡垮坝，毁坏公路及农田等，经济损失 1906.76 万元。南城县发生重要灾害 12 处，其中洪门水电厂 6 月 22 日发生滑坡，造成 4 人死亡、10 人受伤，毁坏水泵房 1 栋，造成重大经济损失。资溪县、崇仁县、广昌县、金溪县、乐安县也发生多处崩、滑、流灾害。

3.4　1999 年全区发生崩塌、泥石流 4 处，造成 7 人死亡、2 人受伤，毁房 47 间，毁坏农田 3640 亩，直接经济损失 180 万元。

3.5　2000 年全区发生滑坡、泥石流 53 处，造成 4 人受伤，毁房 81 间，毁坏农田 5136 万亩。

3.6　2002 年 6 月 13 日，乐安县湖坪乡贺立村枣树下组发生山体滑坡，规模 300 m^3，造成 1 人死亡、1 人受伤。6 月 16 日，黎川县樟溪乡东港村里岭下组发生滑坡，规模 1600 m^3，造成 1 人死亡、1 人受伤，毁坏房屋 21 间。6 月 13 日、17 日，广昌县尖峰乡沙背村江坑组发生滑坡，造成 1 人死亡、10 人受伤；同期，广昌县盱江镇发生滑坡，造成 1 人死亡。

3.7 2002 年 7 月 7 日，广昌县塘坊乡小株村昌华萤石矿主井口前发生 3m² 的地面塌陷造成 3 人死亡。

3.8 2010 年 4 月 16 时 50 分，乐安县招携镇汗上村虎头脑公路边坡在大雨诱发下发生滑坡，造成 2 人死亡、1 人受伤。5 月 23 日 2 时 10 分左右，沪昆铁路江西余江至乐乡段 K699m 处南侧边坡发生滑坡，掩埋单向铁路轨道，造成运行中的 K859 次旅客列车（上海南开往桂林）机车及第 1～9 节车厢脱轨，造成 19 人死亡、71 人受伤，铁路中断近 19h。

三、信江流域

典 型 水 灾 年

1.1 1954 年大洪水 4—9 月信江流域断续暴雨 102 天，信江暴涨数次，5 月信江流域沿河各站从上到下都超警戒线水位，上饶水位站最高水位 67.29m，铅山河口站最高水位 52.79m，梅港站最高水位 26.29m。沿岸各县市区全部受灾，余干县、铅山县受灾尤为严重。余干县 45 座圩堤溃决 30 座，未溃各圩亦内涝严重，沿河滨湖平原一片汪洋，县城街道，除县政府面前一段外，全被水没，深处可行船。受灾乡 137 个，受灾人口 21.81 万，受灾田地 38.57 万亩，毁坏民房 1.02 万间、茅屋 2038 栋、小型水利工程 551 座、农具船只 2.3 万余件。6 月信江流域玉山站同期降水量达 710.4mm，玉山县被洪水冲坏水坝、水堤、水塘共 130 余处。万年县标林圩、永镇圩、太安圩、山背圩（共和圩）、道港圩、新兴圩、中洲圩等圩堤先后漫决，万年县西北部一片汪洋泽国。6 月 15—18 日广丰县连降暴雨，受淹农田 10 万亩，成灾 34337 亩，粮食减产 154 万 kg，洪水冲毁各种水利工程 1400 处。7 月铅山县两次山洪暴发，8953 户共 33138 人受灾，淹死 6 人，冲毁房屋 390 间，毁坏大小水利工程 384 处，农田成灾面积 44400 余亩，减产粮食 267 万 kg。

1.2 1955 年大洪水 信江发生特大洪水。6 月 18—22 日 5 天连续暴雨，信江河水滔滔，两岸市、镇、村庄浸淹，舟皆城街游弋。玉山县城南门冰溪最大洪峰流量 3270m³/s，城区进水深 6 尺，街道可撑船，全县淹死 7 人，浙赣铁路殿口段路基被淹，火车停开。5 月上饶县连降暴雨，信江河水位超过警戒线 1.26m，受淹农田 60666 亩，其中无收面积 7748 亩，减产粮食 166.83 万 kg，冲毁水利工程 2151 处，其中水塘 471 口、水坝 665 座、水圳 773 条、渠道 13 条、河堤 299 处。6 月铅山县洪水暴涨，淹掉水田 13658 亩、旱地 4124 亩，冲毁房屋 196 间，死耕牛 8 头。4750 户、16645 人受灾，其中重灾户 1431 户。

1.3 1973 年大洪水 6 月 19—25 日信江流域上饶水位站 6 月 25 日最高水位 67.73m，超警戒线水位 1.73m；弋阳站 6 月 26 日最高水位 46.05m，超警戒线水位 2.05m；梅港站 6 月 26 日最高水位 28.33m，超警戒线水位 2.63m（当年梅港站警戒水位为 25.7m）。5 月 1 日，铅山县山洪暴发，冲毁小型水库 4 座、水电站 3 座、拦水坝 96 处，倒塌房屋 182 间，受淹水田 45549 亩。粮食减产 650 万 kg。3855 户、17347 人受灾，6 月 24 日又发大水，加重灾情。5—6 月的两次暴雨，广丰县出现两次洪峰，淹没农田 2607.47hm²，其中有 375.53hm² 早稻和 66.47hm² 经济作物全无收。冲倒水库 17 座、水塘 149 口、水坝 172 条、河堤 788 处、民房 737 间、学校 5 所、石木小桥 19 座，淹没二晚秧田 36.9hm²，损失稻谷种子 4.81 万 kg。6 月 19—21 日上饶县全县降雨量平均达 566.3mm，河水猛涨，13 个公社受淹，淹没农田 74668 亩，冲毁水库 17 座、水坝 366 座、房屋 871 间、桥梁 73 座。6 月 26 日，玉山县县人民水库［小（1）型水库］垮坝，13.2m³ 水量倾泻而下，冲决了下游的东方红水库，溃决后造成 2 省（浙江省、江西省）2 县 3 个公社 11 个大队 73 个生产队受灾，死亡 21 人，重伤 4 人，冲毁民房 569 间、216 户，冲毁农田 1688 亩。

1.4　1983 年大洪水全省特大洪水　入汛后，信江沿岸自 4 月 14 日至 7 月 14 日，3 个月中遭受 5 次洪害（4 月 14—15 日、5 月 29 日至 6 月 1 日、6 月 2—4 日、6 月 19—21 日、7 月 6—14 日）。4 月玉山县洪水冲垮河堤 210m、拦河坝 10 条、木桥 50 座、渠道 100m 多、房屋 19 栋 69 间，冲淹秧田 1150 亩。6 月 2 日铅山县山洪暴发，冲坏防洪堤 55 处共20.5km，冲毁水库堤坝 29 个、山塘 78 口、渠道 10km、水闸 1 座、桥梁 104 座、输电线路 2km、公路 10.6km，倒塌房屋 310 间，灾害遍及 26 个公社、1479 个生产队。整个汛期信江上饶水位站最高水位达 68.96m，超警戒线水位 2.96m，上饶市信州区城区街道受淹。

1.5　1993 年大洪水　6 月 12—24 日全区平均降水量达 421mm，是历年同期平均降水量的近 3 倍。信江全线水位几次超过警戒线。万年石镇街站洪峰水位 23.02m，超警戒线水位 3.52m，为建站以来的第二高水位。信江上饶水位站、河口站、弋阳站、梅港站洪峰水位分别为 67.98m、53.11m、45.4m、27.74m，分别超警戒线水位 1.98m、1.11m、1.4m、1.74m。广丰县全县有 22 个乡（镇）受灾，灾户 11.3 万户，受灾人口 51.98 万人，因灾死亡 4 人、伤 175 人，冲毁农田 354.67hm²、旱地 212hm²，受淹耕地 1.53 万hm²，有 7215 户农户颗粒无收。被洪水围困村庄 23 个共 2645 人。房屋被损坏 13352 间，冲毁 3338 间，其中房屋全倒户 86 户、房屋 156 间，无家可归的灾民有 396 人。因灾死亡大牲畜 67 头，损失衣被等 50.8 万件、家具等 32.8 万件，损坏水库 8 座，损坏堤埂 97.1km，堤坝缺口 23.4km，损坏桥涵 15 座，电灌、机灌站 28 座、840kW，冲毁塘坝 79 座。全县经济损失 1.88 亿余元。

1.6　1995 年大洪水　4—7 月全区平均降水量 1710mm，是历年同期平均降水量的一倍多。接二连三的暴雨过程，使信江上饶水位站水位 3 次超警戒线水位，最高洪峰水位达 68.72m，超警戒线水位 2.72m；余干梅港站洪峰水位达 29.35m，超警戒线水位 3.35m，大溪渡站洪峰水位达 26.34m，均为新的历史最高水位。6 月 3 日、23 日、24 日，玉山县连续遭受 3 次大暴雨袭击，特别是 23—24 日 24h 内降雨 174.5mm，大中小水库相继泄洪，河水猛涨，沿河两岸一片汪洋，损坏小（1）型水库 2 座、小（2）型水库 10 座、山塘水库 106 座、水电站 2 座、农田 28.25 万亩，倒塌房屋 1746 间，经济损失 1.5 亿元。6 月 3 日凌晨广丰县连降暴雨，洪水泛滥成灾，有湖丰、壶峤、大南、沙田、泉波等 12 个乡（镇）受灾，灾民 19.3 万人，特重灾民 4.5 万人，因灾死亡 2 人、伤 200 多人，农作物受灾面积 7666.67hm²，冲毁房屋 325 间。同月 23 日 17—25 时，广丰县境又遭暴雨袭击，23 日全天降雨 175mm，洪水再次泛滥成灾，受灾有湖丰、壶峤、大南、西坛等 10 个乡（镇）、117 个行政村、21.96 万人，农作物受灾面积 6666.67hm²，冲毁堤坝 2564 处，冲毁电杆 126 根，损坏民房 20189 间，总共经济损失 5040 万元。

1.7　1998 年大洪水　为长江流域，全省、全区特大洪水。信江流域的第一次暴雨过程是

6月12—25日。第二次暴雨过程是7月17—31日。信江沿河各主要站，先后出现5次超警戒线水位。6月14日，重点圩堤余江县中璜圩率先溃决。此次洪涝灾害受害面广，流域内的12个县（市）普遍受灾，受灾乡镇305个，受灾人口505.3万人，占全区总人口的80.2%。因灾死亡53人，其中淹死40人、压死11人，被洪水围困村庄2497个，被困人口169.7万人，紧急转移安置71.94万人，98万人饮水困难。铅山县城区河口镇4次被洪水围困，共达8天之多，主要街道全部进水，最深处达3m，4万居民曾一度断水、缺粮。保护农田面积万亩以上的堤防决漫顶有10座。玉山县全县30个乡（镇）、场、库、所的281个行政村都不同程度受灾，受灾人口40多万，成灾人口12万，被洪水包围村庄21个共4万人，损坏民房450间，冲倒民房1020间，死3人，全县经济损失达1.5亿元。信州区（原上饶市）市区，铅山县城河口镇，广丰县城永丰镇、弋阳县城区、玉山县城冰溪镇、横峰县城多次被淹。余干县外洪内涝，32个乡（镇）普遍受灾，其中2个乡（镇）共6.3万余人被水围困。弋阳县22个乡（镇）受灾，受灾人口达29.6万人，占县总人口的75%。铅山县城河口镇4次被洪水围困，先后共达8天之久，主要街道全部进水，最深处达3m，4万居民曾一度断水缺粮。

此次洪水造成农业损失巨大，流域内农作物累计受洪灾面积327.6万亩，其中成灾面积254.27万亩。同1997年比，粮食减产6.52亿kg，死亡牲畜58.6万头（只），淡水养殖损失3.59万t，农林牧副业直接经济损失达53.9亿元。

1.8 2010年大洪水 入汛以来，信江流域先后7次出现超警戒线洪峰水位。流域内12个县（市、区）、市经济开发区、三清山风景区普遍受灾，涉及213个乡（镇）、394.98万人，因灾死亡4人（铅山县3人、上饶经济开发区1人），因灾失踪2人（铅山县），紧急转移安置人口26.86万人，被困人口5.94万人；倒塌房屋6331间，损坏房屋27175间；农作物受灾面积445.38万亩，其中绝收面积79.22万亩；因灾直接经济损失64.73亿元，其中农业直接经济损失22.54亿元，工业、交通等经济损失18.63亿元，水利设施直接经济损失19.52亿元，其他方面经济损失4.04亿元。

典型旱灾年

2.1 1978年旱灾 入夏以后，信江流域逾100多天无透雨。其中余干、弋阳各104天，铅山76天未下透雨。梅季少雨，汛期结束早，气温高，蒸发大，山泉干涸，塘坝脱水，水库见底，信江一度断流。弋阳县伏、秋旱连冬旱104天，弋阳水文站1978年7—11月5个月共降水量只有196.4mm，而7—11月5个月蒸发量达764.8mm。9月8日弋阳站信江最小流量只有2.9m³/s，为有记录以来最小。弋阳县信江两岸的城郊、清湖、湖山等地旱情占31.4%，丘陵地区的圭峰、湾里、中坂、旭光等地受旱灾更严重，受旱田地14.2万亩，成灾田地12.57万亩，受灾户数达20886户，人口达114216人。万年县干旱总天数95天，水库干涸，河溪断流，属历史所罕见，人畜饮水发生困难，受灾面积8万亩，成灾面积6.8万亩。

2.2 1994年旱灾 流域内先洪后旱。6月下旬以后，流域内出现高温少雨的天气。从6月25日至8月13日，全区总平均降水量只有66.9mm，仅为同期多年平均降水量的1/3，比干旱的1991年同期还少降水71mm。其中，广丰降水量为17mm，玉山降水量21mm，上饶、铅山等县市降雨均在 50mm 以下。在这期间持续 36～39℃高温干旱天气，蒸发量大于降水量。江河湖库水位迅速下降，到 8 月 13 日，信江上饶水位站水位 61.57m，低于多年同期水位的 0.85～1.4m。流域内蓄水工程总蓄水量比上年同期减少 2.2 亿 m³。流域内大部分县市出现了较为严重的旱灾，受旱农田面积 48.3 万亩，成灾农田面积 26.33 万亩。因干旱人畜饮水困难达 11.6 万人、2.5 万头大牲畜。旱灾较严重的有玉山、上饶、广丰等县市。

2.3　1996 年旱灾　夏秋干旱，旱涝交替。4—6 月，信江流域的广丰、上饶、铅山、弋阳等县降水量少。尤其是 7 月 13 日至 8 月 13 日近一个月基本无雨。流域内大中型水库的蓄水量比多年的平均值少 1/3，加之气温高、蒸发量大于降水量，致使流域内各县市出现了明显干旱。据统计，流域内农作物受旱面积 122.48 万亩。因干旱人畜饮水困难有 5.85 万人、牲畜 3.31 万头。干旱较严重的有广丰、弋阳、上饶县、余干等县市。

2.4　2003 年旱灾　7 月份以来，全市连续一个多月出现晴热高温少雨天气，7 月 1 日至 8 月 6 日全市平均降雨仅为 43.7mm，比历史同期均值少 78%，降雨量严重偏少，37℃以上的高温天气达 34 天，日蒸发量达 8～12mm，旱情十分严重，且仍无下雨迹象，干旱形势非常严峻，据 8 月 6 日有关部门统计，全市 12 个县（市、区）均遭受不同程度旱灾，因干旱受灾人口 195.15 万人，成灾人口 125.58 万人。全市受旱总面积达 25.7359 万 hm²，其中农作物受旱面积达 12.8686 万 hm²、水田缺水 10.7980 万 hm²，旱地缺墒 4.2693 万 hm²。全市有 77.392 万人和 24.084 万头大牲畜发生饮水困难。全市因旱灾直接经济损失 3.19 亿元，其中农业经济损失 2.729 亿元。

2.5　2007 年旱灾　6 月下旬至 8 月上旬，流域内高温少雨，干旱日数高达 55 天，35℃以上高温天气达 36 天。伏旱过后，又出现秋冬连旱，10 月 10 日至 11 月 17 日连续 39 天无雨。流域内农作物受旱面积 225 万亩，因旱造成 25.55 万人和 25.78 万牲畜饮水困难。

山 洪 地 质 灾 害

（1）信江流域属地质灾害易发区。其主要地质灾害为山体滑坡、岩溶塌陷、崩塌、泥石流等。最常出现的地质灾害为山体滑坡。

（2）据记载，信江流域各县都发生过山体滑坡，如玉山县峡口水库大坝上游右岸山体滑坡，铅山县天柱山—阴家山体滑坡，横峰县金鸡、河源坞、冷水湾等地山体滑坡，广丰县萍塘、枫温山、牛牯头、铁湖尖山、黄高山等地山体滑坡，弋阳县叠山、箭竹、城郊等山体滑坡，五都镇黄丰村郑家后山山体滑坡，上饶县朝阳乡下源村徐家山山体滑坡，煌固乡八都村山底街后旗山山体滑坡等。

主要山洪地质灾害有以下记载：

3.1　1955 年农历五月初一早晨，横峰县司铺乡王家坞村吴子德房后山，因久雨崩坍，其屋被压倒，压死 4 人，压死水牛、猪各 1 头。

3.2　1988 年 6 月 1 日，朝阳乡（今信州区朝阳镇）下源村徐家山山体滑坡，下滑土石方近万立方，村庄民房尽毁，死亡 29 人。

3.3　1990 年 4 月 1 日，上饶县八都村山底街后旗山山体失稳，出现裂缝，有少量土石下滑。如遇暴雨，山体将大面积下滑，摧毁整条山底街，并堵塞饶北河八都河段。

3.4 1992 年 3 月 23 日，朝阳乡（今信州区朝阳镇）荫樟村后寿基山山体开裂，下滑土石方逾 3 万 m³，受灾 30 户 150 人。

3.5 1993 年 4 月 22 日，广丰县黄丰村郑家后山发生山体滑坡，裂缝长 100m、宽 0.2m，倒塌土方逾 4 万 m³，冲倒民房一座、水井 1 口、水塘 2 口，受灾农田 6hm²，受灾人口 150 多人。

3.6 1998 年 6 月，由于连续降大暴雨，弋阳县叠山镇周潭村梅树湾发生重大山体滑坡。滑坡体长 450m、宽 350m、厚 3～5m，后缘下滑 1.5m。滑坡体下方有 10 户人家，受到严重威胁。

四、饶河流域

典 型 水 灾 年

1.1 1954 年大洪水 乐安河流域婺源三都站 5 月降水量 734mm，其中 5 月 3—9 日，7 天降雨量 359.7mm；德兴银山站 5 月降水量 593.3mm，石镇街站降水量 536.3mm，鄱阳站降水量 494.7mm。5 月 7 日，石镇街站最高水位 20.09m，超警戒线水位 0.59m。德兴县成灾田地面积 2 万余亩。万年县所有圩堤漫决，四、五、六区 26 乡、139 村被淹，死亡 71 人，冲倒房屋 1036 幢，受灾稻田 88997 亩，其中无收 42528 亩。昌江两岸万余亩农田受淹。6 月 30 日，鄱阳站最高水位 21.19m，德兴县县城水淹邮电局，海口 500 余户被淹。鄱阳湖水位于 7 月 31 日涨至最高，除碗子、浦汀圩安全度汛外，其余圩堤全部漫决，大水冲坏小型水利工程 265 处，冲坏房屋 30078 间，31.36 万人受灾，农作物成灾面积 31646.7hm²。

1.2 1955 年大洪水赣北大洪水 尤其 6 月，饶河流域普降大暴雨，雨量集中，强度大，致使饶河出现特大洪水。6 月 17—24 日连降暴雨。乐安河段万年县石镇街洪水位 22.76m，鄱阳县湾埠、浦汀等 24 座小圩漫顶倒塌，45 座小（2）型水库、33 座堰坝、824 处塘坝、422 条水渠被洪水冲倒。农作物受灾面积 14160hm²，成灾面积 11466.7hm²。7 月 4 日鄱阳镇最高水位 21.99m，7 月 15 日中洲圩决口，全县共漫决圩堤 59 座，全县受灾人口 76.4 万人，农作物受灾面积 51826.7hm²，直接经济损失 99445 万元。江湾水流域受灾稻田 0.40 万余亩，冲坏堤坝 50 座、桥梁 5 座，冲毁房屋 10 幢，受灾 800 户，死亡 1 人；江湾村受灾人口 0.30 万人，洪灾损失 100 万元。此次水灾，婺源县受灾稻田 7 万余亩，冲坏水库、塘坝 3235 座、桥梁 143 座，冲毁房屋 367 幢，受灾 9940 多户，死亡 13 人。鄱阳、余干、万年 3 县冲毁圩堤 44 座，其中余干县漫倒、溃决支堤，决口 77 处，长 43209m。3 县共冲垮水利工程 1.37 万座，桥梁 560 座，房屋 5311 栋，淹死 88 人，淹死耕牛 357 头。

1.3 1967 年大洪水 6 月 17—20 日 3 天内婺源县三都站以上平均降水量 314.7mm，德兴香屯站以上平均降水量 357.2mm，乐平虎山站以上平均降水量 353.7mm，万年石镇街站以上平均降水量 351.3mm。17 日暴雨中心在婺源，降水量自上而下递减，18 日暴雨中心转移到德兴、乐平，19 日暴雨移至乐平共产主义水库，24h 降水量 347.9mm，3 场暴雨，出现连续 3 个洪峰。三都站洪峰水位 57.16m（吴淞高程，下同），洪峰流量 1700m³/s。

德兴香屯站洪峰水位 43.11m，洪峰流量 7030m³/s。乐平虎山站洪峰水位 30.73m，洪峰流量 10100m³/s。香屯、虎山洪水居历史首位。万年石镇街洪峰水位 23.22m，居历史第 2 位。上饶全区农作物受灾面积 184.4 万亩，占耕地面积的 25.6%，其中无收面积 95.8 万亩。因灾死亡 146 人，冲坏房屋 10379 间，桥梁 1531 座，铁路 1 处，公路数百处，冲倒圩堤 59 座，山塘水库 639 座。

1.4　1973 年大洪水　乐安河、昌江均发生较大洪水。7 月 5 日鄱阳镇最高水位 21.03m，最大圩堤饶河联圩乔木湾范家上首出现大泡泉，7 月 12 日决口。汛期先后溃决圩堤 42 座，冲倒小型水库 20 座，农作物受灾面积 31360hm²，成灾面积 27333.4hm²。7 月 26 日晚至 27 日上午暴雨，西河上游港口、东港连降暴雨 300mm，山洪暴发，交通中断，浮梁县 4594 亩农田受灾。

1.5　1995 年大洪水　4—6 月昌江河流域平均降水量 1331mm，比历年均值多 517mm；4—6 月乐安河流域平均降水量 1845mm，比历年均值多 912mm。3 个月内两河均 6 次发生超警戒线水位。6 月 3 日乐平市礼林圩内水位比外河水位高 1m，导致圩内山洪冲毁圩堤近 40m，给景德镇市造成巨大损失。景德镇市共有 4 个县（市、区）53 个乡镇街道 546 个村受灾，受灾人口 138.4 万人次，被洪水围困人口 18.57 万，死亡 14 人，11 个城镇进水（包括景德镇市城区和乐平城区），损坏房屋 1.54 万间共 20.5 万 m²，倒塌房屋 0.55 万间共 7.65 万 m²，农作物受灾面积 66.0 万亩，成灾面积 57.8 万亩，绝收面积 40.2 万亩，毁坏耕地 17.0 万亩，损失粮食 7065t，死亡牲畜 11.73 万只，因灾减产粮食 11.7 万 t，直接经济损失 10.37 亿元。

1.6　1996 年大洪水　6 月 29 日后昌江流域普降特大暴雨，使景德镇遭受一场特大暴雨洪水袭击。7 月 1 日 16 时昌江渡峰坑站洪峰水位 33.18m，上游潭口站水位比有记载的 1759 年最高洪水高出 2.65m。景德镇全市（除乐平外）共有 41 个乡镇 275 个村委会 166 个居委会受灾，受灾人口 61 万人，成灾人口 42 万人，被困人口 21.5 万人，无家可归人口 9.5 万人。21 个城镇进水，损坏房屋 5.9 万间，倒塌房屋 2.8 万间。

1.7　1998 年大洪水　昌江渡峰坑水文站最高洪水位 34.27m，超历史记录 0.86m。饶河尾闾鄱阳站最高洪水位 22.61m，超历史记录 0.62m。饶河全流域受灾人口 225.2 万人，死亡 23 人，损坏房屋 35.5 万间，倒塌房屋 10.2 万间；农作物受灾面积 157.5 万亩，成灾面积 97.5 万亩；206 国道因水淹中断 2 个月之久，共漫决圩堤 70 余处。景德镇市城区 6 月下旬和 7 月下旬两度受淹，受淹面积 36km²，占城区面积的 2/3，直接经济损失约 14 亿元。

1.8　2008 年大洪水　自 6 月 8 日开始全省出现入汛后强度最大、范围最广强降雨过程。受强降雨影响，饶河发生 1998 年以来最大洪水。7 座小型水库发生险情。11 日 7 时，饶河支流昌江渡峰坑水文站洪峰水位 31.67m，超警戒水位 3.17m。景德镇市部分城区进水受淹，低洼处最大水深 5.40m。饶河另一条流经乐平市的支流乐安河，其控制站虎山水文站 11 日 17 时左右洪峰水位 29.14m，超警戒水位 3.14m。强降雨导致部分地区群众被洪水围困、水库出险、山体滑坡。

1.9　2010 年大洪水　受极端天气过程频繁影响，流域内景德镇市 2 月、3 月和 7 月是全省降雨最多地市，平均降雨分别达 208mm、384mm 和 586mm。3 月初赣东北出现罕见旱汛，乐安河虎山站洪峰水位 27.46m，超警戒水位 1.46m，为历史同期最高水位。3—7 月乐安河虎山站出现 5 次超警戒洪水，7 月 10 日 13 时 50 分，最高洪水位 28.54m；7 月昌江渡峰坑站出现 1999 年以来最大洪水，16 日零时，洪峰水位 32.75m。乐平市 20 个乡镇（街道）不同程度受灾，造成全市道路、房屋、农田、电力、水利设施等受损。截至 7 月 11 日，乐平市洪涝灾害造成直接经济损失 2.33 亿元，其中农林牧渔业损失 0.825 亿元，农作物受灾面积 16.2×10³hm²（其中粮食作物 10.586×10³hm²），农作物绝收面积 2.036×10³hm²（其中粮食作物 1.746×10³hm²），因灾减收粮食 4.2 万 t，死亡牲畜 0.068 万头；水产养殖损失 2.4 万 t；受灾人口 32.6 万人；被洪水围困人口 17807 人，内涝最大水深 6～7m，开动电力泵站 8 处计 3435kW，危险地段被困人员 10860 人全部转移。乐平至德兴铁路浯口段、乐平至德兴公路交通线路古田段中断 33h，省道乐弋线等大量县乡公路中断达 17 条次，中断供水 3 次。

典 型 旱 灾 年

2.1　1956 年，景德镇市大旱，蛟潭区 60 天无雨，部分田颗粒无收，全市自然灌溉田由 10 万亩减至 2 万亩。

2.2　1963 年，鄱阳伏秋，旱 71 天，溪河断流，田土龟裂。

2.3　1967 年，鄱阳伏秋 28 天，秋旱 43 天，受灾面积 8 万亩。德兴市秋旱 88 天，灾情严重。

2.4　1978 年，婺源县 7—10 月降雨量仅 174.2mm，旱期持续 151 天，个别村庄吃水要到几里外的河里去挑。全县受灾稻田面积 11.62 万亩，其中 1.02 万亩颗粒无收。德兴县伏旱连秋旱，持续 87 天，银山站全年降水量 1240.4mm，为有记录以来降水量最少的年份。7—10 月降雨量只有 182mm。造成德兴市不少地方田土龟裂、禾苗旱死、水溪断流、泉水干枯，有的村庄连人畜饮水都发生困难。全县 458 个水库干涸 435 个，直至年底，旱象尚未解除，二季晚稻受损严重，大部分减收或无收。万年县伏秋旱，干旱总天数 95 天，水库干枯，河溪断流，石镇街最低水位 12.59m，为建水文站以来历年最低值，人畜饮水发生困难，受灾面积 8 万亩，成灾面积 6.8 万亩。景德镇 1978 年 1—6 月降雨仅 792mm，渡峰坑水文站实测最小流量 1.28m³/s，全市出现高山无泉、小溪断流现象，旱情为历史所罕见；城区工厂停产，电厂停机，居民生活用水得不到保障；受灾面积 24.3 万亩，占种植面积的 50%以上，受灾人口 7 万多人。鄱阳县夏秋连旱，持续 102 天基本无雨，除滨田、蜈蚣山水库死库容有水外，其他大小水库全部干涸，饶河支流昌江、潼津河、西河和所有小河断流，鄱阳镇枯水位降至 12.62m，属历史罕见。山上树木有的干枯致死，全县有 1043 个自然村人畜饮水都很困难，农作物受灾面积 57333.3hm²，成灾面积 22666.7hm²。

2.5　1986 年，7 月中旬以后连续超过 50 多天高温，旱情遍及全流域。景德镇市受旱面积 41.18 万亩。

2.6　1996 年 9 月初至 10 月上旬，德兴市出现连续 34 天干旱过程，局部地区旱情明显。农作物受灾面积 5700 余亩。全市蓄水总量较常年减少 60%，2.23 万人和 0.28 万头大牲畜饮水困难。旱灾造成直接经济损失 638 万元。

2.7 2000 年 1—6 月昌江河流域平均降雨量仅 978.5mm，4—6 月降雨量 556.5mm，比同期均值偏少 214.7mm。鄱阳县 4 月 12 日至 5 月 12 日，出现连续 31 天无降水日。5—6 月日照百分率分别达到 50％、45％，7 月更高，部分农田出现龟裂。6 月 23 日以来持续高温少雨、旱情加剧。景德镇市农作物受旱面积 514.65 亩，其中受灾面积 32.48 万亩，损失粮食 5.93 万 t，折币 3113.8 万元。6—8 月祁门县发生严重旱灾，缺水面积 16083 亩，无水栽插 38900 亩，无水翻田 20686 亩。25 个乡镇 152 个行政村，受重旱乡镇 15 个，重灾村 76 个，人口 14.2 万人，成灾 9.2 万人，受旱面积 12.75 万亩，水稻受旱 9.1 万亩。

2.8 2001 年，入汛以来景德镇降水量持续偏少。特别是 6 月降雨比历年平均值偏少 4 成多，雨季较往年提前超过 10 多天结束，全市江河水库水位普遍偏低，6 月底水库蓄水量比多年均值少近 1.0 亿 m³，致使 7 月发生大范围干旱，全市农作物受旱面积 21.7 万亩，其中重旱面积 9.3 万亩，轻旱面积 10.4 万亩，干枯面积 2.0 万亩，因灾损失粮食 7.61 万 t、经济作物 1260 万元。7 月初至 8 月中旬，浮梁县连续 30 天最高气温超过 35℃，平均气温 31℃，7 月平均降雨量为 23mm，仅为多年均值的 13％，属 50 多年来之罕见。全县农作物受旱面积 163 万亩，17 座小（2）型水库和 818 座山塘干枯，造成 0.8 万人和 0.6 万头牲畜饮水困难。

2.9 2003 年，德兴市持续高温少雨，7 月降水量 58.7mm，月雨日仅 3 天。7 月下旬平均气温及 7 月月平均气温超过历史极值，高温少雨致使伏旱明显，旱情加剧，早稻减产。至 7 月底，全市农田受旱面积近 5000hm²。景德镇市出现伏旱连秋旱现象，最高气温达 40℃以上，为 1952 年以来的最高值，发生罕见旱灾。鄱阳县受灾乡镇 39 个，受灾面积 104.1 万亩，其中成灾 31.9 万亩，绝收面积 32.2 万亩，水田缺水 48.7 万亩，旱地缺墒 30 万亩，受旱饮水困难人口 31 万人、牲畜 7 万头。因饮水困难，4 所中小学被迫停课，高温致病死亡 8 人，直接经济损失 1.8 亿元，其中农村损失 1.4 亿元。

2.10 2007 年，景德镇市降雨持续偏少，汛期后，全市出现普遍干旱，局部重旱，其中乐平市旱情尤为严重。旱情高峰时，全市农作物受灾面积达 17.49×10³hm²（26.24 万亩），占总耕地面积的 31.6％，其中轻旱 9.76×10³hm²（14.64 万亩），重旱 6.18×10³hm²（9.27 万亩），干枯 1.56×10³hm²（2.34 万亩）。有 0.57 万人、0.34 万头大牲畜因旱发生饮水困难。

山 洪 地 质 灾 害

3.1 1989 年 5 月，德兴市双溪水库库区芭蕉山发生山体滑动，滑动体积 3.6 万 m³，2 栋宿舍挡土墙被挤拱裂，5 栋宿舍楼、1 栋办公楼、4 栋民宅发生地面、墙体裂缝。

3.2 1995 年 6 月 21—22 日，饶河流域发生强降雨，山洪暴发，山体滑坡，洪水损毁房屋 195 间，受灾人口 6.40 万人，死亡 5 人，损害农田 3.57 万亩。

3.3 1996 年 6 月 30 日，婺源县段莘乡晓庄源头村村边发生山体滑坡，该滑坡体处于源头村西北角震旦系变质岩中，滑坡体纵向长度 24m，宽度 35m，厚 3～5m，体积 3000～5000m³，滑坡后壁可见张开裂隙宽 0.2～0.4m，下滑高差 0.2～0.4m。滑坡前沿岩石松散，见张开裂隙宽约 10cm，部分土石体垮塌。同日，段莘乡胡思田村西北角发生山体滑坡，该滑坡体处于变质岩中，滑坡体纵向长度 23m，宽度 85m，厚度 1.5～2.5m，体积 3000～5000m³，滑坡后缘可见张开裂隙，宽约 10cm，滑坡下滑最大高差 30cm。滑坡前缘岩石破碎，曾有部分土石体下滑压垮房屋，压死牲畜，滑坡体直接威胁其下方 6 幢房屋安全。

3.4　1996 年 9 月 25 日，军民水库溢洪道范围内，陡坡段右边堤一级平台以上的山体牛角畦发现滑坡，滑坡壁垂直高度 2.7m，滑坡体宽度 53m，斜长 56m，滑动面积近 3000m²。

3.5　1998 年，由于暴雨集中、强度大，造成多处山体滑坡和泥石流灾害，从而造成多处铁路、公路中断，并造成重大人员伤亡。饶河流域因河溪洪水毁坏房屋 16874 间，受灾人口 11.63 万人，死亡 3 人，冲毁桥梁 55 座，冲毁公路 124.1km，损毁房屋 323 间，直接经济损失 2494.2 万元。

五、修河流域

典 型 水 灾 年

1.1　1951 年 6 月，安义县山洪暴发，冲毁民房 112 间，淹田 3.5 万亩，减产 30.87 万 kg。

1.2　1953 年 6 月初，连日暴雨，北潦河、北河洪水猛涨，两岸 3142 亩农田受淹。2 区灾情严重，西潦渠拦河坝、护堤倒塌，洪水冲倒房屋 10 间，淹死 2 人。安义县受灾面积 1.74 万亩，毁坏水利工程 132 处，倒塌房屋 128 间。

1.3　1954 年 6 月 15—18 日，流域内降水量达 438mm，16 日降水量 202mm。修水县城洪水进城舟行于市，全县冲倒房屋 6128 间，淹死 74 人，受灾 15650 户计 66241 人，无家可归者 1221 户计 4189 人；受灾农田 52.54 万亩，全部冲毁、淤沙达 18.63 万亩；冲毁堤、塘、堰、圳等小型水利工程 743 座，冲坏 2475 座，其中山塘 41 座；冲毁石桥 46 座、木桥 138 座；损失粮食 188368kg。永修县城被淹，损毁圩堤 14 座，倒塌决口 264 个，冲毁农田 1.95 万亩，南浔铁路被冲毁，中断交通 21 天。6 月 16—17 日，北潦河水大涨，靖安县城 4 门进水，全县倒塌房屋 556 间，死 5 人，冲毁禾苗 9282 亩。奉新县溃决圩堤 32 座，冲毁水库 974 座，倒损房屋 6528 间，淹死耕牛 104 头，死 7 人。6 月 13—16 日，安义县连续降水 379mm，县城水深普遍 0.7m，安义浮桥、万埠大桥均被洪水冲走，全县受灾面积 12.94 万亩，占水田面积一半，其中无收 1.71 万亩，损失粮食 490.7 万 kg，倒塌房屋 3071 间，有 4959 户计 2.07 万人受灾，死亡 3 人，受伤 6 人，冲毁各类水利工程 793 座（处）。

1.4　1955 年 6 月 20 日晚，修水暴雨，山洪暴发，水位猛涨，高沙水文站水位 95.02m，修水县城环城公路进水，西摆街淹水，向城内侵袭。永修漫溃圩堤 14 座，倒塌决口 257 个；178 个大队受灾，冲毁农田 4149 亩。6 月 23 日晨，北潦河、北河水位急剧上涨，山坡崩塌，双溪区石马乡源头张贵标全家 4 口压死在屋内。1954—1955 年南浔铁路二度中断交通 125 天。6 月 17—23 日，安义县连降暴雨 497.8mm，洪水猛涨，52 个乡（镇、场），1.35 万户计 5.17 万人受灾，受淹耕地 11.53 万亩，损失粮食 1000 万 kg，圩堤决口

202 处，冲坏陂坝 215 座、小型水库 96 座、山塘 586 座、水闸 39 座、圳 9 条、桥梁 77 座、民房 3137 间，死亡 17 人。永修县城再次被淹，交通中断 104 天。

1.5 1962 年 6 月 17—24 日，安义县 8 天降水量 417.9mm，全县 85 个大队、590 个生产队受灾，受淹水田面积 8.44 万亩，旱地 0.59 万亩，圩堤脱坡 12 处，冲毁小型水库 8 座，水闸、渡槽、涵管 83 座，筒车 2 部，倒塌民房 303 间，直接经济损失折款 39 万元。铜鼓县城西门护城堤决口，永宁镇全镇浸水，水深数尺；全县冲毁农田 5000 余亩，毁坏水利工程设施 755 座，倒塌房屋 80 间。

1.6 1969 年 5 月 11 日修水局部大暴雨，何市公社何坑水库被冲垮。6 月 28—30 日修、潦河上游出现暴雨，洪水猛涨，永修县山下渡水位 22.01m，永修县部分地区遭受不同程度水灾，受灾大队 90 个、生产队 569 个，受灾人口 17603 户计 86853 人，倒塌圩堤 12 座，受灾面积 16.2 万亩，受灾作物 13 万亩，全县损失粮食 26750t、棉花 550t。

1.7 1970 年 7 月 13 日起，连降暴雨数日，永修县山下渡水位 22.10m，8 座圩堤（包括 4 座圩挡）溃决成灾，内涝外淹严重，倒圩受灾面积 3 万亩，圩外受淹面积 3.16 万亩。

1.8 1973 年 6 月 19—27 日，连降暴雨，7 天雨量 854.2mm。铜鼓县受淹农田 3.67 万亩，损毁水利工程 4368 处，冲毁桥梁 863 座，毁桥梁 832 座（其中公路桥 15 座），冲坏公路 32 处计 84.3km，倒塌房屋 4196 间，损失粮食 352.38 万 kg，电讯中断近 10 天，受灾人口 1.47 万人，死亡 41 人。5 月 1 日、17 日、31 日，修水县局部发生水灾。6 月 17—25 日修水过程降雨量 350mm，整个流域大水，山洪暴发，高沙水文站最高水位 99.00m，修水县城进出公路水淹 1m 余，53 个公社受灾，受灾人员 13.43 万人，死亡 94 人，伤 148 人，倒房 25221 间，有 28 个生产队住房全部冲光，冲坏公路 250km，冲走木材 26375m³。永修城山、马口圩全部溃决，立新联圩多次脱坡或穿漏，险遭溃决。6 月 20—24 日潦河上游奉新、靖安、安义三县同时普降大到暴雨，降水量 367～438mm，10 个公社（场、镇）、76 个大队、540 个生产队、779 个自然村、1.74 万户计 6.79 万人受灾，死亡 4 人，伤 126 人；洪水淹浸房屋 8129 幢，其中倒塌 1081 幢，圩堤决口 18 处，冲坏水利工程 205 座，受淹面积 21.57 万亩。

1.9 1975 年，受 4 号台风强降雨影响，北潦河、北河洪水猛涨，北潦河靖安站水位 53.31m，超警戒水位 2.71m。靖安县 10 个公社，7 个镇、场、校、所，86 个大队 549 个生产队，14393 户不同程度受灾；冲坏、冲毁水利工程 1233 座，交通中断 10 天。8 月 13—15 日，安义县连降暴雨 310～330mm，山洪暴发，全县 57 个大队，1.38 万户计 6.88 万人受灾，死亡 5 人，被淹面积 15.6 万亩，损失粮食 97 万 kg，冲毁各类房屋 1.77 万间，广播线路、交通、邮电全被中断。

1.10 1977 年 6 月 14—15 日，修河流域暴雨，靖安县境连续 2 天 21 小时降雨 411.6mm，山洪暴发，河水猛涨，贯州水文站洪水位 54.17m，超警戒水位 3.57m。15 日上午 9 时县城拦洪墙被冲决口，洪水破堤而入，靖安大桥北端冲毁几十米，城内水深 1m 多，30 多个单位被淹，电灯、电话、广播、公路"四线"齐断；全县 16 个公社（镇、场）受灾，受淹农田 10.13 万亩，冲毁、冲坏水利工程 825 座，水电站 39 座，冲坏公路 247km、桥梁 56 座、涵洞 86 个。修河高沙水文站最高水位 97.80m，全县 52 个公社 554 个大队 4419 个生产队受灾，绝收 5.48 万亩；冲垮小（1）型 1 座、小（2）型水库 3 座，其他被冲坏工程 11092 处、电站 18 个；受灾 2057 户计 10618 人，倒房 4442 间，死 21 人。6 月 14—16 日，潦河流域普降大暴雨，奉新县降水量 420.7mm，靖安县 400mm，安义县 226.8mm，洪水咆哮而下。安义县遭受特大洪水灾害，有 10 个公社（场、镇）、74 个大队、1.56 万户计 10 万人受灾，死亡 22 人，整个县城被淹，许多低矮村庄水没屋脊，农田被淹面积 14.9 万亩，冲毁水利工程 444 座，渡槽涵闸 200 余座，各种大小桥梁 301 座，机电设备 433 台，倒塌各类房屋 663 栋，损失牲畜 2023 头，冲走农家俱 1.22 万件，直接经济损失 1700 余万元。

1.11　1981 年 6 月 27 至 7 月 1 日，武宁县普降大雨，24 个公社（场）受灾，倒塌房屋 45 栋，淹死 2 人，损坏农作物 3.87 万亩。6 月 28—30 日，靖安县骤降暴雨 3 天，降雨量 388.9mm，境内顿成泽国，淹没农田 4.17 万亩，倒塌渠道 31162m、圩堤 1991m、陂堰 40 座、小水电站 8 座、输电线路 42.4km、冲坏公路 36.75km、桥梁 75 座，倒塌房屋 134 栋，压死 5 人。6 月 27—30 日，安义县 3 天降水量 220.3mm，县城被洪水包围，交通中断，81 个大队、1.47 万户计 7.84 万人受灾，倒塌房屋及猪牛舍共计 968 间，死 5 人，被淹水田面积 14.3 万亩，旱作物 0.94 万亩。

1.12　1983 年 5 月 29 日，修河高沙水文站降雨 198.6mm，修水县 23 个公社、214 个大队、1905 个生产队、25779 户计 129927 人受灾，倒房 1432 间，死 12 人，伤 43 人，死牛 31 头，死猪 414 头，农田被淹 16.39 万亩，冲毁堰堤 83178m、塘、圳 283 口。7 月修、潦河流域又降大暴雨，永修县溃决圩堤 23 座，其中有 5 万亩以上的立新圩，全县 20 个公社、178 个大队、1880 个生产队、33118 户计 16.67 万人受灾，尤其是郭东圩溃决，导致南浔铁路被冲毁 160m，铁路交通中断 16 天，直接经济损失 100 万元。7 月 6—11 日，靖安县被淹农田 4.6 万亩，冲毁农田 8100 亩，毁坏水利工程 453 处、圩堤 281 处 6420m、渠道 421 处计 2577m、小水电站 10 座；冲坏输电线路和通信线路 7.1km，冲坏桥梁 43 座，倒塌房屋 152 间，淹死 7 人。7 月 6—9 日，潦河上游奉新、靖安县连降暴雨 360mm，安义县有 11 个公社（场、镇）、105 个大队、1256 个生产队、2.32 万户计 12.37 万人受灾，死亡 1 人；冲毁水利工程 197 座，圩堤决口 3 处，倒塌民房 124 间、厂房 28 间、校舍 4 间，水田受淹面积 15.74 万亩，损失 948 万元。铜鼓县城被淹，5.8 万居民受灾，死亡 34 人；淹没农田 1.5 万亩，倒塌房屋 3997 间，冲毁水利工程设施 3389 座，20 家工厂被淹，全县损失折款 436.2 万元。

1.13　1988 年 6 月 11—22 日，武宁县降水量 271.3mm，其中 22 日 1—5 时降水量 104mm，山洪暴发，死亡 3 人，损失 572 万元。

1.14　1990 年 8 月 3 日，武宁县杨洲乡 24h 内连续降水量 217.4mm，其中九一四工区生活区遭受严重洪水灾害，倒塌住房 12 间，生产生活设施遭受损毁。

1.15　1993 年 6 月 30 日至 7 月 6 日，武宁县降雨 325.7mm，毁农田 1.3 万亩、房屋 3815 间、水利工程 3014 处，受灾人口 10.42 万人，直接经济损失 7143 万元。柘林水库水位 67.04m，超汛限水位 2.04m。永修县山下渡站最高水位 22.70m，潦河万家埠站水位 29.04m，有 11 座千亩以下圩堤漫决。永修县 20 多个乡（镇、场）187 个自然村 48760 户受灾，受灾面积 3.41 万亩，淹没公路 41.8km。

1.16　1995 年 6 月中下旬，修河流域连续降水 621.7mm。铜鼓县 11.7 万余人受灾，死亡

5 人，5000 余人无家可归，直接经济损失 1.74 亿元。武宁县 7.2 万户计 30.96 万人受灾，其中无家可归 1974 人，被毁自然村 1 个，死亡 27 人，伤 49 人，死亡牲畜 1000 余头，成灾农作物 36.54 万亩，毁田 1.21 万亩、电站 6 座，直接经济损失 1.72 亿元。永修县山下渡最高水位 22.80m，吴城站水位 22.30m，超出警戒水位以上 2m 的高水位持续 18 天，梅西湖等 14 座千亩以下圩堤漫决，全县内外涝面积 36.79 万亩，倒房 313 间，死亡 2 人，经济损失 3.5 亿元。

1.17　1996 年 7 月 13 日 10—18 时，武宁县降暴雨，洪水泛滥成灾，受灾人口 18 万余人，直接损失 3263 万余元，因灾死亡 2 人。8 月 2—3 日，受第 8 号强台风影响，靖安县内连降大暴雨，全县 15 个乡镇 107 个村计 6.7 万人受灾，其中 7200 人被洪水围困逾 10h，3200 人紧急转移，数小时内洪水将许多村庄和房屋围困或淹没，损坏房屋 760 幢，7.6 万亩农田作物受灾，3 个乡镇中断通信，冲毁公路 12 条，4 个乡（镇）中断交通，14 个县乡工矿企业停产，直接经济损失 3650 万元。

1.18　1998 年 6 月 17—27 日，靖安县降雨 598mm，全县 15 个乡（镇）120 多个村计 9.63 万人受灾，2 万多人被洪水围困 36h 之久，淹没农作物面积 9.52 万亩，毁坏耕地面积 6759 亩，损坏冲倒房屋 1600 多间、桥涵 150 座、水库 7 座。6—7 月武宁县降水量 1000mm 以上，至 7 月 31 日，修河武宁段水位涨至 68.15m，超警戒线水位 3.15m，为历史上罕见大洪灾，造成直接经济损失 76737 万元，死亡 2 人。永修县降水量 984.6mm，其中暴雨 8 次，占全年降水量的 44.3%。修河、潦河第一次洪水与鄱阳湖洪水遭遇，吴城、柘林、云山水库水位均超历史。7 月下旬初，长江发生第二次全流域大洪水，造成江湖洪水又同时超高相遇，创下水位和维持时间的历史最高值。7 月 31 日，山下渡最高水位 23.48m，超历史最高水位 0.58m，历时长达 10 天；柘林水库最高水位 67.97m，超历史最高水位，历时长达 9 天；吴城最高水位 22.97m，超历史最高水位 0.67m，历时长达 37 天，6 月 24 至 9 月 22 日洪水在警戒线上维持 91 天。永修县滨湖圩堤溃决 19 座，其中 5 万亩圩 2 座、千亩圩 13 座，20 个乡（镇、场）176 个村计 27.2 万人受灾，因灾死亡 10 人，直接经济损失 9.2 亿元。

1.19　1999 年 4 月 23 日 20 时至 24 日 21 时，武宁县降雨 210mm，洪灾造成直接经济损失 3884 万元；6 月 28 日 8 时至 30 日 8 时又下暴雨 200mm，直接经济损失 9100 万元。7 月 18 日永修县山下渡最高水位 22.55m，受灾面积 25 万亩，倒塌民房 131 栋，经济损失 3.1 亿元。

1.20　2005 年 6 月 27 日，修河上游发生暴雨洪水，修河渣津水文站出现建站以来最高洪峰。修水县渣津镇司前小学 200 多名师生被洪水围困，全丰镇黄沙墩村一组、十三组，塘城村大屋咀被洪水围困 77 户 190 名群众。6 月下旬至 8 月中旬，武宁县连续 3 次遭狂风暴雨袭击，部分地区 12h 降雨 277mm，全县 147 个村 12380 人受重灾，有 1940 人紧急转移安置，直接经济损失 4267 万元。受 13 号台风"泰利"影响，靖安县降雨量创 1952 年以来非汛期历史最大。9 月 3 日 17 时北潦河水位 52.82m，超警戒水位 2.22m，特大暴雨使全县 11 个乡镇 217 个村庄 9.6 万人受灾，淹没房屋 1.3 万幢，冲毁房屋 670 幢，淹没水田 12 万余亩，县乡公路中断 4 条，冲毁桥梁 32 座，毁坏公路 50km，损坏小型水库 17 座，毁坏堤防 10.6km、水电站 10 座，毁坏大量输电线路和通信设施，造成直接经济损失 4.5 亿元，其中水利设施直接经济损失 1.01 亿元。9 月 2—4 日，安义万家埠水文站降雨 289.6mm，靖安马脑背水文站降雨 411.1mm，4 日 4 时 50 分，青湖圩堤永修大枧段在超历史洪峰水位影响下，堤防溃决，受淹房屋 2055 栋，受灾人口 7600 人，死亡牲畜 16801 头。安义县境内有 6 个村委会 45 个自然村 8000 人不同程度受灾，有 5 所小学、1 所中学受淹停课，青湖敬老院、青湖医院受洪水围困，56 处桥、涵、管、闸被毁，转移人口 1.8 万人。

1.21 2010 年 6 月 20 日，铜鼓、修水两县遭遇强降雨，东津水库入库流量剧增到 2750m³/s，水库水位陡涨至 189.59m，即将超汛限水位，水库需要提前开闸泄洪，而此时从铜鼓县大塅水库下泄洪峰正在逼近修水县城，可能形成两股洪峰叠加，修水县及时转移县城 3 个受淹点群众 6000 余人。永修站于 6 月 20 至 8 月 5 日，3 次超警戒水位，累计时间长达 34 天。

典 型 旱 灾 年

2.1 1951 年，靖安县自 6 月 4 日起，逾 50 天未下雨，受旱农田 5.83 万亩，其中 6370 亩龟裂。安义县夏秋大旱，受旱面积 13.83 万亩，减产稻谷 0.48 万 t。

2.2 1952 年，安义县受旱面积 10.76 万亩，减产粮食 0.43 万 t。

2.3 1953 年 7—8 月，安义县久晴少雨，受灾面积 9.39 万亩，成灾面积 1.88 万亩，损失粮食 0.3 万 t。

2.4 1956 年，靖安县 7 月 7 日至 8 月 14 日大旱，全县受旱水稻面积 3.5 万亩。安义县 7 月至 9 月 3 个月未下过透雨，受旱面积 8.34 万亩，损失粮食 0.42 万 t。

2.5 1957 年，安义县夏旱，受旱面积 7.36 万亩，损失粮食 0.39 万 t。

2.6 1963 年，春、夏、秋、连旱，从 1962 年 10 月至 1963 年 3 月降水甚少，池塘干涸，溪水断流；北潦截流，南、西干渠水位下降，安义县受旱面积 6.76 万亩，损失稻谷 0.6 万 t。

2.7 1978 年，6 月下旬到 11 月初，伏旱、秋旱时间长达 5 个月，而后接冬旱至次年春旱，历史罕见。全境受旱面积 225 万亩。其中永修县中、晚稻绝收面积 3 万亩，武宁县 155 座蓄水工程除 3 座尚有少量底水外，其余全部干涸，多数村镇群众饮水困难。安义县水库蓄水只占计划的 60% 左右，秋旱受灾面积 8.98 万亩。

2.8 1981 年，安义县秋旱，晚稻受旱面积 14.4 万亩。

2.9 1985 年，安义县伏秋干旱，受旱面积 10.4 万亩。

2.10 1988 年 7 月 3 日至 8 月 15 日，永修县出现较严重的伏旱和秋旱，7 月县城仅降雨 46mm，吴城镇只降雨 15.1mm。云山水库（中型）蓄水仅占有效库容的 5%，全县 4 座小（1）型水库和 45 座小（2）型水库水位降至死水位或基本干涸，受灾面积 24.9 万亩，绝收 2.17 万亩。

2.11 1992 年 7 月 12 日起至 10 月 10 日，流域出现严重伏、秋连旱，35℃ 以上气温连续近 1 个月，最高气温达 39.2℃。永修县受灾面积 8.99 万亩，武宁县受旱面积 12 万多亩。

2.12 1995 年 7 月 3 日至 10 月 3 日，出现严重伏、秋旱。永修县受灾面积 11.46 万亩。

2.13 2000 年 4—7 月，修水县作物受旱面积 35.97 万亩，因旱损失粮食 9.95 万 t，损失经济作物 0.27 亿元。6 月 23 日至 8 月 18 日，武宁县作物受旱面积 22.80 万亩，因旱损失粮食 3.93 万 t，损失经济作物 0.32 亿元。6 月 24 日至 7 月 31 日，永修县作物受旱面积 24.99 万亩，因旱损失粮食 3 万 t，损失经济作物 0.70 亿元。

2.14　2003 年 6 月 29 日至 9 月 1 日，永修县作物受旱面积 37.5 万亩，因旱损失粮食 1.5 万 t，损失经济作物 0.27 亿元。7 月 1—28 日靖安县降水量仅为 14mm，8 月降雨继续偏少，全县农林果药受旱面积 12.7 万亩，直接经济损失 2598 万元。7 月 7 日至 9 月 2 日，武宁县作物受旱面积 22.35 万亩，因旱损失粮食 3.96 万 t，损失经济作物 0.396 亿元。7 月 15 日至 8 月 29 日，修水县作物受旱面积 29.1 万亩，因旱损失粮食 6.7 万 t，损失经济作物 0.17 亿元。2009 年修水、永修等县受旱严重。

山 洪 地 质 灾 害

3.1　上游铜鼓县近 20 年来的地质灾害共造成 1529 间房屋全毁，死亡 38 人，伤 22 人。特别是 1998 年特大洪涝灾害，汛期发生大小地质灾害上千起，其中损失较大的 11 起，造成 6 人死亡、10 人受伤、倒房 220 间、损房 436 间、毁田 660 亩、毁林 320 亩、毁路 2.5km，直接经济损失近 2000 万元。是年 6 月 28 日，西向乡坪墩村塔下组，因暴雨引发江西省最大的一次山体滑坡，造成泥石流塌方 13.5 万 m³，15 栋房屋全毁。

3.2　修水县早在 1349 年就记载有"大雨、山崩数处"。清朝同治八年（1869 年），记有"水高八九丈，山崩石崩，亡者数人"。有记录以来地质灾害 420 处，其中崩塌 169 处、滑坡 241 处、泥石流 5 处、地面塌陷 5 处，因地质灾害共造成 56 人伤亡，损毁房屋 1555 间、农田 374 亩，破坏公路、桥梁、渠道、森林等多处，直接经济损失 431.72 万元。重要发生点有：山口镇柘蓬村黄陂 1973 年 6 月 24 日因强降雨引起山体滑坡；1979 年白岭镇汪家洞崩塌造成泥石流 14.5 万 m³；路口乡马草垄崩塌造成泥石流 12.2 万 m³。1993 年以来山口镇桃坪村 5 个组多次山体滑坡；义宁镇南门村老虎洞 1998 年 8 月 12 日因强降雨引起山体滑坡等。

3.3　武宁县统计地质灾害 287 起，其中滑坡 102 起、崩塌 167 起、泥石流 1 起、塌陷 17 起。鲁溪镇坑背村柯垅汽车站刘芬堂屋后滑坡；罗溪乡岩下 154 号点的崩塌；1958 年农历 6 月，澧溪镇田垅村花香林发生泥石流，体积 30 万 m³ 左右，毁田 250 亩，1998 年 6 月原址复发泥石流，毁田 50 余亩；1999 年 12 月岭背矿井主巷透水，诱发北屏村地面塌陷，影响范围逐年扩大，对当地居民生命、财产安全构成威胁。

3.4　永修县 1973 年至 2007 年 3 月间，发生各类传统地质灾害 99 处，其中滑坡 27 处、崩塌 71 处、泥石流 1 处。全县崩塌、滑坡、泥石流地质灾害共毁房屋 55 间、毁田 90 亩，造成经济损失 507.12 万元。

3.5　靖安县共有地质灾害点和斜坡点 514 个，其中滑坡点 83 个，崩塌点 213 个，斜坡点 213 个（含潜在崩塌点 180 个，潜在滑坡点 33 个），泥石流点 5 个。灾害点中，重要地质灾害点 40 个，主要分布在中源、罗湾、璪都、高湖、水口、仁首等乡镇的部分山区及靖安县城经高湖-璪都和宝峰-璪都公路的边坡、骆家坪景区内。5 个泥石流点分布在罗湾电厂北面 2 个、骆家坪景区 1 个、毛公洞 1 个、中源港口以西的山谷中 1 个。

六、鄱阳湖区

典 型 水 灾 年

1.1 1954 年，长江、鄱阳湖发生全流域特大洪水，除南昌富大有堤、波阳宛子圩、湖口黄茅潭圩等 10 余座堤防外，其余堤防全部溃决。沿湖各县城镇均遭水淹没，南浔铁路中断逾 100 余天，沿江滨湖受灾人口 160 余万人，淹没农田 243 万亩。

1.2 1973 年 6 月下旬，赣北和赣中北部地区连续出现暴雨和大暴雨。6 月 22 日，赣、抚、信、饶、修五水系七口控制站入湖流量 17800m³/s；由于受长江洪水顶托，湖口入江流量仅 6250m³/s，因而加剧鄱阳湖水位的涨势。6 月底长江汉口站流量增至 53900m³/s，长江水位上涨，对鄱阳湖进一步起顶托作用。6 月 29 日，七口控制站入湖流量增至 20100m³/s，遂形成鄱阳湖大洪水。这场洪水冲垮小（1）型水库 7 座、小（2）型水库 84座、其他小型工程 21000 座、决堤 558 座，其中万亩以上的 35 座，毁屋 20 万余间，死亡44 人，淹田 725.14 万亩，其中基本无收的 310 万亩。

1.3 1983 年 4 月开始，全省先后出现暴雨和大暴雨 12 次，6 月下旬以后，长江出现大洪水；7 月 4—6 日，长江洪水倒灌鄱阳湖，最大倒灌流量 6810m³/s，3 天倒灌水量 8.12 亿m³。与此同时，五水系入湖流量达 21000m³/s，7 月 13 日，九江站洪峰水位 22.12m，湖口站 21.71m，分别高出 1954 年最高水位 0.04m、0.03m，均为历年最高纪录。湖区星子和康山两站水位仅低于 1954 年最高水位 0.06m 和 0.17m，沿江滨湖高水位持续 30 天，7月 14 日，康山大堤溃决。滨湖地区溃堤 108 条，其中万亩以上的 9 条，淹没农田 64 万亩。南浔铁路中断行车 16 天。

1.4 1998 年，鄱阳湖发生继 1954 年又一次全流域大洪水。星子站 8 月 2 日水位达20.55m（冻结基面 22.52m），超警戒水位 3.52m，且超警戒水位持续时间达 94 天。鄱阳湖及五河尾闾地区，受灾乡镇 461 个、村庄 9190 个，受灾人口 578 万人，倒塌房屋63.1 万间，毁坏房屋 71.3 万间，保护耕地 5 万亩堤防溃决 3 处，1 万～5 万亩堤防溃决 20 处。

典 型 旱 灾 年

中华人民共和国成立至 2010 年，湖区发生 8 次大旱灾，分别在 1963 年、1966 年、1967 年、1978 年、1992 年、2004 年、2006 年、2009 年，其中尤以 1978 年为重。

2.1 1963 年，鄱阳湖流域全年平均降水 1130mm，比多年均值偏少 31.0%，为流域有实测资料以来最小，鄱阳湖流域发生罕见春旱、夏旱和秋旱相连。鄱阳湖星子站最高水位 16.32m，列有记录以来倒数第二位，最低水位 7.15m，出湖水量 565 亿 m³，比多年均值偏少 60.7%。

2.2 1978 年，鄱阳湖流域发生严重的伏秋旱，是 1935 年以来最严重的大旱灾，干旱持续时间长达 107 天，80% 以上的蓄水工程干涸，521 万亩农作物受灾，120 万亩水稻颗粒无收，损失粮食 40 万 t。

2.3 2009 年，鄱阳湖旱灾。9 月份长江流域降雨偏少 30%，10 月上、中旬偏少 40%～

50%。9 月 21 日以来 33 天全省基本无雨，都昌、新干、樟树 3 县（市）连续 51 天无有效降雨。10 月中旬，鄱阳湖湖口站来水偏少 60%以上，湖区出现较枯水位。据统计，都昌县有 38.23 万人口及 22.3 万大牲畜出现饮水困难，15.67 万亩晚稻、2.39 万亩棉花、0.71 万亩其他经济作物遭受不同程度的旱灾损失。

附录 2

江西省历年来水旱灾害典型案例

1. 江河洪水

案例 1：1954 年流域性大洪水

1954 年 4 月进入汛期后，长江流域不断降雨，湖南、湖北、江西、安徽降雨量均超过历年平均值 1 倍以上，九江 5—7 月降雨量为 1336.2mm，为平常年份全年雨量，各河洪水上涨急猛。长江自 5 月中旬起水位持续上涨，顶托倒灌鄱阳湖，形成鄱阳湖口最大洪水。7 月 16 日九江、湖口水位分别涨到 22.08m 和 21.68m 的最高值。7 月 17 日九江对岸的黄广大堤和同马大堤相继溃决，自然分洪 113 亿 m³，九江 20m 以上的高水位自 6 月中旬持续至 9 月下旬，达百余天，市内 80％街道水淹，自西门口以西均可通舟楫。湖口自 6 月 27 日达到 1949 年最高水位 21.09m，直到 9 月 7 日才退到 20.65m 以下，洪量之大、水位之高、持续时间之长，均为有纪录以来的罕见。6 月 15 日，九江赛湖圩堤溃决，7 月蔡家洲圩溃决，九江长江大堤永安圩及洗心圩以及彭泽珠琅圩溃决，张家洲堤溃决。

赣江中游吉安地区雨水不断，5 月、6 月雨量集中。降雨量占全年总降水量的 50％～60％，有的高达 70％。江河水位上涨。赣江 4 次涨水，禾河 3 次涨水，泸水 3 次涨水，遂川江 5 次涨水，乌江 2 次涨水，各河流每次涨水均超警戒水位。多次的洪水灾害，使全区 12 个县（市）、81 个区、405 个乡近 20 万人受灾。受淹农田 43.12 万亩，其中减产 2 成的 5.64 万亩，减产 5 成的 13 万亩，绝收的 17.9 万亩，减产粮食 0.4 亿 kg。冲毁水库 128 座、水陂 2185 座，其他水利工程 3488 座，桥梁 234 座。倒塌房屋 26410 间，死亡 25 人，伤 61 人，死亡牲畜 40 头，冲走木材 1500m³，农具 705 件，家具 1508 件，衣物 630 件，粮食 2813kg。

5—6 月赣江下游宜春全区大水。溃决圩堤 32 条，冲毁水库 974 座，受灾面积 118.8 万亩，成灾 92.6 万亩，损失稻谷 1 亿 kg；倒损房屋 6528 间，淹死耕牛 104 头，死亡 7 人。

南昌地区自 4 月份进入汛期后降雨不断，仅 5—7 月降水量达 1783.5mm，占全年降水量的 68％。6 月由于长江洪水提前，与鄱阳湖洪水遭遇，使湖区长期处于高水位，湖区大部分圩堤溃决，城区内涝严重，142 天的赣江高水位使涵闸不能开启，市区部分街道长期受淹，淹没农田 8.3 万亩，直接损失达 400 万元以上。

6 月中旬至 7 月下旬，全区各地连降大雨，山洪暴发，河水上涨。广昌县 6 月 18—19 日大雨，县城水深 1m，冲坏各种水利工程 818 座，淹田 10375 亩，淹死 3 人；金溪、南丰两县淹田 17418 亩，冲毁水利工程 32 座。

4—9 月信江流域断续暴雨 102 天，信江暴涨数次，5 月信江流域沿河各站从上到下都超警戒线，上饶水位站最高水位 67.29m，铅山河口站最高水位 52.79m，梅港站最高水位 26.29m。沿岸各县市区全部受灾，余干县、铅山县受灾尤为严重。余干县 45 座圩堤溃决 30 座，未溃各圩亦内涝严重，沿河滨湖平原一片汪洋，县城街道，除县政府面前一段外，全被水没，深处可行船。受灾乡 137 个，受灾人口 21.81 万，受灾田地 38.57 万亩，毁坏民房 1.02 万间、茅屋 2038 栋，小型水利工程 551 座，农具船只 2.3 万余件。6 月信江流域玉山站同期降水量达 710.4mm，玉山县被洪水冲坏水坝、水堤、水塘共 130 余处。万年县标林圩、永镇圩、太安圩、山背圩（共和圩）、道港圩、新兴圩、中洲圩等圩堤先后漫决，万年县西北部一片汪洋泽国。6 月 15—18 日广丰县连降暴雨，受淹农田 10 万亩，成灾 34337 亩，粮食减产 154 万 kg，洪水冲毁各种水利工程 1400 处。7 月铅山县两次山洪暴发，8953 户共 33138 人受灾，淹死 6 人，冲毁房屋 390 间，毁坏大小水利工程 384 处，农田成灾面积 44400 余亩，减产粮食 267 万 kg。

乐安河流域婺源三都站 5 月降水量 734mm，其中 5 月 3—9 日 7 天降水量共计 359.7mm；德兴银山站 5 月降水量 593.3mm，石镇街站降水量 536.3mm，鄱阳站降水量 494.7mm。5 月 7 日，石镇街站最高水位 20.09m，超警戒线水位 0.59m。德兴县成灾田地面积 2 万余亩。万年县所有圩堤漫决，四、五、六区 26 乡、139 村被淹，死亡 71 人，冲倒房屋 1036 幢，受灾稻田 88997 亩，其中无收 42528 亩。昌江两岸万余亩农田受淹。6 月 30 日，鄱阳站最高水位 21.19m，德兴县县城水淹邮电局，海口 500 余户被淹。鄱阳湖水位于 7 月 31 日涨至最高，除碗子、浦汀圩安全度汛外，其余圩堤全部漫决，大水冲坏小型水利工程 265 处，冲坏房屋 30078 间，31.36 万人受灾，农作物成灾面积 31646.7hm²。

6 月 15—18 日流域内雨量达 438mm，16 日降雨 202mm。修水县城洪水进城舟行于市，全县冲倒房屋 6128 间，淹死 74 人，受灾 15650 户计 66241 人，无家可归者 1221 户计 4189 人；受灾农田 52.54 万亩，全部冲毁，淤沙达 18.63 万亩；冲毁堤、塘、堰、圳等小型水利工程 743 座，冲坏 2475 座，其中山塘 41 座；冲毁石桥 46 座、木桥 138 座；损失粮食 188368kg。永修县城被淹，损毁圩堤 14 座，倒塌决口 264 个，冲毁农田 1.95 万亩，南浔铁路被冲毁，中断交通 21 天。6 月 16—17 日北潦河水大涨，靖安县城 4 门进水，全县倒塌房屋 556 间，死 5 人，冲毁禾苗 9282 亩。奉新县溃决圩堤 32 座，冲毁水库 974 座，倒损房屋 6528 间，淹死耕牛 104 头，死 7 人。6 月 13—16 日，安义县连续降水 379mm，县城水深普遍 0.7m，安义浮桥、万埠大桥均被洪水冲走，全县受灾面积 12.94 万亩，占水田面积一半，其中无收 1.71 万亩，损失粮食 490.7 万 kg，倒塌房屋 3071 间，有 4959 户计 2.07 万人受灾，死亡 3 人，受伤 6 人，冲毁各类水利工程 793 座（处）。

案例 2：1998 年流域性大洪水

全省年平均降水量 2071mm，比多年平均降水量多 26%。1—3 月全省平均降水量 642mm，比历年同期均值多 83%；4—6 月上旬降水量仅 397mm，比历年同期均值少 29%；从 6 月 13 日开始，全省发生了 2 次大范围集中强降水过程。6 月 13 日至 7 月 31 日，全省平均降水量 728mm，是历年同期均值的 2.18 倍，比 1954 年同期多 54mm，创历年最高纪录。其中，赣东北地区高达 1135mm，接近历年同期均值的 3 倍。

1998 年，江西省发生了自 1954 年以来流域性大洪水。长江九江段、鄱阳湖、抚河、信江、饶河昌江、修河以及五河的尾闾地区发生了超历史纪录的大洪水。有 32 个站 55 次洪峰水位相继超历史纪录，洪量之大、复峰之多、超历史纪录区域之广、持续时间之长均属历史罕见。五河控制站外洲、李家渡、梅港、虎山、渡峰坑、万家埠、虬津的最大洪峰流量及 1 天、7 天、15 天、30 天历时的最大入湖洪量全部超过 1954 年。李家渡、渡峰坑站洪峰流量超历史最大纪录，长江大通站 60 天总入流组成中，鄱阳湖流域相应洪量和所占比例均超过 1954 年，鄱阳湖洪水是 1998 年长江大洪水的主要来源之一。

7 月底至 8 月初，受长江上游和五河来水影响，鄱阳湖及五河尾闾地区各站水位再超历史。星子站最高水位为 22.52m，超警戒水位 3.52m，排有记录以来第一位。

1998 年大洪水期间，全省大部分地区遭受了严重的洪涝灾害，给江西省工农业生产和人民生命财产造成了重大损失。景德镇、上饶、铅山、贵溪、余江、南城、崇仁、南丰、湖口、庐山、德安等 35 个县市受淹。景德镇市城区 6 月下旬和 7 月下旬两度受淹，受淹面积达 28.22km²，占城区面积的 68%，城区直接经济总损失达 14 亿元。6 月 23 日南昌市 12h 降雨量 209mm，全市 32 条主要街道受淹，部分街区交通中断，低洼地带淹没水深达 3m。105、206、316、319、320 等国道和 165 条省道、县道交通中断。浙赣铁路先后 3 次中断，累计中断行车 16h，鹰厦铁路 3 处受淹或山体滑坡，累计中断运行 122h，京九铁路昌北段因路基塌陷中断行车 20h。上饶、抚州、鹰潭、宜春、景德镇、赣州、九江等地市多处发生山体滑坡、泥石流等地质灾害，其中损失较大的重大地质灾害点 466 处，因山洪地质灾害造成 176 人死亡，仅黎川县厚田乡和洵口镇两处特大山体滑坡就死亡 75 人。

沿江滨湖地区的长江大堤、九江市城区防洪墙、鄱阳湖 10 万亩以上重点圩堤和保护京九铁路的郭东、永北圩等发生大量泡泉、塌坡等重大险情，许多迎风浪堤段受风浪冲刷影响，护坡毁坏，堤身淘空；大批中小圩堤洪水漫顶；全省共溃决千亩以上圩堤 240 座，其中：5 万～10 万亩圩堤 3 座（中潢圩、新洲圩、三角圩），1 万～5 万亩圩堤 20 座，共淹没耕地 7.22 万 hm²，受灾人口近 100 万人。8 月 7 日九江市长江城防堤 4 号、5 号闸之间因管涌而溃决，经数万军民 5 昼夜奋力抢堵，于 12 日成功地封堵缺口。南丰县黄龙坑和德兴市大坞山两座小（2）型水库因洪水漫顶而溃决。尤其是沿江滨湖地区，受外洪内涝夹击，大片农田早稻颗粒无收，晚稻又无法栽种，造成两季绝收。至 9 月上旬，仍有 33.33 万 hm² 农田浸泡在水中。9 月 25 日长江、鄱阳湖水位才退到警戒线水位以下。

1998 年全省共有 93 个县（市、区）、1787 个乡（镇）、2081.9 万人受灾，438.9 万人被洪水围困，紧急转移人口 257.3 万人，因灾死亡 313 人；损坏房屋 189.2 万间、倒塌房屋 91.2 万间；农作物受灾面积 152.6 万 hm²、成灾 115.96 万 hm²、绝收 77.8 万 hm²，34900 多家工矿、乡镇企业因灾停产或部分停产，5.9 万多座（处）水利设施被毁坏。全省因灾造成直接经济总损失 376.4 亿元，其中水利设施直接经济总损失 37.6 亿元。

经验总结：

1998 年夏季，厄尔尼诺现象和拉尼娜现象大发淫威，1—8 月全省平均降雨量高达 1842mm，比同期多年平均值多 34%。长江、鄱阳湖洪水相遭遇，互相顶托，长江九江站最高水位 23.03m，超历史最高水位 0.83m；鄱阳湖湖口站最高水位 22.59m，超历史最高水位 0.78m。水位居高不下，超警水位持续时间近百天，为历史罕见。面对肆虐的洪魔、严峻的防洪形势，在党中央、国务院关怀支持下，省委、省政府紧急动员部署，省防总精心指挥调度，全省广大军民团结一致、众志成城，展开一场规模空前、艰苦卓绝的抗洪斗争。3个多月里，抵御一次次洪水袭击，排除一道道重大险情，保住重点圩堤、重要城市、主要交通干线的安全、保护人民群众的生命安全，最大限度地减轻洪涝灾害损失，取得抗洪救灾的全面胜利。九江城防堤决口，经过南京军区、北京军区上万名指战员连续5昼夜奋力抢堵，实现了在长江高水位、大流量情况下封堵决口，创造了长江抢险的奇迹。9月4日，时任中共中央总书记江泽民亲临九江抗洪前线，慰问抗洪军民和受灾群众，指导抗洪救灾工作，并提出"万众一心、众志成城，不怕困难、顽强拼搏，坚韧不拔、敢于胜利"的"抗洪精神"。

建议：

（1）加快城市防洪工程的建设，提高防洪抗灾能力。在流域上建设大型水利工程，对洪水进行拦蓄，既能提高防洪标准，也能增强抗旱能力。

（2）流域内森林植被需要休养生息，应尽快采取封山育林措施，山坡岗丘，凡是坡度大于25°应一律禁止垦荒，卓有成效地防止水土流失，才能解决河床逐年淤积的大问题。

（3）加强对河道管理的力度，坚决取缔、拆除影响行洪的建筑和采砂、淘金等活动对河道破坏，制订科学、可靠的调度方案。

（4）重视非工程防洪措施建设，特别要加强洪水预报、情报的预见期和准确性的研究，强化设备的正常更新，做到全天候无故障。提高预报水平，建立完善的防洪预案、洪水预报系统，获得更多的经济效益和社会效益。

案例 3：2010 年抚州唱凯堤溃口

2010年6月抚河唱凯堤在灵山何家段发生决口，决口宽度最终为347m。获悉唱凯堤决口后，省委主要领导立即指示：即告抚州市委、临川区委及所属乡镇党委和村干部：①全力以赴，不惜任何代价保护好群众的生命安全，首先组织好群众转移，来不及转移的要立即组织群众到制高点或楼房避险；②在圩堤附近，一切的救生工具应立即调配统一组织救险；③当前第一位的任务是救生，不是堵口，应尽一切努力、想一切办法帮助群众救生避灾；④各乡村要各自为战，紧张而有序地组织群众救生；⑤省委省政府已下达命令，动用省内一切工具前往救险；⑥在圩堤附近安全地方建立市、县指挥部，靠前指挥。并在省委办公厅值班室编发的《快报》上批示：当务之急是救生，决不能将重点放在堵决口上，那是来不及的！恐怕转移都来不及，最快的办法是就近上楼房。组织领导上，立即通知村自为战、乡自为战，市里实施统一领导。立即组织和动用圩堤附近的救生工具和力量赶往受灾地点抢救人。22日凌晨1时46分，省委主要领导到达唱凯堤前线指挥部，紧急部署救援工作。

21日21时30分，省防总启动防汛Ⅰ级应急响应，要求全力做好防汛抗洪工作，并紧急调运南京军区、省军区、武警、武警水电二总队、公安干警、省水利专家等共1600多人以及冲锋舟、橡皮艇、救生衣、应急灯和食品、饮用水、帐篷等前往灾区解救受困群众。同时，省防总还加强抚河上游洪门、廖坊两座大型水库及下游焦石坝的防洪调度，确保救援工作顺利开展。

6月23日19点，堤内受困群众10万余人已全部安全转移，救援任务完成，创造了无一伤亡的奇迹。

原因分析：

（1）洪水超历史。2010 年 6 月 16—21 日，抚州市全市平均降雨达 373mm，创历史纪录。决口时抚河水位超 20 年一遇，堤防难以抗御超历史洪水的袭击。

（2）堤身及堤基土质差。决口处堤身填土均为粉细砂，堤基上部为粉细砂，下部为中粗砂及卵砾石层。因长时间降雨，堤身饱和，抗剪强度低，堤防稳定性差。

（3）决口处为迎流顶冲位置。决口堤段处于抚河干港与抚河干流汇合口的下游凹岸，且所处河道中有一江心洲，该处行洪宽度由 1059m 缩窄到 603m，洪水湍急；决口堤段无护坡，抗冲能力差，抚河主流直接正面冲击，淘刷堤身堤脚。

2. 山洪灾害

案例 4：2006 年上犹"7·26"暴雨山洪灾害

上犹县位于江西省赣州市西部，北连遂川县、南邻崇义县、东接南康市、西靠湖南省桂东县，全县南起北纬 25°42′，北抵北纬 26°12′，南北宽 52km，东西长 72km，境内面积 1545km²，整个地势呈掌状，由西北向东南倾斜，在县西南、西、北三面有多座高于 1200m 的大山，环绕陡水、营前、五指峰、双溪、紫阳乡，其中西南面有齐云山 2067m、光古山 1400m、石牙山 1333m；西面有笔架山 1600m、铁山平 1635m；北面有五指峰山 1607m、骄子顶 1422m、筑峰顶 1333m、云峰山 1200m。从而形成上犹县西南部、西部、西北部、北部的天然屏障。特殊的地理环境，东西地势落差近 2000m，这种地形地势对东风波、台风天气系统的西移均有阻挡和强迫抬升作用，促使降水进一步加大，导致局地强降水、暴雨、大暴雨，甚至特大暴雨发生。

2006 年 7 月 25 日第 5 号台风"格美"影响上犹，五指峰、双溪、紫阳再次出现大暴雨和特大暴雨，25—26 日 20 时五指峰乡的鹅形降水 192mm，晓水降水 273mm，龙潭大坝降水 206mm，江西凹降水 135mm，黄沙坑降水超过 300mm，双溪白水寨降水 280mm，双溪降水 163mm，紫阳降水 168mm，与紫阳相邻的遂川禾源深坳村降水 263mm、三溪村降水 209mm。

2006 年 7 月 26 日，受 5 号台风"格美"影响，江西省上犹县出现特大暴雨山洪灾害，全县 14 个乡（镇），有 11 个乡（镇）计 21.3 万人口受灾，特别严重的有 5 个乡（镇），紧急转移 7.6 万人，死亡 16 人、失踪 11 人，直接经济损失达 3.69 亿元。

原因分析：

由于前期降水偏多，地表土壤含水饱和，地下水位和水库水位均较高，同时还有违规占用河道建房、围堰，使行洪能力减弱，承灾能力显著下降。加上在短时间（半个月）内有连续 2 个台风影响，产生多次大到暴雨过程，对上犹县的危害已远远超出其承灾能力。强降水直接产生径流，洪水迅速汇聚在狭窄的山谷、河道，导致水位猛涨，形成巨大的山洪，冲毁房屋、桥梁、公路，造成泥石流、崩塌、山体滑坡等地质灾害。

案例 5：2016 年南丰县山洪灾害

自防汛决策系统投入使用以来，南丰县共计发布预警次数为 163 次，预警短信发送 9.23 万条，涉及的相关防汛责任人 1034 人，转移人数共计 4000 余人次，避免伤亡人数 312 人次。其中 2016 年 5 月 7—9 日南丰县遭遇强降雨，全县平均雨量 219mm，多处乡镇出现洪涝灾害，因预警平台提前发出短信预警，未造成人员伤亡。该县近 2 年来多次遭受强降雨，但由于预防得当、工作有序，没有一起因洪灾造成的伤亡事故。

经验总结：

做好汛前准备：在汛期到来前，首先落实防汛责任制，完善山洪灾害防御预案。共计县级预案 1 份、乡（镇）级预案 13 份、村级预案 178 份。开展汛期宣传，发放明白卡和山洪灾害防御宣传手册，建立警示牌，以提高群众的防患意识和防洪自救能力。下发明白卡共 15000 份，山洪灾害防御宣传手册 10000 份，在市山镇沙岗村沙岗小学进行了山洪地质灾害防御演练。

雨前准备：近年来，该县配建了良好的防汛预警平台，现有自动雨量站 44 个、自动水位站 8 个、16 个水库实时图像监控水位雨量站［其中中型水库 3 个、小（2）型水库 13 个］、自动水位雨量站 3 个［小（1）型水库］。这些站点为县乡防办信息化管理带来了极大便利，有效地发挥了预防作用。

灾前转移：汛前完善了县乡村的防御预案和应急转移预案，并在重点区域内共设立了 130 处警示牌。在重点区域的村庄、灾害点内大部分都安装了预警广播系统，在雨情较大、即将发生灾情前，及时使用广播系统通知群众撤离。

防汛值班、巡查：汛期时，县乡两级党委政府均保证每天一名主要领导和分管领导在岗在位，掌握信息，指挥日常工作，发生重大汛情时，根据预案分工，全体到位，确保了集中指挥、组织有序、分工明确、互相配合、各司其职的运行机制，工作效率显著提高。

3. 城市内涝

案例 6：景德镇市 2016 年 6 月暴雨洪水

景德镇市城市防洪尚未形成完整的防护圈，整体防洪能力不足 10 年一遇。当遭遇昌江干流 20 年一遇洪水时，景德镇市整个城区几乎全部受淹；当遇昌江干流 10 年一遇洪水时，南河沿河一带低洼处将受淹；遇 5 年一遇洪水，主要城区不受淹，部分低洼处受淹。景德镇市城市洪水风险图编制项目为江西省 2015 年度洪水风险图编制项目，于 2016 年 3 月份完成编制并通过技术审查。

2016 年进入汛期以来，省水利厅密切关注景德镇市防御形势，6 月 15 日省水文部门预测景德镇将遭遇一场强降雨，省水利厅立即加以重视，6 月 17 日省水利厅组织人员与景德镇市水利局人员查阅景德镇市洪水风险图编制成果，进行洪水风险要素分析，预测可能淹没的区域，为防洪决策提供淹没范围、淹没水深等信息，对提前做好人员避险转移、避洪转移的时机提出建议，提高思想上的各项准备，做好各项防洪抢险准备工作。景德镇市防指根据水文预报和洪水风险图编制成果，及时开展了相应预警工作，提前转移危险区群众近 12 万人。6 月 18 日景德镇市遭遇今年强度最大的暴雨袭击，景德镇市平均降雨 192mm，其中景德镇市城区昌江区平均降雨 258mm。点最大降雨为昌江区吕蒙雨量站 378mm。昌江流域发生较大洪水，其控制站渡峰坑站洪峰水位 33.89m，排历史第 2 位，仅次于 1998 年 6 月 26 日的 34.27m。由于应对及时、措施得力，全市无一人因洪灾死亡。

特大暴雨发生过后，省水利厅委托编制单位搜集水位（流量）、降雨、闸泵调度及城区内涝点分布等实际资料，进行模型计算分析，进一步调试模型，修订洪水风险图编制成果，为后续实施景德镇实时动态洪涝分析计算等系统开发奠定基础。

4. 旱情

案例 7：2003 年特大干旱

2003 年全省降雨时空分布不均。7 月至 11 月上旬，全省平均降雨量为 225.8mm，比多年同期均值 444.8mm 偏少近一半，尤其是 7 月至 8 月上旬，全省平均降雨量仅为 45.6mm，比多年同期均值 83.9mm 偏少 75.2%。特别是新余、吉安、赣州、宜春、抚州 5 地分别偏少 93%、83.5%、80.4%、79.5% 和 77.5%。8 月中旬，全省受局部地区强对流天气影响，旱情得到一些缓解。但自 8 月下旬开始，全省再次出现了高温少雨天气，8 月 21 日至 11 月上旬，全省平均降雨 90.7mm，比同期多年均值偏少近 6 成，其中上饶、鹰潭两市偏少近 8 成。

2003 年江西省大旱 3 个特点如下。

（1）高温持续时间长、范围广、降水量少、蒸发量大。2003 年江西省出现了罕见的伏、秋、冬连旱，全省一半以上国土面积，连续 56d 未下一场透雨。7 月份全省平均降水量仅 31mm，仅为蒸发量的 1/10；7 月至 8 月上旬全省降雨量仅相当于多年同期均值的两成，其中赣南、赣中仅相当于多年均值的一成左右；6 月底至 9 月上旬，全省有 2/3 以上县创有记录以来日最高气温，3/4 以上县气温超过 40℃，全省 10 个以上县市气温超过 35℃ 的高温天气持续时间长达 66d。

（2）水库病险限蓄，供水严重短缺。由于长期无雨和高温蒸发，造成全省水利工程蓄水减少。至 8 月 10 日，全省大中型水库蓄水量比同期多年均值少 16.2 亿 m^3，4 座大型水库在死水位以下，12 座中型水库低于或接近死水位，2044 座小型水库、9.58 万座山塘水库已干枯见底。469 条 $10km^2$ 以上中小河流断流或接近断流。8 月 8 日抚河下游流域控制站李家渡受沿途引水影响，实测水位 23.79m，流量仅有 $0.06m^3/s$。8 月 9 日 20 时赣江下游丰城站水位比历史最低水位还低 0.18m。抚州市抚河水位最低时仅高出城市取水口 10cm 左右。全省有萍乡、抚州、乐平、乐安、黎川、金溪、广昌、东乡、崇仁和资溪等 10 个县（市）城镇生活供水不足，出现重度或轻度缺水。赣江、信江水位的下降，分别影响到丰城矿务局、铜业基地贵溪市的生产、生活用水。11 月 19 日，江西最大的河流赣江，南昌站水位降至 15.00m，创下最低纪录。许多河段水位不足 1m，河床显露，远远低于设计通航水位。

（3）旱情发生早、来势猛，经济损失严重。6 月下旬，赣南、赣中就出现旱象，并每天以 6.67 万 hm^2（100 万亩）的速度向全省迅速蔓延。全省 2/3 以上耕地受旱严重缺水缺墒。据统计，全省因旱农作物受灾面积 105.72 万 hm^2，成灾面积 85.3 万 hm^2，绝收面积 24.83 万 hm^2，全省粮食产量约 1423.44 万 t，粮食减产 244.3 万 t，经济作物损失 21.5 亿元，全省因旱直接经济损失 67 亿元，其中农业损失 55 亿元、林业损失 2.4 亿元、牧业损失 0.5 亿元、水产养殖损失 5.1 亿元、工业经济损失 4 亿元。还有 297 万人、174 万头大牲畜因旱饮水困难，农业生产因旱损失最为严重。赣南、赣中的旱稻减产约一成，全省中稻受灾减产严重，占应栽面积近 30% 的二晚秧苗因旱无法栽插，已栽插的二晚也旱情严重。此外，以脐橙、蜜桔为主的果业因旱品质降低，减产严重，赣南约 5 万 hm^2 脐橙 90% 受旱，其中 50% 重旱，且干果、落果现象十分严重，减产达 6 万 t，西瓜、花生、烟叶、蔬菜等减产 3 成以上；南丰县 90% 的蜜桔因旱卷叶，20% 出现落叶现象。森林火警火灾频发，60％的新造林因旱受灾。

经验总结：

在 2003 年的抗旱斗争中，江西省委、江西省政府和地方各级党委、政府，通过大力组织和动员社会各方面力量，积极采取工程和非工程措施，科学调度水资源，使干旱缺水现象和各种矛盾有所缓解，但是，长期以来重开源、轻节流，重经济利益、轻生态保护，重防汛、轻抗旱的问题普遍存在，使抗旱成效受到较大影响。要更好地解决干旱缺水问题，今后主要应从以下 3 个方面做好工作。

1. 重点解决工程性缺水问题

水利工程作为抗旱救灾的最重要基础设施，在抗旱中发挥着不可替代的作用，但由于种种原因，灌溉水利基础设施建设明显滞后，现有设施大多建于 20 世纪 70 年代以前，标准低，配套不全，现有灌区管理连简单再生产都难以维持，工程老化失修严重；缺少多年调节的骨干水源工程。

2003 年上半年几次洪水造成的水毁灌溉工程因资金缺乏，得不到及时修复，难以在抗旱中发挥作用。从全省目前的实情看，尽管 2003 年遭遇了百年不遇大旱，但有水利工程的地方，水源相对充足，受旱程度轻。因此，关键还是工程性缺水，加强水源工程与供水工程建设与管理，是解决旱灾的关键措施。

2. 重视水质型缺水问题

一些地方在经济建设过程中，往往忽视环境保护，水污染相当严重，水质性缺水给抗旱带来了一定的困难，因此，要进一步加强水环境保护和监测，保护好现有水资源，以实现科学用水、节约用水，缓急干旱缺水的矛盾。

3. 转变重洪灾轻旱灾思想

省内以赣北滨湖平原区为高值区，普遍大于 1.4，局部大于 1.8；其次是吉泰盆地、赣南盆地和以南丰为中心的盱江地区，其多年平均值也普遍大于 1.4，局部大于 1.5。罗霄山脉、九岭山、怀玉山、武夷山等四大山区和赣州市南部的三南（即全南、龙南、定南）及寻乌等县市为低值区，7—9 月多年平均干旱指数只有 0.9 左右，局部小于 0.8。

名 词 与 术 语 索 引

（1）保证水位：能保证防洪工程或防护区安全运行的最高洪水位。洪水超过保证水位，防汛进入非常紧急状态，除全力抢险、采取分洪措施外，还须做好群众转移等准备工作。

（2）堤防：指沿河、渠、湖、海岸或行洪区、分洪区、围垦区的边缘修筑的挡水建筑物。

（3）地质灾害：指在自然或者人为因素的作用下形成的，对人类生命财产造成的损失、对环境造成破坏的地质作用或地质现象。地质灾害在时间和空间上的分布变化规律，既受制于自然环境，又与人类活动有关，往往是人类与自然界相互作用的结果。

（4）供电中断：因洪涝造成乡（镇）以上主要输电线路停电条次数。

（5）干旱：某地理范围内因降水在一定时期持续少于正常状态，导致河流、湖泊水量和土壤或者地下水含水层中水分亏缺的自然现象。

（6）干旱灾害：由于降水减少、水工程供水不足引起的用水短缺，并对生活、生产和生态造成危害的事件。

（7）干枯：指出苗率低于 3 成，作物大面积枯死或需毁种。

（8）公路中断：因洪涝造成公路停运的条次数。

（9）旱地缺墒：指在播种季节，将要播种的耕地 20cm 耕作层土壤相对湿度低于 60%，影响适时播种或需要造墒播种。

（10）洪涝灾害：因降雨、融雪、冰凌、溃坝（堤）、风暴潮、热带气旋等造成的江河洪水、渍涝、山洪、滑坡和泥石流等，以及由其引发的次生灾害。

（11）旱情：是指某个时间段的某个地区干旱的情况，干旱通常指淡水总量少，不足以满足人的生存和经济发展的气候现象，一般是长期的现象。

（12）洪水：是指由于暴雨、冰雪融化、水库垮坝、风暴潮等原因，使得江河、湖泊水量迅速增加及水位急剧上涨的现象。

（13）洪水等级：小洪水是指洪水要素重现期小于 5 年一遇的洪水；中洪水是指洪水要素重现期大于等于 5 年一遇、小于 20 年一遇的洪水；大洪水是指洪水要素重现期不小于 20 年一遇、小于 50 年一遇的洪水；特大洪水是指洪水要素重现期不小于 50 年一遇的洪水。

（14）旱田：指不需要在表面保持水层的农田，如种植小麦、玉米、高粱等粮食作物和蔬菜、果树的耕地。

（15）警戒水位：指江河漫滩行洪，可能造成防洪工程出现险情的河流和其他水体的水位。

（16）降雨等级：以日降水量计，0.1～9.9mm 为小雨，10.0～24.9mm 为中雨，25.0～49.9mm 为大雨，50.0～99.9mm 为暴雨，100.0～250.0mm 为大暴雨，大于250.0mm 为特大暴雨。

（17）抗旱浇地面积：本年度以来实际抗旱浇地面积累计数（正常灌溉面积不列入统计范围）。同一块耕地一季作物抗旱浇灌多次，按"面积"统计时只计一次，按"面积·次"统计时计多次。

（18）牧区受旱面积：指牧区因降水不足影响牧草正常生长的草场面积。

（19）农作物受灾面积：因洪涝造成在田农作物产量损失 1 成以上（含 1 成）的播种面积（含成灾、绝收面积）。同一地块的当季农作物遭受一次以上洪涝灾害时，只统计其中最重的一次，不重复计灾。

（20）农作物成灾面积：因洪涝造成在田农作物受灾面积中，产量损失 3 成以上（含 3 成）的播种面积（含绝收面积）。同一地块的当季农作物遭受一次以上洪涝灾害时，只统计其中最重的一次，不重复计灾。

（21）农作物绝收面积：因洪涝造成在田农作物成灾面积中，产量损失 8 成以上（含 8 成）的播种面积。同一地块的当季农作物遭受一次以上洪涝灾害时，只统计其中最重的一次，不重复计灾。

（22）缺墒：指农田耕作层土壤含水量小于作物适宜含水量，从而引起作物生长受到抑制甚至干枯的现象。

（23）设防水位：洪水接近平滩地，开始对防汛建筑物产生威胁，即为设防水位。达到该水位，管理人员要进入防汛岗位做好防汛准备。

（24）山洪：是指山丘区小流域由降雨引起的突发性、暴涨暴落的地表径流。

（25）山洪灾害：由降雨在山丘区引发的洪水及由山洪诱发的泥石流、滑坡等对国民经济和人民生命财产造成损失的灾害。

（26）损坏水库：大坝、溢洪道、输水涵洞、闸门等部位水毁，影响正常运行的水库座数。

（27）损坏堤防：洪水造成渗水、滑坡、裂缝、坍塌、管涌、漫溢等影响防洪安全的堤防的处数和长度。

（28）损坏水闸：被洪水损坏，不能正常运行的防洪（潮）闸的座数。

（29）水库：是指在河道、山谷、低洼地及下透水层修建挡水坝或堤堰、隔水墙，形成蓄集水的人工湖称为水库。

（30）水利设施损失：洪涝灾害对水利工程造成的直接经济损失。

（31）墒情：指农田耕作层土壤含水量，反映作物生长期土壤水分的供给。

（32）失墒：指农田土壤水分散失的过程。

（33）水田：指需要在表面保持一定深度水层的农田，如种植水稻的稻田。

（34）水田缺水：指水源不足造成水田适时泡田、整田或秧苗栽插困难，或是插秧后水稻各生育期不能及时按需供水，影响水稻正常生长的现象。

（35）死亡人口：直接因洪涝灾害死亡的人口数量。

（36）受淹城市：江河洪水进入城区或降雨产生严重内涝造成经济损失或人员伤亡的

县及县级以上城市个数。

（37）水闸：是修建在河道、堤防上的低水头挡水、泄水工程。

（38）受灾人口：洪涝灾害中生产生活遭受损失的人口数量。

（39）失踪人口：因洪涝灾害导致下落不明，暂时无法确定死亡的人口数量。

（40）停产工矿企业：因洪涝受淹而停产的工矿生产企业（不含商贸、服务等第三产业的停产企业）个数。

（41）台风：热带气旋的一个类别，热带气旋中心持续风速达到12级即称为台风。通常热带气旋按中心附近地面最大风速划分为6个等级。

（42）铁路中断：因洪涝造成铁路干线停运的条次数，铁路干线指跨省（自治区、直辖市）的铁路干线和省（自治区、直辖市）内重要铁路干线。

（43）投入抗旱人数：统计时段内投入抗旱人数的最大值。

（44）投入机电井：统计时段内投入抗旱的各类机电井数量最大值。

（45）投入泵站：统计时段内投入抗旱的泵站数量最大值。

（46）投入机动抗旱设备：统计时段内投入抗旱的各类非固定抗旱设备数量的最大值。

（47）投入机动运水车辆：统计时段内投入抗旱的各种机动运水车辆的最大值，包括给饮水困难群众送水的车辆。

（48）投入抗旱资金：本年度以来各级财政、地方集体、企事业单位和群众投入抗旱的资金累计数量，不包括群众投劳折算资金。

（49）通信中断：因洪涝造成通信线路中断的条次数。

（50）汛期：江河由于流域内季节性降水或冰雪融化，引起定时性的水位上涨时期。

（51）汛限水位：指水库在汛期允许兴利蓄水的上限水位，也是水库在汛期防洪运用时的起调水位，每年汛前由相应权限的防汛抗旱指挥机构审批核定。

（52）蓄滞洪区：利用湖泊洼地和历来洪水滞蓄的场所称为蓄滞洪区。

（53）因旱人畜饮水困难：指因干旱造成临时性的人、畜饮用水困难。属于常年饮水困难的不列入统计范围。牧区在统计牧畜饮水困难时要将羊单位转换成大牲畜单位。

（54）因旱直接经济损失：因干旱灾害造成农林牧渔业、工业、交通航运业、水力发电等行业及水利设施直接经济损失的总和。

（55）因旱饮水困难：因干旱造成的人、畜饮用水困难。因旱人饮困难标准参考《旱情等级标准》（SL 424—2008），即由于干旱，导致人、畜饮水的取水地点被迫改变或基本生活用水量北方地区低于20L/（人·d）、南方地区低于35L/（人·d），且持续15天以上。因旱牲畜饮水困难标准可参考其他标准。在统计牲畜饮水困难时要将羊单位按5：1比例换算为大牲畜单位。

（56）灾害：是对能够给人类和人类赖以生存的环境造成破坏性影响的事物总称。

（57）直接经济损失：洪涝灾害造成的农林牧渔业、工业信息交通运输业、水利设施和其他洪涝灾害造成的直接经济损失的总和。

（58）灾难：自然的或人为的严重损害带来对生命的重大伤害。

（59）自然灾害：指给人类生存带来危害或损害人类生活环境的自然现象，包括干旱、高温、低温、寒潮、洪涝、山洪、台风、龙卷风、火焰龙卷风、冰雹、风雹、霜冻、暴雨、暴雪、冻雨、酸雨、大雾、大风、结冰、霾、雾霾、地震、海啸、泥石流、浮尘、扬沙、沙尘暴、雷电、雷暴、球状闪电等气象灾害。

（60）作物受旱面积：由于降水少，河川径流及其他水源短缺，作物正常生长受到影响的耕地面积。同一块耕地一季作物多次受旱，只计最严重的一次；同一块耕地一年内多季作物受旱，累计各季作物受旱面积。受旱期间能保证灌溉的面积，不列入统计范围。

（61）作物（因旱）受灾面积：在受旱面积中作物产量比正常年产量减产 1 成以上（含 1 成）的面积。同一块耕地多季受灾，累计各季受灾面积最大值。作物受灾面积中包含成灾面积，成灾面积中包含绝收面积。

（62）作物成灾面积：在受旱面积中作物产量比正常年产量减产 3 成以上（含 3 成）的面积。

（63）作物绝收面积：在受旱面积中作物产量比正常年产量减产 8 成以上（含 8 成）的面积。

（64）转移人口：因生命财产受到洪涝灾害威胁而暂时转移到安全地区的人口数量。

（65）重旱：对作物生长和作物产量有较大影响的干旱。旱作区：出苗率低于 6 成，叶片枯萎或有死苗现象，20cm 耕作层土壤相对湿度小于 40％；水稻区：田间严重缺水，稻田发生龟裂，禾苗出现枯萎死苗。

附表 1-1　江西省河道水文（水位）站基本情况一览表

序号	站名	水系	河名	地点	经纬度 东经	经纬度 北纬	集水面积 F/km²	河长 L/km	坡降 J/‰	资料年限	资料起讫年份	备注
1	瑞金		绵江	瑞金县城关镇南门冈	116°03′	25°53′	911	67.0	2.10	27	1958—1984	
2	筠门岭		湘水	会昌县筠门岭镇水东村	115°45′	25°14′	460	42.0	51.90	41	1965—2005	
3	麻川		湘水	会昌县麻州镇大坝村	115°47′	25°31′	1758	86.0	1.88	48	1958—2005	
4	宁都		梅川	宁都县城关镇东门外	116°01′	26°29′	2372	188.0	1.29	68	1938—2005	
5	翰林桥		平江	赣县吉埠乡老石村	115°12′	26°03′	2689	133.0	1.43	53	1953—2005	
6	石壁坑		板坑河	会昌县城郊乡车下村	115°49′	25°34′	161	37.0	5.66	2	1966—1967	
7	羊信江		渠水	安远县版石镇竹篙仁村	115°23′	25°19′	569	60.0	2.66	48	1958—2005	
8	盘古山		固营水	于都县仁风乡	115°27′	25°38′	105	16.0	18.90	3	1957—1959	
9	西江	赣江	澄江	会昌县小密乡	115°47′	25°51′	476	51.0	20.80	3	1959—1961	
10	澄江		澄江	于都县曲洋乡澄江村	115°46′	26°18′	23.2	8.7	17.40	10	1968—1977	
11	龙头		澄江	龙南县汶龙乡龙头村	114°51′	24°48′	51.7	19.0	13.10	14	1982—1995	
12	石城		琴江	石城县观下乡禄坝村	116°22′	26°22′	656	46.9	5.92	10	1975—1984	
13	庵子前		琴江	石城县城郊乡庵子前村	116°20′	26°18′	806	54.0	45.00	9	1958—1966	
14	会同		会同水	宁都县会同乡会同村	116°06′	26°32	51.5	15.0	92.10	4	1966—1967 1970—1971	
15	窑邦		坎田水	于都县葛坳乡窑邦村	115°47′	26°16′	350	58.0	3.14	40	1958—1997	
16	正坑		正坑河	于都县罗坳乡正坑村	115°13′	25°57′	14.9	5.5	32.10	10	1970—1979	

续表

序号	站名	水系	河名	地点	经纬度 东经	经纬度 北纬	集水面积 F/km²	河长 L/km	坡降 J/‰	资料年限	资料起讫年份	备注
17	东村	赣江	激水	兴国县东村乡新星村	115°34'	26°22'	579	60.0	2.66	27	1958—1984	
18	柿陂		激水	于都县江背乡杨梅岗村	115°25'	26°18'	919	82.0	2.71	5	1958—1861 1966	
19	桥下塅		勤下河	宁都县会同乡村下塅村	116°03'	26°33'	1.95	2.3	18.70	27	1979—2005	
20	坳下		正坑河	于都县罗坳乡坳下村	115°13'	25°58'	6.41	3.5	52.30	3	1982—1984	
21	长龙		茶园水	兴国县茶园乡洋池口村	115°14.3'	26°29'	102	26.0	10.10	14	1958—1965 1970—1975	
22	隆坪		隆坪水	兴国县隆坪乡隆坪村	115°14'	26°22'	12.8	6.9	26.20	24	1982—2005	
23	鼎龙		城冈水	兴国县鼎龙乡潭溪村	115°29'	26°27'	100	16.2	12.30	9	1976—1984	
24	南径		桃江	全南县南径乡罗田村	114°23'	24°41'	251	43.3	4.49	29	1977—2005	
25	杜头		大平江	龙南县程龙镇杜头村	114°38'	24°47'	435	57.0	3.72	48	1958—2005	
26	程龙		桃江	龙南县程龙乡蕉坑村	114°39'	24°50'	1424	98.0	1.84	4	1958—1961	
27	高陂坑		高陂坑水	信丰县极富乡石坑村	114°53'	25°10'	1.55	2.8	30.70	24	1982—2005	
28	下河	东江	古陂河	信丰县古坡乡下河村	115°07'	25°21'	659	53.0	1.80	3	1959—1961	
29	鹅公湾		鹅公湾水	赣县长洛乡鹅公湾村	115°06'	25°49'	9.08	5.8	32.60	9	1968—1976	
30	岗子上		寻乌水	寻乌县岗子上村	115°38'	24°52'	796	66.3	3.70	3	1959—1961	珠江流域
31	水背		寻乌水	寻乌县南桥乡水背村	115°41'	24°48'	987	85.9	2.55	6	1979—1984	珠江流域
32	龙塘		九曲河	定南县龙塘乡胜前村	115°12'	24°54'	684	68.6	3.57	31	1975—1984	珠江流域
33	胜前		九曲河	定南县龙塘镇胜前村	115°13'	24°52'	758	68.6	3.57	31	1975—2005	珠江流域

续表

序号	站名	水系	河名	地点	经纬度		集水面积 F/km²	河长 L/km	坡降 J/‰	资料年限	资料起讫年份	备注
					东经	北纬						
34	滩头		章水	大余县城郊乡滩头村	114°20′	25°24′	779	65.0	32.30	23	1957—1979	
35	樟斗		横江河	大余县樟斗乡下湾村	114°30′	25°33′	44.6	10.1	24.50	48	1958—2005	
36	扬眉		田水	崇义县扬眉乡华坪村	114°30′	25°40′	165	43.0	7.73	4	1958—1961	
37	茶滩		崇义水	崇义县黄水乡朱坑口村	114°20′	25°44′	414	57.0	5.41	30	1955—1984	
38	安和		寺下河	上犹县安和乡滩下村	114°31′	25°59′	246	41.2	5.80	30	1976—2005	
39	麻仔坝		营前水	上犹县营前乡庄前村	114°15′	25°55′	211	32.0	16.90	30	1955—1984	
40	陂上		桥头水	南康县朱坊乡陂上村	114°39′	25°47′	16.5	8.6	6.10	4	1973—1976	
41	麻桑	赣江	唐江水	南康县麻桑乡麻桑村	114°42′	25°59′	382	13.0	2.64	22	1958—1979	
42	东排		东排水	南康县麻桑乡东排村	114°41′	25°59′	13.6	5.0	32.90	6	1967—1972	
43	鹅科仔		鹅科仔水	南康县龙华乡高山村	114°39′	25°49′	8.2	5.4	23.50	4	1968—1971	
44	大斜		大斜水	南康县麻桑乡大斜村	114°42′	26°00′	3.44	3.4	66.00	5	1973—1977	
45	窑下坝		章水	南康市西华镇南水村	114°45′	25°39′	1935	139.0	1.22	49	1957—2005	
46	坳下坪		禾源水	遂川县禾源乡坳下坪村	114°26′	26°12′	105	17.8	20.50	32	1975—2005	
47	仙坑		仙溪水	遂川县珠田乡山坳村	114°28′	26°15′	18.1	9.0	21.00	28	1978—2005	
48	南溪		左溪	遂川县珠田乡梁头村	114°28′	26°16′	910	83.0	5.42	28	1957—1984	
49	滁洲		右溪	遂川县滁洲乡牛牯石村	114°08′	26°21′	289	43.0	15.20	48	1958—2005	
50	庄坑		庄坑水	遂川县滁洲乡上庄村	114°08′	26°25′	5.73	5.7	171.00	7	1968—1974	
51	行洲		左江	井冈山管理局利湖村	114°13′	26°31′	112	19.6	3.50	23	1971—1993	
52	林坑		蜀水	高陂镇林坑村	114°36′	26°40′	994	100.0	4.50	49	1957—2005	

续表

序号	站名	水系	河名	地点	经纬度 东经	经纬度 北纬	集水面积 F/km²	河长 L/km	坡降 J/‰	资料年限	资料起讫年份	备注
53	沙村	赣江	云亭水	泰和县高坡乡汇南村	115°05′	26°38′	126	30.4	13.20	14	1981—1994	
54	苑前		固陂水	泰和县苑前乡苑前村	115°10′	26°49′	86.3	33.0	9.76	3	1967—1969	
55	黄沙		富田水	吉安县东固乡茅段村	115°27′	26°44′	205	34.0	7.10	13	1972—1984	
56	东固		东固水	吉安县东固乡木江口村	115°24′	26°44′	93.1	17.3	23.40	9	1976—1984	
57	白云山（坝上）		富田水	吉安县富田乡白云山电站	115°19′	26°48′	464	58.0	3.80	9	1976—1984	
58	富田		富田水	吉安县富田乡富田镇	115°15′	26°49′	477	65.0	4.43	17	1958—1975	
59	伏龙口		沙溪水	永丰县下庄乡伏龙口村	115°39′	26°56′	146	28.6	12.60	16	1979—1994	
60	干坊		文江江	莲花县南岑乡干坊村	113°58′	27°12′	390	43.0	6.47	48	1958—2005	
61	茅坪		茅坪水	宁冈县茅坪乡茅坪村	114°03′	26°40′	24	7.9	49.10	17	1978—1994	
62	葛田		龙溪河	宁冈县葛田乡葛田村	113°55′	26°43′	113	19.0	21.80	3	1966—1968	
63	石口		小汇河	永新县三湾乡石口村	114°00′	26°49′	639	49.3	5.44	9	1971—1975 1978—1984	
64	远泉		远泉水	永新县在中乡远泉村	114°07′	26°55′	7	3.9	35.70	8	1979—1986	
65	桥边		龙陂河	吉安县浦江乡桥边村	114°40′	26°58′	196	27.0	5.36	3	1959—1961	
66	白马洲		六八河	泰和县桥头乡白马洲村	115°36′	26°46′	446	78.0	4.12	9	1976—1984	
67	杨陂山		牛吼江	泰和县禾市乡杨陂山村	114°41′	26°49′	968	92.0	3.60	3	1960—1962	1957年设站
68	朗石		田心水	吉安县永阳乡朗石村	114°48′	26°58′	83.1	17.0	1.61	8	1969—1976	
69	坪下		泸水	安福县钱山乡坪下村	114°11′	27°20′	199	34.4	9.40	9	1976—1984	
70	社上		泸水	安福县南沙乡坡下村	114°19′	27°24′	430	49.0	5.88	4	1958—1961	

续表

序号	水系	河名	站名	地点	经纬度		集水面积 F/km²	河长 L/km	坡降 J/‰	资料年限	资料起讫年份	备注
					东经	北纬						
71		东谷水	东谷	安福县横水镇东谷村	114°31′	27°26′	350	51.4	7.94	7	1978—1984	
72		泸河	彭坊	吉安县彭坊镇甫洲村	114°20′	27°14′	122	34.1	7.60	28	1978—2005	又名甫洲
73		罗湖水	毛背	吉州区兴桥镇毛背村	114°56′	27°08′	39.3	12.3	2.14	31	1975—2005	
74		澄溪水	寨头	乐安县增田乡寨头村	115°46′	27°20′	230	34.0	4.14	49	1957—2005	
75		藤田水	洪家园	永丰县八江乡洪家园村	115°22′	27°08′	668	78.0	2.07	5	1958—1962	
76		杏头水	杏头	吉水县乌江镇杏头村	115°18′	27°17′	5.80	4.0	29.70	27	1979—2005	
77		胡家水	胡家	吉水县乌江乡胡家村	115°15′	27°15′	5.48	3.44	168.00	3	1970—1971	
78	赣江	同江	鹤州	吉安县盘田乡下江边村	114°49′	27°27′	374	19.6	3.50	48	1958—2005	
79		沂水	马埠	峡江县马埠乡陈家村	115°24′	27°34′	487	65.1	1.30	8	1977—1984	
80		石洞水	良田	峡江县罗田乡良田村	115°01′	27°32′	44.5	15.4	8.60	5	1975—1979	
81		孤江	白沙	吉水县白沙镇白沙街	115°25′	26°57′	1690	105.0	1.45	28	1978—2005	2000年前为木口站
82		袁水	芦溪	芦溪县芦溪镇蕉棚村	114°02′	27°38′	331	34.0	10.60	49	1957—2005	
83		白沙水	神山	喻水区珠珊乡林场	114°57′	27°44′	36	11.7	34.80	29	1977—2005	
84		苑水	苑坑	分宜县苑坑乡新村	114°44′	27°39′	33.1	9.96	8.20	28	1978—2005	
85		南庙河	土库	袁州区南庙镇土库村	114°24′	27°45′	154	30.9	10.60	27	1979—2005	
86		严岭水	辽下	袁州区柏木乡辽下村	114°25′	28°02′	13.2	5.63	32.00	25	1981—2005	
87		柴田水	跳石埠	万载县珠潭乡跳石埠村	114°14′	28°06′	58.3	15.5	16.90	27	1979—2005	
88		万载河	石桥	万载县株潭乡石桥村	114°06′	28°02′	106	21.5	51.80	10	1967—1976	
89		谷源水	晏坊	万载县高城乡晏坊村	114°22′	28°05′	33.1	11.1	20.50	7	1969—1975	

续表

序号	站名	水系	河名	地点	经纬度 东经	经纬度 北纬	集水面积 F/km²	河长 L/km	坡降 J/‰	资料年限	资料起讫年份	备注
90	危坊		万载河	万载县康乐镇联和村	114°24′	28°08′	991	74.0	4.31	49	1957—2005	
91	石市		万载河	宜丰县石市镇	114°47′	28°16′	2807	124.0	1.98	50	1956—2005	1998年前为牛头山站
92	直源		直源水	宜丰县黄冈乡直源村	114°31′	28°24′	39.8	16.0	33.70	9	1967—1974	
93	洞上		直源水	宜丰县港口乡罩前村	114°29′	28°25′	35.1	12.6	26.60	9	1976—1984	1976年前为直源资料
94	黄冈	赣江	长磷港	宜丰县黄冈乡红桥村	114°33′	28°28′	141	21.0	10.80	3	1967—1969	
95	石陂		院前水	宜丰县桥西乡湾溪村	114°41′	28°26′	53.1	15.0	28.00	6	1967—1972	
96	跃进		宜丰河	宜丰县院前乡跃进村	114°42′	28°35′	46.4	12.0	41.60	4	1967—1970	
97	宜丰		宜丰河	宜丰县新昌镇北门	114°46′	28°24′	519	48.0	4.28	49	1957—2005	
98	藤桥		宜丰河	宜丰县天宝乡藤桥村	114°47′	28°30′	303	307.0	9.67	14	1981—1995	
99	花桥		棠浦港	宜丰县花桥乡花桥村	114°57′	28°32′	152	20.0	5.07	2	1967—1968	
100	白竹山		林竹水	宜丰县劳溪镇白竹山村	114°39′	28°19′	4.14	3.3	7.90	24	1982—2005	
101	东坑		盱江	广昌县杨溪乡绳口下	116°23′	26°39′	192	34.0	5.53	36	1970—2005	
102	沙子岭		盱江	广昌县盱江镇沙子岭	116°20′	26°53′	1225	68.0	2.70	54	1952—2005	
103	双田	抚河	九剧水	南丰县双田镇龙均村	116°35′	27°07′	261	32.0	4.58	48	1958—2005	
104	姑山		莲云水	南城县常青乡余家源村	116°32′	27°32′	4.59	4.78	78.90	1	1967	
105	黎川		黎滩河	黎川县城关镇	116°54′	27°18′	618	36.0	8.14	26	1959—1984	
106	芦油		资福水	黎川县甫口乡长溢洲林场	116°58′	27°24′	288	42.0	6.24	3	1969—1971	
107	演口		演口水	宜黄县东风乡演口村	116°19′	27°23′	28.7	15.0	64.00	1	1967	

续表

序号	站名	水系	河名	地点	经纬度		集水面积 F/km²	河长 L/km	坡降 J/‰	资料年限	资料起讫年份	备注
					东经	北纬						
108	新斜		曹水	宜黄县凤冈镇新亭下面村	116°11′	27°33′	96.4	23.3	8.21	40	1966—2005	
109	上岭		上岭水	宜黄县梨溪乡上岭村	116°20′	27°35′	1.4	1.27	82.90	27	1979—2005	
110	桃陂		宜黄水	宜黄县桃陂乡桃陂村	116°16′	27°37′	1611	104.0	1.66	48	1958—2005	
111	枥树下	抚河	延桥水	金溪县琉璃乡枥树下村	116°30′	28°03′	436	47.0	0.90	2	1958—1959	
112	马圩		延桥水	东乡县马圩镇上车村	116°27′	28°07′	583	60.2	0.422	28	1978—2005	
113	石黄		石黄水	南城县寻溪乡石黄村	116°46′	27°34′	21.7	8.37	15.52	21	1985—2005	
114	芜头		宝塘水	乐安县公溪镇芜头村	115°42′	27°37′	623	46.0	1.31	49	1957—2005	
115	马口		相水	崇仁县桃源乡下源口	116°02′	27°36′	459	71.0	3.97	39	1967—2005	
116	黄口		金沙溪	玉山县端明乡黄口村	118°15′	28°49′	324	46.0	5.80	2	1957—1958	
117	峡口		玉琊溪	玉山县横街乡峡口村	118°09′	28°46′	354	51.0	4.60	11	1959—1961 1976—1984	
118	朱坞		朱坞溪	广丰县塘墅乡朱坞村	118°13′	28°25′	2.35	2.23	28.00	6	1979—1984	
119	项源		葛溪	铅山县杨树公乡杨家排村	117°42′	28°06′	41.9	12.0	38.50	16	1969—1984	
120	铁路坪	信江	含珠溪	铅山县湛东乡铁路坪村	117°40′	28°08′	311	54.0	9.65	47	1959—2005	
121	乐家		双港河	弋阳县双港乡乐家村	117°26′	28°10′	56.3	15.7	23.00	6	1979—1984	
122	横峰		东门溪	横峰县城阳镇小东门	117°37′	28°26′	0.75	1.5	144.00	8	1980—1987	
123	龙潭桥		葛溪水	横峰县青板乡龙潭桥村	117°32′	28°32′	209	37.0	4.70	20	1959—1978	
124	薛家洲		罗塘水	贵溪县大坑乡薛家洲村	117°13′	28°02′	313	43.0	7.60	3	1959—1961	
125	柏泉		泸溪	资溪县饶桥镇柏泉村	117°07′	27°49′	562	52.0	5.79	48	1958—2005	
126	上饶		玉山水	上饶市东市沿河南路	117°58′	28°27′	2735	110.0	1.59	50	1956—2005	

续表

序号	站名	水系	河名	地点	经纬度 东经	经纬度 北纬	集水面积 F/km²	河长 L/km	坡降 J/‰	资料年限	资料起讫年份	备注
127	大坳		石溪水	上饶市上泸乡占家村	117°58'	28°12'	390	38.0	36.3	28	1978—2005	
128	上流	信江	玉琊溪	玉山县南山乡上流村	118°03'	28°48'	171	25.8	17.03	13	1993—2005	
129	圳上		白塔河	贵溪县耳口乡糯米石村	117°08'	28°00'	1280	80.0	4.63	23	1983—2005	
130	早龙源		早龙源溪	余干县梅港乡内早龙源村	116°45'	28°26'	1.29	1.9	33.00	3	1982—1984	
131	夏田		夏田河	景德镇市兴田乡夏田村	117°23'	29°40'	50	21.0	7.19	3	1966—1968	
132	楠木田		小北港	景德镇市九头山垦殖场楠木田村	117°16'	29°45'	286	36.0	5.28	3	1959—1961	
133	凤坑		凤坑水	景德镇市瑶里乡凤坑村	117°34'	29°33'	23.8	8.98	31.50	4	1974—1977	
134	深渡		东河	景德镇市庄湾乡深渡村	117°23'	29°27'	464	48.0	3.39	48	1958—2005	
135	竹岭		马家水	景德镇市庄湾乡施家村	117°23'	29°30'	20.1	9.6	21.40	24	1982—2005	
136	荷塘	饶河	荷塘水	波阳县荷塘乡路边村	117°08'	29°10'	16.3	5.35	18.10	28	1978—2005	
137	西山月		言坑水	婺源县江湾乡汪口村	117°59'	29°21'	3.92	5.0	13.90	8	1977—1984	
138	汪口		段莘水	婺源县江湾乡汪口村	117°59'	29°21'	588	49.0	4.25	40	1966—2005	
139	银山		泊水	德兴市银城镇	117°36'	28°56'	469	54.0	3.40	40	1966—2005	又名竹鸡笼
140	炉里		长乐水	德兴县绕二乡王炉里村	117°40'	28°49'	19	7.3	34.00	2	1967—1968	
141	潽泽		长乐水	德兴县界田乡潽泽村	117°33'	28°50'	389	47.0	7.38	8	1959—1966	
142	老虎山		泊水	德兴县龙头山乡王桕林村	117°52'	28°54'	93.7	15.0	37.70	13	1982—1994	
143	大林		大林水	德兴县花桥乡直源村	117°47'	28°58'	2.03	3.02	50.80	13	1982—1994	
144	直源		焦坑水	德兴县花桥乡直源村	117°47'	28°58'	9.2	4.72	24.70	24	1982—2005	

续表

序号	站名	水系	河名	地点	经纬度		集水面积 F /km²	河长 L /km	坡降 J /‰	资料年限	资料起讫年份	备注
					东经	北纬						
145	三都	饶河	婺源江	婺源县紫阳镇	117°51′	29°16′	1415	77.0	1.70	41	1965—2005	
146	朗口		泊水	德兴市龙头山乡朗口村	117°48′	28°56′	275	27.2	1.70	23	1983—2005	
147	庵堂		泊水	玉山县怀玉山乡庵堂村	117°55′	28°53′	27.1	9.3	95.30	15	1984—1998	
148	源口		昌江	浮梁县兴田乡潭口村	117°23′	29°41′	1760	101.0	11.30	50	1956—2005	
149	蛟潭		建溪水	浮梁县蛟潭镇蛟潭村	117°13′	29°33′	115	24.0	4.60	24	1982—2005	
150	杨树坪	修水	磜口水	修水县莲花乡	114°12′	29°03′	342	48.0	4.43	48	1958—2005	
151	高沙源		高沙源水	修水县大坪乡陈家村	114°28′	29°00′	39.6	16.0	21.60	10	1966—1975	
152	排埠		铜排水	铜鼓县排埠乡金家村	114°15′	28°27′	58	10.0	43.00	12	1958—1979	
153	铜鼓		铜排水	铜鼓县丰田乡杨村	114°22′	28°31′	191	29.3	7.74	25	1981—2005	1981年前为江头
154	洞口		石桥水	铜鼓县石桥乡中溪村	114°18′	28°31′	25	9.3	20.90	16	1957—1961 1966—1976	
155	江头		武宁水	铜鼓县二源乡江头村	114°25′	28°33′	346	36.0	5.80	22	1959—1979	
156	湘竹		安溪水	修水县夏坑乡湘竹村	114°38′	28°58′	421	50.0	6.79	4	1958—1961	
157	大坑		大坑水	修水县南岭乡大坑村	114°34′	29°04′	9.4	5.7	21.60	22	1966—1987	
158	先锋		武宁水	修水县义宁镇任家铺村	114°31′	28°59′	1764	127.0	1.60	50	1956—2005	
159	罗溪		罗溪水	武宁县罗溪乡罗溪镇	114°59′	29°06′	253	42.0	12.20	43	1963—2005	
160	王坑		王坑水	武宁县宋溪乡王坑村	115°07′	29°20′	0.78	1.53	120.00	7	1979—1985	
161	爆竹铺		东山水	武宁县宋溪乡	115°03′	29°19′	7.9	4.8	42.00	23	1983—2005	

续表

序号	站名	水系	河名	地点	经纬度 东经	经纬度 北纬	集水面积 F /km²	河长 L /km	坡降 J /‰	资料年限	资料起讫年份	备注
162	牛头坳		巾口水	武宁县巾口乡邓坪村	115°14′	29°19′	549	42.0	2.16	2	1957—1968	
163	沙下畈	修水	易家河	永修县云山垦殖场松山公场高山村	115°31′	29°11′	3.39	2.61	1.42	11	1967—1977	
164	晋坪		南潦水	奉新县上富镇晋坪村	114°58′	28°41′	304	35.0	10.50	40	1966—2005	
165	洋湖		大港水	奉新县上富乡洋湖村	114°58′	28°39′	19	6.5	48.40	19	1976—1994	
166	水汾		宋堡水	靖安县水口乡水汾村	115°14′	28°52′	22.1	11.0	52.30	28	1967—1994	
167	贵州		北潦水	靖安县来堡乡香田村	115°19′	28°53′	508	86.0	5.17	18	1958—1975	
168	马脑背		曹仙水	靖安县双溪镇马脑背村	115°20′	28°53′	5.34	4.1	55.00	27	1979—2005	
169	石门街		西河	波阳县石门街	116°46′	29°34′	841	69.4	1.64	47	1959—2005	
170	渡桥		芗水	清江县芗溪乡渡桥杨村	115°36′	28°01′	133	28.9	5.70	2	1957—1958	
171	泱溪桥		丰水	丰城县老圩乡港田村	115°42′	28°02′	472	53.0	35.80	5	1957—1961	
172	邓埠	鄱阳湖滨湖区	沙港	新建县流湖乡金家村	115°41′	28°30′	183	27.0	3.88	3	1957—1959	
173	岗前		清丰水	南昌县广福乡吴石村	115°58′	28°21′	2313	115.4	3.39	18	1988—2005	
174	南山		南山河	永修县南山共大	115°49′	29°01′	1.15	1.82	8.59	6	1979—1984	
175	梓坊		博阳河	德安县聂桥镇	115°40′	29°22′	626	62.0	1.61	49	1957—2005	
176	铺头		长河	瑞昌市高丰镇	115°29′	29°38′	185	35.7	4.06	32	1959—1961 1977—2005	
177	彭冲涧		彭冲涧水	都昌县武山林场	116°27′	29°32′	2.9	3.5	38.90	24	1982—2005	

附表 1−2　　　　　江西省河道水文（水位）站洪旱特征信息表

序号	站名	县、市	河名	警戒水位/m	实测最高水位/m	实测最高水位出现时间/(年.月.日)	历史最低水位/m	历史最低水位出现时间/(年.月.日)
1	栋背	万安	赣江	68.30	71.43	1964.6.17	61.27	2004.12.15
2	泰和	泰和	赣江	61.00	63.95	1964.6.17	52.48	2020.2.25
3	吉安	吉安	赣江	50.50	54.05	1962.6.29	41.88	2008.12.5
4	峡江（二）	峡江	赣江	41.50	44.57	1962.6.29	33.40	2022.1.9
5	新干	新干	赣江	37.50	39.81	1968.6.26	27.75	2019.10.23
6	樟树	樟树	赣江	33.00	34.72	1982.6.19	18.05	2018.11.10
7	丰城	丰城	赣江	29.60	31.56	1982.6.20	13.96	2018.11.11
8	市汊	南昌	赣江	26.00	28.34	1982.6.20	11.19	2019.12.3
9	外洲	南昌市	赣江	23.50	25.60	1982.6.20	11.10	2019.12.12
10	南昌	南昌市	赣江	23.00	24.80	1982.6.20	10.97	2019.12.17
11	瑞金	瑞金	赣江-贡水	192.00	195.18	1962.6.30	187.15	2021.4.10
12	葫芦阁	会昌	赣江-贡水	140.00	144.44	1964.6.15	135.09	2010.11.19
13	峡山	于都	赣江-贡水	109.00	113.76	1964.6.16	102.15	1972.3.31
	峡山（二）	于都	赣江-贡水	108.00	109.98	2015.5.21	98.58	2021.11.28
14	赣州	赣州	赣江-贡水	99.00	103.29	1964.6.16	90.68	2021.4.24
15	筠门岭	会昌	湘水	209.00	211.00	2004.7.8	206.87	1999.1.9
16	麻州	会昌	贡水-湘水	95.50	97.99	1978.7.31	88.93	2020.7.25
17	羊信江	安远	贡水-濂水	197.50	200.55	1961.8.27	193.41	2010.9.10
18	宁都	宁都	贡水-梅川	186.00	189.26	1984.6.1	182.34	2013.11.11
19	汾坑	于都	贡水-梅川	130.00	134.50	2015.5.20	123.62	2021.4.2
20	石城	石城	贡水-琴江	225.50	228.62	1997.6.9	220.09	2021.10.6
21	翰林桥	赣县	贡水-平江	112.00	115.06	1956.6.17	107.26	2021.10.21
22	南迳	全南	桃江	301.30	303.56	2019.6.10	297.66	2017.12.24
23	信丰（二）	信丰	赣江-桃江	147.00	147.92	2016.3.21	140.91	2018.5.4
24	茶芜	信丰	赣江-桃江	143.00	144.52	2006.7.28	135.96	2009.11.1
25	居龙滩	赣县	赣江-桃江	109.00	112.75	1964.6.16	102.20	2021.11.24
26	杜头	龙南	太平江	93.00	97.71	2019.6.10	89.41	2018.2.17
27	窑下坝	南康	赣江-章水	119.00	121.53	2009.7.4	114.35	2002.1.14
28	坝上	赣州	赣江-章水	99.00	103.83	1961.6.13	93.82	2004.1.28
29	樟斗	大余	横江	94.00	95.09	2009.7.3	92.70	1985.1.19
30	田头	南康	章水-上犹江	116.50	120.32	1961.6.12	110.53	2015.2.23
31	安和	上犹	寺下河	252.50	255.53	2006.7.26	249.77	2021.11.9

续表

序号	站名	县、市	河名	警戒水位/m	实测最高水位/m	实测最高水位出现时间/(年.月.日)	历史最低水位/m	历史最低水位出现时间/(年.月.日)
32	遂川	遂川	赣江-遂川江	99.00	101.45	1991.9.8	94.21	2015.11.7
33	滁洲	遂川	赣江-遂川江	27.00	29.06	2001.7.7	23.63	2019.12.12
34	林坑	万安	赣江-蜀水	86.50	90.95	2018.6.8	82.80	2018.2.28
35	白沙	吉水	赣江-孤江	88.00	90.44	2002.6.16	81.82	2018.1.24
36	永新	永新	赣江-禾水	112.50	115.21	1982.6.17	107.40	2019.10.23
37	上沙兰	吉安	赣江-禾水	59.50	62.58	1982.6.18	54.68	2020.1.21
38	赛塘（二）	吉安	赣江-泸水	65.00	68.15	1962.6.28	59.57	2019.12.13
39	牛田	抚州	赣江-乌江	95.00	96.82	2010.6.20	89.49	2021.10.9
40	新田（二）	吉水	赣江-乌江	53.50	56.69	2010.6.21	47.57	2019.11.21
41	寨头	乐安	南村水		89.89	1998.6.22	83.23	1967.9.15
42	鹤洲	吉安	赣江-同江	47.50	49.37	1962.6.19	44.13	1963.9.12
43	芦溪	萍乡	袁水	134.00	134.78	1970.5.8	130.15	1974.6.8
44	宜春	宜春	赣江-袁河	88.00	90.51	1995.6.26	83.95	2017.8.3
45	新余	新余	赣江-袁河	45.00	47.00	2019.7.10	38.61	2003.4.1
46	洛湖	樟树	赣江-袁河	34.10	36.56	1982.6.19	27.12	2021.11.12
47	泉港闸外	丰城	赣江	32.00	33.68	1982.6.19	16.55	2018.11.10
48	小港口闸外	丰城	赣江	27.50	30.56	1982.6.20	11.98	2021.1.20
49	上高	上高	赣江-锦江	48.50	50.72	1954.7.26	41.43	2013.10.16
50	高安	高安	赣江-锦江	31.00	33.40	1993.7.6	21.95	2021.11.15
51	松湖街	新建	赣江-锦江	26.50	28.91	1993.7.6	18.37	2021.2.9
52	危坊	万载	赣江-锦江	76.00	78.57	1969.6.26	71.95	2007.8.12
53	石市	宜丰	赣江-锦江	53.00	54.59	1958.5.10	47.23	2021.10.14
54	宜丰	宜丰	赣江-锦江	66.50	69.37	1973.6.24	63.44	1960.3.13
55	廖家湾	临川	抚河	41.30	42.78	1982.6.18	34.18	2019.12.12
56	李家渡	进贤	抚河	30.50	33.08	1998.6.23	20.81	2021.12.21
57	温家圳	进贤	抚河	27.50	29.68	1968.7.9	17.09	2018.11.9
58	沙子岭	广昌	抚河-盱江	123.00	125.82	2002.6.16	117.15	2021.9.16
59	南丰	南丰	抚河-盱江	78.50	81.98	2002.6.16	73.45	2019.12.2
60	南城	南城	抚河-盱江	67.50	70.76	2002.6.17	62.49	2021.1.26
61	双田	南丰	九剧水	113.00	114.64	2002.6.16	109.66	1963.9.11
62	双田	南丰	九剧水	108.50	108.75	2019.7.7	105.52	2021.3.30

序号	站名	县、市	河名	警戒水位/m	实测最高水位/m	实测最高水位出现时间/(年.月.日)	历史最低水位/m	历史最低水位出现时间/(年.月.日)
63	娄家村	抚州	抚河-临水	38.80	41.51	2010.6.21	32.40	2021.10.3
64	桃陂	宜黄	抚河-临水	69.50	71.62	2010.6.21	65.45	2019.12.17
65	芜头	乐安	抚河-临水	87.00	90.99	1969.6.30	河干	1963.9.10
66	公溪	乐安	抚河-临水	82.50	84.58	2020.7.10	77.76	2019.11.26
67	崇仁	崇仁	抚河-临水	54.00	56.88	1969.7.1	48.99	2013.8.12
68	马口	崇仁	抚河-临水	79.00	81.91	1969.6.30	74.36	1993.10.6
69	上饶	上饶	信江	66.00	69.39	1955.6.20	60.22	2011.11.24
70	河口	铅山	信江	52.00	55.08	1955.6.20	43.62	2017.9.24
71	弋阳	弋阳	信江	44.00	47.93	1955.6.20	36.38	2015.1.24
72	贵溪	贵溪	信江	34.00	38.38	1998.6.16	27.35	2008.9.29
73	鹰潭	鹰潭	信江	30.00	33.99	1998.6.23	21.36	2011.5.18
74	梅港	余干	信江	26.00	29.84	1998.6.23	15.78	2019.12.9
75	大溪渡	余干	信江	23.50	26.72	1998.6.23	13.86	2019.12.10
76	玉山	玉山	信江	78.00	80.17	1998.7.24	73.69	2003.11.1
77	广丰	广丰	信江	92.00	93.83	1997.7.9	86.9	2013.10.18
78	铁路坪	铅山	含珠水		61.76	1992.7.4	57.2	2013.12.12
79	耙石	余江	信江-白塔河	31.00	35.23	2010.6.20	25.91	1957.9.14
80	柏泉	资溪	信江-白塔河	158.00	161.10	2010.6.19	154.74	1965.1.31
81	潭口	景德镇	饶河-昌江	58.00	62.94	1996.7.1	49.35	2019.10.23
82	樟树坑	景德镇	饶河-昌江	34.50	42.53	1998.6.26	27.03	2012.1.13
83	渡峰坑	景德镇	饶河-昌江	28.50	34.27	1998.6.26	20.83	1958.8.23
84	古县渡	波阳	饶河-昌江	19.50	23.43	2020.7.9	12.34	2019.11.24
85	波阳	波阳	饶河	19.50	22.75	2020.7.12	12.58	2019.11.26
86	香屯	德兴	饶河-乐安河	38.00	43.56	2011.6.15	30.29	2021.12.23
87	虎山	乐平	饶河-乐安河	26.00	31.18	2011.6.16	18.24	2019.11.16
88	石镇街	万年	饶河-乐安河	20.00	23.53	1998.7.24	12.42	2019.11.26
89	婺源	婺源	饶河-乐安河	58.00	64.54	2017.6.24	52.33	2009.2.9
90	汪口	婺源	段莘水		76.26	2017.6.24	67.64	2013.10.26
91	德兴	德兴	泊水		57.74	1966.7.8	50.70	2021.1.22
92	高沙	修水	修河		99.00	1973.6.25	84.80	1968.9.8
93	渣津	修水	修河-渣津水	125.00	126.67	2011.6.10	120.15	2021.12.11

序号	站名	县、市	河名	警戒水位/m	实测最高水位/m	实测最高水位出现时间/（年.月.日）	历史最低水位/m	历史最低水位出现时间/（年.月.日）
94	虬津	永修	修河	20.50	25.29	1993.7.5	15.31	2019.12.8
95	永修	永修	修河	20.00	23.63	2020.7.11	13.60	2019.12.14
96	铜鼓	铜鼓	铜排水	228.50	231.26	1983.7.9	河干	2011.6.27
97	万家埠	安义	修河-潦河	27.00	29.68	2005.9.4	19.30	2017.12.9
98	晋坪	奉新	南潦水	47.50	49.70	1973.6.24	42.98	2016.1.7
99	奉新	奉新	修河-南潦河	25.00	27.93	1977.6.15	21.19	2021.11.18
100	靖安	靖安	修河-北潦河	61.10	62.73	1977.6.15	57.57	2014.11.4
101	星子	星子	湖口水道	19.00	22.63	2020.7.12	7.11	2004.2.4
102	都昌	都昌	鄱阳湖	19.00	22.43	1998.8.2	7.46	2014.2.1
103	石门街	波阳	鄱阳湖		30.58	2020.7.8	20.91	1971.9.4
104	康山	余干	鄱阳湖	19.50	22.51	2020.7.12	11.73	2019.12.18
105	三阳	进贤	鄱阳湖	21.00	23.32	2020.7.11	14.73	1971.8.3
106	岗前	南昌	清丰山	25.30	25.24	1994.6.17	19.31	2020.11.15
107	滁槎	南昌	赣江	21.50	23.89	2020.7.11	11.13	2019.12.18
108	楼前	南昌	鄱阳湖	20.50	23.20	2020.7.11	12.10	2019.10.9
109	昌邑	新建	赣江	20.00	22.66	2020.7.12	9.37	2019.12.12
110	吴城	永修	赣江	19.50	22.99	2020.7.12	8.56	2019.12.13
111	先锋	永修	修河	98.50	105.08	1973.6.25	94.35	2014.4.24
112	泉港内	丰城	赣江	31.00	32.26	1968.7.11	22.01	1971.10.2
113	梓坊	德安	博阳河	26.00	30.60	1998.6.27	21.74	1970.8.12
部分长江干流水文（水位）站洪旱灾害特征信息								
114	宜昌	湖北	长江	53.00	55.92	1896.9.4	38.07	2003.2.9
115	螺山	洪湖	长江	32.00	34.95	1998.8.20	15.56	1960.2.16
116	汉口	湖北	长江	27.30	29.73	1954.8.18	10.08	1865.2.4
117	黄石港	湖北	长江	24.50	26.39	1954.8.19	8.68	1961.2.4
118	武穴	湖北	长江	21.50	24.04	1998.8.2	7.95	1961.2.3
119	九江	九江	长江	20.00	23.03	1998.8.2	6.48	1901.3.19
120	湖口	湖口	长江	19.50	22.59	1998.7.31	5.90	1963.2.6
121	大通	安徽	长江	14.40	16.64	1954.8.1	3.14	1961.2.3
122	汉川	湖北	汉江	29.00	32.09	1998.8.18	16.85	1967.2.6

附表 1-3

江西省大型及省调水库特征信息表

序号	水库名称	所在地	所在河流	集雨面积/km²	总库容/万 m³	主坝类型	坝顶高程/m	最大坝高/m	校核水位/m	设计水位/m	正常蓄水位/m	死水位/m	主汛期汛限水位/m	后汛期汛限水位/m	历史最高洪水/m	发生时间/(年.月.日)
1	柘林	永修县	修河	9340	792000	心墙土坝	73.5	63.5	73.01	70.13	65	50	63.5	65	67.97	1998.7.31
2	万安	万安县	赣江	36900	221600	混凝土重力坝	104	46	100.7	100	96	85	85~88	93.5~96	96.09	2010.6.26
3	井冈山航电枢纽	万安县	赣江	40481	27890	混凝土重力坝	74	39.7	69.54	68.28	67.5	67.1	66~67	66~67.5	—	—
4	新干航电枢纽	新干县	赣江	64776	50000	混凝土重力坝	42	29	37.59	36.57	32.5	32	31~32.5	31~32.5	—	—
5	洪门	南城县	黎滩河	2376	121400	黏土心墙风化土料壳坝	107.5	38.7	107.2	103.52	100	92	99	99.5~100	100.34	1995.8.14
6	江口	仙女湖区	袁河	3900	89000	均质土坝	78.36	33.36	76.0	74.4	72	65.7	68.5	69.5~70	71.85	1982.6.19
7	廖坊	临川区	抚河	7060	43200	混凝土重力坝	70.5	41.5	68.44	67.94	65	61	61	61.5~62.5	65.03	2010.6.23
8	石虎塘	泰和县	赣江	43770	74300	混凝土重力坝	66	25	61.03	59.48	56.5	56.2	54.5~56.5	54.5~56.5	57.05	2015.1.21
9	峡江	峡江县	赣江	62710	118700	混凝土重力坝	51.2	22.1	49	49	46	44	43.5~44.5	43.5~45	46	2015.11.18
10	大坳	铜鼓县	修河武宁水	610.45	11800	重力坝	215.2	43.4	214.38	212.66	212	197	209	210	211.52	2016.7.4
11	斗晏	寻乌县	寻乌水	1714	9820	面板堆石坝	218	53	217.83	213.64	213	194	213	213	213.08	2002.8.16
12	罗湾	靖安县	修水北潦	162.1	7700	混凝土重力坝	372.2	47.2	369.82	369.24	369	350	368~369	369	369.15	2014.7.30
13	小湾	靖安县	修水北潦	496	4770	浆砌石重力坝	121.15	40.65	121.15	120	120	102	118	119.5	120.3	1996.8.5
14	返步桥	永丰县	中和河	114	2029	浆砌石重力	348.2	60	345.04	344.2	344.2	319.45	343.2~343.7	343.2~344.2	345.07	1992.7.5
15	洪屏(上库)	靖安县	修河北潦	6.67	2960	混凝土重力坝	737.5	42.5	735.45	734.78	733	716	733	733	732.74	2018.11.23
16	洪屏(下库)	靖安县	修水北潦	420	6163	碾压混凝土重力坝	185.5	74.5	184.11	183.29	181	163	177.5	177.5	180.89	2018.1.8
17	东津	修水县	修河	1080	79500	钢筋混凝土面板堆石坝	200.5	85.5	200.16	194.29	190	165	190	190	191.74	2017.7.1
18	大坳	上饶县	信江石溪水	390	27570	面板堆石坝	221.2	90.2	220.52	217.85	217	197	216.2	217	217.21	2002.11.15
19	七一	玉山县	信江玉山水	324	22800	大体积混凝土心墙	101	53.1	96.62	95.21	94	78	93	94	95.78	1996.7.11
20	军民	鄱阳县	潼津河北支	133	18940	均质土坝	89.6	39	86.49	85.17	82.15	57	81	82	83.76	2016.7.5

续表

序号	水库名称	所在地	所在河流	集雨面积/km²	总库容/万 m³	主坝类型	坝顶高程/m	最大坝高/m	校核水位/m	设计水位/m	正常蓄水位/m	死水位/m	主汛期汛限水位/m	后汛期汛限水位/m	历史最高洪水/m	发生时间/(年.月.日)
21	滨田	鄱阳县	昌江滨田河	72.6	11000	均质土坝	53.2	26	51.16	50.59	48.54	37.44	48.04	48.54	48.9	2016.6.21
22	伦潭	铅山县	信江铅山河杨林水	242	17980	碾压混凝土双曲拱坝	257.4	90.4	256.45	254.72	252	230	249	250	251.66	2019.7.10
23	飞剑潭	袁州区	赣江袁河	79.3	10066	均质土坝	184	33.22	182.28	180.92	180	164	177	178	179.33	1973.7.20
24	紫云山	丰城市	赣江清丰山溪丰水	77.04	12000	混凝土心墙坝	88	25.5	85.02	83.92	82	67	80	82	83.19	1973.7.19
25	潘桥	丰城市	赣江清丰山溪秀水	72.9	10360	混凝土心墙坝	76.87	30	71.92	70.69	69	54	69	69	70.9	1973.6.25
26	上游	高安市	赣江锦河	140	18300	均质土坝	88.4	28.2	86.24	84.86	83	71	82.5	82.8	83.25	1998.7.30
27	白云山	青原区	富田水	464	10769	浆砌块石重力坝	186.5	49.3	182.82	181.14	180.0	162	179.5	180	181.39	2002.7.1
28	社上	安福县	泸水	427	17070	斜墙土坝	176.65	40.2	173.85	172.75	172.0	155	171.0~171.5	171.5~172.0	172.52	2019.7.9
29	老营盘	泰和县	云亭河	172	10160	土石混合坝	166.2	51.2	163.35	160.54	158	141.4	157.5	158	160.49	1999.9.5
30	东谷	安福县	泸水	345	12140	心墙土坝	149.8	67.8	149.19	148	148	130	146.5~147	147.5~148	148.4	2019.6.10
31	南车	泰和县	六八河	459	15380	混凝土面板堆石坝	165	60	163.13	160.74	160	142	159.5	160	160.49	2002.8.20
32	油罗口	大余县	章江	557	11000	混凝土双曲薄拱坝	226	36.26	223.53	222.59	220	209	218~219.00	219.0~220.00	220.75	2002.10.30
33	长冈	兴国县	激水	848.5	36500	浆砌石重力坝	196.6	50.5	195.19	193.16	190	180	190	190	191.56	2016.7.18
34	上犹江	上犹县	上犹江	2750	82200	混凝土重力坝	202.5	67.5	200.6	199	198.4	181	195.5	197.70~198.4	200.26	1970.10.21
35	龙潭	上犹县	上犹江	150	11526	均质土坝	485	90	483.86	482.86	482	440	481.5	482	482.11	1997.8.26
36	团结	宁都县	梅江	412	14570	黏土心墙砂砾壳坝	248	28	245.53	244.29	242	235.6	240	240	243.51	1992.7.6
37	跃洲	于都县	贡江	14978	17300	混凝土重力坝	126.7	22.5	124.67	122.72	117.8	117.3	117.8	117.8	119.65	2015.5.21
38	共产主义	乐平市	乐安河车溪水	155	14370	心墙斜墙组合坝	82.4	34.2	80.18	78.52	75.3	64.5	75.3	75.3	76.79	1993.7.5
39	山口岩	芦溪县	袁河	230	10480	碾压混凝土双曲拱坝	247.6	99.1	246.72	246.2	244	221	243	244	245.47	2019.7.9
40	浯溪口	浮梁县	昌江	2915	47470	混凝土重力坝	65.5	46.8	64.30	62.30	56.0	45.0	50	56	60.18	2020.7.9

附表 1-4　　　　　　　　　　　江西省重点堤防特征信息表

序号	圩堤名称			保护农田/万亩	所在河流	所属行政区		现有堤顶高程/m		参证站及特征水位/m		
								最低	最高	站名	警戒水位	保证水位
1	赣抚大堤	赣东大堤	赣东	116.00	赣江	新干县		39.44	41.02	新干	37.50	40.52
						樟树市		36.57	39.58	樟树	33.00	35.52
						丰城市		32.10	36.10	丰城	29.60	32.23
						南昌市	南昌县	27.80	32.50	市汊	26.00	29.04
										外洲	23.50	26.14
							西湖区 东湖区	27.49	28.76	南昌	23.00	25.70
			粮洲堤			高安市 樟树市		35.94	36.40	泉港闸外	32.00	34.41
			晏公隔堤		龙溪河	樟树市		36.57	36.57	樟树	31.23	34.76
		粮洲堤			赣江	丰城市		35.94	36.40	泉港闸外	32.00	34.41
		抚西			抚河	抚州市	临川区	35.50	35.80	李家渡	30.50	33.68
						南昌市	南昌县			李家渡	30.50	34.68
							南昌县	34.00	35.80	温家圳	27.50	31.87
						抚州市	临川区	35.50	35.80	李家渡	30.50	33.68
						丰城市		35.53	35.73	李家渡	30.50	34.68
2	红旗联圩			30.67	赣江南支 抚河故道	高新区		26.36	27.86	滁槎	21.50	23.30
						南昌县						
						南昌县				红旗	21.00	22.85
						青山湖区						
3	长乐联圩			26.70	抚河故道 抚河	南昌县		26.43	27.93	三阳	21.00	23.49
										红旗	21.00	22.85
4	廿四联圩			19.97	赣江主支 赣江北支 鄱阳湖	新建区		24.20	24.70	昌邑	20.00	22.67
						南昌县		24.20	24.70	昌邑	20.00	22.67
						省国资委军工靶场		24.26	24.63	昌邑	20.00	22.67
5	药湖联圩			15.60	锦江	新建区		30.23	32.47	松湖街	26.50	29.33
				15.60	锦江	丰城市		30.15	32.96	松湖街	26.50	29.33
6	军山湖联圩			14.39	鄱阳湖	进贤县		25.49	26.22	三阳	21.00	23.49
7	蒋巷联圩			13.30	赣江南支 赣江中支	南昌县		24.73	25.63	滁槎	21.50	23.30
										楼前	20.50	22.56
8	赣西联圩			14.87	赣江主支	新建区 经开区		24.20	24.70	昌邑	20.00	22.67
9	抚东大堤			12.53	抚河	进贤县		29.40	37.20	李家渡	30.50	33.68
										温家圳	27.50	30.90

续表

序号	圩堤名称		保护农田/万亩	所在河流	所属行政区	现有堤顶高程/m		参证站及特征水位/m		
						最低	最高	站名	警戒水位	保证水位
10	南新联圩		10.26	赣江中支赣江北支	南昌县	24.00	25.50	蒋埠	20.50	22.86
								楼前	20.50	22.56
11	流湖圩		8.59	锦江	新建区	29.56	29.82	松湖街	26.50	29.33
								市汊	26.00	29.04
12	南昌城防堤（含南隔堤，胡惠元堤）		7.03	赣江	西湖区（赣东大堤城区段）	27.81	30.31	南昌	23.00	25.70
					东湖区（中山西路至富大有堤桩号2+183处）					
					青山湖区					
					高新区					
					西湖区	27.54	28.1	南昌	赣东大堤生米大桥上游段溃堤进洪时，立即上人巡查防守	25.7
					青云谱区					
					青山湖区					
13	中洲联圩		5.76	抚河抚河故道	南昌县	27.6	32.40	温家圳	27.50	30.90
								岗前	25.30	26.09
14	棠墅港左堤		5.87	抚河分洪道	南昌县	24.15	27.35	岗前	25.30	26.09
15	沿江大堤		0.21	赣江	红谷滩区	25.60	26.50	南昌	23.00	24.79
16	信西联圩		5.12	鄱阳湖信江西大河	进贤县	24.68	25.17	大溪渡	23.50	27.25
								康山	20.00	22.55
17	丰城大联圩		11.86	清丰山溪	丰城市	29.23	30.48	小港闸内	24.70	27.73
18	小港联圩		5.17	清丰山溪	丰城市	27.32	30.16	小港闸内	24.70	27.73
19	长江干堤	城防堤	55.21	长江	经开区	25.25	25.35	九江	20.00	23.25
					浔阳区					
		梁公堤			瑞昌市	26.32	26.50			
		赤心堤瑞昌市段			瑞昌市	26.04	26.32			
		赤心堤柴桑区段			柴桑区	25.89	26.04			
		赤心堤开发区段			经开区	25.87	25.89			
		永安堤			经开区	25.41	25.87			
		芙蓉堤	7.50	长江	彭泽县	22.00	23.50	彭泽	18.50	21.68

序号	圩堤名称	保护农田/万亩	所在河流	所属行政区	现有堤顶高程/m		参证站及特征水位/m		
					最低	最高	站名	警戒水位	保证水位
20	江新洲大堤	5.70	长江	柴桑区	23.00	24.00	九江	20.00	22.81
21	八里湖堤	0.00	八里湖	开发区	22.50	23.00	八里湖	19.50	20.85
22	赛湖大堤	3.20	赛城湖	瑞昌市	22.08	25.27	赛城湖	19.00	21.78
23	棉船圩	5.30	长江	彭泽县	22.00	22.42	彭泽	18.50	21.68
24	九合联圩	5.06	修河 鄱阳湖	永修县	24.55	25.30	永修	20.50	23.63
							吴城	19.50	22.97
25	三角联圩	5.03	修河 鄱阳湖	永修县	24.55	25.56	永修	20.50	23.67
				新建区			吴城	19.50	23.04
26	信瑞联圩	33.99	信江 鄱阳湖	余干县	24.17	26.68	大溪渡	23.50	27.25
							康山	19.50	22.55
			信江 鄱阳湖	省监狱局（饶州监狱）	24.90	24.90	大溪渡	23.50	27.25
							康山	19.50	22.55
27	康山大堤	14.43	鄱阳湖	余干县	24.55	24.55	康山	19.50	22.55
28	梓埠联圩	10.50	乐安河 万年河	万年县	24.20	25.20	石镇街	20.00	23.91
29	枫富联圩	6.49	信江 西大河	余干县	25.48	27.88	大溪渡	23.50	27.25
							康山	19.50	22.55
30	古埠联圩	5.30	信江 东大河	余干县	24.58	27.25	大溪渡	23.50	27.25
31	饶河联圩	11.25	乐安河 昌江	鄱阳县	24.04	24.54	石镇街	20.00	23.91
							鄱阳	19.50	22.72
32	珠湖联圩	7.55	鄱阳湖	鄱阳县	24.54	25.00	鄱阳	19.50	22.72
33	乐丰联圩	7.21	乐安河 信江 东大河	鄱阳县	24.34	24.65	石镇街	20.00	23.91
				省监狱局（饶州监狱）	24.23	24.71	鄱阳	20.00	22.72
34	西河东联圩	9.59	西河	鄱阳县	23.62	24.62	鄱阳	19.50	22.72
							漳田渡	20.00	23.13
35	畲湾联圩	6.07	乐安河	鄱阳县	23.01	24.01	石镇街	20.00	23.91
				乐平市	25.77	25.87	石镇街	20.00	23.91
36	三湖联圩	10.79	赣江 袁河	樟树市	37.11	39.07	洛湖	34.10	36.56
				新干县	37.08	41.88	新干	37.50	39.72
37	赣西肖江堤	7.80	赣江 肖江	樟树市	33.83	37.58	樟树	33.00	34.76
							泉港闸外	32.00	33.68
							泉港闸内	31.00	32.26

续表

序号	圩堤名称	保护农田/万亩	所在河流	所属行政区	现有堤顶高程/m		参证站及特征水位/m		
					最低	最高	站名	警戒水位	保证水位
38	筠安堤	9.56	锦江	高安市	31.96	38.88	高安	31.00	34.11
39	唱凯堤	12.29	抚河	东临新区	37.09	46.70	廖家湾	41.30	43.03
				临川区					
40	袁河南联圩	12.94	袁河	渝水区	37.90	51.70	罗坊	36.00	39.49
				高新区					
41	乐北联圩	6.23	乐安河	乐平市	27.23	30.58	虎山	26.00	30.44
42	中潢圩堤	5.44	白塔河	余江区	32.34	36.23	耙石	31.00	33.73
			信江		32.16	33.92	梅港	26.00	29.80
43	成朱联圩	5.06	赣江北支鄱阳湖	省监狱局 洪都监狱	24.13	24.62	蒋埠	19.50	22.86
				赣江监狱			棠荫（二）	19.50	22.55

参 考 文 献

［1］ 国家防汛抗旱总指挥部办公室. 防汛抗旱专业干部培训教材［M］. 北京：中国水利水电出版社，2010.

［2］ 国家防汛抗旱总指挥部办公室. 防汛抗旱行政首长培训教材［M］. 北京：中国水利水电出版社，2006.

［3］ 水利部水文局，长江水利委员会水文局. 水文情报预报技术手册［M］. 北京：中国水利水电出版社，2010.

［4］ 魏文秋，赵英林. 水文气象与遥感［M］. 武汉：湖北科学技术出版社，2000.

［5］ 林祚顶. 水文现代化与水文新技术［M］. 北京：中国水利水电出版社，2008.

［6］ 江西省水利厅. 江西省水利志（1991—2000 年）［M］. 北京：中国水利水电出版社，2005.

［7］ 国家防汛抗旱总指挥部办公室. 防汛手册［M］. 北京：中国科学技术出版社，1992.

［8］ 江西省水利厅. 江西河湖大典［M］. 武汉：长江出版社，2009.

［9］ 赵绍华. 防洪抢险技术［M］. 北京：中央广播电视大学出版社，2012.

［10］ 江苏省防汛抗旱抢险中心. 防汛抢险基础知识［M］. 北京：中国水利水电出版社，2019.

［11］ 江苏省防汛抗旱抢险中心. 河道整治工程与建筑物工程防汛抢险［M］. 北京：中国水利水电出版社，2019.

［12］ 江苏省防汛抗旱抢险中心. 堤防工程防汛抢险［M］. 北京：中国水利水电出版社，2019.

［13］ GB 50201—2014　防洪标准［S］. 北京：中国计划出版社，2015.

［14］ 何秉顺，郭良，常清睿，等. 山洪灾害的群测群防［M］. 北京：中国水利水电出版社，2019.

江西省地图（政区版）

比例尺：1：2350000

图1-1　江西省行政区划图

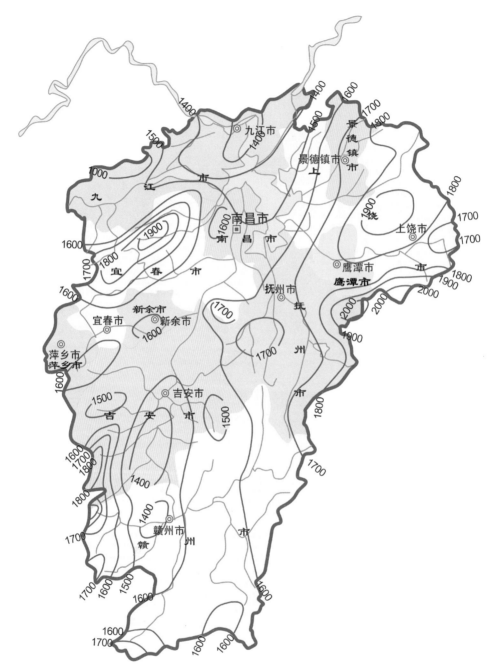

图 1-4 江西省多年平均降水量分级图

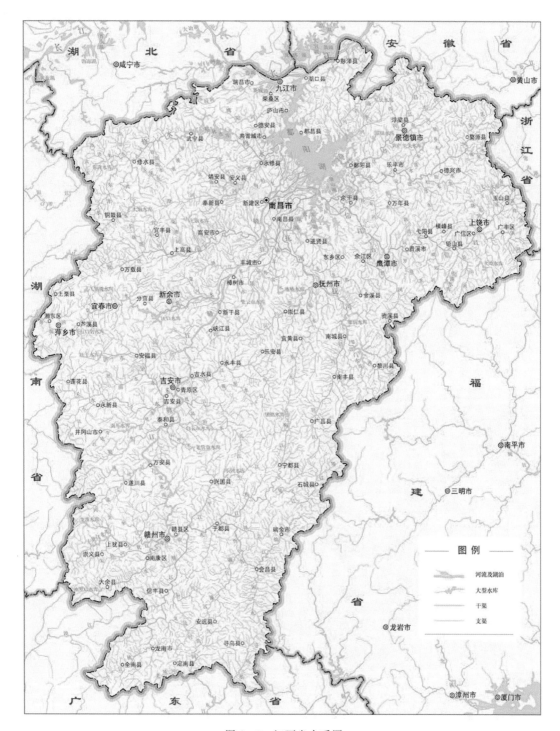

图 1-5　江西省水系图

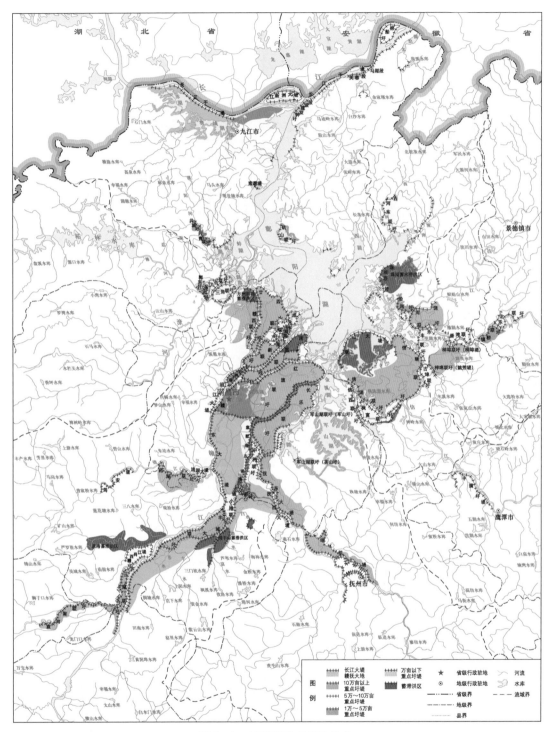

图 2-1　江西省重点堤防分布

图 10-1 赣江水系示意图

图 11-1　抚河水系示意图

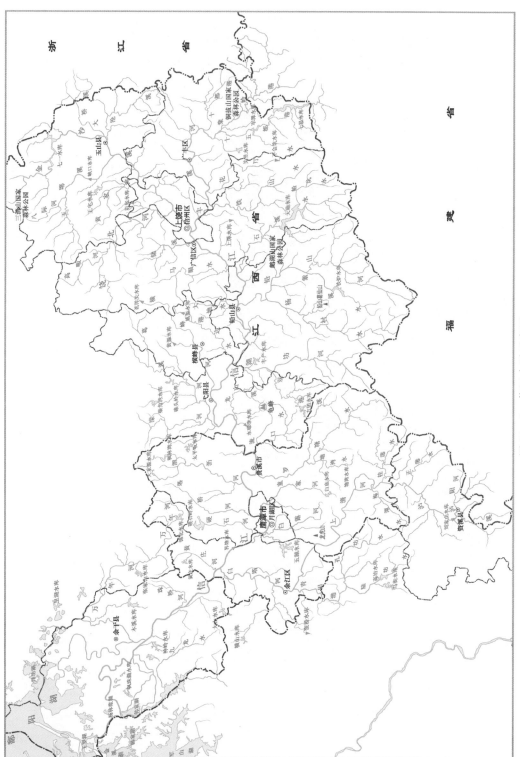

图 12-1　信江水系示意图

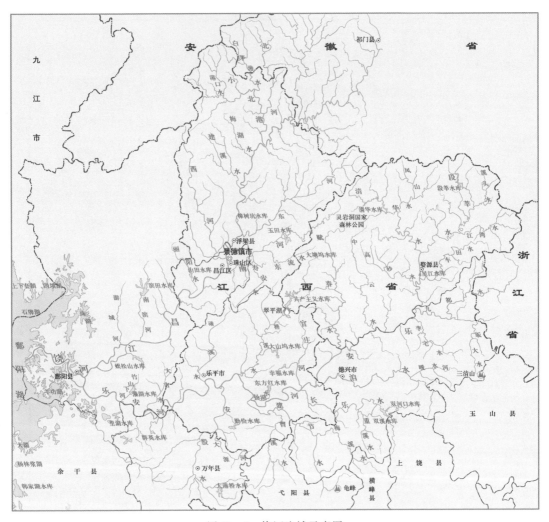

图 13-1　饶河流域示意图

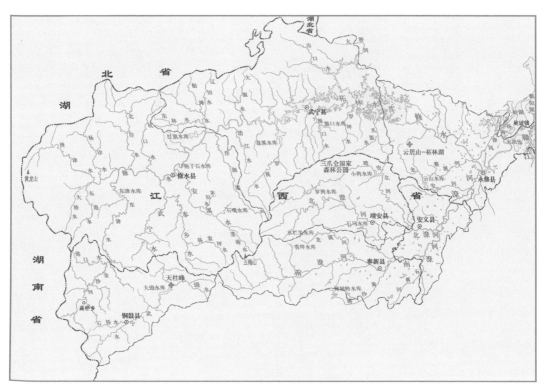

图 14-1　修河水系示意图

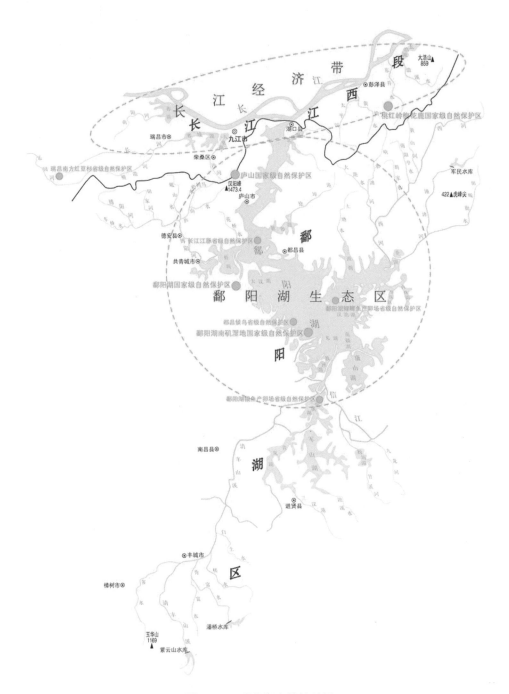

图 15-1　鄱阳湖流域情况图